SPÉCIALITÉ

Maths

T^le

Objectif BAC

Nadine BILLA
Professeure agrégée de mathématiques

Éric BARBAZO
Professeur agrégé de mathématiques

hachette
ÉDUCATION

MODE D'EMPLOI

Chacun des 15 chapitres de cet ouvrage comporte 6 grandes parties :

LE COURS

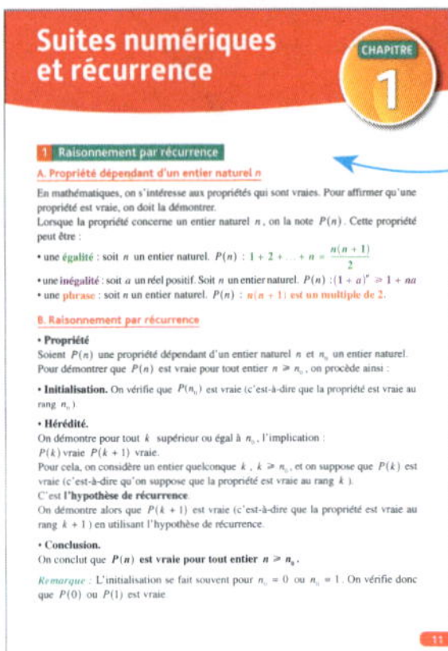

Un cours clair et structuré, avec tout ce qu'il faut savoir

LA CARTE MENTALE

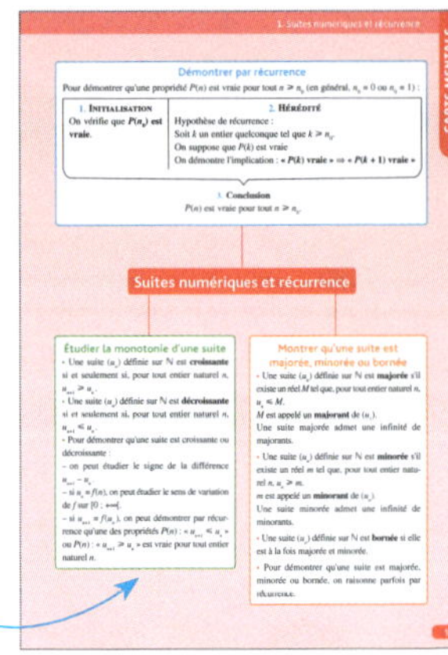

Une carte mentale pour bien retenir le cours

LES MÉTHODES

Intitulé de la méthode à acquérir

Énoncé de l'exercice illustrant la méthode

Corrigé détaillé et commenté

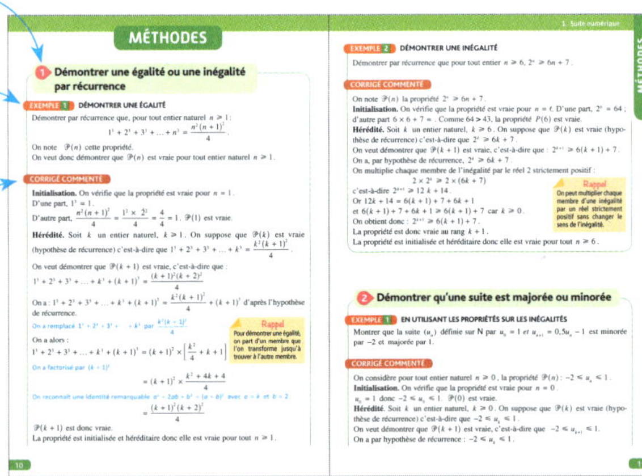

Conception graphique

Couverture : Stéphanie Benoit
Intérieur : Manon Guérin

Crédits photographiques : p. 9 Shutterstock/BEST-BACKGROUNDS ; p. 199 Shutterstock/Yori N ; p. 315 Shutterstock/Mikhail Doroshenko ; p. 366 Shutterstock/Neveshkin Nikola.

Composition, schémas et mise en pages : Grafatom
Composition du dépliant : Audrey Izern
Édition : Adeline Pécout
Illustrations : pp. 18, 42, 86, 112, 155, 178, 209, 240, 262, 300, 330, 351 : Christophe Ansar

I.S.B.N. 978-2-01-726917-5

www.parascolaire.hachette-education.com

LES EXERCICES

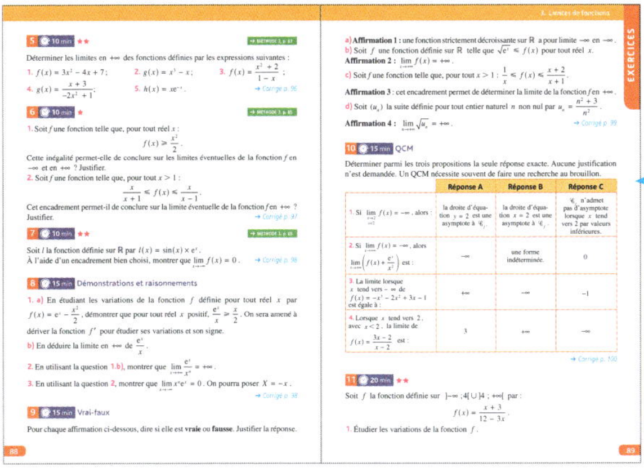

Des exercices progressifs (3 niveaux de difficulté) et minutés pour bien s'entraîner

LE SUJET DE BAC

Des exercices et des Sujets de Bac sur l'algorithmique et Python à retrouver dans tout l'ouvrage pour s'entraîner

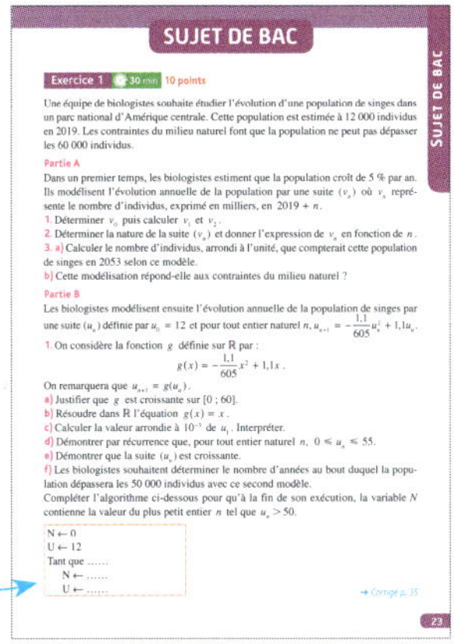

Ces exercices permettent de s'auto-évaluer et de s'entraîner à l'épreuve du Bac

TOUS LES CORRIGÉS

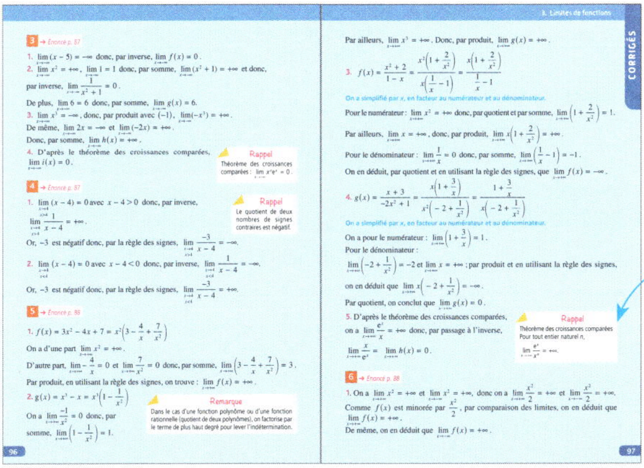

De nombreuses aides (rappels de cours, conseils, pièges à éviter…) complètent utilement les corrigés détaillés

SOMMAIRE

ALGÈBRE ET GÉOMÉTRIE

DÉFINITION DE L'ÉPREUVE

L'épreuve du Bac de Mathématiques est constituée d'une épreuve **écrite** et d'une épreuve **orale**. Elle porte sur le programme de la spécialité « mathématiques » de la classe de Terminale.

1. L'épreuve écrite

Durée	4 heures
Coefficient	16

- Le sujet de l'épreuve écrite de mathématiques comporte 3 à 5 exercices indépendants les uns des autres.
- Cette épreuve est notée sur **20 points**. Chaque exercice est noté sur 4 à 8 points.
- Le sujet précise si l'usage de la calculatrice, dans les conditions précisées par les textes en vigueur, est autorisé.

2. L'épreuve du « Grand oral »

Durée	20 minutes
Préparation	20 minutes
Coefficient	10

Cette épreuve permet d'évaluer la qualité d'expression orale du candidat, mais aussi sa capacité à mobiliser ses connaissances, à développer son propos et à échanger.

ANALYSE

« On peut représenter par les nombres toutes sortes de vérités. »

Leibniz

Suites numériques et récurrence

CHAPITRE 1

1 Raisonnement par récurrence

A. Propriété dépendant d'un entier naturel n

En mathématiques, on s'intéresse aux propriétés qui sont vraies. Pour affirmer qu'une propriété est vraie, on doit la démontrer.
Lorsque la propriété concerne un entier naturel n, on la note $P(n)$. Cette propriété peut être :

- une **égalité** : soit n un entier naturel. $P(n)$: $1+2+\ldots+n=\dfrac{n(n+1)}{2}$
- une **inégalité** : soit a un réel positif. Soit n un entier naturel. $P(n)$: $(1+a)^n \geqslant 1+na$
- une **phrase** : soit n un entier naturel. $P(n)$: **$n(n+1)$ est un multiple de 2**.

B. Raisonnement par récurrence

Soient $P(n)$ une propriété dépendant d'un entier naturel n et n_0 un entier naturel.
Pour démontrer que $P(n)$ est vraie pour tout entier $n \geqslant n_0$, on procède ainsi :

- **Initialisation.** On vérifie que $P(n_0)$ est vraie (c'est-à-dire que la propriété est vraie au rang n_0).

- **Hérédité.**
On démontre pour tout k supérieur ou égal à n_0, l'implication :
$P(k)$ vraie $\Rightarrow$ $P(k+1)$ vraie.
Pour cela, on considère un entier quelconque k, $k \geqslant n_0$, et on suppose que $P(k)$ est vraie (c'est-à-dire qu'on suppose que la propriété est vraie au rang k).
C'est **l'hypothèse de récurrence**.
On démontre alors que $P(k+1)$ est vraie (c'est-à-dire que la propriété est vraie au rang $k+1$) en utilisant l'hypothèse de récurrence.

- **Conclusion.**
On conclut que **$P(n)$ est vraie pour tout entier $n \geqslant n_0$.**

Remarque : L'initialisation se fait souvent pour $n_0=0$ ou $n_0=1$. On vérifie donc que $P(0)$ ou $P(1)$ est vraie.

2 Comportement global d'une suite

A. Suites monotones

Définition

On dit qu'une suite (u_n) définie sur $\mathbb{N}$ est :

- **croissante** si et seulement si **pour tout entier naturel** $\boldsymbol{n}$**,** $\boldsymbol{u_{n+1} \geqslant u_n}$;
- **décroissante** si et seulement si **pour tout entier naturel** $\boldsymbol{n}$**,** $\boldsymbol{u_{n+1} \leqslant u_n}$.

La suite (u_n) est dite **monotone** lorsqu'elle est **croissante ou décroissante**.

B. Méthodes d'étude de la monotonie d'une suite

Méthode algébrique

Elle consiste à comparer directement u_n et u_{n+1} :

- soit en étudiant le signe de la différence $u_{n+1} - u_n$;
- soit en comparant le quotient $\dfrac{u_{n+1}}{u_n}$ à 1, si, pour tout n, $u_n > 0$.

Méthode fonctionnelle

Elle s'applique aux suites définies par une formule explicite de la forme $u_n = f(n)$, (f étant une fonction) et consiste à étudier le sens de variation de f sur $[0 ; +\infty[$. Le sens de variation de (u_n) s'en déduit.

Méthode du raisonnement par récurrence

Elle s'applique aux suites définies par une relation de récurrence de la forme $u_{n+1} = f(u_n)$ et consiste à démontrer qu'une des propriétés $P(n)$: « $u_{n+1} \leqslant u_n$ » ou $P(n)$: « $u_{n+1} \geqslant u_n$ » est vraie pour tout entier naturel n.

C. Suites majorées, minorées, bornées

Définition

On dit qu'une suite (u_n) définie sur $\mathbb{N}$ est :

- **majorée** s'il existe un réel M tel que, **pour tout entier naturel** $\boldsymbol{n}$**,** $\boldsymbol{u_n \leqslant M}$.
M est appelé un majorant de (u_n).
- **minorée** s'il existe un réel m tel que, **pour tout entier naturel** $\boldsymbol{n}$**,** $\boldsymbol{u_n \geqslant m}$.
m est appelé un minorant de (u_n).
- **bornée** si elle est à la fois **majorée et minorée**.

Remarques :

- Une suite majorée admet une infinité de majorants. En effet, si M est un majorant de (u_n), tous les réels supérieurs à M sont également des majorants de (u_n). De même, une suite minorée admet une infinité de minorants.
- Toute suite croissante est minorée par son premier terme et toute suite décroissante est majorée par son premier terme.

Démontrer par récurrence

Pour démontrer qu'une propriété $P(n)$ est vraie pour tout $n \geqslant n_0$ (en général, $n_0 = 0$ ou $n_0 = 1$) :

1. Initialisation	2. Hérédité
On vérifie que **$P(n_0)$ est vraie**.	Hypothèse de récurrence : Soit k un entier quelconque tel que $k \geqslant n_0$. On suppose que $P(k)$ est vraie On démontre l'implication : « **$P(k)$ vraie** » ⇒ « **$P(k+1)$ vraie** »

3. Conclusion

$P(n)$ est vraie pour tout $n \geqslant n_0$.

Suites numériques et récurrence

Étudier la monotonie d'une suite

- Une suite (u_n) définie sur $\mathbb{N}$ est **croissante** si et seulement si, pour tout entier naturel n, $u_{n+1} \geqslant u_n$.
- Une suite (u_n) définie sur $\mathbb{N}$ est **décroissante** si et seulement si, pour tout entier naturel n, $u_{n+1} \leqslant u_n$.
- Pour démontrer qu'une suite est croissante ou décroissante :
  – on peut étudier le signe de la différence $u_{n+1} - u_n$.
  – si $u_n = f(n)$, on peut étudier le sens de variation de f sur $[0 ; +\infty[$.
  – si $u_{n+1} = f(u_n)$, on peut démontrer par récurrence qu'une des propriétés $P(n)$: « $u_{n+1} \leqslant u_n$ » ou $P(n)$: « $u_{n+1} \geqslant u_n$ » est vraie pour tout entier naturel n.

Montrer qu'une suite est majorée, minorée ou bornée

- Une suite (u_n) définie sur $\mathbb{N}$ est **majorée** s'il existe un réel M tel que, pour tout entier naturel n, $u_n \leqslant M$.
  M est appelé un **majorant** de (u_n).
  Une suite majorée admet une infinité de majorants.
- Une suite (u_n) définie sur $\mathbb{N}$ est **minorée** s'il existe un réel m tel que, pour tout entier naturel n, $u_n \geqslant m$.
  m est appelé un **minorant** de (u_n).
  Une suite minorée admet une infinité de minorants.
- Une suite (u_n) définie sur $\mathbb{N}$ est **bornée** si elle est à la fois majorée et minorée.
- Pour démontrer qu'une suite est majorée, minorée ou bornée, on raisonne parfois par récurrence.

MÉTHODES

1 Démontrer une égalité ou une inégalité par récurrence

EXEMPLE 1 **DÉMONTRER UNE ÉGALITÉ**

Démontrer par récurrence que, pour tout entier naturel $n \geqslant 1$:

$$1^3 + 2^3 + 3^3 + \ldots + n^3 = \frac{n^2(n+1)^2}{4}.$$

On note $\mathcal{P}(n)$ cette propriété.
On veut donc démontrer que $\mathcal{P}(n)$ est vraie pour tout entier naturel $n \geqslant 1$.

CORRIGÉ COMMENTÉ

Initialisation. On vérifie que la propriété est vraie pour $n = 1$.
D'une part, $1^3 = 1$.
D'autre part, $\frac{1^2 \times 2^2}{4} = \frac{4}{4} = 1$. $\mathcal{P}(1)$ est vraie.

Hérédité. Soit k un entier naturel, $k \geqslant 1$. On suppose que $\mathcal{P}(k)$ est vraie (hypothèse de récurrence) c'est-à-dire que $1^3 + 2^3 + 3^3 + \ldots + k^3 = \frac{k^2(k+1)^2}{4}$.

On veut démontrer que $\mathcal{P}(k+1)$ est vraie, c'est-à-dire que :

$$1^3 + 2^3 + 3^3 + \ldots + k^3 + (k+1)^3 = \frac{(k+1)^2(k+2)^2}{4}$$

On a : $1^3 + 2^3 + 3^3 + \ldots + k^3 + (k+1)^3 = \frac{k^2(k+1)^2}{4} + (k+1)^3$ d'après l'hypothèse de récurrence.

On a remplacé $1^3 + 2^3 + 3^3 + \ldots + k^3$ par $\frac{k^2(k+1)^2}{4}$

> **Rappel**
> Pour démontrer une égalité, on part d'un membre que l'on transforme jusqu'à trouver l'autre membre.

On a alors :

$$1^3 + 2^3 + 3^3 + \ldots + k^3 + (k+1)^3 = (k+1)^2 \times \left[\frac{k^2}{4} + k + 1\right]$$

On a factorisé par $(k+1)^2$

$$= (k+1)^2 \times \frac{k^2 + 4k + 4}{4}$$

On reconnaît une identité remarquable $a^2 + 2ab + b^2 = (a+b)^2$ avec $a = k$ et $b = 2$.

$$= \frac{(k+1)^2(k+2)^2}{4}$$

$\mathcal{P}(k+1)$ est donc vraie.

Conclusion : La propriété est initialisée et héréditaire donc elle est vraie pour tout $n \geqslant 1$.

EXEMPLE 2 **DÉMONTRER UNE INÉGALITÉ**

Démontrer par récurrence que pour tout entier $n \geqslant 6$, $2^n \geqslant 6n + 7$.

CORRIGÉ COMMENTÉ

On note $\mathcal{P}(n)$ la propriété $2^n \geqslant 6n + 7$.

Initialisation. On vérifie que la propriété est vraie pour $n = 6$. D'une part, $2^6 = 64$; d'autre part $6 \times 6 + 7 = 43$. Comme $64 > 43$, la propriété $P(6)$ est vraie.

Hérédité. Soit k un entier naturel, $k \geqslant 6$. On suppose que $\mathcal{P}(k)$ est vraie (hypothèse de récurrence) c'est-à-dire que $2^k \geqslant 6k + 7$.

On veut démontrer que $\mathcal{P}(k+1)$ est vraie, c'est-à-dire que : $2^{k+1} \geqslant 6(k+1) + 7$.

On a, par hypothèse de récurrence, $2^k \geqslant 6k + 7$.

On multiplie chaque membre de l'inégalité par le réel 2 strictement positif :

$$2 \times 2^k \geqslant 2 \times (6k + 7)$$

c'est-à-dire $2^{k+1} \geqslant 12k + 14$.

Or $12k + 14 = 6(k+1) + 7 + 6k + 1$

et $6(k+1) + 7 + 6k + 1 \geqslant 6(k+1) + 7$ car $k \geqslant 0$.

On obtient donc : $2^{k+1} \geqslant 6(k+1) + 7$.

La propriété est donc vraie au rang $k + 1$.

Conclusion : La propriété est initialisée et héréditaire donc elle est vraie pour tout $n \geqslant 6$.

> **Rappel**
> On peut multiplier chaque membre d'une inégalité par un réel strictement positif sans changer le sens de l'inégalité.

2 Démontrer qu'une suite est majorée ou minorée

EXEMPLE 1 **EN UTILISANT LES PROPRIÉTÉS SUR LES INÉGALITÉS**

Montrer que la suite (u_n) définie pour tout entier naturel n par $u_0 = 1$ *et* $u_{n+1} = 0{,}5u_n - 1$ est minorée par -2 et majorée par 1.

CORRIGÉ COMMENTÉ

On considère pour tout entier naturel n, la propriété $\mathcal{P}(n)$: $-2 \leqslant u_n \leqslant 1$.

Initialisation. On vérifie que la propriété est vraie pour $n = 0$.

$u_0 = 1$ donc $-2 \leqslant u_0 \leqslant 1$. $\mathcal{P}(0)$ est vraie.

Hérédité. Soit k un entier naturel. On suppose que $\mathcal{P}(k)$ est vraie (hypothèse de récurrence) c'est-à-dire que $-2 \leqslant u_k \leqslant 1$.

On veut démontrer que $\mathcal{P}(k+1)$ est vraie, c'est-à-dire que $-2 \leqslant u_{k+1} \leqslant 1$.

On a par hypothèse de récurrence : $-2 \leqslant u_k \leqslant 1$.

On multiplie chaque membre des inégalités par le réel $0{,}5$ strictement positif, on obtient :

$$-1 \leqslant 0{,}5u_k \leqslant 0{,}5$$

on ajoute à chaque membre des inégalités le nombre -1 et on obtient :

$$-2 \leqslant 0{,}5u_k - 1 \leqslant -0{,}5$$

or $0{,}5u_k - 1 = u_{k+1}$ donc $-2 \leqslant u_{k+1} \leqslant -0{,}5 \leqslant 1$.

La propriété est donc vraie au rang $k+1$.

Conclusion : La propriété est initialisée et héréditaire donc elle est vraie pour tout $n \geqslant 0$.

La suite (u_n) est donc bornée.

EXEMPLE 2 EN UTILISANT UNE FONCTION CROISSANTE

On considère la suite définie par $u_0 = 3$ et pour tout entier naturel n par : $u_{n+1} = \dfrac{2u_n}{u_n + 1}$.

1. On considère la fonction f définie sur $[0\,;+\infty[$ par $f(x) = \dfrac{2x}{x+1}$.

Démontrer que f est croissante sur $[0\,;+\infty[$.

2. a) Démontrer par récurrence que pour tout entier naturel n, $u_n \geqslant 1$.

b) En déduire que la suite (u_n) est minorée.

CORRIGÉ COMMENTÉ

1. On calcule la dérivée de f sur $[0\,;+\infty[$:

$f(x)$ est de la forme $f(x) = \dfrac{u(x)}{v(x)}$ avec $u(x) = 2x$ et $v(x) = x+1$ deux fonctions dérivables sur $[0\,;+\infty[$ et telle que $v(x) \neq 0$ pour tout réel $x \geqslant 0$. Donc f est dérivable sur $[0\,;+\infty[$ et :

$$f'(x) = \frac{u'(x)v(x) - u(x)v'(x)}{v^2(x)} = \frac{2(x+1) - 2x}{(x+1)^2} = \frac{2}{(x+1)^2}$$

Pour tout réel x, $(x+1)^2 \geqslant 0$ donc $f'(x)$ est positive sur $[0\,;+\infty[$ donc f est croissante sur $[0\,;+\infty[$.

2. a) On considère pour tout entier naturel n, la propriété $\mathcal{P}(n)$: $u_n \geqslant 1$.

Initialisation. On vérifie que la propriété est vraie pour $n = 0$.

$u_0 = 3$ donc $u_0 \geqslant 1$. $\mathcal{P}(0)$ est vraie.

Hérédité. Soit k un entier naturel. On suppose que $\mathcal{P}(k)$ est vraie (hypothèse de récurrence) c'est-à-dire que $u_k \geqslant 1$.

On veut démontrer que $\mathcal{P}(k+1)$ est vraie, c'est-à-dire que : $u_{k+1} \geqslant 1$.

On a par hypothèse de récurrence : $u_k \geqslant 1$.

On applique à chaque membre la fonction f croissante sur $[0\,;+\infty[$: $f(u_k) \geqslant f(1)$.

Or $f(u_k) = u_{k+1}$ car $f(u_k) = \dfrac{2u_k}{u_k + 1} = u_{k+1}$

et $f(1) = \dfrac{2 \times 1}{1 + 1} = \dfrac{2}{2} = 1$.

On obtient donc : $u_{k+1} \geqslant 1$.

La propriété est donc vraie au rang $k + 1$.

Conclusion : La propriété est initialisée et héréditaire donc elle est vraie pour tout $n \geqslant 0$.

b) Pour tout entier naturel n, on a démontré que $u_n \geqslant 1$.

La suite (u_n) est donc minorée par 1.

> **Rappel**
> Une fonction croissante conserve l'ordre. C'est-à-dire : Si $a \geqslant b$ alors $f(a) \geqslant f(b)$.

3 Démontrer qu'une suite est croissante ou décroissante

EXEMPLE 1 AVEC UNE SUITE DÉFINIE PAR UNE FORMULE EXPLICITE

La suite (u_n) est définie, pour tout entier naturel n, par $u_n = n^2 + 4n + 2$.

Montrer que (u_n) est croissante.

> **Remarque**
> Pour montrer que cette suite est croissante, on aurait pu étudier le signe de la différence $u_{n+1} - u_n$ et montrer que $u_{n+1} - u_n \geqslant 0$ pour tout entier naturel n.

CORRIGÉ COMMENTÉ

On étudie les variations de la fonction $f : x \mapsto f(x) = x^2 + 4x + 2$ sur $[0\,;+\infty[$.

$f'(x) = 2x + 4 \geqslant 0$ sur $[0\,;+\infty[$ donc la fonction f est croissante sur $[0\,;+\infty[$.

Pour tout entier naturel n, on a : $0 \leqslant n \leqslant n + 1$.

On applique à chaque membre la fonction f croissante sur $[0\,;+\infty[$. On obtient $f(n) \leqslant f(n+1)$, c'est-à-dire que pour tout entier naturel n, $u_n \leqslant u_{n+1}$. La suite (u_n) est donc croissante.

> **Rappel**
> Une fonction croissante conserve l'ordre. C'est-à-dire : si $a \leqslant b$ alors $f(a) \leqslant f(b)$.

EXEMPLE 2 AVEC UNE SUITE DÉFINIE PAR UNE RELATION DE RÉCURRENCE

On considère la suite (u_n) définie par $u_0 = 7$ et pour tout entier naturel n, $u_{n+1} = 0{,}2u_n + 4$.

Démontrer par récurrence que pour tout entier naturel n, (u_n) est décroissante.

CORRIGÉ COMMENTÉ

On pose pour tout entier naturel n : $\mathcal{P}(n)$: $u_{n+1} \leqslant u_n$

Initialisation. On vérifie que la propriété est vraie au rang $n = 0$.

On calcule u_1 : $u_1 = 0{,}2u_0 + 4 = 0{,}2 \times 7 + 4 = 5{,}4$.

On a bien $u_1 \leqslant u_0$ donc $\mathcal{P}(0)$ est vraie.

Rappel
Une suite est décroissante lorsque pour tout entier naturel n, $u_{n+1} \leqslant u_n$. C'est pour cela que l'on pose la propriété $\mathcal{P}(n)$ à démontrer par récurrence.

Hérédité. Soit k un entier naturel. On suppose que $\mathcal{P}(k)$ est vraie (hypothèse de récurrence) c'est-à-dire que $u_{k+1} \leqslant u_k$. On veut démontrer que $\mathcal{P}(k+1)$ est vraie, c'est-à-dire que : $u_{k+2} \leqslant u_{k+1}$.

On considère la fonction f définie sur $\mathbb{R}$ par $f(x) = 0{,}2x + 4$.

f est une fonction affine croissante sur $\mathbb{R}$. **f est croissante car le coefficient $m = 0{,}2$ est positif.**

On a par hypothèse de récurrence : $u_{k+1} \leqslant u_k$.

On applique à chaque membre de l'inégalité la fonction f croissante sur $\mathbb{R}$:

$f(u_{k+1}) \leqslant f(u_k)$

Or $f(u_k) = u_{k+1}$ et $f(u_{k+1}) = u_{k+2}$.

On obtient donc : $u_{k+2} \leqslant u_{k+1}$. La propriété est donc vraie au rang $k + 1$.

Conclusion : La propriété est initialisée et héréditaire donc elle est vraie pour tout $n \geqslant 0$.

Pour tout entier naturel n, (u_n) est donc décroissante.

Al-Karaji est un mathématicien d'origine persane du Xe siècle.

Il est l'un des premiers à utiliser le raisonnement « par récurrence », qui sera formalisé des siècles plus tard par l'Italien Giuseppe Peano et le français Blaise Pascal.

EXERCICES

1 5 min ★ → MÉTHODE 1, p. 14

On considère la suite (u_n) définie par $u_0 = 1$ et pour tout entier naturel n :

$$u_{n+1} = 3u_n + 2.$$

1. Calculer u_1, u_2 et u_3.

2. Démontrer par récurrence que, pour tout entier naturel n, $u_n = 2 \times 3^n - 1$.

→ *Corrigé p. 25*

2 10 min ★★ → MÉTHODE 1, p. 14

On considère la suite (u_n) définie par $u_1 = \frac{1}{2}$ et pour tout entier naturel $n \geqslant 1$:

$$u_{n+1} = u_n + \frac{1}{(n+1)(n+2)}.$$

1. Calculer u_2, u_3 et u_4 en laissant les résultats sous forme de fraction irréductible.

2. a) Quelle conjecture peut-on faire sur l'expression de u_n en fonction de n ?

b) Démontrer cette conjecture par récurrence. → *Corrigé p. 25*

3 10 min ★★ → MÉTHODE 1, p. 14

Montrer que pour tout $n \in \mathbb{N}$, $2^n \geqslant n+1$. → *Corrigé p. 26*

4 10 min ★★ → MÉTHODE 2, p. 15

Soit (u_n) la suite définie par $\begin{cases} u_0 = 3 \\ u_{n+1} = 2u_n + 4 \text{ pour tout entier naturel } n. \end{cases}$

Démontrer par récurrence que, pour tout entier naturel n, $u_n > 0$. → *Corrigé p. 27*

5 10 min ★★ → MÉTHODE 2, p. 15

La suite (u_n) est définie par $u_0 = -1$ et pour tout entier naturel n :

$$u_{n+1} = 0{,}2u_n + 0{,}6.$$

Démontrer par récurrence que, pour tout entier naturel n, $u_n \leqslant 1$. → *Corrigé p. 27*

6 5 min ★★ → MÉTHODE 2, p. 15

On considère la suite (v_n) définie par $v_0 = 0$ et pour tout entier naturel n :

$$v_{n+1} = \sqrt{0{,}5v_n + 8}.$$

Démontrer par récurrence que $0 \leqslant v_n \leqslant 4$ pour tout entier $n \geqslant 0$. → *Corrigé p. 27*

7 10 min ★

→ MÉTHODE 3, p. 17

On considère la suite (u_n) définie par : $\begin{cases} u_0 = -1 \\ u_{n+1} = -1 + 3u_n, \text{ pour tout entier naturel } n. \end{cases}$

Démontrer par récurrence que pour tout entier naturel n, (u_n) est décroissante.

→ Corrigé p. 28

8 10 min ★★★

→ MÉTHODE 3, p. 17

On considère la suite (u_n) définie par $u_0 = 0$ et pour tout entier naturel n, par :

$$u_{n+1} = e^{5u_n+1}.$$

Démontrer par récurrence que pour tout entier naturel n, (u_n) est croissante.

→ Corrigé p. 29

9 10 min **Démonstration et raisonnement**

Soit x un réel positif. Démontrer que pour tout entier naturel n, $(1+x)^n \geqslant 1 + nx$. Cette inégalité s'appelle « inégalité de Bernoulli ».

→ Corrigé p. 29

10 15 min **Vrai-Faux**

Pour chaque affirmation ci-dessous, dire si elle est vraie ou fausse. Justifier la réponse.

1. On considère la suite (u_n) définie par : $\begin{cases} u_0 = 8 \\ u_{n+1} = f(u_n), \text{ pour tout entier naturel } n \end{cases}$

Affirmation 1 : si la fonction f est décroissante, alors la suite (u_n) est décroissante

2. Soit k un nombre réel.

On considère la suite (u_n) définie par $u_0 = k$ et pour tout entier naturel n, $u_{n+1} = 3 \times \sqrt{u_n + 4}$.

a) **Affirmation 2 :** Si $k = 5$, alors pour tout entier naturel n, $5 \leqslant u_n \leqslant 13$.

b) **Affirmation 3 :** Si $k = 5$, alors la suite (u_n) est croissante.

c) **Affirmation 4 :** Si $k = 14$, alors la suite (u_n) est croissante.

d) **Affirmation 5 :** Si $k = 12$, alors la suite (u_n) est constante.

→ Corrigé p. 30

11 20 min **QCM**

Déterminer parmi les trois propositions la seule réponse exacte. Aucune justification n'est demandée. Un QCM nécessite souvent de faire une recherche au brouillon.

	Réponse A	Réponse B	Réponse C
1. On considère la suite (u_n) de premier terme $u_0 = 1$ et telle que $u_{n+1} = 5u_n + 8$ pour tout entier naturel n. Alors :	$u_n = 5^n + 8n$ pour tout entier n	$u_n = 3 \times 5^n - 2$ pour tout entier n	$u_n = 7n + 6^n$ pour tout entier n
2. Si pour tout entier naturel n, $u_n \neq 0$ et $\dfrac{u_{n+1}}{u_n} < 1$, alors :	(u_n) est décroissante	(u_n) est croissante	on ne peut rien conclure concernant la monotonie de (u_n)
3. On considère la suite (u_n) définie pour tout entier naturel n par $u_n = n^2 - 8n - 20$, alors :	$u_n \geqslant 0$ pour tout entier naturel n	Il existe un entier naturel n tel que $u_n = 0$	$u_n \leqslant 0$ pour tout entier naturel n
4. Soit f une fonction croissante sur $\mathbb{R}$ et (u_n) une suite définie pour tout entier naturel n par $u_n = f(n)$, alors on peut affirmer que :	la suite (u_n) est minorée.	la suite (u_n) est majorée.	la suite (u_n) est bornée.

→ Corrigé p. 32

12 15 min ★★★

On considère la suite (u_n) définie par $u_0 = \dfrac{1}{2}$ et pour tout entier naturel n

$$u_{n+1} = \frac{4u_n + 3}{u_n + 2}.$$

1. a) Montrer que, pour tout entier naturel $n, u_n \geqslant 0$

b) Déterminer la fonction f définie sur $[0\,;+\infty[$, telle que $u_{n+1} = f(u_n)$.

2. Démontrer que f est croissante sur $[0\,;+\infty[$.

3. En utilisant le graphique donné ci-contre :

a) Placer les termes u_0, u_1 et u_2 sur l'axe des abscisses.

b) Conjecturer le sens de variation de la suite (u_n).

c) Conjecturer un majorant de la suite (u_n).

4. a) Démontrer que pour tout entier naturel n, $u_n \leqslant u_{n+1} \leqslant 3$.

b) En déduire que la suite (u_n) est croissante et bornée.

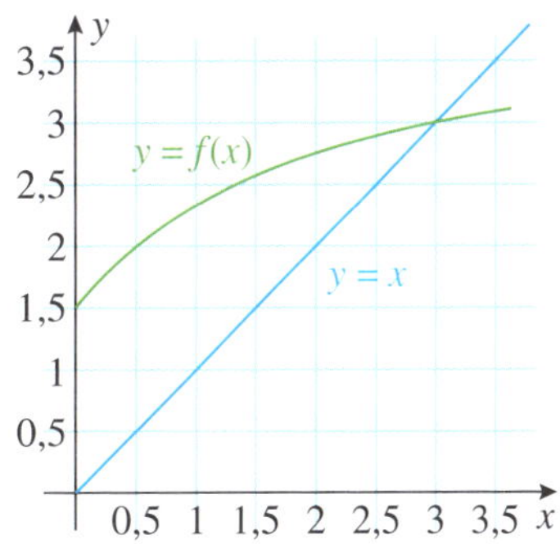

→ Corrigé p. 33

13 20 min ★★★ Algorithmique et programmation

Dans un pays de population constante égale à 120 millions, les habitants vivent soit en zone rurale, soit en ville. Les mouvements de population peuvent être modélisés de la façon suivante :

• en 2019, la population compte 90 millions de ruraux et 30 millions de citadins ;

• chaque année, 10% des ruraux émigrent à la ville :

• chaque année, 5% des citadins émigrent en zone rurale.

Pour tout entier naturel n, on note :

• u_n le nombre d'habitants en zone rurale, l'année $2019 + n$, exprimé en millions d'habitants ;

• v_n le nombre d'habitants en ville, l'année $2019 + n$, exprimé en millions d'habitants.

On a donc $u_0 = 90$ et $v_0 = 30$.

1. Traduire le fait que chaque année la population totale du pays est constante par une relation entre u_n et v_n.

2. Montrer que pour tout entier naturel n : $u_{n+1} = 0{,}9u_n + 0{,}05v_n$

3. En déduire que pour tout entier naturel n : $u_{n+1} = 0{,}85u_n + 6$.

4. Démontrer par récurrence que la suite (u_n) est décroissante.

5. On admet que la suite (v_n) est croissante. On considère la fonction suivante écrite en Python.

```
1 def calcul():
2     n=0
3     u=90
4     while u>=120-u:
5         n=n+1
6         u=0.85*u+6
7     return n
```

a) Que représente la variable u dans cette fonction ?

b) Expliquer la condition de la ligne 4. Quand l'algorithme va-t-il s'arrêter ?

c) Cette fonction renvoie une valeur de la variable n. Interpréter cette valeur dans le contexte de l'exercice.

d) En utilisant une calculatrice, déterminer la valeur renvoyée par la fonction précédente.

→ Corrigé p. 34

SUJET DE BAC

Exercice 1 35 min 6 points

Une équipe de biologistes souhaite étudier l'évolution d'une population de singes dans un parc national d'Amérique centrale. Cette population est estimée à 12 000 individus en 2019. Les contraintes du milieu naturel font que la population ne peut pas dépasser les 60 000 individus.

Partie A

Dans un premier temps, les biologistes estiment que la population croît de 5 % par an. Ils modélisent l'évolution annuelle de la population par une suite (v_n) où v_n représente le nombre d'individus, exprimé en milliers, en $2019 + n$.

1. Déterminer v_0 puis calculer v_1 et v_2.

2. Déterminer la nature de la suite (v_n) et donner l'expression de v_n en fonction de n.

3. a) Calculer le nombre d'individus, arrondi à l'unité, que compterait cette population de singes en 2053 selon ce modèle.

b) Cette modélisation répond-elle aux contraintes du milieu naturel ?

Partie B

Les biologistes modélisent ensuite l'évolution annuelle de la population de singes par une suite (u_n) définie par $u_0 = 12$ et pour tout entier naturel n, $u_{n+1} = -\frac{1,1}{605}u_n^2 + 1,1u_n$.

1. On considère la fonction g définie sur $\mathbb{R}$ par :

$$g(x) = -\frac{1,1}{605}x^2 + 1,1x\ .$$

On remarquera que $u_{n+1} = g(u_n)$.

a) Justifier que g est croissante sur $[0 ; 60]$.

b) Résoudre dans $\mathbb{R}$ l'équation $g(x) = x$.

c) Calculer la valeur arrondie à 10^{-3} de u_1. Interpréter.

d) Démontrer par récurrence que, pour tout entier naturel n, $0 \leqslant u_n \leqslant 55$.

e) Démontrer que la suite (u_n) est croissante.

f) Les biologistes souhaitent déterminer le nombre d'années au bout duquel la population dépassera les 50 000 individus avec ce second modèle.

Compléter l'algorithme ci-dessous pour qu'à la fin de son exécution, la variable N contienne la valeur du plus petit entier n tel que $u_n > 50$.

```
N ← 0
U ← 12
Tant que ……
    N ← ……
    U ← ……
```

→ Corrigé p. 35

Exercice 2 30 min 5 points

Soit (u_n) la suite définie par son premier terme $u_0 = 5$ et, pour tout entier naturel n, par :

$$u_{n+1} = 0{,}5u_n + 0{,}5n - 1{,}5.$$

1. Compléter l'algorithme suivant pour qu'il affiche le terme de rang n de la suite (u_n) :

```
u ← 5
Pour k variant de 1 à .........
      u ← ..........
Afficher u
```

2. Calculer, à l'aide de la calculatrice u_1 ; u_2 ; u_3 et u_4.
3. On considère la somme S_n définie par :

$$S_n = \sum_{k=0}^{k=n} u_k.$$

Modifier l'algorithme précédent pour qu'il affiche la valeur de S_n.

4. Que vaut S_4 ?
5. Démontrer par récurrence que pour tout entier naturel n supérieur ou égal à 3, $u_{n+1} > u_n$.

Que peut-on en déduire quant au sens de variation de la suite (u_n) ?

6. Soit (v_n) la suite définie pour tout entier naturel n par :

$$v_n = 0{,}1u_n - 0{,}1n + 0{,}5.$$

Démontrer que la suite (v_n) est géométrique de raison 0,5 et exprimer alors v_n en fonction de n.

7. En déduire que, pour tout entier naturel n :

$$u_n = 10 \times 0{,}5^n + n - 5.$$

→ Corrigé p. 37

1 → Énoncé p. 19

1. $u_1 = 3 \times u_0 + 2 = 3 \times 1 + 2 = 5$

$u_2 = 3 \times u_1 + 2 = 3 \times 5 + 2 = 17$

$u_3 = 3 \times u_2 + 2 = 3 \times 17 + 2 = 53$.

2. On considère pour tout entier naturel n, la propriété $\mathcal{P}(n) : u_n = 2 \times 3^n - 1$.
On veut démontrer cette propriété par récurrence.
Initialisation. On vérifie que la propriété est vraie pour $n = 0$.
$2 \times 3^0 - 1 = 2 \times 1 - 1 = 1 = u_0$
Tout réel élevé à la puissance 0 est égal à 1.
Donc $\mathcal{P}(0)$ est vraie.
Hérédité. Soit k un entier naturel. On suppose que $\mathcal{P}(k)$ est vraie (hypothèse de récurrence) c'est-à-dire que $u_k = 2 \times 3^k - 1$.
On veut démontrer que $\mathcal{P}(k+1)$ est vraie, c'est-à-dire que : $u_{k+1} = 2 \times 3^{k+1} - 1$.
On a : $u_k = 2 \times 3^k - 1$ d'après l'hypothèse de récurrence.
On a alors : $u_{k+1} = 3u_k + 2 = 3(2 \times 3^k - 1) + 2 = 2 \times 3^{k+1} - 3 + 2 = 2 \times 3^{k+1} - 1$.
$\mathcal{P}(k+1)$ est donc vraie.
Conclusion : La propriété est initialisée et héréditaire donc elle est vraie pour tout $n \geqslant 0$.

2 → Énoncé p. 19

1. $u_2 = u_1 + \dfrac{1}{(1+1)(1+2)} = \dfrac{1}{2} + \dfrac{1}{6} = \dfrac{2}{3}$

$u_3 = u_2 + \dfrac{1}{(2+1)(2+2)} = \dfrac{2}{3} + \dfrac{1}{12} = \dfrac{3}{4}$

$u_4 = u_3 + \dfrac{1}{(3+1)(3+2)} = \dfrac{3}{4} + \dfrac{1}{20} = \dfrac{4}{5}$.

2. a) On peut conjecturer que pour tout $n \geqslant 1$, $u_n = \dfrac{n}{n+1}$.

b) On considère pour tout entier naturel $n \geqslant 1$, la propriété $\mathcal{P}(n) : u_n = \dfrac{n}{n+1}$.

On veut démontrer cette propriété par récurrence.
Initialisation. On vérifie que la propriété est vraie pour $n = 1$.
$\dfrac{1}{1+1} = \dfrac{1}{2} = u_1$. Donc $\mathcal{P}(1)$ est vraie.
Hérédité. Soit k un entier naturel, $k \geqslant 1$. On suppose que $\mathcal{P}(k)$ est vraie (hypothèse de récurrence) c'est à dire que $u_k = \dfrac{k}{k+1}$.

On veut démontrer que $\mathcal{P}(k+1)$ est vraie, c'est-à-dire que :

$$u_{k+1} = \frac{k+1}{k+1+1} = \frac{k+1}{k+2}.$$

On a alors :

$u_{k+1} = u_k + \frac{1}{(k+1)(k+2)}$ par définition de la suite

$= \frac{k}{k+1} + \frac{1}{(k+1)(k+2)}$ par hypothèse de récurrence

$= \frac{k(k+2)+1}{(k+1)(k+2)}$ **on a réduit au même dénominateur $(k+1)(k+2)$**

$= \frac{k^2+2k+1}{(k+1)(k+2)}$ **on reconnaît l'identité remarquable $a^2+2ab+b^2=(a+b)^2$ avec $a=k$ et $b=1$.**

$= \frac{(k+1)^2}{(k+1)(k+2)}$ **on simplifie en divisant le numérateur et le dénominateur par $(k+1)$ qui est non nul.**

$= \frac{k+1}{k+2}$. $\mathcal{P}(k+1)$ est donc vraie.

Conclusion : La propriété est initialisée et héréditaire donc elle est vraie pour tout $n \geqslant 1$.

3 → *Énoncé p. 19*

On veut démontrer par récurrence la propriété $\mathcal{P}(n)$: $2^n \geqslant n+1$.

Initialisation. On vérifie que la propriété est vraie pour $n = 0$.

D'une part : $2^0 = 1$.

Tout réel élevé à la puissance 0 est égal à 1.

D'autre part ; $0 + 1 = 1$.

$\mathcal{P}(0)$ est donc vraie.

Hérédité. Soit k un entier naturel. On suppose que $\mathcal{P}(k)$ est vraie (hypothèse de récurrence) c'est-à-dire que $2^k \geqslant k+1$.

On veut démontrer que $\mathcal{P}(k+1)$ est vraie, c'est-à-dire que : $2^{k+1} \geqslant (k+1)+1$ soit $2^{k+1} \geqslant k+2$.

On a par hypothèse de récurrence : $2^k \geqslant k+1$.

On multiplie chaque membre de l'inégalité par le réel strictement positif 2:

On obtient : $2^k \times 2 \geqslant 2(k+1))$ Or $2^k \times 2 = 2^{k+1}$.

On obtient en développant le second membre de l'inégalité : $2^{k+1} \geqslant 2k+2$.

Or pour tout entier $k \geqslant 0$, $2k+2 \geqslant k+2$ donc $2^{k+1} \geqslant 2k+2 \geqslant k+2$.

La propriété est donc vraie au rang $k+1$.

Rappel
On peut multiplier chaque membre d'une inégalité par un réel strictement positif sans changer le sens de l'inégalité.

Conclusion : La propriété est initialisée et héréditaire donc elle est vraie pour tout $n \geqslant 0$.

4 → Énoncé p. 19

On considère pour tout entier naturel n, la propriété $\mathcal{P}(n)$: $u_n > 0$

On veut démontrer cette propriété par récurrence.

Initialisation. On vérifie que la propriété est vraie pour $n = 0$.

$u_0 = 3$ donc $u_0 > 0$. $\mathcal{P}(0)$ est donc vraie.

Hérédité. Soit k un entier naturel. On suppose que $\mathcal{P}(k)$ est vraie (hypothèse de récurrence) c'est-à-dire que $u_k > 0$.

On veut démontrer que $\mathcal{P}(k+1)$ est vraie, c'est-à-dire que : $u_{k+1} > 0$.

On a par hypothèse de récurrence : $u_k > 0$.

On multiplie chaque membre de l'inégalité par le réel strictement positif 2 :

on obtient : $2u_k > 0$.

On ajoute 4 à chaque membre de l'inégalité, on obtient :

$2u_k + 4 > 4$.

Or $u_{k+1} = 2u_k + 4$, donc $u_{k+1} > 4$.

On en conclut que $u_{k+1} > 0$.

La propriété est donc vraie au rang $k + 1$.

Conclusion : La propriété est initialisée et héréditaire donc elle est vraie pour tout $n \geqslant 0$.

> **Remarque**
>
> On peut multiplier chaque membre d'une inégalité par un nombre strictement positif sans changer le sens de l'inégalité.
> On peut toujours additionner le même nombre à chaque membre d'une inégalité.

5 → Énoncé p. 19

On considère pour tout entier naturel n, la propriété $\mathcal{P}(n)$: $u_n \leqslant 1$.

On veut démontrer cette propriété par récurrence.

Initialisation. On vérifie que la propriété est vraie pour $n = 0$.

$u_0 = -1$ donc $u_0 \leqslant 1$. $\mathcal{P}(0)$ est donc vraie.

Hérédité. Soit k un entier naturel. On suppose que $\mathcal{P}(k)$ est vraie (hypothèse de récurrence) c'est-à-dire que $u_k \leqslant 1$.

On veut démontrer que $\mathcal{P}(k+1)$ est vraie, c'est-à-dire que : $u_{k+1} \leqslant 1$.

On a par hypothèse de récurrence : $u_k \leqslant 1$.

On multiplie chaque membre de l'inégalité par le réel strictement positif 0,2 :

on obtient : $0{,}2u_k \leqslant 0{,}2$.

On ajoute 0,6 à chaque membre de l'inégalité, on obtient : $0{,}2u_k + 0{,}6 \leqslant 0{,}2 + 0{,}6$.

Or $u_{k+1} = 2u_k + 0{,}6$, donc $u_{k+1} \leqslant 0{,}8$.

On en conclut que $u_{k+1} \leqslant 1$.

La propriété est donc vraie au rang $k + 1$.

Conclusion : La propriété est initialisée et héréditaire donc elle est vraie pour tout $n \geqslant 0$.

6 → Énoncé p. 19

Soit $f : x \mapsto \sqrt{0{,}5x + 8}$, f est définie pour tout réel x tel que $0{,}5x + 8 \geqslant 0$.

$$0{,}5x + 8 \geqslant 0 \Leftrightarrow x \geqslant \frac{-8}{0{,}5} \Leftrightarrow x \geqslant -16.$$

La fonction f est définie sur $[-16\ ;+\infty[$ et dérivable sur $]-16\ ;+\infty[$.
On calcule la dérivée de f sur $]-16\ ;+\infty[$:
$f(x)$ est de la forme $f(x)=g(ax+b)$ avec $ax+b=0{,}5x+8$ et $g(x)=\sqrt{x}$.

On a donc $g'(x)=\dfrac{1}{2\sqrt{x}}$.

$$f'(x)=ag'(ax+b)=\frac{0{,}5}{2\sqrt{0{,}5x+8}}=\frac{1}{4\sqrt{0{,}5x+8}}$$

Pour tout réel $x>-16, \sqrt{0{,}5x+8}>0$ donc $f'(x)$ est positive sur $]-16\ ;+\infty[$ donc f est croissante sur $]-16\ ;+\infty[$.
On considère pour tout entier naturel n, la propriété $\mathcal{P}(n)$: $0\leqslant v_n\leqslant 4$.
Initialisation. On vérifie que la propriété est vraie pour $n=0$.
$v_0=0$ donc $0\leqslant v_0\leqslant 4$. $\mathcal{P}(0)$ est vraie.
Hérédité. Soit k un entier naturel. On suppose que $\mathcal{P}(k)$ est vraie (hypothèse de récurrence) c'est-à-dire que $0\leqslant v_k\leqslant 4$.
On veut démontrer que $\mathcal{P}(k+1)$ est vraie, c'est-à-dire que : $0\leqslant v_{k+1}\leqslant 4$.
On a par hypothèse de récurrence : $0\leqslant v_k\leqslant 4$.
On applique à chaque membre la fonction f croissante sur $]-16\ ;+\infty[$:
$f(0)\leqslant f(v_k)\leqslant f(4)$.
Or $f(v_k)=v_{k+1}$ car $f(v_k)=\sqrt{0{,}5v_k+8}=v_{k+1}$
$f(0)=\sqrt{0{,}5\times 0+8}=2\sqrt{2}$ et $f(4)=\sqrt{0{,}5\times 4+8}=\sqrt{10}$.
On obtient donc : $2\sqrt{2}\leqslant v_{k+1}\leqslant\sqrt{10}$, or $\sqrt{10}\approx 3{,}2$.
On en conclut que $0\leqslant v_{k+1}\leqslant 4$.
La propriété est donc vraie au rang $k+1$.
Conclusion : La propriété est initialisée et héréditaire donc elle est vraie pour tout $n\geqslant 0$.

> **Rappel**
> Une fonction croissante conserve l'ordre. C'est-à-dire : Si $a\leqslant b$ alors $f(a)\leqslant f(b)$.

7 → *Énoncé p. 20*

On veut démontrer par récurrence que la suite (u_n) est décroissante.
On considère pour tout entier naturel n, la propriété $\mathcal{P}(n)$: $u_{n+1}\leqslant u_n$
On veut démontrer cette propriété par récurrence.
Initialisation. $u_0=-1$, on calcule u_1.
$u_1=-1+3\times(-1)=-4$.
On a bien $u_1\leqslant u_0$ donc $\mathcal{P}(0)$ est vraie.
Hérédité. Soit k un entier naturel. On suppose que $\mathcal{P}(k)$ est vraie (hypothèse de récurrence) c'est-à-dire que $u_{k+1}\leqslant u_k$.
On veut démontrer que $\mathcal{P}(k+1)$ est vraie, c'est-à-dire que : $u_{k+2}\leqslant u_{k+1}$.
On a par hypothèse de récurrence : $u_{k+1}\leqslant u_k$.

> **Rappel**
> Une suite est décroissante lorsque pour tout entier naturel n, $u_{n+1}\leqslant u_n$.

On multiplie chaque membre par $3 > 0$:
on trouve alors : $3u_{k+1} \leqslant 3u_k$.
On retranche 1 à chaque membre : $3u_{k+1} - 1 \leqslant 3u_k - 1$.
$u_{k+2} = -1 + 3u_{k+1}$ et $u_{k+1} = -1 + 3u_k$ par définition de la suite
On trouve donc : $u_{k+2} \leqslant u_{k+1}$.
La propriété est donc vraie au rang $k + 1$.
Conclusion : La propriété est initialisée et héréditaire donc elle est vraie pour tout $n \geqslant 0$.
La suite (u_n) est donc décroissante.

8 → *Énoncé p. 20*

On considère pour tout entier naturel n, la propriété $\mathcal{P}(n)$: $u_{n+1} \geqslant u_n$.
On veut démontrer cette propriété par récurrence.

> **Rappel**
> Une suite est croissante lorsque pour tout entier naturel n, $u_{n+1} \geqslant u_n$.

Initialisation. $u_0 = 0$ et $u_1 = e^{5\times0+1} = e$.
On a bien $u_1 \geqslant u_0$ donc $P(0)$ est vraie.
Hérédité. Soit k un entier naturel. On suppose que $\mathcal{P}(k)$ est vraie (hypothèse de récurrence) c'est-à-dire que $u_{k+1} \geqslant u_k$.
On veut démontrer que $\mathcal{P}(k+1)$ est vraie, c'est-à-dire que : $u_{k+2} \geqslant u_{k+1}$.
Soit $f : x \mapsto e^{5x+1}$.
f est définie et dérivable pour tout réel x :
$f(x) = g(ax + b)$ avec $ax + b = 5x + 1$ et $g(x) = e^x$.
On a alors $g'(x) = e^x$.
$f'(x) = ag'(ax + b) = 5e^{5x+1}$.

> **Remarque**
> La fonction f définie sur I par $f(x) = e^{ax+b}$ est dérivable sur I et $f'(x) = ae^{ax+b}$.

Or pour tout x réel, $5e^{5x+1} > 0$, donc $f'(x) > 0$ pour tout réel x.
On en conclut que f est croissante sur $\mathbb{R}$.
On a par hypothèse de récurrence : $u_{k+1} \geqslant u_k$.
On applique à chaque membre la fonction f définie et croissante sur $\mathbb{R}$: $f(u_{k+1}) \geqslant f(u_k)$
Or $f(u_k) = u_{k+1}$ **car $f(u_k) = e^{5u_k+1} = u_{k+1}$**
et $f(u_{k+1}) = u_{k+2}$ **car $f(u_{k+1}) = e^{5u_{k+1}+1} = u_{k+2}$**
On obtient donc : $u_{k+2} \geqslant u_{k+1}$. La propriété est donc vraie au rang $k + 1$.
Conclusion : La propriété est initialisée et héréditaire donc elle est vraie pour tout $n \geqslant 0$.

9 → *Énoncé p. 20*

On considère pour tout entier naturel n, la propriété $\mathcal{P}(n)$: $(1 + x)^n \geqslant 1 + nx$.
On veut démontrer cette propriété par récurrence.
Initialisation. On vérifie que la propriété est vraie pour $n = 0$.
D'une part : $(1 + x)^0 = 1$.
Tout réel élevé à la puissance 0 est égal à 1.
D'autre part ; $1 + 0x = 1$. $\mathcal{P}(0)$ est donc vraie.

Hérédité. Soit k un entier naturel. On suppose que $\mathcal{P}(k)$ est vraie (hypothèse de récurrence) c'est-à-dire que $(1+x)^k \geqslant 1+kx$.

On veut démontrer que $\mathcal{P}(k+1)$ est vraie, c'est-à-dire que : $(1+x)^{k+1} \geqslant 1+(k+1)x$.

On a par hypothèse de récurrence :

$(1+x)^k \geqslant 1+kx$, on multiplie chaque membre de l'inégalité par le réel strictement positif $(1+x)$:

on obtient :

$(1+x)^k(1+x) \geqslant (1+kx)(1+x)$,

or $(1+x)^k(1+x) = (1+x)^{k+1}$.

Rappel

On peut multiplier chaque membre d'une inégalité par un réel strictement positif sans changer le sens de l'inégalité.

On obtient en développant le second membre de l'inégalité :

$(1+x)^{k+1} \geqslant 1+x+kx+kx^2$ soit : $(1+x)^{k+1} \geqslant 1+(1+k)x+kx^2$.

On a factorisé $x+kx=(1+k)x$

Or pour tout réel x, $kx^2 \geqslant 0$ donc :

$(1+x)^{k+1} \geqslant 1+(1+k)x+kx^2 \geqslant 1+(1+k)x$.

La propriété est donc vraie au rang $k+1$.

Conclusion : La propriété est initialisée et héréditaire donc elle est vraie pour tout $n \geqslant 0$.

10 → *Énoncé p. 20*

1. Faux.

Soit $f : x \mapsto -x+20$, f est décroissante sur $\mathbb{R}$.

(u_n) est définie par : $\begin{cases} u_0 = 8 \\ u_{n+1} = f(u_n) = -u_n + 20, \text{ pour tout entier naturel } n. \end{cases}$

On calcule u_1 :

$u_1 = -u_0 + 20 = -8 + 20 = 12$ donc $u_1 > u_0$.

La suite (u_n) n'est pas décroissante pour tout entier naturel n.

2. a) Vrai.

Soit $f : x \mapsto 3\sqrt{x+4}$, f est définie pour tout x tel que $x+4 \geqslant 0$

$x+4 \geqslant 0 \Leftrightarrow x \geqslant -4$.

La fonction f est définie sur $[-4\,;+\infty[$ et dérivable sur $]-4\,;+\infty[$.

On calcule la dérivée de f sur $]-4\,;+\infty[$:

$f(x)$ est de la forme $f(x) = 3g(ax+b)$ avec $ax+b = x+4$ et $g(x) = \sqrt{x}$.

On a alors $g'(x) = \dfrac{1}{2\sqrt{x}}$.

$$f'(x) = 3ag'(ax+b) = \frac{3}{2\sqrt{x+4}}$$

Pour tout réel $x > -4$, $\dfrac{3}{2\sqrt{x+4}} > 0$ donc f' est positive sur $]-4\,;+\infty[$ donc f est croissante sur $]-4\,;+\infty[$.

On considère pour tout entier naturel n, la propriété $\mathcal{P}(n)$: $5 \leqslant u_n \leqslant 13$.

On veut démontrer cette propriété par récurrence.

Initialisation. On vérifie que la propriété est vraie pour $n = 0$.
$u_0 = 5$ donc $5 \leqslant u_0 \leqslant 13$. $\mathcal{P}(0)$ est vraie.
Hérédité. Soit k un entier naturel. On suppose que $\mathcal{P}(k)$ est vraie (hypothèse de récurrence) c'est-à-dire que $5 \leqslant u_k \leqslant 13$.
On veut démontrer que $\mathcal{P}(k+1)$ est vraie, c'est-à-dire que : $5 \leqslant u_{k+1} \leqslant 13$.
On a par hypothèse de récurrence : $5 \leqslant u_k \leqslant 13$.
On applique à chaque membre la fonction f définie et croissante sur $]-4 ; +\infty[$:
$f(5) \leqslant f(u_k) \leqslant f(13)$.

> **Rappel**
> Une fonction croissante conserve l'ordre, c'est-à-dire :
> Si $a \leqslant b$ alors $f(a) \leqslant f(b)$.

Or $f(u_k) = u_{k+1}$ car $f(u_k) = 3\sqrt{u_k + 4} = u_{k+1}$
$f(5) = 3\sqrt{5+4} = 9$ et $f(13) = 3\sqrt{13+4} = 3\sqrt{17}$.
On obtient donc : $9 \leqslant u_{k+1} \leqslant 3\sqrt{17}$. Or $3\sqrt{17} \approx 12{,}4$.
On en conclut que $5 \leqslant u_{k+1} \leqslant 13$.
La propriété est donc vraie au rang $k+1$.
Conclusion : La propriété est initialisée et héréditaire donc elle est vraie pour tout $n \geqslant 0$.

b) Vrai.
Soit $f : x \mapsto 3\sqrt{x+4}$.
D'après la question précédente, f est croissante $]-4 ; +\infty[$
On pose pour tout entier naturel n : $\mathcal{P}(n)$: $u_{n+1} \geqslant u_n$
On veut démontrer cette propriété par récurrence.

> **Rappel**
> Une suite est croissante lorsque pour tout entier naturel n, $u_{n+1} \geqslant u_n$.

Initialisation. On calcule $u_0 = 5$ et $u_1 = 3\sqrt{5+4} = 9$.
On a bien $u_1 \geqslant u_0$ donc $\mathcal{P}(0)$ est vraie.
Hérédité. Soit k un entier naturel. On suppose que $\mathcal{P}(k)$ est vraie (hypothèse de récurrence) c'est-à-dire que $u_{k+1} \geqslant u_k$.
On veut démontrer que $\mathcal{P}(k+1)$ est vraie, c'est-à-dire que : $u_{k+2} \geqslant u_{k+1}$.
On a, par hypothèse de récurrence et d'après la question précédente : $u_{k+1} \geqslant u_k \geqslant 5$
On peut donc appliquer à chaque membre la fonction f croissante sur $]-4 ; +\infty[$.
On obtient : $f(u_{k+1}) \geqslant f(u_k)$.
Or $f(u_k) = u_{k+1}$ car $f(u_k) = 3\sqrt{u_k + 4} = u_{k+1}$
et $f(u_{k+1}) = u_{k+2}$ car $f(u_{k+1}) = 3\sqrt{u_{k+1} + 4} = u_{k+2}$
On en déduit que : $u_{k+2} \geqslant u_{k+1}$. La propriété est donc vraie au rang $k+1$.
Conclusion : La propriété est initialisée et héréditaire donc elle est vraie pour tout $n \geqslant 0$.

c) Faux.
En effet $u_0 = 14$ et $u_1 = 3\sqrt{14+4} = 3\sqrt{18} \approx 12{,}73$.
Donc $u_1 < u_0$.
La suite (u_n) n'est pas croissante pour tout entier naturel n.

d) Vrai.
On considère pour tout entier naturel n, la propriété $\mathcal{P}(n)$: $u_n = 12$.

On veut démontrer cette propriété par récurrence
Initialisation. On vérifie que la propriété est vraie pour $n = 0$.
$u_0 = 12$. Donc $\mathcal{P}(0)$ est vraie.
Hérédité. Soit k un entier naturel. On suppose que $\mathcal{P}(k)$ est vraie (hypothèse de récurrence) c'est-à-dire que $u_k = 12$.
On veut démontrer que $\mathcal{P}(k+1)$ est vraie, c'est-à-dire que : $u_{k+1} = 12$
On a : $u_k = 12$ d'après l'hypothèse de récurrence.
On a alors : $u_{k+1} = 3\sqrt{u_k + 4} = 3\sqrt{12+4} = 3\sqrt{16} = 3 \times 4 = 12$
$\mathcal{P}(k+1)$ est donc vraie.
Conclusion : La propriété est initialisée et héréditaire donc elle est vraie pour tout $n \geqslant 0$.

11 → Énoncé p. 20

1. Réponse B.

On sait que $u_0 = 1$. On calcule u_1 et u_2 .
$u_1 = 5u_0 + 8 = 5 + 8 = 13$ $u_2 = 5u_1 + 8 = 5 \times 13 + 8 = 73$.
Avec la réponse A, on obtiendrait :
$u_0 = 5^0 + 8 \times 0 = 1$ $u_1 = 5^1 + 8 \times 1 = 13$ $u_2 = 5^2 + 8 \times 2 = 41 \neq 73$
Avec la réponse C, on obtiendrait :
$u_0 = 7 \times 0 + 6^0 = 0 + 1 = 1$ $u_1 = 7 \times 1 + 6^1 = 13$ $u_2 = 7 \times 2 + 6^2 = 14 + 36 = 50 \neq 73$.
La seule réponse exacte est donc par élimination, la réponse B.

2. Réponse C.

On considère la suite (u_n) définie pour tout entier naturel par $u_n = (-0{,}5)^n$.
Pour tout entier naturel n, $u_n \neq 0$ et $\dfrac{u_{n+1}}{u_n} = -0{,}5 < 1$.
$u_0 = 1$ $u_1 = -0{,}5$ $u_2 = (-0{,}5)^2 = 0{,}25$. La suite (u_n) n'est ni croissante, ni décroissante.

3. Réponse B.

On cherche les éventuelles racines réelles du polynôme du second degré $x^2 - 8x - 20$.
$\Delta = (-8)^2 - 4 \times 1 \times (-20) = 144$. Les racines sont $x_1 = \dfrac{8 - \sqrt{144}}{2} = -2$ et $x_2 = \dfrac{8 + 12}{2} = 10$.
On en conclut que :
– pour tout entier naturel inférieur ou égal à 9, $n^2 - 8n - 20 < 0$;
– pour $n = 10$, $n^2 - 8n - 20 = 0$, il existe donc $n = 10$ tel que $u_n = 0$;
– pour tout entier naturel n supérieur ou égal à 11, $n^2 - 8n - 20 > 0$.

4. Réponse A.

Pour tout entier naturel n, $n \leqslant n + 1$. Or f est une fonction croissante sur $\mathbb{R}$.
Donc $f(n) \leqslant f(n+1)$.
On en conclut que $u_n \leqslant u_{n+1}$ pour tout entier naturel n.
(u_n) est donc une suite croissante. Elle est minorée par son premier terme u_0 .

12 → Énoncé p. 21

1. a) On considère pour tout entier naturel n, la propriété $\mathcal{P}(n) : u_n \geqslant 0$.
On veut démontrer cette propriété par récurrence.
Initialisation. On vérifie que la propriété est vraie pour $n = 0$.
$u_0 = \frac{1}{2}$ donc $u_0 \geqslant 0$. $\mathcal{P}(0)$ est donc vraie.

Hérédité. Soit k un entier naturel. On suppose que $\mathcal{P}(k)$ est vraie (hypothèse de récurrence) c'est-à-dire que $u_k \geqslant 0$.
On veut démontrer que $\mathcal{P}(k+1)$ est vraie, c'est-à-dire que $u_{k+1} \geqslant 0$.
On a par hypothèse de récurrence : $u_k \geqslant 0$.
On multiplie chaque membre de l'inégalité par le réel strictement positif 4.
On obtient : $4u_k \geqslant 0$.
On ajoute 3 à chaque membre de l'inégalité, on obtient :
$4u_k + 3 \geqslant 3$ donc $4u_k + 3$ est strictement positif.
De plus, $u_k \geqslant 0 \Leftrightarrow u_k + 2 \geqslant 2$, donc $u_k + 2$ est strictement positif.
Le quotient de deux nombres strictement positifs est positif.
On en conclut que $u_{k+1} = \dfrac{4u_k + 3}{u_k + 2}$ est un nombre positif.
La propriété est donc vraie au rang $k+1$.
Conclusion : La propriété est initialisée et héréditaire donc elle est vraie pour tout $n \geqslant 0$.

b) On considère la fonction f définie pour tout réel x positif par $f(x) = \dfrac{4x+3}{x+2}$.

Pour tout entier naturel n, $u_n \geqslant 0$ et $u_{n+1} = f(u_n)$.

2. La fonction f est dérivable sur $[0 ; +\infty[$.

Pour tout $x \in [0 ; +\infty[$, $f(x) = \dfrac{v(x)}{w(x)}$ avec $v(x) = 4x + 3$ et $w(x) = x + 2$;
$v'(x) = 4$ et $w'(x) = 1$.

$$f'(x) = \frac{u'(x)v(x) - u(x)v'(x)}{v^2(x)} = \frac{4(x+2) - (4x+3) \times 1}{(x+2)^2} = \frac{5}{(x+2)^2}.$$

Donc pour tout réel x positif, $f'(x) \geqslant 0$. La fonction f est croissante sur $[0 ;+\infty[$.

3. a)

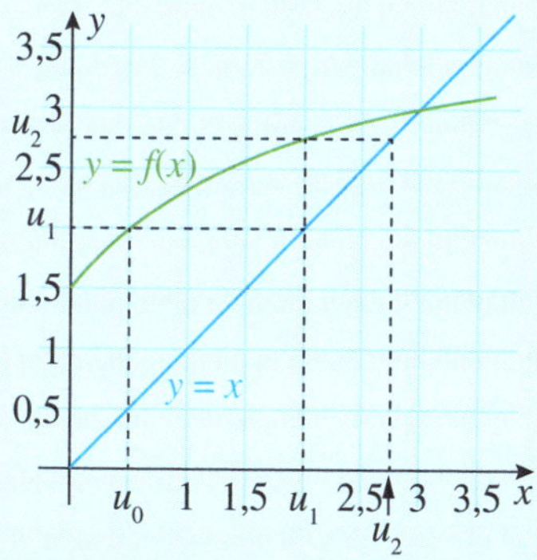

b) On peut conjecturer que la suite (u_n) est croissante.
c) On peut conjecturer que 3 est un majorant de la suite (u_n).
4. a) On considère pour tout entier naturel n, la propriété $\mathcal{P}(n)$: $u_n \leqslant u_{n+1} \leqslant 3$
On veut démontrer cette propriété par récurrence.

Initialisation. $u_0 = \dfrac{1}{2}$ et $u_1 = \dfrac{4 \times \frac{1}{2} + 3}{\frac{1}{2} + 2} = 2$.

> **Rappel**
> Une suite est croissante lorsque pour tout entier naturel n, $u_{n+1} \geqslant u_n$.

On a bien $u_0 \leqslant u_1 \leqslant 3$ donc $\mathcal{P}(0)$ est vraie.
Hérédité. Soit k un entier naturel. On suppose que $\mathcal{P}(k)$ est vraie (hypothèse de récurrence) c'est-à-dire que $u_k \leqslant u_{k+1} \leqslant 3$.
On veut démontrer que $\mathcal{P}(k+1)$ est vraie, c'est-à-dire que : $u_{k+1} \leqslant u_{k+2} \leqslant 3$.
Soit $f : x \mapsto \dfrac{4x+3}{x+2}$. f est croissante sur $[0 ; +\infty[$.
On a par hypothèse de récurrence : $u_k \leqslant u_{k+1} \leqslant 3$ et d'après la question **1. a)** $u_k \geqslant 0$.
On applique à chaque membre la fonction f définie et croissante sur $[0 ; +\infty[$:
$f(u_k) \leqslant f(u_{k+1}) \leqslant f(3)$.
Or $f(u_k) = u_{k+1}$ car $f(u_k) = \dfrac{4u_k + 3}{u_k + 2} = u_{k+1}$

$f(u_{k+1}) = u_{k+2}$ car $f(u_{k+1}) = \dfrac{4u_{k+1} + 3}{u_{k+1} + 2} = u_{k+2}$ et $f(3) = \dfrac{4 \times 3 + 3}{3 + 2} = 3$.

On obtient donc : $u_{k+1} \leqslant u_{k+2} \leqslant 3$. La propriété est donc vraie au rang $k+1$.
Conclusion : La propriété est initialisée et héréditaire donc elle est vraie pour tout $n \geqslant 0$.
b) $u_n \leqslant u_{n+1}$ pour tout entier naturel n, on en déduit que la suite (u_n) est croissante.
De plus, $0 \leqslant u_n \leqslant 3$ pour tout entier naturel n, on en déduit que la suite (u_n) est bornée.

13 → *Énoncé p. 22*

1. Comme chaque année, la population totale est constante égale à 120 millions d'habitants, on a :
$u_n + v_n = 120$.
2. u_{n+1} est le nombre d'habitants en zone rurale l'année $2019 + n + 1$.
Le nombre de ruraux a diminué de 10 % par rapport à l'année $2019 + n$.
Donc, il reste $0{,}9u_n$ ruraux.
5 % des citadins de l'année $2019 + n$ sont venus s'installer en zone rurale soit $0{,}05v_n$.
On a donc $u_{n+1} = 0{,}9u_n + 0{,}05v_n$.
3. D'après la question **1.**, on a : $v_n = 120 - u_n$. On remplace dans l'expression de u_{n+1} :
$u_{n+1} = 0{,}9u_n + 0{,}05(120 - u_n) = 0{,}9u_n + 0{,}05 \times 120 - 0{,}05u_n = 0{,}85u_n + 6$.

4. On veut démontrer pour tout entier naturel n, la propriété $\mathcal{P}(n)$: $u_{n+1} \leqslant u_n$

Initialisation. $u_1 = 0{,}85u_0 + 6 = 82{,}5$.

On a bien $u_1 \leqslant u_0$ donc $\mathcal{P}(0)$ est vraie.

Hérédité. Soit k un entier naturel. On suppose que $\mathcal{P}(k)$ est vraie c'est-à-dire que $u_{k+1} \leqslant u_k$.

On veut démontrer que $\mathcal{P}(k+1)$ est vraie c'est-à-dire $u_{k+2} \leqslant u_{k+1}$.

Par hypothèse de récurrence, on a :

$$\begin{aligned} u_{k+1} \leqslant u_k &\Leftrightarrow 0{,}85u_{k+1} \leqslant 0{,}85u_k \text{ car } 0{,}85 > 0 \\ &\Leftrightarrow 0{,}85u_{k+1} + 6 \leqslant 0{,}85u_k + 6 \\ &\Leftrightarrow u_{k+2} \leqslant u_{k+1} \text{ car } u_{k+2} = 0{,}85u_{k+1} + 6 \text{ et } u_{k+1} = 0{,}85u_k + 6. \end{aligned}$$

La propriété $\mathcal{P}(k+1)$ est vraie.

Conclusion : La propriété $\mathcal{P}(n)$ est initialisée et héréditaire. Elle est donc vraie pour tout entier naturel n.

5. a) La variable u prend pour valeurs les termes u_n de la suite (u_n).

b) La boucle teste si, pour chaque valeur de l'entier n, le terme u_n est supérieur ou égal au terme v_n.

La boucle s'arrêtera dès que le terme u_n sera strictement inférieur au terme v_n.

c) La valeur de l'entier n affiché sera le plus petit entier naturel n tel que $u_n < v_n$ c'est-à-dire le rang de l'année où le nombre de personnes habitant en zone rurale sera strictement inférieur au nombre de personnes habitant en zone urbaine.

d) On trouve $n = 6$ soit l'année 2025.

SUJET DE BAC

Exercice 1 → Énoncé p. 23

Partie A. Un premier modèle

1. Il y a 12 000 singes en 2019 donc $v_0 = 12$.

$v_1 = 12 \times 1{,}05 = 12{,}6$ et $v_2 = 12{,}6 \times 1{,}05 = 13{,}23$.

2. Augmenter de 5 % revient à multiplier par $1{,}05$, la suite (v_n) est donc une suite géométrique de raison $1{,}05$ et de premier terme $v_0 = 12$.

On a $v_n = 12 \times 1{,}05^n$.

3. a) $2053 = 2019 + 34$. $v_{34} = 12 \times 1{,}05^{34} \approx 63{,}040$.

Selon ce modèle, il y aurait environ 63 040 singes en 2053.

b) Cette modélisation ne répond pas aux contraintes du milieu naturel car, dans ces conditions de vie, la population ne peut pas dépasser les 60 000 individus.

Partie B. Un second modèle

a) g est une fonction polynôme de degré 2 avec $a < 0$, $b = 1{,}1$ et $c = 0$ de sommet $S\left(\dfrac{-b}{2a} = 302{,}5\ ;\ g(302{,}5) = 166{,}375\right)$.

> **Remarque**
> On aurait pu calculer la dérivée de g puis étudier son signe pour montrer que g est croissante sur $[0\ ;\ 60]$.

La fonction g est donc croissante sur $[0\ ;\ 60]$.

b) $g(x) = x \Leftrightarrow -\dfrac{1,1}{605}x^2 + 1,1x = x \Leftrightarrow -\dfrac{1,1}{605}x^2 + 0,1x = 0$

$$\Leftrightarrow x\left(-\frac{1,1}{605}x + 0,1\right) = 0 \Leftrightarrow x = 0 \text{ ou } -\frac{1,1}{605}x + 0,1 = 0\,.$$

Or $-\dfrac{1,1}{605}x + 0,1 = 0 \Leftrightarrow x = \dfrac{605 \times 0,1}{1,1} = 55$

Cette équation a deux solutions $x = 0$ et $x = 55$.

c) $u_1 = g(12) = -\dfrac{1,1}{605} \times 12^2 + 1,1 \times 12 = \dfrac{3\,558}{275}$, $u_1 \approx 12,938$.

La population de singes en 2020 sera environ de 12 938 singes d'après ce modèle.

d) Pour tout entier naturel n, on note $\mathcal{P}(n)$ la propriété $0 \leqslant u_n \leqslant 55$.

Initialisation. $u_0 = 12$ donc on a bien $0 \leqslant u_0 \leqslant 55$. $\mathcal{P}(0)$ est vraie.

Hérédité. Soit k un entier naturel. On suppose que $\mathcal{P}(k)$ est vraie c'est à dire que $0 \leqslant u_k \leqslant 55$.

Montrons que $\mathcal{P}(k+1)$ est vraie c'est-à-dire que $0 \leqslant u_{k+1} \leqslant 55$.

Par hypothèse de récurrence, on a :

$0 \leqslant u_k \leqslant 55$. Or g est croissante sur $[0\ ;\ 60]$ d'après la question **1. a)**, donc on peut appliquer la fonction g à chaque membre :

$g(0) \leqslant g(u_k) \leqslant g(55)$ mais $g(0) = 0$ et $g(55) = 55$ d'après la question **1. b)**.

Donc $0 \leqslant u_{k+1} \leqslant 55$. La propriété $\mathcal{P}(k+1)$ est donc vraie.

Conclusion : La propriété est initialisée et héréditaire, elle est donc vraie pour tout entier naturel n.

e) $u_{n+1} - u_n = -\dfrac{1,1}{605}u_n^{\ 2} + 1,1u_n - u_n = -\dfrac{1,1}{605}u_n^{\ 2} + 0,1u_n = u_n\left(-\dfrac{1,1}{605}u_n + 0,1\right)$.

D'après ce qui précède, $u_n \geqslant 0$ et $0 \leqslant u_n \leqslant 55$ donc $0 \geqslant -\dfrac{1,1}{605}u_n \geqslant \dfrac{-1,1 \times 55}{605}$ car $-\dfrac{1,1}{605} < 0$ donc $0 \geqslant -\dfrac{1,1}{605}u_n \geqslant -0,1$.

On ajoute 0,1 à chaque membre : $0,1 \geqslant -\dfrac{1,1}{605}u_n + 0,1 \geqslant 0$.

Donc $u_{n+1} - u_n \geqslant 0$ pour tout entier n. La suite (u_n) est croissante.

f)

$N \leftarrow 0$
$U \leftarrow 12$
Tant que $U \leqslant 50$
  $N \leftarrow N + 1$
  $U \leftarrow -\dfrac{1,1}{605}U^2 + 1,1U$

Exercice 2 → Énoncé p. 24

1.

```
u ← 5 .
Pour k variant de 1 à n
    u ← 0,5u + 0,5(k − 1) − 1,5
Afficher u
```

2. $u_1 = 1 \quad u_2 = -0{,}5 \quad u_3 = -0{,}75 \quad u_4 = -0{,}375$.

3.

```
u ← 5
S ← 5
Pour k variant de 1 à n
    u ← 0,5u + 0,5(k − 1) − 1,5
    S ← S + u
Afficher S
```

4. $S_4 = u_0 + u_1 + u_2 + u_3 + u_4 = 5 + 1 - 0{,}5 - 0{,}75 - 0{,}375 = 4{,}375$.

5. On veut démontrer que la propriété $\mathcal{P}(n)$: $u_{n+1} > u_n$ est vraie pour tout entier $n \geqslant 3$.

Initialisation. D'après la question **2.**, $u_4 > u_3$ donc la propriété $\mathcal{P}(3)$ est vraie.

Hérédité. Soit k un entier naturel supérieur ou égal à 3, on suppose que $\mathcal{P}(k)$ est vraie c'est-à-dire que $u_{k+1} > u_k$.

Montrons que $\mathcal{P}(k+1)$ est vraie c'est-à-dire que $u_{k+2} > u_{k+1}$.

$u_{k+2} = 0{,}5u_{k+1} + 0{,}5(k+1) - 1{,}5 = 0{,}5u_{k+1} + 0{,}5k - 1$.

Or, par hypothèse de récurrence : $u_{k+1} > u_k$.

En multipliant chaque membre de l'inégalité par le réel strictement positif 0,5 puis en ajoutant à chaque membre $0{,}5k - 1$, on obtient :

$0{,}5u_{k+1} + 0{,}5k - 1 > 0{,}5\,u_k + 0{,}5k - 1$.

Or, $0{,}5\,u_k + 0{,}5k - 1 > 0{,}5\,u_k + 0{,}5k - 1 - 0{,}5$ et $0{,}5u_k + 0{,}5k - 1 - 0{,}5 = u_{k+1}$

Donc $u_{k+2} > 0{,}5u_k + 0{,}5k - 1 > u_{k+1}$.

Donc $\mathcal{P}(k+1)$ est vraie.

Conclusion : La propriété est initialisée et héréditaire, elle est donc vraie pour tout entier naturel n supérieur ou égal à 3.

La suite (u_n) est donc strictement croissante pour tout $n \geqslant 3$.

6. Pour tout entier naturel n,

$v_{n+1} = 0{,}1u_{n+1} - 0{,}1(n+1) + 0{,}5 = 0{,}1(0{,}5u_n + 0{,}5n - 1{,}5) - 0{,}1\,n + 0{,}4$

$= 0{,}05u_n - 0{,}05n + 0{,}25 = 0{,}5(0{,}1u_n - 0{,}1n + 0{,}5) = 0{,}5v_n$.

La suite (v_n) est donc une suite géométrique de raison $q = 0{,}5$:

$v_0 = 0{,}1u_0 - 0{,}1 \times 0 + 0{,}5 = 0{,}1 \times 5 + 0{,}5 = 1$.

Donc pour tout entier naturel, $v_n = 0{,}5^n$.

7. Pour tout entier naturel n, $v_n = 0{,}1u_n - 0{,}1 \times n + 0{,}5$.

Donc $u_n = \dfrac{v_n + 0{,}1 \times n - 0{,}5}{0{,}1} = 10 \times (v_n + 0{,}1n - 0{,}5) = 10 \times 0{,}5^n + n - 5$.

Limites de suites

CHAPITRE 2

1 Définitions des limites

A. Limite finie et suites convergentes

■ **Définition**

Soit ℓ un réel. Une suite (u_n) a pour **limite** ℓ quand n tend vers $+\infty$ lorsque tout intervalle ouvert contenant ℓ contient tous les termes u_n à partir d'un certain rang.

On dit alors que (u_n) **converge** vers ℓ.

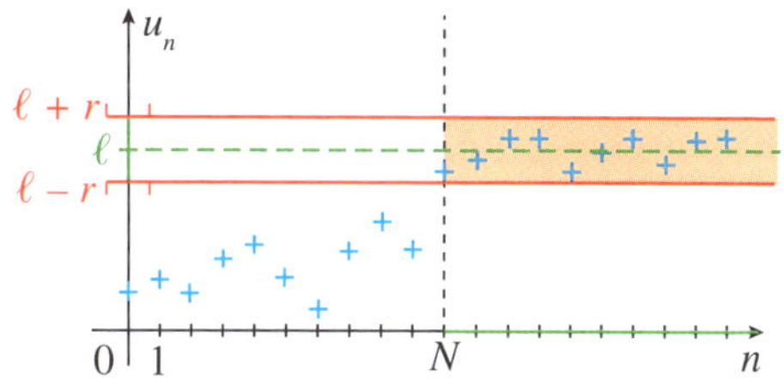

Remarque :

(u_n) converge vers ℓ lorsque, pour tout $r > 0$, il existe un rang N tel que pour tout $n \geqslant N$, $|u_n - \ell| < r$.

■ **Propriété**

La limite d'une suite (u_n) **convergente** est unique. On note $\lim\limits_{n \to +\infty} u_n = \ell$.

■ **Propriété. Limites des suites usuelles**

Soit un entier $k \geqslant 1$. $\lim\limits_{n \to +\infty} \frac{1}{n^k} = 0$ **et** $\lim\limits_{n \to +\infty} \frac{1}{\sqrt{n}} = 0$.

B. Suites divergentes

■ **Définition**

Une suite qui n'est pas convergente est dite **divergente**.

■ **Définitions**

Une suite (u_n) tend vers $+\infty$ (respectivement vers $-\infty$) lorsque tout intervalle de la forme $]A\,;+\infty[$ (respectivement de la forme $]-\infty\,;A[$) contient tous les termes u_n à partir d'un certain rang.

On note $\lim\limits_{n \to +\infty} u_n = +\infty$ (respectivement $\lim\limits_{n \to +\infty} u_n = -\infty$).

On dit alors que (u_n) diverge vers $+\infty$ (respectivement vers $-\infty$).

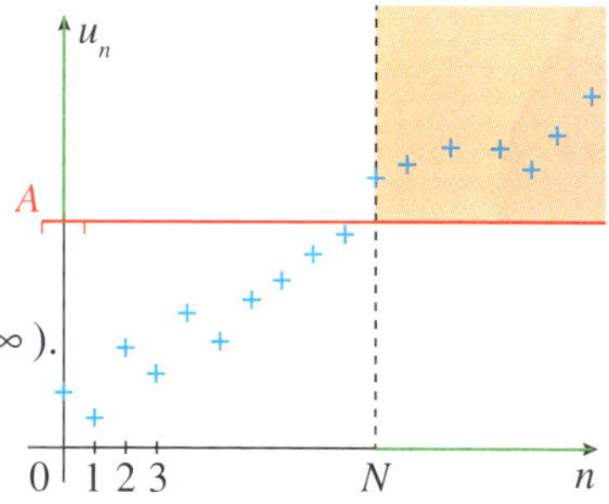

Remarques :

• (u_n) diverge vers $+\infty$ lorsque, pour tout réel A, il existe un rang N tel que pour tout $n \geqslant N$, $u_n > A$.

• (u_n) diverge vers $-\infty$ lorsque pour tout réel A, il existe un rang N tel que pour tout $n \geqslant N$, $u_n < A$.

• La suite (u_n) définie pour tout n par $u_n = (-1)^n$ diverge mais n'a pas de limite.

■ **Propriété. Limites des suites usuelles**

Soit un entier $k \geqslant 1$. $\lim\limits_{n \to +\infty} n^k = +\infty$ **et** $\lim\limits_{n \to +\infty} \sqrt{n} = +\infty$.

2 Limites et opérations

A. Somme

■ **Propriété**

Soient (u_n) et (v_n) deux suites et soient ℓ et ℓ' deux réels.

Si $\lim\limits_{n \to +\infty} u_n =$	ℓ	ℓ	ℓ	$+\infty$	$-\infty$	$+\infty$
et $\lim\limits_{n \to +\infty} v_n =$	ℓ'	$+\infty$	$-\infty$	$+\infty$	$-\infty$	$-\infty$
alors $\lim\limits_{n \to +\infty} (u_n + v_n) =$	$\ell + \ell'$	$+\infty$	$-\infty$	$+\infty$	$-\infty$	forme indéterminée

B. Produit

■ **Propriété**

Soient (u_n) et (v_n) deux suites et soient ℓ et ℓ' deux réels. Le symbole ∞ désigne soit $+\infty$ soit $-\infty$.

Si $\lim\limits_{n \to +\infty} u_n =$	ℓ	$\ell \neq 0$	∞	0
et $\lim\limits_{n \to +\infty} v_n =$	ℓ'	∞	∞	∞
alors $\lim\limits_{n \to +\infty} (u_n \times v_n) =$	$\ell \times \ell'$	∞	∞	forme indéterminée

Remarque :

Quand le tableau indique $\lim\limits_{n \to +\infty} (u_n \times v_n) = \infty$, il faut utiliser la règle des signes d'un produit pour conclure.

C. Quotient

■ **Propriété**

Soient (u_n) et (v_n) deux suites et soient ℓ et ℓ' deux réels. On suppose ici que tous les termes v_n sont non nuls.

Si $\lim\limits_{n\to+\infty} u_n =$	ℓ	ℓ	∞	ℓ ou ∞	0	∞
et $\lim\limits_{n\to+\infty} v_n =$	$\ell' \neq 0$	∞	$\ell' \neq 0$	0 avec v_n de signe constant	0	∞
alors $\lim\limits_{n\to+\infty} \frac{u_n}{v_n} =$	$\frac{\ell}{\ell'}$	0	∞	∞	forme indéterminée	forme indéterminée

Remarque :

Si $\lim\limits_{n\to+\infty} v_n = 0$, il faut que, à partir d'un certain rang, le signe de v_n soit constamment positif ou constamment négatif pour pouvoir appliquer la règle des signes d'un quotient et conclure sur la limite de $\left(\frac{u_n}{v_n}\right)$.

3 Limites et comparaison

A. Limite infinie

Théorème

Soit N un entier naturel.

Soient (u_n) et (v_n) deux suites telles que, pour tout $n \geqslant N$, $u_n \leqslant v_n$.

- Si $\lim\limits_{n\to+\infty} u_n = +\infty$, alors $\lim\limits_{n\to+\infty} v_n = +\infty$.
- Si $\lim\limits_{n\to+\infty} v_n = -\infty$, alors $\lim\limits_{n\to+\infty} u_n = -\infty$.

B. Limite finie

Théorème des gendarmes

Soit N un entier naturel et soit ℓ un réel.

Soient (u_n), (v_n) et (w_n) trois suites telles que, pour tout $n \geqslant N$, $u_n \leqslant v_n \leqslant w_n$.

Si (u_n) et (w_n) convergent vers la même limite ℓ, alors (v_n) converge aussi vers ℓ.

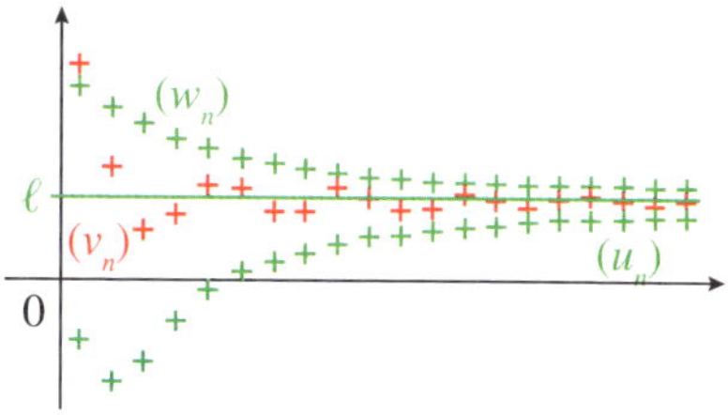

Propriété

Soit N un entier naturel, soient ℓ et ℓ' deux réels.

- Si (u_n) et (v_n) sont deux suites telles que, pour tout $n \geqslant N$, $u_n \leqslant v_n$ et si (u_n) converge vers ℓ et (v_n) converge vers ℓ', alors $\ell \leqslant \ell'$.
- Si (u_n) est une suite croissante qui converge vers ℓ, alors, pour tout $n \in \mathbb{N}$, $u_n \leqslant \ell$.
- Si (u_n) est une suite décroissante qui converge vers ℓ, alors, pour tout $n \in \mathbb{N}$, $u_n \geqslant \ell$.

4 Suites géométriques, suites monotones

A. Suites du type (q^n)

■ **Propriétés**

Soit q un réel.

- Si $q \leqslant -1$, alors la suite (q^n) diverge et n'admet pas de limite.
- Si $-1 < q < 1$, alors la suite (q^n) converge vers 0.
- Si $q = 1$, alors la suite (q^n) converge vers 1.
- Si $q > 1$, alors la suite (q^n) diverge vers $+\infty$.

B. Suites monotones

Soit (u_n) une suite de nombres réels. Soient M et m deux réels.

■ **Théorème (croissance dominée)**

- Si (u_n) est croissante et majorée, alors (u_n) converge.
- Si (u_n) est décroissante et minorée, alors (u_n) converge.

Remarques :

- Si (u_n) est croissante et majorée par M, alors (u_n) converge vers une limite ℓ telle que $\ell \leqslant M$.
- Si (u_n) est décroissante et minorée par m, alors (u_n) converge vers une limite ℓ telle que $\ell \geqslant m$.

■ **Théorème**

- Si (u_n) est croissante et non majorée, alors (u_n) diverge vers $+\infty$.
- Si (u_n) est décroissante et non minorée, alors (u_n) diverge vers $-\infty$.

Srinivasa Ramanujan (1887 - 1920) est un mathématicien indien.
Il a laissé des cahiers entiers de résultats (suites, limites, etc.) non démontrés qui, encore aujourd'hui, continuent à être étudiés.

LIMITES DE SUITES

Étudier le comportement de u_n quand n tend vers $+\infty$

• Suite convergente

$\lim\limits_{n\to+\infty} u_n = \ell$

(u_n) converge vers ℓ lorsque, pour tout $r > 0$, il existe un rang N tel que pour tout $n \geqslant N$, $|u_n - \ell| < r$.

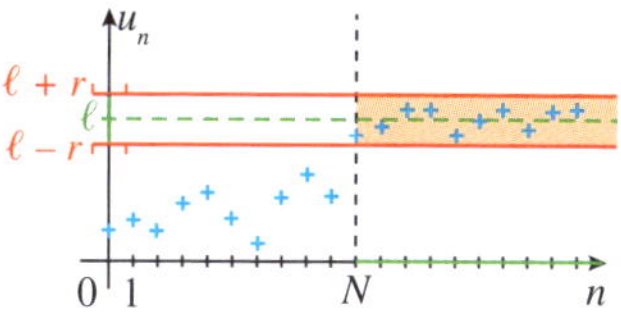

• Suite divergente

1er cas : $\lim\limits_{n\to+\infty} u_n = \pm\infty$

(u_n) diverge vers $+\infty$ lorsque, pour tout réel A, il existe un rang N tel que, pour tout $n \geqslant N$, $u_n > A$.

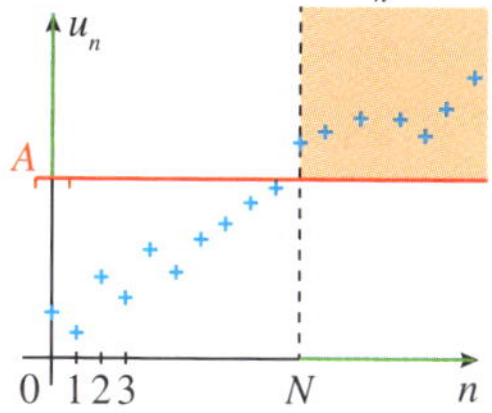

2e cas : pas de limite

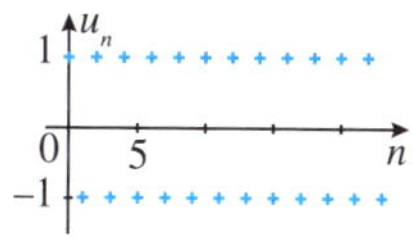

Lorsque n tend vers $+\infty$, la suite (u_n) n'admet pas de limite.

Repérer les formes indéterminées

Limites et opérations :

si					
$\lim\limits_{n\to+\infty} u_n =$	$+\infty$	$-\infty$	$+\infty$	0	∞
$\lim\limits_{n\to+\infty} v_n =$	$+\infty$	$-\infty$	$-\infty$	∞	0
alors					
$\lim\limits_{n\to+\infty} (u_n + v_n) =$	$+\infty$	$-\infty$	***FI***	∞	∞
$\lim\limits_{n\to+\infty} (u_n v_n) =$	$+\infty$	$+\infty$	$-\infty$	***FI***	***FI***
$\lim\limits_{n\to+\infty} \dfrac{u_n}{v_n} =$	***FI***	***FI***	***FI***	0	∞

FI = Forme Indéterminée

Étudier la convergence de suites de références

• Soit un entier $k \geqslant 1$.

$\lim\limits_{n\to+\infty} \dfrac{1}{n^k} = 0$ et $\lim\limits_{n\to+\infty} \dfrac{1}{\sqrt{n}} = 0$

$\lim\limits_{n\to+\infty} n^k = +\infty$ et $\lim\limits_{n\to+\infty} \sqrt{n} = +\infty$

• Soit q un réel.

Si $q \leqslant -1$, alors la suite (q^n) n'admet pas de limite.

Si $-1 < q < 1$, alors la suite (q^n) converge vers 0.

Si $q = 1$, alors la suite (q^n) converge vers 1.

Si $q > 1$, alors la suite (q^n) diverge vers $+\infty$.

Comparer pour étudier la convergence

• Soit N un entier naturel. Soient (u_n) et (v_n) deux suites telles que, pour tout $n \geqslant N$, $\boldsymbol{u_n \leqslant v_n}$.

Si $\lim\limits_{n\to+\infty} u_n = +\infty$, alors $\lim\limits_{n\to+\infty} v_n = +\infty$.

Si $\lim\limits_{n\to+\infty} v_n = -\infty$, alors $\lim\limits_{n\to+\infty} u_n = -\infty$.

• Si $\lim\limits_{n\to+\infty} u_n = \ell$; $\lim\limits_{n\to+\infty} v_n = \ell'$ et à partir d'un certain rang, $u_n \leqslant v_n$ alors, $\ell \leqslant \ell'$

• Théorème des gendarmes

Si $\lim\limits_{n\to+\infty} u_n = \ell$; $\lim\limits_{n\to+\infty} w_n = \ell$ et à partir d'un certain rang, $u_n \leqslant v_n \leqslant w_n$, alors $\lim\limits_{n\to+\infty} v_n = \ell$.

• Si (u_n) est croissante et majorée par M, alors (u_n) converge et sa limite ℓ est telle que $\ell \leqslant M$.

• Si (u_n) est décroissante et minorée par m, alors (u_n) converge vers ℓ et $\ell \geqslant m$.

MÉTHODES

1 Étudier le comportement d'une suite lorsque n tend vers $+\infty$

EXEMPLE 1 **CONJECTURER UNE LIMITE**

1. On a représenté ci-dessous les premiers termes d'une suite (u_n).
Conjecturer graphiquement le comportement de la suite (u_n) quand n tend vers $+\infty$.

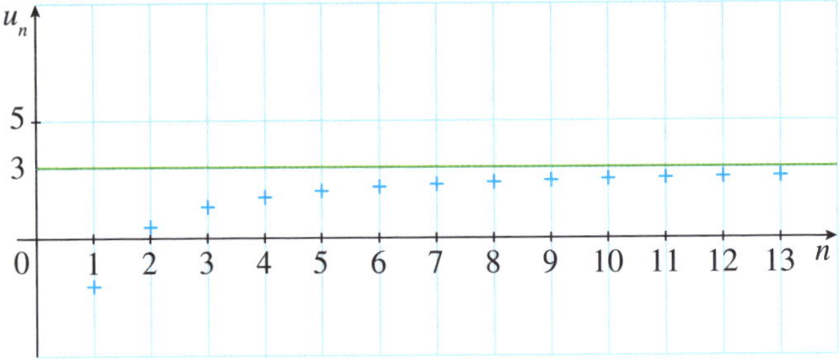

2. On considère la suite (v_n), définie pour tout entier n par $v_n = n^2 - n + 5$.
Compléter le tableau ci-contre et conjecturer le comportement de la suite (v_n) quand n tend vers $+\infty$.

n	1	10	100	1 000
v_n				

CORRIGÉ COMMENTÉ

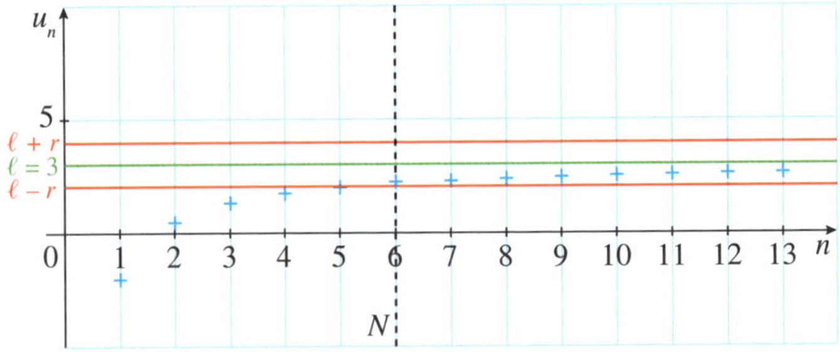

À l'aide du graphique, il semble que pour tout $r > 0$, il existe un rang N tel que pour tout $n \geqslant N$, $|u_n - 3| < r$. On peut donc conjecturer que la suite (u_n) converge vers 3 lorsque n tend vers $+\infty$.

2. On complète le tableau à l'aide d'une calculatrice ou d'un tableur.
D'après les valeurs obtenues, il semble que la suite (v_n) diverge vers $+\infty$.

n	1	10	100	1 000
v_n	5	95	9 905	999 005

EXEMPLE 2 DÉTERMINER UNE LIMITE EN UTILISANT LA DÉFINITION

1. On considère la suite (u_n) définie pour tout entier naturel n par $u_n = 5 - 2n$.
Démontrer que $\lim\limits_{n \to +\infty} u_n = -\infty$.

2. On considère la suite (v_n) définie pour tout entier naturel n par $v_n = \dfrac{1}{n+1}$.
Montrer que $\lim\limits_{n \to +\infty} v_n = 0$.

CORRIGÉ COMMENTÉ

1. Soit A un réel. On cherche un rang N à partir duquel, pour tout $n \geqslant N$, tous les u_n appartiennent à $]-\infty\,;A[$, c'est-à-dire $5 - 2n < A$.

Or $5 - 2n < A \Leftrightarrow n > \dfrac{5-A}{2}$. On prend pour N le premier entier strictement supérieur à $\dfrac{5-A}{2}$.

Rappel
Une suite tend vers $-\infty$ lorsque n tend vers $+\infty$ si tout intervalle de la forme $]-\infty\,;A[$ contient tous les termes u_n à partir d'un certain rang.

Donc, pour tout entier n supérieur ou égal à N, on a $u_n < A$. On en déduit $\lim\limits_{n \to +\infty} u_n = -\infty$.

2. On montre que $\lim\limits_{n \to +\infty} v_n = 0$.
Soit $]-r\,;r[$ un intervalle centré en 0, avec r réel strictement positif.
On cherche un rang N à partir duquel pour tout $n \geqslant N$, tous les u_n appartiennent à $]-r\,;r[$, c'est-à-dire $-r < \dfrac{1}{n+1} < r$.

Rappel
Une suite tend vers 0 lorsque n tend vers $+\infty$ si tout intervalle centré en 0 contient tous les termes u_n à partir d'un certain rang.

Or $\dfrac{1}{n+1} > 0$ donc :

$$-r < \frac{1}{n+1} < r \Leftrightarrow 0 < \frac{1}{n+1} < r \Leftrightarrow n+1 > \frac{1}{r} \Leftrightarrow n > \frac{1}{r} - 1.$$

Il suffit de prendre le premier entier naturel N strictement supérieur à $\dfrac{1}{r} - 1$.
On a alors pour tout $n \geqslant N$, $u_n \in]-r\,;r[$.
D'où $\lim\limits_{n \to +\infty} v_n = 0$.

2 Déterminer la limite d'une suite par le calcul

EXEMPLE 1 **PAR OPÉRATIONS SUR LES LIMITES**

1. Déterminer la limite de la suite géométrique de premier terme $u_0 = -3$ et de raison $q = 2$.

2. Déterminer la limite de la suite définie pour tout entier naturel n par $u_n = n^2 + 3n$.

CORRIGÉ COMMENTÉ

1. On a pour tout entier naturel n, $u_n = -3 \times 2^n$. Or $\lim\limits_{n \to +\infty} 2^n = +\infty$ car $q > 1$.

Comme $u_0 < 0$, par produit des limites, on a alors $\lim\limits_{n \to +\infty} (-3 \times 2^n) = -\infty$.

2. $\lim\limits_{n \to +\infty} n = +\infty$ donc, par produit, $\lim\limits_{n \to +\infty} (3n) = +\infty$.

$\lim\limits_{n \to +\infty} n^2 = +\infty$ et $\lim\limits_{n \to +\infty} (3n) = +\infty$ donc, par somme, $\lim\limits_{n \to +\infty} u_n = +\infty$.

EXEMPLE 2 **EN LEVANT UNE INDÉTERMINATION**

On considère les suites (u_n) et (v_n) définies pour tout entier naturel n par :

$$u_n = n^2 - 8n + 15 \quad \text{et} \quad v_n = \frac{2n - 5}{4 + n}.$$

1. Montrer que, pour chacune de ces suites, les opérations sur les limites ne permettent pas de conclure sans transformer les expressions.

2. En transformant l'écriture des termes généraux de chaque suite, calculer leur limite.

CORRIGÉ COMMENTÉ

1. • $\lim\limits_{n \to +\infty} n = +\infty$ donc, par produit, $\lim\limits_{n \to +\infty} (-8n) = -\infty$ puis, par somme, $\lim\limits_{n \to +\infty} (-8n + 15) = -\infty$.

$\lim\limits_{n \to +\infty} n^2 = +\infty$ et $\lim\limits_{n \to +\infty} (-8n + 15) = -\infty$: on ne peut donc pas conclure avec la limite d'une somme. **On a une forme indéterminée.**

• $\lim\limits_{n \to +\infty} n = +\infty$, donc, par produit, $\lim\limits_{n \to +\infty} (2n) = +\infty$ puis, par somme, $\lim\limits_{n \to +\infty} (2n - 5) = +\infty$.

$\lim\limits_{n \to +\infty} n = +\infty$, donc, par somme, $\lim\limits_{n \to +\infty} (4 + n) = +\infty$.

$\lim\limits_{n \to +\infty} (2n - 5) = +\infty$ et $\lim\limits_{n \to +\infty} (4 + n) = +\infty$: on ne peut donc pas conclure avec la limite d'un quotient. **On a une forme indéterminée.**

2. • Pour tout entier $n \geqslant 1$, on factorise par n^2.

On a $u_n = n^2\left(1 - \dfrac{8}{n} + \dfrac{15}{n^2}\right)$. **On a simplifié $\dfrac{8n}{n^2} = \dfrac{8}{n}$.**

$\lim\limits_{n \to +\infty} n = +\infty$ donc, par quotient, $\lim\limits_{n \to +\infty} \left(-\dfrac{8}{n}\right) = 0$.

> **Astuce**
> Pour lever une indétermination dans un polynôme, on factorise par le terme de plus haut degré.

$\lim\limits_{n\to+\infty} n^2 = +\infty$ donc, par quotient, $\lim\limits_{n\to+\infty} \dfrac{15}{n^2} = 0$. Par somme : $\lim\limits_{n\to+\infty}\left(1-\dfrac{8}{n}+\dfrac{15}{n^2}\right) = 1$.

Ainsi, $\lim\limits_{n\to+\infty} n^2 = +\infty$ et $\lim\limits_{n\to+\infty}\left(1-\dfrac{8}{n}+\dfrac{15}{n^2}\right) = 1$, donc, par produit, $\lim\limits_{n\to+\infty} u_n = +\infty$.

• Pour tout entier $n \geqslant 1$, on factorise par n au numérateur et au dénominateur ; on a :

$$v_n = \frac{n\left(2-\dfrac{5}{n}\right)}{n\left(\dfrac{4}{n}+1\right)} = \frac{2-\dfrac{5}{n}}{\dfrac{4}{n}+1}.$$

Astuce

Pour lever une indétermination dans un quotient de deux polynômes, on factorise par le terme de plus haut degré au numérateur et au dénominateur

Pour simplifier une fraction par un même nombre non nul, il faut que le nombre soit en facteur au numérateur et au dénominateur. On a ici simplifié par le facteur *n* au numérateur et au dénominateur.

$\lim\limits_{n\to+\infty} n = +\infty$ donc, par quotient, $\lim\limits_{n\to+\infty}\left(-\dfrac{5}{n}\right) = 0$ et $\lim\limits_{n\to+\infty} \dfrac{4}{n} = 0$.

Donc, par somme : $\lim\limits_{n\to+\infty}\left(2-\dfrac{5}{n}\right) = 2$ et $\lim\limits_{n\to+\infty}\left(\dfrac{4}{n}+1\right) = 1$.

On a alors, par quotient, $\lim\limits_{n\to+\infty} v_n = \dfrac{2}{1} = 2$.

3 Étudier la limite d'une suite par comparaison

EXEMPLE 1 AVEC UNE MAJORATION OU UNE MINORATION

Déterminer la limite de la suite (u_n) définie pour tout entier n par $u_n = -n^2 + (-1)^n$.

CORRIGÉ COMMENTÉ

Pour tout $n \in \mathbb{N}$, $(-1)^n \leqslant 1$.

En effet, $(-1)^n$ vaut soit 1, lorsque *n* est pair, soit –1, lorsque *n* est impair, donc, dans tous les cas $(-1)^n \leqslant 1$.

Donc on a $-n^2 + (-1)^n \leqslant -n^2 + 1$, soit $u_n \leqslant -n^2 + 1$ pour tout entier naturel n.

On a additionné à chaque membre le nombre $-n^2$.

Or $\lim\limits_{n\to+\infty} n^2 = +\infty$, donc $\lim\limits_{n\to+\infty}(-n^2) = -\infty$ et, par somme, $\lim\limits_{n\to+\infty}(-n^2+1) = -\infty$.

Donc, par comparaison, $\lim\limits_{n\to+\infty} u_n = -\infty$.

EXEMPLE 2 AVEC LE THÉORÈME DES GENDARMES

Déterminer la limite de la suite (v_n), définie pour tout entier naturel n par :

$$v_n = \frac{1}{n^2+\cos(n)}.$$

CORRIGÉ COMMENTÉ

Pour tout entier naturel n, on a $-1 \leqslant \cos(n) \leqslant 1$.

On a donc $n^2 - 1 \leqslant n^2 + \cos(n) \leqslant n^2 + 1$.

On a additionné n^2 à chaque membre.

Or, la fonction inverse est strictement décroissante sur $]0 ; +\infty[$,

donc $\dfrac{1}{n^2 - 1} \geqslant \dfrac{1}{n^2 + \cos(n)} \geqslant \dfrac{1}{n^2 + 1}$ pour tout $n \geqslant 2$.

Une fonction décroissante inverse l'ordre des images par rapport à l'ordre des antécédents : si $a \leqslant b$ et f est décroissante alors $f(a) \geqslant f(b)$.

Donc $\dfrac{1}{n^2 + 1} \leqslant v_n \leqslant \dfrac{1}{n^2 - 1}$ pour tout $n \geqslant 2$.

Or, $\lim\limits_{n \to +\infty} (n^2 + 1) = +\infty$ et $\lim\limits_{n \to +\infty} (n^2 - 1) = +\infty$. D'où, par passage à l'inverse :

$\lim\limits_{n \to +\infty} \dfrac{1}{n^2 + 1} = 0$ et $\lim\limits_{n \to +\infty} \dfrac{1}{n^2 - 1} = 0$.

D'après le théorème des gendarmes, on a donc $\lim\limits_{n \to +\infty} v_n = 0$.

EXEMPLE 3 AVEC LA CROISSANCE DOMINÉE

Soit la suite (u_n) définie par $u_0 = 4$ et, pour tout entier naturel n, $u_{n+1} = \dfrac{1}{2}u_n + 1$.

1. Montrer par récurrence que la suite (u_n) est minorée par 2.
2. En déduire que la suite (u_n) est décroissante.
3. Que peut-on en déduire pour la convergence de la suite (u_n) ?

CORRIGÉ COMMENTÉ

1. Pour tout entier naturel n, soit la propriété $P(n)$: $u_n \geqslant 2$.

On montre $P(n)$ par récurrence.

- **Initialisation :** pour $n = 0$, $u_0 = 4$ donc $P(0)$ est vraie.
- **Hérédité :** soit k un entier naturel. On suppose que $P(k)$ est vraie c'est-à-dire que $u_k \geqslant 2$ (hypothèse de récurrence).

On veut démontrer que $P(k+1)$ est vraie c'est-à-dire que $u_{k+1} \geqslant 2$.

Par hypothèse de récurrence on a $u_k \geqslant 2$,

donc $\dfrac{1}{2}u_k \geqslant 1$. On a multiplié chaque membre par $\dfrac{1}{2} > 0$.

Donc $\dfrac{1}{2}u_k + 1 \geqslant 2$. On a additionné 1 à chaque membre.

On trouve donc $u_{k+1} \geqslant 2$.

$P(k+1)$ est donc vraie.

- **Conclusion :** Pour tout entier naturel n, $P(n)$ est initialisée et héréditaire, donc $P(n)$ est vraie pour tout n. La suite (u_n) est minorée par 2.

2. Soit n un entier naturel.

$$u_{n+1} - u_n = \frac{1}{2}u_n + 1 - u_n = -\frac{1}{2}u_n + 1$$

Or $u_n \geqslant 2$ d'après la question 1, donc $-\frac{1}{2}u_n \leqslant -1$.

On a multiplié chaque membre par $-\frac{1}{2} < 0$, donc on a changé le sens de l'inégalité.

Donc $-\frac{1}{2}u_n + 1 \leqslant 0$. **On a additionné 1 à chaque membre.**

On trouve donc que $u_{n+1} - u_n \leqslant 0$, soit $u_{n+1} \leqslant u_n$.
Donc la suite (u_n) est décroissante.

3. La suite (u_n) est minorée et décroissante, donc elle est convergente, c'est-à-dire qu'elle admet une limite réelle.
Si on note ℓ cette limite, sachant que pour tout entier naturel n, $u_n \geqslant 2$, on peut en conclure que $\ell \geqslant 2$.

> **Remarque**
> Pour étudier la monotonie de la suite (u_n), on cherche le signe de la différence :
> $u_{n+1} - u_n$.

> **Remarque**
> Une suite décroissante et minorée converge. Il en est de même d'une suite croissante et majorée.
> Mais le théorème ne donne pas la valeur de la limite ℓ.

EXERCICES

1 5 min ★ → MÉTHODE 1, p. 44

Conjecturer graphiquement et avec la précision permise par le graphique, la limite de la suite représentée dans chaque cas ci-dessous.

1.

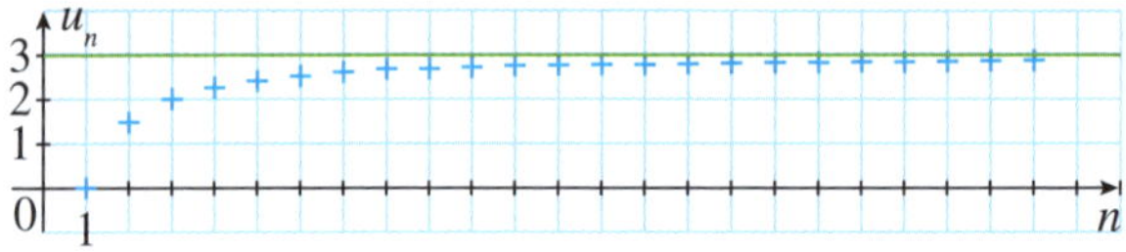

2.

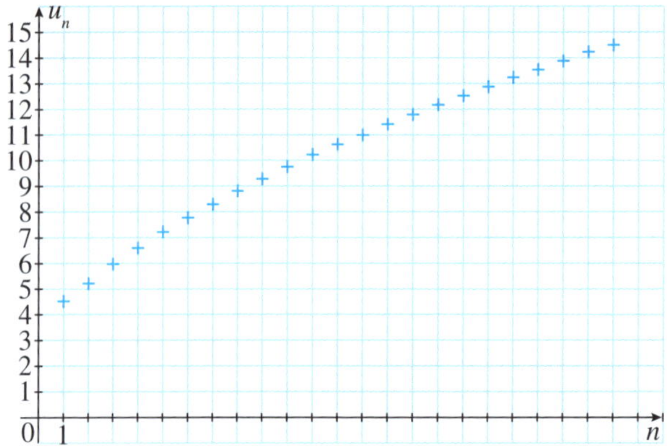

3.

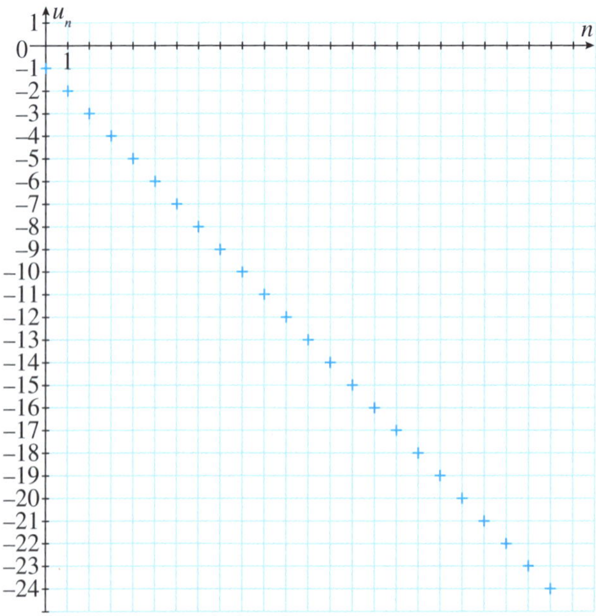

4. 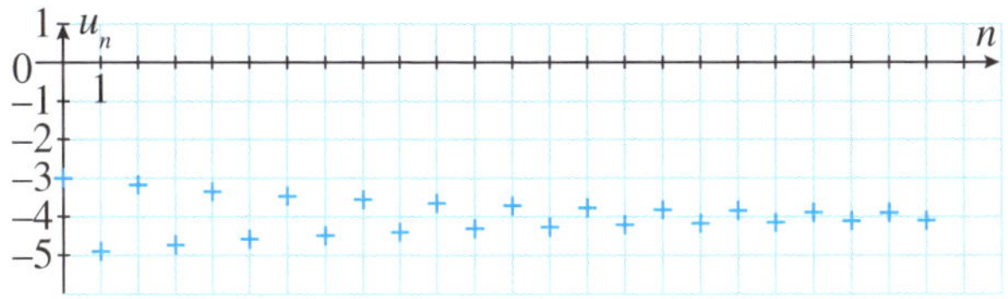

→ Corrigé p. 60

2 5 min ★ Algorithmique et programmation

→ MÉTHODE 1, p. 44

On considère la suite (u_n) définie par $u_0 = 1$ et, pour tout entier naturel n, $u_{n+1} = 0{,}5u_n + 1{,}5$.

1. Représenter graphiquement les trois premiers termes de cette suite.
2. Conjecturer la limite de la suite (u_n).
3. Compléter la fonction Python suivante pour qu'elle renvoie le terme de rang n de la suite (u_n).

```
def u(n):
    u=...
    for i in range(...,...):
        ...
    return ...
```

4. En utilisant la fonction Python ci-dessus, retrouver le résultat conjecturé à la question 2.

→ Corrigé p. 60

3 15 min ★★

→ MÉTHODE 1, p. 44

En utilisant la définition de la limite d'une suite, démontrer les limites suivantes.

1. $\lim\limits_{n \to +\infty} \left(n^2 + 1\right) = +\infty$
2. $\lim\limits_{n \to +\infty} \dfrac{1}{n^2} = 0$

→ Corrigé p. 61

4 10 min ★★★

→ MÉTHODE 1, p. 44

Soit (u_n) la suite définie pour tout entier naturel n non nul par $u_n = 3 - \dfrac{1}{n^2}$.

1. À l'aide de la calculatrice ou d'un tableur, conjecturer le comportement de la suite (u_n) quand n tend vers $+\infty$.

2. a) Soit un réel $r > 0$. Montrer que pour tout entier naturel $n > 0$,

$$n > \frac{1}{\sqrt{r}} \Leftrightarrow |u_n - 3| < r.$$

b) En déduire que la suite (u_n) converge vers un réel que l'on précisera.

→ *Corrigé p. 62*

5 10 min ★ → MÉTHODE 2, p. 46

1. a) Quelle est la limite de la suite arithmétique de premier terme $u_0 = -4$ et de raison 2 ?

b) Quelle est la limite de la suite géométrique de premier terme $u_1 = \frac{1}{2}$ et de raison 5 ?

c) Quelle est la limite de la suite géométrique de premier terme $u_0 = -3$ et de raison $\frac{1}{2}$?

2. On considère la suite définie pour tout entier naturel n par $u_n = 3e^{-2n}$.

a) Rappeler pourquoi (u_n) est une suite géométrique dont on donnera le premier terme et la raison.

b) En déduire la limite de la suite (u_n). → *Corrigé p. 63*

6 10 min ★ → MÉTHODE 2, p. 46

1. Déterminer la limite de la suite définie pour tout entier naturel n par $u_n = 3\sqrt{n} + n$.

2. Déterminer la limite de la suite définie pour tout entier naturel non nul n par $v_n = \frac{1}{n^2} - \frac{1}{n} + 1$.

3. Déterminer la limite de la suite définie pour tout entier naturel non nul n par $w_n = -\sqrt{n} - \frac{1}{n} + 1$.

4. Déterminer la limite de la suite définie pour tout entier naturel n par $t_n = (n + 1)\sqrt{n}$.

→ *Corrigé p. 63*

7 10 min ★ → MÉTHODE 2, p. 46

On considère la suite définie pour tout entier naturel n par :

$$u_n = \frac{2n^2 - 3n + 1}{n^2 - 4n + 2}.$$

1. Expliquer pourquoi on trouve une forme indéterminée pour la limite de u_n.

2. Montrer que pour tout entier naturel n non nul :

$$u_n = \frac{2\left(1 - \frac{3}{2n} + \frac{1}{2n^2}\right)}{1 - \frac{4}{n} + \frac{2}{n^2}}.$$

3. En déduire la limite de la suite (u_n). → *Corrigé p. 64*

8 5 min ★★ → MÉTHODE 2, p. 46

Déterminer la limite des suites définies pour tout entier n par les expressions ci-dessous.

1. $u_n = \dfrac{-3n^2 - 2n + 1}{3 + \dfrac{1}{(n+1)}}$

2. $v_n = 5n^3 - 3n\sqrt{n}$

3. $w_n = \dfrac{-4n^3 + n^2 + n - 1}{n^3 + n^2 - 4n - 3}$

4. $t_n = \dfrac{(n-1)(n+2)}{n^2 - n + 1}$

→ Corrigé p. 64

9 5 min ★ → MÉTHODE 3, p. 47

On considère la suite définie pour tout entier naturel n par $v_n = -n - \sqrt{n^2+1}$.

1. Montrer que pour tout entier naturel n, $v_n \leqslant -n$.

2. En déduire la limite de la suite (v_n).

→ Corrigé p. 66

10 10 min ★★ → MÉTHODE 3, p. 47

On considère la suite (v_n) définie pour tout entier naturel n non nul par $v_n = 5 + \dfrac{\sin(n)}{\sqrt{n}}$.

1. Justifier que pour tout entier naturel n non nul :

$$5 - \frac{1}{\sqrt{n}} \leqslant v_n \leqslant 5 + \frac{1}{\sqrt{n}}.$$

2. En déduire que la suite (v_n) converge et préciser la valeur de sa limite.

→ Corrigé p. 66

11 15 min ★★★ → MÉTHODE 3, p. 47

On considère la suite (u_n) définie pour tout $n \in \mathbb{N}$ par $u_0 = 1$ et $u_{n+1} = \dfrac{1}{4}u_n + 6$.

1. Conjecturer à la calculatrice le sens de variation de la suite (u_n).

2. a) Montrer que, pour tout $n \in \mathbb{N}$, $u_{n+1} - u_n = -\dfrac{3}{4}u_n + 6$.

b) On admet que $u_n \leqslant 8$ pour tout $n \in \mathbb{N}$.
En déduire le sens de variation de la suite (u_n).

3. La suite (u_n) est-elle convergente ? Justifier.

→ Corrigé p. 67

12 15 min Démonstration et raisonnement

1. Soit q un réel. Démontrer les propriétés suivantes.

a) Pour tout réel $a > 0$, $(1 + a)^n \geqslant 1 + na$.

b) Si $q > 1$, alors la suite (q^n) diverge vers $+\infty$.

c) Si $-1 < q < 1$, alors la suite (q^n) converge vers 0.

2. Soit N un entier naturel. Soient (u_n) et (v_n) deux suites telles que pour tout $n \geqslant N$, $u_n \leqslant v_n$.

Démontrer que si $\lim\limits_{n\to+\infty} u_n = +\infty$, alors $\lim\limits_{n\to+\infty} v_n = +\infty$.

3. Démontrer la propriété suivante.

Si (u_n) est une suite croissante et non majorée, alors (u_n) diverge vers $+\infty$.

→ Corrigé p. 67

13 15 min Vrai-Faux

Pour chaque affirmation ci-dessous, dire si elle est vraie ou fausse. Justifier la réponse.

a) On considère une suite (w_n) définie pour tout entier naturel n par $w_n = \dfrac{u_n}{v_n}$, où (u_n) et (v_n) sont deux suites convergentes.

Affirmation 1 : la suite (w_n) est convergente.

b) Soit (u_n) une suite croissante à termes strictement positifs.

Affirmation 2 : (u_n) diverge vers $+\infty$.

c) On considère la suite (u_n) définie par $u_0 = -3$ et $u_{n+1} = 0{,}3u_n$ pour tout $n \in \mathbb{N}$.

Affirmation 3 : (u_n) converge vers -3.

d) Soit (u_n) une suite croissante et majorée par 5.

Affirmation 4 : (u_n) converge vers 5.

e) **Affirmation 5 :** il existe au moins une suite bornée qui ne converge pas.

→ Corrigé p. 69

14 20 QCM

Déterminer parmi les trois propositions la seule réponse exacte. Aucune justification n'est demandée. Un QCM nécessite souvent de faire une recherche au brouillon.

	Réponse A	Réponse B	Réponse C
1. Soit (u_n) la suite définie pour tout entier naturel $n > 0$ par $u_n = 5 + \dfrac{3}{n}$. Il existe un rang N tel que, pour tout $n \geqslant N$:	$u_n = 5$	$u_n < 5$	$4{,}999 < u_n < 5{,}001$

	Réponse A	Réponse B	Réponse C
2. Soit (v_n) la suite définie pour tout entier naturel n par $v_n = (-n^2 + 6)(4 - 3n)$. La suite (v_n) :	diverge vers $+\infty$.	diverge vers $-\infty$.	n'a pas de limite.
3. On considère la suite (v_n) définie pour tout entier naturel n par $v_n = \dfrac{2n^2 - 7}{n + 4}$. Soit (u_n) une suite telle que pour tout $n \in \mathbb{N}$, $u_n \geqslant v_n$. Alors :	(u_n) converge.	(u_n) diverge vers $+\infty$.	on ne peut pas conclure sur le comportement de la suite (u_n) lorsque n tend vers l'infini.
4. La suite (w_n), définie pour tout entier naturel n par $w_n = -2 + 10 \times \left(\dfrac{7}{8}\right)^n$:	converge vers 0.	diverge vers $+\infty$.	converge vers -2.

→ *Corrigé p. 70*

15 10 min ★★ Algorithmique et programmation

On considère la suite (u_n) définie pour tout entier naturel n par $u_n = n + 1 + \cos(n)$.

1. En utilisant la calculatrice, conjecturer la limite de la suite (u_n).

2. Montrer que pour tout entier naturel n : $n \leqslant u_n$.

3. En déduire la limite de la suite (u_n).

4. Compléter les fonctions Python ci-contre afin qu'elles renvoient le plus petit entier naturel n tel que : $u_n \geqslant 10\,000$.

```python
from math import cos
def f(n):
    return ...

def seuil():
    n=0
    while ...:
        n=...
    return ...
```

→ *Corrigé p. 71*

16 20 min ★★★

Dans une population d'insectes, on dénombre 6 000 individus l'année 0.
Chaque année, 25 % des insectes disparaissent et on introduit dans la population 3 000 insectes supplémentaires.
On note u_n le nombre d'insectes vivants l'année n. u_n est exprimé en milliers.

1. Justifier que $u_0 = 6$.

2. Calculer u_1. Combien y a-t-il d'insectes l'année 1 ?

3. Montrer que pour tout entier naturel n, $u_{n+1} = 0{,}75u_n + 3$.

4. a) Reproduire le graphique ci-dessous et représenter avec précision les termes u_0, u_1, u_2 et u_3 de la suite.

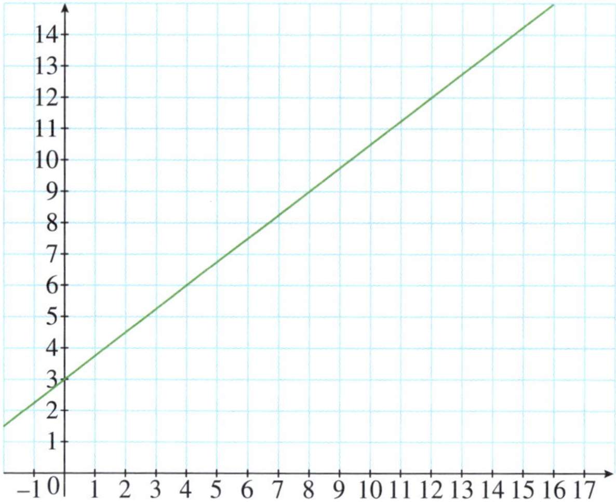

b) Démontrer par récurrence que, pour tout entier naturel n, la suite (u_n) est croissante.
c) Démontrer par récurrence que, pour tout entier n, $u_n \leqslant 12$.
5. En déduire que la suite (u_n) est convergente, puis conjecturer sa limite à l'aide du graphique de la question **4.a)**.

→ *Corrigé p. 71*

SUJET DE BAC

Exercice 1 35 min Algorithmique et programmation 5 points

Un biologiste souhaite étudier l'évolution de la population d'une espèce animale dans une réserve.
Cette population est estimée à 12 000 individus en 2019. Les contraintes du milieu naturel font que la population ne peut pas dépasser un seuil de 60 000 individus.

Partie A. Un premier modèle

Dans une première approche, le biologiste estime que la population croît de 5 % par an. L'évolution de la population est ainsi modélisée par une suite (v_n), où v_n représente le nombre d'individus, exprimé en millier, l'année $2019 + n$.

1. Quelle est la valeur de v_0 ?
2. Déterminer la nature de la suite (v_n) et donner l'expression de v_n en fonction de n.
3. Ce modèle répond-il aux contraintes du milieu naturel ?

Partie B. Un second modèle

Le biologiste modélise l'évolution annuelle de la population par une suite (u_n) où u_n représente le nombre d'individus, exprimé en milliers, l'année 2019 + n. Cette suite (u_n) est définie par $u_0 = 12$ et, pour tout entier naturel n, par :

$$u_{n+1} = -\frac{1,1}{605}u_n^2 + 1,1u_n .$$

1. On considère la fonction g définie pour tout réel x par $g(x) = -\frac{1,1}{605}x^2 + 1,1x$.

a) Justifier que g est croissante sur $[0 ; 60]$.
b) Résoudre dans $\mathbb{R}$ l'équation $g(x) = x$.
2. On remarque que $u_{n+1} = g(u_n)$.
a) Calculer la valeur arrondie à 10^{-3} près de u_1. Interpréter le résultat.
b) Expliquer pourquoi, pour tout n, u_n est inférieur ou égal à un nombre réel M dont on donnera la valeur.
c) Le biologiste met en place une feuille de tableur pour affiner le nombre M majorant les termes u_n de la suite.
Reproduire et compléter la feuille de tableur commencée ci-dessous et conjecturer la valeur d'un nouveau majorant strictement inférieur à 60 (recopier les cellules vers le bas au moins jusqu'à la cellule B150).

	A	B
1	n	u_n
2	0	12
3	1	

d) On admet que 55 est un majorant. Démontrer que la suite (u_n) est convergente vers une limite notée ℓ.
e) On admet que la limite ℓ vérifie l'égalité $g(\ell) = \ell$. Quelle est la valeur de ℓ et son interprétation dans le contexte de l'étude ?
3. a) Le biologiste souhaite connaître l'année où la population dépassera les 50 000 individus avec ce modèle.
Recopier et compléter la fonction commencée en Python ci-dessous dans un éditeur.

```python
def population():
    n=0
    u=12
    while ...:
        u=...
        n=...
    return ...
```

b) Quelle année trouve-t-il ? → *Corrigé p. 73*

Exercice 2 — 45 min — Algorithmique et programmation 7 points

Un groupe de spécialistes en environnement étudie le taux de disponibilité des ressources nécessaires pour le développement d'une population de grenouilles autour d'un étang. Ce taux dépend notamment du nombre de grenouilles présentes sur les lieux, de la quantité de nourriture à disposition, de l'espace disponible et de la qualité de l'environnement.
Une étude menée en 2020 par ce groupe de scientifiques a permis d'estimer le taux de disponibilité des ressources à 0,9 ; cela signifie que 90 % des ressources sont disponibles.
On modélise le taux de disponibilité des ressources par la suite (T_n) qui, à tout entier naturel n, associe le taux de disponibilité de ressources n années après 2020. On a ainsi $T_0 = 0{,}9$.
Le modèle choisi est tel que pour tout entier naturel n, on a : $T_{n+1} = T_n - 0{,}1T_n^2$.
1. Certains spécialistes en environnement estiment qu'en 2024, le taux de disponibilité des ressources sera proche de 0,4. Cette affirmation est-elle conforme au modèle ? Pourquoi ?
2. On définit la fonction f sur l'intervalle $[0 ; 1]$ par $f(x) = x - 0{,}1x^2$. Ainsi, la suite (T_n) vérifie pour tout entier naturel n, $T_{n+1} = f(T_n)$.
a) Étudier les variations de la fonction f sur $[0 ; 1]$.
b) Démontrer que pour tout entier naturel n, on a : $0 \leqslant T_{n+1} \leqslant T_n \leqslant 1$.
c) La suite (T_n) est-elle convergente ? Justifier la réponse.

d) Le groupe de spécialistes en environnement affirme que, selon ce modèle, le taux de disponibilité des ressources peut descendre en dessous de 0,4 au cours des vingt premières années qui suivent le début de l'étude et qu'il est capable de déterminer en quelle année ce seuil serait atteint pour la première fois.
Cette affirmation est-elle vraie ? Pourquoi ? On pourra utiliser la calculatrice pour répondre à cette question.
e) Écrire un algorithme, en langage naturel, qui détermine la première année où le taux de disponibilité des ressources sera inférieur à 0,4.

→ *Corrigé p. 75*

1 → Énoncé p. 50

1. La suite (u_n) semble converger vers 3.
2. La suite (u_n) semble diverger vers $+\infty$.
3. La suite (u_n) semble diverger vers $-\infty$.
4. La suite (u_n) semble converger vers -4.

2 → Énoncé p. 51

1. Représentation graphique de la suite :

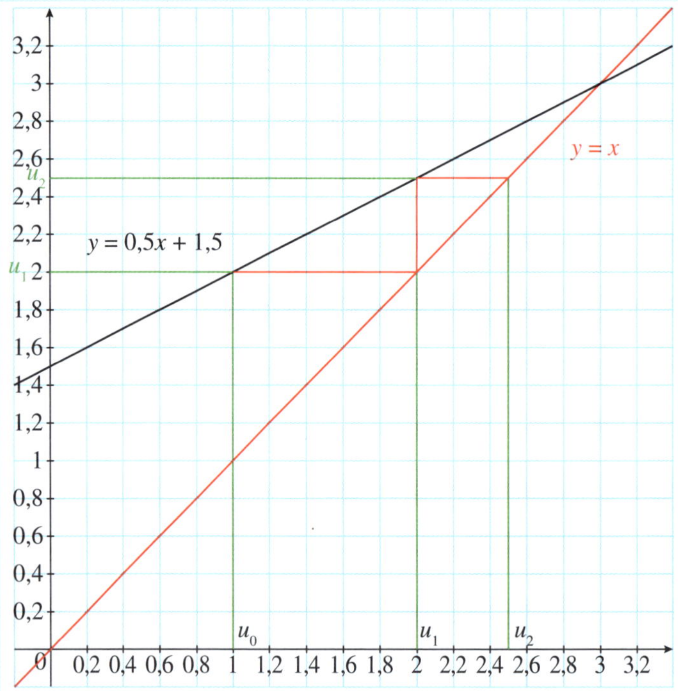

2. On conjecture graphiquement que les termes de la suite tendent vers 3.
Ainsi, on peut conjecturer que $\lim\limits_{n \to +\infty} u_n = 3$.

3.

```
def u(n):
    u=1
    for i in range(1,n+1):
        u=0.5*u+1.5
    return u
```

4. On écrit dans la console les instructions suivantes :

```
>>> u(100)
3.0
>>> u(1000)
3.0
```

Astuce
On utilise la fonction avec de grandes valeurs de l'entier n.

On retrouve bien le résultat conjecturé $\lim_{n\to+\infty} u_n = 3$.

3 → Énoncé p. 51

1. On cherche un rang N à partir duquel tout intervalle de la forme $]A\ ;+\infty[$ contient tous les termes de la suite u_n.

Rappel
Une suite tend vers $+\infty$ lorsque tout intervalle de la forme $]A\ ;+\infty[$ contient tous les termes de la suite u_n à partir d'un certain rang N.

On cherche donc un rang N tel que, pour tout $n \geqslant N$, on a : $n^2+1 > A$.

1er Cas : Si $A < 1$

Pour tout entier naturel n, $n^2+1 > A$.

Donc pour tout entier naturel n, u_n appartient à $]A\ ;+\infty[$.

2e Cas : Si $A \geqslant 1$

$n^2+1 > A \Leftrightarrow n^2 > A-1 \Leftrightarrow n > \sqrt{A-1}$.

On prend N égal au premier entier naturel strictement supérieur à $\sqrt{A-1}$.

Si $\sqrt{A-1}$ n'est pas un entier, il existe un entier N qui lui est immédiatement supérieur.

Alors, pour tout entier naturel $n \geqslant N$ on a bien $u_n > A$. Donc tout intervalle de la forme $]A\ ;+\infty[$ contient tous les termes de la suite u_n à partir du rang N.

On a bien montré que $\lim_{n\to+\infty}(n^2+1) = +\infty$.

2. On cherche un rang N à partir duquel tout intervalle centré contenant 0 contient tous les termes u_n.

Soit $]-r\ ;r[$ un intervalle centré en 0, avec r réel strictement positif.

Rappel
Une suite tend vers un réel ℓ lorsque tout intervalle ouvert contenant ℓ contient tous les termes de la suite u_n à partir d'un certain rang N.

On cherche à avoir $u_n \in]-r\ ;r[$ c'est-à-dire $-r < \frac{1}{n^2} < r$.

Or $\frac{1}{n^2}$ est un nombre strictement positif, donc :

$$-r < \frac{1}{n^2} < r \Leftrightarrow 0 < \frac{1}{n^2} < r$$

$$\Leftrightarrow n^2 > \frac{1}{r}$$ **car la fonction inverse est strictement décroissante sur $]0\ ;+\infty[$.**

$$\Leftrightarrow n > \sqrt{\frac{1}{r}}$$ **car la fonction racine carrée est strictement croissante sur $]0\ ;+\infty[$.**

On prend pour N le premier entier naturel strictement supérieur à $\sqrt{\frac{1}{r}}$.

On a donc, pour tout entier naturel $n \geqslant N$, tous les termes u_n appartiennent à l'intervalle $]-r\ ;r[$ ce qui signifie que $\lim_{n\to+\infty}\frac{1}{n^2} = 0$.

4 → *Énoncé p. 51*

1. On a représenté dans un tableur les premiers termes de la suite (u_n).

	A	B
1	n	u_n
2	1	2
3	2	2,75
4	3	2,88888889
5	4	2,9375
6	5	2,96
7	6	2,97222222
8	7	2,97959184
9	8	2,984375
10	9	2,98765432
11	10	2,99
12	11	2,99173554
13	12	2,99305556
14	13	2,99408284
15	14	2,99489796
16	15	2,99555556
17	16	2,99609375
18	17	2,99653979
19	18	2,99691358
20	19	2,99722992
21	20	2,9975
22	21	2,99773243
23	22	2,99793388
24	23	2,99810964
25	24	2,99826389
26	25	2,9984
27	26	2,99852071
28	27	2,99862826

On conjecture que la suite tend vers 3.

2. a) Soit $r > 0$. Soit $n > 0$.

$n > \dfrac{1}{\sqrt{r}} \Leftrightarrow n^2 > \dfrac{1}{r}$ **car la fonction carrée est croissante sur $[0\ ;+\infty[$**

$\Leftrightarrow \dfrac{1}{n^2} < r$ **car la fonction inverse est décroissante sur $]0\ ;+\infty[$**

$\Leftrightarrow -\dfrac{1}{n^2} > -r$ **on a multiplié chaque membre par –1 strictement négatif, donc on a changé le sens de l'inégalité**

$\Leftrightarrow r > -\dfrac{1}{n^2} > -r$ **car r > 0 donc il est supérieur aux nombres négatifs**

$\Leftrightarrow r > u_n - 3 > -r$ **car $u_n = 3 - \dfrac{1}{n^2}$ donc $u_n - 3 = -\dfrac{1}{n^2}$**

$\Leftrightarrow |u_n - 3| < r$

Rappel

$|x - a| < r \Leftrightarrow -r < x - a < r$

b) On veut démontrer que $\lim\limits_{n \to +\infty} u_n = 3$ ce qui équivaut à $\lim\limits_{n \to +\infty} (u_n - 3) = 0$.

Soit $r > 0$. L'intervalle $]-r\ ;r[$ est un intervalle centré en 0.

On note N le premier entier naturel strictement supérieur à $\dfrac{1}{\sqrt{r}}$.

On a prouvé que pour tout entier naturel $n \geqslant N > \dfrac{1}{\sqrt{r}}$, on a $|u_n - 3| < r$ c'est-à-dire $u_n - 3$ appartient à l'intervalle $]-r\ ;r[$.

Donc tout intervalle centré en 0 contient tous les termes de la suite $(u_n - 3)$. Cette suite tend donc vers 0.

On a bien $\lim\limits_{n \to +\infty} (u_n - 3) = 0$, ou encore $\lim\limits_{n \to +\infty} u_n = 3$.

5 → Énoncé p. 52

1. a) Pour tout entier naturel n, on a $u_n = -4 + 2n$.

$\lim\limits_{n\to+\infty} n = +\infty$ donc, par produit, $\lim\limits_{n\to+\infty} (2n) = +\infty$.

Par somme, $\lim\limits_{n\to+\infty} (2n - 4) = +\infty$.

> **Rappel**
> Une suite arithmétique de premier terme u_0 et de raison r a pour forme explicite $u_n = u_0 + nr$.

b) On a pour tout entier naturel $n \geqslant 1$:

$u_n = \frac{1}{2} \times 5^{n-1}$.

$q = 5$ et $5 > 1$ donc $\lim\limits_{n\to+\infty} 5^{n-1} = +\infty$.

$u_1 = \frac{1}{2}$ donc $u_1 > 0$. Par produit, $\lim\limits_{n\to+\infty} \frac{1}{2} \times 5^{n-1} = +\infty$.

> **Rappel**
> Une suite géométrique de premier terme u_1 et de raison q a pour forme explicite $u_n = u_1 q^{n-1}$.

c) On a pour tout entier naturel n :

$u_n = -3 \times \left(\frac{1}{2}\right)^n$.

$q = \frac{1}{2}$ et $-1 < \frac{1}{2} < 1$ donc $\lim\limits_{n\to+\infty} \left(\frac{1}{2}\right)^n = 0$.

$u_0 = -3$ donc, par produit, $\lim\limits_{n\to+\infty} -3 \times \left(\frac{1}{2}\right)^n = 0$.

2. a) Pour tout entier n : $u_n = 3e^{-2n} = 3(e^{-2})^n$. Ainsi, (u_n) est géométrique de premier terme $u_0 = 3$ et de raison $q = e^{-2}$.

b) Or $-2 < 0$ donc $e^{-2} < e^0$ **car la fonction exponentielle est croissante sur $\mathbb{R}$.**

Soit $e^{-2} < 1$ et $e^{-2} > 0$ donc $e^{-2} \in]0\,;1[$. La raison est donc comprise entre -1 et 1, donc $\lim\limits_{n\to+\infty} u_n = 0$.

6 → Énoncé p. 52

1. $\lim\limits_{n\to+\infty} n = +\infty$ et $\lim\limits_{n\to+\infty} 3\sqrt{n} = +\infty$. Ainsi, par somme, $\lim\limits_{n\to+\infty} u_n = +\infty$.

2. On a $\lim\limits_{n\to+\infty} \frac{1}{n^2} = 0$, $\lim\limits_{n\to+\infty} \frac{1}{n} = 0$ et $\lim\limits_{n\to+\infty} 1 = 1$, donc, par somme, $\lim\limits_{n\to+\infty} v_n = 1$.

3. On a $\lim\limits_{n\to+\infty} \sqrt{n} = +\infty$, ainsi par produit avec -1, $\lim\limits_{n\to+\infty} -\sqrt{n} = -\infty$.

De plus $\lim\limits_{n\to+\infty} \frac{1}{n} = 0$ et $\lim\limits_{n\to+\infty} 1 = 1$, donc par somme $\lim\limits_{n\to+\infty} w_n = -\infty$.

4. On a $\lim\limits_{n\to+\infty} (n + 1) = +\infty$ et $\lim\limits_{n\to+\infty} \sqrt{n} = +\infty$, donc, par produit et en utilisant la règle des signes, $\lim\limits_{n\to+\infty} t_n = +\infty$.

> **Rappel**
> Il faut utiliser la règle des signes dans la limite d'un produit. Ici les deux facteurs sont positifs.

7 → *Énoncé p. 52*

1. On a $\lim\limits_{n\to+\infty} 2n^2 = +\infty$ et $\lim\limits_{n\to+\infty} -3n = -\infty$.

De plus, $\lim\limits_{n\to+\infty} n^2 = +\infty$ et $\lim\limits_{n\to+\infty} -4n = -\infty$.

On a une forme indéterminée de la somme au numérateur et au dénominateur.

2. Pour tout entier naturel n non nul on a :

$$u_n = \frac{2n^2 - 3n + 1}{n^2 - 4n + 2}$$

$$= \frac{2n^2\left(\frac{2n^2}{2n^2} - \frac{3n}{2n^2} + \frac{1}{2n^2}\right)}{n^2\left(\frac{n^2}{n^2} - \frac{4n}{n^2} + \frac{2}{n^2}\right)}$$

$$= \frac{2n^2\left(1 - \frac{3}{2n} + \frac{1}{2n^2}\right)}{n^2\left(1 - \frac{4}{n} + \frac{2}{n^2}\right)}$$

$$= \frac{2\left(1 - \frac{3}{2n} + \frac{1}{2n^2}\right)}{1 - \frac{4}{n} + \frac{2}{n^2}}.$$

Astuce

On factorise par le terme de plus haut degré au numérateur et au dénominateur.

On a simplifié par n^2 au numérateur et au dénominateur.

3. On a $\lim\limits_{n\to+\infty} \frac{3}{2n} = \lim\limits_{n\to+\infty} \frac{1}{2n^2} = \lim\limits_{n\to+\infty} \frac{4}{n} = \lim\limits_{n\to+\infty} \frac{2}{n^2} = 0$.

Ainsi, par somme, $\lim\limits_{n\to+\infty} 2\left(1 - \frac{3}{2n} + \frac{1}{2n^2}\right) = 2$ et $\lim\limits_{n\to+\infty} \left(1 - \frac{4}{n} + \frac{2}{n^2}\right) = 1$.

Par quotient : $\lim\limits_{n\to+\infty} u_n = \frac{2}{1} = 2$.

8 → *Énoncé p. 53*

1. On a $\lim\limits_{n\to+\infty} -3n^2 = -\infty$ et $\lim\limits_{n\to+\infty} -2n = -\infty$. Ainsi $\lim\limits_{n\to+\infty} (-3n^2 - 2n + 1) = -\infty$.

Par ailleurs, $\lim\limits_{n\to+\infty} \frac{1}{n+1} = 0$ et donc $\lim\limits_{n\to+\infty} \left(3 + \frac{1}{n+1}\right) = 3$.

Par quotient et en utilisant la règle des signes, $\lim\limits_{n\to+\infty} u_n = -\infty$.

2. Pour tout entier naturel n non nul on a :

$$v_n = 5n^3 - 3n\sqrt{n}$$
$$= 5n^3\left(\frac{5n^3}{5n^3} - \frac{3n\sqrt{n}}{5n^3}\right)$$
$$= 5n^3\left(1 - \frac{3\sqrt{n}}{5n^2}\right)$$
$$= 5n^3\left(1 - \frac{3\sqrt{n}}{5n \times n}\right)$$
$$= 5n^3\left(1 - \frac{3\sqrt{n}}{5\sqrt{n} \times \sqrt{n} \times n}\right)$$
$$= 5n^3\left(1 - \frac{3}{5\sqrt{n} \times n}\right)$$

Astuce
On factorise par le terme de plus haut degré.

Rappel
$n = \sqrt{n} \times \sqrt{n}$

Or, $\lim\limits_{n\to+\infty} n = +\infty$ et $\lim\limits_{n\to+\infty} \sqrt{n} = +\infty$. Ainsi, par produit, $\lim\limits_{n\to+\infty} 5\sqrt{n} \times n = +\infty$.

Par quotient, $\lim\limits_{n\to+\infty} \dfrac{3}{5\sqrt{n \times n}} = 0$.

On a alors : $\lim\limits_{n\to+\infty} \left(1 - \dfrac{3}{5\sqrt{n} \times n}\right) = 1$.

Par ailleurs, $\lim\limits_{n\to+\infty} 5n^3 = +\infty$. Ainsi, par produit, $\lim\limits_{n\to+\infty} v_n = +\infty$.

3. Pour tout entier naturel n non nul on a :

$$w_n = \frac{-4n^3 + n^2 + n - 1}{n^3 + n^2 - 4n - 3}$$
$$= \frac{-4n^3\left(\frac{-4n^3}{-4n^3} + \frac{n^2}{-4n^3} + \frac{n}{-4n^3} - \frac{1}{-4n^3}\right)}{n^3\left(\frac{n^3}{n^3} + \frac{n^2}{n^3} - \frac{4n}{n^3} - \frac{3}{n^3}\right)}$$
$$= \frac{-4n^3\left(1 - \frac{1}{4n} - \frac{1}{4n^2} + \frac{1}{4n^3}\right)}{n^3\left(1 + \frac{1}{n} - \frac{4}{n^2} - \frac{3}{n^3}\right)}$$
$$= \frac{-4\left(1 - \frac{1}{4n} - \frac{1}{4n^2} + \frac{1}{4n^3}\right)}{1 + \frac{1}{n} - \frac{4}{n^2} - \frac{3}{n^3}}.$$

On a simplifié par n^3 au numérateur et au dénominateur.

Astuce
On factorise par le terme de plus haut degré au numérateur et au dénominateur.

On a : $\lim\limits_{n\to+\infty} \dfrac{1}{4n} = \lim\limits_{n\to+\infty} \dfrac{1}{4n^2} = \lim\limits_{n\to+\infty} \dfrac{1}{4n^3} = \lim\limits_{n\to+\infty} \dfrac{1}{n} = \lim\limits_{n\to+\infty} \dfrac{4}{n^2} = \lim\limits_{n\to+\infty} \dfrac{3}{n^3} = 0.$

Par somme et produit par -4 :

$$\lim_{n\to+\infty} -4\left(1-\frac{1}{4n}-\frac{1}{4n^2}+\frac{1}{4n^3}\right)=-4 \text{ et } \lim_{n\to+\infty}\left(1+\frac{1}{n}-\frac{4}{n^2}-\frac{3}{n^3}\right)=1.$$

Par quotient on a donc : $\lim\limits_{n\to+\infty} w_n = -\frac{4}{1} = -4.$

4. Pour tout entier naturel n non nul on a :

$$t_n = \frac{(n-1)(n+2)}{n^2-n+1}$$

$$= \frac{n^2+n-2}{n^2-n+1}$$

$$= \frac{n^2\left(\frac{n^2}{n^2}+\frac{n}{n^2}-\frac{2}{n^2}\right)}{n^2\left(\frac{n^2}{n^2}-\frac{n}{n^2}+\frac{1}{n^2}\right)}$$

$$= \frac{1+\frac{1}{n}-\frac{2}{n^2}}{1-\frac{1}{n}+\frac{1}{n^2}}$$

Astuce

On factorise par le terme de plus haut degré au numérateur et au dénominateur.

On a $\lim\limits_{n\to+\infty}\frac{1}{n} = \lim\limits_{n\to+\infty}\frac{2}{n^2} = \lim\limits_{n\to+\infty}\frac{1}{n^2} = 0.$

Ainsi, par somme, $\lim\limits_{n\to+\infty}\left(1+\frac{1}{n}-\frac{2}{n^2}\right)=1$ et $\lim\limits_{n\to+\infty}\left(1-\frac{1}{n}+\frac{1}{n^2}\right)=1.$

Par quotient, on a donc $\lim\limits_{n\to+\infty} t_n = 1.$

9 → Énoncé p. 53

1. Pour tout entier n, on a $\sqrt{n^2+1} \geqslant 0$, et donc $-\sqrt{n^2+1} \leqslant 0$.

On a multiplié chaque membre par −1 strictement négatif. On a donc changé le sens de l'inégalité.

Ainsi $-n-\sqrt{n^2+1} \leqslant -n$. **On a additionné $-n$ à chaque membre.**

2. On a $\lim\limits_{n\to+\infty} -n = -\infty$ donc, par comparaison, $\lim\limits_{n\to+\infty} v_n = -\infty$.

10 → Énoncé p. 53

1. Pour tout entier naturel n non nul, on a $-1 \leqslant \sin(n) \leqslant 1$.

On a donc :

$-1 \leqslant \sin(n) \leqslant 1 \Leftrightarrow -\frac{1}{\sqrt{n}} \leqslant \frac{\sin(n)}{\sqrt{n}} \leqslant \frac{1}{\sqrt{n}}$ **On a multiplié chaque membre par $\frac{1}{\sqrt{n}}$ qui est un nombre strictement positif.**

$\Leftrightarrow 5 - \frac{1}{\sqrt{n}} \leqslant 5 + \frac{\sin(n)}{\sqrt{n}} \leqslant 5 - \frac{1}{\sqrt{n}}$ On a additionné 5 à chaque membre.

$\Leftrightarrow 5 - \frac{1}{\sqrt{n}} \leqslant v_n \leqslant 5 + \frac{1}{\sqrt{n}}$

2. On a $\lim\limits_{n\to+\infty} \sqrt{n} = +\infty$ donc, par inverse, $\lim\limits_{n\to+\infty} \frac{1}{\sqrt{n}} = 0$, donc, par somme, $\lim\limits_{n\to+\infty} \left(5 - \frac{1}{\sqrt{n}}\right) = 5$ et $\lim\limits_{n\to+\infty} \left(5 + \frac{1}{\sqrt{n}}\right) = 5$.

On en déduit, par le théorème des gendarmes, que $\lim\limits_{n\to+\infty} v_n = 5$.

11 → *Énoncé p. 53*

1.

n	u
0	1
1	6.25
2	7.5625
3	7.8906
4	7.9727
5	7.9932
6	7.9983
7	7.9996

On conjecture que la suite est croissante.

2. a) $u_{n+1} - u_n = \frac{1}{4}u_n + 6 - u_n = \frac{1}{4}u_n - \frac{4}{4}u_n + 6 = -\frac{3}{4}u_n + 6$

b) On admet que $u_n \leqslant 8$.

$u_n \leqslant 8 \Leftrightarrow -\frac{3}{4}u_n \geqslant -6$ On a multiplié chaque membre par $-\frac{3}{4}$ qui est négatif, donc on a changé le sens de l'inégalité. Par ailleurs $-\frac{3}{4} \times 8 = -6$.

$\Leftrightarrow -\frac{3}{4}u_n + 6 \geqslant 0$ On a additionné 6 à chaque membre.

$\Leftrightarrow u_{n+1} - u_n \geqslant 0$.

On en déduit que $u_{n+1} \geqslant u_n$, donc la suite est croissante.

3. La suite (u_n) est croissante et majorée par 8, donc elle est convergente.

12 → *Énoncé p. 54*

1. a) Soit a un réel positif. Pour tout entier naturel n, on pose $P(n)$: $(1+a)^n \geqslant 1 + na$.

On démontre par récurrence que $P(n)$ est vraie pour tout entier naturel n.

• **Initialisation** $(1+a)^0 = 1 + 0a = 1$, donc : $(1+a)^0 \geqslant 1 + 0a$.

On a bien $P(0)$ est vraie.

• **Hérédité** Soit $k \in \mathbb{N}$.

On suppose que $P(k)$ est vraie, c'est-à-dire que $(1+a)^k \geqslant 1 + ka$.

On montre que $P(k+1)$ est vraie, c'est-à-dire que $(1+a)^{k+1} \geqslant 1 + (k+1)a$.

On a $(1+a)^{k+1} = (1+a)^k(1+a)$ donc, d'après l'hypothèse de récurrence :

$(1+a)^k \geqslant 1+ka \Leftrightarrow (1+a)^k(1+a) \geqslant (1+ka)(1+a)$ On a multiplié chaque membre par $1+a>0$.

$\Leftrightarrow (1+a)^{k+1} \geqslant 1+ka+a+ka^2$

$\Leftrightarrow (1+a)^{k+1} \geqslant 1+(k+1)a+ka^2$

Or ka^2 est un réel positif, donc $1+(k+1)a+ka^2 \geqslant 1+(k+1)a$.

On en déduit que $(1+a)^{k+1} \geqslant 1+(k+1)a$, c'est-à-dire que $P(k+1)$ est vraie.

• **Conclusion :** la propriété $P(n)$ est initialisée et héréditaire, donc elle est vraie pour tout entier naturel n, donc pour tout réel positif a et pour tout entier naturel n :
$(1+a)^n \geqslant 1+na$

b) Si $q>1$, alors il existe un réel $a>0$ tel que $q=1+a$ donc, pour tout entier naturel n :

$q^n \geqslant 1+na$ (d'après l'inégalité précédente).

$a>0$, donc $\lim\limits_{n\to+\infty}(1+na) = +\infty$ et donc, par comparaison, $\lim\limits_{n\to+\infty} q^n = +\infty$.

c) Si $0<q<1$, alors $\dfrac{1}{q}>1$ et donc $\lim\limits_{n\to+\infty}\left(\dfrac{1}{q}\right)^n = +\infty$, d'après la démonstration dans le cas $q>1$.

Donc, par inverse, $\lim\limits_{n\to+\infty} q^n = 0$.

2. On sait que $\lim\limits_{n\to+\infty} u_n = +\infty$ donc, d'après la définition, tout intervalle de la forme $]A\,;+\infty[$ contient tous les termes u_n à partir d'un certain rang n_0.

Donc pour tout entier naturel n supérieur au plus grand des deux nombres N et n_0, on a :

$u_n \leqslant v_n$ et $u_n > A$ donc, pour tout entier naturel n supérieur au plus grand des deux nombres N et n_0, v_n appartient à l'intervalle $]A\,;+\infty[$.

Donc tout intervalle de la forme $]A\,;+\infty[$ contient tous les termes v_n à partir d'un certain rang (qui est le rang $\max(N\,;n_0)$ plus grand des deux nombres N et n_0).

3. Une suite (u_n) est majorée signifie qu'il existe un réel M tel que, pour tout entier naturel n, $u_n \leqslant M$.

Une suite n'est pas majorée signifie donc que pour tout réel M, il existe un entier naturel n_0 tel que $u_{n_0} > M$.

Soit $]A\,;+\infty[$ un intervalle avec A réel. Comme (u_n) n'est pas majorée, il existe un entier n_0 tel que $u_{n_0} > A$.

Or la suite est croissante, donc pour tout entier $n \geqslant n_0$, $u_n \geqslant u_{n_0}$, donc pour tout entier naturel $n \geqslant n_0$, on a $u_n > A$. Tous les termes u_n appartiennent donc à l'intervalle $]A\,;+\infty[$.

La suite (u_n) tend vers $+\infty$ d'après la définition.

Raisonnement

La négation de « Il existe un réel M tel que pour tout entier naturel n on a P » est « Pour tout réel M, il existe un entier n_0 tel qu'on a $\overline{P}$ » où $\overline{P}$ est la propriété contraire de P.

13 → Énoncé p. 54

a) Faux.

Soit (u_n) la suite définie pour tout entier naturel $n > 0$ par $u_n = 1 + \frac{1}{n}$.

(u_n) converge car $\lim\limits_{n \to +\infty} \frac{1}{n} = 0$ donc, par somme, $\lim\limits_{n \to +\infty} \left(1 + \frac{1}{n}\right) = 1$.

La suite est convergente vers 1.

Soit (v_n) la suite définie pour tout entier natruel $n > 0$ par $v_n = \frac{1}{n}$.

On a $\lim\limits_{n \to +\infty} \frac{1}{n} = 0$ donc la suite (v_n) est convergente vers 0 et à termes strictement positifs.

Or, par quotient, $\lim\limits_{n \to +\infty} \frac{u_n}{v_n} = +\infty$. Donc la suite (w_n) n'est pas convergente.

> **Rappel**
> Pour démontrer qu'une affirmation est fausse, on peut utiliser un contre-exemple, c'est-à-dire un exemple qui contredit l'affirmation.

b) Faux.

Soit (u_n) la suite définie pour tout entier naturel $n \geqslant 2$ par $u_n = 1 - \frac{1}{n}$.

On a $u_{n+1} - u_n = 1 - \frac{1}{n+1} - \left(1 - \frac{1}{n}\right) = \frac{1}{n} - \frac{1}{n+1} = \frac{1}{n(n+1)}$.

$n(n+1) > 0$ donc $u_{n+1} - u_n > 0$ donc la suite est croissante.

Par ailleurs, pour tout entier naturel $n \geqslant 2$, $\frac{1}{n} < 1$, donc $1 - \frac{1}{n} > 0$, donc la suite est à termes strictement positifs.

Or $\lim\limits_{n \to +\infty} \frac{1}{n} = 0$ donc, par somme, $\lim\limits_{n \to +\infty} \left(1 - \frac{1}{n}\right) = 1$.

La suite est croissante et à termes strictement positifs mais ne diverge pas vers $+\infty$.

> **Rappel**
> Pour étudier le sens de variation d'une suite, on peut étudier le signe de $u_{n+1} - u_n$.

c) Faux.

(u_n) est une suite géométrique de raison $q = 0{,}3$ avec $-1 < q < 1$ donc la suite (u_n) converge vers 0.

Comme la limite est unique, la suite ne peut pas converger vers 3.

d) Faux.

On considère la suite (u_n) définie pour tout entier naturel $n > 0$ par $u_n = 4 - \frac{1}{n}$.

$u_{n+1} - u_n = 4 - \frac{1}{n+1} - \left(4 - \frac{1}{n}\right) = \frac{1}{n} - \frac{1}{n+1} = \frac{1}{n(n+1)}$.

Donc $u_{n+1} - u_n > 0$, la suite est croissante.

Par ailleurs, $5 - u_n = 5 - 4 + \frac{1}{n} = 1 + \frac{1}{n}$, donc pour tout entier naturel, $n > 0$, $5 - u_n > 0$ donc $u_n < 5$.

Donc la suite est croissante et majorée par 5.

Or $\lim\limits_{n \to +\infty} \frac{1}{n} = 0$, donc $\lim\limits_{n \to +\infty} \left(4 - \frac{1}{n}\right) = 4$.

La suite est croissante et majorée par 5 mais ne tend pas vers 5.

e) Vrai.

On considère la suite (u_n) définie pour tout entier naturel n par $u_n = (-1)^n$.

(u_n) est une suite bornée car pour tout n, $-1 \leqslant u_n \leqslant 1$. Or (u_n) n'admet pas de limite.

14 → *Énoncé p. 54*

1. Réponse C.

Pour tout entier naturel n, $u_n \neq 5$. En effet, si $u_n = 5$ alors $\frac{3}{n} = 0$ ce qui est impossible.

De plus, pour tout entier naturel $n > 0$, $\frac{3}{n} > 0$ donc $5 + \frac{3}{n} > 5$ donc u_n ne peut être strictement inférieur à 5. La bonne réponse est donc la C.

2. Réponse A.

$\lim\limits_{n \to +\infty} (-n^2 + 6) = -\infty$ et $\lim\limits_{n \to +\infty} (4 - 3n) = -\infty$.

Donc, par produit, avec la règle des signes, $\lim\limits_{n \to +\infty} v_n = +\infty$.

3. Réponse B.

$$v_n = \frac{2n^2\left(1 - \frac{7}{2n^2}\right)}{n\left(1 + \frac{4}{n}\right)} = \frac{2n\left(1 - \frac{7}{2n^2}\right)}{\left(1 + \frac{4}{n}\right)}$$

On a $\lim\limits_{n \to +\infty} \left(1 - \frac{7}{2n^2}\right) = 1$; $\lim\limits_{n \to +\infty} \left(1 + \frac{4}{n}\right) = 1$, donc, par quotient, $\lim\limits_{n \to +\infty} \frac{\left(1 - \frac{7}{2n^2}\right)}{\left(1 + \frac{4}{n}\right)} = 1$.

Par ailleurs, $\lim\limits_{n \to +\infty} (2n) = +\infty$.

Donc, par produit, $\lim\limits_{n \to +\infty} v_n = +\infty$

Comme pour tout entier naturel n, $u_n \geqslant v_n$, par comparaison, on a $\lim\limits_{n \to +\infty} u_n = +\infty$.

La suite diverge vers $+\infty$.

4. Réponse C.

La suite géométrique de raison $\frac{7}{8}$ converge vers 0 car $-1 < \frac{7}{8} < 1$.

Donc $\lim\limits_{n \to +\infty} 10 \times \left(\frac{7}{8}\right)^n = 0$.

Par somme, $\lim\limits_{n \to +\infty} \left(-2 + 10 \times \left(\frac{7}{8}\right)^n\right) = -2$.

La suite (w_n) converge vers -2.

15 → *Énoncé p. 55*

1. En entrant la suite à la calculatrice et en affichant son tableau de valeurs, on observe que les valeurs de u_n sont très proches de celles de $n+1$ ou de n.

Suites | Graphique | Tableau

Régler l'intervalle

n	u_n
100	100.8264
101	101.8092
102	102.7921
103	103.775
104	104.7581
105	105.7412
106	106.7244
107	107.7076

On peut ainsi conjecturer que (u_n) diverge vers $+\infty$.

2. Pour tout entier n :

$$\begin{array}{lrcl} & -1 & \leqslant & \cos(n) \\ \Leftrightarrow & -1+n+1 & \leqslant & n+1+\cos(n) \\ \Leftrightarrow & n & \leqslant & n+1+\cos(n) \\ \Leftrightarrow & n & \leqslant & u_n \end{array}$$

On a additionné n + 1 dans chaque membre

3. On a $\lim\limits_{n \to +\infty} n = +\infty$ donc, par comparaison, on a $\lim\limits_{n \to +\infty} u_n = +\infty$.

4.

```python
from math import cos
def f(n):
    return n+1+cos(n)

def seuil():
    n=0
    while f(u)<10000:
        n=n+1
    return n
```

16 → *Énoncé p. 55*

1. Les termes de la suite (u_n) étant exprimés en millier et la population initiale étant de $6\ 000$, on a bien $u_0 = 6$.

2. Une diminution de $25\ \%$ correspond à un coefficient multiplicateur de $0{,}75$, et l'ajout des $3\ 000$ insectes représente 3 milliers. Ainsi :

$u_1 = 0{,}75u_0 + 3 = 0{,}75 \times 6 + 3 = 7{,}5$ milliers d'insectes, soit $7\ 500$ individus l'année 1.

3. De même que pour déterminer u_1 on a multiplié par $0,75$ et ajouté 3, on effectue les mêmes opérations pour obtenir u_{n+1} à partir de u_n : $u_{n+1} = 0,75u_n + 3$.

4. a)

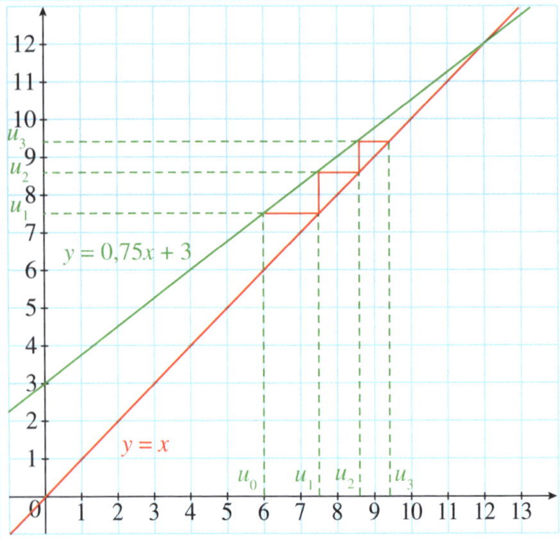

b) On pose pour tout entier naturel n, $P(n)$: $u_{n+1} \geqslant u_n$.

• **Initialisation.** Pour $n = 0$, on a $u_0 = 6$. On a donc $u_1 = 0,75 \times 6 + 3 = 7,5$. Donc $u_1 \geqslant u_0$. $P(0)$ est donc vraie.

• **Hérédité.** Soit k un entier naturel. On suppose que $P(k)$ est vraie, c'est-à-dire que $u_{k+1} \geqslant u_k$.

Montrons que $P(k+1)$ est vraie, c'est-à-dire que $u_{k+2} \geqslant u_{k+1}$.

On a, d'après l'hypothèse de récurrence : $u_{k+1} \geqslant u_k$.

La fonction $f : x \mapsto 0,75x + 3$ est une fonction affine croissante car $0,75 > 0$.

On applique cette fonction à chaque membre de l'inégalité de l'hypothèse de récurrence :

$f(u_{k+1}) \geqslant f(u_k)$ car f est croissante, donc conserve l'ordre.

Or $f(u_{k+1}) = u_{k+2}$ et $f(u_k) = u_{k+1}$. On trouve donc $u_{k+2} \geqslant u_{k+1}$.

On a donc $P(k+1)$ vraie.

• **Conclusion :** la propriété est initialisée et héréditaire, donc elle est vraie pour tout n.

c) On pose pour tout entier naturel n, $P(n)$: $u_n \leqslant 12$.

• **Initialisation.** Pour $n = 0$, on a $u_0 = 6$. $6 \leqslant 12$. $P(0)$ est donc vraie.

• **Hérédité.** Soit k un entier naturel. On suppose que $P(k)$ est vraie, c'est-à-dire que $u_k \leqslant 12$.

Montrons que $P(k+1)$ est vraie, c'est-à-dire que $u_{k+1} \leqslant 12$.

On a, d'après l'hypothèse de récurrence : $u_k \leqslant 12$.

La fonction $f : x \mapsto 0,75x + 3$ est une fonction affine croissante car $0,75 > 0$.

On applique cette fonction à chaque membre de l'inégalité de l'hypothèse de récurrence : $f(u_k) \leqslant f(12)$ car f est croissante donc conserve l'ordre.
Or $f(12) = 0,75 \times 12 + 3 = 9 + 3 = 12$ et $f(u_k) = u_{k+1}$. On trouve donc $u_{k+1} \leqslant 12$.
On a donc $P(k+1)$ vraie.

• **Conclusion :** la propriété est initialisée et héréditaire, donc elle est vraie pour tout n.

5. La suite (u_n) est majorée et croissante. Elle est donc convergente.
Graphiquement, on peut conjecturer que la suite converge vers 12.

SUJET DE BAC

Exercice 1 → Énoncé p. 57

Partie A

1. $v_0 = 12$, puisque la population en 2019 est de 12 000 et que les nombres v_n sont exprimés en millier.

2. Une augmentation de 5 % correspond à un coefficient multiplicateur de 1,05.
Ainsi, pour tout entier n, $v_{n+1} = 1,05 v_n$, et la suite (v_n) est donc géométrique de raison 1,05 et de premier terme $v_0 = 12$.
Pour tout entier n, on a alors : $v_n = v_0 \times 1,05^n = 12 \times 1,05^n$.

3. On a $1,05 > 1$, ainsi $\lim\limits_{n \to +\infty} 1,05^n = +\infty$ et $\lim\limits_{n \to +\infty} v_n = +\infty$.
La population étant limitée à 60 milliers, ce modèle ne répond pas aux contraintes.

Partie B

1. a) Pour tout réel x, $g'(x) = -\dfrac{1,1}{605} \times 2x + 1,1 = -\dfrac{2,2}{605}x + 1,1$.

$$\text{Or, } g'(x) \geqslant 0 \Leftrightarrow -\frac{2,2}{605}x + 1,1 \geqslant 0 \Leftrightarrow = -\frac{2,2}{605}x \geqslant -1,1$$
$$\Leftrightarrow x \leqslant (-1,1) \times \left(-\frac{605}{2,2}\right) \Leftrightarrow x \leqslant 302,5$$

Ainsi, la fonction g' est positive sur $]-\infty\,;302,5]$ et donc, en particulier, sur $[0\,;60]$, et alors la fonction g est croissante sur $[0\,;60]$.

b)
$$g(x) = x \Leftrightarrow -\frac{1,1}{605}x^2 + 1,1x = x$$
$$\Leftrightarrow -\frac{1,1}{605}x^2 + 0,1x = 0 \Leftrightarrow x\left(-\frac{1,1}{605}x + 0,1\right) = 0$$
$$\Leftrightarrow x = 0 \text{ ou } -\frac{1,1}{605}x + 0,1 = 0.$$

La deuxième équation donne : $-\dfrac{1,1}{605}x + 0,1 = 0 \Leftrightarrow x = 0,1 \times \dfrac{605}{1,1} = 55$.

Les solutions de l'équation $g(x) = x$ sont 0 et 55.

2. a) $u_1 = -\dfrac{1,1}{605}u_0^2 + 1,1u_0 = -\dfrac{1,1}{605} \times 12^2 + 1,1 \times 12 \approx 12,938$ à 10^{-3} près.

En 2020, la population s'élèvera à 12938 individus.

b) D'après la contrainte du milieu, le nombre d'individus ne peut pas dépasser 60 000. Donc, pour tout entier naturel n, $u_n \leqslant 60$. On a donc $M = 60$.

c)

	A	B
1	n	u_n
2	0	12
3	1	12,9381818
4	2	13,9276426
5	3	14,9677174

144	142	54,9999261
145	143	54,9999335
146	144	54,9999401
147	145	54,9999461
148	146	54,9999515
149	147	54,9999564
150	148	54,9999607

On conjecture que 55 est un majorant.

d) La suite est majorée par 55. Montrons par récurrence qu'elle est croissante.

On pose, pour tout entier naturel n, $P(n)$: $u_n \leqslant u_{n+1}$.

• **Initialisation.** On a $u_0 = 12$ et $u_1 = 12,938$ donc $u_0 \leqslant u_1$ donc $P(0)$ est vraie.

• **Hérédité.** Soit k un entier naturel. On suppose que $P(k)$ est vraie c'est-à-dire que $u_k \leqslant u_{k+1}$.

On va montrer que $P(k + 1)$ est vraie c'est-à-dire que $u_{k+1} \leqslant u_{k+2}$.

On a $u_k \leqslant u_{k+1}$ par hypothèse de récurrence.

On applique à chaque membre la fonction g qui est croissante :

on obtient $g(u_k) \leqslant g(u_{k+1})$. Or $g(u_k) = u_{k+1}$ et $g(u_{k+1}) = u_{k+2}$

on obtient alors $u_{k+1} \leqslant u_{k+2}$.

• **Conclusion.** La propriété $P(n)$ est initialisée et héréditaire. Elle est donc vraie pour tout n.

La suit (u_n) est donc croissante. Comme elle est majorée par 55, elle est convergente vers une limite notée ℓ.

e) ℓ vérifie $g(\ell) = \ell$. Or, d'après la question **1. b)**, $g(\ell) = \ell \Leftrightarrow \ell = 0$ ou $\ell = 55$.

$\ell = 0$ est impossible car (u_n) est croissante et $u_0 = 12 > 0$.

Donc $\ell = 55$.

Ainsi, la limite de la suite (u_n) est 55, ce qui veut dire que, selon ce modèle, la population tendra vers 55 000 individus au fur et à mesure que le temps passera.

3. a)

```
def population():
    n=0
    u=12
    while u<=50:
        u=-1.1/605*u**2+1.1*u
        n=n+1
    return n
```

b) Après exécution, on trouve $n = 36$, ce qui correspond à l'année 2055.

Exercice 2 → Énoncé p. 58

1. On calcule T_4 :

$T_1 = T_0 - 0{,}1T_0^2 = 0{,}9 - 0{,}1 \times 0{,}9^2 = 0{,}819$

$T_2 = T_1 - 0{,}1T_1^2 = 0{,}819 - 0{,}1 \times 0{,}819^2 \approx 0{,}752$

$T_3 = T_2 - 0{,}1T_2^2 \approx 0{,}695$

$T_4 = T_3 - 0{,}1T_3^2 \approx 0{,}647$

La valeur de T_4 est le taux de ressources en 2024. L'affirmation du groupe de spécialistes est loin du modèle.

2. a) La fonction f est une fonction polynôme du second degré de la forme : $f(x) = ax^2 + bx + c$. Ici, $a = -0{,}1 < 0$ donc la parabole est tournée vers le bas.

Le sommet $S(\alpha\ ;\ \beta)$ a pour coordonnées :

$$\alpha = -\frac{b}{2a} = \frac{-1}{-0{,}2} = 5\ ;\ \beta = f(5) = 2{,}5.$$

La fonction f est croissante sur $]-\infty\ ;\ 2{,}5[$ donc croissante sur $[0\ ;\ 1]$.

Son minimum sur cet intervalle est $f(0) = 0$. Son maximum est $f(1) = 0{,}9$.

b) Pour tout entier naturel n, on pose $P(n) : 0 \leqslant T_{n+1} \leqslant T_n \leqslant 1$.

• **Initialisation.** Pour $n = 0$, on a : $T_0 = 0{,}9$ et $T_1 = 0{,}819$

Or $0 \leqslant 0{,}819 \leqslant 0{,}9 \leqslant 1$ donc $P(0)$ est vraie.

• **Hérédité.** Soit k un entier naturel. On suppose que $P(k)$ est vraie, c'est-à-dire $0 \leqslant T_{k+1} \leqslant T_k \leqslant 1$.

On va démontrer que $P(k+1)$ est vraie, c'est-à-dire que $0 \leqslant T_{k+2} \leqslant T_{k+1} \leqslant 1$.

Par hypothèse de récurrence, on a :

$0 \leqslant T_{k+1} \leqslant T_k \leqslant 1$. On applique à chaque membre la fonction f qui est croissante.

$f(0) \leqslant f\left(T_{k+1}\right) \leqslant f(T_k) \leqslant f(1)$.

Or $f(0) = 0$; $f\left(T_{k+1}\right) = T_{k+2}$; $f\left(T_k\right) = T_{k+1}$ et $f(1) = 0{,}9$

Donc $0 \leqslant T_{k+2} \leqslant T_{k+1} \leqslant 0{,}9$. De plus, comme $0{,}9 \leqslant 1$, on a bien $0 \leqslant T_{k+2} \leqslant T_{k+1} \leqslant 1$.

Donc $P(k + 1)$ est vraie.

• **Conclusion :** la propriété est initialisée et héréditaire, donc elle est vraie pour tout entier naturel n.

c) La suite est décroissante car pour tout entier naturel n, on a montré que $T_{n+1} \leqslant T_n$.

La suite est minorée car, pour tout entier naturel n, on a montré que $0 \leqslant T_n$.

La suite est donc convergente vers un réel ℓ.

d) Avec la calculatrice, on trouve que $T_{20} \approx 0{,}31$, donc les spécialistes ont raison, le taux pourra être inférieur à 0,4 d'ici 2040.

Avec la calculatrice, on trouve aussi $T_{14} \approx 0{,}385$ et aucun terme avant le rang 14 n'est inférieur à 0,4.

11	0.4375
12	0.4183
13	0.4008
14	0.3848

La première année où le taux sera inférieur à 0,4 sera 2034.

e)

$u \leftarrow 0{,}9$
$n \leftarrow 0$
Tant que $u > 0{,}4$ faire
    $n \leftarrow u - 0{,}1u^2$
    $n \leftarrow n + 1$

La valeur de la variable n à la fin de l'algorithme sera 14.

Limites de fonctions

CHAPITRE 3

1 Limites en $+\infty$ et en $-\infty$

A. Limite infinie

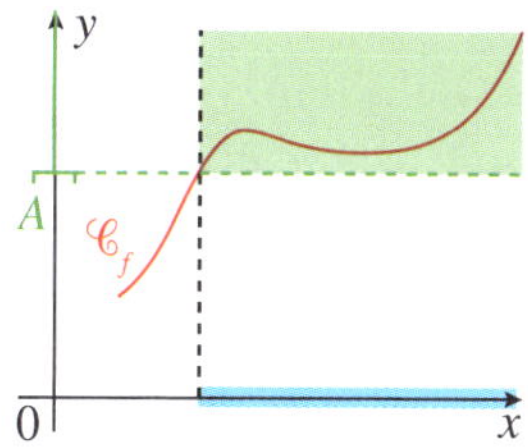

Définition

• Une fonction ***f*** **a pour limite** $+\infty$ **en** $+\infty$ si tout intervalle ouvert de la forme $]A\,;+\infty[$ contient toutes les valeurs de $f(x)$ pour x assez grand.
On note $\lim\limits_{x\to+\infty} f(x)=+\infty$.

• Une fonction ***f*** **a pour limite** $-\infty$ **en** $+\infty$ si tout intervalle ouvert de la forme $]-\infty\,;A[$ contient toutes les valeurs de $f(x)$ pour x assez grand.
On note $\lim\limits_{x\to+\infty} f(x)=-\infty$.

• On définit de façon analogue les limites infinies en $-\infty$.

Propriétés

Soit n un entier supérieur ou égal à 1.

• $\lim\limits_{x\to+\infty}\sqrt{x}=+\infty$ • $\lim\limits_{x\to+\infty}x^n=+\infty$ • $\lim\limits_{x\to-\infty}x^n=\begin{cases}-\infty \text{ si } n \text{ impair}\\+\infty \text{ si } n \text{ pair}\end{cases}$ • $\lim\limits_{x\to+\infty}e^x=+\infty.$

B. Limite finie

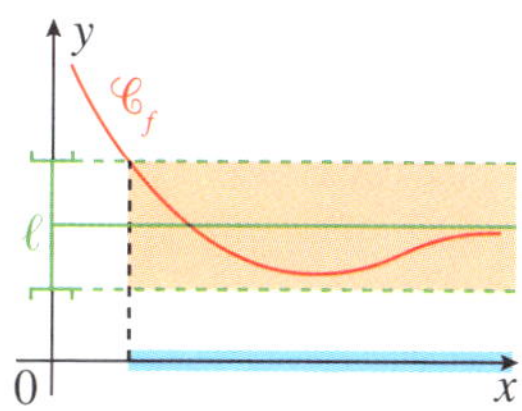

Définition

Soit ℓ un réel.

• Une fonction ***f*** **a pour limite** ℓ **en** $+\infty$ lorsque tout intervalle ouvert contenant ℓ contient toutes les valeurs de $f(x)$ pour x assez grand.
On note $\lim\limits_{x\to+\infty} f(x)=\ell$.

• On définit de façon analogue la limite de f en $-\infty$.

• **Interprétation graphique**

Quand x devient grand, la courbe représentative de la fonction f est proche de la droite d'équation $y=\ell$.

Définition

• Si une fonction f a pour limite un réel ℓ en $+\infty$, on dit que sa courbe représentative admet en $+\infty$ pour **asymptote horizontale** la droite d'équation $y=\ell$.

• On définit de façon analogue une asymptote horizontale en $-\infty$.

■ **Propriétés**

Soit n un entier supérieur ou égal à 1.

• $\lim\limits_{x \to +\infty} \dfrac{1}{x^n} = 0$ • $\lim\limits_{x \to +\infty} \dfrac{1}{\sqrt{x}} = 0$ • $\lim\limits_{x \to -\infty} \dfrac{1}{x^n} = 0$ • $\lim\limits_{x \to -\infty} e^x = 0$.

2 Limite infinie en un réel a

A. Limite infinie en un réel a

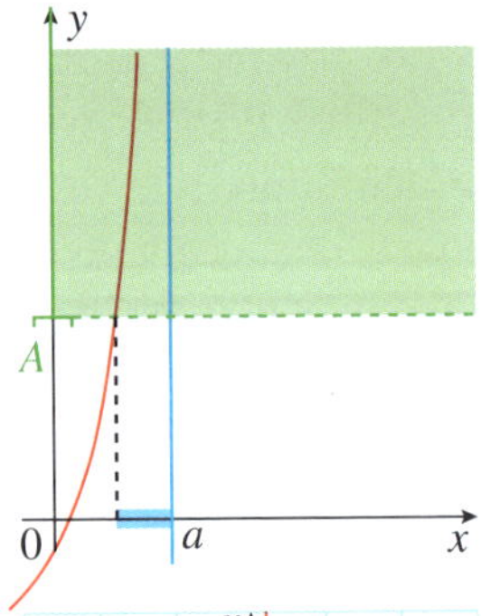

■ **Définition**

Soit a un réel.

■ Une fonction ***f*** **a pour limite** $+\infty$ **en** a si tout intervalle de la forme $]A\,;+\infty[$ contient toutes les valeurs de $f(x)$ pour x assez proche de a. On note $\lim\limits_{x \to a} f(x) = +\infty$.

■ Une fonction ***f*** **a pour limite** $-\infty$ **en** $\boldsymbol{a}$ si tout intervalle de la forme $]-\infty\,; A[$ contient toutes les valeurs de $f(x)$ pour x assez proche de a.

On note $\lim\limits_{x \to a} f(x) = -\infty$.

Remarque :

Une fonction peut avoir une limite « à droite » et une limite « à gauche » qui sont différentes.

Dans l'exemple ci-contre, on note

$$\lim_{\substack{x \to 0 \\ x>0}} \frac{1}{x} = +\infty \quad \text{et} \quad \lim_{\substack{x \to 0 \\ x<0}} \frac{1}{x} = -\infty.$$

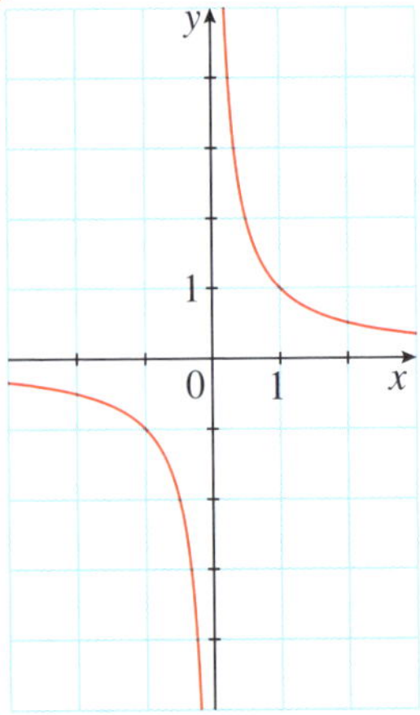

B. Interprétation graphique

■ **Définition**

Soit a un réel.

Si une fonction f a pour limite $+\infty$ ou $-\infty$ en a (à gauche ou à droite), on dit que sa courbe représentative admet la droite d'équation $x = a$ comme **asymptote verticale**.

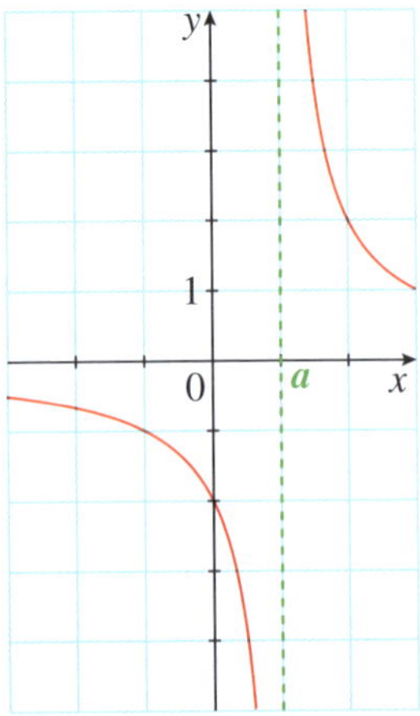

3 Limites et opérations

f et g désignent deux fonctions, ℓ et ℓ' deux réels. Le symbole ∞ désigne soit $+\infty$, soit $-\infty$.

Les propriétés suivantes portent sur les limites en $+\infty$, en $-\infty$ ou en un réel a.

A. Somme

■ **Propriété**

Si lim f = …	ℓ	ℓ	ℓ	$+\infty$	$-\infty$	$+\infty$
et lim g = …	ℓ'	$+\infty$	$-\infty$	$+\infty$	$-\infty$	$-\infty$
alors lim $(f+g)$ = …	$\ell + \ell'$	$+\infty$	$-\infty$	$+\infty$	$-\infty$	forme indéterminée

B. Produit et quotient

■ **Propriété**

Si lim f = …	ℓ	$\ell \neq 0$	∞	0
et lim g = …	ℓ'	∞	∞	∞
alors lim $(f \times g)$ = …	$\ell\ell'$	∞	∞	forme indéterminée

Remarque :

Quand le tableau indique $\lim(f \times g) = \infty$, il faut utiliser la règle des signes d'un produit pour conclure.

■ **Propriété**

Si lim f = …	ℓ	$\ell \neq 0$	ℓ	∞	∞	0
et lim g = …	$\ell' \neq 0$	0	∞	ℓ	∞	0
alors lim $\left(\frac{f}{g}\right)$ = …	$\frac{\ell}{\ell'}$	∞	0	∞	forme indéterminée	forme indéterminée

Remarque :

Si $\lim g = 0$, il faut connaître le signe de $g(x)$ pour pouvoir appliquer la règle des signes d'un quotient et conclure sur la limite de $\frac{f}{g}$.

C. Composition

■ **Propriété**

a, b et c désignent soit des réels, soit $+\infty$, soit $-\infty$.

Si $\begin{cases} \lim\limits_{x \to a} f(x) = b \\ \lim\limits_{X \to b} g(X) = c \end{cases}$, alors $\lim\limits_{x \to a} g(f(x)) = c$.

Remarque :

Le nombre $g(f(x))$ est l'image par g du nombre $X = f(x)$, lui-même image de x par f.

■ **Propriété**

• Soient f une fonction et (u_n) la suite définie pour tout entier naturel n par $u_n = f(n)$.

$$\text{Si } \lim_{x \to +\infty} f(x) = a \text{, alors } \lim_{n \to +\infty} u_n = a.$$

• Soient f une fonction définie sur un intervalle I et (u_n) une suite définie sur $\mathbb{N}$ dont tous les termes appartiennent à I.

$$\text{Si } \lim_{n \to +\infty} u_n = a \text{ et } \lim_{x \to a} f(x) = b \text{, alors } \lim_{n \to +\infty} f(u_n) = b.$$

4 Limites et comparaison

A. Limite infinie

■ **Propriété**

Soient deux fonctions f et g telles que $f(x) \leqslant g(x)$ sur un intervalle du type $[A\ ;+\infty[$ où A est un réel.

• Si $\lim_{x \to +\infty} f(x) = +\infty$, alors $\lim_{x \to +\infty} g(x) = +\infty$.

• Si $\lim_{x \to +\infty} g(x) = -\infty$, alors $\lim_{x \to +\infty} f(x) = -\infty$.

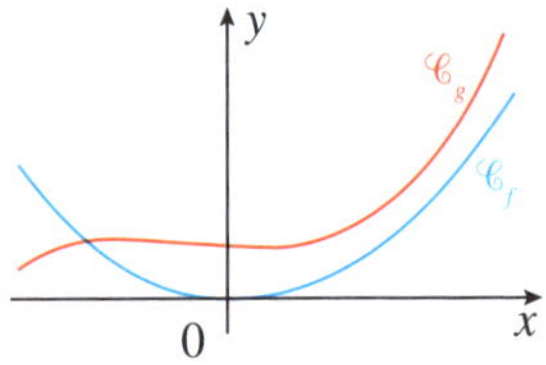

Par analogie, on peut écrire les mêmes propriétés lorsque x tend vers $-\infty$ ou vers un réel a.

B. Limite finie

■ **Théorème des gendarmes**

Soient ℓ un réel et trois fonctions f, g et h telles que $f(x) \leqslant g(x) \leqslant h(x)$ sur un intervalle du type $[A\ ;+\infty[$ où A est un réel.

Si $\lim_{x \to +\infty} f(x) = \ell$ et $\lim_{x \to +\infty} h(x) = \ell$, alors $\lim_{x \to +\infty} g(x) = \ell$.

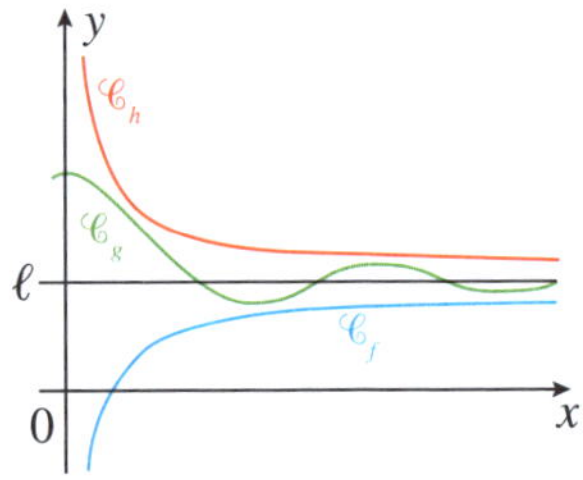

Par analogie, on peut écrire les mêmes propriétés lorsque x tend vers $-\infty$ ou vers un réel a.

C. Croissances comparées

■ **Théorème des croissances comparées**

Pour tout entier naturel n, on a :

• $\lim_{x \to +\infty} \dfrac{e^x}{x^n} = +\infty$

• $\lim_{x \to -\infty} x^n e^x = 0$

Remarque :

Ce théorème illustre le fait que la fonction exponentielle croît en $+\infty$ bien plus vite que toute fonction puissance.

Définir limites et asymptotes

Limite en $\pm\infty$

Limite infinie

$\lim\limits_{x\to+\infty} f(x) = +\infty$ lorsque tout intervalle $]A\ ;+\infty[$ contient toutes les valeurs de $f(x)$ pour x assez grand. (Définition analogue pour la limite de f en $-\infty$)

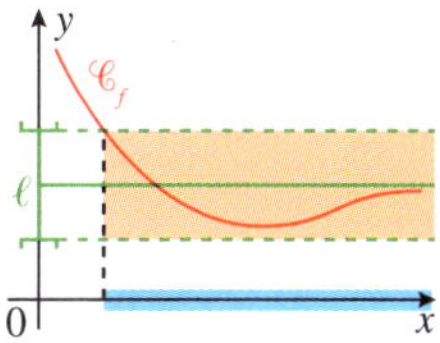

Limite finie

$\lim\limits_{x\to+\infty} f(x) = \ell$ lorsque tout intervalle ouvert contenant ℓ contient toutes les valeurs de $f(x)$ pour x assez grand.

(Définition analogue pour la limite de f en $-\infty$)

La droite d'équation $y = \ell$ est une asymptote horizontale.

Limite en a

Limite infinie en a

$\lim\limits_{x\to a} f(x) = +\infty$ si tout intervalle $]A\ ;+\infty[$ contient toutes les valeurs de $f(x)$ pour x assez proche de a.

(Définition analogue pour $\lim\limits_{x\to a} f(x) = -\infty$)

La droite d'équation $x = a$ est une asymptote verticale.

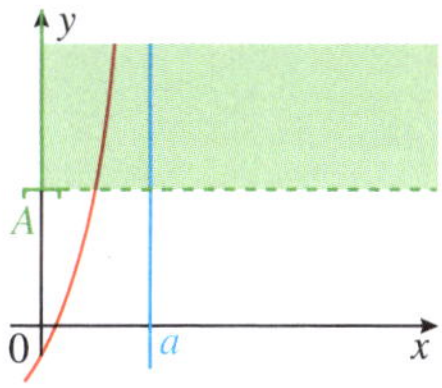

LIMITES DE FONCTIONS

Calculer une limite

- **Limites de références** $(n \geqslant 1)$

- $\lim\limits_{x\to+\infty} \sqrt{x} = +\infty$ • $\lim\limits_{x\to+\infty} x^n = +\infty$
- $\lim\limits_{x\to-\infty} x^n = \begin{cases} -\infty \text{ si } n \text{ impair} \\ +\infty \text{ si } n \text{ pair} \end{cases}$
- $\lim\limits_{x\to+\infty} e^x = +\infty$ • $\lim\limits_{x\to\pm\infty} \dfrac{1}{x^n} = 0$
- $\lim\limits_{x\to+\infty} \dfrac{1}{\sqrt{x}} = 0$ • $\lim\limits_{x\to-\infty} e^x = 0$
- $\lim\limits_{\substack{x\to 0\\ x>0}} \dfrac{1}{x} = +\infty$ • $\lim\limits_{\substack{x\to 0\\ x<0}} \dfrac{1}{x} = -\infty$
- $\lim\limits_{x\to+\infty} \dfrac{e^x}{x^n} = +\infty$ • $\lim\limits_{x\to-\infty} x^n e^x = 0$

- **Limites et formes indéterminées (*FI*)**

Si $\lim f =$	$+\infty$	$-\infty$	$+\infty$	0	∞
et si $\lim g =$	$+\infty$	$-\infty$	$-\infty$	∞	0
alors					
$\lim(f+g) =$	$+\infty$	$-\infty$	*FI*	∞	∞
$\lim(fg) =$	$+\infty$	$+\infty$	$-\infty$	*FI*	*FI*
$\lim \dfrac{f}{g} =$	*FI*	*FI*	*FI*	0	∞

Comparer pour déterminer une limite

- f et g telles que $f(x) \leqslant g(x)$ sur $[A\ ;+\infty[$
- Si $\lim\limits_{x\to+\infty} f(x) = +\infty$, alors $\lim\limits_{x\to+\infty} g(x) = +\infty$
- Si $\lim\limits_{x\to+\infty} g(x) = -\infty$, alors $\lim\limits_{x\to+\infty} f(x) = -\infty$

- **Théorème des gendarmes**

f, g et h telles que

$$f(x) \leqslant g(x) \leqslant h(x) \text{ sur } [A\ ;+\infty[$$

Si $\lim\limits_{x\to+\infty} f(x) = \ell$ et $\lim\limits_{x\to+\infty} h(x) = \ell$,

alors $\lim\limits_{x\to+\infty} g(x) = \ell$

On peut écrire les mêmes propriétés en $-\infty$.

MÉTHODES

1 Lire les limites et les asymptotes

EXEMPLE 1 **SUR UN GRAPHIQUE**

Soit f la fonction définie sur $]-\infty\,;-3[\cup]-3\,;3[\cup]3\,;+\infty[$ dont la courbe représentative $\mathscr{C}_f$ est donnée ci-dessous. Conjecturer graphiquement les limites de f aux bornes de son ensemble de définition, puis déterminer les équations des éventuelles asymptotes à $\mathscr{C}_f$.

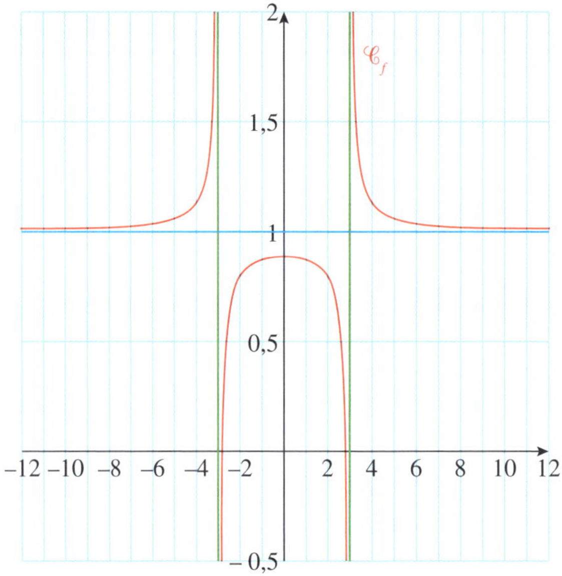

Astuce

Graphiquement, la courbe est aussi proche que l'on veut de ses asymptotes.

CORRIGÉ COMMENTÉ

On peut conjecturer graphiquement que :

$$\lim_{x\to-\infty} f(x)=1\ ;\quad \lim_{\substack{x\to-3\\x<-3}} f(x)=+\infty\ ;\quad \lim_{\substack{x\to-3\\x>-3}} f(x)=-\infty$$

$$\lim_{\substack{x\to3\\x<3}} f(x)=-\infty\ ;\quad \lim_{\substack{x\to3\\x>3}} f(x)=+\infty;\ \lim_{x\to+\infty} f(x)=1.$$

La courbe $\mathscr{C}_f$ semble admettre pour asymptotes verticales les droites d'équation $x=-3$ et $x=3$ et pour asymptote horizontale la droite d'équation $y=1$.

EXEMPLE 2 DANS UN TABLEAU DE VARIATIONS

On a dressé ci-dessous le tableau de variations de la fonction g définie sur $]-\infty\,;-3[\cup]-3\,;2[\cup]2\,;+\infty[$. Lire les limites de g aux bornes de son ensemble de définition, puis déterminer les équations des éventuelles asymptotes à la courbe représentative de g.

x	$-\infty$	-3	2	$+\infty$
$g(x)$	0 ↗ $+\infty$	‖ $-\infty$ ↗ $+\infty$	‖ $-\infty$ ↗ 0	

Astuce

Dans un tableau de variations, on lit les limites comme on lit les images des nombres de la première ligne du tableau.

CORRIGÉ COMMENTÉ

$\lim\limits_{x\to-\infty} g(x)=0$; $\lim\limits_{\substack{x\to-3\\x<-3}} g(x)=+\infty$; $\lim\limits_{\substack{x\to-3\\x>-3}} g(x)=-\infty$; $\lim\limits_{\substack{x\to2\\x<2}} g(x)=+\infty$;

$\lim\limits_{\substack{x\to2\\x>2}} g(x)=-\infty$; $\lim\limits_{x\to+\infty} g(x)=0$

La courbe $\mathscr{C}_g$ admet pour asymptotes verticales les droites d'équations $x=-3$ et $x=2$ et pour asymptote horizontale la droite d'équation $y=0$ (axe des abscisses).

2 Calculer une limite

EXEMPLE 1 À L'AIDE DE PROPRIÉTÉS

1. Étudier les limites des fonctions définies par les expressions suivantes quand x tend vers $+\infty$.

a) $f(x)=x^2+2x-2$ **b)** $g(x)=\left(\sqrt{x}+1\right)(7-2x)$

2) Soit h la fonction définie sur $]-\infty\,;1[\cup]1\,;+\infty[$ par $h(x)=\dfrac{1}{x-1}$.

Déterminer les limites de h quand x tend vers 1 par valeurs inférieures puis supérieures.

3) Soit k la fonction définie sur $\mathbb{R}$ par $k(x)=x^5e^x-3$.

Déterminer la limite de k lors que x tend vers $-\infty$.

CORRIGÉ COMMENTÉ

1) a. $\lim\limits_{x\to+\infty} x^2=+\infty$ et $\lim\limits_{x\to+\infty}(2x-2)=+\infty$. Donc, par **somme**, $\lim\limits_{x\to+\infty} f(x)=+\infty$.

b) $\lim\limits_{x\to+\infty}\left(\sqrt{x}+1\right)=+\infty$ et $\lim\limits_{x\to+\infty}(7-2x)=-\infty$.

Donc, par **produit**, $\lim\limits_{x\to+\infty} g(x)=-\infty$ (on a utilisé la règle des signes).

2. $\lim\limits_{x \to 1}(x-1) = 0$ donc, par inverse, $h(x)$ tend vers une limite infinie ($+\infty$ ou $-\infty$).

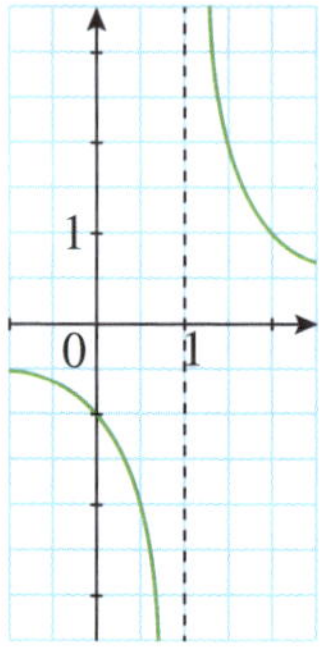

Pour conclure, il faut utiliser la règle des signes et donc connaître le signe de $h(x)$.

• **1er cas** : quand x tend vers 1 et $x > 1$ (**limite à droite**)
$x > 1$, donc $x - 1 > 0$, soit $h(x) > 0$; donc $\lim\limits_{\substack{x \to 1 \\ x > 1}} h(x) = +\infty$

• **2e cas** : quand x tend vers 1 et $x < 1$ (**limite à gauche**)
$x < 1$ donc $x - 1 < 0$, soit $h(x) < 0$; donc $\lim\limits_{\substack{x \to 1 \\ x < 1}} h(x) = -\infty$

3. D'après le **théorème des croissances comparées**, $\lim\limits_{x \to -\infty} x^n e^x = 0$ pour tout entier naturel n.
On en déduit que $\lim\limits_{x \to -\infty} x^5 e^x = 0$ et, par somme, que $\lim\limits_{x \to -\infty} k(x) = -3$.

EXEMPLE 2 EN LEVANT L'INDÉTERMINATION

Soit f la fonction définie sur $]-\infty\,;-1[\,\cup\,]-1\,;1[\,\cup\,]1\,;+\infty[$ par $f(x) = \dfrac{3x-5}{1-x^2}$.
Déterminer la limite de f quand x tend vers $+\infty$.

CORRIGÉ COMMENTÉ

> **Astuce**
> On factorise au numérateur et au dénominateur par le terme de plus haut degré.

$\lim\limits_{x \to +\infty}(3x-5) = +\infty$ et $\lim\limits_{x \to +\infty}(1-x^2) = -\infty$ donc, par quotient, on rencontre une **forme indéterminée.**

Or, pour tout $x > 1$ $\quad f(x) = \dfrac{3x-5}{1-x^2} = \dfrac{x\left(3 - \dfrac{5}{x}\right)}{x^2\left(\dfrac{1}{x^2} - 1\right)} = \dfrac{\left(3 - \dfrac{5}{x}\right)}{x\left(\dfrac{1}{x^2} - 1\right)}$

On a simplifié par *x* au numérateur et au dénominateur, car *x* était en facteur.

Donc $\lim\limits_{x \to +\infty} f(x) = \lim\limits_{x \to +\infty} \dfrac{\left(3 - \dfrac{5}{x}\right)}{x\left(\dfrac{1}{x^2} - 1\right)}$

On a alors : $\lim\limits_{x \to +\infty}\left(3 - \dfrac{5}{x}\right) = 3$

De plus : $\lim\limits_{x \to +\infty}\left(\dfrac{1}{x^2} - 1\right) = -1$ et $\lim\limits_{x \to +\infty} x = +\infty$ donc, par produit, $\lim\limits_{x \to +\infty} x\left(\dfrac{1}{x^2} - 1\right) = -\infty$

en utilisant la règle des signes.

On en déduit par quotient que $\lim\limits_{x \to +\infty} f(x) = \lim\limits_{x \to +\infty} \dfrac{\left(3 - \dfrac{5}{x}\right)}{x\left(\dfrac{1}{x^2} - 1\right)} = 0$.

3 Étudier une limite par comparaison

EXEMPLE 1 AVEC UNE FONCTION DE RÉFÉRENCE

Soit la fonction définie sur $\mathbb{R}$ par $f(x) = x + \cos(x)$.
Donner un encadrement de $\cos(x)$ puis déterminer les limites de f en $-\infty$ et en $+\infty$.

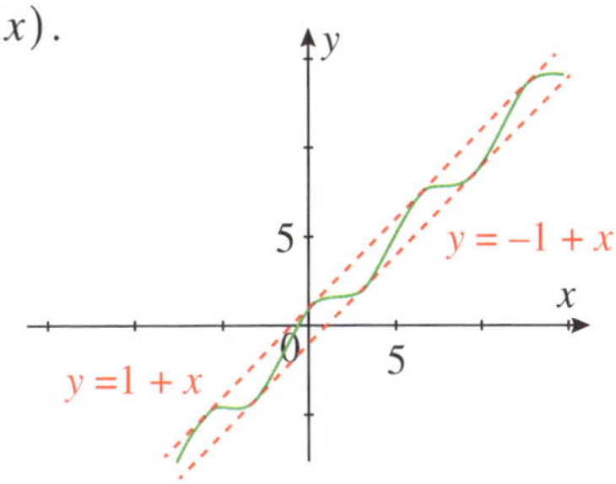

CORRIGÉ COMMENTÉ

Pour tout x réel, on sait que $-1 \leqslant \cos(x) \leqslant 1$.
Donc $-1 + x \leqslant x + \cos(x) \leqslant 1 + x$.

- Limite en $-\infty$: on sait que $\lim\limits_{x \to -\infty} (1 + x) = -\infty$ et $f(x) \leqslant 1 + x$.

Donc $\lim\limits_{x \to -\infty} f(x) = -\infty$.

- Limite en $+\infty$: on sait que $\lim\limits_{x \to +\infty} (-1 + x) = +\infty$

et $-1 + x \leqslant f(x)$. Donc $\lim\limits_{x \to +\infty} f(x) = +\infty$.

> **Remarque**
> On se sert de la minoration pour la limite en $+\infty$ et de la majoration pour la limite en $-\infty$.

EXEMPLE 2 À L'AIDE DU THÉORÈME DES GENDARMES

Soit f la fonction définie sur $]-\infty\,;0[\,\cup\,]0\,;+\infty[$ par $f(x) = \dfrac{\cos(x)}{x} + 5$.

Déterminer ses limites en $+\infty$ et en $-\infty$.

CORRIGÉ COMMENTÉ

On sait que, pour tout x réel, $-1 \leqslant \cos(x) \leqslant 1$.

- **1er cas :** $x > 0$ (pour la limite en $+\infty$)

On peut alors multiplier chaque membre de cette double inégalité par $\dfrac{1}{x} > 0$:

$$-\frac{1}{x} \leqslant \frac{\cos(x)}{x} \leqslant \frac{1}{x}.$$

Donc $-\dfrac{1}{x} + 5 \leqslant \dfrac{\cos(x)}{x} + 5 \leqslant \dfrac{1}{x} + 5$,

donc $-\dfrac{1}{x} + 5 \leqslant f(x) \leqslant \dfrac{1}{x} + 5$.

Or, $\lim\limits_{x \to +\infty} \dfrac{1}{x} = \lim\limits_{x \to +\infty} \left(-\dfrac{1}{x}\right) = 0$,

donc $\lim\limits_{x \to +\infty} \left(\dfrac{1}{x} + 5\right) = \lim\limits_{x \to +\infty} \left(-\dfrac{1}{x} + 5\right) = 5$.

Donc, en appliquant le théorème des gendarmes, $\lim\limits_{x \to +\infty} f(x) = 5$.

> **Rappel**
> Lorsqu'on multiplie chaque membre d'une inégalité pas un nombre strictement positif, on ne change pas le sens de l'inégalité.

• **2e cas** : $x < 0$ (pour la limite en $-\infty$)

On peut alors multiplier chaque membre de cette double inégalité par $\frac{1}{x}$, mais les inégalités changent de sens :

$$-\frac{1}{x} \geqslant \frac{\cos(x)}{x} \geqslant \frac{1}{x}.$$

Donc $-\frac{1}{x} + 5 \geqslant \frac{\cos(x)}{x} + 5 \geqslant \frac{1}{x} + 5$,

donc $-\frac{1}{x} + 5 \geqslant f(x) \geqslant \frac{1}{x} + 5$.

Or, $\lim\limits_{x \to -\infty} \frac{1}{x} = \lim\limits_{x \to -\infty} \left(-\frac{1}{x}\right) = 0$,

donc $\lim\limits_{x \to -\infty} \left(\frac{1}{x} + 5\right) = \lim\limits_{x \to -\infty} \left(-\frac{1}{x} + 5\right) = 5$.

Donc, en appliquant le théorème des gendarmes, $\lim\limits_{x \to -\infty} f(x) = 5$.

Rappel

Lorsqu'on multiplie chaque membre d'une inégalité pas un nombre strictement négatif, on change le sens de l'inégalité.

Jean Le Rond d'Alembert est un savant et philosophe du XVIIIe siècle qui a grandement participé à ce « siècle des Lumières ».

Ses travaux mathématiques sont variés et portent sur de nombreux domaines des mathématiques dont l'analyse.

EXERCICES

1 5 min ★

→ MÉTHODE 1, p. 82

On a représenté ci-contre une fonction f définie sur $]-\infty\ ;\ 2[\cup]2\ ;\ +\infty[$.

1. Conjecturer graphiquement ses limites quand x tend vers $+\infty$, vers $-\infty$, puis vers 2 (on distinguera les cas $x<2$ et $x>2$).

2. Peut-on en déduire que la courbe représentative de f admet des asymptotes ? Si oui, donner leurs équations.

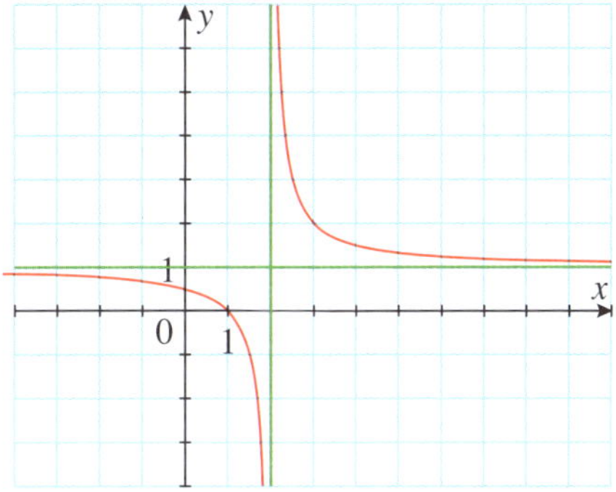

→ Corrigé p. 95

2 5 min ★

→ MÉTHODE 1, p. 82

Le tableau de variations ci-dessous décrit les variations d'une fonction f.

x	$-\infty$		-10		1		$+\infty$
$f(x)$	2 ↗	$+\infty$	‖	$-\infty$ ↗ $+\infty$	‖	$-\infty$ ↗	6

1. Préciser les limites de la fonction f aux bornes de son ensemble de définition.

2. Donner les équations des asymptotes éventuelles à la courbe de la fonction f.

3. Construire une courbe susceptible de représenter la fonction f.

→ Corrigé p. 95

3 5 min ★

→ MÉTHODE 2, p. 83

Déterminer les limites en $-\infty$ des fonctions définies par les expressions suivantes :

1. $f(x)=\dfrac{1}{x-5}$; **2.** $g(x)=\dfrac{1}{x^2+1}+6$;

3. $h(x)=-x^3-2x$; **4.** $i(x)=x^2\mathrm{e}^x$.

→ Corrigé p. 96

4 5 min ★

→ MÉTHODE 1, p. 82

Déterminer les limites suivantes :

1. $\lim\limits_{\substack{x\to4\\x>4}}\dfrac{-3}{x-4}$; **2.** $\lim\limits_{\substack{x\to4\\x<4}}\dfrac{-3}{x-4}$.

→ Corrigé p. 96

5 — 10 min ★★

→ MÉTHODE 2, p. 83

Déterminer les limites en $+\infty$ des fonctions définies par les expressions suivantes :

1. $f(x) = 3x^2 - 4x + 7$;
2. $g(x) = x^3 - x$;
3. $f(x) = \dfrac{x^2 + 2}{1 - x}$;
4. $g(x) = \dfrac{x + 3}{-2x^2 + 1}$;
5. $h(x) = xe^{-x}$.

→ Corrigé p. 96

6 — 10 min ★

→ MÉTHODE 3, p. 85

1. Soit f une fonction telle que, pour tout réel x :

$$f(x) \geqslant \frac{x^2}{2}.$$

Cette inégalité permet-elle de conclure sur les limites éventuelles de la fonction f en $-\infty$ et en $+\infty$? Justifier.

2. Soit f une fonction telle que, pour tout $x > 1$:

$$\frac{x}{x+1} \leqslant f(x) \leqslant \frac{x}{x-1}.$$

Cet encadrement permet-il de conclure sur la limite éventuelle de la fonction f en $+\infty$? Justifier.

→ Corrigé p. 97

7 — 10 min ★★

→ MÉTHODE 3, p. 85

Soit l la fonction définie sur $\mathbb{R}$ par $l(x) = \sin(x) \times e^x$.
À l'aide d'un encadrement bien choisi, montrer que $\lim\limits_{x \to -\infty} l(x) = 0$.

→ Corrigé p. 98

8 — 15 min Démonstration et raisonnement

1. a) En étudiant les variations de la fonction f définie pour tout réel x par $f(x) = e^x - \dfrac{x^2}{2}$, démontrer que pour tout réel x positif, $\dfrac{e^x}{x} \geqslant \dfrac{x}{2}$. On sera amené à dériver la fonction f' pour étudier ses variations et son signe.

b) En déduire la limite en $+\infty$ de $\dfrac{e^x}{x}$.

2. En utilisant la question 1.b), montrer que $\lim\limits_{x \to +\infty} \dfrac{e^x}{x^n} = +\infty$.

3. En utilisant la question 2, montrer que $\lim\limits_{x \to -\infty} x^n e^x = 0$. On pourra poser $X = -x$.

→ Corrigé p. 98

9 15 min Vrai-Faux

Pour chaque affirmation ci-dessous, dire si elle est vraie ou fausse. Justifier la réponse.

a) **Affirmation 1 :** une fonction strictement décroissante sur $\mathbb{R}$ a pour limite $-\infty$ en $-\infty$.

b) Soit f une fonction définie sur $\mathbb{R}$ telle que $\sqrt{e^x} \leqslant f(x)$ pour tout réel x.
Affirmation 2 : $\lim\limits_{x \to +\infty} f(x) = +\infty$.

c) Soit f une fonction telle que, pour tout $x > 1$: $\dfrac{1}{x} \leqslant f(x) \leqslant \dfrac{x+2}{x+1}$.
Affirmation 3 : cet encadrement permet de déterminer la limite de la fonction f en $+\infty$.

d) Soit (u_n) la suite définie pour tout entier naturel n non nul par $u_n = \dfrac{n^2+3}{n^2}$.

Affirmation 4 : $\lim\limits_{n \to +\infty} \sqrt{u_n} = +\infty$.

→ Corrigé p. 99

10 15 min QCM

Déterminer parmi les trois propositions la seule réponse exacte. Aucune justification n'est demandée. Un QCM nécessite souvent de faire une recherche au brouillon.

	Réponse A	Réponse B	Réponse C
1. Si $\lim\limits_{\substack{x \to 2 \\ x<2}} f(x) = -\infty$, alors :	la droite d'équation $y = 2$ est une asymptote à $\mathscr{C}_f$.	la droite d'équation $x = 2$ est une asymptote à $\mathscr{C}_f$.	$\mathscr{C}_f$ n'admet pas d'asymptote lorsque x tend vers 2 par valeurs inférieures.
2. Si $\lim\limits_{x \to +\infty} f(x) = -\infty$, alors $\lim\limits_{x \to +\infty} \left(f(x) + \dfrac{e^x}{x^2} \right)$ est :	$-\infty$	une forme indéterminée.	0
3. La limite lorsque x tend vers $-\infty$ de $f(x) = -x^3 - 2x^2 + 3x - 1$ est égale à :	$+\infty$	$-\infty$	-1
4. Lorsque x tend vers 2, avec $x < 2$, la limite de $f(x) = \dfrac{3x-2}{x-2}$ est :	3	$+\infty$	$-\infty$

→ Corrigé p. 100

11 20 min ★★

Soit f la fonction définie sur $]-\infty\,;4[\cup]4\,;+\infty[$ par :

$$f(x) = \frac{x+3}{12-3x}.$$

1. Étudier les variations de la fonction f.

2. Étudier les limites de la fonction f en $-\infty$ et en $+\infty$.

3. Étudier les limites de $f(x)$ quand x tend vers 4 (on distinguera les cas $x<4$ et $x>4$).

4. Si la courbe représentative de la fonction f admet des asymptotes, en donner leurs équations.

5. Dresser le tableau de variations de la fonction f.

6. Tracer la courbe représentative de la fonction f dans un repère $(0\,;I\,;J)$ et vérifier graphiquement les résultats trouvés aux questions précédentes.

→ *Corrigé p. 101*

12 20 min ★★ **Algorithmique et programmation**

On administre un médicament par voie orale à un malade.
La quantité absorbée dans le sang dans les heures qui suivent sa prise, annoncée par le fabriquant pour ce médicament, est modélisée par la fonction f définie pour tout réel positif t (en heure) par :

$$f(t) = 4{,}25te^{-0{,}5t}.$$

$f(t)$ est exprimé en mg.
On a tracé ci-dessous la courbe représentative de la fonction f.

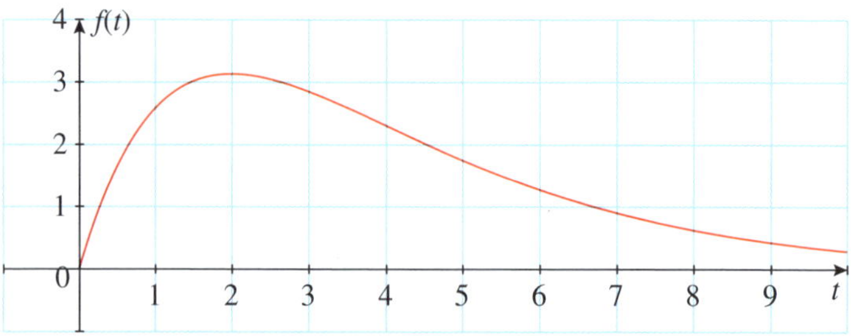

1. a) Calculer $\lim\limits_{\substack{t\to 0\\ t>0}} \dfrac{f(t)-f(0)}{t}$.

b) La vitesse à laquelle le médicament est absorbé dans le sang à l'instant $t=0$ est le coefficient directeur de la tangente en O. Déterminer cette vitesse (en mg/h).

2. Déterminer la limite de $f(t)$ lorsque t tend vers $+\infty$. Interpréter le résultat.
3. Étudier les variations de la fonction f sur l'intervalle $[0\,;+\infty[$ et dresser son tableau de variations.
4. a) Compléter la fonction Python suivante, nommée `disparition`, d'argument le réel seuil, qui renvoie le temps $t > 2$ après lequel la quantité de médicament est inférieure à la quantité *seuil* en mg.

```
from math import exp
def disparition(seuil):
    t=2
    f=4.25*t*exp(-0.5*t)
    while ...:
        t=...
        f=...
    return ...
```

b) On estime que le médicament a complètement disparu lorsque le seuil est inférieur strictement à 0,01 mg.
En utilisant la fonction précédente, déterminer l'heure à laquelle le médicament aura complètement disparu.

→ Corrigé p. 102

SUJET DE BAC

Exercice 1 — 30 min — Algorithmique et programmation 4 points

Un groupe de scientifiques étudie le nombre de poissons qui vivent dans un étang. Après plusieurs études de terrain, ils modélisent ce nombre par la fonction P, définie sur $[0\,;+\infty[$ par $P(t) = \dfrac{1\,000}{0{,}4 + 3{,}6\mathrm{e}^{-0{,}5t}}$, où t est le temps, mesuré en année, écoulé depuis le 1er janvier 2020.

On note $\mathscr{C}_P$ la courbe représentative de la fonction P dans un repère.

1. Combien y avait-il de poissons au 1er janvier 2020 ?

2. Calculer $P'(t)$ pour tout réel t positif. En déduire le sens de variation de la fonction P sur $[0\,;+\infty[$.

3. Déterminer la limite de P lorsque t tend vers $+\infty$. Interpréter graphiquement cette limite.

4. Interpréter dans le contexte de l'exercice la limite trouvée à la question **3.**

5. Justifier que le nombre de poissons va dépasser 2 000 individus lors d'une certaine année.

6. a) Compléter la fonction Python ci-dessous afin qu'elle renvoie l'année à partir de laquelle le nombre de poissons va dépasser les 2 000 individus.

```
from math import exp
def seuil():
    n=0
    t=0
    while ...:
        t=...
    return ...
```

b) Quelle année trouve-t-on ?

→ Corrigé p. 103

Exercice 2 — 40 min — Algorithmique et programmation 7 points

On dispose de deux béchers A et B qui contiennent chacun 5 000 bactéries de la même famille. On souhaite comparer l'efficacité de deux antibiotiques A et B différents sur ces bactéries. On introduit l'antibiotique A dans le bécher A et, au même instant, l'antibiotique B dans le bécher B. On mesure alors, selon le temps t écoulé, la quantité (en millier) de bactéries restantes dans les béchers A et B au fur et à mesure de l'action des antibiotiques.

Partie 1

Les valeurs mesurées dans le bécher A lors de l'expérience conduisent à modéliser l'évolution du nombre (en millier) de bactéries dans ce bécher par la fonction f définie sur l'intervalle $[0\ ;+\infty[$ par

$$f(t) = 0{,}05t^2 - t + 5$$

où t représente la durée (en heure) écoulée depuis le début de l'expérience.

1. a) Calculer $f(0)$. Ce résultat est-il cohérent avec le nombre de bactéries présentes dans le bécher A au début de l'expérience ?

b) Calculer, selon ce modèle, le nombre de bactéries qui seront présentes dans le bécher A au bout de deux heures.

2. a) Déterminer les variations de la fonction f sur $[0\,;+\infty[$ et dresser son tableau de variations.

b) Déterminer la limite de la fonction f lorsque t tend vers $+\infty$. Interpréter le résultat dans le contexte de l'exercice.

Partie 2

Les valeurs mesurées dans le bécher B lors de l'expérience conduisent à modéliser l'évolution du nombre (en millier) de bactéries dans ce bécher par la fonction g définie sur l'intervalle $[0\ ;+\infty[$ par

$$g(t) = (5+t)\mathrm{e}^{-0{,}36t}$$

où t représente la durée (en heure) écoulée depuis le début de l'expérience.

1. Calculer $g(0)$. Ce résultat est-il cohérent avec le nombre de bactéries présentes dans le bécher B au début de l'expérience ?

2. a) Déterminer l'expression de $g'(t)$ pour tout réel t positif.

b) En déduire le sens de variation de g sur $[0\ ;+\infty[$.

3. a) Déterminer la limite de la fonction g en $+\infty$.

b) Dresser le tableau de variations de la fonction g sur $[0\ ;+\infty[$.

Partie 3

On a tracé graphiquement les courbes représentatives des fonctions f et g ci-dessous.

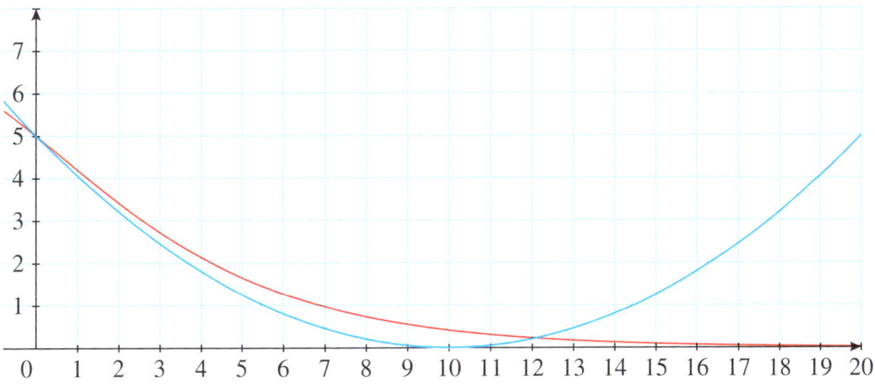

1. Quelle est la courbe de f ?

2. Déterminer graphiquement un encadrement entre deux entiers, de la durée (en heure) à partir de laquelle la quantité de bactéries dans le bécher A semble devenir supérieure à celle du bécher B.

3. Compléter la fonction Python suivante afin qu'elle renvoie la valeur du plus petit entier t, exprimée en heure, telle que la quantité de bactéries dans le bécher A soit supérieure à celle du bécher B.

```
from math import exp
def quantite():
    t=1
    while ...:
        t=...
    return ...
```

4. Qu'obtient-on en utilisant la fonction Python précédente ?

→ *Corrigé p. 104*

CORRIGÉS

1 → Énoncé p. 87

1. On conjecture que $\lim\limits_{x \to +\infty} f(x) = 1$; $\lim\limits_{x \to -\infty} f(x) = 1$

$\lim\limits_{\substack{x \to 2 \\ x<2}} f(x) = -\infty$ et $\lim\limits_{\substack{x \to 2 \\ x>2}} f(x) = +\infty$.

2. On peut en déduire que la droite d'équation $x = 2$ est asymptote verticale à la courbe représentative de f.
La droite d'équation $y = 1$ est asymptote horizontale à la courbe représentative de f.

Astuce
Graphiquement, la courbe est aussi proche que l'on veut de ses asymptotes.

2 → Énoncé p. 87

1. $\lim\limits_{\substack{x \to -10 \\ x<-10}} f(x) = +\infty$ et $\lim\limits_{\substack{x \to -10 \\ x>-10}} f(x) = -\infty$

$\lim\limits_{\substack{x \to 1 \\ x<1}} f(x) = +\infty$ et $\lim\limits_{\substack{x \to 1 \\ x>1}} f(x) = -\infty$

$\lim\limits_{x \to -\infty} f(x) = 2$ et $\lim\limits_{x \to +\infty} f(x) = 6$

2. On peut en déduire que la droite d'équation $x = -10$ est asymptote verticale à la courbe représentative de f, ainsi que la droite d'équation $x = 1$.
Les droites d'équation $y = 2$ et $y = 6$ sont des asymptotes horizontales à la courbe représentative de f.

3.

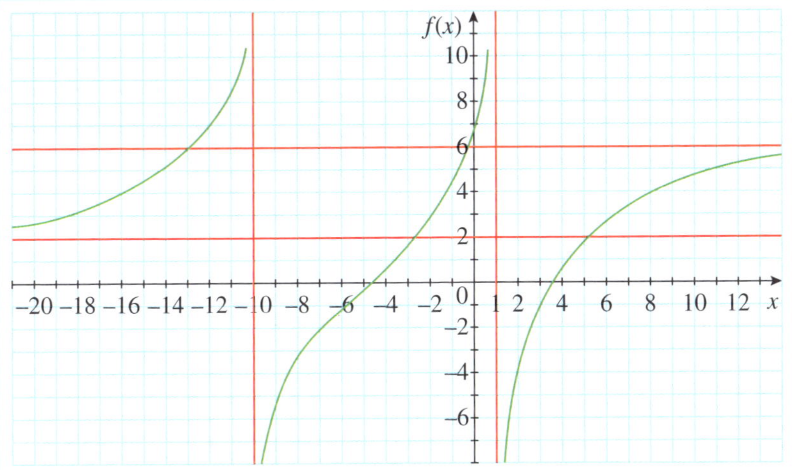

3 → *Énoncé p. 87*

1. $\lim\limits_{x\to-\infty}(x-5)=-\infty$ donc, par inverse, $\lim\limits_{x\to-\infty} f(x)=0$.

2. $\lim\limits_{x\to-\infty} x^2=+\infty$, $\lim\limits_{x\to-\infty} 1=1$ donc, par somme, $\lim\limits_{x\to-\infty}(x^2+1)=+\infty$ et donc, par inverse, $\lim\limits_{x\to-\infty}\dfrac{1}{x^2+1}=0$.

De plus, $\lim\limits_{x\to-\infty} 6=6$ donc, par somme, $\lim\limits_{x\to-\infty} g(x)=6$.

3. $\lim\limits_{x\to-\infty} x^3=-\infty$, donc, par produit avec (-1), $\lim\limits_{x\to-\infty}(-x^3)=+\infty$.

De même, $\lim\limits_{x\to-\infty} 2x=-\infty$ et $\lim\limits_{x\to-\infty}(-2x)=+\infty$.

Donc, par somme, $\lim\limits_{x\to-\infty} h(x)=+\infty$.

4. D'après le théorème des croissances comparées, $\lim\limits_{x\to-\infty} i(x)=0$.

> **Rappel**
> Théorème des croissances comparées : $\lim\limits_{x\to-\infty} x^n e^x=0$.

4 → *Énoncé p. 87*

1. $\lim\limits_{\substack{x\to4\\x>4}}(x-4)=0$ avec $x-4>0$ donc, par inverse,

$\lim\limits_{\substack{x\to4\\x>4}}\dfrac{1}{x-4}=+\infty$.

> **Rappel**
> Le quotient de deux nombres de signes contraires est négatif.

Or, -3 est négatif donc, par la règle des signes, $\lim\limits_{\substack{x\to4\\x>4}}\dfrac{-3}{x-4}=-\infty$.

2. $\lim\limits_{\substack{x\to4\\x<4}}(x-4)=0$ avec $x-4<0$ donc, par inverse, $\lim\limits_{\substack{x\to4\\x<4}}\dfrac{1}{x-4}=-\infty$.

Or, -3 est négatif donc, par la règle des signes, $\lim\limits_{\substack{x\to4\\x<4}}\dfrac{-3}{x-4}=+\infty$.

5 → *Énoncé p. 88*

1. $f(x)=3x^2-4x+7=x^2\left(3-\dfrac{4}{x}+\dfrac{7}{x^2}\right)$

On a d'une part $\lim\limits_{x\to+\infty} x^2=+\infty$.

D'autre part, $\lim\limits_{x\to+\infty}-\dfrac{4}{x}=0$ et $\lim\limits_{x\to+\infty}\dfrac{7}{x^2}=0$ donc, par somme, $\lim\limits_{x\to+\infty}\left(3-\dfrac{4}{x}+\dfrac{7}{x^2}\right)=3$.

Par produit, en utilisant la règle des signes, on trouve : $\lim\limits_{x\to+\infty} f(x)=+\infty$.

2. $g(x)=x^3-x=x^3\left(1-\dfrac{1}{x^2}\right)$

On a $\lim\limits_{x\to+\infty}\dfrac{-1}{x^2}=0$ donc, par somme, $\lim\limits_{x\to+\infty}\left(1-\dfrac{1}{x^2}\right)=1$.

> **Remarque**
> Dans le cas d'une fonction polynôme ou d'une fonction rationnelle (quotient de deux polynômes), on factorise par le terme de plus haut degré pour lever l'indétermination.

Par ailleurs, $\lim\limits_{x\to+\infty} x^3 = +\infty$. Donc, par produit, $\lim\limits_{x\to+\infty} g(x) = +\infty$.

3. $f(x) = \dfrac{x^2+2}{1-x} = \dfrac{x^2\left(1+\dfrac{2}{x^2}\right)}{x\left(\dfrac{1}{x}-1\right)} = \dfrac{x\left(1+\dfrac{2}{x^2}\right)}{\dfrac{1}{x}-1}$

On a simplifié par *x*, en facteur au numérateur et au dénominateur.

Pour le numérateur : $\lim\limits_{x\to+\infty} x^2 = +\infty$ donc, par quotient et par somme, $\lim\limits_{x\to+\infty}\left(1+\dfrac{2}{x^2}\right) = 1$.

Par ailleurs, $\lim\limits_{x\to+\infty} x = +\infty$, donc, par produit, $\lim\limits_{x\to+\infty} x\left(1+\dfrac{2}{x^2}\right) = +\infty$.

Pour le dénominateur : $\lim\limits_{x\to+\infty}\dfrac{1}{x} = 0$ donc, par somme, $\lim\limits_{x\to+\infty}\left(\dfrac{1}{x}-1\right) = -1$.

On en déduit, par quotient et en utilisant la règle des signes, que $\lim\limits_{x\to+\infty} f(x) = -\infty$.

4. $g(x) = \dfrac{x+3}{-2x^2+1} = \dfrac{x\left(1+\dfrac{3}{x}\right)}{x^2\left(-2+\dfrac{1}{x^2}\right)} = \dfrac{1+\dfrac{3}{x}}{x\left(-2+\dfrac{1}{x^2}\right)}$

On a simplifié par *x*, en facteur au numérateur et au dénominateur.

On a pour le numérateur : $\lim\limits_{x\to+\infty}\left(1+\dfrac{3}{x}\right) = 1$.
Pour le dénominateur :

$\lim\limits_{x\to+\infty}\left(-2+\dfrac{1}{x^2}\right) = -2$ et $\lim\limits_{x\to+\infty} x = +\infty$; par produit et en utilisant la règle des signes,

on en déduit que $\lim\limits_{x\to+\infty} x\left(-2+\dfrac{1}{x^2}\right) = -\infty$.

Par quotient, on conclut que $\lim\limits_{x\to+\infty} g(x) = 0$.

5. On a : $xe^{-x} = \dfrac{x}{e^x}$
D'après le théorème des croissances comparées,
on a $\lim\limits_{x\to+\infty}\dfrac{e^x}{x} = +\infty$ donc, par passage à l'inverse,

$\lim\limits_{x\to+\infty}\dfrac{x}{e^x} = \lim\limits_{x\to+\infty} h(x) = 0$.

> **Rappel**
> Théorème des croissances comparées
> Pour tout entier naturel n,
> $\lim\limits_{x\to+\infty}\dfrac{e^x}{x^n} = +\infty$.

6 → Énoncé p. 88

1. On a $\lim\limits_{x\to+\infty} x^2 = +\infty$ et $\lim\limits_{x\to-\infty} x^2 = +\infty$, donc on a $\lim\limits_{x\to+\infty}\dfrac{x^2}{2} = +\infty$ et $\lim\limits_{x\to-\infty}\dfrac{x^2}{2} = +\infty$.
Comme $f(x)$ est minorée par $\dfrac{x^2}{2}$, par comparaison des limites, on en déduit que $\lim\limits_{x\to+\infty} f(x) = +\infty$.
De même, on en déduit que $\lim\limits_{x\to-\infty} f(x) = +\infty$.

2. On a d'une part : $\dfrac{x}{x+1} = \dfrac{x}{x\left(1+\dfrac{1}{x}\right)} = \dfrac{1}{1+\dfrac{1}{x}}$

Remarque

Dans le cas d'une fonction polynôme ou d'une fonction rationnelle (quotient de deux polynômes), on factorise par le terme de plus haut degré pour lever l'indétermination.

On a simplifié par *x* en facteur au numérateur et au dénominateur.

Or $\lim\limits_{x\to+\infty} \dfrac{1}{x} = 0$ donc, par somme, $\lim\limits_{x\to+\infty} \left(1+\dfrac{1}{x}\right) = 1$. Par inverse, $\lim\limits_{x\to+\infty} \dfrac{1}{\left(1+\dfrac{1}{x}\right)} = \dfrac{1}{1} = 1.$

On a d'autre part : $\dfrac{x}{x-1} = \dfrac{x}{x\left(1-\dfrac{1}{x}\right)} = \dfrac{1}{1-\dfrac{1}{x}}$

On a simplifié par *x* en facteur au numérateur et au dénominateur.

Or $\lim\limits_{x\to+\infty} \dfrac{1}{x} = 0$ donc, par somme, $\lim\limits_{x\to+\infty} \left(1-\dfrac{1}{x}\right) = 1$.

Par inverse, $\lim\limits_{x\to+\infty} \dfrac{1}{\left(1-\dfrac{1}{x}\right)} = \dfrac{1}{1} = 1.$

$f(x)$ est encadrée par deux fonctions qui tendent vers 1 donc, par le théorème des gendarmes, on en déduit que $\lim\limits_{x\to+\infty} f(x) = 1$.

7 → *Énoncé p. 88*

Pour tout réel x, on a $-1 \leqslant \sin(x) \leqslant 1$. Comme e^x est un réel strictement positif, on peut multiplier chaque membre de l'inégalité par e^x sans changer le sens de l'inégalité :

$$-1 \leqslant \sin(x) \leqslant 1 \Leftrightarrow -e^x \leqslant \sin(x) \times e^x \leqslant e^x$$

Or $\lim\limits_{x\to-\infty} e^x = 0$ donc $\lim\limits_{x\to-\infty} -e^x = 0$.

Par le théorème des gendarmes, on en déduit que $\lim\limits_{x\to-\infty} l(x) = 0$.

Astuce

La fonction sinus n'admet pas de limite en $-\infty$. C'est pour cela qu'on l'encadre entre deux réels constants.

8 → *Énoncé p. 88*

1. a) Soit *f* la fonction définie sur $\mathbb{R}$ par $f(x) = e^x - \dfrac{x^2}{2}$.

On a : $f'(x) = e^x - x$.

On ne peut pas résoudre l'inéquation $f'(x) \leqslant 0$, donc on étudie les variations de la fonction f'.

On a : $f''(x) = e^x - 1$.

$$e^x - 1 \leqslant 0 \Leftrightarrow e^x \leqslant 1 \Leftrightarrow x \leqslant 0$$

Astuce

Pour étudier le signe d'une fonction, on peut étudier ses variations et déterminer son signe à partir de ses variations.

La fonction f'' est donc négative sur $]-\infty\ ;\ 0]$ et positive sur $[0\ ;\ +\infty[$. Donc f' est décroissante sur $]-\infty\ ;\ 0]$ et croissante sur $[0\ ;\ +\infty[$.

f' admet donc un minimum égal à $f'(0) = 1 - 0 = 1$.

Comme le minimum de f' est positif, on en déduit que f' est positive sur $\mathbb{R}$ et donc que la fonction f est croissante sur $\mathbb{R}$.

Comme $f(0) = 1$, on déduit que, pour tout $x \geqslant 0$, on a $f(x) \geqslant 0$, c'est-à-dire : $e^x \geqslant \frac{x^2}{2}$.

b) Il vient alors, pour tout $x > 0$, l'inégalité $\frac{e^x}{x} > \frac{x}{2}$. **On a divisé chaque membre par $x > 0$ sans changer le sens de l'inégalité.**

D'après le théorème de comparaison, on conclut que $\lim\limits_{x\to+\infty} \frac{e^x}{x} = +\infty$.

2. Pour tout réel x, on a : $\frac{e^x}{x^n} = \left(\frac{1}{n} \times \frac{e^{\frac{x}{n}}}{\frac{x}{n}}\right)^n$. **Pour vérifier cela, il suffit d'utiliser les règles des puissances :** $\left(\frac{1}{n} \times \frac{e^{\frac{x}{n}}}{\frac{x}{n}}\right)^n = \left(\frac{e^{\frac{x}{n}}}{n \times \frac{x}{n}}\right)^n = \left(\frac{e^{\frac{x}{n}}}{x}\right)^n = \frac{\left(e^{\frac{x}{n}}\right)^n}{x^n} = \frac{e^{\frac{x}{n}\times n}}{x^n} = \frac{e^x}{x^n}$.

On reconnaît la formule précédente : $\lim\limits_{X\to+\infty} \frac{e^X}{X} = +\infty$ avec $X = \frac{x}{n}$.

Or $\lim\limits_{x\to+\infty} X = +\infty$.

Par composition, cette formule permet d'affirmer que $\lim\limits_{x\to+\infty} \frac{e^x}{x^n} = +\infty$.

3. On pose $X = -x$. On a alors $x^n e^x = (-X)^n e^{-X} = (-1)^n \frac{X^n}{e^X}$.

D'après la question **2.**, $\lim\limits_{X\to+\infty} \frac{e^X}{X^n} = +\infty$ donc, par inverse, on obtient $\lim\limits_{x\to-\infty} x^n e^x = 0$.

9 → *Énoncé p. 89*

a) Faux.

Soit f la fonction définie pour tout réel x non nul par $f(x) = 1 + \frac{1}{x}$.

On a $f'(x) = -\frac{1}{x^2} < 0$ donc f est strictement décroissante sur $]-\infty\ ;\ 0[$.

Or $\lim\limits_{x\to-\infty} \frac{1}{x} = 0$ donc, par somme, $\lim\limits_{x\to-\infty} \left(1 + \frac{1}{x}\right) = 1$. Donc la limite de f n'est pas $-\infty$ en $-\infty$.

b) Vrai.

On a $\lim\limits_{x\to+\infty} e^x = +\infty$ donc, en posant $X = e^x$, on a $\lim\limits_{x\to+\infty} X = +\infty$, donc, par composition,

$\lim\limits_{X\to+\infty} \sqrt{X} = +\infty$. Ainsi $\lim\limits_{x\to+\infty} \sqrt{e^x} = +\infty$. Par le théorème de minoration, on a alors $\lim\limits_{x\to+\infty} f(x) = +\infty$.

c) Faux.

$\lim\limits_{x\to+\infty} \dfrac{1}{x} = 0$

Par ailleurs, on a $\dfrac{x+2}{x+1} = \dfrac{x\left(1+\dfrac{2}{x}\right)}{x\left(1+\dfrac{1}{x}\right)} = \dfrac{\left(1+\dfrac{2}{x}\right)}{\left(1+\dfrac{1}{x}\right)}$. **On a simplifié par *x* en facteur, au numérateur et au dénominateur.**

Donc on a :

$\lim\limits_{x\to+\infty} \dfrac{2}{x} = 0$ donc, par somme, $\lim\limits_{x\to+\infty} \left(1+\dfrac{2}{x}\right) = 1$.

Et $\lim\limits_{x\to+\infty} \dfrac{1}{x} = 0$ donc, par somme, $\lim\limits_{x\to+\infty} \left(1+\dfrac{1}{x}\right) = 1$.

Par quotient, on en déduit $\lim\limits_{x\to+\infty} \dfrac{\left(1+\dfrac{2}{x}\right)}{\left(1+\dfrac{1}{x}\right)} = \dfrac{1}{1} = 1$.

La fonction f est encadrée par une fonction qui tend vers 0 et l'autre qui tend vers 1. On ne peut donc rien en conclure sur sa limite.

d) Faux.

On a pour tout entier naturel n : $u_n = \dfrac{n^2+3}{n^2} = \dfrac{n^2}{n^2} + \dfrac{3}{n^2} = 1 + \dfrac{3}{n^2}$.

Or $\lim\limits_{n\to+\infty} \dfrac{3}{n^2} = 0$ donc, par somme, $\lim\limits_{n\to+\infty} \left(1+\dfrac{3}{n^2}\right) = 1$.

Et par ailleurs, $\lim\limits_{x\to1} \sqrt{x} = \sqrt{1} = 1$. Donc, par la limite de composition d'une suite avec une fonction, on a $\lim\limits_{n\to+\infty} \sqrt{u_n} = 1$.

10 → *Énoncé p. 89*

1. Réponse B.

Par définition, si $\lim\limits_{\substack{x\to2\\x<2}} f(x) = -\infty$, alors la droite d'équation $x = 2$ est asymptote verticale à la courbe représentative de la fonction *f*.

2. Réponse B.

Par croissance comparée, on a $\lim\limits_{x\to+\infty} \dfrac{e^x}{x^2} = +\infty$. Si $\lim\limits_{x\to+\infty} f(x) = -\infty$, on a alors une forme indéterminée.

3. Réponse A.

On a pour tout réel x non nul : $-x^3-2x^2+3x-1=-x^3\left(1+\frac{2}{x}-\frac{3}{x^2}+\frac{1}{x^3}\right)$.

Or $\lim_{x\to-\infty} x^3=-\infty$ donc par multiplication par -1, $\lim_{x\to-\infty} -x^3=+\infty$.

De plus, $\lim_{x\to-\infty}\frac{2}{x}=0$; $\lim_{x\to-\infty}-\frac{3}{x^2}=0$ et $\lim_{x\to-\infty}\frac{1}{x^3}=0$ donc par somme

$\lim_{x\to-\infty}\left(1+\frac{2}{x}-\frac{3}{x^2}+\frac{1}{x^3}\right)=1$

Par produit et en utilisant la règle des signes, on a donc : $\lim_{x\to-\infty}\left[-x^3\left(1+\frac{2}{x}-\frac{3}{x^2}+\frac{1}{x^3}\right)\right]=+\infty$.

4. Réponse C.

On a $\lim_{\substack{x\to2\\x<2}}(3x-2)=4$

Par ailleurs, $\lim_{\substack{x\to2\\x<2}}(x-2)=0$ et $x-2<0$ donc par quotient, $\lim_{\substack{x\to2\\x<2}}\frac{3x-2}{x-2}=-\infty$.

11 → *Énoncé p. 90*

1. f est dérivable sur $]-\infty\,;4[\cup]4\,;+\infty[$ et

$f'(x)=\frac{12-3x-(x+3)(-3)}{(12-3x)^2}=\frac{21}{(12-3x)^2}$, donc $f'(x)>0$ pour tout x dans $]-\infty\,;4[\cup]4\,;+\infty[$, donc f est strictement croissante sur $]-\infty\,;4[$ et sur $]4\,;+\infty[$.

2. $$f(x)=\frac{x+3}{12-3x}=\frac{x\left(1+\frac{3}{x}\right)}{x\left(\frac{12}{x}-3\right)}=\frac{1+\frac{3}{x}}{\frac{12}{x}-3}$$

Comme $\lim_{x\to\pm\infty}\frac{3}{x}=\lim_{x\to\pm\infty}\frac{12}{x}=0$ (par quotient), on a $\lim_{x\to+\infty}f(x)=\lim_{x\to-\infty}f(x)=-\frac{1}{3}$.

3. $\lim_{x\to4}(x+3)=7$ et $\lim_{\substack{x\to4\\x<4}}(12-3x)=0$ avec $12-3x>0$

Donc, par quotient, $\lim_{\substack{x\to4\\x<4}}f(x)=+\infty$.

Par ailleurs, $\lim_{\substack{x\to4\\x>4}}(12-3x)=0$ avec $12-3x<0$ donc ;

par quotient, $\lim_{\substack{x\to4\\x>4}}f(x)=-\infty$.

4. Les droites d'équations $y=-\frac{1}{3}$ et $x=4$ sont des asymptotes de la courbe de f.

5.

x	$-\infty$		4		$+\infty$
f	$-\frac{1}{3}$	↗	$+\infty$ ‖ $-\infty$	↗	$-\frac{1}{3}$

6.

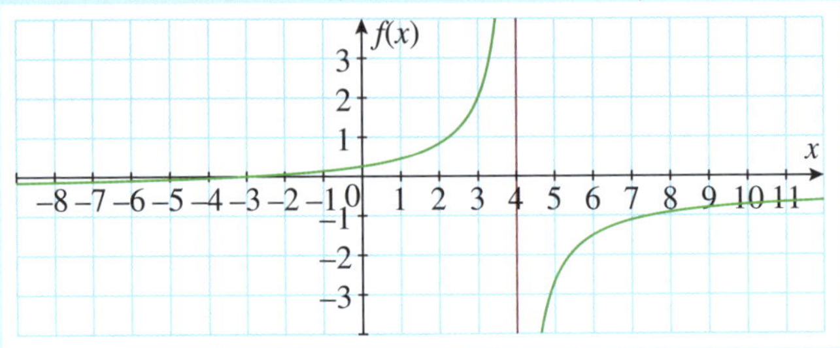

Les résultats sont cohérents avec le tableau de variations.

12 → *Énoncé p. 90*

1. a) $\lim\limits_{\substack{t\to 0\\ t>0}} \dfrac{f(t)-f(0)}{t} = \lim\limits_{\substack{t\to 0\\ t>0}} \dfrac{4{,}25te^{-0{,}5t}}{t} = \lim\limits_{\substack{t\to 0\\ t>0}} 4{,}25e^{-0{,}5t} = 4{,}25$

b) Le coefficient directeur de la tangente en 0 est $f'(0) = \lim\limits_{\substack{t\to 0\\ t>0}} \dfrac{f(t)-f(0)}{t} = 4{,}25$.

La vitesse à laquelle le médicament est absorbé dans le sang à l'instant $t = 0$ est de 4,25 mg/h.

2. $\lim\limits_{t\to+\infty} f(t) = \lim\limits_{t\to+\infty} 4{,}25te^{-0{,}5t} = 0$ d'après le théorème de croissances comparées.

La quantité de médicament dans le sang est aussi faible que l'on veut après suffisamment de temps.

3. La fonction f est définie et dérivable sur $[0\,;+\infty[$.

$f(t) = 4{,}25u(t)v(t)$ avec $u(t) = t\,;\, u'(t) = 1\,;\, v(t) = e^{-0{,}5t}$ et $v'(t) = -0{,}5e^{-0{,}5t}$.

$$f'(t) = 4{,}25u'(t)v(t) + 4{,}25u(t)v'(t) = 4{,}25 \times e^{-0{,}5t} + 4{,}25t \times (-0{,}5)e^{-0{,}5t}$$
$$= 4{,}25e^{-0{,}5t}(1 - 0{,}5t)$$

Le signe de $f'(t)$ est donc celui de $1 - 0{,}5t$. On en conclut que $f'(t) < 0$ si et seulement si $t > 2$.

Le tableau de variations de f est :

t	0		2		$+\infty$
f	0	↗	$8{,}5e^{-1}$	↘	0

4. a)

```python
from math import exp
def disparition(seuil):
    t=2
    f=4.25*t*exp(-0.5*t)
    while f>=seuil:
        t=t+1
        f=4.25*t*exp(-0.5*t)
    return t
```

b) On écrit dans la console l'instruction :

```
>>> disparition(0.01)
18
```

Le médicament aura disparu au bout de 18 h.

SUJET DE BAC

Exercice 1 → Énoncé p. 92

1. Le 1er janvier 2020 correspond à $t = 0$.

Le nombre de poissons est donc $f(0) = \dfrac{1\,000}{0{,}4 + 3{,}6 \times 1} = \dfrac{1\,000}{4} = 250$.

Il y avait 250 poissons qui vivaient dans l'étang en 2020.

2. On pose $u(t) = 0{,}4 + 3{,}6\mathrm{e}^{-0{,}5t}$ on a alors $u'(t) = 3{,}6 \times (-0{,}5) \times \mathrm{e}^{-0{,}5t} = -1{,}8\mathrm{e}^{-0{,}5t}$.

Donc $P'(t) = 1\,000 \times \left(-\dfrac{u'(t)}{u^2(t)}\right) = \dfrac{1\,800\mathrm{e}^{-0{,}5t}}{\left(0{,}4 + 3{,}6\mathrm{e}^{-0{,}5t}\right)^2}$.

Pour tout réel $t \geqslant 0$, $P'(t) > 0$.

La fonction P est alors strictement croissante.

3. On a $\lim\limits_{t \to +\infty} -0{,}5t = -\infty$ et $\lim\limits_{X \to -\infty} \mathrm{e}^X = 0$ avec $X = -0{,}5t$.

Donc, par composition, $\lim\limits_{t \to +\infty} \mathrm{e}^{-0{,}5t} = 0$. Par produit avec 3,6, $\lim\limits_{t \to +\infty} 3{,}6\mathrm{e}^{-0{,}5t} = 0$.

Par somme avec $0{,}4$, on en déduit : $\lim\limits_{t \to +\infty} \left(0{,}4 + \mathrm{e}^{-0{,}5t}\right) = 0{,}4$.

Par inverse, on a alors : $\lim\limits_{t \to +\infty} \dfrac{1\,000}{0{,}4 + 3{,}6\mathrm{e}^{-0{,}5t}} = \dfrac{1\,000}{0{,}4} = 2\,500$.

Graphiquement, cela signifie que la courbe $\mathscr{C}_P$ admet une asymptote horizontale d'équation $y = 2\,500$.

4. Après un grand nombre d'années, le nombre de poissons tendra vers un effectif de 2 500 individus.

5. La fonction est continue et strictement croissante sur $[0\,; +\infty[$. De plus, $f(0) = 250$ et $\lim\limits_{t \to +\infty} P(t) = 2\,500$. On a également $2\,000 \in [250\,; 2\,500[$.

Donc, d'après le cas particulier du théorème des valeurs intermédiaires, l'équation $P(t) = 2\,000$ a une unique solution a appartenant à l'intervalle $[0\,; +\infty[$.

Comme P est strictement croissante, pour tout $t > a$, $P(t) > 2\,000$. Donc il existe une année à partir de laquelle le nombre de poissons va dépasser 2 000.

6. a)

```
from math import exp
def seuil():
    n=0
    t=0
    while 1000/(0.4+3.6*exp(-0.5*t))<=2000:
        t=t+1
    return 2020+t
```

b) On écrit dans la console l'instruction :

```
>>> seuil()
2028
```

C'est à partir de l'année 2028 que le nombre de poissons de l'étang dépassera les 2 000 individus.

Exercice 2 → Énoncé p. 92

Partie 1

1. a) $f(0) = 5$ donc, à l'instant $t = 0$, il y a 5 milliers soit 5 000 bactéries dans le bécher A. Ce résultat est donc cohérent avec le nombre de bactéries présentes dans le bécher A au début de l'expérience.

b) $f(2) = 3{,}2$

Au bout de 2 heures, le nombre de bactéries présentes dans le bécher A sera 3 200.

2. a) La fonction est un polynôme du second degré avec $a = 0{,}05$; $b = -1$ et $c = 5$. Sa courbe représentative est une parabole.

$a > 0$ donc la parabole est tournée vers le haut.

Les coordonnées du sommet S sont $\alpha = -\dfrac{b}{2a} = 10$ et $\beta = f(\alpha) = 0$.

La fonction f est donc décroissante sur $[0\,;10]$ et croissante sur $[10\,;+\infty[$.

On a le tableau de variations suivant :

t	0	10	$+\infty$
$f(t)$	↘	0	↗

b) On a $0{,}05t^2 - t + 5 = 0{,}05t^2\left(1 - \dfrac{20}{t} + \dfrac{100}{t^2}\right)$.

D'une part, $\lim\limits_{t \to +\infty} \dfrac{100}{t^2} = 0$; $\lim\limits_{t \to +\infty} \dfrac{20}{t} = 0$ donc, par somme, $\lim\limits_{t \to +\infty} \left(1 - \dfrac{20}{t} + \dfrac{100}{t^2}\right) = 1$.

D'autre part, $\lim\limits_{t \to +\infty} 0{,}05t^2 = +\infty$.

Par produit, $\lim\limits_{t \to +\infty} 0{,}05t^2\left(1 - \dfrac{20}{t} + \dfrac{100}{t^2}\right) = +\infty$.

Le nombre de bactéries dans le bécher A va progresser de manière infinie au cours du temps.

Partie 2

1. $g(0) = 5 \times \mathrm{e}^0 = 5$ donc, à l'instant $t = 0$, il y a 5 milliers soit 5 000 bactéries dans le bécher B. Ce résultat est donc cohérent avec le nombre de bactéries présentes dans le bécher B au début de l'expérience.

2. a) $g(t)$ est de la forme $g(t) = u(t)v(t)$ avec $u(t) = 5 + t$ et $v(t) = \mathrm{e}^{-0{,}36t}$.

On a alors $u'(t) = 1$ et $v'(t) = -0{,}36\mathrm{e}^{-0{,}36t}$.

On en déduit $g'(t) = \mathrm{e}^{-0{,}36t} + (5 + t)(-0{,}36\mathrm{e}^{-0{,}36t}) = (-0{,}8 - 0{,}36t)\mathrm{e}^{-0{,}36t}$.

b) Pour tout réel t positif, $-0{,}8 - 0{,}36t < 0$ donc $g'(t) < 0$ car $\mathrm{e}^{-0{,}36t} > 0$.

On en déduit que g est strictement décroissante sur $[0\,; +\infty[$.

3. a) On a en développant : $g(t) = 5\mathrm{e}^{-0{,}36t} + t\mathrm{e}^{-0{,}36t}$.

$\lim\limits_{t \to +\infty} (-0{,}36t) = -\infty$ et $\lim\limits_{X \to -\infty} \mathrm{e}^X = 0$ en posant $X = -0{,}36t$.

Donc, par composition, $\lim\limits_{t \to +\infty} \mathrm{e}^{-0{,}36t} = 0$.

Par ailleurs, $t\mathrm{e}^{-0{,}36t} = \dfrac{-1}{0{,}36}\left(-0{,}36t\right)\mathrm{e}^{-0{,}36t} = \dfrac{-1}{0{,}36}X\mathrm{e}^X$ avec $X = -0{,}36t$.

Or $\lim\limits_{t \to +\infty} (-0{,}36t) = -\infty$ et $\lim\limits_{X \to -\infty} X\mathrm{e}^X = 0$ par croissances comparées.

Donc, par composition, $\lim\limits_{t \to +\infty} (0{,}36t)\mathrm{e}^{-0{,}36t} = 0$.

On en déduit, par somme, que $\lim\limits_{t \to +\infty} g(t) = 0$.

b)

t	0	10	$+\infty$
$g(t)$	5	↘	0

Partie 3

1. La courbe représentative de f est la parabole, donc la courbe bleue.

2.

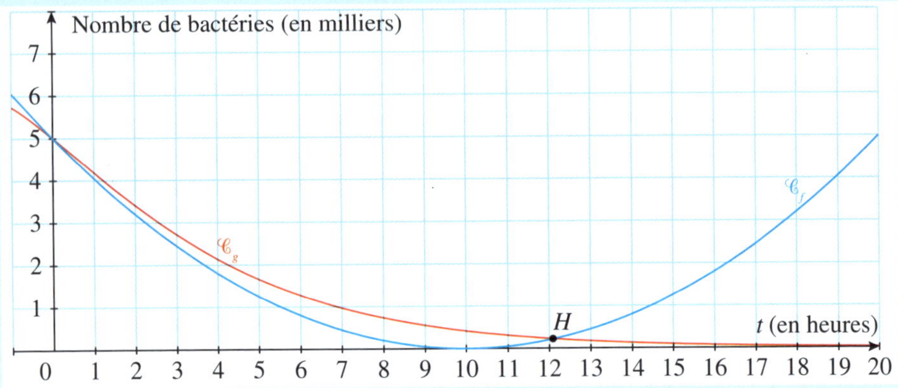

Les courbes semblent se couper au point H d'abscisse comprise entre 12 et 13.
La quantité de bactéries dans le bécher A semble devenir supérieure à celle du bécher B entre 12 h et 13 h après le début.

3.

```
from math import exp
def quantite():
    t=1
    while (5+t)*exp(-0.36*t)>0.05*t**2-t+5:
        t=t+1
    return t
```

4. On obtient en utilisant la fonction :

```
>>> quantite()
13
```

La valeur du plus petit entier t, exprimée en heure, telle que la quantité de bactéries dans le bécher A soit supérieure à celle du bécher B est 13.

Dérivabilité, convexité, continuité

CHAPITRE 4

1 Complément de dérivation

A. Dérivée des fonctions composées

■ Définition

Soient u et v deux fonctions dont les ensembles de définition sont notés $\mathcal{D}_u$ et $\mathcal{D}_v$.
Soit $\mathcal{D}$ l'ensemble des réels x appartenant à $\mathcal{D}_u$ tels que $u(x)$ appartient à $\mathcal{D}_v$.
La fonction composée de u par v, notée $\boldsymbol{v \circ u}$, est la fonction définie pour tout réel x appartenant à $\mathcal{D}$ par :

$$x \overset{u}{\mapsto} u(x) = X \overset{v}{\mapsto} v(X) = v(u(x))$$
$$\underrightarrow{\qquad v \circ u \qquad}$$

■ Propriété

Soient u une fonction dérivable sur un intervalle I et v une fonction dérivable sur un intervalle J, tels que pour tout $x \in I$, $u(x) \in J$.
La fonction $v \circ u$ est dérivable sur I et on a : $(v \circ u)' = (v' \circ u) \times u'$.

■ Propriétés

- La fonction f définie sur I par $f(x) = \mathrm{e}^{u(x)}$ est dérivable sur I et $f'(x) = u'(x)\mathrm{e}^{u(x)}$.
- Si pour tout x de I, $u(x) > 0$, alors la fonction f définie sur I par $f(x) = \sqrt{u(x)}$ est dérivable sur I et $f'(x) = \dfrac{u'(x)}{2\sqrt{u(x)}}$.
- Soient n un entier tel que $n \geqslant 1$ et u une fonction définie et dérivable sur un intervalle I.
Soit f la fonction définie sur I par $f(x) = u^n(x)$.
Alors f est dérivable sur I et $f'(x) = nu'(x)\, u^{n-1}(x)$.
- Soient n un entier relatif tel que $n \leqslant -1$ et u une fonction définie et dérivable sur un intervalle I telle que u ne s'annule pas sur I.
Soit f la fonction définie sur I par $f(x) = u^n(x)$.
Alors f est dérivable sur I et $f'(x) = nu'(x)\, u^{n-1}(x)$.

B. Dérivée seconde

■ Définition

Soient f une fonction dérivable sur un intervalle I et f' sa fonction dérivée.
La fonction f est deux fois dérivable sur I si f' est elle-même dérivable sur I.
On note f'' la dérivée de f'. Elle est appelée **dérivée seconde** de f.

2 Convexité

A. Fonction convexe, concave

Définitions

Soient f une fonction définie sur un intervalle I et $\mathscr{C}$ sa courbe représentative dans un repère.

f est convexe sur I si pour tous réels a et b de I, en notant $A(a, f(a))$ et $B(b, f(b))$, la portion de la courbe $\mathscr{C}$ située entre A et B est **au-dessous** de la sécante (AB).

f est dite concave sur I si pour tous réels a et b de I, en notant $A(a, f(a))$ et $B(b, f(b))$, la portion de la courbe $\mathscr{C}$ située entre A et B est **au-dessus** de la sécante (AB).

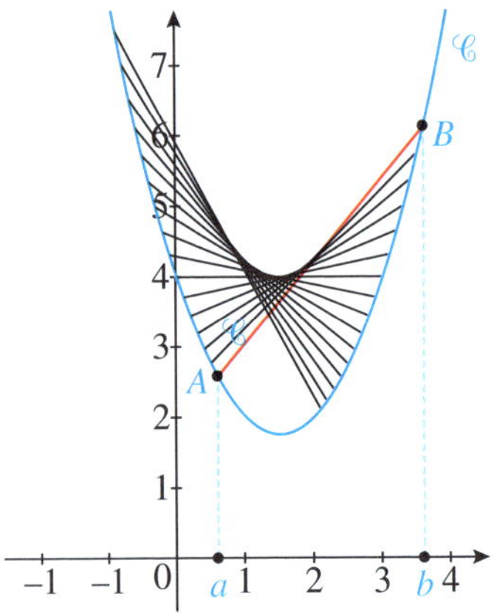

Fonction convexe

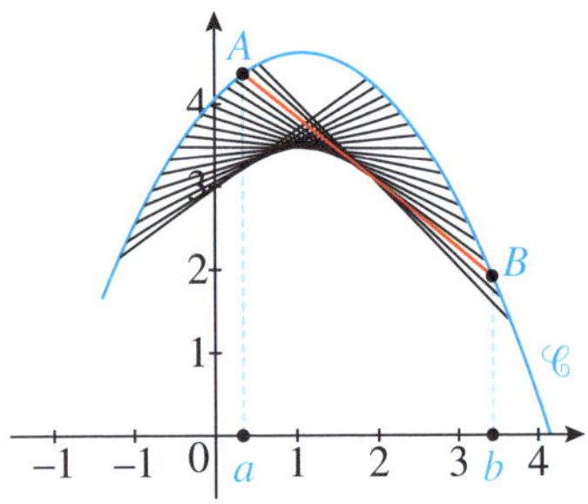

Fonction concave

Propriété

La fonction carré et la fonction exponentielle sont convexes sur $\mathbb{R}$.

La fonction racine carrée est concave sur $[0;+\infty[$.

La fonction inverse est concave sur $]-\infty;0[$ et convexe sur $]0;+\infty[$.

La fonction cube est concave sur $]-\infty;0]$ et convexe sur $[0;+\infty[$.

B. Point d'inflexion

Définition

Soient f une fonction définie sur un intervalle I, $\mathscr{C}$ sa courbe représentative et A un point de $\mathscr{C}$.

A est un point d'inflexion de $\mathscr{C}$ si $\mathscr{C}$ admet une tangente en A et si $\mathscr{C}$ traverse cette tangente en A.

Ex. :

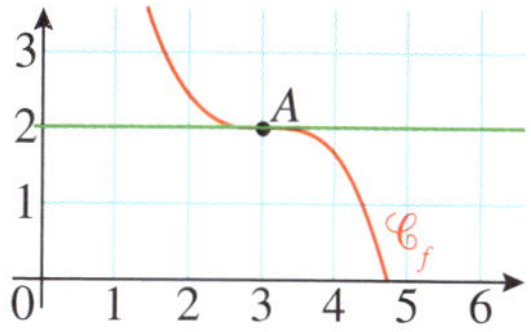

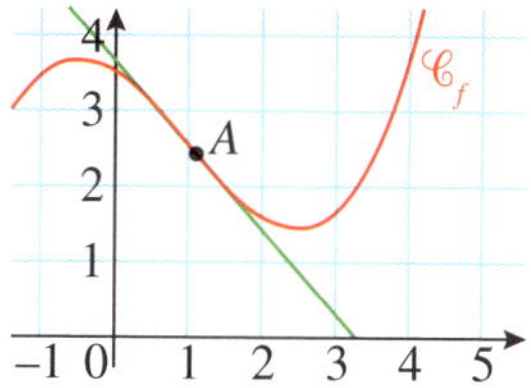

Remarque :
Graphiquement, en un point d'inflexion A de la courbe représentative de f, la fonction f change de convexité.

3 Fonctions dérivables et convexité

A. Convexité et tangentes

■ **Propriété**
Soit f une fonction définie et dérivable sur un intervalle I et $\mathscr{C}$ sa courbe représentative dans un repère.
f est convexe sur I si et seulement si $\mathscr{C}$ est au-dessus de toutes ses tangentes.
f est concave sur I si et seulement si $\mathscr{C}$ est au-dessous de toutes ses tangentes.

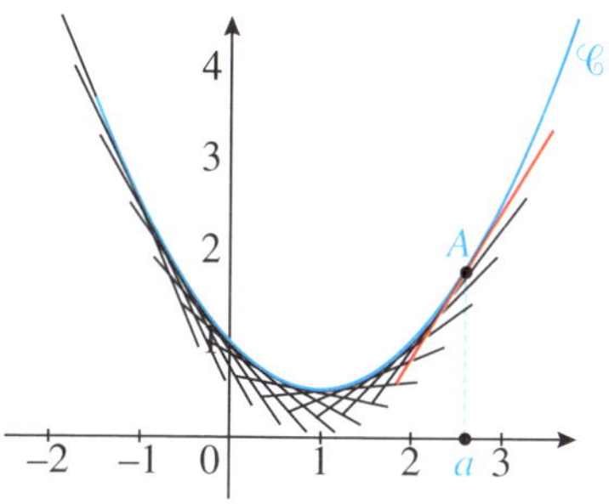

Fonction convexe

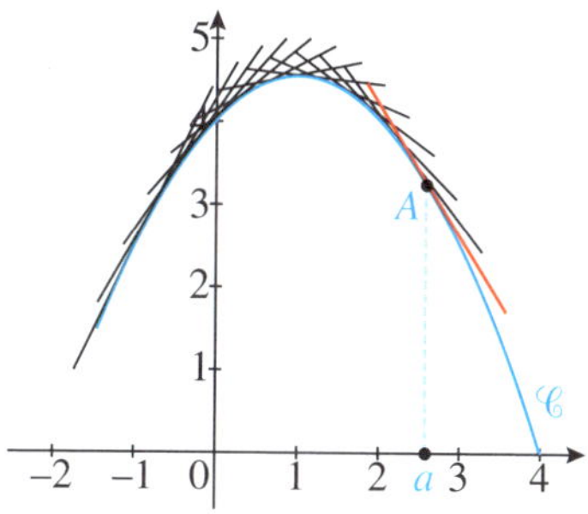

Fonction concave

B. Caractérisation de la convexité

■ **Propriété**
Soient f une fonction définie et deux fois dérivable sur un intervalle I et f'' sa dérivée seconde.
f est convexe sur I si et seulement si f'' est positive sur I.
f est concave sur I si et seulement si f'' est négative sur I.

■ **Propriété**

Soient f une fonction définie et dérivable sur un intervalle I et f' sa fonction dérivée.
f est convexe sur I si et seulement si f' est croissante sur I.
f est concave sur I si et seulement si f' est décroissante sur I.

C. Caractérisation d'un point d'inflexion

■ **Propriété**

Soient f une fonction définie et deux fois dérivable sur un intervalle I, f'' sa dérivée seconde et a un réel appartenant à I.
Si f' change de sens de variation en a alors, la courbe représentative de f admet un point d'inflexion au point d'abscisse a.
Si f'' s'annule et change de signe en a alors la courbe représentative de f admet un point d'inflexion au point d'abscisse a.

f' change de sens de variation

x		a	
$f'(x)$	↗		↘

f'' s'annule et change de signe en a

x		a	
$f''(x)$	$-$	0	$+$

4 Fonctions continues

A. Définition de la continuité d'une fonction

■ **Définition**

Soit f une fonction définie sur un intervalle I. Soit $a \in I$.
On dit que la fonction f est continue en a lorsque $\lim\limits_{x \to a} f(x) = f(a)$.
On dit que la fonction f est continue sur I lorsque, pour tout réel a appartenant à I, f est continue en a.

Remarque :

La courbe représentative d'une fonction continue se trace sans lever le crayon.

B. Continuité des fonctions usuelles

■ **Propriété : continuité des fonctions usuelles**

Les fonctions affines, polynômes, la fonction racine carrée et la fonction exponentielle sont continues sur leur ensemble de définition.
Les sommes, produits, quotients et composées de fonctions continues sont des fonctions continues sur les intervalles formant leur ensemble de définition.

■ **Propriété : continuité et dérivabilité**

Une fonction dérivable sur un intervalle I est continue sur I.

Remarque :
La réciproque de cette propriété est fausse.
Par exemple, la fonction valeur absolue est continue sur $\mathbb{R}$ mais elle n'est pas dérivable en 0.

C. Image d'une suite convergente par une fonction continue

Propriété

Soit f une fonction continue sur un intervalle I, a un réel appartenant à I et (u_n) une suite à valeurs dans I.
Si (u_n) converge vers a alors la suite $\left(f(u_n)\right)$ converge vers $f(a)$.

5 Théorème des valeurs intermédiaires

A. Cas d'un intervalle fermé

Théorème des valeurs intermédiaires

Soit f une fonction continue sur un intervalle $[a\ ;\ b]$.
Pour tout réel k compris entre $f(a)$ et $f(b)$, l'équation $f(x) = k$ admet au moins une solution sur $[a\ ;\ b]$.

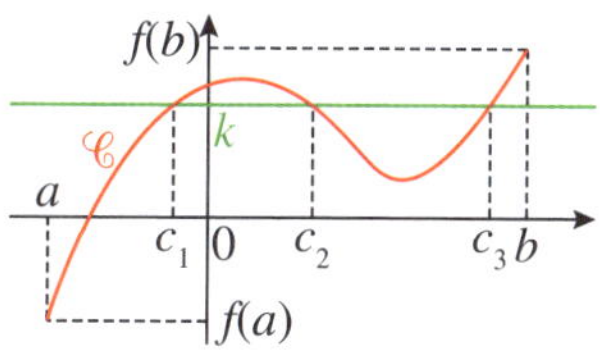

Remarque :
Cela signifie que, quand x varie entre a et b, $f(x)$ prend toutes les valeurs intermédiaires comprises entre $f(a)$ et $f(b)$.

Cas particulier du théorème des valeurs intermédiaires pour les fonctions strictement monotones

Soit f une fonction **continue et strictement monotone** sur un intervalle $[a\ ;b]$.
Pour tout réel k compris entre $f(a)$ et $f(b)$), l'équation $f(x) = k$ admet une unique solution dans $[a\ ;b]$.

- Cas où f est strictement croissante

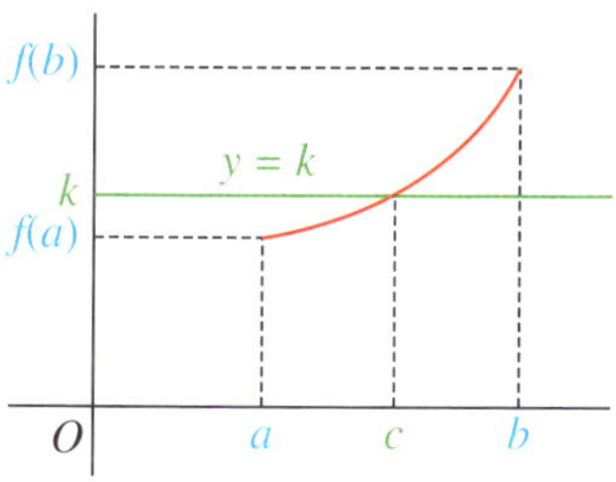

x	a	c	b
f(x)	f(a) ↗	k	↗ f(b)

- Cas où f est strictement décroissante

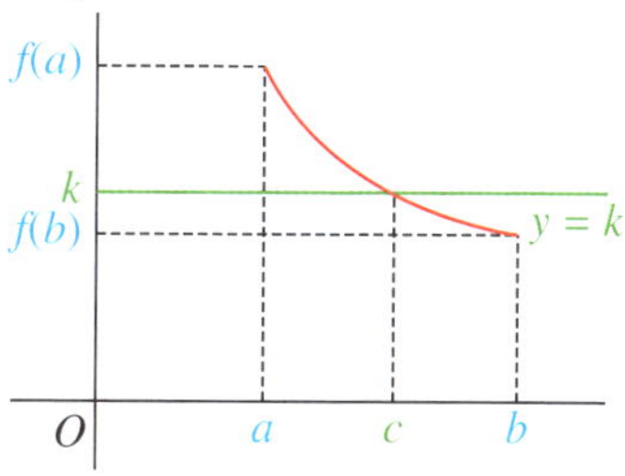

x	a	c	b
f(x)	f(a) ↘	k	↘ f(b)

Remarque :
Dans un tableau de variation, les flèches obliques indiquent que la fonction est continue et strictement monotone sur l'intervalle considéré.

B. Extension à d'autres intervalles

■ **Théorème**
a désigne soit un réel, soit $-\infty$; b désigne soit un réel, soit $+\infty$.
Soit f une fonction **continue** sur l'intervalle]a ; b[.
Pour tout réel k strictement compris entre $\lim_{x\to a} f(x)$ et $\lim_{x\to b} f(x)$, l'équation $f(x) = k$ admet au moins une solution dans $]a\,;b[$.
Si de plus, f est strictement monotone sur $]a\,;b[$, alors cette solution est unique.

Ex. : Cas où f est strictement croissante sur $\mathbb{R}$.

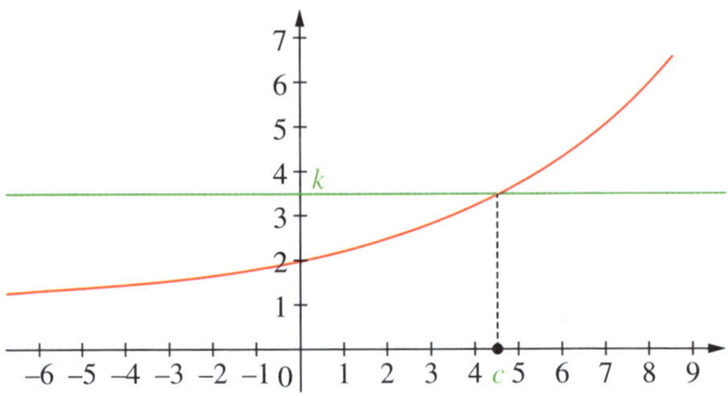

Johan Jensen (1859 - 1925) est un mathématicien danois, en partie autodidacte.
Il est surtout connu pour ses travaux d'analyse, entre autres sur les fonctions dites convexes.

Déterminer la convexité d'une fonction

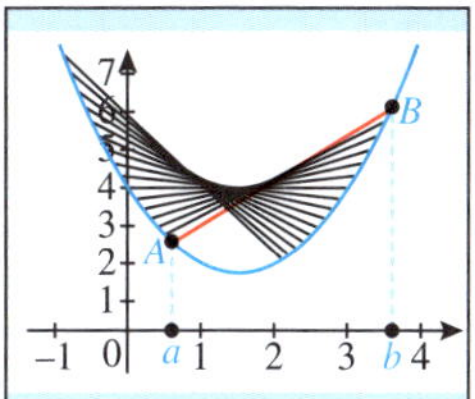

Convexe : courbe en dessous des sécantes

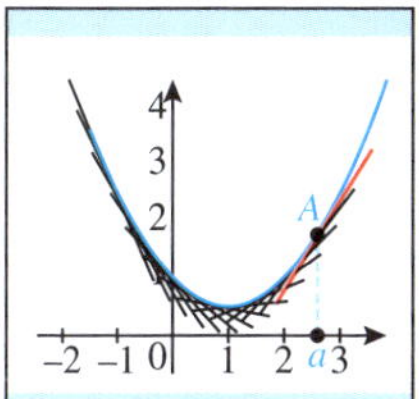

Convexe : courbe au-dessus des tangentes

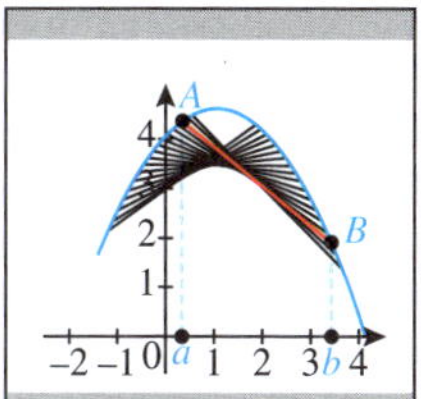

Concave : courbe au-dessus des sécantes

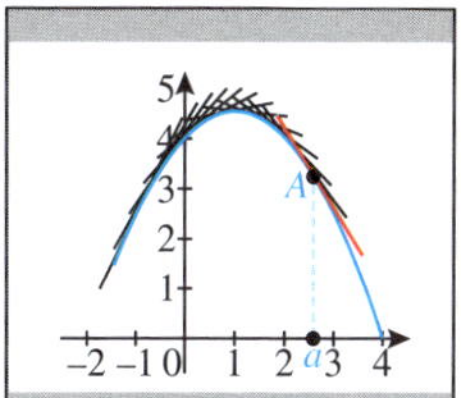

Concave : courbe en dessous des tangentes

Propriété : Soit f deux fois dérivable sur I.

f est convexe sur $I \Leftrightarrow f'$ est croissante sur $I \Leftrightarrow f''$ est positive sur I

f est concave sur $I \Leftrightarrow f'$ est décroissante sur $I \Leftrightarrow f''$ est négative sur I

Point d'inflexion : La courbe traverse sa tangente et la fonction change de convexité.

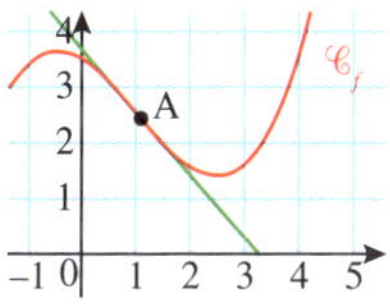

Propriété : Soit f deux fois dérivable.

- f' change de sens de variation en a $\Rightarrow A(a\,;f(a))$ est un point d'inflexion.
- f'' s'annule et change de signe en a $\Rightarrow A(a\,;f(a))$ est un point d'inflexion

Dérivabilité, convexité, continuité

Calculer la dérivée d'une fonction composée

Calculer la dérivée d'une fonction composée

- Fonction composée : $v \circ u(x) = v(u(x))$.

Ne pas confondre $v \circ u$ et $u \circ v$

- Dérivée :

$$(v \circ u)' = (v' \circ u) \times u'$$

- Dérivées de fonctions composées usuelles :

$$(e^u)' = u'e^u.$$

$$\left(\sqrt{u}\right)' = \frac{u'}{2\sqrt{u}}.$$

$$(u^n)' = nu^{n-1}u'$$

Étudier les solutions de $f(x) = k$ sur I sachant que f est continue sur I

- f est continue en a lorsque $\lim\limits_{x \to a} f(x) = f(a)$.
- f continue sur I : courbe $\mathscr{C}_f$ tracée sur I sans lever le crayon
- Les fonctions affines, polynômes, la fonction racine carrée et la fonction exponentielle sont continues sur D_f.
- Les sommes, produits, quotients et composées de fonctions continues sont des fonctions continues

- Théorème des valeurs intermédiaires (TVI)

Soit f définie et continue sur $[a\,;b]$

Pour tout réel k compris entre $f(a)$ et $f(b)$, l'équation $f(x) = k$ admet au moins une solution sur $[a\,;b]$.

- Cas particulier du TVI :

Soit f une fonction continue et strictement monotone sur un intervalle $[a\,;b]$.

Pour tout réel k compris entre $f(a)$ et $f(b)$, l'équation $f(x) = k$ admet une unique solution dans $[a\,;b]$.

MÉTHODES

1 Déterminer l'expression d'une fonction composée

EXEMPLE

Soient :

u la fonction définie sur $\mathbb{R}$ par $u(x) = x^2 + 1$;

v la fonction définie sur $\mathbb{R}$ par $v(x) = x - 3$;

w la fonction définie sur $[0\,;+\infty[$ par $w(x) = \sqrt{x}$.

1. Préciser l'ensemble de définition de $u \circ v$ puis déterminer explicitement $u \circ v(x)$.

2. Préciser l'ensemble de définition de $w \circ v$ puis déterminer explicitement $w \circ v(x)$.

3. Préciser l'ensemble de définition de $u \circ w$ puis déterminer explicitement $u \circ w(x)$.

CORRIGÉ COMMENTÉ

1. u et v sont définies sur $\mathbb{R}$ donc pour tout réel x, $v(x)$ appartient à l'ensemble de définition de u. La fonction $u \circ v$ est donc définie sur $\mathbb{R}$.

On a : $u \circ v(x) = u(v(x)) = u(x-3) = (x-3)^2 + 1$

On développe l'expression $(x-3)^2 + 1$ avec l'identité remarquable $(a-b)^2$

$$= x^2 - 6x + 10$$

Donc $u \circ v : \mathbb{R} \to \mathbb{R}$

$$x \mapsto u \circ v(x) = x^2 - 6x + 10.$$

> **Rappel**
> La fonction composée de v par u s'écrit $u \circ v$.

> **Remarque**
> Pour déterminer $u(v(x))$, on remplace x par $x - 3$ dans l'expression de $u(x)$.

2. Pour tout réel x appartenant à $\mathscr{D}_v = \mathbb{R}$, $v(x)$ doit appartenir à $\mathscr{D}_w = [0\,;+\infty[$ ce qui est équivalent à $x - 3$ doit être positif.

Or $x - 3 \geqslant 0 \Leftrightarrow x \geqslant 3$.

La fonction $w \circ v$ est donc définie sur $[3\,;+\infty[$.

On a : $w \circ v(x) = w(v(x)) = w(x-3) = \sqrt{x-3}$

Donc $w \circ v : [3\,;+\infty[\to \mathbb{R}$

$$x \mapsto w \circ v(x) = \sqrt{x-3}.$$

3. Pour tout réel x appartenant à $\mathscr{D}_w = [0\,;+\infty[$, $w(x)$ doit appartenir à $\mathscr{D}_u = \mathbb{R}$ ce qui est le cas. Donc la fonction $u \circ w$ est définie sur $[0\,;+\infty[$.

On a : $u \circ w(x) = u(w(x)) = u(\sqrt{x}) = \sqrt{x}^2 + 1$.

$$= x + 1$$

Pour tout réel $x \geqslant 0$, $\sqrt{x}^2 = x$.

Donc $u \circ w : [0\,;+\infty[\to \mathbb{R}$

$$x \mapsto u \circ w(x) = x + 1.$$

MÉTHODES

2 Calculer la dérivée d'une fonction composée

EXEMPLE 1 COMPOSÉE D'UNE FONCTION AVEC LA FONCTION RACINE CARRÉE

On considère la fonction f définie pour tout réel x par $f(x) = \sqrt{3x^2 + 1}$.
On admet que f est dérivable sur $\mathbb{R}$.
Déterminer l'expression de $f'(x)$.

CORRIGÉ COMMENTÉ

$f(x)$ est de la forme $f(x) = \sqrt{u(x)}$ avec $u(x) = 3x^2 + 1$. $u'(x) = 6x$.

On a alors $f'(x) = \dfrac{u'(x)}{2\sqrt{u(x)}}$

$= \dfrac{6x}{2\sqrt{3x^2 + 1}}$

On simplifie le numérateur et le dénominateur par 2.

$= \dfrac{3x}{\sqrt{3x^2 + 1}}$

> **Rappel**
> La dérivée de $\sqrt{u}$ est $\dfrac{u'}{2\sqrt{u}}$.

EXEMPLE 2 COMPOSÉE D'UNE FONCTION AVEC LA FONCTION PUISSANCE *n*

On considère la fonction f définie pour tout réel $x \geqslant 0$ par $f(x) = \left(\sqrt{x} + 1\right)^3$.
On admet que f est dérivable sur $]0\,;+\infty[$.
Déterminer l'expression de $f'(x)$.

CORRIGÉ COMMENTÉ

$f(x)$ est de la forme $f(x) = u(x)^n$ avec
$u(x) = \sqrt{x} + 1$ et $n = 3$.

$u'(x) = \dfrac{1}{2\sqrt{x}}$

> **Rappel**
> La dérivée de u^n est $nu^{n-1}u'$.

On a alors : $f'(x) = nu^{n-1}(x) \times u'(x) = 3\left(\sqrt{x} + 1\right)^2 \times \dfrac{1}{2\sqrt{x}} = \dfrac{3\left(\sqrt{x} + 1\right)^2}{2\sqrt{x}}$.

EXEMPLE 3 COMPOSÉE D'UNE FONCTION AVEC LA FONCTION EXPONENTIELLE

On considère la fonction f définie pour tout réel x par $f(x) = \mathrm{e}^{x^2 - x + 3}$.
On admet que f est dérivable pour tout réel x.
Déterminer l'expression de $f'(x)$.

CORRIGÉ COMMENTÉ

$f(x)$ est de la forme $f(x) = \mathrm{e}^{u(x)}$ avec $u(x) = x^2 - x + 3$.
$u'(x) = 2x - 1$
On a alors $f'(x) = u'(x)\mathrm{e}^{u(x)} = (2x - 1)\mathrm{e}^{x^2 - x + 3}$.

> **Rappel**
> La dérivée de e^u est $u'\mathrm{e}^u$.

3 Démontrer qu'une fonction est convexe

EXEMPLE 1 GRAPHIQUEMENT, À L'AIDE DES TANGENTES

On considère une fonction f définie sur l'intervalle $[-4\,;8]$, dont la courbe représentative est donnée ci-dessous. Quelques tangentes à la courbe représentative de f ont également été tracées.

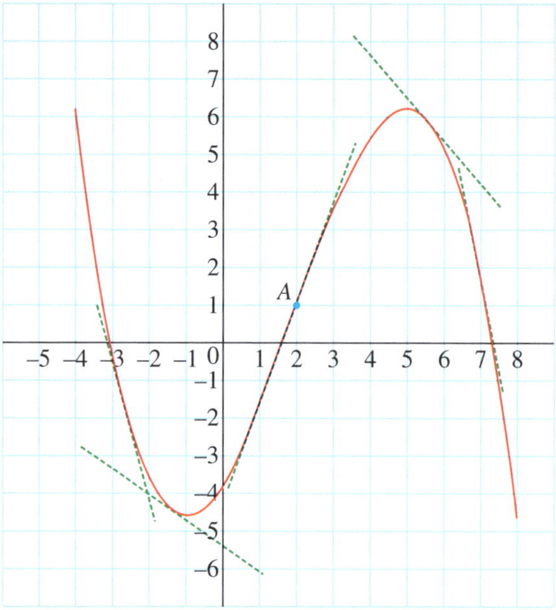

Déterminer graphiquement les intervalles sur lesquels la fonction f est convexe et ceux où elle est concave. Déterminer son ou ses éventuels points d'inflexion.

CORRIGÉ COMMENTÉ

Sur l'intervalle $[-4\,;2]$, la fonction est convexe car sa courbe représentative se trouve au-dessus de toutes ses tangentes.
Sur l'intervalle $[2\,;8]$ la fonction est concave car sa courbe représentative se trouve au-dessous de toutes ses tangentes.
Le point $A(2\,;1)$ est un point d'inflexion de la courbe représentative $\mathscr{C}$ de f car $\mathscr{C}$ traverse sa tangente en A.

Rappel
f est convexe sur *I* si et seulement si sa courbe représentative est située au-dessus de toutes ses tangentes sur *I*.

EXEMPLE 2 GRAPHIQUEMENT, À L'AIDE DES VARIATIONS DE LA DÉRIVÉE

On considère une fonction f définie et deux fois dérivable sur l'intervalle $[-1;6]$.
La courbe représentative de sa fonction dérivée est représentée ci-dessous.
On admet que f' possède un minimum, de valeur $-0,2$ atteint en 2.

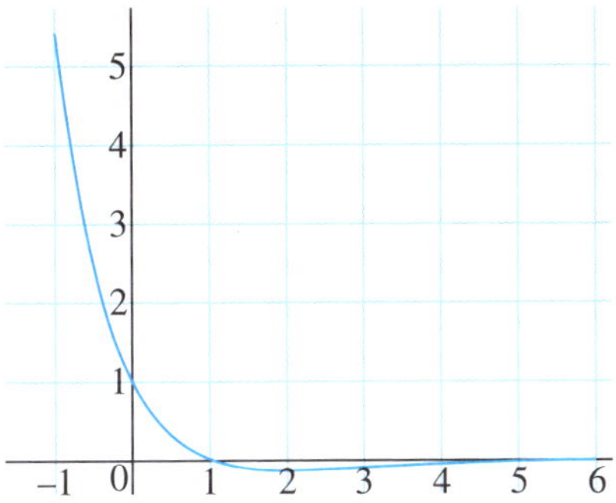

En utilisant le graphique, étudier la convexité de la fonction f et déterminer le ou les points d'inflexion.

> **Rappel**
> f est convexe sur I, si et seulement si f' est croissante sur I.

CORRIGÉ COMMENTÉ

Sur l'intervalle $[-1\,;2]$, la fonction f' est décroissante donc la fonction f est concave sur $[-1\,;2]$.
Sur l'intervalle $[2\,;6]$, la fonction f' est croissante donc la fonction f est convexe sur $[2\,;6]$.
f' admet un minimum en 2. Donc f' change de sens de variation en 2.
Le point de la courbe de coordonnées $(2\,;-0,2)$ est donc un point d'inflexion de la courbe représentative de f.

EXEMPLE 3 PAR LE CALCUL

On considère la fonction f définie pour tout réel x appartenant à l'intervalle $[-5\,;6]$ par :

$$f(x) = 2x^3 - 4x^2 + x - 1$$

1. Calculer $f''(x)$ pour tout réel x de $[-5\,;6]$.
2. Déterminer les intervalles sur lesquels la fonction f est convexe.
3. Déterminer les coordonnées des points d'inflexion s'ils existent.

CORRIGÉ COMMENTÉ

1. On a :
$f'(x) = 2 \times 3x^2 - 4 \times 2x + 1 = 6x^2 - 8x + 1$
On calcule la dérivée seconde de f en dérivant f' :

$$f''(x) = 6 \times 2x - 8 = 12x - 8.$$

> **Remarque**
> Pour calculer f'', on doit d'abord calculer f' puis dériver f'.

2. On cherche les intervalles sur lesquels la fonction f'' est positive.

$f''(x) \geqslant 0 \Leftrightarrow 12x - 8 \geqslant 0 \Leftrightarrow 12x \geqslant 8 \Leftrightarrow x \geqslant \frac{8}{12}$

$\Leftrightarrow x \geqslant \frac{2}{3}$.

Sur $\left[\frac{2}{3};6\right]$, la fonction f est convexe car $f''(x) \geqslant 0$.

Sur $\left[-5;\frac{2}{3}\right]$, la fonction f est concave car $f''(x) \leqslant 0$.

Astuce
Pour déterminer le signe de $f''(x)$, on résout l'inéquation $f''(x) \geqslant 0$ ou $f''(x) \leqslant 0$.

3. f'' s'annule et change de signe en $\frac{2}{3}$ donc le point de coordonnées $\left(\frac{2}{3};f\left(\frac{2}{3}\right)\right)$ est un point d'inflexion de la courbe représentative de la fonction f.

Rappel
Si f'' s'annule et change de signe en a alors la courbe représentative de f admet un point d'inflexion au point d'abscisse a.

4 Démontrer une inégalité en utilisant la convexité

EXEMPLE

En utilisant la convexité de la fonction exponentielle, démontrer que pour tout réel x, $e^x \geqslant x + 1$.

CORRIGÉ COMMENTÉ

La fonction exponentielle est convexe sur $\mathbb{R}$.
On en déduit que la courbe représentative de la fonction exponentielle est au-dessus de toutes ses tangentes sur $\mathbb{R}$. Calculons l'équation de la tangente au point O d'abscisse 0 :

$$y = \exp'(0)(x-0) + \exp(0) = x + 1.$$

On en déduit que pour tout réel x, $e^x \geqslant x + 1$

5 Étudier la continuité d'une fonction

EXEMPLE 1 **GRAPHIQUEMENT**

Soit f la fonction définie sur $\mathbb{R}$ par $f(x) = \begin{cases} x + 2 \text{ si } x < 1 \\ -2x + 3 \text{ si } x \geqslant 1 \end{cases}$

1. Tracer à l'aide de la calculatrice ou d'un logiciel, la courbe représentative de la fonction f.

2. Étudier la continuité de la fonction f :
a) sur l'intervalle $]-\infty\,;1[$;
b) sur l'intervalle $[1\,;+\infty[$.
3. En utilisant le graphique, que peut-on dire de la continuité de f sur $\mathbb{R}$?

CORRIGÉ COMMENTÉ

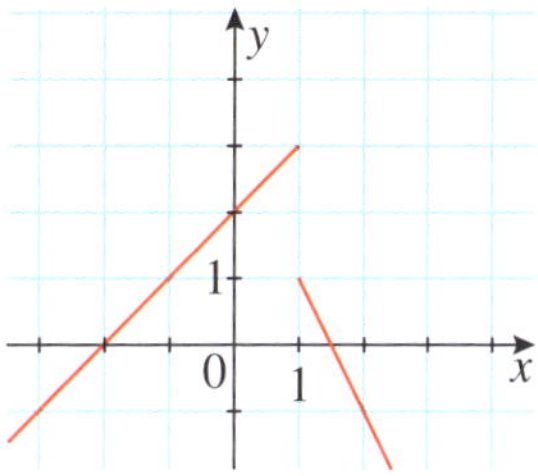

1. Voir courbe ci-contre.
2. a) f est continue sur l'intervalle $]-\infty\,;1[$ car f est affine.
b) f est continue sur l'intervalle $[1\,;+\infty[$ car f est affine.
3. On constate sur le graphique que la courbe représentative de f présente une discontinuité en 1. On en déduit que f n'est pas continue sur $\mathbb{R}$.

EXEMPLE 2 PAR LE CALCUL

On considère la fonction f définie pour tout réel x par :

$$f(x) = \begin{cases} 2x - 3 \text{ si } x \leqslant 2 \\ x^2 - 3 \text{ si } x > 2 \end{cases}$$

1. Justifier que f est continue sur $]-\infty\,;2]$.
2. Justifier que f est continue sur $]2\,;+\infty[$.
3. Justifier que f est continue en 2.

CORRIGÉ COMMENTÉ

1. Sur l'intervalle $]-\infty\,;2]$, f est une fonction affine. Elle est donc continue sur cet intervalle.
2. Sur l'intervalle $]2\,;+\infty[$, f est une fonction polynôme. Elle est donc continue sur cet intervalle.
3. On calcule la limite de $f(x)$ lorsque x tend vers 2.
Premier cas : x tend vers 2 en étant inférieur à 2.
Comme f est continue sur $]-\infty\,;2]$, $\lim\limits_{\substack{x\to 2\\ x<2}} f(x) = f(2) = 1$
Deuxième cas : x tend vers 2 en étant supérieur à 2.
$\lim\limits_{\substack{x\to 2\\ x>2}} (x^2) = 4$ donc $\lim\limits_{\substack{x\to 2\\ x>2}} (x^2 - 3) = 4 - 3 = 1$ donc
$\lim\limits_{\substack{x\to 2\\ x>2}} f(x) = 1$
On a donc $\lim\limits_{\substack{x\to 2\\ x<2}} f(x) = \lim\limits_{\substack{x\to 2\\ x>2}} f(x) = f(2)$.
Par définition, la fonction est continue en 2.

Rappel
Les fonctions de référence sont continues sur leur ensemble de définition.

Remarque
On distingue deux cas car la fonction n'est pas définie par la même expression pour x inférieur à 2 et pour x supérieur à 2.

6 Étudier le nombre de solutions d'une équation

EXEMPLE 1 **AVEC LE THÉORÈME DES VALEURS INTERMÉDIAIRES**

Soit f la fonction définie sur $[-1\,;3]$ par $f(x) = x^3 - 3x^2 + 2$.
Montrer qu'il existe au moins un réel c appartenant à $[-1\,;3]$ tel que $f(c) = 0$.

CORRIGÉ COMMENTÉ

f est une fonction polynôme donc f est continue sur l'intervalle $[-1\,;3]$.
$f(-1) = -2$ et $f(3) = 2$ donc 0 est compris entre $f(-1)$ et $f(3)$.
D'après le théorème des valeurs intermédiaires, il existe au moins un réel c appartenant à $[-1\,;3]$ tel que $f(c) = 0$.

EXEMPLE 2 **AVEC LE CAS PARTICULIER DU THÉORÈME DES VALEURS INTERMÉDIAIRES POUR LES FONCTIONS STRICTEMENT MONOTONES**

Soit f la fonction définie sur $[-2\,;+\infty[$ par $f(x) = 2x^3 - 3x^2 - 12x + 1$.
Montrer que l'équation $f(x) = 2$ admet exactement 3 solutions sur $[-2\,;+\infty[$.

CORRIGÉ COMMENTÉ

Étape 1

On calcule la limite de $f(x)$ lorsque x tend vers $+\infty$.

$\lim\limits_{x\to+\infty} 2x^3 = +\infty$, $\lim\limits_{x\to+\infty} -3x^2 = -\infty$ et $\lim\limits_{x\to+\infty} (-12x+1) = -\infty$.

On a donc une forme indéterminée.

On factorise $f(x)$ par $2x^3$:

$$f(x) = 2x^3\left(1 - \frac{3x^2}{2x^3} - \frac{12x}{2x^3} + \frac{1}{2x^3}\right) = 2x^3\left(1 - \frac{3}{2x} - \frac{12}{2x^2} + \frac{1}{2x^3}\right)$$

$\lim\limits_{x\to+\infty} -\dfrac{3}{2x} = 0$, $\lim\limits_{x\to+\infty} -\dfrac{12}{2x^2} = 0$ et $\lim\limits_{x\to+\infty} \dfrac{1}{2x^3} = 0$ donc par somme :

$\lim\limits_{x\to+\infty}\left(1 - \dfrac{3}{2x} - \dfrac{12}{2x^2} + \dfrac{1}{2x^3}\right) = 1$ et $\lim\limits_{x\to+\infty} 2x^3 = +\infty$.

On en déduit par produit, que $\lim\limits_{x\to+\infty} 2x^3\left(1 - \dfrac{3}{2x} - \dfrac{12}{2x^2} + \dfrac{1}{2x^3}\right) = +\infty$.

Et on conclut que $\lim\limits_{x\to+\infty} f(x) = +\infty$.

Étape 2

On détermine les variations de la fonction f.

$$f'(x) = 6x^2 - 6x - 12$$

On étudie le signe de $f'(x)$ qui est un trinôme du second degré.

$\Delta = (-6)^2 - 4 \times 6 \times (-12) = 324$.

$\Delta > 0$ donc $f'(x)$ admet deux racines $x_1 = \dfrac{6 + \sqrt{324}}{2 \times 6} = 2$; $x_2 = \dfrac{6 - \sqrt{324}}{2 \times 6} = -1$

et $f'(x)$ est négatif entre les racines.

De plus, $f(-2) = -3$.

On obtient le tableau de variation suivant :

x	-2		-1		2		$+\infty$
Signe de $f'(x)$		+	0	–	0	+	
Variation de f	-3	↗	8	↘	-19	↗	$+\infty$

Étape 3

On applique le cas particulier du TVI.

Sur l'intervalle $[-2\,;-1]$ f est continue et strictement croissante. $2 \in [-3\,;8]$ donc d'après le cas particulier du théorème des valeurs intermédiaires pour les fonctions strictement monotones, l'équation $f(x) = 2$ admet une unique solution dans l'intervalle $[-2\,;-1]$.

Sur l'intervalle $[-1\,;2]$ f est continue et strictement décroissante. $2 \in [-19\,;8]$ donc, d'après le cas particulier du théorème des valeurs intermédiaires pour les fonctions strictement monotones, l'équation $f(x) = 2$ admet une unique solution dans l'intervalle $[-1\,;2]$.

Sur l'intervalle $[2\,;+\infty[$ f est continue et strictement croissante. $2 \in [-19\,;+\infty[$ donc, d'après le cas particulier du théorème des valeurs intermédiaires pour les fonctions strictement monotones, l'équation $f(x) = 2$ admet une unique solution dans l'intervalle $[2\,;+\infty[$

On en déduit que l'équation $f(x) = 2$ admet exactement trois solutions.

x	-2	x_1	-1	x_2	2	x_3	$+\infty$
Signe de $f'(x)$		+	0	–	0	+	
Variation de f	-3	↗ 2 ↗	8	↘ 2 ↘	-19	↗ 2 ↗	$+\infty$

EXERCICES

1 5 min ★ → MÉTHODE 1, p. 114

Dans chacun des cas suivants, donner $u \circ v$ puis $v \circ u$ en justifiant à chaque fois l'ensemble de définition.

a) $u : x \mapsto x^2 + 3x + 2$ et $v : x \mapsto \mathrm{e}^x$.

b) $u : x \mapsto 4x + 16$ et $v : x \mapsto \sqrt{x}$.

c) $u : x \mapsto x^3 - 1$ et $v : x \mapsto \dfrac{1}{x}$.

→ Corrigé p. 130

2 5 min ★★ → MÉTHODE 1, p. 114

Décomposer chacune des fonctions suivantes sous la forme $v \circ u$ où u et v sont deux fonctions usuelles Préciser l'ensemble de définition de chaque fonction.

a) $g : x \mapsto \mathrm{e}^{-\frac{x}{4}}$.

b) $h : x \mapsto (2x + 3)^3$.

c) $k : x \mapsto |x^2 - 8|$.

d) $f : x \mapsto \sqrt{x + 1}$.

→ Corrigé p. 131

3 5 min ★ → MÉTHODE 2, p. 115

Donner les expressions des fonctions dérivées des fonctions suivantes définies et dérivables sur $\mathbb{R}$.

a) $f : x \mapsto (x^2 + 3)^3$.

b) $f : x \mapsto \sqrt{4 + x^2}$.

c) $f : x \mapsto (2x^2 + 3)^5$.

d) $f : x \mapsto \mathrm{e}^{5x}$.

→ Corrigé p. 132

4 5 min ★★ → MÉTHODE 2, p. 115

Dans chaque cas, calculer l'expression de la fonction dérivée de f pour tout réel x appartenant à I.

a) $f : x \mapsto (x + 3)\sqrt{x + 3}$ sur $I =]-3\,;+\infty[$.

b) $f : x \mapsto \mathrm{e}^{2\sqrt{x}+1}$ sur $I =]0;+\infty[$.

→ Corrigé p. 133

5 10 min ★ → MÉTHODE 3, p. 116

On considère une fonction f définie sur l'intervalle $[-3\,;3]$, dont la courbe représentative est donnée ci-dessous. Quelques tangentes à la courbe représentative de f ont également été tracées. À l'aide du graphique, déterminer les intervalles sur lesquels la fonction f est convexe et ceux où elle est concave. Déterminer le (ou les) éventuel(s) point(s) d'inflexion.

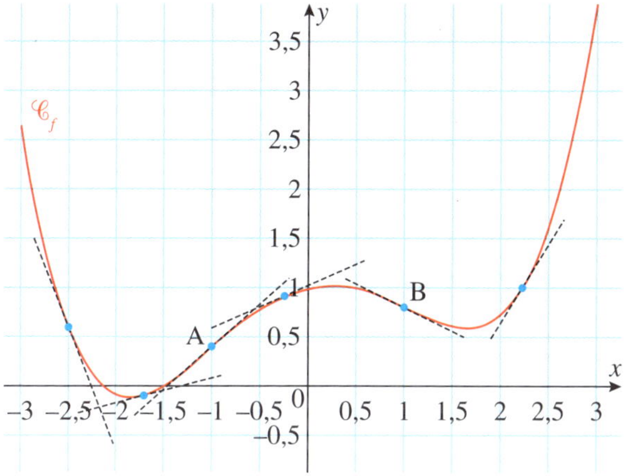

→ Corrigé p. 134

6 10 min ★ → MÉTHODE 3, p. 116

On considère une fonction f définie et deux fois dérivable sur $I = [-6\,;0]$. La courbe représentative de sa fonction dérivée $\mathscr{C}_{f'}$ est représentée ci-dessous. La fonction dérivée f' admet un minimum en M (– 2 ; – 0,4).
En utilisant le graphique, étudier la convexité de la fonction f et déterminer le (ou les) éventuels point(s) d'inflexion.

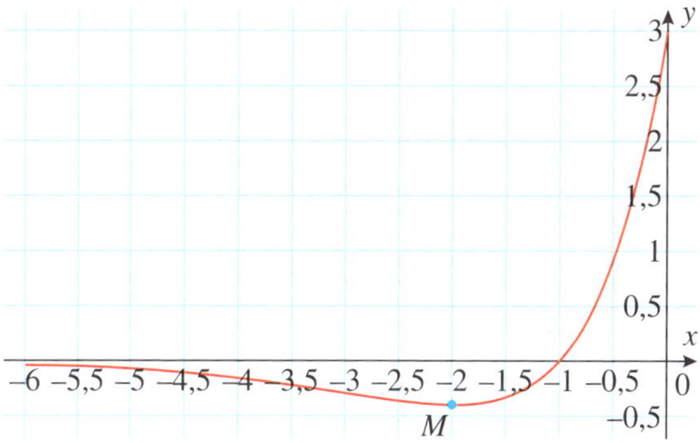

→ Corrigé p. 134

7 10 min ★ → MÉTHODE 3, p. 116

f est la fonction définie sur $\mathbb{R}$ par $f(x) = x^3 - 6x^2 + 1$. On admet que f est deux fois dérivable sur $\mathbb{R}$.
Démontrer que la courbe représentative de f admet un point d'inflexion dont on donnera les coordonnées.

→ Corrigé p. 134

8 5 min ★

→ MÉTHODE 3, p. 116

f est la fonction définie sur $\mathbb{R}$ par $f(x) = xe^x$. On admet que f est deux fois dérivable sur $\mathbb{R}$. Étudier la convexité de la fonction f et déterminer le (ou les) éventuel(s) point(s) d'inflexion

→ Corrigé p. 135

9 5 min ★

→ MÉTHODE 4, p. 118

Montrer, en utilisant la concavité de la fonction racine carrée sur $]0\,;+\infty[$, que pour tout réel $x > 0$:

$$\sqrt{x} \leqslant \frac{1}{6}x + 1{,}5.$$

→ Corrigé p. 135

10 5 min ★

→ MÉTHODE 5, p. 118

Pour chacune des fonctions définies sur l'intervalle $[-2\,;2]$ représentées ci-dessous, dire sur quel(s) intervalle(s) elle est continue :

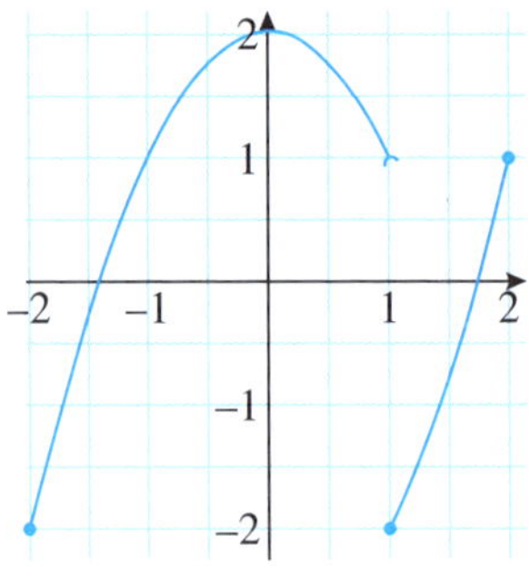

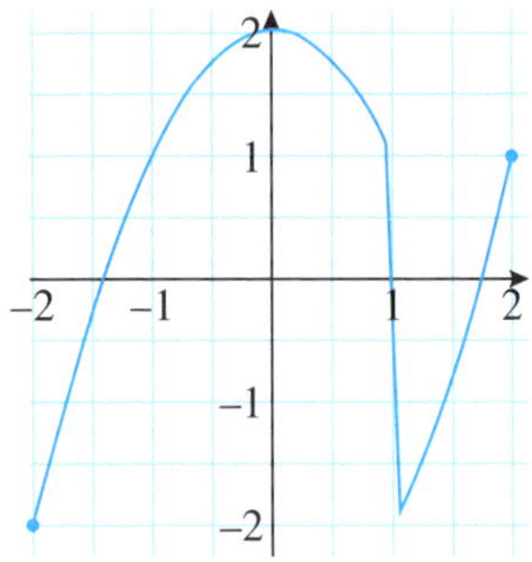

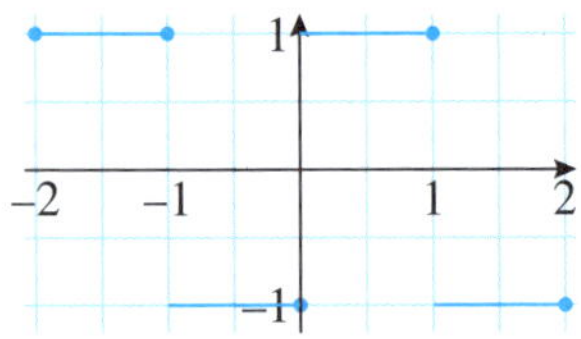

→ Corrigé p. 136

11 5 min ★

→ MÉTHODE 5, p. 118

On considère la fonction f définie pour tout réel x par :

$$f(x) = \begin{cases} 2x^2 - 10 & \text{si } x \leqslant -1 \\ 3x - 5 & \text{si } x > -1 \end{cases}$$

1. Justifier que f est continue sur $]-\infty\,;-1]$.

2. Justifier que f est continue sur $]-1\,;+\infty[$
3. Justifier que f est continue en -1.

→ Corrigé p. 136

12 5 min ★★ → MÉTHODE 5, p. 118

m est un nombre réel quelconque.
Soit f définie pour tout réel x par :

$$f(x)=\begin{cases} e^{2x}+3 \text{ si } x\leqslant 0 \\ x^3-m \text{ si } x>0 \end{cases}$$

1. Déterminer la valeur de m pour que la fonction f soit continue sur $\mathbb{R}$.
2. Représenter graphiquement f

→ Corrigé p. 136

13 5 min ★ → MÉTHODE 6, p. 120

Soit f une fonction définie, continue et strictement décroissante sur $[-100\,;+\infty[$ telle que $f(-100)=50$ et $\lim\limits_{x\to+\infty} f(x)=-10$.
Déterminer le nombre de solutions de l'équation $f(x)=-2$ sur $[-100\,;+\infty[$.

→ Corrigé p. 137

14 10 min ★★ → MÉTHODE 6, p. 120

Soit f la fonction définie sur $I=[-2\,;3\,]$ par $f(x)=x^3-5x+6$.
Démontrer que l'équation $f(x)=9$ admet exactement trois solutions sur I et déterminer une valeur approchée à 10^{-2} près de chacune de ces solutions.

→ Corrigé p. 137

15 15 min **Vrai-Faux**

Pour chaque affirmation ci-dessous, dire si elle est vraie ou fausse. Justifier la réponse.

a) u et v sont deux fonctions définies sur $\mathbb{R}$.

Affirmation 1 : pour tout réel x, $v\circ u(x)=u\circ v(x)$.

b) On considère la fonction f définie sur $\left[-\frac{1}{2}\,;+\infty\right[$ par $f(x)=\sqrt{2x+1}$.

Affirmation 2 : pour tout $x\in\left]-\frac{1}{2}\,;+\infty\right[$, $f'(x)=\dfrac{1}{\sqrt{2x+1}}$.

c) **Affirmation 3 :** la fonction inverse est convexe sur $]-\infty\,;0[$ et concave sur $]0\,;+\infty[$.

d) On considère la fonction f définie pour tout réel x par :

$$f(x)=\begin{cases} 3x^2-5 \text{ si } x\leqslant -2 \\ -x+9 \text{ si } x>-2 \end{cases}.$$

Affirmation 4 : la fonction f est continue sur $\mathbb{R}$.

→ Corrigé p. 138

16 15 min Démonstration et raisonnement

1. Soit f une fonction deux fois dérivable sur un intervalle I.
Démontrer que si f'' est positive sur I, alors la courbe représentative de f est au-dessus de ses tangentes.

2. Soit f une fonction définie et décroissante sur $\mathbb{R}$.
Démontrer que $f \circ f$ est croissante sur $\mathbb{R}$.

→ *Corrigé p. 140*

17 20 min QCM

Déterminer parmi les trois propositions la seule réponse exacte. Aucune justification n'est demandée. Un QCM nécessite souvent de faire une recherche au brouillon.

	Réponse A	**Réponse B**	**Réponse C**
1. Soit f une fonction continue sur $[-5\,;10]$ strictement décroissante sur $[-5\,;-2]$ et strictement croissante sur $[-2\,;10]$ telle que $f(-5)=17$, $f(-2)=-3$ et $f(10)=4$. L'équation $f(x)=5$:	n'a pas de solution.	a une unique solution.	a exactement deux solutions.
2. Soit (u_n) la suite géométrique de premier terme $u_0=-3$ et de raison $q=\dfrac{4}{5}$. $\lim\limits_{n\to+\infty} e^{u_n}$ est égale à :	$+\infty$	1	0
3. Soit $f : x \mapsto \sqrt{e^x+1}$ définie sur $\mathbb{R}$. La tangente à la courbe représentative de f au point d'abscisse 0 a pour équation :	$y=\sqrt{2}x+\sqrt{2}$	$y=\dfrac{1}{2\sqrt{2}}x+\sqrt{2}$	$y=\dfrac{1}{2\sqrt{2}}x$

→ *Corrigé p. 140*

18 10 min ★★★

On considère la fonction f définie pour tout réel x par :

$$f(x)=\begin{cases}(x-1)^3 & \text{si } x \leqslant 2\\ e^{5x-10} & \text{si } x>2\end{cases}.$$

1. Étudier la continuité de f sur $\mathbb{R}$.

2. Représenter graphiquement f sur $\mathbb{R}$ puis, en utilisant le graphique, étudier la convexité de f sur $\mathbb{R}$.

3. Démontrer que la courbe représentative de f admet un unique point d'inflexion sur $]-\infty\,;1{,}5]$ dont on donnera les coordonnées.

→ Corrigé p. 141

19 20 min ★★★ Algorithmique et programmation

Dans une entreprise, le coût de production de x unités est donné par la fonction C définie sur $[0\,;300]$ par :

$$C(x) = 920 + 2x - 0,02x^2 + 0,00007x^3$$

1. C est une fonction dérivable sur $[0\,;300]$. La fonction dérivée C' est appelée coût marginal.
$C'(x)$ s'interprète comme l'accroissement du coût de production pour la production d'une unité supplémentaire
a) Déterminer l'expression de $C'(x)$ pour tout réel x appartenant à $[0\,;300]$.
b) Calculer et interpréter $C'(100)$.
2. Étudier la convexité de C sur $[0\,;300]$.
3. Pour quelle(s) valeur(s) de x la courbe représentative de C admet-elle un point d'inflexion ? Comment interpréter ce ou ces point(s) dans le contexte de l'exercice ?
4. Montrer que la fonction C est continue sur $[0\,;300]$
5. Démontrer que l'équation $C(x) = 1\,100$ admet une unique solution sur $[0\,;300]$.
6. a) Écrire une fonction en Python, nommée C et d'argument un réel x, qui renvoie la valeur de $C(x)$.
b) Compléter la fonction **solution** suivante, pour qu'elle renvoie un encadrement de la solution de l'équation $C(x) = 1\,100$ entre eux entiers naturels consécutifs.
Quelles valeurs trouve-t-on ?

```
def solution():
    x=0
    while abs(...):
        ...
    return ...,...
```

→ Corrigé p. 143

Exercice 1 — 20 min — 4 points

On désigne par f la fonction définie sur l'intervalle $[-2\,;4]$ par :

$$f(x) = (2x+1)\mathrm{e}^{-2x} + 3.$$

On note $\mathscr{C}_f$ la courbe représentative de la fonction f dans un repère.

1. On note f' la fonction dérivée de f. Montrer que pour tout réel $x \in [-2\,;4]$:

$$f'(x) = -4x\mathrm{e}^{-2x}.$$

2. Étudier les variations de la fonction f et dresser le tableau de variation de la fonction f.

3. Montrer que l'équation $f(x) = 0$ admet une solution unique notée α, sur $[-2\,;0]$ et donner une valeur approchée au dixième de α en utilisant la calculatrice.

4. On note f'' la fonction dérivée de f'. On admet que pour tout réel $x \in [-2\,;4]$,

$$f''(x) = (8x-4)\mathrm{e}^{-2x}.$$

a) Étudier le signe de $f''(x)$ sur l'intervalle $[-2\,;4]$.

b) En déduire le plus grand intervalle sur lequel f est convexe.

c) $\mathscr{C}_f$ admet-elle un point d'inflexion ? Si oui, donner ses cordonnées.

→ *Corrigé p. 144*

Exercice 2 — 35 min — 6 points

Dans le repère ci-dessous, on note $\mathscr{C}_f$ la courbe représentative d'une fonction f définie sur l'intervalle $[-10\,;2]$. On a placé les points $A(0\,;2)$, $B(2\,;0)$ et $C(-2\,;0)$.

On dispose des renseignements suivants :

- le point B appartient à la courbe $\mathscr{C}_f$;
- la droite (AC) est tangente en A à la courbe $\mathscr{C}_f$;
- la tangente à la courbe $\mathscr{C}_f$ au point d'abscisse 1 est une droite horizontale.

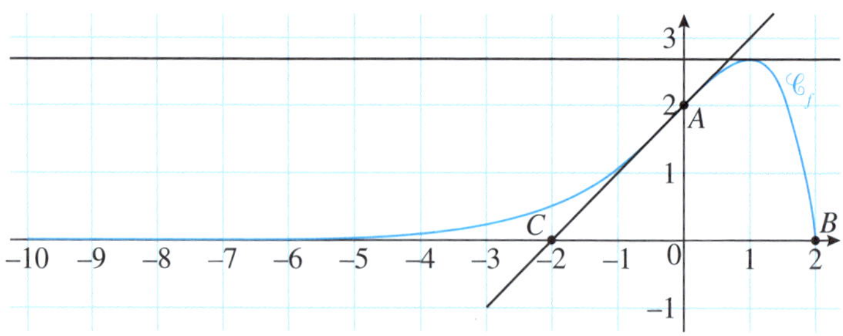

Partie A

Répondre aux questions suivantes par lecture graphique.

1. Indiquer la valeur de $f(0)$ et de $f(2)$.

2. Indiquer la valeur de $f'(1)$.

3. Donner une équation de la tangente à la courbe $\mathscr{C}_f$ au point A.

4. Indiquer le nombre de solutions de l'équation $f(x) = 1$ dans l'intervalle $[-10\,;2]$ et le sens de variation de f sur $[-10\,;2]$.

5. Déterminer l'intervalle sur lequel la fonction f est convexe et celui sur lequel elle est concave.

Partie B

Dans cette question, on cherche à vérifier par le calcul les résultats lus graphiquement dans la **Partie A**.

On sait désormais que la fonction f est définie sur l'intervalle $[-10\,;2]$ par :

$$f(x) = (2 - x)e^x.$$

1. a) Calculer $f(0)$ et $f(2)$.

b) Calculer $f'(x)$ pour tout réel x appartenant à l'intervalle $[-10\,;2]$.

c) En déduire $f'(1)$.

2. Déterminer une équation de la tangente à la courbe représentative de f au point d'abscisse 0.

3. a) Dresser le tableau de variation de la fonction f sur l'intervalle $[-10\,;2]$.

b) En déduire, en justifiant la réponse, le nombre de solutions de l'équation $f(x) = 1$ dans l'intervalle $[-10\,;2]$.

4. On donne la fonction Python suivante :

```
from math import exp
def solution(p):
    x=-2
    while 1-(2-x)*exp(x)>0:
        x=x+10**-p
    return x
```

a) On écrit dans la console l'instruction :

```
>>> solution(1)
```

Compléter le tableau ci-dessous et déterminer l'affichage du résultat.

x	-2									
Condition $1 - f(x)$	V									

V signifie que la condition $1 - f(x) > 0$ est vraie.

b) Quel sera l'affichage ? Interpréter le résultat de l'affichage.

5. On rappelle que f'' est la dérivée de la fonction f'.

a) Calculer $f''(x)$ pour tout réel x appartenant à l'intervalle $[-10\,;2]$.

b) Étudier la convexité de la fonction f sur l'intervalle $[-10\,;2]$.

→ Corrigé p. 145

1 → Énoncé p. 122

a) • $u \circ v$

u et v sont définies sur $\mathbb{R}$ donc pour tout réel x, $v(x)$ appartient à l'ensemble de définition de u. La fonction $u \circ v$ est donc définie sur $\mathbb{R}$.

On a : $u \circ v(x) = u(v(x))$
$= u(e^x)$
$= (e^x)^2 + 3e^x + 2$

$(e^x)^n = e^{nx}$.

$= e^{2x} + 3e^x + 2$.

Donc $u \circ v : \mathbb{R} \to \mathbb{R}$
$x \mapsto u \circ v(x) = \mathbf{e^{2x} + 3e^x + 2}$.

Rappels
Ne pas confondre :
$u \circ v$ et $v \circ u$.
$u \circ v(x) = u(v(x))$ et
$v \circ u(x) = v(u(x))$

Remarque
Pour déterminer $u(v(x))$, on remplace x par e^x dans l'expression de $u(x)$.

• $v \circ u$

v et u sont définies sur $\mathbb{R}$ donc pour tout réel x, $u(x)$ appartient à l'ensemble de définition de v. La fonction $v \circ u$ est donc définie sur $\mathbb{R}$.

On a : $v \circ u(x) = v(u(x))$
$= v(x^2 + 3x + 2)$
$= e^{x^2+3x+2}$.

Donc $v \circ u : \mathbb{R} \to \mathbb{R}$
$x \mapsto v \circ u(x) = \mathbf{e^{x^2+3x+2}}$.

Remarque
Pour déterminer $v(u(x))$, on remplace x par $x^2 + 3x + 2$ dans l'expression de $v(x)$.

b) • $u \circ v$

Pour tout réel x appartenant à $\mathscr{D}_v = [0\,;+\infty[$, $v(x)$ doit appartenir à $\mathscr{D}_u = \mathbb{R}$ ce qui est vrai pour tout $x \in [0\,;+\infty[$.

La fonction $u \circ v$ est donc définie sur $[0\,;+\infty[$.

On a : $u \circ v(x) = u(v(x))$
$= u(\sqrt{x})$
$= 4\sqrt{x} + 16$

Donc $u \circ v : [0\,;+\infty[\to \mathbb{R}$
$x \mapsto u \circ v(x) = \mathbf{4\sqrt{x} + 16}$.

• $v \circ u$

Pour tout réel x appartenant à $\mathscr{D}_u = \mathbb{R}$, $u(x)$ doit appartenir à $\mathscr{D}_v = [0\,;+\infty[$, ce qui est équivalent à $4x + 16$ doit être positif.

Or $4x + 16 \geqslant 0 \Leftrightarrow x \geqslant -4$.

La fonction $v \circ u$ est donc définie sur $[-4\,;+\infty[$.

On a : $v \circ u(x) = v(u(x))$
$= v(4x + 16)$
$= \sqrt{4x + 16}$

Donc $v \circ u : [-4\,;+\infty[\to \mathbb{R}$
$x \mapsto v \circ u(x) = \mathbf{\sqrt{4x + 16}}$.

c) • $u \circ v$

Pour tout réel x appartenant à $\mathcal{D}_v =]-\infty\,;0[\cup]0\,;+\infty[$, $v(x)$ doit appartenir à $\mathcal{D}_u = \mathbb{R}$, ce qui est vrai pour tout $x \in]-\infty\,;0[\cup]0\,;+\infty[$.

La fonction $u \circ v$ est donc définie sur $]-\infty\,;0[\cup]0\,;+\infty[$.

On a : $u \circ v(x) = u(v(x))$

$$= u\left(\frac{1}{x}\right) \qquad \left(\frac{1}{x}\right)^3 = \frac{1}{x^3}$$

$$= \frac{1}{x^3} - 1$$

On réduit au même dénominateur x^3

$$= \frac{1 - x^3}{x^3}$$

Donc $u \circ v :]-\infty\,;0[\cup]0\,;+\infty[\to \mathbb{R}$

$$x \mapsto u \circ v(x) = \frac{1 - x^3}{x^3}.$$

• $v \circ u$

Pour tout réel x appartenant à $\mathcal{D}_u = \mathbb{R}$, $u(x)$ doit appartenir à $\mathcal{D}_v =]-\infty\,;0[\cup]0\,;+\infty[$, ce qui est équivalent $x^3 - 1$ doit être différent de 0.

Or $x^3 - 1 = 0 \Leftrightarrow x^3 = 1 \Leftrightarrow x = 1$

La fonction $v \circ u$ est donc définie sur $]-\infty\,;1[\cup]1\,;+\infty[$

On a : $v \circ u(x) = v(u(x))$

$$= v(x^3 - 1)$$

$$= \frac{1}{x^3 - 1}$$

Donc $v \circ u :]-\infty\,;1[\cup]1\,;+\infty[\to \mathbb{R}$

$$x \mapsto v \circ u(x) = \frac{1}{x^3 - 1}.$$

2 → *Énoncé p. 122*

a) On considère la fonction v définie sur $\mathbb{R}$ **par** $v(x) = e^x$.

On considère la fonction u définie sur $\mathbb{R}$ par $u(x) = -\frac{x}{4}$.

v et u sont définies sur $\mathbb{R}$ donc pour tout réel x, $u(x)$ appartient à l'ensemble de définition de v.

On a donc $g = v \circ u$ **et** $\mathcal{D}_g = \mathbb{R}$.

b) On considère la fonction v définie sur $\mathbb{R}$ **par** $v(x) = x^3$

On considère la fonction u définie sur $\mathbb{R}$ par $u(x) = 2x + 3$.

v et u sont définies sur $\mathbb{R}$ donc pour tout réel x, $u(x)$ appartient à l'ensemble de définition de v.

On a donc $\boldsymbol{h = v \circ u}$ **et** $\mathcal{D}_h = \mathbb{R}$.

c) On considère la fonction v définie sur $\mathbb{R}$ **par** $\boldsymbol{v(x) = |x|}$.

On considère la fonction u définie sur $\mathbb{R}$ par $\boldsymbol{u(x) = x^2 - 8}$.

v et u sont définies sur $\mathbb{R}$ donc pour tout réel x, $u(x)$ appartient à l'ensemble de définition de v.

On a donc $\boldsymbol{k = v \circ u}$ **et** $\mathcal{D}_k = \mathbb{R}$.

d) On considère la fonction v définie sur $[0\,;-\infty[$ **par** $\boldsymbol{v(x) = \sqrt{x}}$.

On considère la fonction u définie sur $\mathbb{R}$ par $\boldsymbol{u(x) = x + 1}$.

Pour tout réel x appartenant à $\mathcal{D}_u = \mathbb{R}$, $u(x)$ doit appartenir à $\mathcal{D}_v = [0\,;+\infty[$, ce qui est équivalent à $x+1$ doit être positif. Or $x + 1 \geqslant 0 \Leftrightarrow x \geqslant -1$.

On a donc $\boldsymbol{f = v \circ u}$ **et** $\mathcal{D}_f = \boldsymbol{[-1\,;+\infty[}$.

3 → Énoncé p. 122

a) $f(x)$ est de la forme $f(x) = u(x)^n$ avec $u(x) = x^2 + 3$ et $n = 3$

$u'(x) = 2x$.

On applique la formule de dérivation suivante :

$$f'(x) = nu'(x)u(x)^{n-1}$$

donc $f'(x) = 3 \times 2x \times (x^2+3)^2 = 6x(x^2+3)^2$ **pour tout réel x.**

> **Remarque**
> Soit n un entier relatif non nul et f la fonction définie sur I par $f(x) = u(x)^n$.
> Si $n \geqslant 1$ alors f est dérivable sur I et $f'(x) = nu'(x)u(x)^{n-1}$.
> Si $n \leqslant -1$ et si u ne s'annule pas sur I, alors f est dérivable sur I et $f'(x) = nu'(x)u(x)^{n-1}$.

b) $f(x)$ est de la forme $f(x) = \sqrt{u(x)}$

avec $u(x) = 4 + x^2$

$u'(x) = 2x$

On applique la formule de dérivation suivante :

$$f'(x) = \frac{u'(x)}{2\sqrt{u(x)}}$$

donc $f'(x) = \dfrac{2x}{2\sqrt{4+x^2}}$

On simplifie le numérateur et le dénominateur par 2

$$= \frac{x}{\sqrt{4+x^2}}$$ **pour tout réel x.**

> **Remarque**
> Si pour tout x de I, $u(x) > 0$, alors la fonction f définie sur I par $f(x) = \sqrt{u(x)}$ est dérivable sur I et $f'(x) = \dfrac{u'(x)}{2\sqrt{u(x)}}$.

c) $f(x)$ est de la forme $f(x) = u(x)^n$ avec $u(x) = 2x^2 + 3$ et $n = 5$.

$u'(x) = 4x$

On applique la formule de dérivation suivante :

$$f'(x) = nu'(x)u(x)^{n-1}$$

donc $f'(x) = 5 \times 4x \times (2x^2+3)^4 = 20x(2x^2+3)^4$

d) $f(x)$ est de la forme : $f(x) = e^{u(x)}$ avec $u(x) = 5x$
$u'(x) = 5$
On applique la formule de dérivation suivante :
$f'(x) = u'(x)e^{u(x)}$ donc $f'(x) = 5e^{5x}$ **pour tout réel x.**

> **Remarque**
> La fonction f définie sur I par $f(x) = e^{u(x)}$ est dérivable sur I et $f'(x) = u'(x)e^{u(x)}$.

4 → *Énoncé p. 122*

a) On pose $v(x) = \sqrt{g(x)}$ avec $g(x) = x + 3$; $g'(x) = 1$.

On applique la formule de dérivation suivante : $v'(x) = \dfrac{g'(x)}{2\sqrt{g(x)}}$

donc $v'(x) = \dfrac{1}{2\sqrt{x+3}}$.

$f(x)$ est de la forme $f(x) = u(x) \times v(x)$ avec $u(x) = x + 3$ et $v(x) = \sqrt{x+3}$
On applique la formule de dérivation d'un produit de fonctions.

On en déduit que $f'(x) = \sqrt{x+3} + (x+3)\dfrac{1}{2\sqrt{x+3}}$

> **Rappel**
> $(uv)' = u'v + uv'$

On réduit au même dénominateur $2\sqrt{x+3}$

$$= \frac{2\sqrt{x+3}^2 + x + 3}{2\sqrt{x+3}}$$

$\sqrt{x+3}^2 = x + 3$

$$= \frac{2(x+3) + x + 3}{2\sqrt{x+3}}$$

$$= \frac{3x+9}{2\sqrt{x+3}}$$

$$= \frac{3(x+3)}{2\sqrt{x+3}} \text{ pour tout } x \in \,]-3\,;+\infty[$$

$$= \frac{3\sqrt{x+3}^2}{2\sqrt{x+3}} \quad \text{car } X = \sqrt{X}^2$$

$$= \frac{3}{2}\sqrt{x+3} \quad \text{car } \frac{\sqrt{X}^2}{\sqrt{X}} = \frac{\sqrt{X} \times \sqrt{X}}{\sqrt{X}} = \sqrt{X}$$

donc $f'(x) = \dfrac{3}{2}\sqrt{x+3}$ **pour tout** $x \in \,]-3;+\infty[$.

b) $f(x)$ est de la forme $f(x) = e^{u(x)}$ avec $u(x) = 2\sqrt{x} + 1$ pour tout $x \in \,]0;+\infty[$;
$u'(x) = \dfrac{2}{2\sqrt{x}} = \dfrac{1}{\sqrt{x}}$.
On applique la formule de dérivation suivante : $f'(x) = u'(x)e^{u(x)}$

donc $f'(x) = \dfrac{1}{\sqrt{x}}e^{2\sqrt{x}+1} = \dfrac{e^{2\sqrt{x}+1}}{\sqrt{x}}$ **pour tout** $x \in \,]0\,;+\infty[$.

5 → Énoncé p. 122

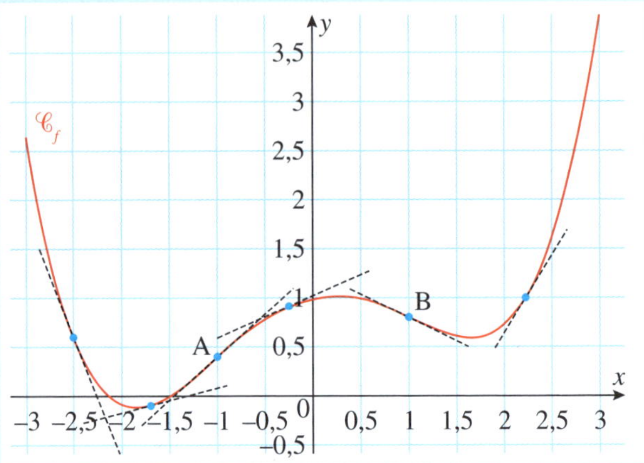

Sur l'intervalle $[-3\,;-1]$, la fonction est convexe car la courbe représentative de f se situe au-dessus de toutes les tangentes.

Sur l'intervalle $[-1\,;1]$ la fonction est concave car la courbe représentative de f se situe au-dessous de toutes les tangentes.

Sur l'intervalle $[1\,;3]$, la fonction est convexe car la courbe représentative de f se situe au-dessus de toutes les tangentes.

$A(-1\ ;\ 0{,}4)$ et $B(1\ ;\ 0{,}8)$ sont des points d'inflexion de la courbe représentative de f car $\mathscr{C}_f$ traverse sa tangente en A et en B.

6 → Énoncé p. 123

Sur l'intervalle $[-6\,;-2]$, la fonction f' est décroissante donc la fonction f est concave sur $[-6\ ;\ -2]$.

Sur l'intervalle $[-2\,;0]$, la fonction f' est croissante donc la fonction f est convexe sur $[-2\,;0]$.

f' admet un minimum en -2. Donc f' change de sens de variation en -2. Le point M de la courbe de coordonnées $(-2\,;-0{,}4)$ est donc un point d'inflexion de la courbe représentative de f.

> **Attention**
> Ce n'est pas la courbe représentative de f qui est donnée mais celle de sa dérivée f'.

7 → Énoncé p. 123

On a : $f'(x) = 3x^2 - 12x$.

On calcule la dérivée seconde de f en dérivant f' :

$f''(x) = 6x - 12$.

On cherche les intervalles sur lesquels la fonction f'' est positive.

$$f''(x) \geqslant 0 \Leftrightarrow 6x - 12 \geqslant 0 \Leftrightarrow 6x \geqslant 12 \Leftrightarrow x \geqslant \frac{12}{6} \Leftrightarrow x \geqslant 2.$$

> **Astuce**
> Pour déterminer le signe de $f''(x)$, on résout l'inéquation $f''(x) \geqslant 0$ ou $f''(x) \leqslant 0$.

f'' s'annule et change de signe en 2 donc le point de coordonnées $\left(2\,; f(2) = -15\right)$ est un point d'inflexion de la courbe représentative de la fonction f.

Rappel
Si f'' s'annule et change de signe en a alors la courbe représentative de f admet un point d'inflexion au point d'abscisse a.

8 → Énoncé p. 124

On calcule la dérivée de f à l'aide de la formule de dérivation d'un produit de fonctions :

$f'(x) = e^x + xe^x$ pour tout réel x.

On calcule la dérivée seconde de f en dérivant f' :

$$f''(x) = e^x + e^x + xe^x = e^x(2 + x).$$

Remarque
Pour dériver f' on utilise à nouveau la formule de la dérivée du produit xe^x.

On cherche les intervalles sur lesquels la fonction f'' est positive.

$f''(x) \geqslant 0 \Leftrightarrow e^x(2 + x) \geqslant 0$

$\Leftrightarrow (2 + x) \geqslant 0$ car $e^x > 0$ pour tout réel x

$\Leftrightarrow x \geqslant -2$.

Sur $[-2\,; +\infty[$, $f''(x) \geqslant 0$. La fonction f est donc convexe sur cet intervalle.

Sur $]-\infty\,; -2]$, $f''(x) \leqslant 0$. La fonction f est donc concave sur cet intervalle.

f'' s'annule et change de signe en -2 donc le point de coordonnées $\left(-2\,; f(-2) = -2e^{-2}\right)$ est un point d'inflexion de la courbe représentative de la fonction f.

9 → Énoncé p. 124

La fonction racine carrée est concave sur $[0\,; +\infty[$ donc sur $]0\,; +\infty[$.

On en déduit que la courbe représentative de la fonction racine carrée est au-dessous de toutes ses tangentes sur $]0\,; +\infty[$.

Soit A le point de la courbe représentative de la fonction racine carrée d'abscisse 9. Calculons l'équation de la tangente à la courbe représentative de la fonction racine carrée en A :

Astuce
On choisit le point d'abscisse 9 car le nombre dérivé de la fonction racine carrée en 9 est $\frac{1}{2\sqrt{9}} = \frac{1}{6}$ qui est le coefficient de x dans l'inégalité à démontrer.

$f(x) = \sqrt{x}$ donc $f'(x) = \dfrac{1}{2\sqrt{x}}$

$$y = \frac{1}{2\sqrt{9}}(x - 9) + \sqrt{9} = \frac{1}{6}x - \frac{9}{6} + 3 = \frac{1}{6}x + 1{,}5.$$

Comme la courbe représentative de la fonction racine carrée est au-dessous de toutes ses tangentes sur $]0\,; +\infty[$, on en déduit que pour tout réel $x > 0$,

$\sqrt{x} \leqslant \dfrac{1}{6}x + 1{,}5.$

Rappel
L'équation de la tangente à la courbe représentative d'une fonction f en x_0 est :
$y = f'(x_0)(x - x_0) + f(x_0)$

10 → *Énoncé p. 124*

La fonction représentée sur le premier graphique est continue sur $[-2\,;1[$ et sur $[1\,;2]$.
La fonction représentée sur le deuxième graphique est continue sur $[-2\,;2]$.
La fonction représentée sur le troisième graphique est continue sur $[-2\,;-1]$, sur $]-1\,;0]$, sur $]0\,;1]$ et sur $]1\,;2]$.

11 → *Énoncé p. 124*

1. Sur l'intervalle $]-\infty\,;-1]$, f est une fonction polynôme. Elle est donc continue sur cet intervalle.
2. Sur l'intervalle $]-1\,;+\infty[$, f est une fonction affine. Elle est donc continue sur cet intervalle.
3. On calcule la limite de $f(x)$ lorsque x tend vers -1.

> **Remarque**
> On distingue deux cas car la fonction n'est pas définie par la même expression pour x inférieur à -1 et pour x supérieur à -1.

Premier cas : x tend vers -1 en étant inférieur à -1.
Comme f est continue sur $]-\infty\,;-1]$, on a donc $\lim\limits_{\substack{x\to-1\\x<-1}} f(x) = f(-1) = -8$.

Deuxième cas : x tend -1 vers en étant supérieur à -1.

$\lim\limits_{\substack{x\to-1\\x>-1}}(3x) = 3\times(-1) = -3$ donc $\lim\limits_{\substack{x\to-1\\x>-1}}(3x-5) = -3-5 = -8$ donc $\lim\limits_{\substack{x\to-1\\x>-1}} f(x) = -8$.

On a donc $\lim\limits_{\substack{x\to-1\\x<-1}} f(x) = \lim\limits_{\substack{x\to-1\\x>-1}} f(x) = f(-1)$.

Par définition, la fonction est continue en -1.

12 → *Énoncé p. 125*

1. f est la somme de deux fonctions continues sur l'intervalle $]-\infty\,;0]$. f est donc continue sur cet intervalle.
Sur l'intervalle $]0\,;+\infty[$, f est une fonction polynôme. Elle est donc continue sur cet intervalle.
On calcule la limite de $f(x)$ lorsque x tend vers 0.
Premier cas : x tend vers 0 en étant inférieur à 0.
f est continue sur $]-\infty\,;0]$ donc $\lim\limits_{\substack{x\to0\\x<0}} f(x) = f(0) = 4$

Deuxième cas : x tend vers 0 en étant supérieur à 0.

$\lim\limits_{\substack{x\to0\\x>0}}(x^3) = 0$ donc $\lim\limits_{\substack{x\to0\\x>0}}(x^3-m) = 0-m = -m$ donc $\lim\limits_{\substack{x\to0\\x>0}} f(x) = -m$.

Or f est continue en 0 si seulement si $\lim\limits_{\substack{x\to0\\x<0}} f(x) = \lim\limits_{\substack{x\to0\\x>0}} f(x) = f(0) = 4$.

Donc f est continue sur $\mathbb{R}$ si et seulement si $m = -4$.

2.

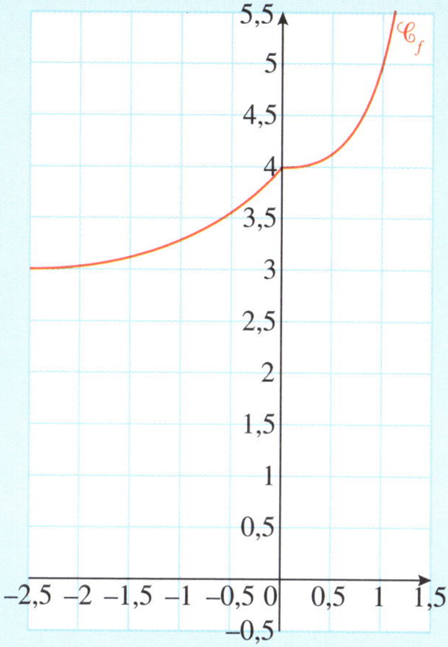

13 → *Énoncé p. 125*

Sur l'intervalle $[-100\,;+\infty[$ f est continue et strictement décroissante.

$f(-100)=50$ et $\lim\limits_{x\to+\infty} f(x)=-10$.

$-2\in\,]-10\,;50]$ donc, d'après le cas particulier du théorème des valeurs intermédiaires pour les fonctions strictement monotones, l'équation $f(x)=-2$ admet une unique solution dans l'intervalle $[-100\,;+\infty[$.

14 → *Énoncé p. 125*

f est une fonction polynôme donc dérivable sur I :

$$f'(x)=3x^2-5=\left(\sqrt{3}\,x+\sqrt{5}\right)\left(\sqrt{3}x-\sqrt{5}\right).$$

On reconnaît l'identité remarquable $a^2-b^2=(a-b)(a+b)$.

f' est un polynôme du second degré qui admet donc deux racines $-\sqrt{\dfrac{5}{3}}$ et $\sqrt{\dfrac{5}{3}}$.

Le coefficient de x^2 est 3 qui est un nombre positif, donc $f'(x)$ est négatif entre les racines.

De plus, $f(-2)=8$; $f(3)=18$;

$$f\left(-\sqrt{\frac{5}{3}}\right)=\frac{10}{3}\sqrt{\frac{5}{3}}+6\approx 10{,}3 \text{ et } f\left(\sqrt{\frac{5}{3}}\right)=\frac{-10}{3}\sqrt{\frac{5}{3}}+6\approx 1{,}7\,.$$

On obtient le tableau de variation suivant :

x	-2		$-\sqrt{\frac{5}{3}}$		$\sqrt{\frac{5}{3}}$		3
Signe de $f'(x)$		$+$	0	$-$	0	$+$	
Variation de f	8	↗	$\frac{10}{3}\sqrt{\frac{5}{3}}+6$	↘	$\frac{-10}{3}\sqrt{\frac{5}{3}}+6$	↗	18

Sur l'intervalle $\left[-2\,;-\sqrt{\frac{5}{3}}\right]$ f est continue et strictement croissante.

$9\in\left[8\,;\frac{10}{3}\sqrt{\frac{5}{3}}+6\right]$ $\left(\text{car } \frac{10}{3}\sqrt{\frac{5}{3}}+6\approx 10{,}3\right)$ donc, d'après le cas particulier du théorème des valeurs intermédiaires pour les fonctions strictement monotones, l'équation $f(x)=9$ admet une unique solution dans l'intervalle $\left[-2\,;-\sqrt{\frac{5}{3}}\right]$.

Sur l'intervalle $\left[-\sqrt{\frac{5}{3}}\,;\sqrt{\frac{5}{3}}\right]$ f est continue et strictement décroissante.

$9\in\left[\frac{-10}{3}\sqrt{\frac{5}{3}}+6\,;\frac{10}{3}\sqrt{\frac{5}{3}}+6\right]$ $\left(\text{car } -\frac{10}{3}\sqrt{\frac{5}{3}}+6\approx 1{,}7 \text{ et } \frac{10}{3}\sqrt{\frac{5}{3}}+6\approx 10{,}3)\right)$ donc, d'après le cas particulier du théorème des valeurs intermédiaires pour les fonctions strictement monotones, l'équation $f(x)=9$ admet une unique solution dans l'intervalle $\left[-\sqrt{\frac{5}{3}}\,;\sqrt{\frac{5}{3}}\right]$.

Sur l'intervalle $\left[\sqrt{\frac{5}{3}}\,;3\right]$ f est continue et strictement croissante.

$9\in\left[-\frac{10}{3}\sqrt{\frac{5}{3}}+6\,;18\right]$ donc, d'après le cas particulier du théorème des valeurs intermédiaires pour les fonctions strictement monotones, l'équation $f(x)=9$ admet une unique solution dans l'intervalle $\left[\sqrt{\frac{5}{3}}\,;3\right]$.

On en déduit que l'équation $f(x)=9$ admet exactement trois solutions sur l'intervalle [–2 ; 3].

15 → *Énoncé p. 125*

a) Faux.

On considère deux fonctions u et v définies sur $\mathbb{R}$ par $u(x)=x^2$ et $v(x)=2x+3$.

Rappel

On utilise un contre-exemple pour démontrer que l'égalité, $v\circ u(x)=u\circ v(x)$ n'est pas vraie pour tout réel x.

$v \circ u(x) = v(x^2) = 2x^2 + 3$ et $v \circ u(1) = 5$.
$u \circ v(x) = u(2x+3) = (2x+3)^2$ et $u \circ v(1) = 25$.
Donc $v \circ u(x)$ et $u \circ v(x)$ ne sont pas égaux pour tout réel x.

b) Vrai.

$f(x)$ est de la forme $f(x) = \sqrt{u(x)}$ avec $u(x) = 2x+1$ pour tout $x \in \left[-\frac{1}{2}\,;+\infty\right[$.

Pour tout $x \in \left]-\frac{1}{2}\,;+\infty\right[$ $u'(x) = 2$ et $u(x) > 0$.

On applique la formule de dérivation suivante : $f'(x) = \dfrac{u'(x)}{2\sqrt{u(x)}}$.

donc $f'(x) = \dfrac{2}{2\sqrt{2x+1}}$

On simplifie le numérateur et le dénominateur par 2.

$= \dfrac{1}{\sqrt{2x+1}}$ **pour tout réel** $x \in \left]-\frac{1}{2}\,;+\infty\right[$.

c) Faux.

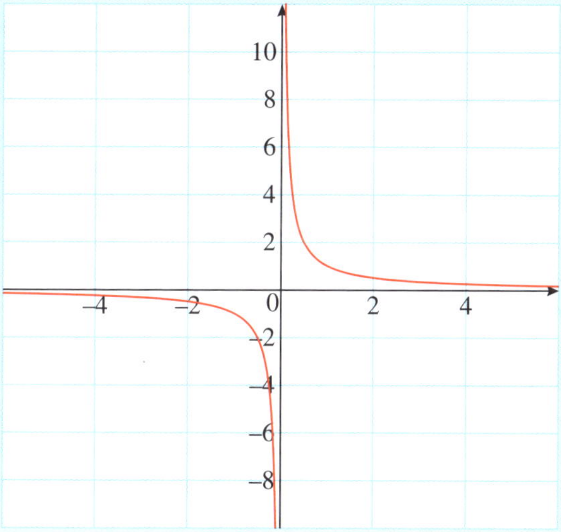

La fonction inverse est concave sur $]-\infty\,;0[$ et convexe sur $]0\,;+\infty[$.

d) Faux.

Sur l'intervalle $]-\infty\,;-2]$, f est une fonction polynôme. Elle est donc continue sur cet intervalle.
Sur l'intervalle $]-2\,;+\infty[$, f est une fonction affine. Elle est donc continue sur cet intervalle.
On calcule la limite de $f(x)$ lorsque x tend vers -2.
Premier cas : x tend vers -2 en étant inférieur à -2.
La fonction f est continue sur $]-8\,;-2]$ donc : donc $\lim\limits_{\substack{x \to -2 \\ x < -2}} f(x) = f(-2) = 7$.

Deuxième cas : x tend vers -2 en étant supérieur à -2.

$\lim_{\substack{x \to -2 \\ x > -2}} (-x+9) = 2+9 = 11$ donc $\lim_{\substack{x \to -2 \\ x > -2}} f(x) = 11$

$\lim_{\substack{x \to -2 \\ x < -2}} f(x) \neq \lim_{\substack{x \to -2 \\ x > -2}} f(x)$.

La fonction f n'est donc pas continue en -2. On en déduit que la fonction f n'est pas continue sur $\mathbb{R}$.

16 → *Énoncé p. 126*

Raisonnement

On considère la fonction d définie par $d(x) = f(x) - g(x)$.
Étudier cette fonction d permet de comparer la position relative des courbes représentatives de f et de g.

1. Soit $a \in I$. L'équation de la tangente T_a à $\mathscr{C}$ au point d'abscisse a est : $y = f'(a)(x-a) + f(a)$.
On note d la fonction définie sur I par $d(x) = f(x) - \big(f'(a)(x-a) + f(a)\big)$.
La fonction d est deux fois dérivable sur I comme somme de fonctions dérivables sur I.

$$d'(x) = f'(x) - f'(a).$$

$$d''(x) = f''(x).$$ Car $f'(a)$ est une constante.

La fonction f'' est positive sur I donc la fonction d'' aussi. La fonction d' est donc croissante sur I.
Or, $d'(a) = 0$ donc $d'(x) \leqslant 0$ pour tout réel de I inférieur à a et $d'(x) \geqslant 0$ pour tout réel de I supérieur à a.
Donc, la fonction d est décroissante pour tout réel de I inférieur à a et croissante pour tout réel de I supérieur à a
De plus, $d(a) = 0$, donc 0 est le minimum de d sur I, donc la fonction d est positive sur I.
On a alors : pour tout réel x appartenant à I, $f(x) - \big(f'(a)(x-a) + f(a)\big) \geqslant 0$.
Cela étant vrai pour tout réel a de I, la courbe représentative de f est au-dessus de chacune de ses tangentes sur l'intervalle I.

2. Soient a et b deux réels tels que $a \leqslant b$.

$a \leqslant b$ donc $f(a) \geqslant f(b)$ car f décroissante sur $\mathbb{R}$
donc $f\big(f(a)\big) \leqslant f(f(b)$ car f est décroissante sur $\mathbb{R}$
donc $f \circ f(a) \leqslant f \circ f$ (b)
donc $f \circ f$ est croissante sur $\mathbb{R}$.

Rappel

Lorsque f est décroissante, elle inverse l'ordre : si $a \leqslant b$ alors $f(a) \geqslant f(b)$.

17 → *Énoncé p. 126*

1. Réponse B.

Sur l'intervalle $[-5\,;-2]$ f est continue et strictement décroissante.

$f(-5) = 17$ et $f(-2) = -3$.

$5 \in [-3\,;17]$ donc, d'après le cas particulier du théorème des valeurs intermédiaires pour

les fonctions strictement monotones, l'équation $f(x) = 5$ admet une unique solution dans l'intervalle $[-5\,;-2]$
Sur l'intervalle $[-2\,;10]$ f est continue et strictement croissante.
$-2 \leqslant x \leqslant 10 \Leftrightarrow f(-2) \leqslant f(x) \leqslant f(10)$ car f est strictement croissante sur $[-2\,;10]$.
Or $f(-2) = -3$ et $f(10) = 4$.
Donc pour tout $x \in [-2\,;10]$, $f(x) \leqslant 4$. On en déduit que l'équation $f(x) = 5$ n'a pas de solution sur $[-2\,;10]$.
L'équation $f(x) = 5$ a donc une unique solution sur $[-5\,;10]$.

2. Réponse B.

(u_n) est une suite géométrique de raison q et $0 < q < 1$. On en déduit que $\lim\limits_{n \to +\infty} u_n = 0$
La fonction exponentielle est continue sur $\mathbb{R}$.
Or, si f est une fonction continue sur un intervalle I, a un réel appartenant à I et (u_n) une suite à valeurs dans I telle que (u_n) converge vers a alors la suite $f((u_n))$ converge vers $f(a)$.
On en déduit que $\lim\limits_{n \to +\infty} e^{u_n} = e^0 = 1$.

3. Réponse B.

La fonction f est définie et dérivable sur $\mathbb{R}$.
On pose $f(x) = \sqrt{u(x)}$ avec $u(x) = e^x + 1$
$u'(x) = e^x$.
On applique la formule de dérivation suivante : $f'(x) = \dfrac{u'(x)}{2\sqrt{u(x)}}$
donc $f'(x) = \dfrac{e^x}{2\sqrt{e^x + 1}}$ pour tout réel x.
L'équation de la tangente à la courbe représentative de f au point d'abscisse $x_0 = 0$ est

$$y = f'(x_0)(x - x_0) + f(x_0)$$

$$y = \frac{e^0}{2\sqrt{e^0 + 1}}(x - 0) + \sqrt{e^0 + 1}$$

$$y = \frac{1}{2\sqrt{2}}x + \sqrt{2}.$$

18 → *Énoncé p. 126*

1. Sur l'intervalle $]-\infty\,;2]$, la fonction f est une fonction polynôme donc f est continue sur $]-\infty\,;2]$.
Sur l'intervalle $]2\,;+\infty[$, la fonction f est la composée d'une fonction affine et de la fonction exponentielle qui sont continues sur $\mathbb{R}$ donc sur l'intervalle $]2\,;+\infty[$.
f est donc continue sur l'intervalle $]2\,;+\infty[$.

$$\left.\begin{array}{l} \lim\limits_{\substack{x \to 2 \\ x > 2}} (5x - 10) = 0 \\ \lim\limits_{X \to 0} (e^X) = 1 \end{array}\right\} \text{ par composition } \lim\limits_{\substack{x \to 2 \\ x > 2}} (e^{5x-10}) = 1$$

Comme f est continue sur $]-\infty\,;2]$, $\lim\limits_{\substack{x \to 2 \\ x < 2}} f(x) = f(2) = (2-1)^3 = 1^3 = 1$.

On a $\lim\limits_{\substack{x \to 2 \\ x > 2}} f(x) = \lim\limits_{\substack{x \to 2 \\ x < 2}} f(x) = f(2)$ donc f est continue en 2.

On en déduit que f est continue sur $\mathbb{R}$.

2.

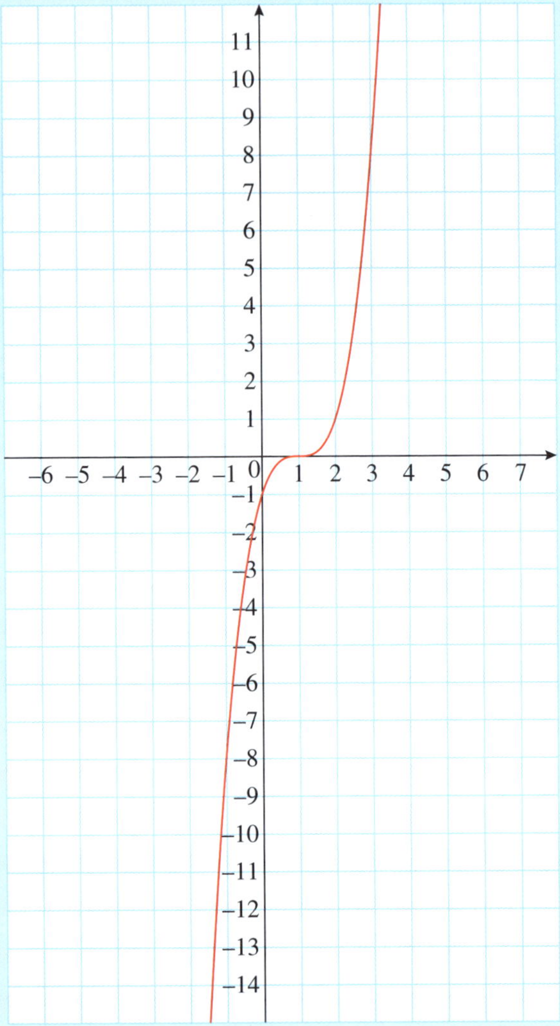

Graphiquement, la fonction f semble concave sur l'intervalle $]-\infty\,;1]$ et convexe sur l'intervalle $[1\,;+\infty[$.

3. On calcule $f'(x)$ et $f''(x)$ pour tout réel x appartenant à l'intervalle $]-\infty\,;1{,}5]$.

Sur cet intervalle, la fonction f est de la forme $f(x) = u(x)^3$ avec $u(x) = x - 1$.

On a alors $f'(x) = 3u(x)^2\,u'(x) = 3(x-1)^2 \times 1 = 3(x-1)^2$.

$f'(x)$ est de la forme $3 \times u(x)^2$ avec $u(x) = x - 1$.

On a alors $f''(x) = 3 \times 2u(x)u'(x) = 6(x-1)$.

On résout l'inéquation $f''(x) \geqslant 0$.

$6(x-1) \geqslant 0 \Leftrightarrow x - 1 \geqslant 0 \Leftrightarrow x \geqslant 1$.

On a alors $f''(x) \geqslant 0$ sur l'intervalle $[1;1{,}5]$ donc la fonction est convexe sur l'intervalle $[1;1{,}5]$.

$f''(x) \leqslant 0$ sur l'intervalle $]-\infty;1]$ donc la fonction f est concave sur l'intervalle $]-\infty;1]$.

f'' s'annule et change de signe en 1. Le point $A(1;f(1))$ est donc le seul point d'inflexion de la fonction sur l'intervalle $]-\infty;1{,}5]$. Or $f(1)=0$ donc $A(1;0)$.

19 → *Énoncé p. 127*

1. a) $C(x)$ est un polynôme du troisième degré.
On a $C'(x) = 2 - 2\times 0{,}02x + 3\times 0{,}00007x^2 = 2 - 0{,}04x + 0{,}00021x^2$.

b) $C'(100) = 2 - 4 + 2{,}1 = 0{,}1$. $C'(100)$ est le coût de production de la 101e unité produite.

2. Pour tout réel x appartenant à l'intervalle $[0;300]$, on a :

$$C''(x) = -0{,}04 + 0{,}00042x.$$

Or $C''(x) \geqslant 0 \Leftrightarrow -0{,}04 + 0{,}00042x \geqslant 0$

$\Leftrightarrow -0{,}04 \geqslant -0{,}00042x$

On divise chaque membre par le réel négatif –0,00042.
Le sens de l'inégalité change donc.

$$\Leftrightarrow \frac{-0{,}04}{-0{,}00042} \leqslant x$$

$$\Leftrightarrow \frac{2\,000}{21} \leqslant x.$$

Sur l'intervalle $\left[\frac{2\,000}{21};300\right]$, la fonction f est convexe.

On a : $\frac{2\,000}{21} \approx 95{,}24$.

3. La courbe représentative de C admet un point d'inflexion au point d'abscisse $\frac{2\,000}{21}$.

La fonction est concave sur $\left[0;\frac{2\,000}{21}\right]$ et convexe sur $\left[\frac{2\,000}{21};300\right]$. Cela signifie que la dérivée est décroissante sur $\left[0;\frac{2\,000}{21}\right]$ et croissante sur $\left[\frac{2\,000}{21};300\right]$ donc qu'au point d'inflexion, le coût marginal est minimal, c'est-à-dire le coût de production d'une unité supplémentaire est minimal.

4. C est une fonction polynôme donc continue sur $\mathbb{R}$ donc sur $[0;300]$.

5. $C'(x) = 0{,}00021x^2 - 0{,}04x + 2$

$\Delta = (-0{,}04)^2 - 4\times 2\times 0{,}00021 = -8\times 10^{-5}$. $\Delta < 0$ donc $C'(x)$ est du signe de $a = 0{,}00021$ soit $C'(x) > 0$ pour tout réel x.

La fonction C est strictement croissante sur l'intervalle $[0\,;300]$.
De plus, C est continue, $C(0) = 920$ et $C(300) = 1\,610$. Donc $1\,100$ est compris entre $C(0)$ et $C(300)$.
D'après le cas particulier du théorème des valeurs intermédiaires pour les fonctions strictement monotones, l'équation $C(x) = 1\,100$ admet une unique solution.

6. a)

```
def C(x):
    return 0.00007*x**3-0.02*x**2+2*x+920
```

b)

```
def solution():
    x=0
    while abs(C(x)-1100)>1:
        x=x+1
    return x-1,x
```

On trouve x compris entre 207 et 208.

SUJET DE BAC

Exercice 1 → Énoncé p. 128

1. f est de la forme $f = u \times v$ avec $u(x) = 2x + 1$ et $v(x) = e^{-2x}$.
On a : $u'(x) = 2$ et $v'(x) = -2e^{-2x}$.
On en déduit :

$$\begin{aligned} f'(x) &= u'(x)v(x) + u(x)v'(x) \\ &= 2e^{-2x} + (2x+1)(-2e^{-2x}) \\ &= e^{-2x}\left(2 - 2(2x+1)\right) \\ &= -4xe^{-2x}. \end{aligned}$$

2. Comme $e^{-2x} > 0$ pour tout réel x, on déduit de l'expression de $f'(x)$ que $f'(x)$ est du signe de $-4x$.

$$-4x \geqslant 0 \Leftrightarrow x \leqslant 0.$$

Sur l'intervalle $[-2\,;0]$, $f'(x) \geqslant 0$ donc la fonction f est croissante sur l'intervalle $[-2\,;0]$.
Sur l'intervalle $[0\,;4]$, $f'(x) \leqslant 0$ donc la fonction f est décroissante sur l'intervalle $[0\,;4]$.
On en déduit le tableau de variation de la fonction f :

x	-2		0		4
$f'(x)$		↗	4	↘	

$f(-2) = -3e^4 + 3 \approx -161$; $f(4) = 9e^{-8} + 3 \approx 3$.

3. La fonction f est le produit d'une fonction affine continue sur $\mathbb{R}$ et d'une fonction exponentielle composée avec une fonction affine donc continue sur $\mathbb{R}$. La fonction f est donc continue sur $\mathbb{R}$ donc sur $[-2;0]$.
De plus, sur cet intervalle, la fonction est strictement croissante. De plus, 0 est compris entre $f(-2)<0$ et $f(0)=4>0$.
D'après le cas particulier du théorème des valeurs intermédiaires pour les fonctions strictement croissantes, on en déduit que l'équation $f(x)=0$ admet une solution unique sur l'intervalle $[-2;0]$.
En utilisant la calculatrice, on trouve : $\alpha \approx -0{,}8$.
4. On note f'' la fonction dérivée de f'. On admet que pour tout réel $x \in [-2;4]$,

$$f''(x) = (8x-4)e^{-2x}.$$

a) Comme $e^{-2x}>0$ pour tout réel x, $f''(x)$ est du signe de $8x-4$.

Or $8x-4 \geqslant 0 \Leftrightarrow 8x \geqslant 4 \Leftrightarrow x \geqslant \dfrac{4}{8} \Leftrightarrow x \geqslant \dfrac{1}{2}$.

Sur l'intervalle $\left[-2;\dfrac{1}{2}\right]$, $f''(x) \leqslant 0$.

Sur l'intervalle $\left[\dfrac{1}{2};4\right]$; $f''(x) \geqslant 0$.

b) f est convexe sur l'intervalle $\left[\dfrac{1}{2};4\right]$ car $f''(x) \geqslant 0$.

c) Le point de coordonnées $\left(\dfrac{1}{2};f\left(\dfrac{1}{2}\right)\right)$ est un point d'inflexion de $\mathscr{C}_f$ car $f''(x)$ s'annule et change de signe en $\dfrac{1}{2}$.

Exercice 2 → Énoncé p. 128

Partie A

1. $f(0)=2$; $f(2)=0$.
2. $f'(1)=0$.
3. La tangente à $\mathscr{C}_f$ au point $A(0;2)$ passe par les points A et C.
L'ordonnée à l'origine est 2.

Le coefficient directeur de la tangente est $\dfrac{y_C-y_A}{x_C-x_A} = \dfrac{0-2}{-2-0} = -\dfrac{2}{-2} = 1$.

L'équation de la tangente à $\mathscr{C}_f$ au point $A(0;2)$ est donc :
$y = x+2$.
4. L'équation $f(x)=1$ admet deux solutions dans l'intervalle $[-10;2]$.
La fonction f est croissante sur l'intervalle $[-10;1]$ et décroissante sur l'intervalle $[1;2]$.
5. f est convexe sur l'intervalle $[-10;0]$ et concave sur l'intervalle $[0;2]$.

Partie B

1. a) $f(0) = (2 - 0)\mathrm{e}^0 = 2$; $f(2) = (2 - 2)\mathrm{e}^2 = 0$.

b) f est de la forme $f = u \times v$ avec $u(x) = 2 - x$ et $v(x) = \mathrm{e}^x$.
On a :
$u'(x) = -1$ et $v'(x) = \mathrm{e}^x$.
On en déduit :

$$\begin{aligned} f'(x) &= u'(x)v(x) + u(x)v'(x) \\ &= -1\mathrm{e}^x + (2 - x)\mathrm{e}^x \\ &= \mathrm{e}^x(-1 + 2 - x) \\ &= (1 - x)\mathrm{e}^x. \end{aligned}$$

Comme pour tout réel x, $\mathrm{e}^x > 0$, $f'(x)$ est du signe de $1 - x$. Or :

$$1 - x \geqslant 0 \Leftrightarrow x \leqslant 1.$$

On en déduit que la fonction f est croissante sur l'intervalle $[-10\,;1]$ et décroissante sur l'intervalle $[1\,;2]$.

c) $f'(1) = (1 - 1)\mathrm{e}^1 = 0$.

2. L'équation de la tangente au point A d'abscisse 0 est :

$$y = f'(0)(x - 0) + f(0) = 1(x - 0) + (2 - 0)\mathrm{e}^0 = x + 2.$$

3. a) On dresse le tableau de variation de la fonction f sur l'intervalle $[-10\,;2]$.

x	-10	1	2
$f'(x)$	↗	e	↘ 0

$f(-10) \approx 5{,}4 \times 10^{-4}$.

b) Sur l'intervalle $[-10\,;1]$, la fonction f est le produit d'une fonction affine continue sur $\mathbb{R}$ et de la fonction exponentielle continue sur $\mathbb{R}$. La fonction f est donc continue sur $\mathbb{R}$ donc sur l'intervalle $[-10\,;1]$. De plus, sur cet intervalle, f est strictement croissante et 1 est compris entre $f(-10)$ et $f(1)$.
D'après le cas particulier du théorème des valeurs intermédiaires pour les fonctions strictement monotones, l'équation $f(x) = 1$ admet une solution unique sur l'intervalle $[-10\,;1]$.
Sur l'intervalle $[1\,;2]$, la fonction f est le produit d'une fonction affine continue sur $\mathbb{R}$ et de la fonction exponentielle continue sur $\mathbb{R}$. La fonction f est donc continue sur $\mathbb{R}$ donc sur l'intervalle $[1\,;2]$.
De plus, sur cet intervalle, f est strictement décroissante et 1 est compris entre $f(1)$ et $f(2)$.
D'après le cas particulier du théorème des valeurs intermédiaires pour les fonctions strictement monotones, l'équation $f(x) = 1$ admet une solution unique sur l'intervalle $[1\,;2]$.
On en conclut que l'équation $f(x) = 1$ admet exactement deux solutions sur l'intervalle $[-10\,;2]$.

4. a)

x	–2	–1,9	–1,8	–1,7	–1,6	–1,5	–1,4	–1,3	–1,2	–1,1
Condition $1-f(x)$	V	V	V	V	V	V	V	V	V	F

b) L'affichage sera $-1{,}1$. La solution de l'équation $f(x)=1$ sera donc comprise entre $-1{,}2$ et $-1{,}1$.

5. On rappelle que f'' est la dérivée de la fonction f'.

a) f' est de la forme $f'=u\times v$ avec $u(x)=1-x$ et $v(x)=\mathrm{e}^x$.

On a :

$u'(x)=-1$ et $v'(x)=\mathrm{e}^x$.

On en déduit :

$$\begin{aligned} f''(x) &= u'(x)v(x)+u(x)v'(x) \\ &= -1\mathrm{e}^x+(1-x)\mathrm{e}^x \\ &= \mathrm{e}^x(-1+1-x) \\ &= -x\mathrm{e}^x. \end{aligned}$$

b) Comme pour tout réel x, $\mathrm{e}^x>0$, on en déduit que $f''(x)$ est du signe de $-x$.

Pour tout réel x appartenant à l'intervalle $[-10\,;0]$, $-x\geqslant 0$ donc $f''(x)\geqslant 0$.

La fonction f est convexe sur l'intervalle $[-10\,;0]$.

Pour tout réel x appartenant à l'intervalle $[0\,;2]$, $-x\leqslant 0$ donc $f''(x)\leqslant 0$.

La fonction f est concave sur l'intervalle $[0\,;2]$.

Fonction logarithme népérien

CHAPITRE 5

1 Fonction réciproque de la fonction exponentielle

Propriété

Pour tout réel $a > 0$, l'équation $e^x = a$, d'inconnue x, admet une solution unique dans $\mathbb{R}$. Cette solution se note $x = \ln(a)$ et s'appelle le logarithme népérien de a.

Définition

La fonction qui, à tout réel a **strictement positif**, associe le réel $\ln(a)$ s'appelle la fonction **logarithme népérien**. Elle est notée ln et on a :

$$\ln :]0\ ;+\infty[\to \mathbb{R}$$
$$a \mapsto \ln(a)$$

ln est la **fonction réciproque de la fonction exponentielle.**

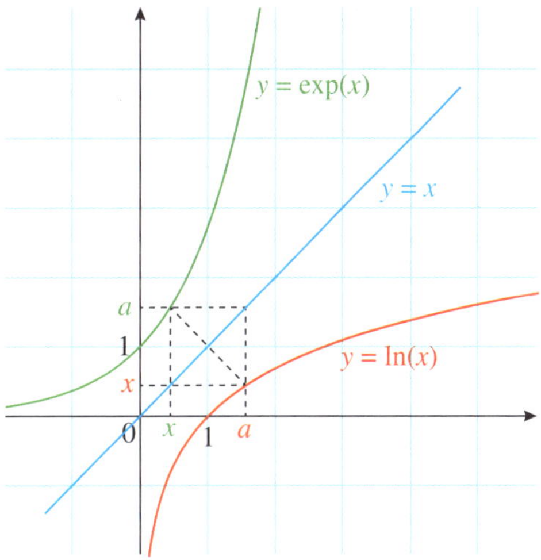

Propriétés

• Dans un repère orthonormé, les courbes représentatives des fonctions **exponentielle** et **logarithme népérien** sont symétriques par rapport à **la droite d'équation $y = x$**.

• Pour tout réel $b > 0$ et tout réel a :

$e^a = b \Leftrightarrow a = \ln(b)$.

$\ln(1) = 0$ et $\ln(e) = 1$.

$\ln(e^a) = a$.

$e^{\ln(b)} = b$.

2 Propriétés algébriques

Pour tous réels $x > 0$ et $y > 0$, on a :

• $\ln(xy) = \ln(x) + \ln(y)$ • $\ln\left(\frac{1}{x}\right) = -\ln(x)$ • $\ln\left(\frac{x}{y}\right) = \ln(x) - \ln(y)$

Pour tout entier relatif n :

• $\ln(x^n) = n \times \ln(x)$ • $\ln\left(\sqrt{x}\right) = \frac{1}{2}\ln(x)$

Remarque : En sciences, on utilise aussi la fonction logarithme décimal, notée log, définie pour tout réel strictement positif par : $\mathbf{log}(x) = \dfrac{\mathbf{ln}(x)}{\mathbf{ln}(10)}$.

3 Variations et limites

A. Dérivée et variations

■ Propriétés

• La fonction logarithme népérien est continue et dérivable sur $]0\,;+\infty[$ et, pour tout réel $x > 0$:

$$\ln'(x) = \frac{1}{x}.$$

• La fonction logarithme népérien est **strictement croissante sur $]0\,;+\infty[$.**

• Pour tous réels a et b strictement positifs :

$$\ln(a) = \ln(b) \Leftrightarrow a = b$$
$$\ln(a) \leqslant \ln(b) \Leftrightarrow a \leqslant b.$$

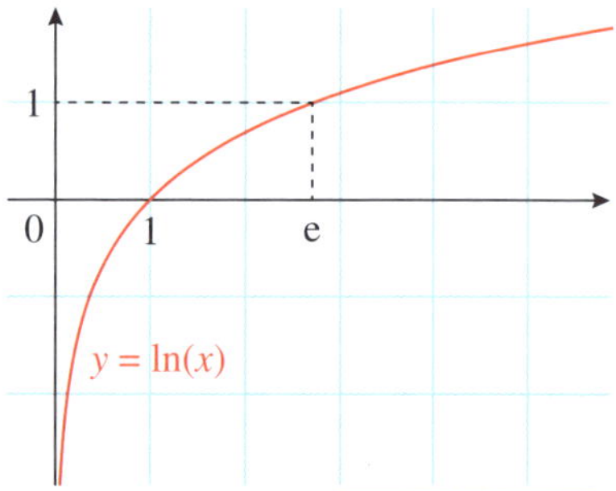

En particulier, on a :

$$\ln(a) \leqslant 0 \Leftrightarrow a \in]0\,;1] \text{ et}$$
$$\ln(a) \geqslant 0 \Leftrightarrow a \in [1\,;+\infty[.$$

• Soit u une fonction dérivable sur un intervalle I telle que, pour tout x appartenant à I, $u(x) > 0$. La fonction $\ln \circ u : x \mapsto \ln(u(x))$ **est dérivable sur I et** $(\ln \circ u)' = \dfrac{u'}{u}$.

B. Limites

■ Propriété

$\lim\limits_{x \to 0} \ln(x) = -\infty$. La courbe de la fonction ln admet une **asymptote verticale d'équation $x = 0$.**

$\lim\limits_{x \to +\infty} \ln(x) = +\infty$.

x	0	$+\infty$
Variation de ln	‖ $-\infty$ ↗	$+\infty$

■ Propriété : croissance comparée

$$\lim_{x \to +\infty} \frac{\ln(x)}{x} = 0. \qquad \lim_{x \to 0} x\ln(x) = 0.$$

Pour tout entier naturel $n \geqslant 2$: $\displaystyle \lim_{x \to +\infty} \frac{\ln(x)}{x^n} = 0$ **et** $\displaystyle \lim_{x \to 0} x^n \ln(x) = 0$.

Appliquer des définitions et des propriétés

• La fonction logarithme népérien est la fonction réciproque de la fonction exponentielle. $\ln :]0\,;+\infty[\to \mathbb{R}$
$a \mapsto \ln(a)$

• Dans un repère orthonormé, les courbes représentatives des fonctions exponentielle et logarithme népérien sont symétriques par rapport à la droite d'équation $y = x$.

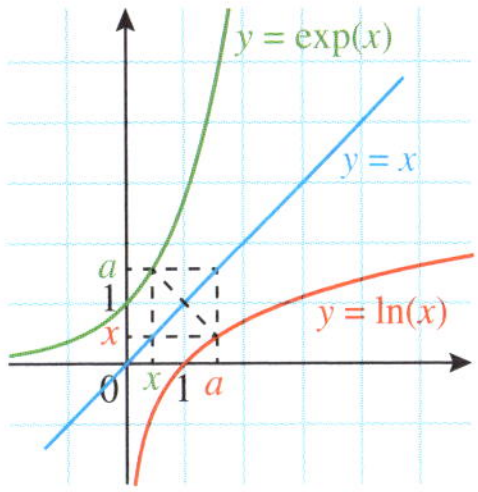

• $\ln(1) = 0$ et $\ln(e) = 1$ • $e^{\ln(a)} = a \quad (a > 0)$ • $\ln(e^a) = a$.

• Pour tous réels $x > 0$ et $y > 0$:

$$\ln(xy) = \ln(x) + \ln(y) \;;\; \ln\left(\frac{1}{x}\right) = -\ln(x) \;;\; \ln\frac{x}{y} = \ln(x) - \ln(y).$$

Pour tout entier relatif n : $\ln(x^n) = n \times \ln(x)$; $\ln(\sqrt{x}) = \frac{1}{2}\ln(x)$

FONCTION LOGARITHME NÉPÉRIEN

Étudier les variations

• **Dérivées**

pour tout réel $x > 0$, $\ln'(x) = \frac{1}{x}$

Si $u(x) > 0$ $\quad (\ln \circ u)' = \frac{u'}{u}$.

• **Variations**

x	0		$+\infty$
$\ln(x)$	‖ $-\infty$	↗	$+\infty$

Calculer des limites

• $\lim\limits_{x\to 0} \ln(x) = -\infty$ et $\lim\limits_{x\to+\infty} \ln(x) = +\infty$.

• La courbe de la fonction ln admet une **asymptote verticale** d'équation $x = 0$.

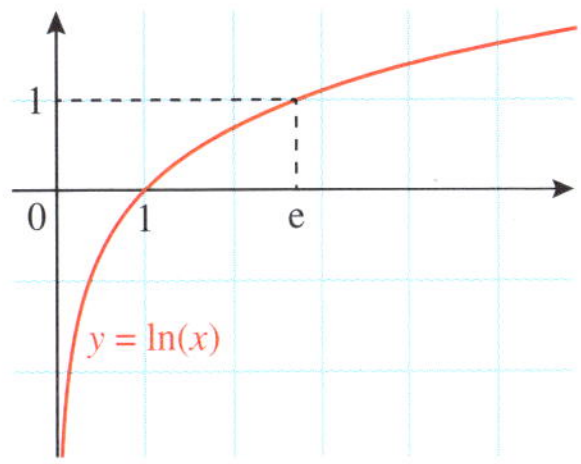

• $\lim\limits_{x\to+\infty} \frac{\ln(x)}{x} = 0$ • $\lim\limits_{x\to 0} x\ln(x) = 0$.

• $\lim\limits_{x\to+\infty} \frac{\ln(x)}{x^n} = 0$ • $\lim\limits_{x\to 0} x^n\ln(x) = 0$

pour tout entier naturel $n \geqslant 2$

Résoudre des équations ou inéquations

• $e^a = b \Leftrightarrow a = \ln(b)$
• $\ln(a) = \ln(b) \Leftrightarrow a = b$
• $\ln(a) \leqslant \ln(b) \Leftrightarrow a \leqslant b$
• $\ln(a) \leqslant 0 \Leftrightarrow a \in]0\,;1]$
• $\ln(a) \geqslant 0 \Leftrightarrow a \in [1\,;+\infty[$

1 Transformer des écritures

EXEMPLE

Écrire les calculs suivants en fonction de $\ln(2)$.
$A = \ln(8) + 3\ln(128) - 7\ln(32)$
$B = \ln(\sqrt{5} - 1) + \ln(\sqrt{5} + 1)$.

CORRIGÉ COMMENTÉ

$$A = \ln(8) + 3\ln(128) - 7\ln(32)$$

On décompose, lorsque c'est possible, les nombres entiers dont on prend le logarithme sous forme d'une puissance de 2.

$$A = \ln(2^3) + 3 \times \ln(2^7) - 7\ln(2^5)$$

On utilise les propriétés algébriques du logarithme népérien :

$$A = 3\ln(2) + 3 \times 7\ln(2) - 7 \times 5\ln(2)$$
$$A = 3\ln(2) + 21\ln(2) - 35\ln(2)$$
$$\boldsymbol{A = -11\ln(2)}.$$

> **Rappel**
> Pour tout entier relatif n et pour tout réel $x > 0$:
> $\ln(x^n) = n \times \ln(x)$

$$B = \ln(\sqrt{5} - 1) + \ln(\sqrt{5} + 1)$$

On utilise les propriétés algébriques du logarithme népérien

$$B = \ln\left((\sqrt{5} - 1) \times (\sqrt{5} + 1)\right)$$
$$B = \ln\left((\sqrt{5})^2 - 1^2\right)$$
$$B = \ln(4) = \ln(2^2) = \boldsymbol{2\ln(2)}.$$

> **Rappel**
> Pour tout réel $x > 0$ et $y > 0$:
> $\ln(x) + \ln(y) = \ln(xy)$.

2 Résoudre des équations

EXEMPLE 1 **AVEC DES EXPONENTIELLES**

Résoudre dans $\mathbb{R}$ l'équation : $e^{2x+7} = 2$.

CORRIGÉ COMMENTÉ

$$e^{2x+7} = 2 \Leftrightarrow 2x + 7 = \ln(2) \Leftrightarrow x = \frac{\ln(2) - 7}{2}.$$

La solution est $\dfrac{\ln(2) - 7}{2}$.

> **Rappel**
> Pour tout réel $b > 0$ et tout réel a :
> $e^a = b \Leftrightarrow a = \ln(b)$.

EXEMPLE 2 **AVEC DES LOGARITHMES**

Résoudre dans $\left]-\infty\,;\frac{5}{3}\right[$ l'équation : $\ln(-3x+5) = -1$.

CORRIGÉ COMMENTÉ

Pour tout $x < \frac{5}{3}$, $\ln(-3x+5)$ existe.

Pour $x < \frac{5}{3}$, $\ln(-3x+5) = -1 \Leftrightarrow -3x+5 = e^{-1}$

$$\Leftrightarrow -3x = e^{-1} - 5$$

$$\Leftrightarrow x = \frac{e^{-1}-5}{-3}$$

$$\Leftrightarrow x = \frac{5}{3} - \frac{e^{-1}}{3}.$$

Or $\frac{5}{3} - \frac{e^{-1}}{3} \in \left]-\infty\,;\frac{5}{3}\right[$. La solution est donc le nombre $\frac{5}{3} - \frac{e^{-1}}{3}$.

> **Rappel**
> Pour tout réel $a > 0$ et tout réel b :
> $\ln(a) = b \Leftrightarrow a = e^{b}$.

3 Résoudre des inéquations

EXEMPLE

Résoudre l'inéquation $\ln(5x+4) \geqslant 9$.

CORRIGÉ COMMENTÉ

$\ln(5x+4)$ existe si et seulement si

$5x+4 > 0 \Leftrightarrow x > -\frac{4}{5}$.

Pour $x > -\frac{4}{5}$:

$\ln(5x+4) \geqslant 9 \Leftrightarrow \ln(5x+4) \geqslant \ln(e^9)$ car $\ln(e^9) = 9$

$$\Leftrightarrow 5x+4 \geqslant e^9$$

$$\Leftrightarrow x \geqslant \frac{e^9-4}{5}$$

$$\Leftrightarrow x \geqslant -\frac{4}{5} + \frac{e^9}{5}.$$

$S = \left[-\frac{4}{5} + \frac{e^9}{5}\,;+\infty\right[$.

> **Rappel**
> Pour tous réels a et b strictement positifs :
> $\ln(a) \geqslant \ln(b) \Leftrightarrow a \geqslant b$.

4 Dériver la composée de deux fonctions

EXEMPLE

Soit f la fonction définie sur $\left]\frac{2}{5}\,;+\infty\right[$ par $f(x)=\ln(5x-2)$.
f est dérivable sur $\left]\frac{2}{5}\,;+\infty\right[$. On note f' sa dérivée.

Calculer l'expression de $f'(x)$ pour tout $x\in\left]\frac{2}{5}\,;+\infty\right[$.

CORRIGÉ COMMENTÉ

$f(x)=(\ln\circ u)(x)=\ln(u(x))$ avec $u(x)=5x-2$ et $u'(x)=5$.
On en déduit que $f'(x)=\dfrac{u'(x)}{u(x)}$ donc $f'(x)=\dfrac{5}{5x-2}$.

Pour tout réel : $x>\dfrac{2}{5}$, $f'(x)=\dfrac{5}{5x-2}$.

> **Rappel**
> $(\ln\circ u)'=\dfrac{u'}{u}$

5 Calculer des limites

EXEMPLE 1 **LEVER UNE INDÉTERMINATION**

Calculer :

1. $\lim\limits_{x\to+\infty}\dfrac{\ln(x)}{x+1}$

2. $\lim\limits_{\substack{x\to 0\\ x>0}}\left(\dfrac{1}{x}+\ln(x)\right)$.

CORRIGÉ COMMENTÉ

1. La forme est indéterminée.

En effet, lorsque x tend vers $+\infty$, $\ln(x)$ tend vers $+\infty$ et $\dfrac{1}{x+1}$ tend vers 0 ; donc on a une forme indéterminée du produit des limites.
On transforme l'écriture pour faire apparaître $\dfrac{\ln(x)}{x}$.

$\dfrac{\ln(x)}{x+1}=\dfrac{\ln(x)}{x}\times\dfrac{x}{x+1}$. Or, on sait que

$\lim\limits_{x\to+\infty}\dfrac{\ln(x)}{x}=0$ par croissances comparées.

Par ailleurs,

$$\lim_{x\to+\infty}\frac{x}{x+1}=\lim_{x\to+\infty}\frac{x}{x\left(1+\frac{1}{x}\right)}=\lim_{x\to+\infty}\frac{1}{1+\frac{1}{x}}=1.$$

> **Astuce**
> Pour calculer une limite lorsque la forme est indéterminée, on peut transformer l'écriture ou factoriser pour faire apparaître les résultats suivants :
>
> $\lim\limits_{x\to+\infty}\dfrac{\ln(x)}{x}=0$ $\qquad\lim\limits_{x\to 0}x\ln(x)=0$.
>
> Pour tout entier naturel $n\geqslant 2$:
>
> $\lim\limits_{x\to+\infty}\dfrac{\ln(x)}{x^n}=0$ $\qquad\lim\limits_{x\to 0}x^n\ln(x)=0$.

Par produit, on obtient : $\lim\limits_{x \to +\infty} \dfrac{\ln(x)}{x+1} = 0$.

2. La forme est indéterminée.

En effet, lorsque x tend vers 0 par valeurs supérieures, ln(x) tend vers $-\infty$ et $\dfrac{1}{x}$ tend vers $+\infty$.

On a une forme indéterminée de la somme des limites. On factorise par $\dfrac{1}{x}$.

$\dfrac{1}{x} + \ln(x) = \dfrac{1}{x}(1 + x\ln(x))$.

On sait que $\lim\limits_{\substack{x \to 0 \\ x>0}} (x \ln(x)) = 0$ et par suite $\lim\limits_{\substack{x \to 0 \\ x>0}} (1 + x \ln(x)) = 1$.

Par ailleurs, $\lim\limits_{\substack{x \to 0 \\ x>0}} \dfrac{1}{x} = +\infty$.

Par produit, on obtient $\lim\limits_{\substack{x \to 0 \\ x>0}} \left(\dfrac{1}{x} + \ln(x)\right) = +\infty$.

EXEMPLE 2 FAIRE UN CHANGEMENT DE VARIABLE

Déterminer la limite de la fonction f définie sur $]-1\,;+\infty[$ par $f(x) = \ln\left(\dfrac{1}{x+1}\right)$ lorsque x tend vers $+\infty$.

CORRIGÉ COMMENTÉ

$\lim\limits_{x \to +\infty} \left(\dfrac{1}{x+1}\right) = 0.$

On pose $X = \dfrac{1}{x+1}$ donc $\lim\limits_{x \to +\infty} \left(\dfrac{1}{x+1}\right) = \lim\limits_{X \to 0} X = 0.$

On en conclut que : $\lim\limits_{x \to +\infty} \ln\left(\dfrac{1}{x+1}\right) = \lim\limits_{X \to 0} \ln(X) = -\infty.$

John Napier (1550 - 1617) est un mathématicien, astronome écossais, connu en France sous le nom de Jean Neper.
Il a publié en 1614 une table de correspondance pour calculer un produit *ab* et a ainsi introduit le logarithme Neperien qui porte son nom.

EXERCICES

1 5 min ★ → MÉTHODE 1, p. 152

1. Simplifier les nombres suivants pour les écrire en fonction de $\ln(3)$ uniquement :

$A = \ln(9)$ $\quad B = \ln\left(\frac{1}{3}\right)$ $\quad C = \ln\left(27\sqrt{3}\right)$ $\quad D = \ln(36) - 2\ln(2)$

2. Démontrer que pour tout $x > -1$, on a : $2\ln(x+1) = \ln\left(x^2 + 2x + 1\right)$.

→ Corrigé p. 163

2 5 min ★★ → MÉTHODE 1, p. 152

1. Écrire les nombres suivants en fonction de $\ln(2)$.

$A = \ln(8) - 3\ln(4) + \ln(2)$;

$B = \ln(0{,}5) + \ln(16) - 7\ln\left(\frac{1}{4}\right)$;

$C = -3\ln(32) + \ln(64) + 4\ln(2)$.

2. Démontrer que pour tout x réel : $-x + \ln(1 + e^{x}) = \ln(1 + e^{-x})$.

→ Corrigé p. 163

3 10 min ★ → MÉTHODE 2, p. 152

1. Résoudre les équations suivantes d'inconnue un réel x.

a) $e^{2x} = 1$ $\quad$ **b)** $e^{x-1} = -3$ $\quad$ **c)** $e^{-2x+3} = e$.

2. Résoudre les équations suivantes sur l'intervalle I donné.

a) $\ln(2x) = 3$ $\quad \mathrm{I} =]0\,;+\infty[$;

b) $\ln(3x-1) = 1$ $\quad \mathrm{I} = \left]\frac{1}{3}\,;+\infty\right[$;

c) $\ln(-x+2) = -1$ $\quad \mathrm{I} =]-\infty\,;2[$.

→ Corrigé p. 163

4 15 min ★★ → MÉTHODE 2, p. 152

1. Résoudre les équations suivantes d'inconnue un réel x. On donnera la valeur exacte de la solution lorsqu'elle existe puis une valeur approchée au centième.

a) $e^{x^2-2} = 1$ $\quad$ **b)** $e^{2x^2+1} = 4$ $\quad$ **c)** $e^{-x^2} = 6$.

2. Résoudre les équations suivantes.

a) $\ln(x^2) = \ln(x) + \ln(5)$ sur $]0\,;+\infty[$;

b) $\ln(x+1) + \ln(x-4) = \ln(6)$ sur $]4\,;+\infty[$;

c) $2\ln^2(x) + 5\ln(x) - 7 = 0$ sur $]0\,;+\infty[$. On posera $X = \ln(x)$.

→ Corrigé p. 164

5 10 min ★ → MÉTHODE 3, p. 153

Résoudre les inéquations suivantes sur $]0\ ;+\infty[$.

a) $\ln(x)<3$;

b) $\ln(x) \geqslant -\ln(x)+1$;

c) $\ln(2x)<\ln(x^2+1)$.

→ Corrigé p. 164

6 10 min ★★ → MÉTHODE 3, p. 153

Déterminer le plus petit entier naturel n tel que :

1. $0{,}99^n \leqslant 10^{-20}$.
2. $1{,}02^n > 10^{2019}$.

→ Corrigé p. 165

7 10 min ★ → MÉTHODE 4, p. 154

Calculer l'expression de la dérivée des fonctions suivantes, sans se soucier du domaine de définition ou de dérivabilité.

a) $f(x)=\ln(3x+1)+x$;

b) $g(x)=(x+1)\ln(2x)$;

c) $h(x)=\ln^2(x)$;

d) $i(x)=\dfrac{\ln(x)}{x}$.

→ Corrigé p. 165

8 15 min ★★ → MÉTHODE 4, p. 154

Calculer l'expression de la dérivée des fonctions suivantes, sans se soucier du domaine de définition ou de dérivabilité.

a) $f(x)=\ln\left(\dfrac{2+x}{2-x}\right)$; b) $f(x)=\dfrac{1+\ln(x)}{x^2}$.

→ Corrigé p. 166

9 10 min ★ → MÉTHODE 5, p. 154

Déterminer la limite des fonctions suivantes en a.

1. f est la fonction définie pour tout nombre réel $x>0$ par : $f(x)=2(\ln(x))^2-3\ln(x)+1$ et $a=+\infty$.
2. f est la fonction définie pour tout nombre réel $x>0$ par : $f(x)=-(\ln(x))^2+\ln(x)$ et $a=0$.
3. f est la fonction définie pour tout nombre réel $x>0$ par : $f(x)=x\ln(x)+\mathrm{e}^x-2$ et $a=0$.
4. f est la fonction définie pour tout nombre réel $x>0$ par : $f(x)=\ln\left(\dfrac{1}{2x+1}\right)$ et $a=+\infty$.

→ Corrigé p. 166

10 15 min ★★

→ MÉTHODE 5, p. 154

Soit f la fonction définie sur $]0\,;+\infty[$ par $f(x)=\dfrac{\ln(x)}{2x+1}$.

1. Déterminer la limite de la fonction f lorsque x tend vers 0.

2. a) Vérifier que, pour tout réel $x>0$:

$$f(x)=\frac{\ln(x)}{x}\left(\frac{1}{2+\frac{1}{x}}\right).$$

b) En déduire la limite de la fonction f lorsque x tend vers $+\infty$.

3. Interpréter graphiquement les résultats précédents.

→ Corrigé p. 167

11 15 min Démonstration et raisonnement

1. On admet que la fonction logarithme népérien est dérivable sur $]0\,;+\infty[$.

Démontrer que pour tout réel $x>0$, $\ln'(x)=\dfrac{1}{x}$.

On pourra utiliser la fonction dérivée de la fonction f définie pour tout réel $x>0$ par $f(x)=\mathrm{e}^{\ln(x)}$.

2. En utilisant la définition de la limite infinie d'une fonction en $+\infty$, démontrer que $\lim\limits_{x\to+\infty}\ln(x)=+\infty$.

→ Corrigé p. 168

12 15 min Vrai-Faux

Dire si les propositions sont vraies ou fausses en justifiant chaque réponse.

a) Affirmation 1 : L'égalité $\ln(x^4)=4\ln(x)$ est vraie pour tout réel $x\neq 0$.

b) Affirmation 2 : Pour tout $x>0$, $2x+\ln(1+\mathrm{e}^{-4x})=\ln(\mathrm{e}^{-2x}+\mathrm{e}^{2x})$.

c) Affirmation 3 : $\lim\limits_{x\to+\infty}\left(\ln(x)-x+1\right)=0$.

d) Affirmation 4 : Soit u une fonction strictement positive et décroissante sur un intervalle I. La fonction $\ln(u)$ est décroissante sur I.

→ Corrigé p. 168

13 20 min QCM

Déterminer parmi les trois propositions la seule réponse exacte. Aucune justification n'est demandée. Un QCM nécessite souvent de faire une recherche au brouillon.

	Réponse A	Réponse B	Réponse C
1. $\ln\left(\frac{1}{2}\right)+\ln\left(\frac{1}{5}\right)=$	$\ln\left(\frac{7}{10}\right)$	$-\ln(10)$	$\ln(10)$

	Réponse A	Réponse B	Réponse C
2. $\ln(\mathrm{e}) + \ln\left(\dfrac{1}{\mathrm{e}}\right) =$	0	1	2
3. La dérivée de la fonction f définie pour tout réel $x > 0$ par $f(x) = x\ln(x^2+1)$ a pour expression :	$\ln(x^2+1) + \dfrac{1}{x^2+1}$	$\dfrac{2x}{x^2+1}$	$\ln(x^2+1) + \dfrac{2x^2}{x^2+1}$
4. Pour tout réel $x \neq 0$, l'équation $\ln(x^2) = 0$ a pour ensemble de solutions :	$\mathcal{S} = \{1\}$	$\mathcal{S} = \mathbb{R}$	$\mathcal{S} = \{-1\,;1\}$

→ Corrigé p. 169

14 25 min ★★★

On note I l'intensité acoustique d'un bruit, mesurée par unité de surface et exprimée en Watt par mètre carré (W.m^{-2}). On note I_0 l'intensité acoustique sous laquelle un humain n'entend pas le bruit.
On a : $I_0 = 10^{-12}\ \text{W.m}^{-2}$.
L'intensité acoustique du bruit émis lors d'une conversation normale est $I_C = 10^{-6}\ \text{W.m}^{-2}$.
Le seuil de la douleur, c'est-à-dire l'intensité au-delà de laquelle le bruit risque d'endommager le système auditif, est égal à $I_d = 10\ \text{W.m}^{-2}$.
Pour comparer ces intensités acoustiques, dont les ordres de grandeur sont très différents, on définit le niveau sonore, noté L, par :

$$L = \frac{10}{\ln(10)} \ln\left(\frac{I}{I_0}\right)$$

où $\ln(x)$ désigne le logarithme népérien de x défini sur $]0\,;+\infty[$.
L est exprimé en décibels (dB).

1. Calculer le niveau sonore correspondant aux intensités I_0, I_C et I_d.
2. Dans une cantine, le niveau sonore est égal à 80 dB. Calculer l'intensité acoustique correspondant à ce bruit.
3. Lors d'un concert piano-voix, le niveau sonore du piano seul est mesuré à 70 décibels et celui du chanteur seul à 60 décibels. Sachant que les intensités de plusieurs sources sonores s'additionnent, quel est le niveau sonore du concert ?
4. Dans une artère très fréquentée, grâce à des aménagements urbains, l'intensité du bruit émis par le trafic a été divisée par 2. Calculer l'atténuation du niveau sonore obtenue, en décibels.

→ Corrigé p. 169

15 15 min ★★★ Algorithmique et programmation

On considère la fonction f définie sur $[1\ ;+\infty[$ par $f(x)=x-\dfrac{\ln(x)}{x}$.

On note $\mathscr{C}$ sa courbe représentative dans un repère orthonormé $\left(O\ ;\vec{i},\vec{j}\right)$.

1. Soit g la fonction définie sur $[1\ ;+\infty[$ par :

$$g(x)=x^2-1+\ln(x).$$

Montrer que la fonction g est positive sur $[1\ ;+\infty[$.

2. a) Montrer que, pour tout x de $[1\ ;+\infty[$, $f'(x)=\dfrac{g(x)}{x^2}$.

b) En déduire le sens de variation de f sur $[1\ ;+\infty[$.

3. On appelle $\mathscr{D}$ la droite d'équation $y=x$.

Étudier la position relative de la courbe $\mathscr{C}$ par rapport à la droite $\mathscr{D}$.

4. Pour tout entier naturel k supérieur ou égal à 2, on note respectivement M_k et N_k les points d'abscisse k de $\mathscr{C}$ et $\mathscr{D}$.

a) Déterminer la limite de M_kN_k lorsque k tend vers $+\infty$.

b) Écrire un algorithme en langage naturel déterminant le plus petit entier k_0 supérieur ou égal à 2 tel que la distance M_kN_k soit inférieure ou égale à 10^{-2}.

→ Corrigé p. 170

16 30 min ★★★ Algorithmique et programmation

On place le 1er janvier 2019, la somme de 1 500 000 € sur un compte rémunéré à 2,5 % par an. Cela signifie que chaque 1er janvier des années suivantes, la somme présente sur le compte augmente de 2,5 %. On admet que l'on ne retire ni n'ajoute jamais d'argent sur le compte.

On note u_n la somme d'argent présente sur le compte au 1er janvier $2019+n$, où n est un entier naturel.

On a donc $u_0=1\ 500\ 000$.

1. Exprimer u_{n+1} en fonction de u_n. Quelle est la nature de la suite (u_n) ?

2. Exprimer u_n en fonction de n, pour tout entier naturel n.

3. a) Préciser le sens de variation de la suite (u_n).

b) Déterminer la limite de la suite (u_n) en $+\infty$.

c) Expliquer pourquoi à partir d'une certaine année, la somme présente sur le compte sera supérieure ou égale à 4 000 000 €.

4. Compléter la fonction Python ci-contre afin qu'elle renvoie l'année à partir de laquelle la somme présente sur le compte sera strictement supérieure à 4 000 000 €. Utiliser la fonction pour déterminer cette année.

```
def compte():
    u=...
    n=0
    while ...:
        u=...
        n=...
    return ...
```

5. Retrouver par le calcul le résultat renvoyé par la fonction Python.

→ Corrigé p. 171

SUJET DE BAC

Exercice 1 · 30 min · Algorithmique et programmation 5 points

Une entreprise produit chaque année entre 100 et 900 pneus de voitures de course.
On considère la fonction f définie sur l'intervalle [1 ; 9] par :

$$f(x) = 0{,}5x^2 - 7x + 14 + 6\ln(x).$$

On admet que la fonction f modélise le coût moyen annuel de fabrication d'un pneu, exprimé en centaines d'euros, pour x centaines de pneus produits.

1. La fonction f est dérivable sur l'intervalle [1 ; 9] et on note f' sa fonction dérivée.

Démontrer que pour tout réel x de l'intervalle [1 ; 9], on a : $f'(x) = \dfrac{x^2 - 7x + 6}{x}$.

2. a) Justifier les variations suivantes de la fonction f sur l'intervalle [1 ; 9].

x	1		6		9
Variation de f		↘		↗	

b) Pour quelle quantité de pneus, le coût moyen annuel de fabrication d'un pneu est-il minimal ? À combien s'élève ce coup minimal ?

3. a) Justifier que l'équation $f(x) = 5$ admet une solution unique sur l'intervalle $[1;9]$.

b) On considère la fonction Python ci-dessous.

```
from math import log
def min(x):
    y=7.5
    while y>5:
        x=x+0.01
        y=0.5*x**2-7*x+14+6*log(x)
    return x
```

Quelle valeur est renvoyée par cette fonction lorsqu'on l'utilise avec l'argument $x = 1$?

→ Corrigé p. 172

Exercice 2 35 min 6 points

Un site est spécialisé dans la diffusion de vidéos sur Internet. Le responsable du site a constaté que la durée de téléchargement des vidéos évoluait en fonction du nombre d'internautes connectés simultanément.
On cherche à estimer la durée du téléchargement en fonction du nombre de personnes connectées simultanément.

Partie A

On note u_n la durée, en seconde, du téléchargement pour n milliers de personnes connectées simultanément.
Le responsable du site sait que lorsqu'il y a 1 000 personnes connectées simultanément, la durée du téléchargement est égale à 12 s. Lorsqu'il y en a 2 000, la durée du téléchargement est de 15 s.
Il sait également que la suite (u_n) est géométrique.

1. Déterminer la raison de la suite (u_n).

2. Exprimer u_n en fonction de n, pour tout entier naturel $n \geqslant 1$.

3. Quelle est la durée de téléchargement pour $8\ 000$ personnes ?

4. Déterminer le nombre de personnes à partir duquel la durée du téléchargement est supérieure ou égale à 90 s. On donnera une valeur exacte puis une valeur arrondie au nombre entier de personnes près.

Partie B

Le responsable du site envisage une autre modélisation.
On note x le nombre, exprimé en millier, d'internautes connectés simultanément. On considère la fonction f, définie pour tout réel $x \geqslant 0{,}5$ par $f(x) = 10x - 8\ln(x)$.
On admet que $f(x)$ modélise le temps de téléchargement, en seconde.

1. Calculer $f'(x)$ et en déduire les variations de la fonction f.

2. Dresser le tableau de variation de la fonction f sur l'intervalle $[0{,}5\ ;\ 15]$.

3. a) Montrer que l'équation $f(x) = 90$ admet une solution unique α dans l'intervalle $[0{,}5\ ;\ 15]$.

b) Déterminer une valeur approchée arrondie à l'unité près, du nombre de personnes connectés simultanément pour que le temps de téléchargement soit de 90 s.

→ *Corrigé p. 173*

CORRIGÉS

1 → Énoncé p. 156

1. $A = \ln(3^2) = 2\ln 3$.

$B = -\ln(3)$.

$C = \ln(3^3 \times \sqrt{3}) = \ln(3^3) + \ln(\sqrt{3})$

$= 3\ln(3) + \frac{1}{2}\ln(3) = \frac{7}{2}\ln(3)$.

$D = \ln(2^2 \times 3^2) - 2\ln(2)$

$= 2\ln(2) + 2\ln(3) - 2\ln(2) = 2\ln(3)$.

2. Pour tout $x > -1$, $2\ln(x+1) = \ln(x+1)^2 = \ln(x^2 + 2x + 1)$.

Rappel

Pour tout entier relatif n et pour tout réel $x > 0$,
$\ln(x^n) = n \times \ln(x)$

2 → Énoncé p. 156

1. $A = \ln(2^3) - 3\ln(2^2) + \ln(2) = 3\ln(2) - 6\ln(2) + \ln(2) = -2\ln(2)$.

$B = \ln\left(\frac{1}{2}\right) + \ln(2^4) - 7\ln(2^{-2}) = -\ln(2) + 4\ln(2) + 14\ln(2) = 17\ln(2)$.

$C = -3\ln(2^5) + \ln(2^6) + 4\ln(2) = -15\ln(2) + 6\ln(2) + 4\ln(2) = -5\ln(2)$.

2. Pour tout réel x :

$\ln(1 + e^{-x}) = \ln(e^{-x}(e^x + 1))$ $\quad$ $e^{-x} \times e^x = e^0 = 1$

$= \ln(e^{-x}) + \ln(1 + e^x)$

$= -x + \ln(1 + e^x)$ $\quad$ car $\ln(e^{-x}) = -x$.

Rappel

Pour tous réels $x > 0$ et $y > 0$
$\ln(xy) = \ln(x) + \ln(y)$.

3 → Énoncé p. 156

1. a) $e^{2x} = 1 \Leftrightarrow 2x = \ln(1) \Leftrightarrow 2x = 0 \Leftrightarrow x = 0$.

b) $e^{x-1} = -3$ n'a pas de solution. **(car une exponentielle est toutjours positive).**

c) $e^{-2x+3} = e \Leftrightarrow -2x + 3 = \ln(e)$

$\Leftrightarrow -2x + 3 = 1 \Leftrightarrow x = 1$.

2. a) $\ln(2x) = 3 \Leftrightarrow 2x = e^3 \Leftrightarrow x = \frac{e^3}{2}$.

b) $\ln(3x - 1) = 1 \Leftrightarrow 3x - 1 = e \Leftrightarrow x = \frac{e + 1}{3}$.

c) $\ln(-x + 2) = -1 \Leftrightarrow -x + 2 = e^{-1}$

$\Leftrightarrow -x + 2 = \frac{1}{e}$

$\Leftrightarrow x = 2 - \frac{1}{e}$.

Rappel

Pour tout réel $b > 0$ et tout réel a :
$e^a = b \Leftrightarrow a = \ln(b)$.

Rappel

Pour tout réel $a > 0$ et tout réel b :
$\ln(a) = b \Leftrightarrow a = e^b$.

4 → Énoncé p. 156

1. a) $e^{x^2-2} = 1 \Leftrightarrow x^2 - 2 = \ln(1) \Leftrightarrow x^2 - 2 = 0 \Leftrightarrow x = \sqrt{2}$ ou $x = -\sqrt{2}$.
Les solutions sont $-\sqrt{2}$ et $\sqrt{2}$ soit environ $-1{,}41$ et $1{,}41$.

b) $e^{2x^2+1} = 4 \Leftrightarrow 2x^2 + 1 = \ln(4) \Leftrightarrow x^2 = \dfrac{\ln(4)-1}{2}$.

Or $\ln(4) > 1$ car $4 > e$ donc $\dfrac{\ln(4)-1}{2} > 0$.

Rappel
$a \in]1\,;+\infty[\Leftrightarrow \ln(a) > 0$.

L'équation a donc deux solutions : $-\sqrt{\dfrac{\ln(4)-1}{2}} \approx -0{,}44$ et $\sqrt{\dfrac{\ln(4)-1}{2}} \approx 0{,}44$.

c) $e^{-x^2} = 6 \Leftrightarrow -x^2 = \ln(6) \Leftrightarrow x^2 = -\ln(6)$.
Or $\ln(6) > 0$ puisque $6 > 1$ donc $-\ln(6) < 0$. L'équation n'a pas de solution.

2. a) $\ln(x^2) = \ln(x) + \ln(5) \Leftrightarrow \ln(x^2) = \ln(5x) \Leftrightarrow x^2 = 5x$
Or $x > 0\,; x^2 = 5x$ et $x \neq 0 \Leftrightarrow x = 5$. Il y a donc une seule solution qui est 5.

b) $\ln(x+1) + \ln(x-4) = \ln(6) \Leftrightarrow \ln((x+1)(x-4)) = \ln(6)$
$\Leftrightarrow (x+1)(x-4) = 6 \Leftrightarrow x^2 - 3x - 10 = 0.$

$x^2 - 3x - 10$ est un polynôme du second degré de la forme $ax^2 + bx + c$ avec $a = 1$ $b = -3$ et $c = -10$

On a : $\Delta = (-3)^2 - 4 \times 1 \times (-10) = 49$; donc les solutions sont $x_1 = \dfrac{3-7}{2} = -2$ et $x_2 = \dfrac{3+7}{2} = 5$.

$x_1 = -2$ donc $x_1 < 4$. L'équation n'a donc qu'une seule solution qui est $x_2 = 5$.

c) On pose $X = \ln(x)$. L'équation devient : $2X^2 + 5X - 7 = 0$

L'écriture $\ln^2(x)$ signifie aussi $\left(\ln(x)\right)^2$

On calcule le discriminant : $\Delta = 5^2 - 4 \times 2 \times (-7) = 81$.

Les solutions sont $X_1 = \dfrac{-5-9}{4} = -3{,}5$ et $X_2 = \dfrac{-5+9}{4} = 1$. **$X = \ln(x) \Leftrightarrow x = e^X$**

$x_1 = e^{X_1}$ et $x_2 = e^{X_2}$ donc les solutions recherchées sont e et $e^{-3{,}5}$.

5 → Énoncé p. 157

a) $\ln(x) < 3 \Leftrightarrow \ln(x) < \ln(e^3) \Leftrightarrow x < e^3$. L'ensemble des solutions est $]0\,;e^3[$.

Ne pas oublier que l'on résout l'inéquation sur]0 ; +∞[pour que les logarithmes existent.

b) $\ln(x) \geqslant -\ln(x) + 1 \Leftrightarrow 2\ln(x) \geqslant 1 \Leftrightarrow \ln(x) \geqslant \dfrac{1}{2}$
$\Leftrightarrow x \geqslant e^{\frac{1}{2}}$.

Rappel
Pour tous réels a et b strictement positifs :
$a \leqslant b \Leftrightarrow \ln(a) \leqslant \ln(b)$.

L'ensemble des solutions est $\left[e^{\frac{1}{2}}\,;+\infty\right[$

c) $\ln(2x) < \ln(x^2+1) \Leftrightarrow 2x < x^2+1 \qquad 0 < x^2 - 2x + 1$.
or $x^2 - 2x + 1 = (x-1)^2$ et $(x-1)^2$ est strictement positif pour tout réel x différent de 1. **(En effet, un carré est toujours positif)**
Donc l'ensemble des solutions est $]0\,;1[\cup]1\,;+\infty[$.

6 → *Énoncé p. 157*

1. $0{,}99^n \leqslant 10^{-20} \Leftrightarrow \ln(0{,}99^n) \leqslant \ln(10^{-20})$

$\Leftrightarrow n\ln(0{,}99) \leqslant -20\ln(10)$

$\Leftrightarrow n \geqslant -\dfrac{20\ln(10)}{\ln(0{,}99)}$

> **Rappel**
> Pour tous réels a et b strictement positifs :
> $a \leqslant b \Leftrightarrow \ln(a) \leqslant \ln(b)$.

On change le sens de l'inégalité car on divise par $\ln(0{,}99)$ qui est négatif puisque $0{,}99 < 1$.

Or $-\dfrac{20\ln(10)}{\ln(0{,}99)} \approx 4582{,}1$. Le plus petit entier naturel n tel que $0{,}99^n \leqslant 10^{-30}$ est donc $n = 4583$

2. $1{,}02^n > 10^{2019} \Leftrightarrow \ln(1{,}02^n) > \ln(10^{2019})$

$\Leftrightarrow n\ \ln(1{,}02) > 2019\ln(10)$

$\Leftrightarrow n > \dfrac{2019\ln(10)}{\ln(1{,}02)}$

On ne change pas le sens de l'inégalité car on divise par $\ln(1{,}02)$ qui est positif puisque $1{,}02 > 1$.

Or $\dfrac{2019\ln(10)}{\ln(1{,}02)} \approx 234\,762{,}7$ Le plus petit entier naturel n tel que $1{,}02^n > 10^{2019}$ est donc $n = 234\,763$.

7 → *Énoncé p. 157*

a) $f(x) = \ln(u(x)) + x$ avec $u(x) = 3x + 1$ et $u'(x) = 3$.
On en déduit que :
$f'(x) = \dfrac{u'(x)}{u(x)} + 1$ donc $f'(x) = \dfrac{3}{3x+1} + 1 = \dfrac{3x+4}{3x+1}$.

> **Rappel**
> $(\ln \circ u)' = \dfrac{u'}{u}$.

b) g est de la forme uv avec $u(x) = x+1$ et $v(x) = \ln(2x)$.
De plus, $u'(x) = 1$ et $v'(x) = \dfrac{2}{2x} = \dfrac{1}{x}$.
On a ainsi : $g'(x) = \ln(2x) + \dfrac{x+1}{x}$. **$g'$ est donc de la forme $u'v + uv'$**

c) h est de la forme u^2 avec $u(x) = \ln(x)$ et $u'(x) = \dfrac{1}{x}$.
h' est donc de la forme $2uu'$.
On a ainsi : $h'(x) = \dfrac{2\ln(x)}{x}$.

d) i est de la forme $\frac{u}{v}$ avec $u(x) = \ln(x)$, $v(x) = x$.

De plus, $u'(x) = \frac{1}{x}$ et $v'(x) = 1$. i' **est donc de la forme** $\frac{u'v - uv'}{v^2}$

On a alors : $i'(x) = \dfrac{\frac{1}{x} \times x - \ln(x)}{x^2} = \dfrac{1 - \ln(x)}{x^2}$.

8 → *Énoncé p. 157*

a) f est de la forme $\ln(g)$ avec $g(x) = \dfrac{2 + x}{2 - x}$ donc $f'(x) = \dfrac{g'(x)}{g(x)}$.

Or g est de la forme $\frac{u}{v}$ avec $u(x) = 2 + x$ et $v(x) = 2 - x$.

De plus, $u'(x) = 1$ et $v'(x) = -1$.

Donc $g'(x) = \dfrac{2 - x - (2 + x) \times (-1)}{(2 - x)^2} = \dfrac{2 - x + 2 + x}{(2 - x)^2} = \dfrac{4}{(2 - x)^2}$.

Donc $f'(x) = \dfrac{\frac{4}{(2 - x)^2}}{\frac{2 + x}{2 - x}} = \dfrac{4}{(2 - x)^2} \times \dfrac{2 - x}{2 + x} = \dfrac{4}{(2 - x)(2 + x)}$

car $\dfrac{2 - x}{(2 - x)^2} = \dfrac{2 - x}{(2 - x)(2 - x)} = \dfrac{1}{2 - x}$.

b) f est de la forme $\frac{u}{v}$ avec $u(x) = 1 + \ln(x)$ et $v(x) = x^2$. De plus, $u'(x) = \frac{1}{x}$ et $v'(x) = 2x$.

f' **est donc de la forme** $\frac{u'v - uv'}{v^2}$

Donc $f'(x) = \dfrac{\frac{1}{x} \times x^2 - (1 + \ln(x)) \times 2x}{(x^2)^2} = \dfrac{x - 2x - 2x\ln(x)}{x^4} = \dfrac{-x - 2x\ln(x)}{x^4}$

$= \dfrac{-1 - 2\ln(x)}{x^3}$

9 → *Énoncé p. 157*

1. Pour tout nombre réel > 0 :

$f(x) = 2\ln^2(x) - 3\ln(x) + 1$

$= \ln^2(x)\left(2 - \dfrac{3}{\ln(x)} + \dfrac{1}{(\ln(x))^2}\right)$.

Rappel

Lorsqu'on a une forme indéterminée, on peut factoriser pour lever l'indétermination et utiliser les résultats suivants :

$\lim\limits_{x \to +\infty} \dfrac{\ln(x)}{x} = 0$ $\quad$ $\lim\limits_{x \to 0} x\ln(x) = 0$.

Pour tout entier naturel $n \geqslant 2$:

$\lim\limits_{x \to +\infty} \dfrac{\ln(x)}{x^n} = 0$ $\quad$ $\lim\limits_{x \to 0} x^n\ln(x) = 0$.

Comme $\lim\limits_{x\to+\infty} \ln(x) = +\infty$, on a $\lim\limits_{x\to+\infty} \dfrac{3}{\ln(x)} = \lim\limits_{x\to+\infty} \dfrac{1}{(\ln(x))^2} = 0$.

Donc, par somme, $\lim\limits_{x\to+\infty}\left(2 - \dfrac{3}{\ln(x)} + \dfrac{1}{(\ln(x))^2}\right) = 2$.

Par ailleurs, $\lim\limits_{x\to+\infty} \ln^2(x) = +\infty$. **on a $(\ln(x))^2 = \ln^2(x)$**

Donc par produit : $\lim\limits_{x\to+\infty} f(x) = +\infty$.

2. Pour tout nombre réel $x > 0$, $f(x) = -\ln^2(x) + \ln(x) = \ln(x)^2\left(-1 + \dfrac{1}{\ln(x)}\right)$.

On a $\lim\limits_{x\to 0}\ln(x) = -\infty$ donc $\lim\limits_{x\to 0}\dfrac{1}{\ln(x)} = 0$ donc par somme, $\lim\limits_{x\to 0}\left(-1 + \dfrac{1}{\ln(x)}\right) = -1$.

Par ailleurs, $\lim\limits_{x\to 0}\ln^2(x) = +\infty$ donc par produit, $\lim\limits_{x\to 0} f(x) = -\infty$.

3. On sait par croissances comparées que $\lim\limits_{x\to 0}(x\ln(x)) = 0$.

Par ailleurs, $\lim\limits_{x\to 0}(\mathrm{e}^x - 2) = \mathrm{e}^0 - 2 = -1$.

Donc par somme, $\lim\limits_{x\to 0} f(x) = 0 - 1 = -1$.

4. $\lim\limits_{x\to+\infty}\left(\dfrac{1}{2x+1}\right) = 0$

On effectue un changement de variable.

On pose $X = \dfrac{1}{2x+1}$. Lorsque x tend vers $+\infty$, X tend vers 0 et est positif.

donc $\lim\limits_{x\to+\infty} \dfrac{1}{2x+1} = \lim\limits_{\substack{X\to 0\\ X>0}} X = 0$.

On en conclut que $\lim\limits_{x\to+\infty} \ln\left(\dfrac{1}{2x+1}\right) = \lim\limits_{\substack{X\to 0\\ X>0}} \ln(X) = -\infty$.

10 → *Énoncé p. 158*

1. $f(x) = \dfrac{\ln(x)}{2x+1} = \ln(x) \times \dfrac{1}{2x+1}$ or $\lim\limits_{x\to 0}\ln(x) = -\infty$ et $\lim\limits_{x\to 0}\dfrac{1}{2x+1} = 1$

donc par produit, $\lim\limits_{x\to 0} f(x) = -\infty$.

2. a) $f(x) = \dfrac{\ln(x)}{x\left(2 + \dfrac{1}{x}\right)} = \dfrac{\ln(x)}{x}\left(\dfrac{1}{2 + \dfrac{1}{x}}\right)$. **car $\dfrac{A}{B\times C} = \dfrac{A}{B} \times \dfrac{1}{C}$**

b) $\lim\limits_{x\to+\infty} \dfrac{\ln(x)}{x} = 0$ par croissances comparées **(on se ramène à un résultat du cours)**

et $\lim\limits_{x\to+\infty} \dfrac{1}{2 + \dfrac{1}{x}} = \dfrac{1}{2+0} = 0{,}5$ donc, par produit, $\lim\limits_{x\to+\infty} f(x) = 0$.

3. L'axe des abscisses (pour la limite en $+\infty$) et celui des ordonnées (pour la limite en 0) sont des asymptotes à la courbe représentative de f.

11 → *Énoncé p. 158*

1. On admet que la fonction logarithme népérien est dérivable sur $]0\,;+\infty[$.
Soit f la fonction définie sur $]0\,;+\infty[$ par $f(x)=\mathrm{e}^{\ln(x)}$.
f est dérivable sur $]0\,;+\infty[$. f est de la forme e^u avec $u(x)=\ln(x)$;
f' est de la forme $u'\mathrm{e}^u$, donc, pour tout $x>0$, $f'(x)=\ln'(x)\mathrm{e}^{\ln(x)}=x\ln'(x)$.
En effet, $\mathrm{e}^{\ln(x)}=x$ car les fonctions exponentielle et logarithme népérien sont des fonctions réciproques.
Par ailleurs, $f(x)=\mathrm{e}^{\ln(x)}=x$, donc $f'(x)=1$. On en déduit que pour tout $x>0$,
$x\ln'(x)=1$ donc $\ln'(x)=\dfrac{1}{x}$.

2. Il suffit de démontrer que pour tout réel $A>0$,
l'affirmation suivante est vraie :
pour tout réel x tel que $x>\mathrm{e}^A$, on a $\ln(x)>A$.
Soit A un réel strictement positif. Soit x un réel tel que $x>\mathrm{e}^A$.
$x>\mathrm{e}^A$ donc $\ln(x)>\ln(\mathrm{e}^A)$ car la fonction logarithme népérien est strictement croissante sur $]0\,;+\infty[$.
Or $\ln(\mathrm{e}^A)=A$ donc $\ln(x)>A$.
Ainsi, tout intervalle de la forme $]A\,;+\infty[$ contient tous les $\ln(x)$ pour x assez grand (x supérieur à e^A).

Raisonnement
Une fonction f a pour limite $+\infty$ en $+\infty$ si tout intervalle ouvert de la forme $]A\,;+\infty[$ contient toutes les valeurs de $f(x)$ pour x assez grand.

12 → *Énoncé p. 158*

a) Faux.
En effet, $4\ln(x)$ n'est pas défini pour les nombres réels x négatifs alors que $\ln(x^4)$ est défini pour tout réel x non nul.

b) Vrai.
Pour tout $x>0$;
$\ln(\mathrm{e}^{-2x}+\mathrm{e}^{2x})=\ln(\mathrm{e}^{2x}(\mathrm{e}^{-4x}+1))=\ln(\mathrm{e}^{2x})+\ln(\mathrm{e}^{-4x}+1)=2x+\ln(1+\mathrm{e}^{-4x})$

c) Faux.
Pour tout $x>0$; $(\ln(x)-x+1)=x\left(\dfrac{\ln(x)}{x}-1+\dfrac{1}{x}\right)$

$$\lim_{x\to+\infty}(\ln(x)-x+1)=\lim_{x\to+\infty}x\left(\frac{\ln(x)}{x}-1+\frac{1}{x}\right)$$

or $\lim\limits_{x\to+\infty}\left(\dfrac{\ln(x)}{x}\right)=0$ et $\lim\limits_{x\to+\infty}\left(\dfrac{1}{x}\right)=0$ donc, par somme, $\lim\limits_{x\to+\infty}\left(\dfrac{\ln(x)}{x}-1+\dfrac{1}{x}\right)=-1$

et par produit, $\lim\limits_{x\to+\infty}x\left(\dfrac{\ln(x)}{x}-1+\dfrac{1}{x}\right)=-\infty$.

d) Vrai.

Soient a et b deux réels appartenant à I tels que $a \leqslant b$.

Comme $a \leqslant b$ on a $u(b) \leqslant u(a)$ car la fonction u est décroissante sur I.

De plus $u(b)$ et $u(a)$ sont strictement positifs car u est strictement positive sur I

$0 < u(b) \leqslant u(a)$ donc $\ln(u(b)) \leqslant \ln(u(a))$ car la fonction logarithme népérien est croissante sur $]0\ ;+\infty[$.

On vient donc de prouver que pour tout réel a et b de I,

$a \leqslant b \Rightarrow \ln(u(b)) \leqslant \ln(u(a))$.

La fonction $\ln(u)$ est donc décroissante sur I.

13 → *Énoncé p. 158*

1. Réponse B.

$\ln\left(\frac{1}{2}\right) + \ln\left(\frac{1}{5}\right) = \ln\left(\frac{1}{2} \times \frac{1}{5}\right) = \ln\left(\frac{1}{10}\right) = -\ln(10).$

2. Réponse A.

$\ln(e) + \ln\left(\frac{1}{e}\right) = \ln\left(e \times \frac{1}{e}\right) = \ln(1) = 0.$

3. Réponse C.

f est une fonction de la forme uv avec $u(x) = x$; $v(x) = \ln(x^2+1)$; $u'(x) = 1$; $v'(x) = \frac{2x}{x^2+1}$

f' est de la forme $u'v + uv'$ donc $f'(x) = \ln(x^2+1) + x\frac{2x}{x^2+1} = \ln(x^2+1) + \frac{2x^2}{x^2+1}$.

4. Réponse C.

$$\begin{aligned}\ln(x^2) = 0 &\Leftrightarrow x^2 = 1\\ &\Leftrightarrow x^2 - 1 = 0\\ &\Leftrightarrow x = 1 \text{ ou } x = -1\end{aligned}$$

14 → *Énoncé p. 159*

1. Pour I_0 : $\frac{10}{\ln(10)} \ln\left(\frac{I_0}{I_0}\right) = \frac{10}{\ln(10)}\ln(1) = 0.$

Pour I_C : $\frac{10}{\ln(10)} \ln\left(\frac{10^{-6}}{10^{-12}}\right) = \frac{10}{\ln(10)} \ln(10^6) = \frac{10}{\ln(10)} \times 6\ln(10) = 60$.

Pour I_d : $\frac{10}{\ln(10)} \ln\left(\frac{10}{10^{-12}}\right) = \frac{10}{\ln(10)} \ln(10^{13}) = 130$.

2. On résout l'équation $80 = \frac{10}{\ln(10)} \ln\left(\frac{I}{I_0}\right)$

$80 = \frac{10}{\ln(10)} \ln\left(\frac{I}{I_0}\right) \Leftrightarrow 8\ln(10) = \ln(10^{12} I).$

On a divisé par 10 puis multiplié par ln(10) chaque membre de l'égalité. On sait également que $I_0 = 10^{-12}$ et donc que $\frac{1}{I_0} = 10^{12}$

$$\Leftrightarrow \ln(10^8) = \ln(10^{12}I) \Leftrightarrow 10^8 = 10^{12}I$$
$$\Leftrightarrow I = 10^{8-12} \Leftrightarrow I = 10^{-4}.$$

Donc l'intensité acoustique correspondant à 80 dB est 10^{-4} W.m^{-2}.

3. $70 = \frac{10}{\ln(10)}\ln\left(\frac{I}{I_0}\right) \Leftrightarrow 7\ln(10) = \ln(10^{12}I) \Leftrightarrow 10^7 = 10^{12}I \Leftrightarrow I = 10^{-5}$.

L'intensité du piano seul est donc 10^{-5} W.m^{-2}.

$60 = \frac{10}{\ln(10)}\ln\left(\frac{I}{I_0}\right) \Leftrightarrow 6\ln(10) = \ln(10^{12}I) \Leftrightarrow 10^6 = 10^{12}I \Leftrightarrow I = 10^{-6}$.

L'intensité du chanteur seul est donc 10^{-6} W.m^{-2}.

Le niveau sonore du concert est donc $\frac{10}{\ln(10)}\ln\left(\frac{10^{-5} + 10^{-6}}{10^{-12}}\right) \approx 70{,}4$ dB car les intensités de plusieurs sources sonores s'additionnent.

4. Soient L_a le niveau sonore et I_a l'intensité sonore avant les aménagements urbains.

$$L_a = \frac{10}{\ln(10)}\ln\left(\frac{I_a}{I_0}\right)$$

On note respectivement L_p et I_p le niveau sonore et l'intensité sonore après les aménagements urbains.

On a alors $I_p = \frac{I_a}{2}$

et $L_p = \frac{10}{\ln(10)}\ln\left(\frac{\frac{I_a}{2}}{I_0}\right) = \frac{10}{\ln(10)}\ln\left(\frac{I_a}{I_0}\times\frac{1}{2}\right) = \frac{10}{\ln(10)}\ln\left(\frac{I_a}{I_0}\right) + \frac{10}{\ln(10)}\ln\left(\frac{1}{2}\right)$

$= L_a + \frac{10}{\ln(10)}\ln\left(\frac{1}{2}\right)$

Donc $L_b - L_a = \frac{10}{\ln(10)}\ln\left(\frac{1}{2}\right) \approx -3$.

Le bruit a donc été atténué d'environ 3 dB.

15 → Énoncé p. 160

1. Pour $x \in [1\,;+\infty[$, on a $x^2 \geqslant 1$ et $\ln(x) \geqslant 0$ donc $g(x) = x^2 - 1 + \ln(x) \geqslant 0$ comme somme de deux nombres positifs. Donc g est positive sur $[1\,;+\infty[$.

2. a) Pour tout x de $[1\,;+\infty[$, $f(x) = x - \frac{u(x)}{v(x)}$

avec $u(x) = \ln(x)$; $u'(x) = \frac{1}{x}$; $v(x) = x$ et $v'(x) = 1$.

On a donc $f'(x) = 1 - \dfrac{u'(x)v(x) - u(x)v'(x)}{(v(x))^2}$

c'est-à-dire $f'(x) = 1 - \dfrac{\frac{1}{x}x - \ln(x)}{x^2} = \dfrac{x^2 - 1 + \ln(x)}{x^2} = \dfrac{g(x)}{x^2}$.

b) D'après la question **1.**, g est positive sur $[1\ ;+\infty[$ et $x^2 > 0$ donc $f'(x)$ est positive comme quotient de deux nombres positifs, donc f est croissante sur $[1\ ;+\infty[$.

3. Pour étudier la position relative de la courbe $\mathscr{C}$ d'équation $y = f(x)$ par rapport à la droite $\mathscr{D}$ d'équation $y = x$, on étudie le signe de la différence $x - f(x)$.

On a $x - f(x) = \dfrac{\ln(x)}{x} \geqslant 0$ (car $x \geqslant 1$) donc $\mathscr{D}$ est au-dessus de $\mathscr{C}$ pour tout $x \in [1\ ;+\infty[$.

4. a) On a $M_kN_k = k - f(k) = \dfrac{\ln(k)}{k}$ donc, par croissances comparées, la limite de M_kN_k lorsque k tend vers $+\infty$ est 0.

b)

```
k ← 2
Tant que ln(k)/k > 10^-2
    k ← k + 1
```

16 → *Énoncé p. 160*

1. La somme augmente de 2,5 % donc on multiplie chaque année la somme de l'année précédente par 1,025.

On a alors $u_{n+1} = 1{,}025u_n$. La suite (u_n) est géométrique de premier terme $u_0 = 1\ 500\ 000$ et de raison $q = 1{,}025$.

> **Rappel**
> Si (u_n) est une suite géométrique de 1er terme u_0 et de raison q alors pour tout entier naturel n :
> $u_{n+1} = qu_n$
> et $u_n = u_0q^n$

2. $u_n = u_0q^n = 1\ 500\ 000 \times 1{,}025^n$.

3. a) La raison de la suite est supérieure à 1 et $u_0 > 0$ donc la suite est croissante.

b) $q > 1$ et $u_0 > 0$ donc la suite (u_n) tend vers $+\infty$ lorsque n tend vers $+\infty$.

c) Comme la suite tend vers $+\infty$, pour $A = 4\ 000\ 000$, il existe un rang n_0 tel que l'intervalle $]A\,;+\infty[$ contient tous les termes de la suite. Donc à partir de l'année $2019 + n_0$, la somme d'argent sur le compte sera strictement supérieure à 4 000 000 €.

4.

```
def compte():
    u=1500000
    n=0
    while u<=4000000:
        u=1.025*u
        n=n+1
    return 2019+n
```

Rappel
La boucle s'arrête lorsque la condition $u \leqslant 4\ 000\ 000$ n'est plus vraie.

En utilisant la fonction, on trouve $2\ 059$.

5. On résout l'inéquation $1\ 500\ 000 \times 1{,}025^n > 4\ 000\ 000$

$$\begin{aligned}1\ 500\ 000 \times 1{,}025^n > 4\ 000\ 000 &\Leftrightarrow 1{,}025^n > \frac{4\ 000\ 000}{1\ 500\ 000}\\ &\Leftrightarrow 1{,}025^n > \frac{8}{3}\\ &\Leftrightarrow n\ln(1{,}025) > \ln\left(\frac{8}{3}\right)\\ &\Leftrightarrow n > \frac{\ln\left(\frac{8}{3}\right)}{\ln(1{,}025)}\end{aligned}$$

Rappel
Pour tous réels a et b strictement positifs :
$a \geqslant b \Leftrightarrow \ln(a) \geqslant \ln(b)$.

Or $\dfrac{\ln\left(\frac{8}{3}\right)}{\ln(1{,}025)} \approx 39{,}72$. On doit alors prendre $n > 39{,}72$ soit $n = 40$.

L'année $2019 + 40 = 2059$ sera la première année où la somme du compte dépassera 4 000 000 €.

SUJET DE BAC

Exercice 1

→ Énoncé p. 161

1. $f'(x) = x - 7 + \dfrac{6}{x} = \dfrac{x^2 - 7x + 6}{x}$.

2. a) Pour tout $x \in [1;9]$: $f'(x) = 0 \Leftrightarrow x^2 - 7x + 6 = 0$.

On cherche donc les racines d'un polynôme du second degré de la forme $ax^2 + bx + c$ avec $a = 1$ $b = -7$ et $c = 6$.

On a $\Delta = (-7)^2 - 4 \times 1 \times 6 = 25$.

Les solutions sont donc :

$$x_1 = \frac{-(-7) + \sqrt{25}}{2} = \frac{7+5}{2} = 6 \text{ et } x_2 = \frac{-(-7) - \sqrt{25}}{2} = \frac{7-5}{2} = 1.$$

Pour tout $x \in [1\ ;\ 6]$ $f'(x) \leqslant 0$ et pour tout $x \in [6\ ;\ 9]$ $f'(x) \geqslant 0$.

Un polynôme du second degré de la forme $ax^2 + bx + c$ est du signe de a à l'extérieur des racines ou du signe de $-a$ entre ses racines

Le tableau de variations de f est donc :

x	1		6		9
$f'(x)$		−	0	+	
Variation de f	7,5	↘	$\approx 0{,}75$	↗	$\approx 4{,}7$

b) Le coût moyen annuel de fabrication d'un pneu est minimal pour 600 pneus. Il s'élève à $f(6) \approx 0{,}75$ centaines d'euros, c'est-à-dire 75 euros.

3. a) Sur l'intervalle $[1\ ;\ 6]$: f est continue (car dérivable) et strictement décroissante.

$f(1) = 7{,}5$, $f(6) \approx 0{,}75$.

Or $5 \in [f(1)\ ; f(6)]$.

D'après le cas particulier du théorème des valeurs intermédiaires pour les fonctions strictement monotones, $f(x) = 5$ admet une unique solution α sur l'intervalle $[1\ ;\ 6]$.

> **Rappel**
>
> Cas particulier du TVI pour les fonctions strictement monotones :
> Soit f définie, continue et strictement monotone sur un intervalle $[a\ ;\ b]$.
> Pour tout réel k compris entre $f(a)$ et $f(b)$ l'équation $f(x) = k$ admet une unique solution sur l'intervalle $[a\ ;\ b]$.

Sur l'intervalle $[6\ ;\ 9]$: le maximum de la fonction f est $f(9) \approx 4{,}7$. Donc l'équation $f(x) = 5$ n'admet pas de solution sur cet intervalle.

Conclusion : L'équation $f(x) = 5$ admet une unique solution α sur l'intervalle $[1\ ;\ 9]$.

b) Lorsque l'on utilise la fonction, la valeur renvoyée x est $2{,}56$. C'est une approximation par excès à 10^{-2} près de α.

Cela signifie que si l'entreprise produit annuellement environ $2{,}56 \times 100 = 256$ pneus, le coût moyen de fabrication d'un pneu est égal à 5 centaines d'euros, soit 500 euros.

Exercice 2 → *Énoncé p. 162*

Partie A

1. On a $u_1 = 12$ et $u_2 = 15$ donc la raison est

$$q = \frac{u_2}{u_1} = \frac{5}{4}.$$

2. Pour tout entier naturel $n \geqslant 1$, on a

$$u_n = 12 \times \left(\frac{5}{4}\right)^{n-1}.$$

> **Rappel**
>
> Si (u_n) est une suite géométrique de 1er terme u_1 et de raison q alors pour tout entier natuerl n :
>
> $$u_{n+1} = qu_n$$
>
> et $$u_n = u_1 q^{n-1}$$

3. La durée de téléchargement pour 8 000 personnes est $u_8 = 12 \times \left(\frac{5}{4}\right)^7 \approx 57$ secondes.

4. On a $12 \times \left(\frac{5}{4}\right)^{n-1} \geqslant 90 \Leftrightarrow \left(\frac{5}{4}\right)^{n-1} \geqslant 7{,}5$

$$\Leftrightarrow \ln\left(\left(\frac{5}{4}\right)^{n-1}\right) \geqslant \ln(7{,}5)$$

$$\Leftrightarrow n-1 \geqslant \frac{\ln(7{,}5)}{\ln(1{,}25)}$$

$$\Leftrightarrow n \geqslant \frac{\ln(7{,}5)}{\ln(1{,}25)} + 1.$$

Rappel

Pour tous réels a et b strictement positifs : $a \geqslant b \Leftrightarrow \ln(a) \geqslant \ln(b)$.

Donc, la durée du téléchargement est supérieure ou égale à 90 s à partir de $\frac{\ln(7{,}5)}{\ln(1{,}25)} + 1 \approx 10{,}030$ milliers de personnes et donc environ 10 030 personnes.

Partie B

Pour tout réel $x \geqslant 0{,}5$, par $f(x) = 10x - 8\ln(x)$.

1. f est dérivable sur $[0{,}5 ; +\infty[$ et on a pour tout $x \in [0{,}5 ; +\infty[$ $f'(x) = 10 - \frac{8}{x}$.

On a pour tout $x \geqslant 0{,}5$: $f'(x) \geqslant 0 \Leftrightarrow 10 \geqslant \frac{8}{x} \Leftrightarrow x \geqslant 0{,}8$.

Ainsi, f est décroissante sur $[0{,}5 ; 0{,}8]$ et croissante sur $[0{,}8 ; +\infty[$.

2.

x	0,5	0,8	15
Variation de f	≈ 10,5 ↘	≈ 9,8	↗ ≈ 128,3

Rappel

Cas particulier du TVI pour les fonctions strictement monotones :
Soit f définie, continue et strictement monotone sur un intervalle $[a ; b]$.
Pour tout réel k compris entre $f(a)$ et $f(b)$ l'équation $f(x) = k$ admet une unique solution sur l'intervalle $[a ; b]$.

3. a) Sur l'intervalle $[0{,}5 ; 0{,}8]$: le maximum de f est $f(0{,}5) \approx 10{,}5$.
Donc, l'équation $f(x) = 90$ n'admet pas de solution.
Sur l'intervalle $[0{,}8 ; 15]$, f est continue et strictement monotone.
On a : $f(0{,}8) \approx 9{,}8$ et $f(15) \approx 128{,}3$. Or, $90 \in [f(0{,}8) ; f(15)]$.
D'après le cas particulier du théorème des valeurs intermédiaires pour les fonctions strictement monotones, on conclut que l'équation $f(x) = 90$ admet exactement une solution α sur $[0{,}8 ; 15]$.

b) En utilisant la calculatrice, on trouve qu'une valeur approchée, arrondie à l'unité près, du nombre de personnes connectées simultanément pour que le temps de téléchargement soit de 90 secondes est de 10, 912 milliers soit 10 912 personnes.

Les fonctions trigonométriques

CHAPITRE 6

1 Définition des fonctions sinus et cosinus

Définition

■ Soit M le point-image d'un réel x sur le cercle trigonométrique dans un repère orthonormé direct $(O ; I ; J)$. On a ainsi $M(\cos(x) ; \sin(x))$.

■ La fonction sinus notée sin est définie sur $\mathbb{R}$ par :

$$\sin : x \mapsto \sin(x).$$

■ La fonction cosinus notée cos est définie sur $\mathbb{R}$ par :

$$\cos : x \mapsto \cos(x).$$

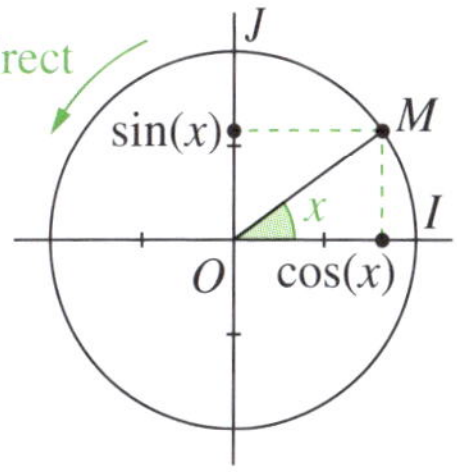

2 Dérivabilité

■ La fonction cosinus est dérivable sur $\mathbb{R}$ et sa dérivée est la fonction :

$$x \mapsto \cos'(x) = -\sin(x).$$

■ La fonction sinus est dérivable sur $\mathbb{R}$ et sa dérivée est la fonction :

$$x \mapsto \sin'(x) = \cos(x).$$

A. Propriété

$$\lim_{x \to 0} \frac{\sin(x)}{x} = 1 \qquad \lim_{x \to 0} \frac{\cos(x) - 1}{x} = 0$$

B. Propriétés admises

■ La fonction $x \mapsto \cos(ax + b)$ est dérivable sur $\mathbb{R}$ et sa dérivée est la fonction :

$$x \mapsto -a\sin(ax + b).$$

■ La fonction $x \mapsto \sin(ax + b)$ est dérivable sur $\mathbb{R}$ et sa dérivée est la fonction :

$$x \mapsto a\cos(ax + b).$$

■ Soit u une fonction dérivable sur un intervalle I de $\mathbb{R}$.

La fonction $x \mapsto \cos(u(x))$ est dérivable sur I et sa dérivée est la fonction :

$$x \mapsto -u'(x)\sin(u(x)).$$

La fonction $x \mapsto \sin(u(x))$ est dérivable sur I et sa dérivée est la fonction :

$$x \mapsto u'(x)\cos(u(x)).$$

3 Variations des fonctions trigonométriques sur $[-\pi\,;\pi]$

■ $f(x) = \sin(x)$ $\quad f'(x) = \cos(x)$

Si $-\pi \leqslant x \leqslant -\frac{\pi}{2}$ ou $\frac{\pi}{2} \leqslant x \leqslant \pi$ alors $\cos(x) \leqslant 0$

Si $\frac{-\pi}{2} \leqslant x \leqslant \frac{\pi}{2}$ alors $\cos(x) \geqslant 0$

Tableau de variation de la fonction sinus :

x	$-\pi$		$-\frac{\pi}{2}$		$\frac{\pi}{2}$		π
$\sin'(x) = \cos(x)$		$-$	0	$+$	0	$-$	
$\sin(x)$	0	↘	-1	↗	1	↘	0

■ $f(x) = \cos(x)$ $\quad f'(x) = -\sin(x)$

Si $-\pi \leqslant x \leqslant 0$ alors $\sin x \leqslant 0$

Si $0 \leqslant x \leqslant \pi$ alors $\sin x \geqslant 0$

Tableau de variation de la fonction cosinus :

x	$-\pi$		0		π
$\cos'(x) = -\sin(x)$		$+$	0	$-$	
$\cos(x)$	-1	↗	1	↘	-1

4 Courbe représentative des fonctions sinus et cosinus

Fonction sinus

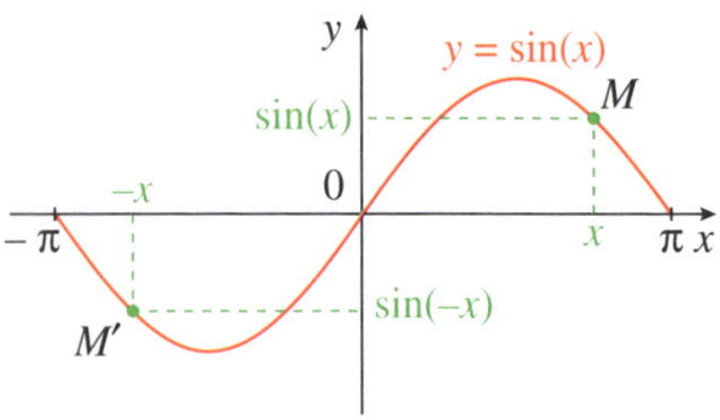

La courbe de la fonction sinus est donc symétrique par rapport à 0

Fonction cosinus

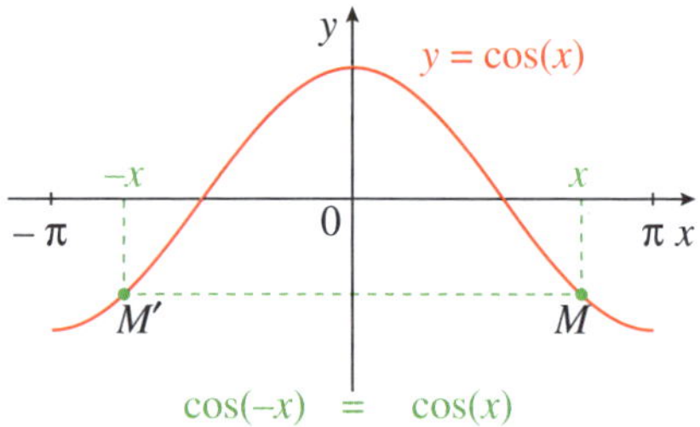

La courbe de la fonction cosinus est donc symétrique par rapport à l'axe des données

Remarques :

- $\sin(-x) = -\sin(x)$; la fonction sinus est impaire ; sa représentation graphique admet l'origine O du repère comme centre de symétrie.
- $\sin(x + 2\pi) = \sin(x)$. La fonction sinus est périodique de période 2π. La courbe se répète sur des intervalles de longueur 2π.
- $\cos(-x) = \cos(x)$; la fonction cosinus est paire ; sa représentation graphique admet l'axe des ordonnées comme axe de symétrie.
- $\cos(x + 2\pi) = \cos(x)$. La fonction cosinus est périodique de période 2π. La courbe se répète sur des intervalles de longueur 2π.

5 Résolution de l'équation cos(x) = a sur [–π ; π]

Propriété

Soit a un nombre réel. On note S l'ensemble des solutions de l'équation $\cos(x) = a$:

- si $a > 1$ ou $a < -1$ alors $S = \varnothing$
- si $a = 1$ alors $S = \{0\}$
- si $a = -1$ alors $S = \{-\pi, \pi\}$
- si $-1 < a < 1$ alors $S = \{-\alpha ; \alpha\}$ avec $\alpha \in]0 ; \pi[$ tel que $\cos(\alpha) = a$.

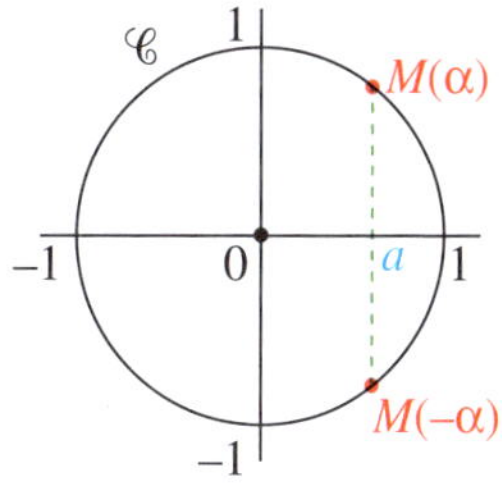

6 Résolution de l'inéquation cos(x) ⩽ a sur [–π ; π]

Propriété

Soit a un nombre réel. On note S l'ensemble des solutions de l'inéquation $\cos(x) \leqslant a$:

- si $a < -1$ alors $S = \varnothing$
- si $a \geqslant 1$ alors $S = [-\pi ; \pi]$
- si $a = -1$ alors $S = \{-\pi ; \pi\}$
- si $-1 < a < 1$ alors $S = [-\pi ; -\alpha] \cup [\alpha ; \pi]$

avec $\alpha \in]0 ; \pi[$ tel que $\cos(\alpha) = a$.

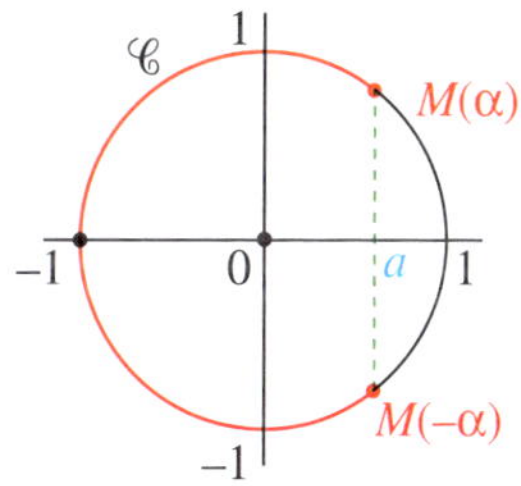

7 Résolution de l'équation sin(x) = a sur [–π ; π]

Propriété

Soit a un nombre réel. On note S l'ensemble des solutions de l'équation $\sin(x) = a$:

- si $a > 1$ ou $a < -1$ alors $S = \varnothing$
- si $a = 1$ alors $S = \left\{\frac{\pi}{2}\right\}$
- si $a = -1$ alors $S = \left\{-\frac{\pi}{2}\right\}$
- si $a = 0$ alors $S = \{-\pi ; 0\}$

• Si $0 < a < 1$ alors :

$S = \{\pi - \alpha, \alpha\}$ avec $\alpha \in \left]0\,;\frac{\pi}{2}\right[$

tel que $\sin(\alpha) = a$

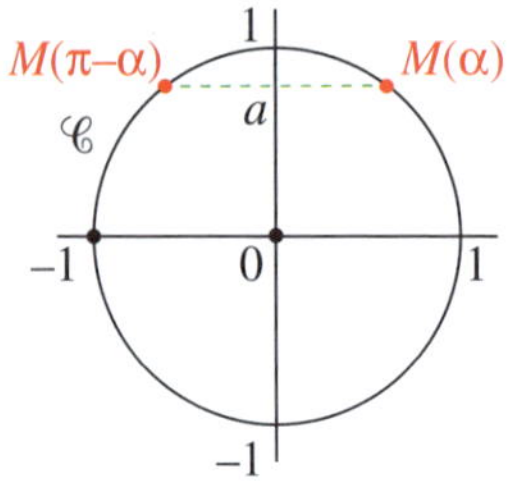

• Si $-1 < a < 0$ alors :

$S = \{-\pi - \alpha, \alpha\}$ avec $\alpha \in \left]-\frac{\pi}{2};0\right[$

tel que $\sin(\alpha) = a$

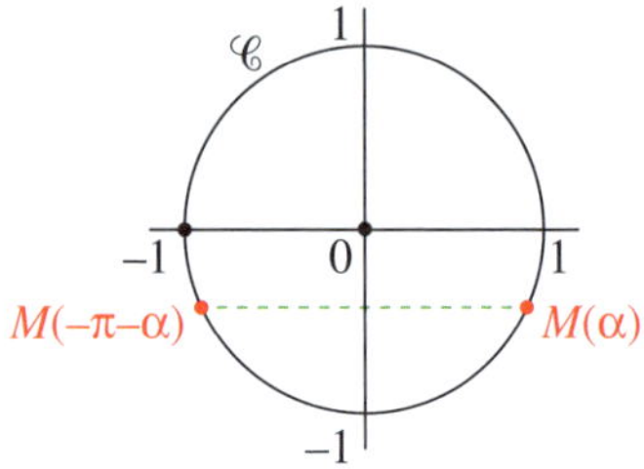

Ex. : L'équation $\sin(x) = \frac{1}{2}$ admet deux solutions sur l'intervalle $[-\pi\,;\,\pi]$ qui sont $\frac{\pi}{6}$ et $\frac{5\pi}{6}$ car $\sin\left(\frac{\pi}{6}\right) = \sin\left(\frac{5\pi}{6}\right) = \frac{1}{2}$.

8 Résolution de l'inéquation sin(x) ⩽ a sur [–π ; π]

Propriété

Soit a un nombre réel. On note S l'ensemble des solutions de l'inéquation $\sin(x) \leqslant a$:

- si $a < -1$ alors $S = \varnothing$
- si $a \geqslant 1$ alors $S = [-\pi\,;\pi]$
- si $a = -1$ alors $S = \left\{\frac{-\pi}{2}\right\}$
- si $a = 0$ alors $S = [-\pi\,;0]$

• si $0 < a < 1$ alors

$S = [-\pi\,;\alpha] \cup [\pi - \alpha\,;\pi]$ avec

$\alpha \in \left]0\,;\frac{\pi}{2}\right[$ le réel tel que $\sin(\alpha) = a$

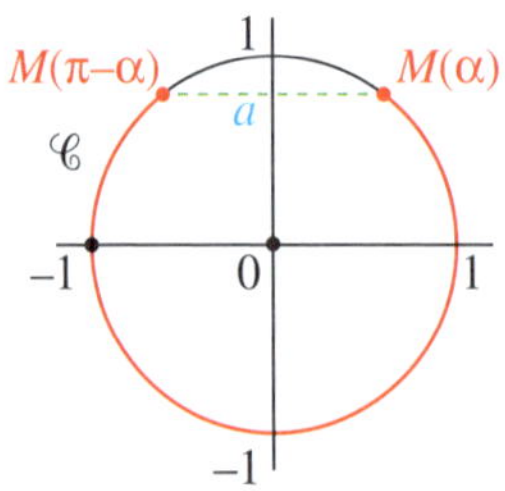

• si $-1 < a < 0$ alors

$S = [-\pi - \alpha\,;\,\alpha]$ avec $\alpha \in \left]-\frac{\pi}{2};0\right[$

le réel tel que $\sin(\alpha) = a$

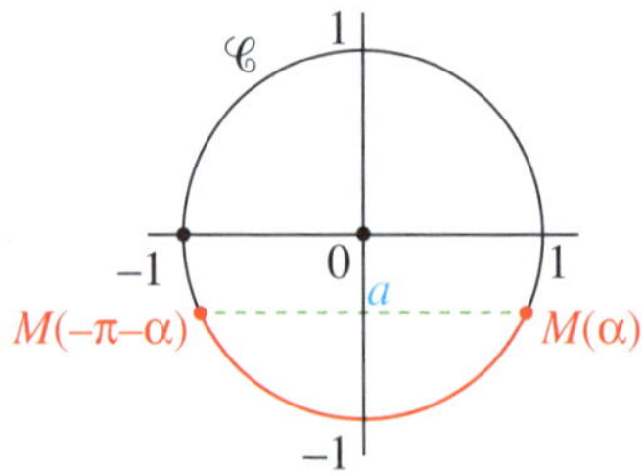

FONCTIONS TRIGONOMÉTRIQUES

Les fonctions cosinus et sinus

$\cos : x \mapsto \cos(x)$

Définie et dérivable sur $\mathbb{R}$

Paire et périodique de période 2π

$-1 \leqslant \cos(x) \leqslant 1$

$\cos'(x) = -\sin(x)$

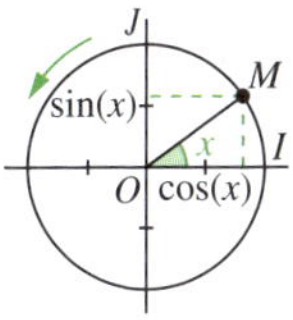

$\sin : x \mapsto \sin(x)$

Définie et dérivable sur $\mathbb{R}$

Impaire et périodique de période 2π

$-1 \leqslant \sin(x) \leqslant 1$

$\sin'(x) = \cos(x)$

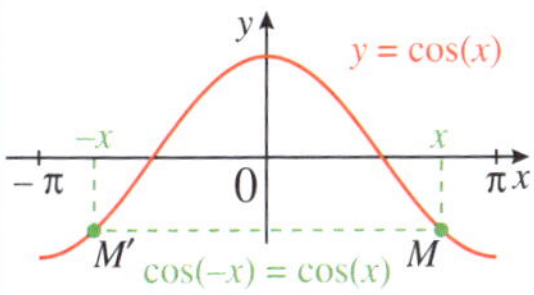

$$\lim_{x\to 0} \frac{\cos(x) - 1}{x} = 0$$

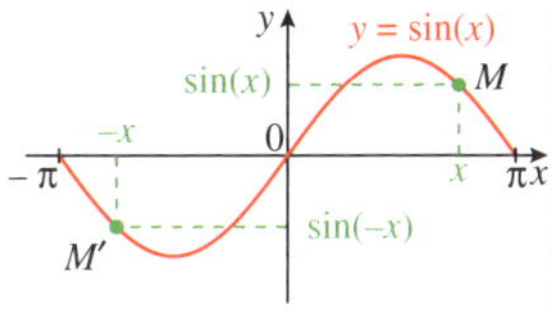

$$\lim_{x\to 0} \frac{\sin(x)}{x} = 1$$

Dérivées des fonctions trigonométriques

$f : x \mapsto \cos(u(x))$

$g : x \mapsto \sin(u(x))$

alors

$f'(x) = -u'(x)\sin(u(x))$

$g'(x) = u'(x)\cos(u(x))$

x	0	$\frac{\pi}{6}$	$\frac{\pi}{4}$	$\frac{\pi}{3}$	$\frac{\pi}{2}$
$\sin(x)$	0	$\frac{1}{2}$	$\frac{\sqrt{2}}{2}$	$\frac{\sqrt{3}}{2}$	1
$\cos(x)$	1	$\frac{\sqrt{3}}{2}$	$\frac{\sqrt{2}}{2}$	$\frac{1}{2}$	0

Équations

$\cos(x) = a$ sur $[-\pi\ ;\ \pi]$

Si $-1 < a < 1$ alors

$S = \{-\alpha\ ; \alpha\}$ avec α tel que $\cos(\alpha) = a$ et $\alpha \in]0\ ; \pi[$

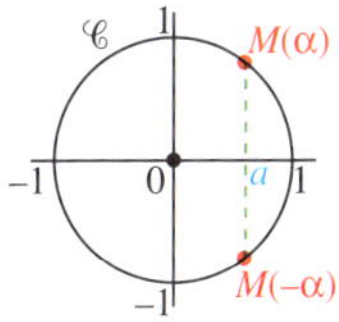

$\sin(x) = a$ sur $[-\pi\ ;\ \pi]$

Si $0 < a < 1$ alors

$S = \{\pi - \alpha, \alpha\}$ avec α tel que

$\sin(\alpha) = a$ et $\alpha \in \left]0\ ; \frac{\pi}{2}\right[$

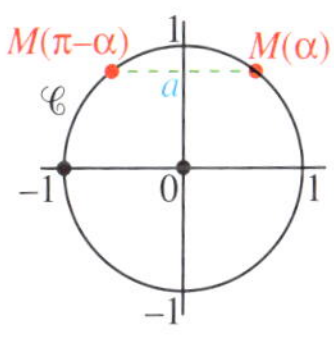

Inéquations

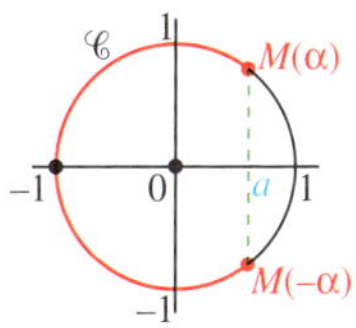

$\cos(x) \leqslant a$ sur $[-\pi\ ;\ \pi]$

Si $-1 < a < 1$ alors

$S = [-\pi\ ; -\alpha] \cup [\alpha\ ; \pi]$ avec α tel que $\cos(\alpha) = a$ avec $\alpha \in]0\ ; \pi[$

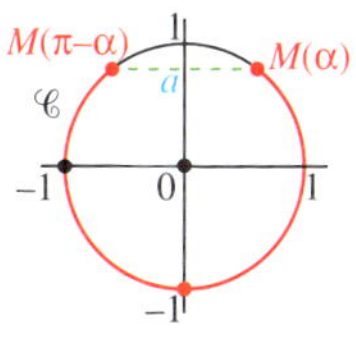

$\sin(x) \leqslant a$ sur $[-\pi\ ;\ \pi]$

Si $0 < a < 1$ alors

$S = [-\pi\ ; \alpha] \cup [\pi - \alpha\ ; \pi]$ avec α le réel tel que $\sin(\alpha) = a$ et $\alpha \in \left]0\ ; \frac{\pi}{2}\right[$

1 Calculer la dérivée d'une fonction trigonométrique

EXEMPLE

Pour chacune des fonctions suivantes définies sur $\mathbb{R}$, calculer l'expression de sa dérivée.

1. f est définie par $f(x) = 3\sin\left(2x - \frac{\pi}{4}\right)$ **2.** g est définie par $g(x) = x^2\cos(x)$

3. h est définie par $h(x) = \frac{\sin(x)}{2+\cos(x)}$ **4.** k est définie par $k(x) = \sin^2(x) - \cos^3(x)$

CORRIGÉ COMMENTÉ

1. $f(x)$ est de la forme : $c\sin(ax+b)$ avec $c = 3$, $a = 2$ et $b = -\frac{\pi}{4}$.

On a donc $f'(x) = 3 \times 2\cos\left(2x - \frac{\pi}{4}\right)$
$= 6\cos\left(2x - \frac{\pi}{4}\right)$.

> **Rappels**
> $\cos'(x) = -\sin x$ $\sin'(x) = \cos x$
> La dérivée de $x \mapsto \sin(ax+b)$ est $a\cos(ax+b)$

2. $g(x)$ est de la forme $u(x) \times v(x)$ avec $u(x) = x^2$ et $v(x) = \cos(x)$.
On a alors : $u'(x) = 2x$ et $v'(x) = -\sin(x)$.
On en déduit :

$$\begin{aligned} g'(x) &= u'(x)v(x) + u(x)v'(x) \\ &= 2x\cos(x) + x^2(-\sin(x)) \\ &= 2x\cos(x) - x^2\sin(x) \end{aligned}$$

> **Rappel**
> La dérivée de uv est :
> $(uv)' = u'v + uv'$

3. h est de la forme $\frac{u(x)}{v(x)}$ avec $u(x) = \sin(x)$ et $v(x) = 2 + \cos(x)$.
On a alors : $u'(x) = \cos(x)$ et $v'(x) = -\sin(x)$.
On en déduit :

$$\begin{aligned} h'(x) &= \frac{u'(x)v(x) - u(x)v'(x)}{v^2(x)} \\ &= \frac{\cos(x)(2+\cos(x)) - \sin(x)(-\sin(x))}{(2+\cos(x))^2} \\ &= \frac{2\cos(x) + \cos^2(x) + \sin^2(x)}{(2+\cos(x))^2} \\ &= \frac{2\cos(x) + 1}{(2+\cos(x))^2} \end{aligned}$$

> **Rappel**
> La dérivée de $\frac{u}{v}$ est :
> $\left(\frac{u}{v}\right)' = \frac{u'v - uv'}{v^2}$

> **Rappel**
> $\sin^2(x) + \cos^2(x) = 1$

4. $k(x)$ est de la forme $u^2(x) - v^3(x)$ avec $u^2(x) = \sin^2(x)$ et $v^3(x) = \cos^3(x)$

On a alors $(u^2(x))' = 2u(x) \times u'(x) = 2\sin(x)\cos(x)$

et $(v^3(x))' = 3v^2(x) \times v'(x) = 3\cos^2(x)(-\sin(x) = -3\cos^2(x)\sin(x)$

On en déduit :

$$\begin{aligned} k'(x) &= 2\sin(x)\cos(x) - \left(-3\cos^2(x)\sin(x)\right) \\ &= 2\sin(x)\cos(x) + 3\cos^2(x)\sin(x) \end{aligned}$$

> **Rappel**
> La dérivée de u^n est :
> $(u^n)' = nu^{n-1} \times u'$

2 Calculer des limites avec des fonctions trigonométriques

EXEMPLE

1. On considère la fonction f définie, pour tout réel x non nul, par : $f(x) = \dfrac{3\cos(x)}{x}$.

Déterminer la limite de f lorsque x tend vers $+\infty$.

2. On considère la fonction g définie, pour tout réel x non nul, par : $g(x) = \dfrac{\sin^2(x)}{x}$.

Déterminer la limite de g lorsque x tend vers 0.

CORRIGÉ COMMENTÉ

1. La fonction cosinus n'admet pas de limite en $+\infty$, on ne peut donc pas effectuer d'opérations sur les limites.

Pour tout réel x, on a : $-1 \leqslant \cos(x) \leqslant 1$ et $-3 \leqslant 3\cos(x) \leqslant 3$.

> **Remarque**
> Lorsque x tend vers $+\infty$, x est strictement positif.

Soit x un réel strictement positif. On peut diviser chaque membre des inégalités par x :

$$-\frac{3}{x} \leqslant \frac{3\cos(x)}{x} \leqslant \frac{3}{x}$$

On ne change pas le sens d'une inégalité lorsque l'on multiplie ou divise chaque membre par un nombre strictement positif.

Lorsque x tend vers $+\infty$: $\lim\limits_{x\to+\infty} -\dfrac{3}{x} = \lim\limits_{x\to+\infty} \dfrac{3}{x} = 0$.

> **Astuce**
> On écrit un encadrement pour utiliser le théorème des gendarmes.

Par le théorème des gendarmes : $\lim\limits_{x\to+\infty} f(x) = 0$.

2. La limite à déterminer se présente sous une forme indéterminée.

On a pour tout réel x non nul : $\dfrac{\sin^2(x)}{x} = \sin(x) \times \dfrac{\sin(x)}{x}$.

D'après le cours : $\lim\limits_{x\to 0} \dfrac{\sin(x)}{x} = 1$. On reconnaît le nombre dérivé de la fonction sinus en 0 qui est cos(0) = 1.

> **Astuce**
> On fait apparaître une expression dont on connaît la limite.

Par ailleurs, $\lim\limits_{x\to 0} \sin(x) = 0$. Par produit : $\lim\limits_{x\to 0} \dfrac{\sin^2(x)}{x} = 0$.

3 Résoudre des équations trigonométriques

EXEMPLE

Résoudre les équations suivantes sur l'intervalle I donné.

1. $\cos(x) = -2$ $\quad I = [-\pi\ ;\ \pi]$.

2. $\sin(x) = 1$ $\quad I = [-\pi\ ;\pi]$.

3. $\cos(2x) = \frac{1}{2}$ $\quad I = \left[-\frac{\pi}{2}\ ;\frac{\pi}{2}\right]$. On posera $X = 2x$.

4. $\sin(3x) = -\frac{\sqrt{3}}{2}$ $\quad I = \left[-\frac{\pi}{3}\ ;\frac{\pi}{3}\right]$. On posera $X = 3x$.

CORRIGÉ COMMENTÉ

1. Pour tout réel x : $-1 \leqslant \cos(x) \leqslant 1$ donc $\cos(x) \neq -2$ pour tout réel x. L'équation n'a pas de solution. $\quad S = \varnothing$

2. $\sin(x) = 1 \Leftrightarrow x = \frac{\pi}{2}$

$S = \left\{\frac{\pi}{2}\right\}$

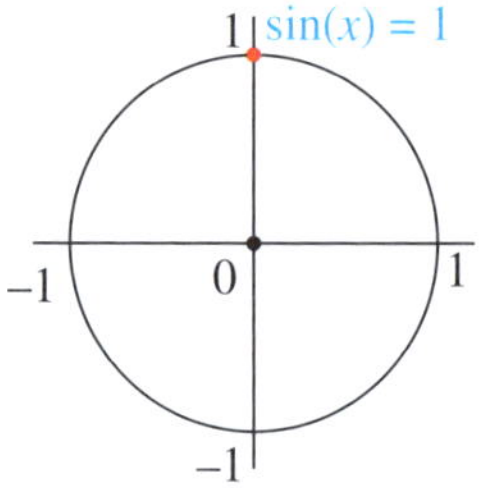

Rappel

x	0	$\frac{\pi}{6}$	$\frac{\pi}{4}$	$\frac{\pi}{3}$	$\frac{\pi}{2}$
$\sin(x)$	0	$\frac{1}{2}$	$\frac{\sqrt{2}}{2}$	$\frac{\sqrt{3}}{2}$	1
$\cos(x)$	1	$\frac{\sqrt{3}}{2}$	$\frac{\sqrt{2}}{2}$	$\frac{1}{2}$	0

3. $\cos(2x) = \frac{1}{2}$. On pose $X = 2x$.

On fait un changement de variable pour se ramener à une équation dont la ou (les) solution(s) se détermine(nt) facilement à l'aide du cercle trigonométrique.

$$x \in \left[-\frac{\pi}{2}\ ;\ \frac{\pi}{2}\right] \Leftrightarrow -\frac{\pi}{2} \leqslant x \leqslant \frac{\pi}{2}$$
$$\Leftrightarrow -\pi \leqslant 2x \leqslant \pi$$
$$\Leftrightarrow -\pi \leqslant X \leqslant \pi$$

$$\cos(X) = \frac{1}{2} \Leftrightarrow X = -\frac{\pi}{3} \text{ ou } X = \frac{\pi}{3}$$
$$\Leftrightarrow 2x = -\frac{\pi}{3} \text{ ou } 2x = \frac{\pi}{3}$$
$$\Leftrightarrow x = -\frac{\pi}{6} \text{ ou } x = \frac{\pi}{6}$$

$S = \left\{-\frac{\pi}{6} ; \frac{\pi}{6}\right\}$

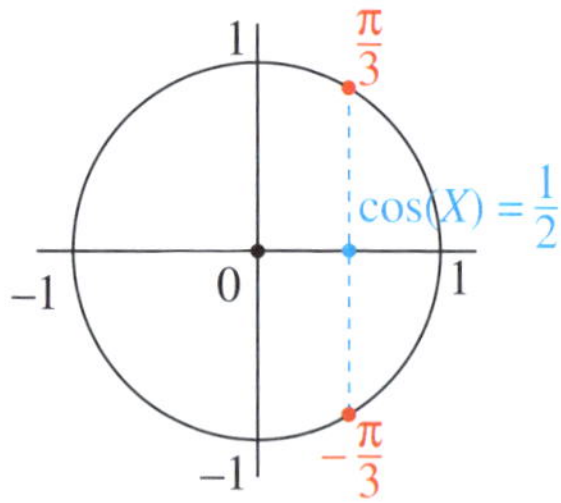

Rappel

Équation $\cos(x) = a$

Si $-1 < a < 1$ alors $S = \{-\alpha\ ; \alpha\}$ avec $\alpha \in]0\ ; \pi[$ tel que $\cos(\alpha) = a$.

4. $\sin(3x) = -\dfrac{\sqrt{3}}{2}$. On pose $X = 3x$

$$x \in \left[-\frac{\pi}{3} ; \frac{\pi}{3}\right] \Leftrightarrow -\frac{\pi}{3} \leqslant x \leqslant \frac{\pi}{3}$$
$$\Leftrightarrow -\pi \leqslant 3x \leqslant \pi$$
$$\Leftrightarrow -\pi \leqslant X \leqslant \pi$$

$$\sin(X) = -\frac{\sqrt{3}}{2} \Leftrightarrow X = -\frac{\pi}{3} \text{ ou } X = -\frac{2\pi}{3}$$
$$\Leftrightarrow 3x = -\frac{\pi}{3} \text{ ou } 3x = -\frac{2\pi}{3}$$
$$\Leftrightarrow x = -\frac{\pi}{9} \text{ ou } x = -\frac{2\pi}{9}$$

$$S = \left\{-\frac{2\pi}{9} ; -\frac{\pi}{9}\right\}$$

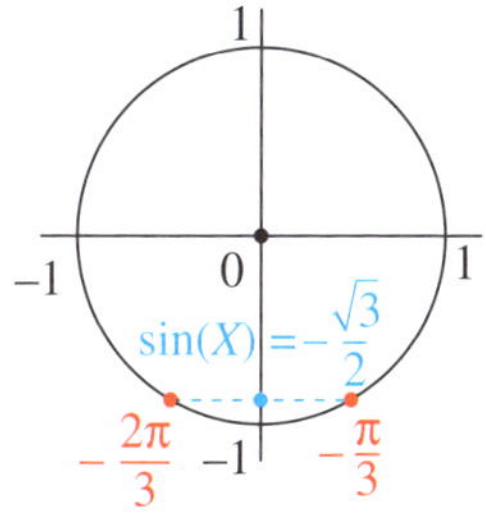

Rappel

Équation sin(*x*) = *a*

Si $-1 < a < 0$ alors $S = \{-\pi - \alpha, \alpha\}$ avec $\alpha \in \left]-\frac{\pi}{2} ; 0\right[$ tel que $\sin(\alpha) = a$.

4 Résoudre des inéquations trigonométriques

EXEMPLE 1

Résoudre l'inéquation $\cos(x) \leqslant \dfrac{\sqrt{2}}{2}$ sur $[-\pi ; \pi]$

$\cos\left(\dfrac{\pi}{4}\right) = \dfrac{\sqrt{2}}{2}$ donc $\alpha = \dfrac{\pi}{4}$.

Rappel

Inéquation cos(*x*) ⩽ *a*

Si $-1 < a < 1$ alors

$S = [-\pi ; -\alpha] \cup [\alpha ; \pi]$ avec

$\alpha \in [0 ; \pi]$ tel que $\cos(\alpha) = a$.

CORRIGÉ COMMENTÉ

L'ensemble des solutions S de l'inéquation $\cos(x) \leqslant \dfrac{\sqrt{2}}{2}$ sur $[-\pi ; \pi]$ est donc

$$S = \left[-\pi ; -\frac{\pi}{4}\right] \cup \left[\frac{\pi}{4} ; \pi\right].$$

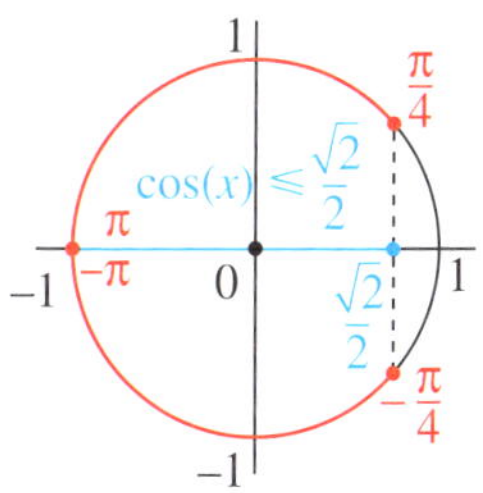

EXEMPLE 2

Résoudre l'inéquation $\sin(2x) \leqslant 0$ sur l'intervalle $\left[-\frac{\pi}{2} ; \frac{\pi}{2}\right]$.

CORRIGÉ COMMENTÉ

On fait un changement de variable pour se ramener à une inéquation dont les solutions se déterminent facilement à l'aide du cercle trigonométrique.

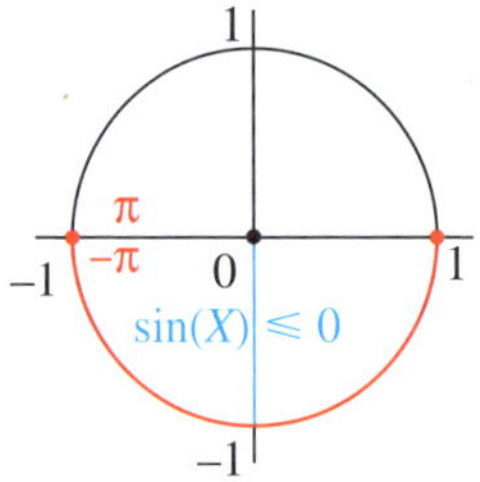

On pose $X = 2x$. $-\frac{\pi}{2} \leqslant x \leqslant \frac{\pi}{2} \Leftrightarrow -\pi \leqslant X \leqslant \pi$.

Or sur $[-\pi ; \pi]$, l'ensemble des solutions de l'inéquation $\sin(X) \leqslant 0$ est $[-\pi ; 0]$.

Donc l'ensemble des solutions S de l'inéquation $\sin(2x) \leqslant 0$ est $S = \left[-\frac{\pi}{2} ; 0\right]$.

EXEMPLE 3

Résoudre l'inéquation $\sin(3x) \leqslant \frac{1}{2}$ sur $\left[-\frac{\pi}{3} ; \frac{\pi}{3}\right]$.

CORRIGÉ COMMENTÉ

On pose $X = 3x$.

$-\frac{\pi}{3} \leqslant x \leqslant \frac{\pi}{3} \Leftrightarrow -\pi \leqslant X \leqslant \pi$.

Or, sur $[-\pi ; \pi]$, l'ensemble des solutions de l'inéquation $\sin(X) \leqslant \frac{1}{2}$ est $\left[-\pi ; \frac{\pi}{6}\right] \cup \left[\pi - \frac{\pi}{6} ; \pi\right]$.

$-\pi \leqslant X \leqslant \frac{\pi}{6} \Leftrightarrow -\pi \leqslant 3x \leqslant \frac{\pi}{6} \Leftrightarrow -\frac{\pi}{3} \leqslant x \leqslant \frac{\pi}{18}$ et

$\pi - \frac{\pi}{6} \leqslant X \leqslant \pi \Leftrightarrow \frac{5\pi}{6} \leqslant 3x \leqslant \pi \Leftrightarrow \frac{5\pi}{18} \leqslant x \leqslant \frac{\pi}{3}$.

Donc l'ensemble des solutions S de l'inéquation $\sin(3x) \leqslant \frac{1}{2}$ est $S = \left[-\frac{\pi}{3} ; \frac{\pi}{18}\right] \cup \left[\frac{5\pi}{18} ; \frac{\pi}{3}\right]$.

Rappel

Inéquation $\sin(x) \leqslant a$

Si $0 < a < 1$ alors

$S = [-\pi ; \alpha] \cup [\pi - \alpha ; \pi]$ avec

$\alpha \in \left[0 ; \frac{\pi}{2}\right]$ tel que $\sin \alpha = a$.

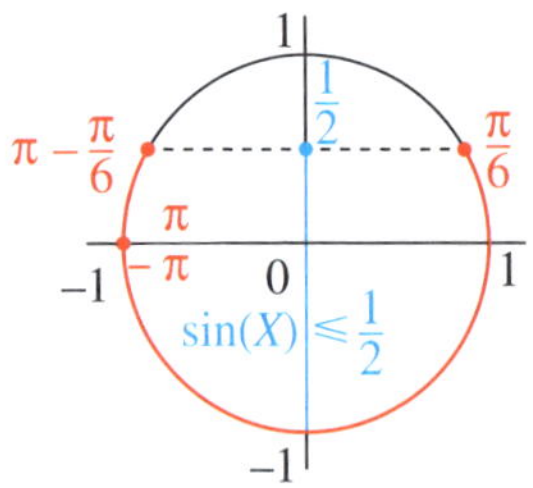

EXERCICES

1 5 min ★ → MÉTHODE 1, p. 180

Attribuer chaque fonction de gauche à sa dérivée écrite à droite.

1. $a(x) = 2\cos(x)$
2. $b(x) = -\sin(2x)$
3. $c(x) = 3\cos(2x) - 3$
4. $d(x) = -\dfrac{1}{3}\sin(3x)$

a) $f(x) = -6\sin(2x)$
b) $g(x) = -\cos(3x)$
c) $h(x) = -2\cos(2x)$
d) $i(x) = -2\sin(x)$

→ Corrigé p. 192

2 15 min ★ → MÉTHODE 1, p. 180

Dans chacun des cas ci-dessous, déterminer la fonction dérivée de la fonction f définie sur $\mathbb{R}$.

1. $f(x) = \sin(2x) - 2\cos(x)$.
2. $f(x) = \sin\left(x + \dfrac{\pi}{3}\right) - 3\cos(2x)$.
3. $f(x) = x^2 - \cos(x)$.
4. $f(x) = \sin(x)\cos(x)$.
5. $f(x) = x\cos(x)$.

→ Corrigé p. 192

3 15 min ★★ → MÉTHODE 1, p. 180

Dans chacun des cas ci-dessous, calculer la dérivée de la fonction f définie sur l'intervalle I donné.

1. $f(x) = \sin(3x - 1)\cos\left(\dfrac{1}{2} - 3x\right)$; $I = \mathbb{R}$.
2. $f(x) = \dfrac{3}{\cos(x)}$; $I = \left[0 \,;\, \dfrac{\pi}{2}\right[$.
3. $f(x) = x\sin\left(\dfrac{3\pi}{4}x + 2\right) - x^2$; $I = \mathbb{R}$.
4. $f(x) = \cos^2(x)\sin(x)$; $I = \mathbb{R}$.

→ Corrigé p. 192

4 10 min ★★ → MÉTHODE 1, p. 180

Soit s la fonction définie sur $\mathbb{R}$ par : $s(x) = (-1 + \cos(x))(\cos(x) + 1)$.

1. Calculer la dérivée s' de la fonction s et montrer que pour tout x, $s'(x)$ peut s'écrire sous la forme : $s'(x) = -2\sin(x)\cos(x)$.
2. Développer et simplifier l'expression de $s(x)$ puis calculer $s'(x)$ avec la nouvelle expression obtenue de $s(x)$.
3. Vérifier que les deux résultats sont égaux.

→ Corrigé p. 193

5 — 10 min ★

→ MÉTHODE 2, p. 181

1. Rappeler la limite de $\dfrac{\sin(x)}{x}$ lorsque x tend vers 0.

2. En déduire les limites suivantes :

a) $\lim\limits_{x\to 0}\dfrac{x}{\sin(x)}$; **b)** $\lim\limits_{x\to 0}\dfrac{\sin(x)+x}{x}$; **c)** $\lim\limits_{x\to 0}\dfrac{\sin(3x)}{3x}$.

→ Corrigé p. 194

6 — 10 min ★

→ MÉTHODE 2, p. 181

1. Rappeler la limite de $\dfrac{\cos(x)-1}{x}$ lorsque x tend vers 0.

2. En déduire les limites suivantes :

a) $\lim\limits_{x\to 0}\dfrac{(\cos(x)+x-1)}{x}$; **b)** $\lim\limits_{x\to 0}\dfrac{\cos^2(x)-\cos(x)}{x}$.

3. Calculer $\lim\limits_{x\to +\infty}\dfrac{\cos(x)}{x^2}$.

→ Corrigé p. 194

7 — 10 min ★★

→ MÉTHODE 2, p. 181

1. Écrire la définition du nombre dérivé de la fonction sinus en un réel a.

2. En déduire $\lim\limits_{x\to \frac{\pi}{2}}\dfrac{\sin(x)-1}{x-\frac{\pi}{2}}$.

→ Corrigé p. 195

8 — 15 min ★

→ MÉTHODE 3, p. 182

Résoudre les équations suivantes sur $[-\pi\,;\pi]$.

1. $\sin(x)=-3$.

2. $\cos(x)=1$.

3. $\sin(x)=\dfrac{1}{2}$.

4. $\cos(x)=-\dfrac{\sqrt{2}}{2}$.

5. $\cos(x)=\sin\left(\dfrac{\pi}{3}\right)$.

→ Corrigé p. 195

9 — 20 min ★★

→ MÉTHODE 3, p. 182

Résoudre les équations suivantes sur l'intervalle I donné.

1. $\sin(2x)=\dfrac{1}{2}$; $I=\left[-\dfrac{\pi}{2}\,;\dfrac{\pi}{2}\right]$.

2. $\cos(3x)=-\dfrac{\sqrt{3}}{2}$; $I=\left[-\dfrac{\pi}{3}\,;\dfrac{\pi}{3}\right]$.

3. $\cos\left(\dfrac{2\pi}{3}x\right)=-\dfrac{1}{2}$; $I=\left[-\dfrac{3}{2}\,;\dfrac{3}{2}\right]$.

→ Corrigé p. 196

10 20 min ★ → MÉTHODE 4, p. 183

Résoudre les inéquations suivantes sur $[-\pi\,;\pi]$.

1. $\cos(x) \leqslant 0$. 2. $\sin(x) > 0$. 3. $\sin(x) \leqslant -\frac{\sqrt{2}}{2}$. 4. $\cos(x) \leqslant -\frac{\sqrt{3}}{2}$.

→ Corrigé p. 197

11 20 min ★★ → MÉTHODE 4, p. 183

Résoudre les inéquations suivantes sur l'intervalle I donné :

1. $\cos(2x) \leqslant -\frac{1}{2}$; $I = \left[-\frac{\pi}{2}\,;\frac{\pi}{2}\right]$. 2. $\sin(4x) \leqslant \cos\left(\frac{\pi}{3}\right)$; $I = \left[-\frac{\pi}{4}\,;\frac{\pi}{4}\right]$.

3. $\sin\left(\frac{\pi}{4}x + \frac{\pi}{2}\right) \leqslant \frac{\sqrt{2}}{2}$; $I = [-6\,;2]$.

→ Corrigé p. 199

12 15 min **Vrai-Faux**

Pour chaque affirmation ci-dessous, dire si elle est vraie ou fausse. Justifier la réponse.
Soit f la fonction définie sur $\mathbb{R}$ par : $f : x \mapsto x\sin(x)$.

a) **Affirmation 1 :** f est paire.
b) **Affirmation 2 :** f est périodique de période 2π.
c) **Affirmation 3 :** $f'(x) = x\cos(x)$ pour tout réel x.
d) **Affirmation 4 :** $\lim\limits_{x\to 0} \frac{f(x)}{x^2} = 0$.

→ Corrigé p. 200

13 20 min **QCM**

Déterminer parmi les trois propositions la seule réponse exacte. Aucune justification n'est demandée. Un QCM nécessite souvent de faire une recherche au brouillon.

	Réponse A	Réponse B	Réponse C
1. Soit f la fonction définie sur $\mathbb{R}$ par $f(x) = \sin(2x) - 2x + 3$. La tangente à la courbe représentative de f au point d'abscisse 0 est :	parallèle à l'axe des ordonnées.	parallèle à l'axe des abscisses.	parallèle à la droite d'équation $y = x$.
2. On résout l'inéquation : $\sin(3\pi x) \geqslant \frac{\sqrt{3}}{2}$ sur l'intervalle $\left[-\frac{1}{3}\,;\frac{1}{3}\right]$. L'ensemble des solutions S est :	$\left[\frac{\pi}{3}\,;\frac{5\pi}{3}\right]$	$\left[-\frac{1}{3}\,;\frac{1}{9}\right] \cup \left[\frac{2}{9}\,;\frac{1}{3}\right]$	$\left[\frac{1}{9}\,;\frac{2}{9}\right]$
3. La limite, lorsque x tend vers $+\infty$, de $e^{-x}\cos^2(x)$:	est égale à 0.	n'existe pas.	est égale à $+\infty$.

→ Corrigé p. 201

14 10 min ★★★ Algorithmique et programmation

Le déplacement, autour de sa position de repos initiale, d'un point P d'un ressort est repéré par son élongation y (en mm) en fonction du temps t (en secondes). On admet que : $y(t) = -10\ \sin(4\pi t)$ pour tout réel t positif.

Partie 1 : On étudie la fonction y définie sur $\mathbb{R}$ par $y(t) = -10\ \sin(4\pi t)$.

1. Montrer que $T = 0{,}5$ est une période de y.

2. Montrer que y est impaire.

3. Calculer la dérivée de la fonction y et dresser son tableau de variation sur l'intervalle $[0\ ;\ 0{,}25]$.

4. Tracer la courbe représentative de y sur l'intervalle $[-0{,}75\ ;\ 0{,}75]$.

Partie 2 : On restreint l'étude de la fonction y à l'intervalle de temps $[0\ ;\ 0{,}25]$.

5. Résoudre l'inéquation $y(t) \leqslant -5$ sur $[0\ ;\ 0{,}25]$. Interpréter le résultat dans le contexte de l'exercice.

6. a) Montrer que l'équation $y(t) = -6$ admet une solution unique α sur l'intervalle $[0\ ;\ 0{,}125]$.

b) Écrire une fonction Python, nommée `f()`, d'argument x, qui renvoie les valeurs de la fonction f.

c) On a écrit la fonction Python sans argument ci-dessous, nommée `solution()`.

```
def solution():
    x=0
    while f(x)+6>0.001:
        x=x+0.001
    return x
```

Expliquer le rôle de la fonction `solution()`.

d) Recopier les fonctions précédentes dans un éditeur et donner une valeur approchée de α.

→ Corrigé p. 202

15 10 min ★★★ Algorithmique et programmation

La valeur de l'intensité $i(t)$ à l'instant t d'un courant alternatif est : $i(t) = 15{,}5\ \cos(100\pi t)$. t est un réel positif exprimé en seconde (s) et $i(t)$ est exprimée en ampère (A).

Partie 1 : On étudie la fonction i définie sur $\mathbb{R}$ par $i(t) = 15{,}5\cos(100\pi t)$.

1. Montrer que $T = \dfrac{1}{50}$ est une période de i. Exprimer T en milliseconde.

2. Montrer que la fonction i est paire.

3. Dresser le tableau de variations de i sur l'intervalle $[0\ ;\ 0{,}01]$.

4. Tracer la courbe représentative de la fonction i sur l'intervalle $[-0{,}03\ ;\ 0{,}03]$.

Partie 2 : On restreint l'étude de la fonction i à l'intervalle de temps [0 ; 0,01].

5. Quelle est la valeur de l'intensité maximale sur cet intervalle ?

6. Déterminer la (ou les) valeur(s) de t pour laquelle (ou lesquelles) la fonction i s'annule sur l'intervalle [0 ; 0,01].

7. Compléter la fonction Python ci-dessous, nommée `valeurs()`, pour qu'elle affiche la liste de toutes les valeurs de $i(t)$ pour toutes les valeurs de t du tableau ci-dessous puis compléter le tableau ci-dessous.

t	0	0,001	0,002	0,003	0,004	0,005	0,006	0,007	0,008	0,009	0,010
$i(t)$											

```python
from math import cos,pi
def valeurs():
    i=[]
    for k in range(...):
        i.append(...)
    return i
```

→ Corrigé p. 204

Henry Briggs

(1556 -1630) est un mathématicien anglais.
Il réalise en 1624 une table de valeurs des sinus avec 15 décimales.

SUJET DE BAC

Exercice 1 — 30 min — 5 points

On considère la fonction f définie sur $\mathbb{R}$ par $f(x) = e^x \cos(x)$.

On appelle $\mathscr{C}_f$ sa courbe représentative dans un repère $(O ; \vec{i}, \vec{j})$.

1. Montrer que pour tout réel x, $-e^x \leqslant f(x) \leqslant e^x$. En déduire que $\mathscr{C}_f$ admet une asymptote en $-\infty$ dont on donnera l'équation.

2. Déterminer les abscisses des points d'intersection de $\mathscr{C}_f$ avec l'axe des abscisses sur l'intervalle $[-\pi ; \pi]$.

3. On étudie la fonction f sur l'intervalle $\left[-\frac{\pi}{2} ; \frac{\pi}{2}\right]$. On admet que pour tout réel $x \in \left[-\frac{\pi}{2} ; \frac{\pi}{2}\right]$, on a : $\cos(x) - \sin(x) = \sqrt{2}\cos\left(x + \frac{\pi}{4}\right)$.

Montrer que pour tout réel f, $f'(x) = \sqrt{2}e^x \cos\left(x + \frac{\pi}{4}\right)$.

4. Montrer que f est croissante sur $\left[-\frac{\pi}{2} ; \frac{\pi}{4}\right]$ et décroissante sur $\left[\frac{\pi}{4} ; \frac{\pi}{2}\right]$.

5. Dresser le tableau de variation de la fonction f sur $\left[-\frac{\pi}{2} ; \frac{\pi}{2}\right]$.

6. Tracer $\mathscr{C}_f$ sur le graphique ci-dessous.

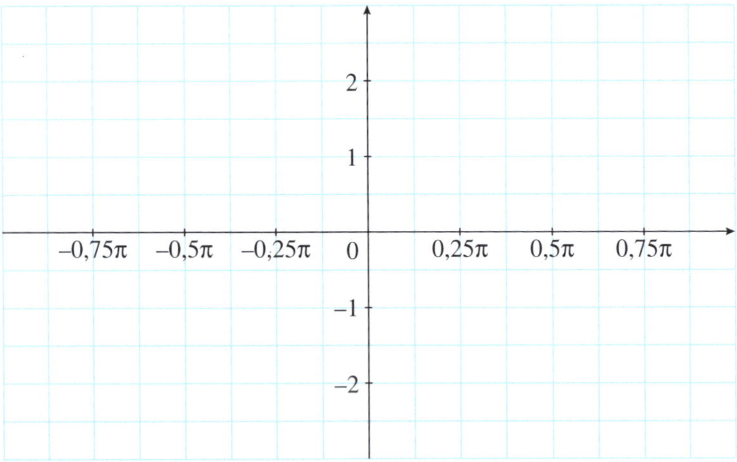

7. a) Démontrer que, sur l'intervalle $\left[0 ; \frac{\pi}{2}\right]$, l'équation $f(x) = \frac{1}{2}$ admet une solution unique α.

b) À l'aide de la calculatrice, déterminer une valeur approchée de α arrondie au centième.

8. On note f'' la fonction dérivée seconde de f.

a) Montrer que pour tout réel x, $f''(x) = -2e^x \sin(x)$.

b) En déduire que sur l'intervalle $\left[-\frac{\pi}{2}\,;\frac{\pi}{2}\right]$, le coefficient directeur de la tangente à $\mathscr{C}_f$ au point d'abscisse x admet un maximum que l'on précisera.

9. Déterminer l'équation de la tangente (T) à $\mathscr{C}_f$ au point O et tracer (T) sur le graphique précédent.

→ Corrigé p. 205

Exercice 2 30 min 5 points

Dans cet exercice, l'unité est le mètre. Les figures sont représentées à l'échelle $\frac{3}{100}$ (3 cm pour 1 m).

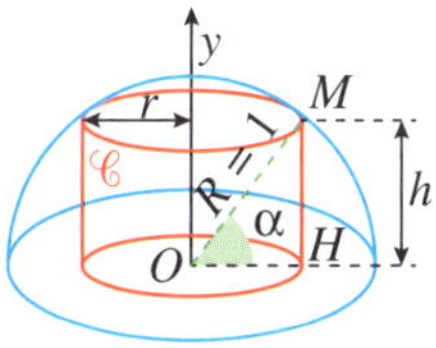

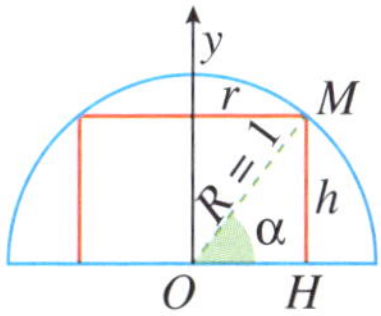

On considère un cylindre droit de hauteur h inscrit dans une demi-sphère de rayon $R = 1$. Le cylindre et la demi-sphère ont le même plan de base P et le même axe de symétrie (Oy). La demi-sphère et le cylindre se coupent selon un cercle $\mathscr{C}$ de rayon r. Soit M un point de ce cercle $\mathscr{C}$ et H la projection orthogonale de M sur P.

On désigne par α la mesure en radians de l'angle $\widehat{HOM}$, $0 < \alpha < \frac{\pi}{2}$.

1. Exprimer la hauteur h et le rayon du cylindre en fonction de α.

2. Démontrer que le volume du cylindre inscrit dans cette demi-sphère s'exprime à l'aide de α par la fonction f définie sur $\left]0\,;\frac{\pi}{2}\right[$ par $f(\alpha) = \pi\left(\sin(\alpha) - \sin^3(\alpha)\right)$.

3. a) Calculer la dérivée f' de la fonction f.

b) Montrer qu'il existe une valeur α_0 de α pour laquelle f admet un maximum et que $\sin(\alpha_0) = \frac{\sqrt{3}}{3}$.

4. En déduire les dimensions h et r du cylindre de plus grand volume inscrit dans cette demi-sphère et calculer la valeur exacte en m^3 de son volume.

→ Corrigé p. 208

CORRIGÉS

> **Rappels**
> $\cos'(x) = -\sin x \qquad \sin'(x) = \cos x$
> La dérivée de $x \mapsto \cos(ax+b)$ est : $x \mapsto -a\sin(ax+b)$
> La dérivée de $x \mapsto \sin(ax+b)$ est : $x \mapsto a\cos(ax+b)$

1 → *Énoncé p. 185*

1. d) **2. c)** **3. a)** **4. b)**

2 → *Énoncé p. 185*

1. Pour tout réel x, $f'(x) = 2\cos(2x) + 2\sin(x)$.

2. Pour tout réel x, $f'(x) = \cos\left(x + \frac{\pi}{3}\right) + 6\sin(2x)$.

3. Pour tout réel x, $f'(x) = 2x + \sin(x)$.

4. **On utilise la formule de la dérivée d'un produit de fonctions.**
$f(x)$ est de la forme $u(x) \times v(x)$ avec $u(x) = \sin(x)$ et $v(x) = \cos(x)$.
On a alors : $u'(x) = \cos(x)$ et $v'(x) = -\sin(x)$.
On en déduit que pour tout réel x :

$$\begin{aligned} f'(x) &= u'(x)v(x) + u(x)v'(x) = \cos(x)\cos(x) + \sin(x)(-\sin(x)) \\ &= 2x\cos(x) - x^2\sin(x) \\ &= \cos^2(x) - \sin^2(x). \end{aligned}$$

5. $f(x)$ est de la forme $u(x) \times v(x)$ avec $u(x) = x$ et $v(x) = \cos(x)$.
On a alors : $u'(x) = 1$ et $v'(x) = -\sin(x)$.
On en déduit que pour tout réel x :

$$\begin{aligned} f'(x) &= u'(x)v(x) + u(x)v'(x) \\ &= \cos(x) - x\sin(x). \end{aligned}$$

3 → *Énoncé p. 185*

1. $f(x)$ est de la forme $u(x) \times v(x)$ avec $u(x) = \sin(3x-1)$ et $v(x) = \cos\left(\frac{1}{2} - 3x\right)$.

On a alors : $u'(x) = 3\cos(3x-1)$ et $v'(x) = -3 \times \left(-\sin\left(\frac{1}{2} - 3x\right)\right)$.

On en déduit que pour tout réel x :

$$\begin{aligned} f'(x) &= u'(x)v(x) + u(x)v'(x) \\ &= 3\cos(3x-1)\cos\left(\frac{1}{2} - 3x\right) + \sin(3x-1) \times 3\sin\left(\frac{1}{2} - 3x\right) \end{aligned}$$

$$f'(x) = 3\cos(3x-1)\cos\left(\frac{1}{2} - 3x\right) + 3\sin(3x-1)\sin\left(\frac{1}{2} - 3x\right).$$

2. Pour tout $x \in I$, $f(x)$ est de la forme $3 \times \frac{1}{u(x)}$ avec $u(x) = \cos(x)$.

On utilise la formule de dérivation : $\left(\frac{1}{u(x)}\right)' = -\frac{u'(x)}{u^2(x)}$

On a alors $f'(x) = 3 \times \left(-\frac{u'(x)}{u^2(x)}\right)$

Pour tout $x \in \mathrm{I}$, $f'(x) = 3 \times \frac{-(-\sin(x))}{\cos^2(x)} = \frac{3\sin(x)}{\cos^2(x)}$.

3. $f(x)$ est de la forme $u(x) \times v(x) - x^2$ avec $u(x) = x$ et $v(x) = \sin\left(\frac{3\pi}{4}x + 2\right)$.

On a alors : $u'(x) = 1$ et $v'(x) = \frac{3\pi}{4}\cos\left(\frac{3\pi}{4}x + 2\right)$.

$$\begin{aligned} f'(x) &= u'(x)v(x) + u(x)v'(x) - 2x \\ &= 1 \times \sin\left(\frac{3\pi}{4}x + 2\right) + x \times \frac{3\pi}{4} \times \cos\left(\frac{3\pi}{4}x + 2\right) - 2x \end{aligned}$$

Pour tout réel x, $f'(x) = \sin\left(\frac{3\pi}{4}x + 2\right) + \frac{3\pi}{4}x\cos\left(\frac{3\pi}{4}x + 2\right) - 2x$.

4. $f(x)$ est de la forme $u(x) \times v(x)$ avec $u(x) = \cos^2(x)$
et $v(x) = \sin(x)$.
On a alors $u'(x) = 2\cos(x) \times (-\sin(x))$ et $v'(x) = \cos(x)$.

$$\begin{aligned} f'(x) &= u'(x)v(x) + u(x)v'(x) \\ &= -2\cos(x)\sin(x)\sin(x) + \cos^2(x)\cos(x) \\ &= -2\cos(x)\sin^2(x) + \cos^3(x). \end{aligned}$$

4 → Énoncé p. 185

1. Soit s la fonction définie sur $\mathbb{R}$ par $s(x) = (-1 + \cos(x))(\cos(x) + 1)$.
$s(x)$ est de la forme $u(x) \times v(x)$ avec $u(x) = -1 + \cos(x)$ et $v(x) = \cos(x) + 1$.
On a alors $u'(x) = -\sin(x)$ et $v'(x) = -\sin(x)$.
$s'(x) = u'(x)v(x) + u(x)v'(x)$
$s'(x) = -\sin(x)(\cos(x) + 1) + (-1 + \cos(x))(-\sin(x))$
En développant, on obtient, pour tout réel x,
$s'(x) = -\sin(x)\cos(x) - \sin(x) + \sin(x) - \sin(x)\cos(x)$
$s'(x) = -2\sin(x)\cos(x)$.

2. Pour tout réel x, $s(x) = (\cos(x) + 1)(\cos(x) - 1)$,
On reconnaît l'identité remarquable $(a + b)(a - b) = a^2 - b^2$.
Donc $s(x) = \cos^2(x) - 1$.
On pourrait également écrire $s(x) = -\sin^2(x)$ car $\cos^2(x) + \sin^2(x) = 1$.
Pour tout réel x, $s(x)$ est de la forme $u(x) \times v(x) - 1$ avec $u(x) = \cos(x)$ et $v(x) = \cos(x)$.
On a alors $u'(x) = -\sin(x)$ et $v'(x) = -\sin(x)$.
$s'(x) = u'(x)v(x) + u(x)v'(x) = -\sin(x)\cos(x) + \cos(x)(-\sin(x))$
$s'(x) = -2\sin(x)\cos(x)$.

3. L'expression de la dérivée s' de s obtenue à la question **1.** est bien la même que celle obtenue à la question **2.**

5 → *Énoncé p. 186*

1. $\lim\limits_{x \to 0} \dfrac{\sin(x)}{x} = 1$

$\lim\limits_{x \to 0} \dfrac{\sin(x)}{x}$ **est le nombre dérivé de la fonction sinus en 0. Ce nombre est cos(0) = 1.**

2. a) $\lim\limits_{x \to 0} \dfrac{x}{\sin(x)} = \lim\limits_{x \to 0} \dfrac{1}{\dfrac{\sin(x)}{x}} = \dfrac{1}{1} = 1.$

On utilise les opérations sur les limites.

> **Astuce**
> Pour lever l'indétermination, on fait apparaître une limite connue puis on utilise les opérations sur les limites.

b) $\lim\limits_{x \to 0} \dfrac{\sin(x) + x}{x} = \left(\lim\limits_{x \to 0} \dfrac{\sin(x)}{x}\right) + 1 = 1 + 1 = 2.$

c) On pose $X = 3x$. Lorsque x tend vers 0, X tend vers 0.

$\lim\limits_{x \to 0} \dfrac{\sin(3x}{3x} = \lim\limits_{X \to 0} \dfrac{\sin(X)}{X} = 1.$

On fait un changement de variable pour se ramener à une limite connue.

6 → *Énoncé p. 186*

> **Astuce**
> On écrit un encadrement de cos(*x*) pour utiliser le théorème des gendarmes.

1. $\lim\limits_{x \to 0} \dfrac{\cos(x) - 1}{x} = 0.$

$\lim\limits_{x \to 0} \dfrac{\cos(x) - 1}{x}$ **est le nombre dérivé de la fonction cosinus en 0. Ce nombre est** $-\sin(0) = 0$.

2. a) $\lim\limits_{x \to 0} \dfrac{(\cos(x) + x - 1)}{x} = \lim\limits_{x \to 0} \dfrac{(\cos(x) - 1)}{x^2} + \lim\limits_{x \to 0} \dfrac{x}{x} = 0 + 1 = 1.$

b) $\lim\limits_{x \to 0} \dfrac{\cos^2(x) - \cos(x)}{x} = \lim\limits_{x \to 0} \dfrac{\cos(x)(\cos(x) - 1)}{x}$

$= \lim\limits_{x \to 0} \cos(x) \times \lim\limits_{x \to 0} \dfrac{(\cos(x) - 1)}{x} = 1 \times 0 = 0.$

3. Pour tout réel x, on a : $-1 \leqslant \cos(x) \leqslant 1.$

Pour x assez grand, x^2 est un réel strictement positif. On peut diviser chaque membre de l'inégalité par x^2 :

$-\dfrac{1}{x^2} \leqslant \dfrac{\cos(x)}{x^2} \leqslant \dfrac{1}{x^2}.$

Lorsque x tend vers $+\infty$: $\lim\limits_{x \to +\infty} -\dfrac{1}{x^2} = \lim\limits_{x \to +\infty} \dfrac{1}{x^2} = 0.$

Par le théorème des gendarmes : $\lim\limits_{x \to +\infty} \dfrac{\cos(x)}{x^2} = 0.$

7 → Énoncé p. 186

Astuce

Faire un changement de variable pour se ramener à étudier une limite en 0 qui évoque la définition du nombre dérivé en a d'une fonction.

1. Le nombre dérivé de la fonction sinus en un réel a est égal à la limite lorsque h tend vers 0 de $\dfrac{\sin(a+h)-\sin(a)}{h}$.

2. On pose $h = x - \dfrac{\pi}{2}$; $\displaystyle\lim_{x\to\frac{\pi}{2}} \frac{\sin(x)-1}{x-\frac{\pi}{2}} = \lim_{h\to 0} \frac{\sin\left(\frac{\pi}{2}+h\right)-\sin\left(\frac{\pi}{2}\right)}{h}$.

On reconnaît le nombre dérivé de la fonction sinus en $\dfrac{\pi}{2}$ qui est égal à $\cos\left(\dfrac{\pi}{2}\right)$.

Donc $\displaystyle\lim_{x\to\frac{\pi}{2}} \frac{\sin(x)-1}{x-\frac{\pi}{2}} = 0$.

8 → Énoncé p. 186

1. Pour tout réel x : $-1 \leqslant \sin(x) \leqslant 1$ donc $\sin(x) \neq -3$ pour tout $x \in [-\pi\,;\pi]$.
L'équation n'a pas de solution.
Donc $\boldsymbol{S} = \varnothing$.

Rappel

x	0	$\frac{\pi}{6}$	$\frac{\pi}{4}$	$\frac{\pi}{3}$	$\frac{\pi}{2}$
$\sin(x)$	0	$\frac{1}{2}$	$\frac{\sqrt{2}}{2}$	$\frac{\sqrt{3}}{2}$	1
$\cos(x)$	1	$\frac{\sqrt{3}}{2}$	$\frac{\sqrt{2}}{2}$	$\frac{1}{2}$	0

2. $\cos(x) = 1$ et $x \in [-\pi\,;\pi] \Leftrightarrow x = 0$.
Donc $S = \{0\}$.

3. $\sin(x) = \dfrac{1}{2}$ et $x \in [-\pi\,;\pi] \Leftrightarrow x = \dfrac{\pi}{6}$ ou $x = \dfrac{5\pi}{6}$.

Donc $\boldsymbol{S} = \left\{\dfrac{\pi}{6} ; \dfrac{5\pi}{6}\right\}$.

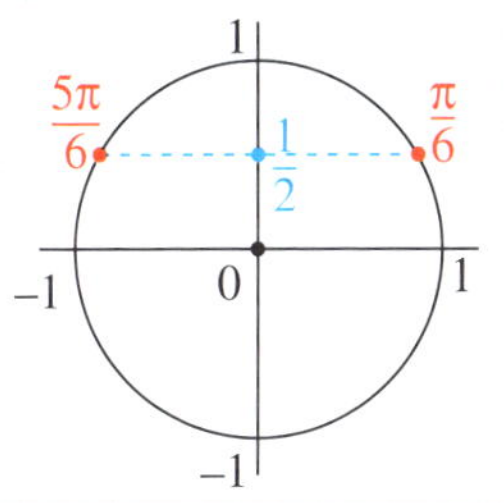

Astuce

Pour résoudre ce type d'équations on s'aide du tableau de valeurs remarquables et de représentations sur le cercle trigonométrique.

4. $\cos(x) = -\dfrac{\sqrt{2}}{2}$ et $x \in [-\pi\,;\pi] \Leftrightarrow x = -\dfrac{3\pi}{4}$ ou $x = \dfrac{3\pi}{4}$.

Donc $S = \left\{-\dfrac{3\pi}{4} ; \dfrac{3\pi}{4}\right\}$.

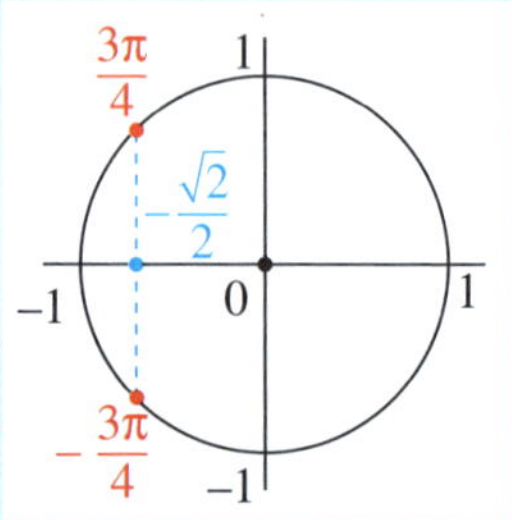

5. $\cos(x) = \sin\left(\frac{\pi}{3}\right)$ et $x \in [-\pi\,;\pi] \Leftrightarrow \cos(x) = \frac{\sqrt{3}}{2}$ et $x \in [-\pi\,;\pi] \Leftrightarrow x = -\frac{\pi}{6}$ ou $x = \frac{\pi}{6}$.

Donc $S = \left\{-\frac{\pi}{6}\,;\frac{\pi}{6}\right\}$.

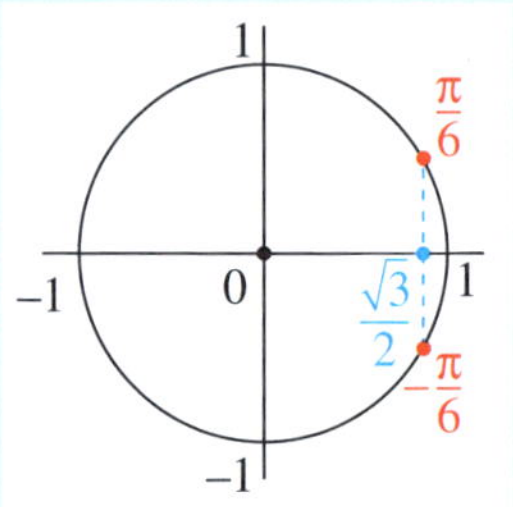

9 → *Énoncé p. 186*

1. On pose $X = 2x$

$x \in \left[-\frac{\pi}{2};\frac{\pi}{2}\right] \Leftrightarrow -\frac{\pi}{2} \leqslant x \leqslant \frac{\pi}{2} \Leftrightarrow -\pi \leqslant 2x \leqslant \pi \Leftrightarrow -\pi \leqslant X \leqslant \pi$

$\sin(X) = \frac{1}{2}$ et $X \in [-\pi\,;\pi] \Leftrightarrow X = \frac{\pi}{6}$ ou $X = \frac{5\pi}{6}$

$\Leftrightarrow 2x = \frac{\pi}{6}$ ou $2x = \frac{5\pi}{6}$

$\Leftrightarrow x = \frac{\pi}{12}$ ou $x = \frac{5\pi}{12}$

Donc $S = \left\{\frac{\pi}{12};\frac{5\pi}{12}\right\}$.

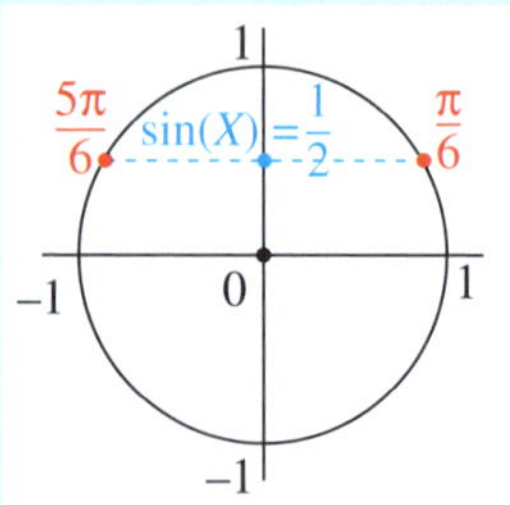

Astuce

On fait un changement de variable pour se ramener à une forme d'équations étudiées dans le cours.

2. On pose $X = 3x$

$x \in \left[-\frac{\pi}{3}\,;\frac{\pi}{3}\right] \Leftrightarrow -\frac{\pi}{3} \leqslant x \leqslant \frac{\pi}{3} \Leftrightarrow -\pi \leqslant 3x \leqslant \pi \Leftrightarrow -\pi \leqslant X \leqslant \pi$

$\cos(X) = -\frac{\sqrt{3}}{2}$ et $X \in [-\pi\,;\pi] \Leftrightarrow X = \frac{-5\pi}{6}$ ou $X = \frac{5\pi}{6}$

$\Leftrightarrow 3x = \frac{-5\pi}{6}$ ou $3x = \frac{5\pi}{6}$

$\Leftrightarrow x = \frac{-5\pi}{18}$ ou $x = \frac{5\pi}{18}$.

Donc $S = \left\{-\frac{5\pi}{18}\,;-\frac{\pi}{18}\right\}$.

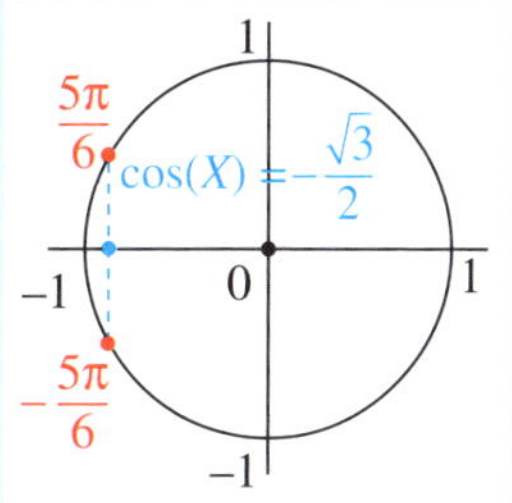

3. On pose $X = \frac{2\pi}{3}x$

$x \in \left[-\frac{3}{2}\,;\frac{3}{2}\right] \Leftrightarrow -\frac{3}{2} \leqslant x \leqslant \frac{3}{2} \Leftrightarrow -\pi \leqslant \frac{2\pi}{3}x \leqslant \pi$

$\Leftrightarrow -\pi \leqslant X \leqslant \pi$

$\cos(X) = -\frac{1}{2}$ et $X \in [-\pi\,;\pi] \Leftrightarrow X = \frac{-2\pi}{3}$ ou $X = \frac{2\pi}{3}$

$\Leftrightarrow \frac{2\pi}{3}x = \frac{-2\pi}{3}$ ou $\frac{2\pi}{3}x = \frac{2\pi}{3}$

$\Leftrightarrow x = -1$ ou $x = 1$.

Donc $S = \{-1\,;1\}$.

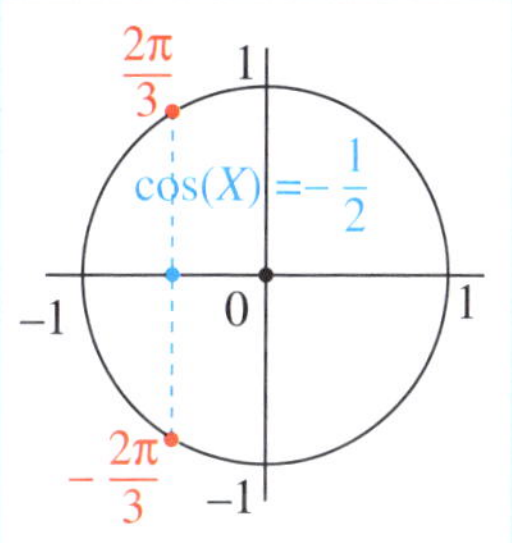

10 → Énoncé p. 187

1. L'ensemble des solutions S de l'inéquation $\cos(x) \leqslant 0$ sur $[-\pi\,;\pi]$ est :

$S = \left[-\pi\,;-\frac{\pi}{2}\right] \cup \left[\frac{\pi}{2}\,;\pi\right]$.

Astuce

Pour résoudre ce type d'inéquations on s'aide du tableau de valeurs remarquables et de représentations sur le cercle trigonométrique.

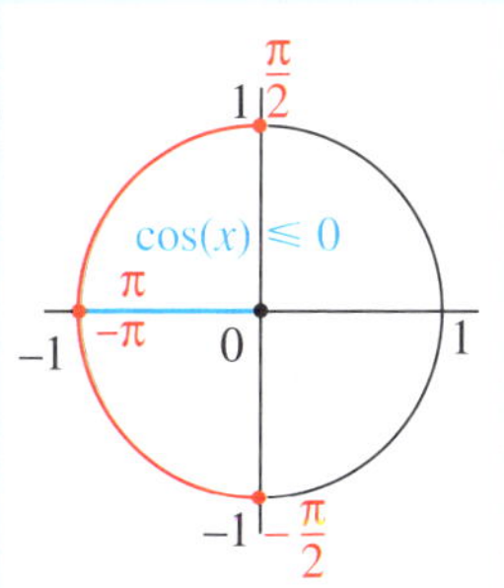

Attention

Bien lire les solutions sur le cercle trigonométrique en partant de $-\pi$ puis en tournant dans le sens trigonométrique jusqu'à $+\pi$.

2. L'ensemble des solutions S de l'inéquation $\sin(x) > 0$ sur $[-\pi\,;\pi]$ est :
$S = \,]0\,;\,\pi[$.

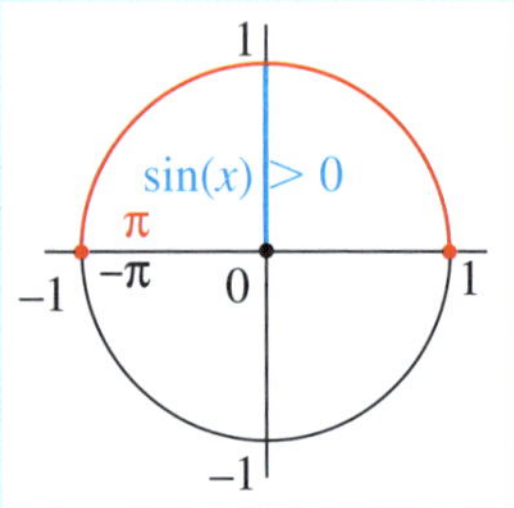

3. L'ensemble des solutions S de l'inéquation $\sin(x) \leqslant -\dfrac{\sqrt{2}}{2}$ sur $[-\pi\,;\pi]$ est :

$S = \left[-\dfrac{3\pi}{4}\,;-\dfrac{\pi}{4}\right]$.

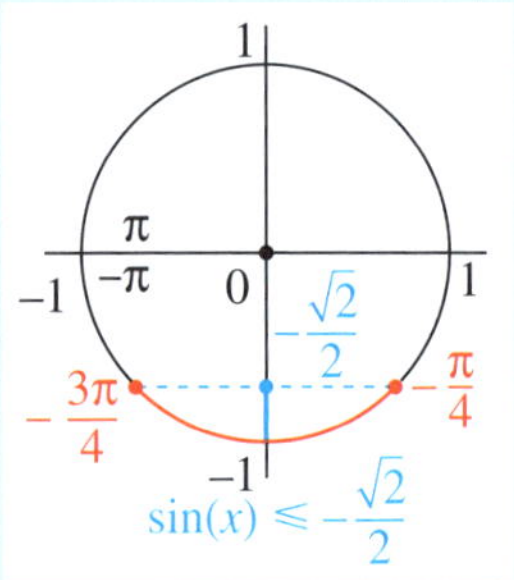

4. L'ensemble des solutions S de l'inéquation $\cos(x) \leqslant -\dfrac{\sqrt{3}}{2}$ sur $[-\pi\,;\pi]$ est :

$S = \left[-\pi;-\dfrac{5\pi}{6}\right] \cup \left[\dfrac{5\pi}{6}\,;\pi\right]$.

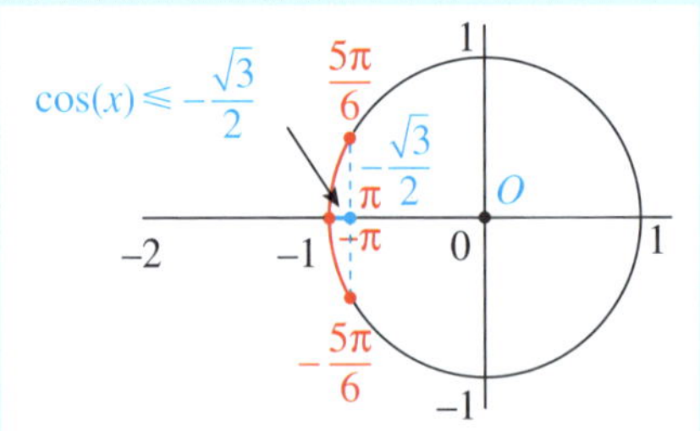

11 → Énoncé p. 187

1. On pose $X = 2x$, $-\frac{\pi}{2} \leqslant x \leqslant \frac{\pi}{2} \Leftrightarrow -\pi \leqslant X \leqslant \pi$.

Or, sur $[-\pi ; \pi]$, l'ensemble des solutions de l'inéquation $\cos(X) \leqslant -\frac{1}{2}$ est $\left[-\pi ; \frac{-2\pi}{3}\right] \cup \left[\frac{2\pi}{3} ; \pi\right]$.

> **Astuce**
> On fait un changement de variable pour se ramener à une forme d'inéquations étudiées dans le cours.

$-\pi \leqslant X \leqslant \frac{-2\pi}{3} \Leftrightarrow -\pi \leqslant 2x \leqslant \frac{-2\pi}{3} \Leftrightarrow -\frac{\pi}{2} \leqslant x \leqslant \frac{-\pi}{3}$ et

$\frac{2\pi}{3} \leqslant X \leqslant \pi \Leftrightarrow \frac{2\pi}{3} \leqslant 2x \leqslant \pi \Leftrightarrow \frac{\pi}{3} \leqslant x \leqslant \frac{\pi}{2}$

Donc l'ensemble des solutions S de l'inéquation $\cos(2x) \leqslant -\frac{1}{2}$ est :

$S = \left[-\frac{\pi}{2} ; -\frac{\pi}{3}\right] \cup \left[\frac{\pi}{3} ; \frac{\pi}{2}\right]$.

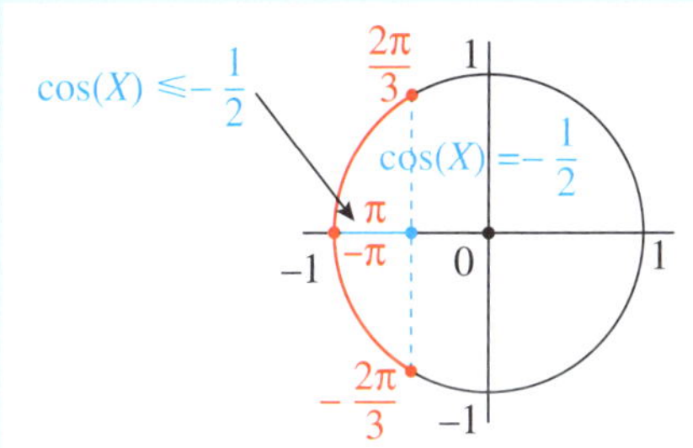

2. $\sin(4x) \leqslant \cos\left(\frac{\pi}{3}\right) \Leftrightarrow \sin(4x) \leqslant \frac{1}{2}$.

On pose $X = 4x$, $-\frac{\pi}{4} \leqslant x \leqslant \frac{\pi}{4} \Leftrightarrow -\pi \leqslant X \leqslant \pi$.

Or, sur $[-\pi ; \pi]$, l'ensemble des solutions de l'inéquation $\sin(X) \leqslant \frac{1}{2}$ est :

$\left[-\pi ; \frac{\pi}{6}\right] \cup \left[\pi - \frac{\pi}{6} ; \pi\right]$.

$-\pi \leqslant X \leqslant \frac{\pi}{6} \Leftrightarrow -\pi \leqslant 4x \leqslant \frac{\pi}{6} \Leftrightarrow -\frac{\pi}{4} \leqslant x \leqslant \frac{\pi}{24}$ et

$\pi - \frac{\pi}{6} \leqslant X \leqslant \pi \Leftrightarrow \frac{5\pi}{6} \leqslant 4x \leqslant \pi \Leftrightarrow \frac{5\pi}{24} \leqslant x \leqslant \frac{\pi}{4}$

Donc l'ensemble des solutions S de l'inéquation $\sin(4x) \leqslant \frac{1}{2}$ est :

$S = \left[-\frac{\pi}{4} ; \frac{\pi}{24}\right] \cup \left[\frac{5\pi}{24} ; \frac{\pi}{4}\right]$.

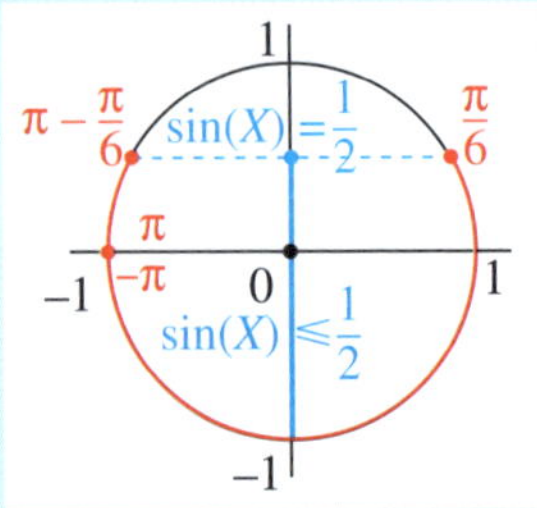

3. On pose $X = \frac{\pi}{4}x + \frac{\pi}{2}$, $-6 \leqslant x \leqslant 2 \Leftrightarrow -\pi \leqslant X \leqslant \pi$.

Or, sur $[-\pi\,;\pi]$, l'ensemble des solutions de l'inéquation $\sin(X) \leqslant \frac{\sqrt{2}}{2}$ est $\left[-\pi\,;\frac{\pi}{4}\right] \cup \left[\pi - \frac{\pi}{4}\,;\pi\right]$.

$-\pi \leqslant X \leqslant \frac{\pi}{4} \Leftrightarrow -\pi \leqslant \frac{\pi}{4}x + \frac{\pi}{2} \leqslant \frac{\pi}{4} \Leftrightarrow -6 \leqslant x \leqslant -1$ et

$\pi - \frac{\pi}{4} \leqslant X \leqslant \pi \Leftrightarrow \frac{3\pi}{4} \leqslant \frac{\pi}{4}x + \frac{\pi}{2} \leqslant \pi \Leftrightarrow 1 \leqslant x \leqslant 2$.

Donc l'ensemble des solutions S de l'inéquation $\sin\left(\frac{\pi}{4}x + \frac{\pi}{2}\right) \leqslant \frac{1}{2}$ est :
$S = [-6\,;-1] \cup [1\,;2]$.

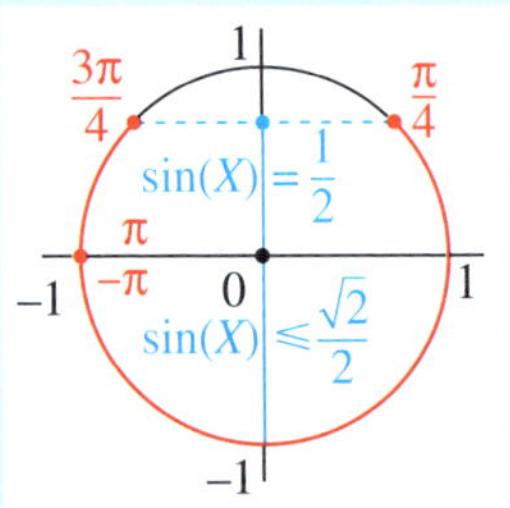

12 → *Énoncé p. 187*

a) Vrai.

Pour tout réel x, $f(-x) = (-x)\sin(-x)$.
Or la fonction sinus est impaire donc pour tout réel x, $\sin(-x) = -\sin(x)$.
On en déduit que pour tout réel x, $f(-x) = (-x) \times (-\sin(x)) = x\sin(x) = f(x)$.
La fonction f est donc paire.

b) Faux.

$f\left(\frac{\pi}{2}\right) = \frac{\pi}{2} \times \sin\left(\frac{\pi}{2}\right) = \frac{\pi}{2} \times 1 = \frac{\pi}{2}$.

Raisonnement

Un contre-exemple suffit à prouver que la fonction f n'est pas périodique de période 2π.

$f\left(\frac{\pi}{2}+2\pi\right)=\left(\frac{\pi}{2}+2\pi\right)\times\sin\left(\frac{\pi}{2}+2\pi\right)=\left(\frac{\pi}{2}+2\pi\right)\times\sin\left(\frac{\pi}{2}\right)=\frac{5\pi}{2}$ car la fonction sinus est périodique de période 2π.

Donc $f\left(\frac{\pi}{2}\right)\neq f\left(\frac{\pi}{2}+2\pi\right)$. La fonction f n'est donc pas périodique de période 2π.

c) Faux.

$f(x)$ est de la forme $u(x)\times v(x)$ avec $u(x)=x$ et $v(x)=\sin(x)$.

On a alors : $u'(x)=1$ et $v'(x)=\cos(x)$.

On en déduit que pour tout réel x :

$f'(x)=u'(x)v(x)+u(x)v'(x)$

$f'(x)=\sin(x)+x\cos(x)$

Or les expressions $x\cos(x)$ et $\sin(x)+x\cos(x)$ ne sont pas égales pour tout réel x.

Si elles étaient égales, cela impliquerait que sin (x) soit nul pour tout réel x, ce qui est faux.

Donc l'affirmation 3 est fausse.

d) Faux.

$\lim\limits_{x\to 0}\frac{f(x)}{x^2}=\lim\limits_{x\to 0}\frac{x\sin(x)}{x^2}=\lim\limits_{x\to 0}\frac{\sin(x)}{x}=1$ car $\lim\limits_{x\to 0}\frac{\sin(x)}{x}$ est le nombre dérivé de la fonction sinus en 0. Ce nombre est $\cos(0)=1$.

13 → *Énoncé p. 187*

1. Réponse B.

Pour tout réel x, $f'(x)=2\cos(2x)-2$. $f'(0)=2\cos(2\times 0)-2=0$.

Le coefficient directeur de la tangente (T) à la courbe représentative de f au point d'abscisse 0 est égal à 0. On en déduit que (T) est parallèle à l'axe des abscisses.

2. Réponse C.

On pose $X=3\pi x$, $-\frac{1}{3}\leqslant x\leqslant\frac{1}{3}\Leftrightarrow -\pi\leqslant X\leqslant\pi$.

Or, sur $[-\pi\,;\pi]$, l'ensemble des solutions S de l'inéquation $\sin(X)\geqslant\frac{\sqrt{3}}{2}$ est $\left[\frac{\pi}{3};\frac{2\pi}{3}\right]$.

$\frac{\pi}{3}\leqslant X\leqslant\frac{2\pi}{3}\Leftrightarrow\frac{\pi}{3}\leqslant 3\pi x\leqslant\frac{2\pi}{3}\Leftrightarrow\frac{1}{9}\leqslant x\leqslant\frac{2}{9}$.

Donc l'ensemble des solutions S de l'inéquation $\sin(3\pi x)\geqslant\frac{\sqrt{3}}{2}$ est $S=\left[\frac{1}{9};\frac{2}{9}\right]$.

3. Réponse A.

Pour tout réel x, on a : $0\leqslant\cos^2(x)\leqslant 1$.

e^{-x} est un réel strictement positif. On peut multiplier chaque membre de l'inégalité par e^{-x} :

$0\leqslant e^{-x}\cos^2(x)\leqslant e^{-x}$. Or $\lim\limits_{x\to+\infty}e^{-x}=0$.

Par le théorème des gendarmes : $\lim\limits_{x\to+\infty}e^{-x}\cos^2(x)=0$.

14 → Énoncé p. 188

Partie 1

1. Pour tout réel t, $y(t+0{,}5) = -10\sin(4\pi(t+0{,}5))$
$= -10\sin(4\pi t + 4\pi \times 0{,}5)$
$= -10\sin(4\pi t + 2\pi)$.

Or la fonction sinus est périodique de période 2π.

Donc $y(t+0{,}5) = -10\sin(4\pi t) = y(t)$ pour tout réel t.

On en conclut que la fonction y est périodique de période $T = 0{,}5$.

2. Pour tout réel t, $y(-t) = -10\sin(4\pi \times (-t)) = -10\sin(-4\pi t)$. Or la fonction sinus est impaire.

Donc, pour tout réel t, $y(-t) = -10 \times (-\sin(4\pi t)) = 10\sin(4\pi \mathrm{t}) = -y(t)$.

On en conclut que la fonction y est impaire.

3. Pour tout réel t, $y'(\mathrm{t}) = -10 \times 4\pi\cos(4\pi t) = -40\pi\cos(4\pi t)$.

On étudie le signe de cette dérivée sur l'intervalle $[0\,;0{,}25]$.

On pose $X = 4\pi t$, $0 \leqslant t \leqslant 0{,}25 \Leftrightarrow 0 \leqslant X \leqslant \pi$.

Or $\cos(X) > 0$ et $X \in [0\,;\pi] \Leftrightarrow X \in \left[0\,;\dfrac{\pi}{2}\right[$.

Donc pour tout $t \in [0\,;0{,}125[$, $\cos(4\pi t) > 0$ et
pour tout $t \in [0{,}125\,;0{,}25]$ $\cos(4\pi t) \leqslant 0$.

$\cos(4\pi t) > 0 \Leftrightarrow -40\pi\cos(4\pi t) < 0$.

Donc, pour tout $t \in [0\,;0{,}125[$, $y'(t) < 0$ et pour tout $t \in [0{,}125\,;0{,}25]$, $y'(t) \geqslant 0$.

On dresse alors le tableau de variations suivant :

t	0		0,125		0,25
$y'(t)$		–	0	+	
$y(t)$	0	↘	–10	↗	0

4.

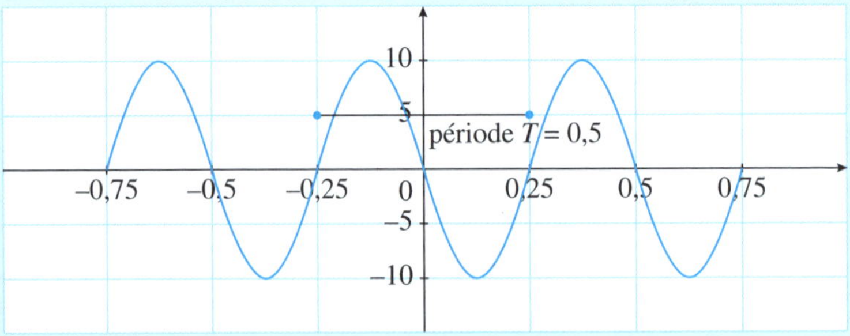

La courbe représentative de la fonction *y* est symétrique par rapport à l'origine du repère car la fonction *y* est impaire. De plus, le tracé sur un intervalle de longueur 0,5 se répète car la fonction *y* est périodique de période 0,5.

Partie 2

5. $y(t) \leqslant -5 \Leftrightarrow -10\sin(4\pi t) \leqslant -5 \Leftrightarrow \sin(4\pi t) \geqslant 0{,}5$.

On pose $X = 4\pi t$, $0 \leqslant t \leqslant 0{,}25 \Leftrightarrow 0 \leqslant X \leqslant \pi$.

Or, sur $[0\,;\pi]$, l'ensemble des solutions de l'inéquation $\sin(X) \geqslant \frac{1}{2}$ est $\left[\frac{\pi}{6};\frac{5\pi}{6}\right]$.

$\frac{\pi}{6} \leqslant X \leqslant \frac{5\pi}{6} \Leftrightarrow \frac{\pi}{6} \leqslant 4\pi t \leqslant \frac{5\pi}{6} \Leftrightarrow \frac{1}{24} \leqslant t \leqslant \frac{5}{24}$.

Donc l'ensemble des solutions S de l'inéquation $y(t) \leqslant -5$ sur $[0\,;0{,}25]$ est :

$$S = \left[\frac{1}{24};\frac{5}{24}\right].$$

Cela signifie qu'entre $\frac{1}{24}$ de seconde et $\frac{5}{24}$ de seconde, l'élongation du ressort vers le bas est supérieure à 5 mm.

6. a) La fonction y est continue et strictement décroissante sur [0 ; 0,125[.

$y(0) = 0$ et $y(0{,}125) = -10$

or $-6 \in [-10\,;0]$ donc d'après le cas particulier du théorème des valeurs intermédiaires, l'équation $y(t) = -6$ a une unique solution dans [0 ; 0,125].

> **Rappel**
>
> *Théorème des valeurs intermédiaires, cas particulier où la fonction est monotone :*
>
> On considère une fonction *f* définie, continue sur un intervalle $[a\,;b]$ et strictement monotone sur un intervalle $[a\,;b]$.
>
> Alors pour tout réel *k* compris entre $f(a)$ et $f(b)$ l'équation $f(x) = k$ admet une **unique** solution sur l'intervalle $[a\,;b]$.

b)

```
from math import sin,pi
def f(x):
    return -10*sin(4*pi*x)
```

c) La fonction `solution()` détermine par balayage, une valeur approchée de l'équation $y(x) = -6$.

On part de la valeur $x = 0$. Comme la fonction est décroissante sur l'intervalle [− 10 ; 0], $y(x) - (-6)$ est toujours positif. Tant que la différence entre $f(x)$ et − 6 est strictement supérieure à 0,001, on ajoute 0,001 à x. Lorsque l'algorithme s'arrête, on obtient une valeur approchée de la solution de l'équation $y(x) = -6$.

d) En écrivant les fonctions dans un éditeur et l'instruction suivante dans la console, on obtient :

```
>>> solution()
0.05200000000000004
```

15 → *Énoncé p. 188*

Partie 1

1. Pour tout réel t, $i\left(t+\frac{1}{50}\right)=15{,}5\cos\left(100\pi\left(t+\frac{1}{50}\right)\right)$

$$=15{,}5\cos\left(100\pi t+100\pi\times\frac{1}{50}\right)$$

$$=15{,}5\cos(100\pi t+2\pi).$$

Or la fonction cosinus est périodique de période 2π.

Donc $i\left(t+\frac{1}{50}\right)=15{,}5\cos(100\pi t)=i(t)$ pour tout réel t.

On en conclut que la fonction i est périodique de période $T=\frac{1}{50}$ s $=0{,}02$ s $=20$ ms.

2. Pour tout réel t, $i(-t)=15{,}5\cos(100\pi\times(-t))=15{,}5\cos(-100\pi t)$.
Or la fonction cosinus est paire.
Donc, pour tout réel t, $i(-t)=15{,}5\cos(-100\pi t)=15{,}5\cos(100\pi t)=i(t)$.
On en conclut que la fonction i est paire.

3. Pour tout réel $t, i'(t)=-15{,}5\times100\pi\sin(100\pi t)=-1\,550\pi\sin(100\pi t)$.
On étudie le signe de cette dérivée sur l'intervalle $[0\,;0{,}01]$.
On pose $X=100\pi t$, $0\leqslant t\leqslant 0{,}01\Leftrightarrow 0\leqslant X\leqslant\pi$.
Or $\sin(X)\geqslant 0$ pour tout $X\in[0\,;\pi]$.
Donc pour tout $t\in[0\,;0{,}01]$, $\sin(100\pi t)\geqslant 0$
$\sin(100\pi t)\geqslant 0\Leftrightarrow -1\,550\pi\sin(100\pi t)\leqslant 0$.
Donc, pour tout $t\in[0\,;0{,}01]$, $i'(t)\leqslant 0$.
On dresse alors le tableau de variations suivant :

t	0		0,01
$i'(t)$		–	0
$i(t)$	15,5	↘	–15,5

4.

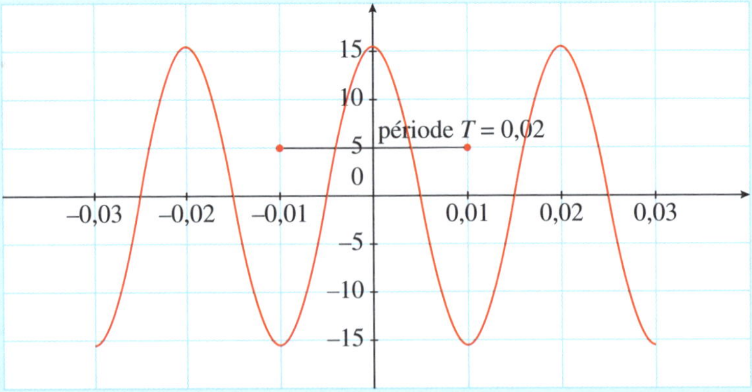

La courbe représentative de la fonction *i* est symétrique par rapport à l'axe des ordonnées car la fonction *i* est paire. De plus, le tracé sur un intervalle de longueur 0,02 se répète car la fonction *i* est périodique de période 0,02.

Partie 2

5. La valeur de l'intensité maximale sur $[0;0{,}01]$ est 15,5 A.

6. $i(t)=0 \Leftrightarrow \cos(100\pi t)=0$.

On pose $X=100\,\pi t$, $0 \leqslant t \leqslant 0{,}01 \Leftrightarrow 0 \leqslant X \leqslant \pi$

$$\cos(X)=0 \text{ et } X\in[0;\pi] \Leftrightarrow X=\frac{\pi}{2}$$
$$\Leftrightarrow 100\pi t=\frac{\pi}{2}$$
$$\Leftrightarrow t=\frac{\frac{\pi}{2}}{100\pi}=\frac{1}{200}.$$

On en conclut que la fonction i s'annule sur l'intervalle $[0;0{,}01]$ pour une seule valeur de t qui est égale à $\frac{1}{200}$.

7.

```python
from math import cos,pi
def valeurs():
    i=[]
    for k in range(11):
        i.append(15.5*cos(100*pi*k/1000))
    return i
```

En arrondissant par exemple à 10^{-2}, on obtient les valeurs suivantes :

t	0	0,001	0,002	0,003	0,004	0,005	0,006	0,007	0,008	0,009	0,01
***i*(*t*)**	15,5	14,74,	12,54	9,11	4,79	0	–4,79	–9,11	–12,54	–14,74	–15,5

SUJET DE BAC

Exercice 1 → *Énoncé p. 190*

> **Astuce**
> Pour résoudre ce type d'équations on s'aide du tableau de valeurs remarquables.

1. Pour tout réel x, on a $-1 \leqslant \cos(x) \leqslant 1$.

Comme $e^x>0$, on peut multiplier les inégalités par e^x.

On a alors $-e^x \leqslant f(x) \leqslant e^x$.

On a : $\lim\limits_{x\to-\infty} e^x=0$. Par le théorème d'encadrement, $\lim\limits_{x\to-\infty} f(x)=0$.

La courbe $\mathscr{C}_f$ admet en $-\infty$ une asymptote d'équation $y=0$ (axe des abscisses).

2. On résout l'équation $f(x)=0$ sur l'intervalle $[-\pi\,;\pi]$.

$$f(x)=0 \Leftrightarrow \mathrm{e}^x\cos(x)=0$$
$$\Leftrightarrow \cos(x)=0 \text{ car pour tout réel } x,\ \mathrm{e}^x \neq 0$$
$$\Leftrightarrow x=-\frac{\pi}{2} \text{ ou } x=\frac{\pi}{2}.$$

La courbe $\mathscr{C}_f$ coupe l'axe des abscisses aux points d'abscisses $-\dfrac{\pi}{2}$ et $\dfrac{\pi}{2}$.

3. $f(x)$ est écrite sous la forme $u(x)v(x)$ avec $u(x)=\mathrm{e}^x$ et $v(x)=\cos(x)$.

On utilise la formule de la dérivée d'un produit de fonctions.

On a alors :

$$\begin{aligned} f'(x) &= u'(x)v(x)+u(x)v'(x) \\ &= \mathrm{e}^x\cos(x)+\mathrm{e}^x(-\sin(x)) \\ &= \mathrm{e}^x(\cos(x)-\sin(x)) \\ &= \mathrm{e}^x\sqrt{2}\cos\left(x+\frac{\pi}{4}\right). \end{aligned}$$

4. On pose $X=x+\dfrac{\pi}{4}$.

On se place sur l'intervalle $\left[-\dfrac{\pi}{2};\dfrac{\pi}{4}\right]$.

$$-\frac{\pi}{2}\leqslant x\leqslant\frac{\pi}{4} \Leftrightarrow -\frac{\pi}{2}+\frac{\pi}{4}\leqslant x+\frac{\pi}{4}\leqslant\frac{\pi}{4}+\frac{\pi}{4}$$
$$\Leftrightarrow -\frac{\pi}{4}\leqslant x+\frac{\pi}{4}\leqslant\frac{\pi}{2}$$

Pour $X\in\left[-\dfrac{\pi}{4};\dfrac{\pi}{2}\right]$, on a $\cos(X)\geqslant 0$ donc $f(x)\geqslant 0$.

f est croissante sur l'intervalle $\left[-\dfrac{\pi}{2};\dfrac{\pi}{4}\right]$.

On se place sur l'intervalle $\left[\dfrac{\pi}{4};\dfrac{\pi}{2}\right]$.

$$\frac{\pi}{4}\leqslant x\leqslant\frac{\pi}{2} \Leftrightarrow \frac{\pi}{4}+\frac{\pi}{4}\leqslant x+\frac{\pi}{4}\leqslant\frac{\pi}{2}+\frac{\pi}{4}$$
$$\Leftrightarrow \frac{\pi}{2}\leqslant x+\frac{\pi}{4}\leqslant\frac{3\pi}{4}$$

Pour $X\in\left[\dfrac{\pi}{2};\dfrac{3\pi}{4}\right]$, on a $\cos(X)\leqslant 0$ donc $f'(x)\leqslant 0$.

f est décroissante sur l'intervalle $\left[\dfrac{\pi}{4};\dfrac{\pi}{2}\right]$.

Astuce

On fait un changement de variable pour se ramener à une forme d'équations étudiées dans le cours.

5.

x	$-\frac{\pi}{2}$		$\frac{\pi}{4}$		$\frac{\pi}{2}$
Signe de $f'(x)$		+	0	−	
Variations de f	0	↗	$\frac{\sqrt{2}}{2}e^{\frac{\pi}{4}}$	↘	0

6. Tracer $\mathscr{C}_f$ sur le graphique ci-dessous.

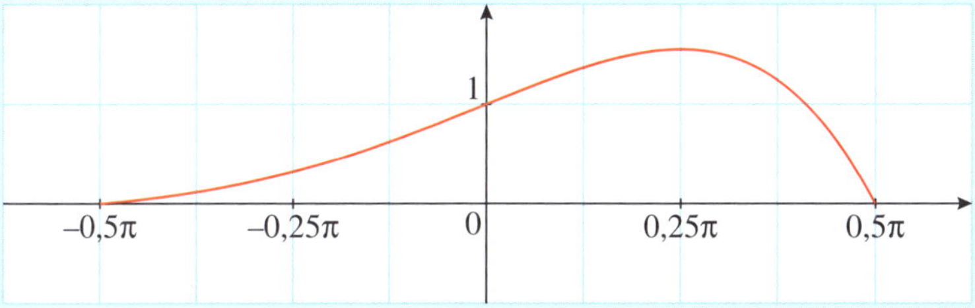

7. a) Sur l'intervalle $\left[0\,;\frac{\pi}{4}\right]$, la fonction f est croissante et $f(0)=1$.

Donc sur l'intervalle $\left[0\,;\frac{\pi}{4}\right]$, $f(x)\geqslant 1$.

L'équation $f(x)=\frac{1}{2}$ n'a donc pas de solution sur l'intervalle $\left[0\,;\frac{\pi}{4}\right]$.

Sur l'intervalle $\left[\frac{\pi}{4}\,;\frac{\pi}{2}\right]$, la fonction f est décroissante. De plus, f est continue sur cet intervalle et $f\left(\frac{\pi}{4}\right)=e^{\frac{\pi}{4}}\cos\left(\frac{\pi}{4}\right)=\frac{\sqrt{2}}{2}e^{\frac{\pi}{4}}>1$ et $f\left(\frac{\pi}{2}\right)=0$.

Donc $\frac{1}{2}\in\left[f\left(\frac{\pi}{2}\right);f\left(\frac{\pi}{4}\right)\right]$.

D'après le cas particulier du théorème des valeurs intermédiaires, l'équation $f(x)=\frac{1}{2}$ a une unique solution appartenant à l'intervalle $\left[\frac{\pi}{4}\,;\frac{\pi}{2}\right]$.

Sur l'intervalle $\left[0\,;\frac{\pi}{2}\right]$, l'équation $f(x)=\frac{1}{2}$ possède donc une unique solution notée α.

b) À la calculatrice, on trouve une valeur approchée de α.

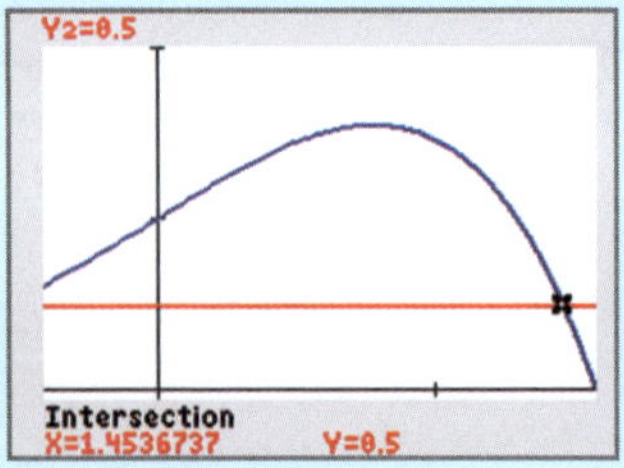

$\alpha \approx 1{,}45$

8. a) $f'(x)$ est écrite sous la forme $u(x)v(x)$ avec $u(x) = \mathrm{e}^x$ et $v(x) = \cos(x) - \sin(x)$.

On utilise la formule de la dérivée d'un produit de fonctions.

On a alors :

$$\begin{aligned} f''(x) &= u'(x)v(x) + u(x)v'(x) \\ &= \mathrm{e}^x(\cos(x) - \sin(x)) + \mathrm{e}^x(-\sin(x) - \cos(x)) \\ &= \mathrm{e}^x(\cos(x) - \sin(x) - \sin(x) - \cos(x)) \\ &= \mathrm{e}^x(-2\sin(x)) \\ &= -2\mathrm{e}^x\sin(x). \end{aligned}$$

b) $$\begin{aligned} f''(x) \geqslant 0 &\Leftrightarrow -2\mathrm{e}^x\sin(x) \geqslant 0 \\ &\Leftrightarrow \sin(x) \leqslant 0 \text{ car } -2\mathrm{e}^x < 0 \text{ pour tout réel } x \\ &\Leftrightarrow x \in \left[-\frac{\pi}{2} ; 0\right]. \end{aligned}$$

Rappel
Le coefficient directeur de la tangente au point d'abscisse x est $f'(x)$.

On peut dresser le tableau de variation de la fonction f' :

x	$-\frac{\pi}{2}$		0		$\frac{\pi}{2}$
Signe de $f''(x)$		$+$	0	$-$	
Variations de f'	$\exp\left(\frac{-\pi}{2}\right)$	↗	1	↘	$-\exp\left(\frac{\pi}{2}\right)$

Astuce
Pour déterminer le maximum de la fonction f' on étudie ses variations.

Le coefficient directeur de la tangente au point d'abscisse x est le nombre $f'(x)$. Ce coefficient directeur admet un maximum égal à 1, atteint en 0.

9. L'équation de la tangente au point d'abscisse 0 est :
$y = f'(0)(x - 0) + f(0)$. Or $f(0) = 1$ et $f'(0) = 1$.
L'équation de la tangente au point d'abscisse 0 est :
$y = x + 1$.

Remarque
L'équation de la tangente au point d'abscisse a est :
$y = f'(a)(x - a) + f(a)$

Exercice 2 → *Énoncé p. 191*

1. Dans le triangle rectangle OHM : $\sin(\alpha) = \frac{HM}{OM} = \frac{h}{1} = h$.
Donc $h = \sin(\alpha)$.

De plus, $\cos(\alpha) = \dfrac{OH}{R} = \dfrac{r}{1} = r$. Donc $r = \cos(\alpha)$.

Le volume du cylindre est égal au produit de l'aire de la base par la hauteur du cylindre.

Aire de la base : πr^2

Hauteur du cylindre : h

Volume du cylindre : $\pi r^2 h = \pi \cos^2(\alpha)\sin(\alpha)$

$= \pi(1 - \sin^2(\alpha))\sin(\alpha) = \pi(\sin(\alpha) - \sin^3(\alpha))$

3. a) **Pour dériver $\alpha \Leftrightarrow \sin^3(\alpha)$, on utilise la formule de la dérivée de u^n avec $u(\alpha) = \sin(\alpha)$ et $n = 3$.**

$f'(\alpha) = \pi(\cos(\alpha) - 3\sin^2(\alpha)\cos(\alpha)) = \pi\cos(\alpha)(1 - 3\sin^2(\alpha))$

b) On a, pour tout réel $\alpha \in \left[0\,;\dfrac{\pi}{2}\right]$:

$f'(\alpha) = \pi\cos(\alpha)\left(1 - \sqrt{3}\sin(\alpha)\right)\left(1 + \sqrt{3}\sin(\alpha)\right)$

car $\alpha \geqslant 0$.

Donc $f'(\alpha)$ est du signe de $1 - \sqrt{3}\sin(\alpha)$ car tous les autres facteurs sont positifs.

Astuce

On utilise l'identité remarquable :

$a^2 - b^2 = (a - b)(a + b)$

avec $a^2 = 1$ et $b^2 = 3\sin^2(\alpha)$

On a : $1 - \sqrt{3}\sin(\alpha) \geqslant 0 \Leftrightarrow \sqrt{3}\sin(\alpha) \leqslant 1 \Leftrightarrow \sin(\alpha) \leqslant \dfrac{1}{\sqrt{3}}$.

Comme la fonction sinus est continue sur $\left[0\,;\dfrac{\pi}{2}\right]$, d'après le théorème des valeurs intermédiaires, il existe $\alpha_0 \in \left[0\,;\dfrac{\pi}{2}\right]$ tel que $\sin(\alpha_0) = \dfrac{1}{\sqrt{3}}$ et pour tout réel $\alpha \in [0\,;\alpha_0]$, $\sin(\alpha) \leqslant \dfrac{1}{\sqrt{3}}$ donc $f'(\alpha) \geqslant 0$.

On peut dresser le tableau de variation :

α	0		α_0		$\dfrac{\pi}{2}$
Signe de $f'(\alpha)$		$+$		$-$	
Variations de f		↗		↘	

La fonction f admet bien un maximum en α_0 et $\sin(\alpha_0) = \dfrac{1}{\sqrt{3}} = \dfrac{\sqrt{3}}{3}$.

4. On a alors : $h = \sin(\alpha_0) = \dfrac{\sqrt{3}}{3}$

et $r = \cos(\alpha_0)$.

Or $\cos^2(\alpha_0) + \sin^2(\alpha_0) = 1 \Leftrightarrow \cos^2(\alpha_0) = 1 - \left(\dfrac{\sqrt{3}}{3}\right)^2 = 1 - \dfrac{1}{3} = \dfrac{2}{3}$.

Comme $\alpha_0 \in \left[0\,;\dfrac{\pi}{2}\right]$, $\cos(\alpha_0) \geqslant 0$ donc $\cos^2(\alpha_0) = \dfrac{2}{3} \Leftrightarrow \cos(\alpha_0) = \sqrt{\dfrac{2}{3}}$.

Le rayon r est donc égal à $r = \sqrt{\dfrac{2}{3}}$ m et la hauteur est égale à $\dfrac{\sqrt{3}}{3}$ m.

Le volume est alors : $\pi r^2 h = \dfrac{2}{3}\pi\dfrac{\sqrt{3}}{3} = \dfrac{2\sqrt{3}\pi}{9}$ m^3.

Primitives, équations différentielles

CHAPITRE 7

1 Équation différentielle $y' = f$

A. Définition de l'équation différentielle $y' = f$

Définitions

Soit f une fonction continue sur un intervalle I.

• On dit qu'une fonction F est **solution de l'équation différentielle** $y' = f$ lorsque F est dérivable sur I et $F' = f$.

• **Résoudre sur I l'équation différentielle $y' = f$**, c'est trouver toutes les fonctions dérivables sur I telles que leur fonction dérivée soit égale à f.

B. Primitive d'une fonction

• Une **primitive** d'une fonction f sur intervalle I est une fonction F dérivable sur I telle que $F' = f$.

Remarque : **Les solutions de l'équation différentielle $y' = f$ sont donc toutes les primitives de f sur I.**

Propriétés

• Toute fonction continue sur un intervalle I admet des primitives sur I.

• Soient f une fonction continue sur un intervalle I et F une primitive de f sur I. Toutes les primitives de f sur I (c'est-à-dire les solutions de l'équation différentielle $y' = f$) sont les fonctions G définies sur I par $G(x) = F(x) + \mathrm{C}$ où C est une constante réelle.

• Soit f une fonction continue sur un intervalle I.
Quels que soient $x_0 \in I$ et $y_0 \in \mathbb{R}$, il existe une unique primitive F de f sur I telle que $F(x_0) = y_0$.
(Autrement dit, l'équation différentielle $y' = f$ admet une unique solution F vérifiant la condition initiale $F(x_0) = y_0$).

2 Primitive des fonctions de référence et opérations

A. Primitives des fonctions de référence

Fonction $f : x \mapsto ...$	Une primitive $F : x \mapsto ...$	Sur l'intervalle $I = ...$
a (constante réelle)	ax	$\mathbb{R}$
x^n pour $n \in \mathbb{Z}$, $n \neq 0$ et $n \neq -1$	$\frac{x^{n+1}}{n+1}$	• $\mathbb{R}$ si $n > 0$, • $]-\infty ; 0[$ ou $]0 ; +\infty[$ si $n < -1$
$\frac{1}{x^2}$	$\frac{-1}{x}$	$]-\infty ; 0[$ ou $]0 ; +\infty[$
$\frac{1}{x}$	$\ln(x)$	$]0 ; +\infty[$
$\frac{1}{\sqrt{x}}$	$2\sqrt{x}$	$]0 ; +\infty[$
$\sin(x)$	$-\cos(x)$	$\mathbb{R}$
$\cos(x)$	$\sin(x)$	$\mathbb{R}$
e^x	e^x	$\mathbb{R}$

Remarque : on obtient ce tableau par lecture inverse du tableau des dérivées des fonctions de référence.

B. Primitives et opérations sur les fonctions

■ **Propriété**. Soient f et g deux fonctions admettant respectivement les fonctions F et G comme primitives sur un intervalle I.

- $F + G$ est une primitive de $f + g$ sur I.
- Pour tout réel k, kF est une primitive de kf sur I.

C. Composition et primitives

Soit u une fonction dérivable sur un intervalle I.

Fonction f de la forme	Une primitive F	Condition
$u'u^n$	$\frac{u^{n+1}}{n+1}$	$n \neq -1$ et si $n < -1$, $u(x) \neq 0$ pour tout x de I
$\frac{u'}{u^2}$	$-\frac{1}{u}$	$u(x) \neq 0$ pour tout x de I
$\frac{u'}{u}$	$\ln(\lvert u \rvert)$	$u(x) > 0$ pour tout x de I ou $u(x) < 0$ pour tout x de I

$\dfrac{u'}{2\sqrt{u}}$	$\sqrt{u}$	$u(x)>0$ pour tout x de I
$u'\mathrm{e}^{u}$	e^{u}	
$(v' \circ u) \times u'$	$v \circ u$	v est une fonction dérivable sur J et $u(x) \in J$ pour tout $x \in I$

3 Équations différentielles de la forme $y' = ay + f$

A. Résolution de l'équation différentielle $y' = ay$

■ **Propriété.** Soit a un nombre réel non nul. Les solutions de l'équation différentielle $y' = ay$ sont les fonctions f définies sur $\mathbb{R}$ par $\boldsymbol{f(x) = \mathrm{C}\mathrm{e}^{ax}}$ où C est une constante réelle.

Remarque : soit a un nombre réel fixé. Les courbes des solutions de l'équation $y' = ay$ sont les suivantes :

si $a>0$ 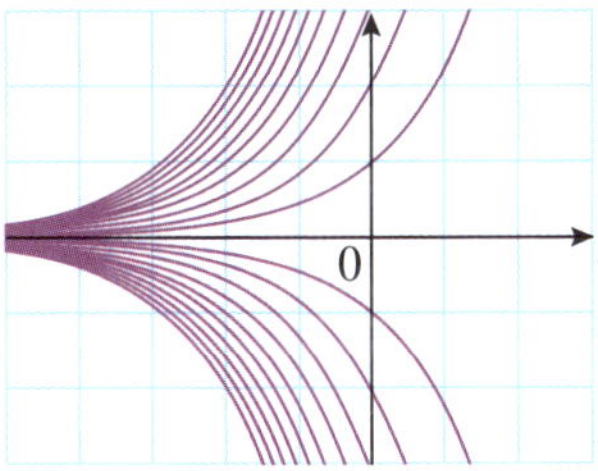

si $a<0$ 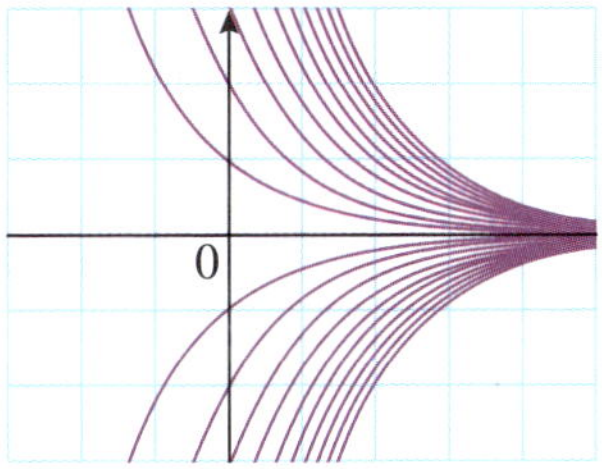

B. Résolution de l'équation différentielle $y' = ay + b$

■ **Propriété.** Soient a et b deux nombres réels non nuls. On considère l'équation différentielle (E) : $y' = ay + b$.

Les solutions de (E) sont les fonctions f définies sur $\mathbb{R}$ par $\boldsymbol{f(x) = \mathrm{C}\mathrm{e}^{ax} - \dfrac{b}{a}}$ où C est une constante réelle.

Remarques :

• (E) admet une unique solution particulière constante qui est la fonction $x \mapsto -\dfrac{b}{a}$.

• Si $a = 0$, l'équation différentielles s'écrit $y' = b$. Ses solutions sont les fonctions affines définies sur $\mathbb{R}$ par $f(x) = bx + \mathrm{C}$ où C est une constante réelle.

■ **Propriété.** Soient a et b deux nombres réels non nuls.

Quels que soient les nombres réels x_0 et y_0, l'équation différentielle $y' = ay + b$ admet une unique solution h vérifiant la condition initiale $h(x_0) = y_0$.

C. Résolution de l'équation différentielle $y' = ay + f$

■ **Propriété.** Soient a un nombre réel et f une fonction définie sur un intervalle I. Soient (E) l'équation différentielle $y' = ay + f$ et g est une solution particulière de (E).
Les solutions de (E) sont les fonctions h définies sur I par $h(x) = \mathrm{C}e^{ax} + g(x)$ où C est une constante réelle.

Florimond de Beaune (1601 - 1652) est un juriste et mathématicien français. Disciple et ami de Descartes, il lui soumet un problème de résolution d'une équation différentielle considéré maintenant comme le premier exemple du procédé « de la tangente inverse ».

- **Les solutions de l'équation différentielle $y' = f$** sont **les primitives F de f**
- **F est une primitive de $f \Leftrightarrow F' = f$.**
- **Toutes les primitives G de f sont les fonctions G définies par $G(x) = F(x) + C$** où C est une constante
- Toute fonction **continue** sur un intervalle ***I* admet des primitives** sur *I*.
- Soient x_0 et y_0 deux réels, il existe **une unique primitive F** de f telle que $F(x_0) = y_0$.

Fonction *f*	a (constante réelle)	x^n, $n \neq 0$ et $n \neq -1$	$\frac{1}{x}$	$\frac{1}{\sqrt{x}}$	$\sin(x)$	$\cos(x)$	e^x
Une primitive *F*	ax	$\frac{x^{n+1}}{n+1}$	$\ln(x)$	$2\sqrt{x}$	$-\cos(x)$	$\sin(x)$	e^x

Fonction *f* de la forme	$u'u^n$	$\frac{u'}{u^2}$	$\frac{u'}{u}$	$\frac{u'}{2\sqrt{u}}$	$u'e^u$	$(v' \circ u) \times u'$
Une primitive *F*	$\frac{u^{n+1}}{n+1}$	$-\frac{1}{u}$	$\ln(\lvert u \rvert)$	$\sqrt{u}$	e^u	$v \circ u$

Soient F et G deux primitives respectives de f et de g
- **$F + G$** est une primitive de $f + g$
- **kF** est une primitive de kf (k réel donné)

Déterminer une primitive *F* de *f*

PRIMITIVES, ÉQUATIONS DIFFÉRENTIELLES

Résoudre $y' = ay$

Les solutions de l'équation différentielle $y' = ay$ sont

$h : \mathbb{R} \mapsto \mathbb{R}$

$x \mapsto Ce^{ax}$

où C est une constante réelle.

Résoudre $y' = ay + b$

- l'unique solution particulière constante est la fonction :

$$x \mapsto -\frac{b}{a}.$$

- Les solutions sont :

$\boldsymbol{h} : \mathbb{R} \mapsto \mathbb{R}$

$$\boldsymbol{x \mapsto Ce^{ax} - \frac{b}{a}}$$

où C est une constante réelle.

Résoudre $y' = ay + f$ (f définie sur I)

Les solutions sont :

$\boldsymbol{h : I \mapsto \mathbb{R}}$

$\boldsymbol{x \mapsto Ce^{ax} + g(x)}$

où C est une constante réelle et g une solution particulière de l'équation différentielle.

MÉTHODES

1 Déterminer les primitives d'une fonction

EXEMPLE 1 **AVEC DES FONCTIONS DE RÉFÉRENCE**

Déterminer une primitive de la fonction $f: x \mapsto x^4 + \frac{1}{x^3} - 2$ sur l'intervalle $I =]0\,;+\infty[$.

> **Remarque**
> Soient f et g deux fonctions admettant respectivement les fonctions F et G comme primitives alors $F + G$ est une primitive de $f + g$.

CORRIGÉ COMMENTÉ

Pour tout entier $n \neq 0$ *et* $n \neq -1$, une primitive sur I de la fonction $x \mapsto x^n$ est la fonction $x \mapsto \frac{x^{n+1}}{n+1}$, donc la fonction $x \mapsto \frac{x^5}{5}$ est une primitive de $x \mapsto x^4$ et la fonction $x \mapsto \frac{x^{-2}}{-2} = -\frac{1}{2x^2}$ est une primitive de $x \mapsto x^{-3} = \frac{1}{x^3}$.

> **Remarque**
> Toutes les fonctions G définies sur I telles que $G(x) = F(x) + C$ où C est une constante réelle, sont des primitives de f. On peut donc prendre n'importe quelle constante, ici 0 par exemple.

$\frac{x^{-2}}{-2} = -\frac{1}{2}x^{-2} = -\frac{1}{2} \times \frac{1}{x^2} = -\frac{1}{2x^2}$

Par ailleurs, une primitive sur I de la fonction $x \mapsto -2$ est la fonction $x \mapsto -2x$.

Donc la fonction F définie par $F(x) = \frac{x^5}{5} - \frac{1}{2x^2} - 2x$ est une primitive de f sur $]0\,;+\infty[$.

EXEMPLE 2 **À L'AIDE D'UNE FORME PARTICULIÈRE**

Dans chacun des cas suivants, déterminer une primitive de la fonction f sur l'intervalle I.

1. $f(x) = 2x(x^2+1)^4$ et $I = \mathbb{R}$
2. $f(x) = \frac{1}{(2x-1)^3}$ et $I =]1\,;+\infty[$
3. $f(x) = \frac{e^{3x}}{e^{3x}+1}$ et $I = \mathbb{R}$.

CORRIGÉ COMMENTÉ

1. $f(x)$ est de la forme $u'u^n$ avec $u(x) = x^2 + 1$, $u'(x) = 2x$ et $n = 4$.

On a $f = u'u^4$ donc la fonction F définie par $F = \frac{u^5}{5}$ est une primitive de f sur $\mathbb{R}$.

On a :

$$F(x) = \frac{(x^2+1)^5}{5}.$$

2. $f(x) = (2x-1)^{-3} = \frac{1}{2} \times 2(2x-1)^{-3}$ et on reconnaît la forme $u'u^n$ avec $u(x) = 2x-1$, $u'(x) = 2$ et $n = -3$.

On a $f = \frac{1}{2}u'u^{-3}$ donc la fonction F définie par $F = \frac{1}{2} \times \frac{u^{-2}}{-2}$ est une primitive de f sur $]1\,;+\infty[$. On a : $F(x) = \frac{1}{2} \times \frac{(2x-1)^{-2}}{-2} = -\frac{1}{4(2x-1)^2}$.

3. $f(x) = \frac{1}{3} \times \left(\frac{3\mathrm{e}^{3x}}{(\mathrm{e}^{3x}+1)}\right)$ et on reconnaît la forme $\frac{u'}{u}$ avec $u(x) = \mathrm{e}^{3x}+1$ et $u'(x) = 3\mathrm{e}^{3x}$ et pour tout nombre réel x, $u(x) > 0$.

On a $f = \frac{1}{3}\frac{u'}{u}$ donc la fonction F définie par

$F = \frac{1}{3} \times \ln(u)$ est une primitive de f sur I.

> **Remarque**
> Une primitive de $k \times f$ est $k \times F$ où F est une primitive de f.

On a : $F(x) = \frac{1}{3} \times \ln(\mathrm{e}^{3x}+1)$.

2 Montrer qu'une fonction est solution d'une équation différentielle

EXEMPLE

Dans chacun des cas suivants, vérifier que la fonction f est une solution particulière de l'équation (E) sur $\mathbb{R}$.

1. $f(x) = \mathrm{e}^{\frac{1-4x}{3}}$ et $(E) : 6y' + 8y = 0$ **2.** $f(x) = \mathrm{e}^{3x+1} - 2$ et $(E) : y' = 3y + 6$.

CORRIGÉ COMMENTÉ

On remplace, dans l'équation différentielle, y par $f(x)$ et y' par $f'(x)$, puis on vérifie que l'égalité est vraie.

1. f est dérivable sur $\mathbb{R}$ et $f'(x) = -\frac{4}{3}\mathrm{e}^{\frac{1-4x}{3}}$ d'où

$$6f'(x) + 8f(x) = 6 \times \left(-\frac{4}{3}\mathrm{e}^{\frac{1-4x}{3}}\right) + 8\mathrm{e}^{\frac{1-4x}{3}} = -\frac{24}{3}\mathrm{e}^{\frac{1-4x}{3}} + 8\mathrm{e}^{\frac{1-4x}{3}}$$
$$= -8\mathrm{e}^{\frac{1-4x}{3}} + 8\mathrm{e}^{\frac{1-4x}{3}} = 0,$$

donc f est une solution particulière de (E).

2. f est dérivable sur $\mathbb{R}$ et $f'(x) = 3\mathrm{e}^{3x+1}$ et $3f(x) + 6 = 3(\mathrm{e}^{3x+1} - 2) + 6 = 3\mathrm{e}^{3x+1}$, donc $f'(x) = 3f(x) + 6$ et f est une solution particulière de (E).

3 Résoudre une équation différentielle

EXEMPLE 1 **RÉSOUDRE LES ÉQUATIONS DIFFÉRENTIELLES $y' = ay + b$**

Résoudre les équations différentielles suivantes :

1. $(E_1) : y' = 5y$ **2.** $(E_2) : y' = -y + 2$.

CORRIGÉ COMMENTÉ

1. $y' = 5y$ est de la forme $y' = ay$ avec $a = 5$.
Les solutions de l'équation (E_1) sont les fonctions f définies sur $\mathbb{R}$ par $f(x) = Ce^{5x}$ où C est une constante réelle.

2. L'équation (E_2) est de la forme $y' = ay + b$ avec $a = -1$ et $b = 2$ donc les solutions de l'équation différentielle $y' = -y + 2$ sont les fonctions f définies sur $\mathbb{R}$ par :

$f(x) = Ce^{-x} - \dfrac{2}{-1} = Ce^{-x} + 2$ où C est une constante réelle.

> **Rappel**
> Les solutions de $y' = ay + b$ sont les fonctions F définies par $F(x) = Ce^{ax} - \dfrac{b}{a}$ où C est une constante réelle.

EXEMPLE 2 **RÉSOUDRE LES ÉQUATIONS DIFFÉRENTIELLES $y' = ay + f$**

On considère l'équation différentielle $(E) : y' - \dfrac{1}{2}y = \dfrac{1}{2}x$.

1. Vérifier que la fonction g définie sur $\mathbb{R}$ par $g(x) = -x - 2$ est solution de l'équation (E).

2. En déduire toutes les solutions de l'équation (E).

CORRIGÉ COMMENTÉ

1. On remplace y' par $g'(x)$ et y par $g(x)$ et on vérifie que l'égalité est vraie.

$g'(x) = -1$ donc $g'(x) - \dfrac{1}{2}g(x) = -1 - \dfrac{1}{2}(-x - 2) = \dfrac{1}{2}x$ et donc l'égalité est vraie. g est solution de (E).

2. $y' - \dfrac{1}{2}y = \dfrac{1}{2}x \Leftrightarrow y' = \dfrac{1}{2}y + \dfrac{1}{2}x$.

Comme g est une solution particulière de l'équation (E), alors les solutions de l'équation (E) sont les fonctions h définies sur $\mathbb{R}$ par

$h(x) = Ce^{\frac{1}{2}x} + g(x) = Ce^{\frac{1}{2}x} - x - 2$ où C est une constante réelle.

> **Rappel**
> Les solutions de $(E) : y' = ay + f$ sont les fonctions h définies par $h(x) = Ce^{ax} + g(x)$ où C est une constante réelle et g est une solution particulière de (E).

4 Déterminer l'unique solution d'une équation différentielle qui vérifie une condition initiale

EXEMPLE

Déterminer l'unique solution h de (E) : $y' - \frac{1}{2}y = \frac{1}{2}x$ telle que $h(2) = 0$.

CORRIGÉ COMMENTÉ

Dans l'exemple 2 de la méthode 3, on a montré que les solutions de l'équation différentielle (E) sont les fonctions h telles que $h(x) = Ce^{\frac{1}{2}x} - x - 2$.

D'après la condition initiale, on sait que $h(2) = 0$. On calcule l'image de 2 en remplaçant x par 2, puis l'égalité $h(2) = 0$ permet de calculer la constante C.

$h(2) = 0 \Leftrightarrow Ce^1 - 4 = 0 \Leftrightarrow C = 4e^{-1}$.

Ainsi l'unique solution h de (E) : $y' - \frac{1}{2}y = \frac{1}{2}x$ telle que $h(2) = 0$ est la fonction h définie par $h(x) = 4e^{-1} \times e^{\frac{1}{2}x} - x - 2 = 4e^{\frac{1}{2}x-1} - x - 2$.

Remarque

Lorsqu'on a une condition initiale, on cherche la valeur de la constante C pour que la condition initiale soit réalisée.

EXERCICES

1 5 min ★ → MÉTHODE 1, p. 216

1. Soit f la fonction définie sur $\mathbb{R}$ par : $f(x) = 4x^3 - 2x^2 + 12x - 5$.
Déterminer une primitive F de f sur $\mathbb{R}$.

2. Soit f la fonction définie sur $]0\,;+\infty[$ par : $f(x) = \dfrac{2}{x^3} - \dfrac{5}{x^2}$.

Déterminer une primitive F de f sur $]0\,;+\infty[$.

3. Soit f la fonction définie sur $]0\,;+\infty[$ par : $f(x) = x^4 + x^2 - \dfrac{1}{x^5} + \dfrac{1}{x^2}$.

Déterminer une primitive F de f sur $]0\,;+\infty[$. → Corrigé p. 226

2 10 min ★ → MÉTHODE 1, p. 216

Déterminer une primitive F de la fonction f définie sur l'intervalle I par les expressions suivantes.

1. $f(x) = 3x^2(x^3 + 2)^4$; $I = \mathbb{R}$.

2. $f(x) = \dfrac{-5}{(1 - 5x)^2}$; $I = \left]-\infty\,;\dfrac{1}{5}\right[$.

3. $f(x) = \dfrac{2x + 2}{\sqrt{x^2 + 2x + 2}}$; $I = \mathbb{R}$.

4. $f(x) = -\dfrac{1}{x^2}\mathrm{e}^{\frac{1}{x}}$; $I = \mathbb{R}$.

5. $f(x) = 3x\mathrm{e}^{-x^2}$; $I = \mathbb{R}$. → Corrigé p. 226

3 5 min ★ → MÉTHODE 2, p. 217

On considère la fonction f définie sur $]0\,;+\infty[$ par $f(x) = \sqrt{x}$.

Prouver que la fonction F définie sur $]0\,;+\infty[$ par $F(x) = \dfrac{2}{3}x\sqrt{x}$ est une primitive de f sur $]0\,;+\infty[$. → Corrigé p. 227

4 5 min ★ → MÉTHODE 2, p. 217

Dans chacun des cas suivants, vérifier que la fonction f est solution de l'équation (E) sur $\mathbb{R}$.

1. f est dérivable sur $\mathbb{R}$, $f(t) = 100\,\mathrm{e}^{-0{,}12t}$ et l'équation différentielle est (E) : $25y' + 3y = 0$.

2. f est dérivable sur $\mathbb{R}$, $f(x) = \mathrm{e}^{-3x-5} + 6$ et l'équation différentielle est (E) : $y' + 3y = 18$. → Corrigé p. 227

5 5 min ★ → MÉTHODE 3, p. 218

Dans chacun des cas, déterminer toutes les solutions de l'équation différentielle proposée.

1. $y' = 3y$ **2.** $y' = -2y$ **3.** $y' = \frac{4}{7}y$

→ Corrigé p. 227

6 10 min ★ → MÉTHODE 3, p. 218

Dans chacun des cas, résoudre l'équation différentielle.

1. $y' = -4y + 3$

2. $y' = 2y + 1$

3. $y' - \frac{1}{3}y = -1$

→ Corrigé p. 227

7 10 min ★★ → MÉTHODE 3, p. 218

On considère l'équation différentielle $(E) : 2y' + 3y = 3x + 5$.

1. Montrer que cette équation admet une solution affine $g : x \mapsto mx + p$, avec m et p réels que l'on déterminera.

2. Montrer que f est solution de (E) si et seulement si $f - g$ est solution de $(\text{E}') : y' = -\frac{3}{2}y$.

3. En déduire toutes les solutions de (E).

→ Corrigé p. 228

8 15 min ★★ → MÉTHODE 4, p. 219

On considère l'équation différentielle $y' + 2y = -x$.

1. Montrer que la fonction g définie pour tout réel x par $g(x) = -\frac{1}{2}x + \frac{1}{4}$ est une solution particulière de l'équation différentielle.

2. Résoudre l'équation différentielle $y' + 2y = -x$.

3. Déterminer la solution F de l'équation différentielle $y' + 2y = -x$ telle que F s'annule en 0.

→ Corrigé p. 229

9 15 min **Démonstration et raisonnement**

Démontrer les propriétés suivantes :

1. Soit a un nombre réel non nul. Les solutions de l'équation différentielle (E) $y' = ay$ sont les fonctions f définies sur $\mathbb{R}$ par $f(x) = \text{C}e^{ax}$ où C est une constante réelle.

2. Soient f une fonction continue sur un intervalle I et G une primitive de f sur I. Les primitives de f sur I (c'est-à-dire les solutions de l'équation différentielle $y' = f$) sont les fonctions F définies sur I par $F(x) = G(x) + \text{C}$ où C est une constante réelle.

→ Corrigé p. 230

10 5 min Vrai-Faux

a) Soit F la fonction définie pour tout réel x par $F(x) = xe^{-x+1}$.
Affirmation 1 : F est une primitive de la fonction f définie pour tout réel x par $f(x) = -e^{-x+1}$.

b) On considère la fonction f définie pour tout réel x par $f(x) = \dfrac{x}{x^2+1}$.
Affirmation 2 : f a pour primitives les fonctions F définies pour tout réel x par :
$F(x) = \dfrac{1}{2}\ln(x^2+1) + C$ où C est un réel quelconque.

c) **Affirmation 3 :** la fonction F définie pour tout réel x par $F(x) = -4e^{3x} + 2$ est solution de l'équation différentielle $y' = 3y + 2$.

d) On considère l'équation différentielle $y' - \dfrac{1}{2}y = 0$.
Affirmation 4 : la fonction F définie pour tout réel x par $F(x) = \dfrac{2}{\sqrt{e}}e^{\frac{1}{2}x}$ est la solution particulière qui vérifie la condition initiale $F(1) = 2$.

→ Corrigé p. 230

11 20 min QCM

Déterminer parmi les trois propositions la seule réponse exacte. Aucune justification n'est demandée. Un QCM nécessite souvent de faire une recherche au brouillon.

	Réponse A	Réponse B	Réponse C
1. La fonction f définie pour tout réel $x > 0$ par $f(x) = x + \dfrac{1}{\sqrt{x}}$ a pour primitive les fonctions F définies par $F(x) =$:	$1 - \dfrac{1}{2\sqrt{x}}$	$\dfrac{x^2}{2} + 2\sqrt{x} + C$, avec C constante réelle.	$\dfrac{x^2}{2} + \sqrt{x} + C$, avec C constante réelle.
2. L'équation différentielle $y' = x^2 - x + \dfrac{1}{x^2}$ a pour solutions les fonctions F définies pour tout réel x non nul par $F(x) =$:	$\dfrac{x^3}{3} - \dfrac{x^2}{2} + \ln(x^2) + C$	$\dfrac{x^3}{3} - \dfrac{x^2}{2} - \dfrac{1}{x}$	$\dfrac{x^3}{3} - \dfrac{x^2}{2} - \dfrac{1}{x} + C$
3. L'équation différentielle $y' + y = 0$ a pour solutions les fonctions F définies pour tout réel x par $F(x)$:	Ce^{-x}	Ce^{x}	$e^{-x} + C$
4. Si f est une solution de l'équation différentielle $y' + 2y = 1$, alors la fonction $-f$ est solution de l'équation différentielle :	$y' + 2y = -1$	$-y' - 2y = -1$	$y' + 2y = 1$

→ Corrigé p. 231

12 20 min ★★

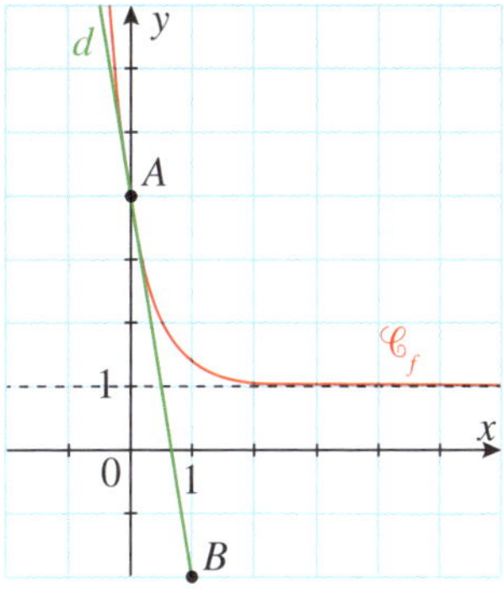

On donne ci-contre la courbe représentative $\mathscr{C}_f$ d'une fonction f définie sur $\mathbb{R}$. La droite d est tangente à cette courbe au point A d'abscisse 0. Le point B appartient à d et a pour coordonnées $B(1\ ;\ -2)$.

1. Donner par lecture graphique :

a) la valeur de $f(0)$;

b) la limite de f en $+\infty$;

c) le tableau de variation de f ;

d) le coefficient directeur de la tangente d à la courbe représentative de f au point d'abscisse 0.

2. On considère l'équation différentielle $y' + 2y = 2$ dans laquelle y est une fonction de la variable réelle x définie et dérivable sur $\mathbb{R}$. On admet que la fonction f représentée ci-dessus est la solution de cette équation différentielle vérifiant $f(0) = 4$.

a) Démontrer que, pour tout réel x, on a : $f(x) = 3\mathrm{e}^{-2x} + 1$.

b) Retrouver, en justifiant par des calculs, les résultats obtenus à la question 1.

→ Corrigé p. 231

13 20 min ★★★ Algorithmique et programmation

On considère l'équation différentielle (E) : $y' + 5y = 5 + \mathrm{e}^{-t}$.

1. Résoudre l'équation différentielle (E') : $y' + 5y = 0$.

2. Vérifier que la fonction g définie pour tout réel t par $g(t) = 1 + 0{,}25\mathrm{e}^{-t}$ est une solution particulière de (E).

3. Montrer que la fonction f définie par $f(t) = 8{,}75\mathrm{e}^{-5t} + g(t)$ est solution de (E) et que $f(0) = 10$.

4. a) Montrer que $\lim\limits_{t \to +\infty} f(t) = 1$.

b) On considère la fonction Python suivante :

```python
from math import exp
def seuil(pas,precision):
    x=0
    while 8.75*exp(-5*x)+0.25*exp(-x)>=precision:
        x=x+pas
    return x
```

Que renvoie cette fonction lorsqu'on l'utilise avec les arguments pas $= 0{,}1$ et precision $= 0{,}001$?

c) Interpréter le résultat de la question précédente pour la fonction f.

→ Corrigé p. 232

SUJET DE BAC

Exercice 1 30 min Algorithmique et programmation 4 points

La solubilité s exprimée en pourcentage massique (« % m ») du dioxyde de soufre dans l'eau en fonction de la température t en °C (degrés Celsius) est une solution de l'équation différentielle $(E) : y' + 0{,}04y = 0$.

1. Résoudre l'équation différentielle (E).

2. Sachant que la solubilité à la température 0 °C est de 23 % m, déterminer $s(t)$.

3. Déterminer $\lim\limits_{t \to +\infty} s(t)$. Interpréter le résultat.

4. Étudier les variations de s sur l'intervalle $[0 ; +\infty[$.

5. On souhaite déterminer la température, arrondie à l'unité, à partir de laquelle la solubilité s du dioxyde de soufre en pourcentage massique sera inférieure à un réel A donné en argument.

a) Compléter la fonction Python ci-dessous pour qu'elle renvoie la valeur de A :

```
from math import exp
def solubilite(A):
    t=0
    while ...:
        t=...
    return ...
```

b) Que renvoie `solubilité(2)` ? Justifier algébriquement. → Corrigé p. 233

Exercice 2 30 min Algorithmique et programmation 5 points

Les trois parties de ce problème peuvent être traitées séparément.

Une note de musique est émise en pinçant la corde d'une guitare électrique. La puissance du son émis, initialement de 100 watts, diminue avec le temps t, mesuré en seconde. On modélise cette situation par une fonction *puissance du son* émis, exprimée en watt, t secondes après le pincement de la corde.

Partie A

On considère l'équation différentielle (E) suivante :

$$(E) : 25y' + 3y = 0,$$

où y est une fonction de la variable t définie et dérivable sur l'intervalle $[0 ; +\infty[$ et où y' est la fonction dérivée de y.

1. Résoudre l'équation différentielle $25y' + 3y = 0$.

2. Déterminer la fonction f solution de l'équation différentielle (E) qui vérifie la condition initiale $f(0) = 100$.

3. On admet que la *puissance du son* est donnée par cette fonction f. Quelle est la puissance du son deux secondes après le pincement de la corde ? Arrondir au watt près.

Pour la suite de l'exercice, on admet que la fonction *puissance du son* est définie sur l'intervalle [0 ; +∞[par :

$$t \mapsto 100\,\mathrm{e}^{-0,12t}.$$

Partie B

On s'intéresse à l'instant à partir duquel la *puissance du son* émis après le pincement de la corde sera inférieure à 80 watts.

On considère la fonction Python suivante :

```
from math import exp
def probleme_son(a,b):
    while abs(b-a)>0.2:
        m=(a+b)/2
        if 100*exp(-0.12*m)>80:
            a=m
        else:
            b=m
    return a,b
```

1. Quelles sont les valeurs renvoyées par cette fonction ?

2. Dans le contexte de cet exercice, que représentent ces valeurs ?

Partie C

On note f la fonction *puissance du son*.

1. Résoudre par le calcul l'équation $f(t) = 80$.

Donner la valeur exacte et la valeur approchée à 10^{-3} près. Interpréter ce résultat.

2. Calculer et interpréter la limite de f lorsque t tend vers $+\infty$.

→ Corrigé p. 234

CORRIGÉS

1 → *Énoncé p. 220*

1. f est une somme de fonctions de la forme $x \mapsto x^n$ avec n entier naturel, $n \neq -1$.

Donc $F(x) = \frac{4x^4}{4} - \frac{2x^3}{3} + \frac{12x^2}{2} - 5x = x^4 - \frac{2x^3}{3} + 6x^2 - 5x$.

2. $f(x) = 2x^{-3} - 5x^{-2}$ est une somme de fonctions de la forme $x \mapsto x^n$ avec n entier relatif, $n \neq -1$.

Donc $F(x) = 2\frac{x^{-2}}{-2} - 5\frac{x^{-1}}{-1} = -\frac{1}{x^2} + \frac{5}{x}$.

3. $f(x) = x^4 + x^2 - x^{-5} + x^{-2}$ est une somme de fonctions de la forme $x \mapsto x^n$ avec n entier relatif, $n \neq -1$.

Donc $F(x) = \frac{x^5}{5} + \frac{x^3}{3} - \frac{x^{-4}}{-4} + \frac{x^{-1}}{-1} = \frac{x^5}{5} + \frac{x^3}{3} + \frac{1}{4x^4} - \frac{1}{x}$

> **Rappel**
> Une primitive de $x \mapsto x^n$ avec n entier relatif, $n \neq -1$ est $x \mapsto \frac{x^{n+1}}{n+1}$.

2 → *Énoncé p. 220*

1. f est de la forme $u'u^4$ avec $u(x) = x^3 + 2$ et $u'(x) = 3x^2$.

On a alors $F(x) = \frac{u^5(x)}{5} = \frac{(x^3+2)^5}{5}$.

2. f est de la forme $\frac{u'}{u^2}$ avec $u(x) = 1 - 5x$ et $u'(x) = -5$.

Une primitive de $-\frac{u'}{u^2}$ est $\frac{1}{u}$, donc une primitive de $\frac{u'}{u^2}$ est $-\frac{1}{u}$.

Donc $F(x) = -\frac{1}{u(x)} = -\frac{1}{1-5x}$

> **Rappel**
> On détermine une primitive par lecture inversée du tableau des dérivées des fonctions usuelles.

3. f est de la forme $2 \times \frac{u'}{2\sqrt{u}}$ avec $u(x) = x^2 + 2x + 2$ et $u'(x) = 2x + 2$.

On a alors $F(x) = 2\sqrt{u(x)} = 2\sqrt{x^2 + 2x + 2}$.

4. f est de la forme $u'e^u$ avec $u(x) = \frac{1}{x}$ et $u'(x) = -\frac{1}{x^2}$.

Donc $F(x) = e^{u(x)} = e^{\frac{1}{x}}$.

5. $f(x) = -\frac{3}{2} \times (-2x)e^{-x^2}$ donc f est de la forme $-\frac{3}{2}u'e^u$ avec $u(x) = -x^2$ et $u'(x) = -2x$.

Donc $F(x) = -\frac{3}{2}e^{u(x)} = -\frac{3}{2}e^{-x^2}$.

3 → *Énoncé p. 220*

On dérive F.

F est de la forme $u \times v$ avec $u(x) = \dfrac{2}{3}x$ et $v(x) = \sqrt{x}$.

Donc $u'(x) = \dfrac{2}{3}$ et $v'(x) = \dfrac{1}{2\sqrt{x}}$.

On a alors : $F'(x) = u'(x)v(x) + u(x)v'(x) = \dfrac{2}{3}\sqrt{x} + \dfrac{2}{3}x \times \dfrac{1}{2\sqrt{x}} = \dfrac{2}{3}\sqrt{x} + \dfrac{1}{3}\sqrt{x} = \sqrt{x}$

Car : $\dfrac{2}{3}x \times \dfrac{1}{2\sqrt{x}} = \dfrac{2x}{3 \times 2\sqrt{x}} = \dfrac{\sqrt{x} \times \sqrt{x}}{3 \times \sqrt{x}} = \dfrac{1}{3}\sqrt{x}$

$\dfrac{2}{3}\sqrt{x} + \dfrac{1}{3}\sqrt{x} = \left(\dfrac{2}{3} + \dfrac{1}{3}\right)\sqrt{x} = \dfrac{3}{3}\sqrt{x} = \sqrt{x}$.

Astuce

Pour prouver qu'une fonction F est une primitive d'une fonction f, on montre que $F' = f$.

4 → *Énoncé p. 220*

1. $f'(t) = 100 \times (-0{,}12)\mathrm{e}^{-0{,}12t} = -12\mathrm{e}^{-0{,}12t}$.

Donc on remplace f dans l'équation :

$$\begin{aligned} 25f'(t) + 3f(t) &= 25\left(-12\mathrm{e}^{-0{,}12t}\right) + 3\left(100\ \mathrm{e}^{-0{,}12t}\right) \\ &= -300\mathrm{e}^{-0{,}12t} + 300\mathrm{e}^{-0{,}12t} = 0 \end{aligned}$$

f est bien solution de l'équation différentielle.

2. $f'(x) = -3\mathrm{e}^{-3x-5}$.

Donc on remplace dans l'équation différentielle :

$f'(x) + 3f(x) = -3\mathrm{e}^{-3x-5} + 3\left(\mathrm{e}^{-3x-5} + 6\right) = -3\mathrm{e}^{-3x-5} + 3\mathrm{e}^{-3x-5} + 18 = 183$

On a développé $3(\mathrm{e}^{-3x-5} + 6) = 3\mathrm{e}^{-3x-5} + 18$.

Donc f est bien solution de l'équation différentielle.

Rappel

Pour montrer qu'une fonction f est solution d'une équation différentielle, on remplace y par f et y' par f' dans l'équation.

5 → *Énoncé p. 221*

1. Les solutions de l'équation différentielle sont les fonctions f définies sur $\mathbb{R}$ par $f(x) = C\mathrm{e}^{3x}$, où C est une constante réelle.

2. Les solutions de l'équation différentielle sont les fonctions f définies sur $\mathbb{R}$ par $f(x) = C\mathrm{e}^{-2x}$, où C est une constante réelle.

3. Les solutions de l'équation différentielle sont les fonctions f définies sur $\mathbb{R}$ par $f(x) = C\mathrm{e}^{\frac{4}{7}x}$, où C est une constante réelle.

6 → *Énoncé p. 221*

1. $y' = -4y + 3$ est une équation différentielle de la forme $y' = ay + b$ avec $a = -4$ et $b = 3$.

Les solutions sont les fonctions f définies sur $\mathbb{R}$ par $f(x) = Ce^{-4x} - \dfrac{3}{-4} = Ce^{-4x} + \dfrac{3}{4}$.

2. $y' = 2y + 1$ est une équation différentielle de la forme $y' = ay + b$ avec $a = 2$ et $b = 1$.
Les solutions sont les fonctions f définies sur $\mathbb{R}$ par $f(x) = Ce^{2x} - \dfrac{1}{2}$.

3. $y' - \dfrac{1}{3}y = -1 \Leftrightarrow y' = \dfrac{1}{3}y - 1$

$y' = \dfrac{1}{3}y - 1$ est une équation différentielle de la forme $y' = ay + b$ avec $a = \dfrac{1}{3}$ et $b = -1$.
Les solutions sont les fonctions f définies sur $\mathbb{R}$ par $f(x) = Ce^{\frac{1}{3}x} - \dfrac{-1}{\frac{1}{3}} = Ce^{\frac{1}{3}x} + 3$.

On a : $\dfrac{b}{a} = \dfrac{-1}{\frac{1}{3}} = -1 \times \dfrac{3}{1} = -3$.

Rappel

Les solutions de $y' = ay + b$ sont les fonctions f définies par $f(x) = Ce^{ax} - \dfrac{b}{a}$ où C est une constante réelle.

7 → *Énoncé p. 221*

1. g est solution de l'équation différentielle si et seulement si $2g'(x) + 3g(x) = 3x + 5$ pour tout réel x.
On a : $g'(x) = m$.
On remplace dans l'équation y' par g' et y par g :

$$2g'(x) + 3g(x) = 2m + 3(mx + p) = 3mx + 2m + 3p$$

g est solution de l'équation différentielle si et seulement si $3mx + 2m + 3p = 3x + 5$ pour tout réel x, soit :

$$\begin{cases} 3m = 3 \\ 2m + 3p = 5 \end{cases} \Leftrightarrow \begin{cases} m = 1 \\ p = \dfrac{5 - 2m}{3} = 1 \end{cases}$$

La fonction g solution de l'équation différentielle est $g(x) = x + 1$.

2. Soit f une solution de l'équation différentielle.
f solution de l'équation différentielle
$\Leftrightarrow 2f' + 3f = 3x + 5$
$\Leftrightarrow 2f' + 3f = 2g' + 3g$ car g est aussi une solution
$\Leftrightarrow 2(f' - g') + 3(f - g) = 0$
$\Leftrightarrow 2(f - g)' + 3(f - g) = 0$ car : $(f - g)' = f' - g'$
$\Leftrightarrow (f - g)' = -\dfrac{3}{2}(f - g)$
$\Leftrightarrow f - g$ est solution de l'équation différentielle $y' = -\dfrac{3}{2}y$.

Astuce

Pour déterminer deux inconnues, on résout un système.

3. f solution de l'équation différentielle (E) si et seulement si $f - x - 1$ est solution de l'équation différentielle $y' = -\frac{3}{2}y$. Or les solutions de cette équation différentielles sont les fonctions h définies pour tout réels x par $h(x) = \mathrm{C}e^{-\frac{3}{2}x}$.

> **Raisonnement**
> Pour démontrer une équivalence, on procède en deux temps : une partie directe et sa réciproque.

Donc pour tout réel x : $f(x) - x - 1 = \mathrm{C}e^{-\frac{3}{2}x} \Leftrightarrow f(x) = x + 1 + \mathrm{C}e^{-\frac{3}{2}x}$.

Réciproquement, les fonctions f définies pour tout réel x par $f(x) = x + 1 + \mathrm{C}e^{-\frac{3}{2}x}$ vérifient :

$$f'(x) = 1 - \frac{3}{2}\mathrm{C}e^{-\frac{3}{2}x}.$$

Donc on a :

$$\begin{aligned} 2f'(x) + 3f(x) &= 2\left(1 - \frac{3}{2}\mathrm{C}e^{-\frac{3}{2}x}\right) + 3\left(x + 1 + \mathrm{C}e^{-\frac{3}{2}x}\right) \\ &= 2 - 3\mathrm{C}e^{-\frac{3}{2}x} + 3x + 3 + 3\mathrm{C}e^{-\frac{3}{2}x} = 3x + 5 \end{aligned}$$

Les fonctions f définies pour tout réel x par $f(x) = x + 1 + \mathrm{C}e^{-\frac{3}{2}x}$ sont bien solution de l'équation différentielle (E).

8 → *Énoncé p. 221*

1. Pour tout réel x on a : $g'(x) = -\frac{1}{2}$.

Donc $g'(x) + 2g(x) = -\frac{1}{2} + 2\left(-\frac{1}{2}x + \frac{1}{4}\right) = -\frac{1}{2} - x + \frac{1}{2} = -x$.

g est bien solution de l'équation différentielle.

2. $y' + 2y = -x \Leftrightarrow y' = -2y - x$.

Les fonctions solutions de l'équation différentielle $y' + 2y = -x$ sont les fonctions f définies pour tout réel x par $f(x) = \mathrm{C}e^{-2x} - \frac{1}{2}x + \frac{1}{4}$.

3. On cherche la fonction F solution de l'équation différentielle et qui vérifie $F(0) = 0$.

Dire qu'une fonction s'annule en 0 signifie que l'image de 0 est 0, ou encore que $F(0) = 0$.

$$F(0) = 0 \Leftrightarrow \mathrm{C}e^{-2\times 0} - \frac{1}{2} \times 0 + \frac{1}{4} = 0 \Leftrightarrow \mathrm{C} + \frac{1}{4} = 0 \Leftrightarrow \mathrm{C} = -\frac{1}{4}$$

La solution F de l'équation différentielle $y' + 2y = -x$ telle que F s'annule en 0 est la fonction définie pour tout réel x par $F(x) = -\frac{1}{4}e^{-2x} - \frac{1}{2}x + \frac{1}{4}$.

9 → Énoncé p. 221

1. • Soit $C \in \mathbb{R}$. La fonction f définie sur $\mathbb{R}$ par $f_C(x) = Ce^{ax}$ est dérivable sur $\mathbb{R}$. $f_C'(x) = Cae^{ax}$, donc $f_C'(x) = af_C(x)$. f_C est solution de l'équation différentielle (E).
• Montrons que les fonctions f_C sont les seules solutions de (E).
Soit g une fonction dérivable sur $\mathbb{R}$, solution de l'équation (E).
On note h la fonction définie sur $\mathbb{R}$ par $h(x) = g(x)e^{-ax}$; h est dérivable sur $\mathbb{R}$.
Pour tout réel x on a : $h'(x) = g'(x)e^{-ax} + g(x)(-ae^{-ax}) = e^{-ax}\left(g'(x) - ag(x)\right)$.
Or pour tout réel x, $g'(x) = ag(x)$ donc $h'(x) = 0$.
Ainsi h est une fonction constante sur $\mathbb{R}$.
Il existe alors un réel C tel que pour tout réel x, $h(x) = C$, c'est-à-dire $C = g(x)e^{-ax}$.
On trouve donc $g(x) = Ce^{ax}$. **On a multiplié chaque membre par e^{ax}.**
• Conclusion : les solutions de l'équation différentielle (E) $y' = ay$ sont bien les fonctions définies sur $\mathbb{R}$ par $f(x) = Ce^{ax}$ où C est une constante réelle.

> **Raisonnement**
> Pour démontrer une équivalence, on procède en deux temps : une partie directe et sa réciproque.

2. On considère F une primitive quelconque de f. On a alors $F' = f$. Or on a aussi $G' = f$.
Donc $F' - G' = (F - G)' = 0$. La fonction $F - G$ est donc une fonction constante.
Notons C le réel tel que, pour tout réel x, $F(x) - G(x) = C$. On a bien $F(x) = G(x) + C$.
Réciproquement, on considère les fonctions F de la forme $F = G + C$.
On a alors $F'(x) = G'(x) + 0 = f(x)$ car G est une primitive de f. On en conclut que F est une primitive de f.

10 → Énoncé p. 222

1. Faux.
F est de la forme uv avec $u(x) = x$ et $v(x) = e^{-x+1}$.
On a : $u'(x) = 1$ et $v'(x) = -e^{-x+1}$.
Donc $F'(x) = u'(x)v(x) + u(x)v'(x) = e^{-x+1} + x(-e^{-x+1}) = (1 - x)e^{-x+1}$.
Cette fonction n'est pas f car $F'(0) = (1 - 0)e^{-0+1} = e$ et $f(0) = -e$.

2. Vrai.
La fonction F est de la forme $F = \frac{1}{2}\ln(u) + C$ avec $u(x) = x^2 + 1$.
$u > 0$ et u est dérivable pour tout réel x.
On a donc $F'(x) = \frac{1}{2} \times \frac{u'(x)}{u(x)} = \frac{1}{2} \times \frac{2x}{x^2 + 1} = \frac{x}{x^2 + 1} = f(x)$.

3. Faux.
On calcule $F'(x)$ et on obtient $F'(x) = 3 \times (-4e^{3x}) = -12e^{3x}$. On calcule $3F(x) + 2$ et on obtient $3F(x) + 2 = -12e^{3x} + 6 + 2 = -12e^{3x} + 8 = F'(x) + 8$
Donc F n'est pas solution de l'équation différentielle donnée.

4. Vrai.

$$F(x) = \frac{2}{\sqrt{e}} e^{\frac{1}{2}x} \text{ donc } F'(x) = \frac{2}{\sqrt{e}} \times \frac{1}{2} e^{\frac{1}{2}x} = \frac{1}{\sqrt{e}} e^{\frac{1}{2}x}$$

On remplace dans l'équation différentielle :

$$F'(x) - \frac{1}{2}F(x) = \frac{1}{\sqrt{e}} e^{\frac{1}{2}x} - \frac{1}{2} \times \frac{2}{\sqrt{e}} e^{\frac{1}{2}x} = \frac{1}{\sqrt{e}} e^{\frac{1}{2}x} - \frac{1}{\sqrt{e}} e^{\frac{1}{2}x} = 0$$

Donc F est une solution de l'équation différentielle.

On a de plus : $F(1) = \frac{2}{\sqrt{e}} e^{\frac{1}{2}\times 1} = \frac{2}{\sqrt{e}} \times \sqrt{e} = 2$.

Pour tout réel positif a, $a^{1/2} = \sqrt{a}$.

11 → Énoncé p. 222

1. Réponse B.

Une primitive de $x \mapsto x$ est la fonction $x \mapsto \frac{x^2}{2}$ et une primitive de $x \mapsto \frac{1}{\sqrt{x}}$ est la fonction $x \mapsto 2\sqrt{x}$.

Donc toutes les primitives de f sont les fonctions F définies par $F(x) = \frac{x^2}{2} + 2\sqrt{x} + C$, avec C constante réelle.

2. Réponse C.

Une primitive de $x \mapsto x^2 - x + \frac{1}{x^2}$ est la fonction $x \mapsto \frac{x^3}{3} - \frac{x^2}{2} - \frac{1}{x}$.

Donc toutes les primitives de f sont les fonctions F définies par $F(x) = \frac{x^3}{3} - \frac{x^2}{2} - \frac{1}{x} + C$, avec C constante réelle.

3. Réponse A.

$y' + y = 0 \Leftrightarrow y' = -y$. Cette équation différentielle est de la forme $y' = ay$ avec $a = -1$.

Les solutions sont les fonctions F définies par $F(x) = Ce^{-x}$.

4. Réponse A.

f est solution de l'équation différentielle $y' + 2y = 1$ signifie que $f' + 2f = 1$.

On remplace y par $-f$ et y' par $(-f)'$ dans l'équation différentielle $y' + 2y = -1$:

$(-f)' + 2 \times (-f) = -f' - 2f = -(f' + 2f) = -1$ car f est solution de $y' + 2y = 1$.

Donc $(-f)$ est solution de l'équation $y' + 2y = -1$.

12 → Énoncé p. 223

1. a) $f(0) = 4$.

b) $\lim_{x \to +\infty} f(x) = 1$.

c)

x	$-\infty$	$+\infty$
$f(x)$	$+\infty$ ↘	1

d) $f'(0) = \dfrac{y_B - y_A}{x_B - x_A} = \dfrac{-2-4}{1-0} = -6$.

2. a) On résout l'équation différentielle sur $\mathbb{R}$:

$$y' + 2y = 2 \Leftrightarrow y' = -2y + 2 \Leftrightarrow y(x) = Ce^{-2x} - \frac{2}{-2}$$
$$\Leftrightarrow y(x) = Ce^{-2x} + 1,$$

avec $C \in \mathbb{R}$.

De plus : $f(0) = 4 \Leftrightarrow Ce^0 + 1 = 4 \Leftrightarrow C = 3$.

Ainsi, pour tout réel x, $f(x) = 3e^{-2x} + 1$.

> **Rappel**
> Les solutions de $y' = ay + b$ sont les fonctions F définies par $F(x) = Ce^{ax} - \dfrac{b}{a}$ où C est une constante réelle.

b) $f(0) = 3e^0 + 1 = 4$.

$\lim\limits_{x \to +\infty} -2x = -\infty$ donc, par composition, $\lim\limits_{x \to +\infty} e^{-2x} = 0$ donc par somme $\lim\limits_{x \to +\infty} f(x) = 1$.

$f'(x) = 3 \times (-2) \times e^{-2x} = -6e^{-2x} < 0$, la fonction f est bien strictement décroissante sur $\mathbb{R}$.

$f'(0) = -6e^0 = -6$.

13 → *Énoncé p. 223*

1. $y' + 5y = 0$ équivaut à $y' = -5y$. Cette équation est de la forme $y' = ay$ avec $a = -5$.

Les solutions sont les fonctions f définies pour tout réel x par $f(x) = Ce^{-5x}$.

2. On calcule $g'(t)$.

$$g'(t) = 0 + 0{,}25 \times (-e^{-t}) = -0{,}25e^{-t}$$

On remplace dans l'équation (E) :

$g'(t) + 5g(t) = -0{,}25e^{-t} + 5(1 + 0{,}25e^{-t}) = -0{,}25e^{-t} + 5 + 1{,}25e^{-t} = 5 + e^{-t}$

g est bien une solution particulière de (E).

3. On a : $f(t) = 8{,}75e^{-5t} + g(t)$ donc

$f'(t) = 8{,}75(-5e^{-5t}) + g'(t) = -43{,}75e^{-5t} + g'(t)$.

On remplace dans l'équation (E) :

$$\begin{aligned} f'(t) + 5f(t) &= -43{,}75e^{-5t} + g'(t) + 5(8{,}75e^{-5t} + g(t)) \\ &= -43{,}75e^{-5t} + 5 \times 8{,}75e^{-5t} + g'(t) + 5g(t) \\ &= g'(t) + 5g(t) \text{ car } \mathbf{5 \times 8{,}75 = 43{,}75} \\ &= 5 + e^{-t} \text{ car } \boldsymbol{g} \textbf{ est solution de } \boldsymbol{(E)}. \end{aligned}$$

Donc la fonction f est solution de (E).

On a : $f(0) = 8{,}75e^{-5\times 0} + g(0) = 8{,}75 + 1 + 0{,}25e^{-0} = 8{,}75 + 1{,}25 = 10$.

4. a) $\lim\limits_{t \to +\infty} -5t = -\infty$ donc, par composition, $\lim\limits_{t \to +\infty} 8,75\mathrm{e}^{-5t} = 0$.

De même $\lim\limits_{t \to +\infty} 0,25\mathrm{e}^{-t} = 0$.

Donc, par somme, $\lim\limits_{t \to +\infty} (8,75\mathrm{e}^{-5t} + 1 + 0,25\mathrm{e}^{-t}) = 1$.

b) L'affichage est :

```
>>> seuil(0.1,0.001)
5.599999999999996
```

c) La valeur affichée est la plus petite valeur de x au dixième près, telle que $f(x) - 1 < 0,001$.

On a donc : $f(5,6) - 1 < 0,001$.

SUJET DE BAC

Exercice 1

→ Énoncé p. 224

1. $y' + 0,04y = 0 \Leftrightarrow y' = -0,04y$

Cette équation est de la forme $y' = ay$ avec $a = -0,04$.

Les solutions sont les fonctions f définies pour tout réel t par $f(t) = C\mathrm{e}^{-0,04t}$, avec $C \in \mathbb{R}$.

2. La solubilité s est une solution de l'équation différentielle, donc s est de la forme $s(t) = C\mathrm{e}^{-0,04t}$, avec $C \in \mathbb{R}$.

Or $s(0) = 23 \Leftrightarrow C\mathrm{e}^{0} = 23 \Leftrightarrow C = 23$.

Pour tout réel t, $s(t) = 23\mathrm{e}^{-0,04t}$.

3. $\lim\limits_{t \to +\infty} -0,04t = -\infty$ donc, par composition des limites, $\lim\limits_{t \to +\infty} s(t) = 0$. La solubilité du dioxyde de soufre dans l'eau tend à disparaitre lorsque la température augmente.

4. Pour tout $t \geqslant 0$, $s'(t) = -0,04 \times 23\mathrm{e}^{-0,04t} = -0,92\mathrm{e}^{-0,04t} < 0$.

Ainsi, la fonction s est strictement décroissante sur $[0 ; +\infty[$.

5. a)

```
from math import exp
def solubilite(A):
    t=0
    while 23*exp(-0.04*t)>A:
        t=t+1
    return t
```

b) L'algorithme renvoie la valeur 62 pour solubilité(2).

On résout l'inéquation $s(t) \leqslant 2$.

$$s(t) \leqslant 2 \Leftrightarrow 23\mathrm{e}^{-0{,}04t} \leqslant 2 \Leftrightarrow \mathrm{e}^{-0{,}04t} \leqslant \frac{2}{23} \Leftrightarrow \ln\left(\mathrm{e}^{-0{,}04t}\right) \leqslant \ln\left(\frac{2}{23}\right)$$

$$\Leftrightarrow -0{,}04t \leqslant \ln\left(\frac{2}{23}\right)$$

On a utilisé le fait que la fonction ln est strictement croissante sur $]0\,;+\infty[$.

$\Leftrightarrow t \geqslant -\dfrac{\ln\left(\frac{2}{23}\right)}{0{,}04}$. **On a divisé par $-0{,}04 < 0$, donc le sens de l'inégalité a changé.**

De plus, $-\dfrac{\ln\left(\frac{2}{23}\right)}{0{,}04} \approx 61{,}06$. Ainsi c'est bien à partir de $62\,°\mathrm{C}$ que la solubilité est inférieure à $2\ \%$ m.

Exercice 2 → *Énoncé p. 224*

Partie A

1. $25y' + 3y = 0 \Leftrightarrow 25y' = -3y \Leftrightarrow y' = -\dfrac{3}{25}y \Leftrightarrow y(t) = C\mathrm{e}^{-\frac{3}{25}t}$, avec $C \in \mathbb{R}$

2. $f(0) = 100 \Leftrightarrow C\mathrm{e}^{0} = 100 \Leftrightarrow C = 100$

Ainsi, pour tout réel $t \geqslant 0$, $f(t) = 100\mathrm{e}^{-\frac{3}{25}t}$.

3. $f(2) = 100\mathrm{e}^{-\frac{3}{25}\times 2} \approx 79$ W.

Partie B

1. Les valeurs renvoyées par la fonction sont les bornes d'un intervalle de taille $0{,}2$ qui encadre la valeur à partir de laquelle $f(t) \leqslant 80$.

2. Ces valeurs permettent d'avoir une valeur approchée de l'instant où la puissance du son est inférieure à 80 watts.

Partie C

1. $f(t) = 80 \Leftrightarrow 100\mathrm{e}^{-0{,}12t} = 80 \Leftrightarrow \mathrm{e}^{-0{,}12t} = 0{,}8 \Leftrightarrow -0{,}12t = \ln(0{,}8)$

$$\Leftrightarrow t = -\frac{\ln(0{,}8)}{0{,}12} \approx 1{,}860\ s.$$

La puissance du son atteint 80 watts après 1,860 seconde.

2. $\lim\limits_{t\to+\infty} -0{,}12t = -\infty$ donc par composition $\lim\limits_{t\to+\infty} \mathrm{e}^{-0{,}12t} = 0$ donc $\lim\limits_{t\to+\infty} f(t) = 0$.

À partir d'un certain temps la puissance du son est proche de 0 watt.

Intégration

CHAPITRE 8

1 Intégrale d'une fonction continue et positive

A. Aire sous la courbe d'une fonction continue et positive

Définition

On considère un repère orthogonal $\left(O ; \vec{i}, \vec{j}\right)$. On note les points $I(1 ; 0)$, $J(0 ; 1)$ et $K(1 ; 1)$.
L'aire du rectangle $OIKJ$ s'appelle **unité d'aire** du repère et se note u.a.

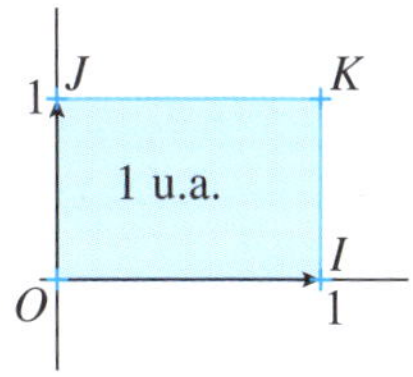

Définition

Soit f une fonction continue et positive sur un intervalle $[a ; b]$. On note $\mathscr{C}$ sa courbe représentative dans un repère orthogonal.
L'aire du domaine délimité par la courbe $\mathscr{C}$, l'axe des abscisses et les droites d'équations $x = a$ et $x = b$, exprimée en unité d'aire, s'appelle **l'intégrale de a à b de la fonction f**.
On la note : $\int_a^b f(x)\,\mathrm{d}x$.

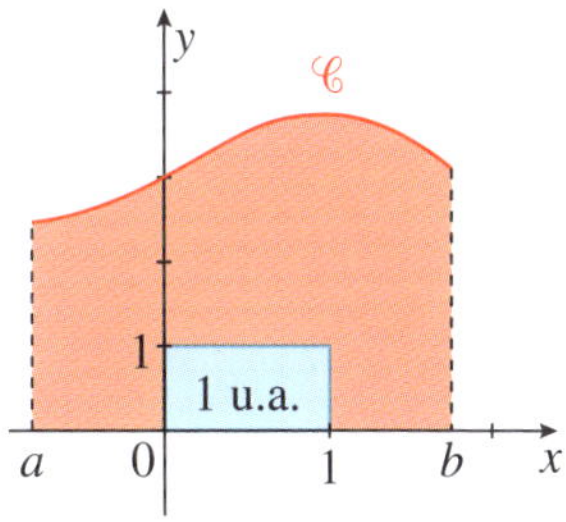

Remarques :

Le nombre $\int_a^b f(x)\,\mathrm{d}x$ ne dépend que de a et de b.
La variable x utilisée dans l'intégrale s'appelle une variable muette. On peut utiliser n'importe quelle autre variable notée $\int_a^b f(u)\,\mathrm{d}u$ ou notée $\int_a^b f(t)\,\mathrm{d}t$.
Les variables a et b s'appellent les bornes de l'intégrale.

B. Théorème fondamental de l'intégration

Théorème

Soit f une fonction continue et positive sur un intervalle $[a ; b]$.
Soit F la fonction définie sur $[a ; b]$ par $F(x) = \int_a^x f(t)\,\mathrm{d}t$.
La fonction F est la primitive de f sur $[a ; b]$ qui s'annule en a c'est-à-dire $F(a) = 0$.

■ **Théorème**

Soit f une fonction continue et positive sur un intervalle $[a\ ;\ b]$.
Soit F une primitive de f sur $[a\ ;\ b]$.

On a : $$\int_a^b f(t)\,\mathrm{d}t = F(b) - F(a).$$

Remarques

Dans la pratique, on note : $\int_a^b f(t)\,\mathrm{d}t = [F(t)]_a^b = F(b) - F(a)$.

L'aire sous la courbe représentative d'une fonction continue et positive se calcule à l'aide d'une primitive de f.

Le nombre réel $F(b) - F(a)$ ne dépend pas de la primitive de f choisie.

2 Intégrale d'une fonction continue

A. Définition de l'intégrale d'une fonction continue de signe quelconque

■ **Définition**

Soient f une fonction continue sur un intervalle I et a et b deux réels appartenant à I.
Soit F une primitive de f sur I.
On appelle intégrale de a à b de la fonction f le réel défini par :
$$\int_a^b f(x)\,\mathrm{d}x = F(b) - F(a).$$

Remarque

On note $\int_a^b f(t)\,\mathrm{d}t = [F(t)]_a^b = F(b) - F(a)$.

Le réel $\int_a^b f(x)\,\mathrm{d}x$ peut être un nombre positif, négatif ou nul.

■ **Propriété**

Le nombre réel $F(b) - F(a)$ ne dépend pas de la primitive de f choisie.

■ **Propriété**

Soient f et g deux fonctions continues sur un intervalle I.
Soient a, b et c trois réels appartenant à I.

$\int_a^a f(x)\,\mathrm{d}x = 0 \quad \int_b^a f(x)\,\mathrm{d}x = -\int_a^b f(x)\,\mathrm{d}x.$

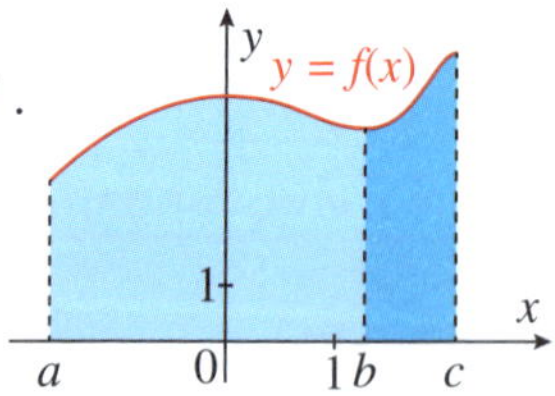

■ **Relation de Chasles :** $\int_a^c f(x)\,\mathrm{d}x = \int_a^b f(x)\,\mathrm{d}x + \int_b^c f(x)\,\mathrm{d}x.$

■ **Linéarité de l'intégrale :**

$$\int_a^b (f(x)+g(x))\,\mathrm{d}x = \int_a^b f(x)\,\mathrm{d}x + \int_a^b g(x)\,\mathrm{d}x$$

$\int_a^b \lambda f(x)\,\mathrm{d}x = \lambda \int_a^b f(x)\,\mathrm{d}x$, λ étant un réel quelconque.

■ **Propriété**

Soient a et b deux réels tels que $a<b$ et f et g deux fonctions continues sur l'intervalle $[a\,;\,b]$.

• Positivité :

Si $f \geqslant 0$ sur $[a\,;\,b]$ alors $\int_a^b f(x)\,\mathrm{d}x \geqslant 0$

• Ordre

Si $f \leqslant g$ sur $[a\,;\,b]$ alors $\int_a^b f(x)\,\mathrm{d}x \leqslant \int_a^b g(x)\,\mathrm{d}x$.

■ **Propriété**

Soit I un intervalle symétrique par rapport à 0.

Soient f une fonction continue sur I et a un réel appartenant à I.

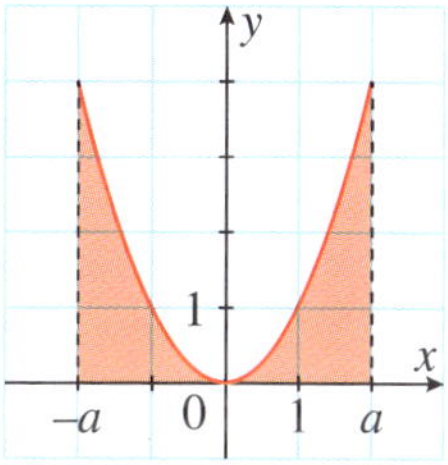

Si f est paire alors $\int_{-a}^0 f(x)\,\mathrm{d}x = \int_0^a f(x)\,\mathrm{d}x$.

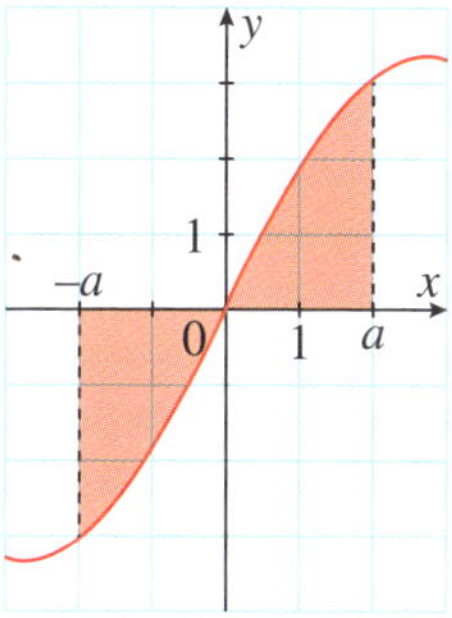

Si f est impaire alors

$\int_{-a}^0 f(x)\,\mathrm{d}x = -\int_0^a f(x)\,\mathrm{d}x$.

B. Intégration par parties

■ **Théorème**

Soient u et v deux fonctions dérivables sur un intervalle I telles que u' et v' soient continues sur I.

Soient a et b deux réels appartenant à I.

$$\int_a^b u'(x)v(x)\,\mathrm{d}x = [u(x)v(x)]_a^b - \int_a^b u(x)v'(x)\,\mathrm{d}x$$

Remarque

On a aussi $\int_a^b u(x)v'(x)\,\mathrm{d}x = [u(x)v(x)]_a^b - \int_a^b u'(x)v(x)\,\mathrm{d}x$.

3 Applications du calcul intégral

A. Calcul d'aires

■ Propriété

Soit f une fonction continue et négative sur un intervalle $[a\,;b]$.

On note $\mathscr{C}$ la courbe représentative de f dans un repère orthogonal.

L'aire du domaine $\mathscr{D}$ délimité par la courbe $\mathscr{C}$, l'axe des abscisses et les droites d'équations $x=a$ et $x=b$, exprimée en unités d'aire, est égale à :

$$\int_a^b(-f(x))\,\mathrm{d}x.$$

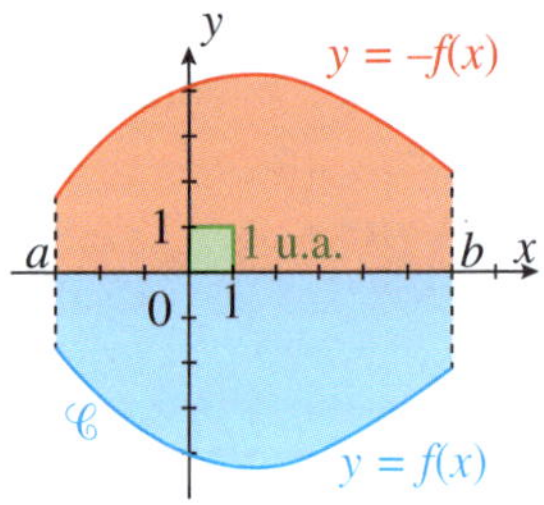

Remarque

Soit f une fonction continue et de signe quelconque sur un intervalle $[a\,;b]$.

On note $\mathscr{C}$ la courbe représentative de f dans un repère orthogonal.

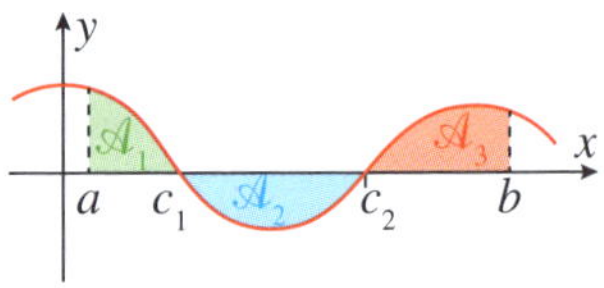

$$\int_a^b f(x)\,\mathrm{d}x=\mathscr{A}_1-\mathscr{A}_2+\mathscr{A}_3$$

L'aire totale colorée $\mathscr{A}_1+\mathscr{A}_2+\mathscr{A}_3$ est :

$$\mathscr{A}_1+\mathscr{A}_2+\mathscr{A}_3=\int_a^{c_1}f(x)\,\mathrm{d}x-\int_{c_1}^{c_2}f(x)\,\mathrm{d}x+\int_{c_2}^{b}f(x)\,\mathrm{d}x$$

■ Propriété

Soient f et g deux fonctions continues sur un intervalle $[a\,;b]$.

On suppose que $f\leqslant g$ sur $[a\,;b]$.

On note $\mathscr{C}_f$ la courbe représentative de f et $\mathscr{C}_g$ celle de g dans un repère orthogonal.

L'aire du domaine $\mathscr{D}$ délimité par les courbes $\mathscr{C}_f$, $\mathscr{C}_g$ et les droites d'équations $x=a$ et $x=b$, exprimée en unités d'aire, est égale à :

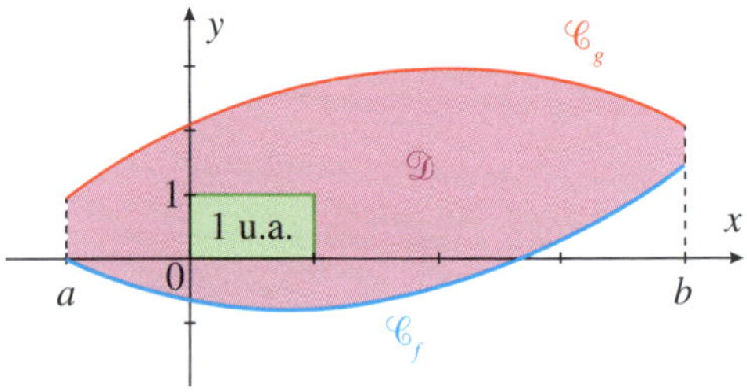

$$\int_a^b(g(x)-f(x))\,\mathrm{d}x.$$

B. Valeur moyenne d'une fonction

Définition

Soient a et b deux réels tels que $a < b$. Soit f une fonction continue sur l'intervalle $[a\ ;\ b]$.

La valeur moyenne de f sur $[a\ ;\ b]$ est le réel $\mu = \dfrac{1}{b-a}\displaystyle\int_a^b f(x)\,\mathrm{d}x$.

Remarque

Dans le cas d'une fonction f continue et positive sur l'intervalle $[a\ ;\ b]$, on a :

$\mu(b-a) = \displaystyle\int_a^b f(x)\,\mathrm{d}x$.

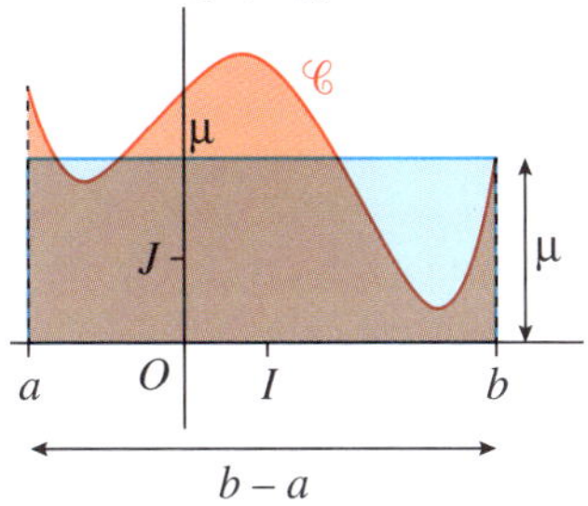

L'aire sous la courbe représentative de f dans un repère orthogonal est égale à l'aire du rectangle bleu de largeur μ et de longueur $b-a$.

L'aire du rectangle bleu est également l'aire sous la courbe représentative de la fonction constante égale à μ :

$$\int_a^b f(x)\,\mathrm{d}x = \int_a^b \mu\,\mathrm{d}x.$$

CALCUL INTÉGRAL

Calculer une intégrale à l'aide d'une intégration par partie

Soient u et v deux fonctions dérivables sur un intervalle I telles que u' et v' soient continues sur I et soient a et b deux réels appartenant à I.

$$\int_a^b u'(t)v(t)\,\mathrm{d}t = [u(t)v(t)]_a^b - \int_a^b u(t)v'(t)\,\mathrm{d}t$$

Calculer une intégrale à l'aide d'une primitive

Soient f une fonctions continue sur I et a et b deux réels appartenant à I :

$$\int_a^b f(x)\,\mathrm{d}x = [F(x)]_a^b = F(b) - F(a)$$

où F est une primitive de f sur I.

Calculer une intégrale à l'aide de propriétés

Soient f une fonction continue sur I ; a, b et c trois réels appartenant à I et λ un réel.

- $\int_a^a f(x)\,\mathrm{d}x = 0$
- $\int_a^b f(x)\,\mathrm{d}x = -\int_b^a f(x)\,\mathrm{d}x$
- **Relation de Chasles** :
  $\int_a^c f(x)\,\mathrm{d}x = \int_a^b f(x)\,\mathrm{d}x + \int_b^c f(x)\,\mathrm{d}x$
- **Linéarité** :
  $\int_a^b (f(x) + g(x))\,\mathrm{d}x = \int_a^b f(x)\,\mathrm{d}x + \int_a^b g(x)\,\mathrm{d}x$
  $\int_a^b \lambda f(x)\,\mathrm{d}x = \lambda\int_a^b f(x)\,\mathrm{d}x$
- **Positivité** :
  si $f \geqslant 0$ sur $[a\,;b]$, alors $\int_a^b f(x)\,\mathrm{d}x \geqslant 0$
- **Ordre** :
  si $f \leqslant g$ sur $[a\,;b]$, alors $\int_a^b f(x)\,\mathrm{d}x \leqslant \int_a^b g(x)\,\mathrm{d}x$
- si f est paire, alors $\int_{-a}^0 f(x)\,\mathrm{d}x = \int_0^a f(x)\,\mathrm{d}x$
- si f est impaire, alors $\int_{-a}^0 f(x)\,\mathrm{d}x = -\int_0^a f(x)\,\mathrm{d}x$

Calculer des aires

- ***f* continue et positive sur [*a* ; *b*].**
L'aire du domaine délimité par la courbe représentative de f, l'axe des abscisses et les droites d'équations $x = a$ et $x = b$ est égale à $\int_a^b f(x)\,\mathrm{d}x$.

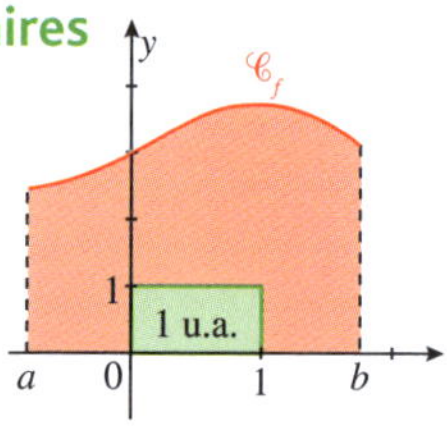

- ***f* continue et négative sur [*a* ; *b*].**
L'aire du domaine délimité par la courbe représentative de f, l'axe des abscisses et les droites d'équations $x = a$ et $x = b$ est égale à $\int_a^b (-f(x))\,\mathrm{d}x$.

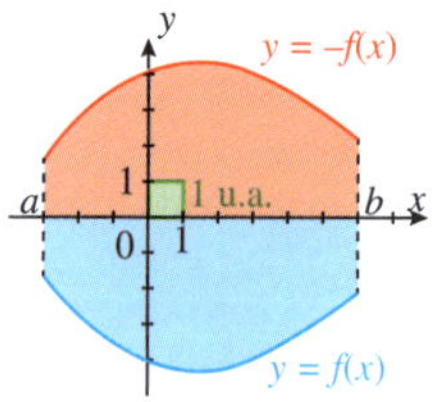

- **$g \geqslant f$ sur [*a* ; *b*].**
L'aire du domaine délimité par les courbes $\mathscr{C}_f$ et $\mathscr{C}_g$ et les droites d'équations $x = a$ et $x = b$ est égale à $\int_a^b (g(x) - f(x))\,\mathrm{d}x$.

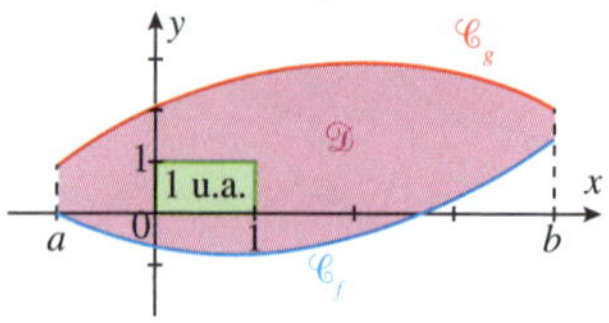

Calculer la valeur moyenne d'une fonction

Soit f une fonction continue suur l'intervalle $[a\,;b]$ $(a < b)$.

On appelle **valeur moyenne** de la fonction f sur l'intervalle $[a\,;b]$ le nombre réel :

$$\mu = \frac{1}{b-a}\int_a^b f(x)\,\mathrm{d}x$$

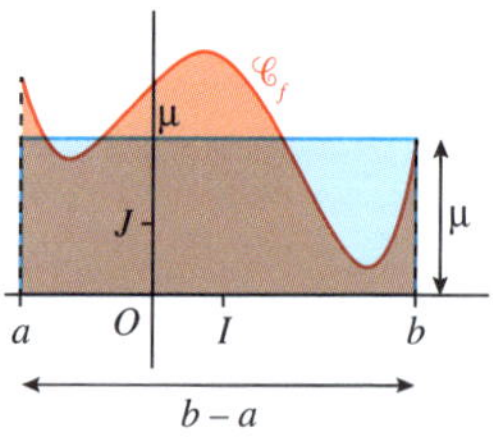

Si $f \geqslant 0$, l'aire du rectangle bleu est égale à

$$\mu(b-a) = \int_a^b f(x)\,\mathrm{d}x$$

1 Calculer une intégrale

EXEMPLE 1 **UTILISER LE TABLEAU DES PRIMITIVES**

Calculer l'intégrale suivante :

$$\int_1^2 (x^3 + x^2 - \frac{1}{\sqrt{x}} - \frac{1}{x^2} + 4)\,\mathrm{d}x .$$

CORRIGÉ COMMENTÉ

Les fonctions $x \mapsto x^3$ et $x \mapsto x^2$ sont de la forme $x \mapsto x^n$ qui a pour primitive $x \mapsto \frac{x^{n+1}}{n+1}$.

La fonction $x \mapsto \frac{1}{\sqrt{x}}$ a pour primitive $x \mapsto 2\sqrt{x}$.

La fonction $x \mapsto -\frac{1}{x^2}$ a pour primitive $x \mapsto \frac{1}{x}$.

La fonction $x \mapsto 4$ est de la forme $x \mapsto k$ qui a pour primitive $x \mapsto kx$.

Rappel

Fonction $f : x \mapsto \ldots$	Une primitive $F : x \mapsto \ldots$
a (constante réelle)	ax
x^n pour $n \in \mathbb{Z}$ $n \neq 0$ et $n \neq -1$	$\frac{x^{n+1}}{n+1}$
$\frac{1}{x^2}$	$\frac{-1}{x}$
$\frac{1}{x}$	$\ln(x)$
$\frac{1}{\sqrt{x}}$	$2\sqrt{x}$

On applique directement les formules des primitives des fonctions usuelles

On a alors :

$$\int_1^2 (x^3 + x^2 - \frac{1}{\sqrt{x}} - \frac{1}{x^2} + 4)\,\mathrm{d}x = \left[\frac{x^4}{4} + \frac{x^3}{3} - 2\sqrt{x} + \frac{1}{x} + 4x\right]_1^2 .$$

On calcule $F(2) - F(1)$ où F est la primitive écrite entre crochets

$$= \frac{2^4}{4} + \frac{2^3}{3} - 2\sqrt{2} + \frac{1}{2} + 4 \times 2 - \left(\frac{1^4}{4} + \frac{1^3}{3} - 2\sqrt{1} + \frac{1}{1} + 4 \times 1\right)$$

$$= \frac{16}{4} + \frac{8}{3} - 2\sqrt{2} + \frac{1}{2} + 8 - \left(\frac{1}{4} + \frac{1}{3} - 2 + 1 + 4\right)$$

$$= \frac{139}{12} - 2\sqrt{2} .$$

EXEMPLE 2 RECONNAÎTRE LA FORME D'UNE PRIMITIVE

Calculer l'intégrale suivante :

$$\int_0^1 \left(t\mathrm{e}^{t^2} - \frac{3}{(2t+1)^2} \right) \mathrm{d}t \, .$$

CORRIGÉ COMMENTÉ

Rappel

Fonction *f* de la forme	Une primitive *F*
$u'u^n$	$\frac{u^{n+1}}{n+1}$
$\frac{u'}{u^2}$	$-\frac{1}{u}$
$\frac{u'}{2\sqrt{u}}$	$\sqrt{u}$
$u'\mathrm{e}u$	e^u

La fonction $t \mapsto t\mathrm{e}^{t^2}$ est de la forme

$t \mapsto \frac{1}{2}u'(t)\mathrm{e}^{u(t)}$ avec $u(t) = t^2$.

On a en effet $t\mathrm{e}^{t^2} = \frac{1}{2} \times 2t\mathrm{e}^{t^2}$. Si $u(t) = t^2$ alors $u'(t) = 2t$

Une primitive de $t \mapsto u'(t)\mathrm{e}^{u(t)}$ est $t \mapsto \mathrm{e}^{u(t)}$

donc une primitive de $t \mapsto t\mathrm{e}^{t^2}$ est $t \mapsto \frac{1}{2}\mathrm{e}^{t^2}$

La fonction $t \mapsto -\frac{3}{(2t+1)^2}$ est de la forme $t \mapsto \frac{3}{2} \times -\frac{u'(t)}{u(t)^2}$ avec $u(t) = 2t+1$.

On a en effet $-\frac{3}{(2t+1)^2} = \frac{3}{2} \times \left(-\frac{2}{(2t+1)^2} \right)$. Si $u(t) = 2t+1$ alors $u'(t) = 2$

Une primitive de $t \mapsto -\frac{u'(t)}{u(t)^2}$ est $t \mapsto \frac{1}{u(t)}$

donc une primitive de $t \mapsto -\frac{3}{(2t+1)^2}$ est $t \mapsto \frac{3}{2(t+1)}$

On en déduit :

$$\int_0^1 \left(t\mathrm{e}^{t^2} - \frac{3}{(2t+1)^2} \right) \mathrm{d}t = \left[\frac{1}{2}\mathrm{e}^{t^2} + \frac{3}{2(2t+1)} \right]_0^1$$

$$= \frac{1}{2}\mathrm{e}^1 + \frac{3}{2(2+1)} - \left[\frac{1}{2}\mathrm{e}^0 + \frac{3}{2(0+1)} \right]$$

$$= \frac{1}{2}\mathrm{e} + \frac{1}{2} - \frac{1}{2} - \frac{3}{2}$$

$$= \frac{1}{2}\mathrm{e} - \frac{3}{2}$$

EXEMPLE 3 UTILISER UNE INTÉGRATION PAR PARTIES

Calculer l'intégrale $\int_0^1 x\mathrm{e}^x \, \mathrm{d}x$.

CORRIGÉ COMMENTÉ

On considère que l'intégrale est écrite sous la forme $\int_0^1 u(x)v'(x)\,\mathrm{d}x$

On pose $u(x) = x$ et $v'(x) = \mathrm{e}^x$ on a alors :

$u'(x) = 1$ et $v(x) = \mathrm{e}^x$.

On en déduit :

$$\int_0^1 x\mathrm{e}^x \, \mathrm{d}x = [u(x)v(x)]_0^1 - \int_0^1 \mathrm{e}^x \, \mathrm{d}x$$
$$= [x\mathrm{e}^x]_0^1 - [\mathrm{e}^x]_0^1$$
$$= \mathrm{e} - 0 - (\mathrm{e} - 1)$$
$$= 1.$$

Rappel

Formule d'intégration par parties :

$$\int_a^b u(x)v'(x)\,\mathrm{d}x = [u(x)v(x)]_a^b - \int_a^b u'(x)v(x)\,\mathrm{d}x.$$

2 Calculer une aire

EXEMPLE 1 AIRE COMPRISE ENTRE LA COURBE, L'AXE DES ABSCISSES ET DEUX DROITES VERTICALES.

On considère la fonction f définie sur $[-3\,;5]$ par $f(x) = \frac{1}{2}x^2 - \frac{1}{2}x - 3$.

On a représenté ci-dessous la courbe représentative de la fonction f dans un repère orthonormé.

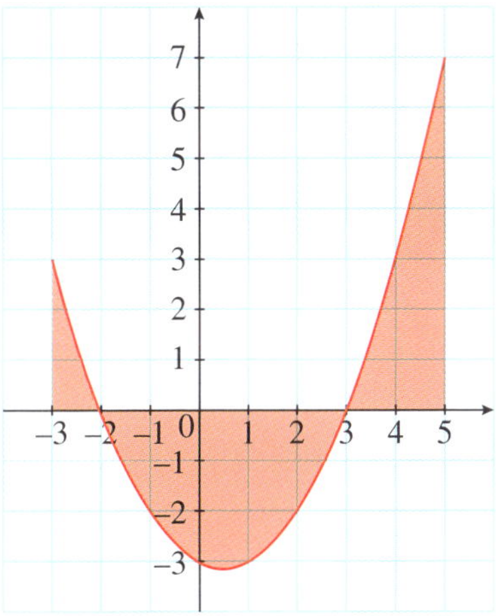

Calculer, en unité d'aire, la valeur exacte de l'aire colorée sur le graphique et en donner une valeur approchée au dixième.

CORRIGÉ COMMENTÉ

On cherche le signe de la fonction f sur l'intervalle $[-3\,;5]$.

$f(x)$ est un polynôme du second degré. On détermine ses racines.

$$\Delta = \left(-\frac{1}{2}\right)^2 - 4 \times \frac{1}{2} \times (-3) = \frac{1}{4} + 6 = \frac{25}{4}.$$

On a alors deux racines :

$$x_1 = \frac{\frac{1}{2} - \sqrt{\frac{25}{4}}}{2 \times \frac{1}{2}} = \frac{\frac{1}{2} - \frac{5}{2}}{1} = -2 \text{ et } x_2 = \frac{\frac{1}{2} + \sqrt{\frac{25}{4}}}{2 \times \frac{1}{2}} = \frac{\frac{1}{2} + \frac{5}{2}}{1} = 3.$$

$f(x)$ est du signe de $-a = -\frac{1}{2}$ sur l'intervalle constitué des racines donc $f(x)$ est négative sur l'intervalle $[-2\,;3]$.

On calcule l'aire de chaque partie colorée :

Sur l'intervalle $[-3\,;-2]$, $f(x) \geqslant 0$ donc l'aire A_1 est égale à :

$$\begin{aligned} A_1 &= \int_{-3}^{-2}\left(\frac{1}{2}x^2 - \frac{1}{2}x - 3\right)\mathrm{d}x \\ &= \left[\frac{x^3}{6} - \frac{x^2}{4} - 3x\right]_{-3}^{-2} \\ &= -\frac{8}{6} - \frac{4}{4} + 6 - \left(-\frac{27}{6} - \frac{9}{4} + 9\right) \\ &= \frac{17}{12} \text{ unités d'aire.} \end{aligned}$$

Rappel

Lorsque f est une fonction continue et positive sur un intervalle $[a\,;b]$, l'aire de la partie du plan comprise entre la courbe de f, l'axe des abscisses et les droites d'équation $x = a$ et $x = b$ est égale à $\int_a^b f(x)\,\mathrm{d}x$.

Sur l'intervalle $[-2\,;3]$, $f(x) \leqslant 0$ donc l'aire A_2 est égale à :

$$\begin{aligned} A_2 &= -\int_{-2}^{3}\left(\frac{1}{2}x^2 - \frac{1}{2}x - 3\right)\mathrm{d}x \\ &= -\left[\frac{x^3}{6} - \frac{x^2}{4} - 3x\right]_{-2}^{3} \\ &= -\left[\frac{27}{6} - \frac{9}{4} - 9 - \left(-\frac{8}{6} - \frac{4}{4} + 6\right)\right] \\ &= \frac{125}{12} \text{ unités d'aire.} \end{aligned}$$

Rappel

Lorsque f est une fonction continue et négative sur un intervalle $[a\,;b]$, l'aire de la partie du plan comprise entre la courbe de f, l'axe des abscisses et les droites d'équation $x = a$ et $x = b$ est égale à $-\int_a^b f(x)\,\mathrm{d}x$.

Sur l'intervalle $[3\,;5]$, $f(x) \geqslant 0$ donc l'aire A_3 est égale à :

$$\begin{aligned} A_3 &= \int_3^5 \left(\frac{1}{2}x^2 - \frac{1}{2}x - 3\right)\mathrm{d}x \\ &= \left[\frac{x^3}{6} - \frac{x^2}{4} - 3x\right]_3^5 \\ &= \frac{125}{6} - \frac{25}{4} - 15 - \left(\frac{27}{6} - \frac{9}{4} - 9\right) \\ &= \frac{19}{3} \text{ unités d'aire} \end{aligned}$$

L'aire totale est alors : $A_1 + A_2 + A_3 = \frac{17}{12} + \frac{125}{12} + \frac{19}{3} = \frac{109}{6}$ unités d'aire.

L'aire totale est d'environ 18,2 unités d'aire.

EXEMPLE 2 AIRE COMPRISE ENTRE DEUX COURBES DE FONCTION

On considère les fonctions f et g définies sur $\mathbb{R}$ par $f(x) = -x^2 - x + 4$ et $g(x) = x^2 - x - 4$.

On a représenté les courbes représentatives des fonctions f et g sur le graphique ci-dessous.

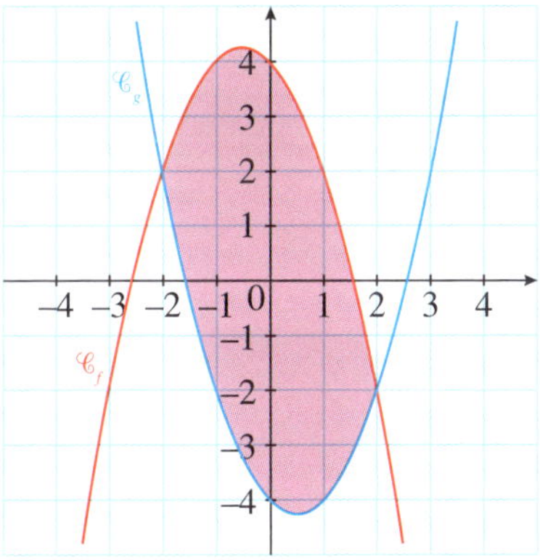

Calculer, en unités d'aire, l'aire colorée. On donnera la valeur exacte ainsi qu'une valeur approchée au dixième.

CORRIGÉ COMMENTÉ

On détermine le signe de $f(x) - g(x)$.

$$f(x) - g(x) = -x^2 - x + 4 - x^2 + x + 4 = -2x^2 + 8$$

$$\begin{aligned} f(x) - g(x) \geqslant 0 &\Leftrightarrow -2x^2 + 8 \geqslant 0 \\ &\Leftrightarrow -2x^2 \geqslant -8 \\ &\Leftrightarrow x^2 \leqslant \frac{-8}{-2} \end{aligned}$$

On a divisé chaque membre par -2 qui est négatif donc on a changé le sens de l'inégalité

$$\Leftrightarrow x^2 \leqslant 4$$

$$\Leftrightarrow -2 \leqslant x \leqslant 2\,.$$

La courbe représentative de la fonction f est au-dessus de la courbe représentative de la fonction g sur l'intervalle $[-2\,;2]$.

L'aire colorée est alors :

$$A = \int_{-2}^{2}(f(x) - g(x))\,\mathrm{d}x = \int_{-2}^{2}(-2x^2 + 8)\,\mathrm{d}x$$

$$= \left[-\frac{2x^3}{3} + 8x\right]_{-2}^{2}$$

$$= -2 \times \frac{8}{3} + 8 \times 2 - \left(\frac{-2 \times (-8)}{3} + 8 \times (-2)\right)$$

$$= -\frac{16}{3} + 16 - \frac{16}{3} + 16$$

$$= -\frac{32}{3} + 32$$

$$= \frac{64}{3}$$

L'aire est égale à $\frac{64}{3}$ unités d'aire soit environ 21,3 unités d'aire.

Rappel

Si $f \geqslant g$ sur $[a\,;b]$, l'aire du domaine délimité par les courbes C_f, C_g et les droites d'équations $x = a$ et $x = b$, exprimée en unités d'aire, est égale à :

$$\int_a^b (f(x) - g(x))\,\mathrm{d}x\,.$$

EXERCICES

1 10 min ★ → MÉTHODE 1, p. 241

Calculer les intégrales suivantes :

1. $A = \int_1^e \left(x^4 - \frac{1}{x}\right) dx$.

2. $B = \int_1^4 \left(\frac{1}{2\sqrt{x}} - x + 1\right) dx$.

→ Corrigé p. 252

2 10 min ★ → MÉTHODE 1, p. 241

Calculer les intégrales suivantes :

1. $A = \int_1^3 \frac{3}{x+1} dx$.

2. $B = \int_{-1}^2 2t(t^2+1)^2 dt$.

→ Corrigé p. 252

3 10 min ★ → MÉTHODE 1, p. 241

Calculer l'intégrale $\int_1^e x\ln(x)\,dx$ en utilisant une intégration par parties.

→ Corrigé p. 253

4 5 min ★★ → MÉTHODE 1, p. 241

Calculer l'intégrale $\int_2^4 \frac{3+x}{x^2} dx$.

→ Corrigé p. 254

5 10 min ★★ → MÉTHODE 1, p. 241

Calculer l'intégrale $\int_2^e \frac{1}{x\ln(x)} dx$.

→ Corrigé p. 254

6 10 min ★★ → MÉTHODE 1, p. 241

En utilisant une intégration par parties, calculer l'intégrale :

$$\int_1^3 \ln(x)\,dx.$$

→ Corrigé p. 255

7 10 min ★ → MÉTHODE 2, p. 243

On considère la fonction f définie sur $[1\,;4]$ par $f(x) = \dfrac{1}{x} - \dfrac{1}{2}$.

On a représenté ci-dessous la courbe représentative de la fonction f dans un repère orthonormé.

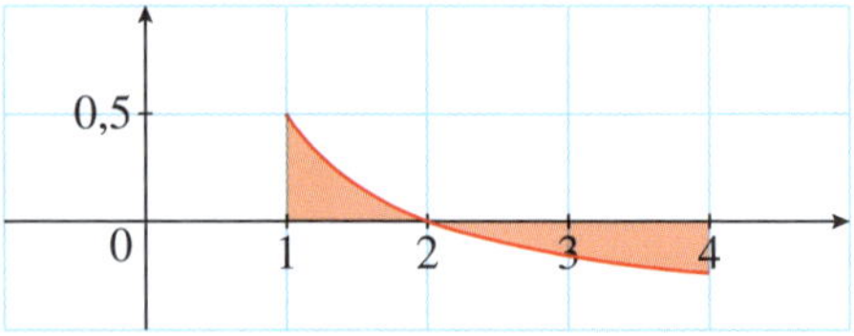

Calculer l'aire du domaine coloré. On donnera la valeur exacte en unités d'aire.

→ Corrigé p. 255

8 10 min ★

→ MÉTHODE 2, p. 243

On considère les fonctions f et g définies sur l'intervalle $[-1\,;\,1]$ par :

$$f(x) = -x^2 + 3 \text{ et } g(x) = \mathrm{e}^x - x.$$

On a représenté les courbes représentatives des fonctions f et g sur le graphique ci-dessous.

On admet que pour tout réel x appartenant à l'intervalle $[-1\,;\,1]$ on a : $f(x) \geqslant g(x)$.

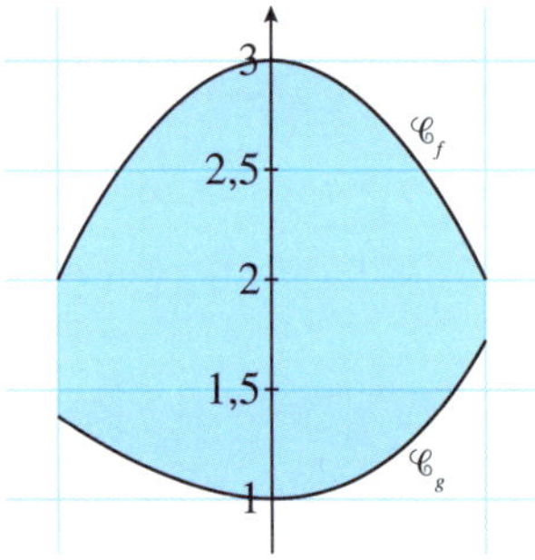

Calculer l'aire de la partie du plan colorée en bleu. En donner la valeur exacte exprimée en unités d'aire ainsi qu'une valeur approchée au dixième.

→ Corrigé p. 256

9 20 min Démonstration et raisonnement

Soit f une fonction continue et positive sur un intervalle $[a\,;\,b]$. Soit F la fonction définie sur $[a\,;\,b]$ par $F(x) = \int_a^x f(t)\,\mathrm{d}t$.

Alors, la fonction F est dérivable sur $[a\,;\,b]$ et a pour dérivée la fonction f.

→ Corrigé p. 257

10 20 min Vrai-Faux

a) Affirmation 1. Pour tous réels a et b, $\int_a^b 0\,\mathrm{d}x = 0$.

b) Soit f une fonction continue sur un intervalle $[a\,;b]$.

Affirmation 2. Si $\int_a^b f(x)\,\mathrm{d}x = 0$ alors f est la fonction nulle.

c) Affirmation 3. La fonction F définie pour tout réel x par $F(x) = \int_0^x \mathrm{e}^{-t^2}\,\mathrm{d}t$ vérifie $F'(0) = 1$.

→ Corrigé p. 258

11 15 min QCM

	Réponse A	Réponse B	Réponse C
1. $\int_0^1 x\mathrm{d}x = \dots$	0	$-\frac{1}{2}$	$\frac{1}{2}$
2. Si $\int_a^b f(x)\,\mathrm{d}x = 4$ alors $\int_b^a 3f(x)\,\mathrm{d}x = \dots$	12	7	-12
3. $\int_0^1 (2x+1)\mathrm{e}^x\mathrm{d}x = \dots$	$\mathrm{e}+1$	$\mathrm{e}-1$	e
4. Soit f la fonction définie sur $[-1\,;0]$ par $f(x) = -x^2$. L'aire du plan, exprimée en unité d'aire, comprise entre la courbe de la fonction f, l'axe des abscisses et les droites d'équation $x=-1$ et $x=0$ est égale à :	$-\frac{1}{3}$	$\frac{1}{3}$	$\frac{2}{3}$

→ Corrigé p. 259

12 25 min ★★

On considère la fonction f définie sur $[-1\,;1]$ par $f(x) = \mathrm{e}^x - 3x$.

On a représenté la fonction f sur le graphique ci-dessous.

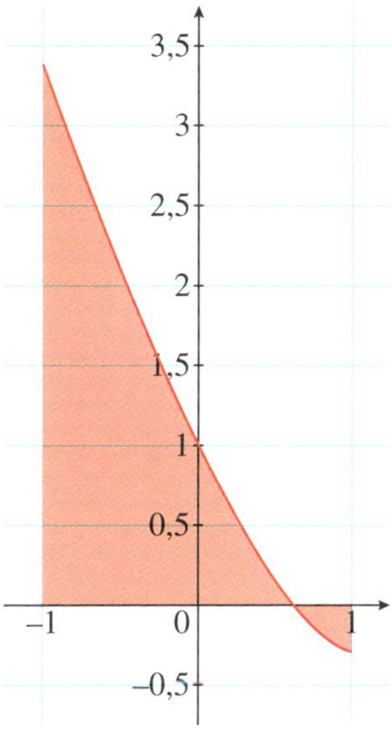

1. a) Montrer qu'il existe un unique réel α appartenant à l'intervalle $[-1\,;1]$ tel que $f(\alpha) = 0$. Donner une valeur approchée de α au millième.

b) En déduire le signe de $f(x)$ sur l'intervalle $[-1\,;1]$.

c) Démontrer que α vérifie $\mathrm{e}^\alpha = 3\alpha$.

2. Démontrer que l'aire colorée est égale à $-3\alpha^2 + 6\alpha - \mathrm{e} - \frac{1}{\mathrm{e}} + 3$.

3. En utilisant la calculatrice, déterminer une valeur approchée de cette aire au dixième.

→ Corrigé p. 259

Exercice 1 — 30 min — 4 points

Une entreprise fabriquant des planches de surf conçoit un nouveau modèle d'aileron. Cet aileron est composé de deux parties :

- la partie supérieure ou « boîtier » permettant de fixer l'aileron à la planche ;
- la partie inférieure destinée à être immergée dans l'eau.

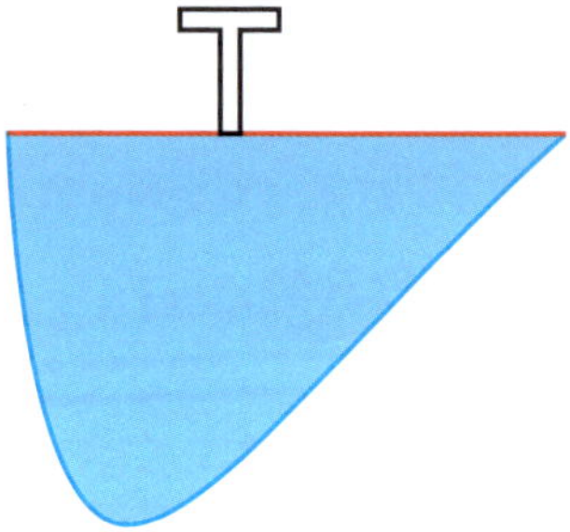

Pour estimer la quantité de matière nécessaire à la fabrication de la partie inférieure de l'aileron, l'entreprise souhaite connaître le mieux possible l'aire $\mathscr{A}$ du domaine colorié en bleu.

Pour modéliser le profil latéral de la partie inférieure, on se place dans un repère orthonormé en prenant comme unité 5 petits carreaux pour représenter 10 cm et on se propose d'utiliser pour des abscisses comprises entre 0,45 et 3, la courbe $\mathscr{C}_f$ représentative de la fonction f définie sur $]0\ ;+\infty[$ par :

$$f(x) = \frac{4}{x} - 3 + 4\ln(x),$$

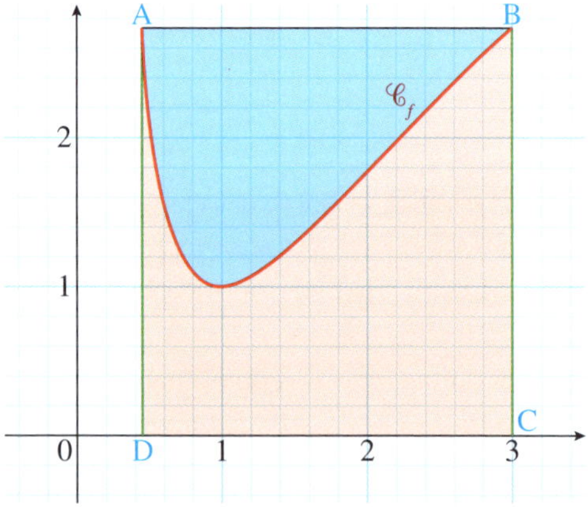

1. Évaluer l'aire $\mathscr{A}$ en nombre entier de petits carreaux en expliquant la démarche.
2. Déterminer graphiquement les valeurs de $f(1)$ et de $f'(1)$.
3. Soit la fonction F définie sur $]0\ ;+\infty[$ par $F(x) = (4x + 4)\ln(x) - 7x$.
Montrer que F est une primitive de f.
4. Déterminer, au cm² près, une valeur approchée du trapèze ABCD puis de l'aire $\mathscr{A}$.

→ Corrigé p. 261

Exercice 2 30 min 5 points

Une entreprise vend des voitures télécommandées. La vente mensuelle varie entre 1 000 et 5 000 voitures. Une étude montre que la recette mensuelle totale de l'entreprise est de 70 000 euros lorsqu'elle vend 1 000 voitures. On note $r(x)$ la recette mensuelle réalisée par l'entreprise, exprimée en dizaine de milliers d'euros, pour la vente de x milliers de voitures.

1. Donner $r(1)$.

2. On admet que, pour tout $x \in [1\ ;\ 5]$, la recette mensuelle est modélisée par :

$$r(x) = 6 + x + 2\ln(x).$$

a) Montrer que, pour tout $x \in [1\ ;\ 5]$, on a :

$$r'(x) = \frac{x+2}{x}.$$

b) Étudier les variations de r sur l'intervalle $[1\ ;\ 5]$.

3. Soit g la fonction définie, pour tout $x \in [1\ ;\ 5]$, par $g(x) = 2\ln(x)$.

a) Montrer que la fonction G, définie pour tout $x \in [1\ ;\ 5]$, par $G(x) = 2x[\ln(x) - 1]$ est une primitive de la fonction g.

b) En déduire une primitive R de la fonction r sur l'intervalle $[1\ ;\ 5]$.

c) Donner une valeur approchée à la dizaine d'euros de la valeur moyenne de la recette totale lorsque l'entreprise vend entre 2 000 et 4 000 voitures télécommandées.

→ *Corrigé p. 262*

CORRIGÉS

1 → Énoncé p. 247

1. La fonction $x \mapsto x^4$ est de la forme $x \mapsto x^n$ qui a pour primitive $x \mapsto \dfrac{x^{n+1}}{n+1}$.

La fonction $x \mapsto \dfrac{1}{x}$ a pour primitive $x \mapsto \ln(x)$.

On applique directement les formules des primitives des fonctions usuelles

On a alors :

$$A = \int_1^e \left(x^4 - \frac{1}{x}\right)\mathrm{d}x$$

$$= \left[\frac{x^5}{5} - \ln(x)\right]_1^e$$

$$= \frac{e^5}{5} - \ln(e) - \left(\frac{1}{5} - \ln(1)\right)$$

$$= \frac{e^5}{5} - 1 - \frac{1}{5}$$

$$= \frac{e^5}{5} - \frac{6}{5}.$$

Rappel

Fonction $f : x \mapsto$ …	Une primitive $F : x \mapsto$ …
a (constante réelle)	ax
x^n pour $n \in \mathbb{Z}$ $n \neq 0$ et $n \neq -1$	$\dfrac{x^{n+1}}{n+1}$
$\dfrac{1}{x^2}$	$\dfrac{-1}{x}$
$\dfrac{1}{x}$	$\ln(x)$
$\dfrac{1}{\sqrt{x}}$	$2\sqrt{x}$

2. Les fonctions $x \mapsto -x+1$ a pour primitive $x \mapsto -\dfrac{x^2}{2} + x$.

La fonction $x \mapsto \dfrac{1}{2\sqrt{x}}$ a pour primitive $x \mapsto \sqrt{x}$.

On applique directement les formules des primitives des fonctions usuelles

On a alors :

$$B = \int_1^4 \left(\frac{1}{2\sqrt{x}} - x + 1\right)dx$$

$$= \left[\sqrt{x} - \frac{x^2}{2} + x\right]_1^4$$

$$= \sqrt{4} - \frac{16}{2} + 4 - \left(\sqrt{1} - \frac{1}{2} + 1\right)$$

$$= 2 - 8 + 4 - 1 + \frac{1}{2} - 1$$

$$= -\frac{7}{2}.$$

2 → Énoncé p. 247

1. La fonction $x \mapsto \dfrac{3}{x+1}$ est de la forme $x \mapsto 3 \times \dfrac{u'(x)}{u(x)}$ avec $u(x) = x+1$ et $u(x) > 0$ pour tout réel x appartenant à $[1\,;3]$.

Une primitive de $x \mapsto \dfrac{u'(x)}{u(x)}$ avec $u > 0$ est $x \mapsto \ln(u(x))$.

On a alors :

$$\begin{aligned} A &= [3\ln(x+1)]_1^3 \\ &= 3\ln(4) - 3\ln(2) \\ &= 3(\ln(4) - \ln(2)) \\ &= 3\ln\left(\frac{4}{2}\right) \\ &= 3\ln(2). \end{aligned}$$

Rappel

$\ln(a) - \ln(b) = \ln\left(\dfrac{a}{b}\right)$

2. La fonction $t \mapsto 2t(t^2+1)^2$ est de la forme $x \mapsto u'(t) \times (u(t))^2$ avec $u(t) = t^2 + 1$ et $u'(t) = 2t$.

Une primitive de $t \mapsto u'(t) \times (u(t))^2$ est $t \mapsto \dfrac{(u(t))^3}{3}$.

On a alors :

$$\begin{aligned} B &= \left[\frac{(t^2+1)^3}{3}\right]_{-1}^2 \\ &= \frac{5^3}{3} - \frac{2^3}{3} \\ &= \frac{125}{3} - \frac{8}{3} \\ &= \frac{117}{3} \\ &= 39. \end{aligned}$$

3 → Énoncé p. 247

On considère que l'intégrale est écrite sous la forme $\int_0^1 u(x)v'(x)\,dx$

On pose $u(x) = \ln(x)$ et $v'(x) = x$ on a alors :

$$u'(x) = \frac{1}{x} \text{ et } v(x) = \frac{x^2}{2}.$$

Rappel

Formule d'intégration par parties :

$\int_a^b u(x)v'(x)\,dx = [u(x)v(x)]_a^b - \int_a^b u'(x)v(x)\,dx$

On en déduit :

$$\begin{aligned} \int_1^e x\ln(x)\,dx &= [u(x)v(x)]_0^1 - \int_1^e \frac{1}{x} \times \frac{x^2}{2}\,dx \\ &= \left[\frac{x^2}{2}\ln(x)\right]_1^e - \int_1^e \frac{x}{2}\,dx \\ &= \frac{e^2}{2}\ln(e) - \frac{1^2}{2}\ln(1) - \left[\frac{x^2}{4}\right]_1^e \end{aligned}$$

$\ln(e) = 1$ et $\ln(1) = 0$

$$= \frac{e^2}{2} - \left(\frac{e^2}{4} - \frac{1}{4}\right)$$

$$= \frac{e^2}{4} + \frac{1}{4} = \frac{e^2 + 1}{4}.$$

4 → *Énoncé p. 247*

On a :

$$\int_2^4 \frac{3 + x}{x^2}\,dx = \int_2^4 \left(\frac{3}{x^2} + \frac{x}{x^2}\right)dx$$

$$= \int_2^4 \left(\frac{3}{x^2} + \frac{1}{x}\right)dx$$

$$= \left[-\frac{3}{x} + \ln(x)\right]_2^4$$

$$= -\frac{3}{4} + \ln(4) - \left(-\frac{3}{2} + \ln(2)\right)$$

$$= \frac{3}{4} + \ln(4) - \ln(2)$$

$\ln(a) - \ln(b) = \ln\left(\frac{a}{b}\right)$

$$= \frac{3}{4} + \ln\left(\frac{4}{2}\right)$$

$$= \frac{3}{4} + \ln(2).$$

5 → *Énoncé p. 247*

On a $\dfrac{1}{x\ln(x)} = \dfrac{\frac{1}{x}}{\ln(x)}$.

En effet : $\dfrac{\frac{1}{x}}{\ln(x)} = \dfrac{1}{x} \times \dfrac{1}{\ln(x)} = \dfrac{1}{x\ln(x)}$

La fonction $x \mapsto \dfrac{1}{xln(x)}$ est donc de la forme $x \mapsto \dfrac{u'(x)}{u(x)}$ avec $u(x) = \ln(x)$.

La fonction u est strictement positive du l'intervalle $[2 ; e]$.

Une primitive est donc $x \mapsto \ln(u(x))$

On a alors :

$$\int_2^{e} \frac{1}{x\ln(x)}\,dx = [\ln(\ln(x))]_2^{e}$$
$$= \ln(\ln(e)) - \ln(\ln(2))$$
$$= \ln(1) - \ln(\ln(2))$$
$$= -\ln(\ln(2)).$$

6 → *Énoncé p. 247*

On considère que l'intégrale est écrite sous la forme $\int_0^1 u(x)v'(x)\,dx$

On pose $u(x) = \ln(x)$ et $v'(x) = 1$ on a alors :

$u'(x) = \frac{1}{x}$ et $v(x) = x$

On en déduit :

$$\int_1^3 \ln(x)\,dx = [u(x)v(x)]_1^3 - \int_1^3 \frac{1}{x} \times x\,dx$$
$$= [x\ln(x)]_1^3 - \int_1^{e} 1\,dx$$
$$= 3\ln(3) - 1\ln(1) - [x]_1^3$$
$$= 3\ln(3) - (3-1)$$
$$= 3\ln(3) - 2$$

> **Rappel**
>
> Formule d'intégration par parties :
>
> $\int_a^b u(x)v'(x)\,dx = [u(x)v(x)]_a^b - \int_a^b u'(x)v(x)\,dx$

7 → *Énoncé p. 247*

On cherche le signe de la fonction f sur l'intervalle $[1\,;4]$.

$$f(x) \geqslant 0 \Leftrightarrow \frac{1}{x} - \frac{1}{2} \geqslant 0$$
$$\Leftrightarrow \frac{1}{x} \geqslant \frac{1}{2}$$
$$\Leftrightarrow x \leqslant 2.$$

On a pris l'inverse de chaque membre. On a changé le sens de l'inégalité car la fonction inverse est décroissante sur l'intervalle $[1\,;4]$.

La fonction f est positive sur $[1\,;2]$ et négative sur $[2\,;4]$.

Sur l'intervalle $[1\,;2]$, comme la fonction est positive, l'aire colorée est égale à $\int_1^2 f(x)\,dx$.

$$\int_1^2 f(x)\,dx = \int_1^2 \left(\frac{1}{x} - \frac{1}{2}\right)dx$$

> **Rappel**
>
> Lorsque f est une fonction continue et positive sur un intervalle $[a\,;b]$, l'aire de la partie du plan comprise entre la courbe de f, l'axe des abscisses et les droites d'équation $x = a$ et $x = b$ est égale à $\int_a^b f(x)\,dx$.

$$= \left[\ln(x) - \frac{1}{2}x \right]_1^2$$

$$= \ln(2) - \frac{1}{2} \times 2 - \left(\ln(1) - \frac{1}{2} \times 1 \right)$$

$\ln(1) = 0$

$$= \ln(2) - 1 + \frac{1}{2}$$

$$= \ln(2) - \frac{1}{2}$$

Sur l'intervalle $[2\ ;4]$, comme la fonction est négative, l'aire est égale à $-\int_2^4 f(x)\,\mathrm{d}x$.

$$-\int_2^4 f(x)\,\mathrm{d}x = -\int_2^4 \left(\frac{1}{x} - \frac{1}{2} \right) \mathrm{d}x$$

$$= -\left[\ln(x) - \frac{1}{2}x \right]_2^4$$

$$= -\left(\ln(4) - \frac{1}{2} \times 4 - \left(\ln(2) - \frac{1}{2} \times 2 \right) \right)$$

$$= -\ln(4) + 2 + \ln(2) - 1$$

$\ln(a) - \ln(b) = \ln\left(\frac{a}{b}\right)$

$$= \ln\left(\frac{2}{4}\right) + 1$$

$$= \ln\left(\frac{1}{2}\right) + 1$$

$\ln\left(\frac{1}{a}\right) = -\ln(a)$

$$= 1 - \ln(2).$$

L'aire totale colorée vaut donc :

$$\int_1^2 f(x)\,\mathrm{d}x - \int_2^4 f(x)\,\mathrm{d}x = \ln(2) - \frac{1}{2} + 1 - \ln(2) = \frac{1}{2} \text{ unité d'aire.}$$

Rappel

Lorsque f est une fonction continue et négative sur un intervalle $[a\ ;b]$, l'aire de la partie du plan comprise entre la courbe de f, l'axe des abscisses et les droites d'équation $x = a$ et $x = b$ est égale à $-\int_a^b f(x)\,\mathrm{d}x$.

8 → *Énoncé p. 248*

Comme pour tout réel x appartenant à l'intervalle $[-1\ ;\ 1]$, on a $f(x) \geqslant g(x)$, on en déduit que l'aire colorée est égale à :

Rappel

Si $f \geqslant g$ sur $[a\ ;b]$, l'aire du domaine délimité par les courbes $\mathscr{C}_f$, $\mathscr{C}_g$ et les droites d'équations $x = a$ et $x = b$, exprimée en unités d'aire, est égale à :

$$\int_a^b (g(x) - f(x))\,\mathrm{d}x.$$

$$\int_{-1}^{1}(f(x)-g(x))\,\mathrm{d}x=\int_{-1}^{1}(-x^2+3-\mathrm{e}^x+x)\,\mathrm{d}x$$
$$=\left[-\frac{x^3}{3}+3x-\mathrm{e}^x+\frac{x^2}{2}\right]_{-1}^{1}$$

On utilise les primitives des fonctions usuelles

$$=\left(-\frac{1}{3}+3-\mathrm{e}+\frac{1}{2}-(\frac{1}{3}-3-\mathrm{e}^{-1}+\frac{1}{2}\right)$$
$$=\frac{16}{3}-\mathrm{e}+\frac{1}{\mathrm{e}}.$$

9 → *Énoncé p. 248*

Soit f une fonction continue, positive et croissante sur un intervalle $[a\,;b]$.
On pose, pour $x\in[a\,;b]$, $F(x)=\int_a^x f(t)\,\mathrm{d}t$. On va montrer que F est dérivable sur $[a\,;b]$.

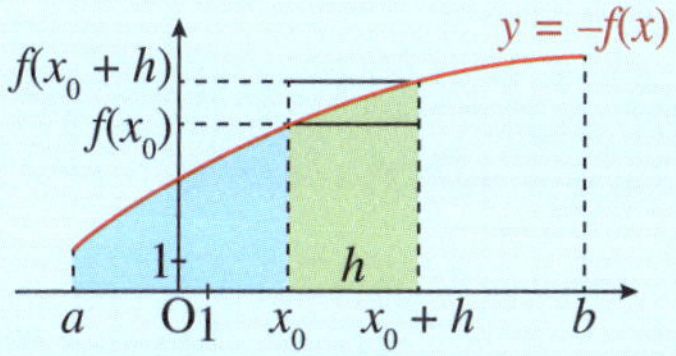

Soit $x_0\in[a\,;b]$ et soit h un réel non nul tel que $x_0+h\in[a\,;b]$.

• Pour $h>0$:

$$\frac{F(x_0+h)-F(x_0)}{h}=\frac{1}{h}\left(\int_a^{x_0+h}f(t)\,\mathrm{d}t-\int_a^{x_0}f(t)\,\mathrm{d}t\right)$$
$$=\frac{1}{h}\left(\int_{x_0}^{x_0+h}f(t)\,\mathrm{d}t\right).$$

Comme f est croissante sur $[a\,;b]$, l'aire sous la courbe de f entre x_0 et x_0+h est comprise entre l'aire des rectangles de largeur h et de hauteurs respectives $f(x_0)$ et $f(x_0+h)$.

L'aire de ces rectangles est leur longueur multipliée par leur largeur, donc $h\times f(x_0)$ et $h\times f(x_0+h)$

Donc $hf(x_0)\leqslant\int_{x_0}^{x_0+h}f(t)\,\mathrm{d}t\leqslant hf(x_0+h)$.

On a donc, en divisant les membres de l'inégalité par $h\neq 0$:

$$f(x_0)\leqslant\frac{F(x_0+h)-F(x_0)}{h}\leqslant f(x_0+h).$$

Comme f est continue sur $[a\,;b]$, $\lim\limits_{\substack{h\to 0\\ h>0}}f(x_0+h)=f(x_0)$.

D'après le théorème des gendarmes, on a donc $\lim\limits_{\substack{h\to 0\\ h>0}}\dfrac{F(x_0+h)-F(x_0)}{h}=f(x_0)$.

• Pour $h<0$:

$$\frac{F(x_0+h)-F(x_0)}{h}=\frac{F(x_0)-F(x_0+h)}{-h}$$
$$=\frac{1}{-h}\left(\int_a^{x_0} f(t)\,\mathrm{d}t-\int_a^{x_0+h} f(t)\,\mathrm{d}t\right)$$
$$=\frac{1}{-h}\left(\int_{x_0+h}^{x_0} f(t)\,\mathrm{d}t\right).$$

Comme f est croissante sur $[a\,;b]$, l'aire sous la courbe de f entre x_0 et x_0+h est comprise entre l'aire des rectangles de largeur $-h$ et de hauteurs respectives $f(x_0+h)$ et $f(x_0)$.

$-h$ est un réel positif car on est dans le cas $h<0$

Donc $-hf(x_0+h)\leqslant\int_{x_0+h}^{x_0} f(t)\,\mathrm{d}t\leqslant -hf(x_0)$.

On a donc, en divisant les membres de l'inégalité par $-h$ qui est positif :

$$f(x_0+h)\leqslant\frac{F(x_0+h)-F(x_0)}{h}\leqslant f(x_0)$$

Comme f est continue sur $[a\,;b]$, $\lim\limits_{\substack{h\to 0\\ h<0}} f(x_0+h)=f(x_0)$.

D'après le théorème des gendarmes, on a donc $\lim\limits_{\substack{h\to 0\\ h<0}}\frac{F(x_0+h)-F(x_0)}{h}=f(x_0)$.

F est dérivable en x_0 et $F'(x_0)=f(x_0)$. Comme ceci est vrai quel que soit x_0 appartenant à $[a\,;b]$, on en déduit que la fonction F est dérivable sur $[a\,;b]$ et a pour dérivée f.

10 → *Énoncé p. 249*

a) Vrai. $\int_a^b 0\,\mathrm{d}x=[k]_a^b=k-k=0$.

Une primitive de la fonction nulle est un réel k.

b) Faux.

On utilise un contre-exemple.

Soit f la fonction définie sur $[-1\,;1]$ par $f(x)=x$. f n'est pas la fonction nulle car $f(1)=1$.

On a $\int_{-1}^1 f(x)\,\mathrm{d}x=\int_{-1}^1 x\,\mathrm{d}x=\left[\frac{x^2}{2}\right]_{-1}^1=\frac{1}{2}-\frac{(-1)^2}{2}=\frac{1}{2}-\frac{1}{2}=0.$

L'intégrale est nulle mais la fonction f n'est pas la fonction nulle.

c) Vrai.

La fonction $t\mapsto \mathrm{e}^{-t^2}$ est continue pour tout réel t. Donc d'après la propriété du cours, la fonction F définie pour tout réel x par $F(x)=\int_0^x \mathrm{e}^{-t^2}\,\mathrm{d}t$ est dérivable et $F'(x)=\mathrm{e}^{-x^2}$.

On a alors $F'(0)=\mathrm{e}^0=1$.

11 → *Énoncé p. 249*

1. Réponse C.

$$\int_0^1 x\,dx = \left[\frac{x^2}{2}\right]_0^1 = \frac{1}{2} - 0 = \frac{1}{2}$$

2. Réponse C.

$$\int_b^a 3f(x)\,dx = -\int_a^b 3f(x)\,dx = -3\int_a^b f(x)\,dx = -3 \times 4 = -12$$

3. Réponse A.

On fait une intégration par parties

On pose $u(x) = 2x+1$ et $v'(x) = e^x$

On a $u'(x) = 2$ et $v(x) = e^x$

On applique la formule d'intégration par parties :

$$\int_0^1 (2x+1)e^x\,dx = \left[(2x+1)e^x\right]_0^1 - \int_0^1 2e^x\,dx$$

$$= 3e - 1 - [2e^x]_0^1$$

$$= 3e - 1 - (2e - 2)$$

$$= e + 1$$

4. Réponse B.

La fonction f est négative sur l'intervalle $[-1\,;0]$

L'aire est donc égale à $-\int_{-1}^0 -x^2\,dx = \int_{-1}^0 x^2\,dx = \left[\frac{x^3}{3}\right]_{-1}^0 = 0 - \frac{(-1)^3}{3} = \frac{1}{3}$

12 → *Énoncé p. 249*

1. a) On étudie les variations de la fonction f sur l'intervalle $[-1\,;\,1]$.

$f'(x) = e^x - 3$.

On a sur l'intervalle $[-1\,;1]$:

$f'(x) \leqslant 0$

$\Leftrightarrow e^x \leqslant 3$

$\Leftrightarrow x \leqslant \ln(3)$.

Car la fonction exponentielle est strictement croissante pour tout réel x

On en déduit que $f'(x) \leqslant 0$ pour tout réel appartenant à $[-1\,;\,1]$ car $\ln(3) > 1$.

On a déduit le tableau de variation de f :

x	-1	1
$f'(x)$	$-$	
$f(x)$	$\frac{1}{e} + 3$ ↘	$e - 3$

La fonction f est continue et strictement décroissante sur $[-1\,;\,1]$.

$f(-1) = \frac{1}{e} + 3$ strictement positive et $f(1) = e - 3$ strictement négative donc $0 \in [f(1)\,; f(-1)]$.

D'après le cas particulier du théorème des valeurs intermédiaires pour les fonctions strictement monotones, l'équation $f(x) = 0$ admet une unique solution α appartenant à $[-1\,;1]$.

On trouve $\alpha \approx 0{,}619$.

b) Sur l'intervalle $[-1\,;\alpha]$, on a $f(x) \geqslant 0$.

Sur l'intervalle $[\alpha\,;1]$, on a $f(x) \leqslant 0$.

c) α vérifie $f(\alpha) = 0$ soit $e^{\alpha} - 3\alpha = 0$ ou encore $e^{\alpha} = 3\alpha$.

2. Sur l'intervalle $[-1\,;\alpha]$, la fonction f est positive donc l'aire colorée est égale à $\int_{-1}^{\alpha} f(x)\,dx$ exprimée en unités d'aire.

On a alors :

$$\begin{aligned}\int_{-1}^{\alpha} f(x)\,dx &= \int_{-1}^{\alpha}(e^x - 3x)\,dx\\ &= \left[e^x - \frac{3x^2}{2}\right]_{-1}^{\alpha}\\ &= e^{\alpha} - \frac{3\alpha^2}{2} - e^{-1} - \frac{3}{2}\\ &= e^{\alpha} - \frac{3\alpha^2}{2} - \frac{1}{e} + \frac{3}{2}.\end{aligned}$$

Sur l'intervalle $[\alpha\,;1]$, la fonction f est négative donc l'aire colorée est égale à $-\int_{\alpha}^{1} f(x)\,dx$ exprimée en unités d'aire.

On a alors :

$$\begin{aligned}-\int_{\alpha}^{1} f(x)\,dx &= -\int_{\alpha}^{1}(e^x - 3x)\,dx\\ &= -\left[e^x - \frac{3x^2}{2}\right]_{\alpha}^{1}\\ &= -\left[e - \frac{3}{2} - \left(e^{\alpha} - \frac{3\alpha^2}{2}\right)\right]\\ &= e^{\alpha} - \frac{3\alpha^2}{2} - e + \frac{3}{2}.\end{aligned}$$

L'aire totale exprimée en unité d'aire est donc :

$$e^{\alpha} - \frac{3\alpha^2}{2} - \frac{1}{e} + \frac{3}{2} + e^{\alpha} - \frac{3\alpha^2}{2} - e + \frac{3}{2}.$$

Or d'après la question 1. c. on a $e^{\alpha} = 3\alpha$. Donc on trouve l'aire totale :

$$3\alpha - \frac{3\alpha^2}{2} - \frac{1}{e} + \frac{3}{2} + 3\alpha - \frac{3\alpha^2}{2} - e + \frac{3}{2} = -3\alpha^2 + 6\alpha - e - \frac{1}{e} + 3.$$

3. En utilisant la calculatrice et la valeur de α trouvée à la question 1, on trouve que l'aire totale colorée est environ égale à 2,5 unités d'aire.

SUJET DE BAC

Exercice 1 → Énoncé p. 250

1. On compte à l'intérieur de la coupe de l'aileron environ 62 petits carreaux soit $62 \times 0{,}04 = 2{,}48$ u.a. ce qui correspond à une aire de 248 cm^2 en réalité car l'unité sur chaque axe est de 10 cm.

2. On lit graphiquement $f(1) = 1$ et $f'(1) = 0$

3. On calcule $F'(x)$.

$F(x)$ est de la forme $u(x) \times v(x) - 7x$ avec $u(x) = (4x + 4)$ et $v(x) = \ln(x)$.

donc $u'(x) = 4$ et $v'(x) = \dfrac{1}{x}$

On a alors
$$\begin{aligned} F'(x) &= u'(x)v(x) + u(x)v'(x) - 7 \\ &= 4\ln(x) + (4x+4) \times \frac{1}{x} - 7 \\ &= 4\ln(x) + 4 + \frac{4}{x} - 7 \\ &= \frac{4}{x} - 3 + 4\ln(x) \\ &= f(x) \end{aligned}$$

$F'(x) = f(x)$ donc F est une primitive de f.

4. ABCD est un trapèze.

L'aire du trapèze $ABCD$ est : $\dfrac{(f(0{,}45) + f(3)) \times (3 - 0{,}45)}{2} \approx 4{,}825$ u.a. $\approx 483\ \text{cm}^2$

Sur le graphique, 1 u.a. représente en réalité un carré de 10 cm de côté soit une aire réelle de 100 cm².

> **Rappel**
> L'aire d'un trapèze de bases b et B et de hauteur h est : $\dfrac{(b + B) \times h}{2}$.

L'aire $\mathcal{A}$ est égale à l'aire du trapèze à laquelle on soustrait l'aire de la partie du plan située sous la courbe représentative de la fonction f :

L'aire de la partie du plan située sous la courbe représentative de la fonction f est $\int_{0{,}45}^{3} f(x)\,dx$

On a alors

$$\mathscr{A} = \frac{(f(0{,}45) + f(3)) \times (3 - 0{,}45)}{2} - \int_{0{,}45}^{3} f(x)\,\mathrm{d}x$$
$$= \frac{(f(0{,}45) + f(3)) \times (3 - 0{,}45)}{2} - [F(x)]_{0{,}45}^{3}$$
$$\approx 2{,}5547 \text{ u.a.} \approx 255 \text{ cm}^2.$$

Exercice 2 → Énoncé p. 251

1. $r(1) = 7$.
En effet $x = 1$ correspond à 1 000 voitures et 7 dizaines de milliers d'euros correspondent à 70 000 euros.

2. a) Pour tout $x \in [1 ; 5]$:

$$r'(x) = 0 + 1 + 2 \times \frac{1}{x} = 1 + \frac{2}{x} = \frac{x}{x} + \frac{2}{x} = \frac{x+2}{x}.$$

b) Sur l'intervalle $[1 ; 5]$, on a $x > 0$ et $x + 2 > 0$. Ainsi, $r'(x) > 0$ et la fonction r est donc strictement croissante sur $[1 ; 5]$.

3. a) $G'(x) = 2 \times (\ln(x) - 1) + 2x \times \left(\frac{1}{x} - 0\right) = 2\ln(x) - 2 + 2 = 2\ln(x) = g(x)$.

Ainsi G est bien une primitive de g sur l'intervalle $[1 ; 5]$.

b) $R(x) = 6x + \frac{x^2}{2} + G(x) = 6x + \frac{x^2}{2} + 2x(\ln(x) - 1) = \frac{x^2}{2} + 4x + 2x\ln(x)$.

c) La valeur cherchée vaut :

$\frac{1}{4-2}\int_2^4 r(x)\,\mathrm{d}x = \frac{1}{2}[R(x)]_2^4 = \frac{1}{2}(R(4) - R(2)) = 4 + 8 + 4\ln(4) - (1 + 4 + 2\ln(2))$

$= 7 + 6\ln(2) \approx 11{,}158\,9$ dizaines de milliers d'euros, soit 111 590 euros.

ALGÈBRE ET GÉOMÉTRIE

« Que nul n'entre ici s'il n'est géomètre. »

Platon

Combinatoire et dénombrement

CHAPITRE 9

1 Principes fondamentaux du dénombrement

A. Ensemble fini et cardinal

■ **Définition**

Soit n un entier naturel. Lorsqu'un ensemble E a n éléments, on dit que E est un **ensemble fini.**

Le nombre n d'éléments de E est appelé **cardinal** de E. On note $\text{Card}(E) = n$.

Remarques :

• $\text{Card}(\varnothing) = 0$

• Certains ensembles ne sont pas finis comme, par exemple, l'ensemble $\mathbb{N}$ des entiers naturels ou l'ensemble des réels de l'intervalle $[0 ; 1]$, etc.

B. Principe additif

■ **Propriété**

Soient $A_1, A_2, \dots, A_p$, p ensembles finis deux à deux disjoints. On a :

$$\text{Card}(A_1 \cup A_2 \cup \dots \cup A_p) = \text{Card}(A_1) + \text{Card}(A_2) + \dots + \text{Card}(A_p)$$

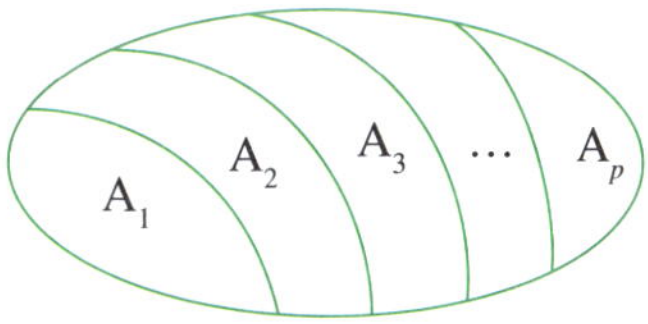

C. Principe multiplicatif

■ **Définitions**

Soient k un entier supérieur ou égal à 2 et $E_1, E_2, \dots, E_k$, k ensembles non vides.

• Toute liste ordonnée $(x_1 ; x_2 ; \dots ; x_k)$, avec $x_i \in E_i$ pour i allant de 1 à k, est appelée ***k*-uplet** (ou k-liste).

• L'ensemble formé par tous les k-uplets est appelé le **produit cartésien** $E_1 \times E_2 \times \dots \times E_k$.

Remarques :

• Les 2-uplets sont aussi appelés « couples ».

• Les 3-uplets sont aussi appelés « triplets ».

Si E et F sont deux ensembles non vides, le **produit cartésien** de E par F, noté $E \times F$, est l'ensemble des couples $(x ; y)$ avec $x \in E$ et $y \in F$.

Propriété

Lorsque les ensembles $E_1, E_2, \ldots, E_k$ sont finis,

$$\text{Card}(E_1 \times E_2 \times \ldots \times E_k) = \text{Card}(E_1) \times \text{Card}(E_2) \times \ldots \times \text{Card}(E_k).$$

2 *k*-uplets d'un ensemble fini

A. Nombre de *k*-uplets d'un ensemble à n éléments

Définition

Soit k un entier naturel non nul et E un ensemble non vide.

Un k-uplet $(x_1 ; x_2 ; \ldots ; x_k)$ d'éléments de E est un élément du **produit cartésien** $E^k = E \times E \times \ldots \times E$ (k facteurs).

Théorème

Soient n et k deux entiers naturels non nuls et E un ensemble fini de cardinal n.

Le nombre de k-uplets de E, noté $\text{Card}(E^k)$, est : $\mathbf{Card(E^k) = n^k}$.

B. *k*-uplets d'éléments distincts d'un ensemble, permutations

Théorème

Soit n un entier naturel non nul et k un entier naturel tel que $1 \leqslant k \leqslant n$.

Soit E un ensemble fini de cardinal n.

Le nombre de k-uplets d'éléments deux à deux distincts de E est le produit de k facteurs dont l'expression est :

$$\boldsymbol{n(n-1)\ldots(n-k+1).}$$

Définition

On appelle **permutation** d'un ensemble E à n éléments tout n-uplet d'éléments deux à deux distincts de E.

Théorème et définition

Le nombre de permutations d'un ensemble non vide à n éléments est égal à :

$$\boldsymbol{n \times (n-1) \times (n-2) \times \ldots \times 2 \times 1}$$

Ce nombre est appelé **factorielle n** et se note :

$$\boldsymbol{n! = n \times (n-1) \times (n-2) \times \ldots \times 2 \times 1 = 1 \times 2 \times \ldots \times n}$$

Remarques :

- On convient que $0! = 1$.
- $1! = 1$

3 Parties d'un ensemble et combinaisons

A. Nombre de parties d'un ensemble

Définition

Soit E un ensemble.

F est une **partie** de E (ou F est un sous ensemble de E ou F est inclus dans E) si et seulement si tous les éléments de F sont des éléments de E.

On note alors $F \subset E$.

Théorème

Soit n un entier naturel. **Le nombre de parties d'un ensemble à n éléments est égal à 2^n**. C'est aussi le nombre de n-uplets de l'ensemble $\{0 ; 1\}$.

B. Combinaison

Définition

Soient n et k deux entiers naturels tels que $0 \leqslant k \leqslant n$ et E un ensemble fini de cardinal n.

On appelle **combinaison** de k éléments parmi les n éléments de E, toute partie de E ayant k éléments.

Propriété

Soient n et k deux entiers naturels.

Le nombre de combinaisons de k éléments parmi n éléments, noté $\binom{n}{k}$, est donné par :

$$\binom{n}{k} = \frac{n(n-1)\ldots(n-k+1)}{k!} = \frac{n!}{(n-k)!k!}$$

Exemple :

Pour calculer le nombre de combinaisons « à la main », on utilise la première formule (qui est l'écriture simplifiée de la seconde). (Sinon, la calculatrice permet aussi de le déterminer.)

$$\binom{33}{5} = \frac{33 \times 32 \times \ldots \times 29}{5 \times 4 \times 3 \times 2 \times 1} = 237\ 336.$$

4 Propriétés des combinaisons et triangle de Pascal

A. Propriétés des combinaisons

Propriétés

Soit n un entier naturel.

- $\binom{n}{0} = 1$. Dans un ensemble à n éléments, il existe une seule partie à 0 élément : la partie vide.

• $\binom{n}{1} = n$. Dans un ensemble à n éléments, il y a n parties ayant un élément.

• $\binom{n}{2} = \frac{n(n-1)}{2}$. Dans un ensemble à n éléments, il y a $\frac{n(n-1)}{2}$ parties ayant deux éléments.

• $\binom{n}{n} = 1$. Dans un ensemble à n éléments, il y a une seule partie à n éléments : l'ensemble lui-même.

• Pour tous entiers n et k vérifiant $0 \leqslant k \leqslant n$ on a $\binom{n}{k} = \binom{n}{n-k}$. Dénombrer les parties à k éléments revient à dénombrer les parties à $n - k$ éléments qui en sont les complémentaires.

Propriété

Pour tout entier naturel n :

$$\sum_{k=0}^{n} \binom{n}{k} = 2^n$$

B. Relation et triangle de Pascal

Pour tous entiers $n \geqslant 2$ et k vérifiant $1 \leqslant k \leqslant n-1$,

$$\binom{n}{k} = \binom{n-1}{k-1} + \binom{n-1}{k}$$

Dans le tableau ci-contre, à l'intersection de la ligne n et de la colonne k, on lit l'entier $\binom{n}{k}$.

Pour réaliser ce tableau appelé **triangle de Pascal :**

1. On remplit avec des « 1 » :

• la colonne $k = 0$ (car $\binom{n}{0} = 1$) ;

• la diagonale (car $\binom{n}{n} = 1$) ;

2. On utilise ensuite la relation de Pascal, suivant le schéma :

$$\binom{n-1}{k-1} + \binom{n-1}{k}$$
$$= \binom{n}{k}$$

n \ k	0	1	2	3	4	5	6	7	8
0	1								
1	1	1							
2	1	2	1						
3	1	3	3	1					
4	1	4	6	4	1				
5	1	5	10	10 +	5	1			
6	1	6	15 +	20 =	15	6	1		
7	1	7	21 =	35	35	21	7	1	
8	1	8	28	56	70	56	28	8	1

COMBINATOIRE ET DÉNOMBREMENT

Déterminer le cardinal de E

- Si E a n éléments alors **Card(E) = n.**
- Si $A_1, A_2, \ldots, A_p$, sont p ensembles finis **deux à deux disjoints** alors :
$\text{Card}(A_1 \cup A_2 \cup \ldots \cup A_p) = \text{Card}(A_1) + \text{Card}(A_2) + \ldots + \text{Card}(A_p)$
- Le **produit cartésien** $E_1 \times E_2 \times \ldots \times E_k$ est l'ensemble de tous les k-uplets $(x_1 ; x_2 ; \ldots ; x_k)$, avec $x_i \in E_i$.

$\text{Card}(E_1 \times E_2 \times \ldots \times E_k) = \text{Card}(E_1) \times \text{Card}(E_2) \times \ldots \times \text{Card}(E_k)$

Modéliser à l'aide de k-uplets d'un ensemble E

Un k-uplet $(x_1 ; x_2 ; \ldots ; x_k)$ de E (tous les $x_i \in E$) est un élément de l'ensemble $E^k = E \times \ldots \times E$.

Exemple : $(a ; b ; c ; a ; c ; a)$ et $(b ; a ; c ; a ; c ; a)$ sont différents et sont deux 6-uplets de $E = \{a ; b ; c\}$.

Le nombre de k-uplets de E à n éléments est :

$$n^k = \text{Card}(E^k) = (\text{Card}(E))^k.$$

Modéliser à l'aide de k-uplets d'éléments distincts d'un ensemble E à n éléments

$(x_1 ; x_2 ; \ldots ; x_k)$ tous les $x_i \in E$ et $x_1 \neq x_2 \neq \ldots\ldots \neq x_k$

- **Nombre de k-uplets** de E deux à deux **distincts = $n(n-1)\ldots(n-k+1)$**
- **Permutation** d'un ensemble E à n éléments = **n-uplet** d'éléments **deux à deux distincts** de E.

Le nombre de permutations d'un ensemble non vide à n éléments est :

$$n! = n \times (n-1) \times (n-2) \times \ldots \times 2 \times 1$$

Modéliser à l'aide de combinaisons

- **F est une partie de E** signifie que tous les éléments de F sont éléments de E. On note alors **$F \subset E$.**
- **Le nombre de parties** d'un ensemble à n éléments est égal à 2^n.
- **Une combinaison** de k éléments parmi les n éléments de E = toute partie de E ayant k éléments.
- **Le nombre de combinaisons** de k éléments parmi n éléments est :

$$\binom{n}{k} = \frac{n(n-1)\ldots(n-k+1)}{k!} = \frac{n!}{(n-k)!\,k!}$$

$$\binom{n}{0} = 1 \quad \binom{n}{1} = n \quad \binom{n}{2} = \frac{n(n-1)}{2}$$

$$\binom{n}{n} = 1 \quad \binom{n}{k} = \binom{n}{n-k}$$

Triangle de Pascal

n \ k	0	1	2	3	4
0	1				
1	1	1			
2	1	2	1		
3	1	$\binom{n-1}{k-1}$ +	$\binom{n-1}{k}$	1	
4	1	4	= $\binom{n}{k}$	4	1

MÉTHODES

1 Déterminer le cardinal d'un ensemble

EXEMPLE 1 **PRINCIPE ADDITIF**

Dans un groupe de 35 personnes, 20 personnes pratiquent un sport, 15 jouent d'un instrument de musique et 7 ne font ni sport, ni musique.
Combien de personnes font à la fois du sport et de la musique ?

CORRIGÉ COMMENTÉ

On peut représenter la situation à l'aide d'un diagramme appelé diagramme de Venn ci-contre.

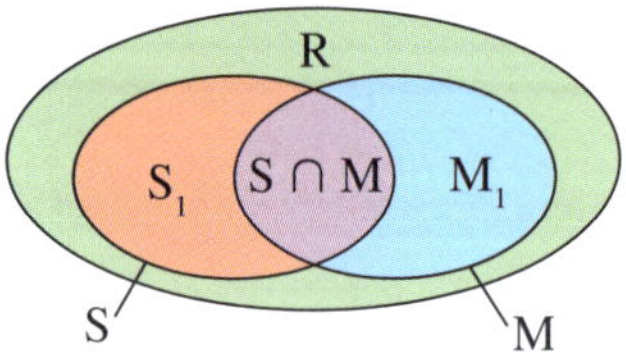

On note :

- Ω l'ensemble total des personnes, $\text{Card}(\Omega) = 35$;
- S l'ensemble des personnes qui font du sport, $\text{Card}(S) = 20$;
- M l'ensemble des personnes qui font de la musique, $\text{Card}(M) = 15$;
- S_1 l'ensemble des personnes qui ne font que du sport ;
- M_1 l'ensemble des personnes qui ne font que de la musique ;
- R l'ensemble des personnes qui ne font ni sport ni musique, $\text{Card}(R) = 7$.

Rappel
Pour utiliser le principe additif, il faut avoir des ensembles disjoints dont la réunion est égale à l'ensemble total.

On a alors $\Omega = S_1 \cup M_1 \cup (S \cap M) \cup R$ car l'ensemble total des personnes est la réunion de l'ensemble des personnes qui ne pratiquent que du sport, de l'ensemble des personnes qui ne font que de la musique, de l'ensemble des personnes qui font musique et sport et de l'ensemble des personnes qui ne font ni musique, ni sport.

On dit que S_1, M_1, $S \cap M$ et R forment une partition de l'ensemble Ω.

D'après le principe additif, on a

$$\text{Card}(\Omega) = \text{Card}(S_1) + \text{Card}(S \cap M) + \text{Card}(M_1) + \text{Card}(R).$$

On a donc : $35 = \text{Card}(S_1) + \text{Card}(S \cap M) + \text{Card}(M_1) + 7$.

Soit $28 = \text{Card}(S_1) + \text{Card}(S \cap M) + \text{Card}(M_1)$.

Or $\text{Card}(S_1) + \text{Card}(S \cap M) + \text{Card}(M_1) = \text{Card}(S \cup M)$
$= \text{Card}(S) + \text{Card}(M) - \text{Card}(S \cap M)$

donc on trouve :

$28 = \text{Card}(S) + \text{Card}(M) - \text{Card}(S \cap M) = 20 + 15 - \text{Card}(S \cap M)$

$\Leftrightarrow \text{Card}(S \cap M) = 20 + 15 - 28 = 7$

L'ensemble des personnes qui font sport et musique a pour cardinal 7.
Il y a 7 personnes qui font du sport et de la musique.

EXEMPLE 2 **PRINCIPE MULTIPLICATIF**

Dans un repère orthonormé, combien y a-t-il de points $M(x\,;\,y)$ à coordonnées entières x et y, telles que $3 \leqslant x \leqslant 7$ et $-2 \leqslant y \leqslant 6$?

CORRIGÉ COMMENTÉ

Rappel
Le cardinal du produit cartésien de plusieurs ensembles est le produit des cardinaux de chaque ensemble.

On note $\mathrm{E}_1 = \{3\,;\,4\,;\,5\,;\,6\,;\,7\}$
et $\mathrm{E}_2 = \{-2\,;\,-1\,;\,0\,;\,1\,;\,2\,;\,3\,;\,4\,;\,5\,;\,6\}$.
$x \in \mathrm{E}_1$ et $y \in \mathrm{E}_2$.
Donc les couples $(x\,;\,y)$ appartiennent au produit cartésien $\mathrm{E}_1 \times \mathrm{E}_2$.
Le nombre de couples $(x\,;\,y)$ est donc le cardinal de l'ensemble $\mathrm{E}_1 \times \mathrm{E}_2$.
D'après le principe multiplicatif, on a :

$$\mathrm{Card}\left(\mathrm{E}_1 \times \mathrm{E}_2\right) = \mathrm{Card}\left(\mathrm{E}_1\right) \times \mathrm{Card}\left(\mathrm{E}_2\right) = 5 \times 9 = 45.$$

Il y a 45 points M à coordonnées entières telles que $3 \leqslant x \leqslant 7$ et $-2 \leqslant y \leqslant 6$.

2 Dénombrer en modélisant par des *k*-uplets

EXEMPLE

On considère un alphabet à quatre lettres $\{A\,;B\,;C\,;D\}$.

1. Combien de mots de deux lettres peut-on faire ? Un mot peut contenir plusieurs fois la même lettre. On pourra s'aider d'un arbre.

2. Combien de mots de 12 lettres peut-on faire ? Un mot peut contenir plusieurs fois la même lettre.

CORRIGÉ COMMENTÉ

1. On peut faire tous les mots de deux lettres de l'arbre ci-contre.
Il y a quatre branches pour le choix de la première lettre et, pour chacune de ces premières lettres, il y a quatre branches pour la seconde lettre. Il y a donc 16 branches dans l'arbre, soit 16 mots possibles.

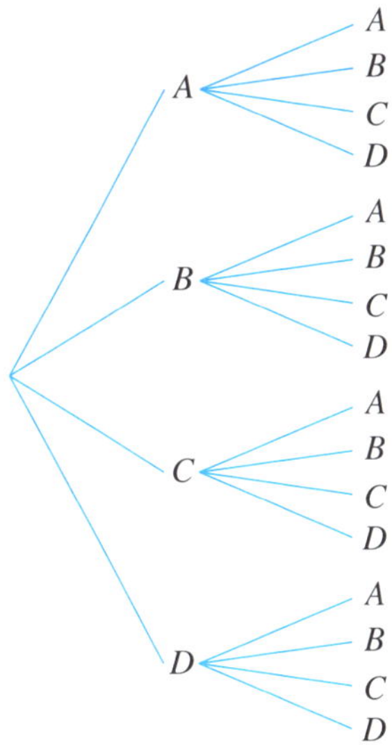

Autre méthode
On note $\mathrm{E} = \{A\,;B\,;C\,;D\}$. $\mathrm{Card}(\mathrm{E}) = 4$.
Un mot de deux lettres est un 2-uplet d'éléments de E.
Il y a donc 4^2 couples d'éléments de E, soit 16 mots de deux lettres.

Remarque

Choisir des éléments dans un ensemble et les remettre après chaque choix revient à faire un k-uplet d'éléments de cet ensemble.

2. On note $E = \{A ; B ; C ; D\}$. $\text{Card}(E) = 4$.
Un mot de 12 lettres est un 12-uplet d'éléments de E.
Le nombre de 12-uplets d'éléments de E est 4^{12}.
Le nombre de mots formés avec 12 lettres est donc 16 777 216.
Remarque : il n'est pas question ici de faire un arbre car il serait trop grand.

3 Dénombrer en modélisant par des k-uplets distincts

EXEMPLE

Dans une association constituée de 40 adhérents, il faut élire un bureau constitué de six personnes : un président, un vice-président, un trésorier, un vice-trésorier, un secrétaire et un vice-secrétaire.
On suppose que tous les adhérents de l'association peuvent se présenter et qu'une personne ne peut pas occuper deux postes à la fois.
Combien y a-t-il de bureaux possibles dans cette association ?

CORRIGÉ COMMENTÉ

Un bureau est un 6-uplet d'éléments distincts choisis parmi les $n = 40$ adhérents de l'association.
Il y a n choix possibles pour le président, $n - 1$ choix possibles pour le vice-président, $n - 2$ choix possibles pour le trésorier, $n - 3$ choix possibles pour le vice-trésorier, $n - 4$ choix possibles pour le sercétaire et $n - 5$ choix possibles pour le vice-secrétaire.
Il y a donc $40 \times 39 \times 38 \times 37 \times 36 \times 35 = 2\ 763\ 633\ 600$ bureaux possibles.

Astuce

Choisir des personnes les unes après les autres sans remise revient à faire des k-uplets d'éléments distincts d'un ensemble.

4 Dénombrer en modélisant par des combinaisons

EXEMPLE

Dans une classe de 36 élèves, on veut faire des équipes de basket, chacune constituée de 5 joueurs.
Combien y a-t-il d'équipes possibles ?

CORRIGÉ COMMENTÉ

Faire une équipe consiste à choisir 5 élèves parmi les 35 élèves de la classe, c'est-à-dire faire une combinaison de 5 éléments choisis parmi 35.
Le nombre d'équipes possibles est donc le nombre de combinaisons de 5 éléments parmi 35.

Il y en a $\binom{35}{5} = 324\ 632$.

On peut donc faire 324 632 équipes.

Remarque

Choisir un groupe de *k*-éléments pris **simultanément** dans un ensemble revient à choisir une partie à k éléments de cet ensemble.
On modélise alors les choix possibles **de parties (sous-ensembles) à *k* éléments par des combinaisons.**

Édouard Lucas (1842 - 1891) est un mathématicien français qui a utilisé l'échiquier dans un grand nombre de recherches arithmétiques et notamment pour résoudre des problèmes de permutations.

EXERCICES

1 10 min ★ → MÉTHODE 1, p. 270

Combien faut-il taper de chiffres pour écrire à l'aide d'un ordinateur tous les nombres de 1 jusqu'à 2 021 ?

→ Corrigé p. 281

2 5 min ★ → MÉTHODE 1, p. 270

1. On considère les ensembles $A = \{x \; ; \; y\}$ et $B = \{0 \; ; \; 1\}$.
On considère l'ensemble E tel que $E = A \times B$. Déterminer tous les éléments de E puis donner son cardinal.
2. On considère les ensembles $A = \{x \; ; \; y\}$ et $B = \{0 \; ; 1 \; ; 2 \; ; 3 \; ; 4 \; ; 5 \; ; 6 \; ; 7 \; ; 8 \; ; 9\}$.
On considère l'ensemble E tel que $E = A \times B$. Décrire l'ensemble E et déterminer son cardinal.

→ Corrigé p. 281

3 5 min ★★ → MÉTHODE 1, p. 270

On lance trois dés numérotés de 1 à 6 (un avec des chiffres rouges, l'autre avec des chiffres verts et le troisième avec des chiffres orange) et on note le résultat obtenu, en couleur, en commençant par le chiffre rouge, puis le vert et en terminant par le chiffre orange. On considère l'ensemble E des résultats possibles. Quel est le cardinal de E ?

→ Corrigé p. 282

4 5 min ★ → MÉTHODE 2, p. 271

1. À l'aide d'un arbre, faire la liste des 2-uplets (couples) de l'ensemble $E = \{5 \; ; 6 \; ; 7 \; ; 8\}$. Combien y en a-t-il ?
2. Quel est le nombre de 3-uplets de E ?

→ Corrigé p. 282

5 5 min ★ → MÉTHODE 2, p. 271

Aurélien veut poser une rangée de carrelage au-dessus de son évier. Il dispose de carreaux bleus (B), mauves (M) et gris (G).
On note $C = \{B \; ; \; M \; ; \; G\}$ l'ensemble des différentes couleurs de carrelage.
1. Écrire un exemple de 7-uplet d'éléments de C.
2. Sachant qu'une rangée de carrelage est composée de sept carreaux, éventuellement de couleurs différentes, combien de rangées différentes Aurélien peut-il réaliser ?

→ Corrigé p. 282

6 10 min ★★ → MÉTHODE 2, p. 271

Chaque membre d'une famille possède son propre téléphone portable qu'il veut connecter en wi-fi à un seul ordinateur parmi les trois ordinateurs nommés A, B et C de la maison.
La famille est constituée de quatre personnes. Un même ordinateur peut être connecté à plusieurs téléphones.
Un réseau familial est défini par la donnée du nom de l'ordinateur de connexion pour chacun des membres de la famille.
Combien y a-t-il de réseaux possibles au sein de cette famille ?

→ *Corrigé p. 282*

7 10 min ★ → MÉTHODE 3, p. 272

Pour protéger l'entrée de leurs appartements, les propriétaires ont installé un code d'entrée constitué de quatre chiffres distincts choisis parmi 0, 1, 2, 3, 4 et 5 et de deux lettres distinctes parmi A ou B ou C.
1. Combien de codes peut-on composer ?
2. Un propriétaire ne se souvient plus de son code. Il se rappelle seulement qu'il commence par un 3. Combien de codes devra-t-il essayer ?

→ *Corrigé p. 283*

8 10 min ★★ → MÉTHODE 3, p. 272

Dix coureurs sont sur la ligne de départ d'une course. Leurs dossards contiennent les numéros 1 à 10.
Les paris se font sur les trois premiers coureurs arrivés dans l'ordre.
1. Donner un résultat possible pour la course.
2. Combien y a-t-il de résultats possibles ?

→ *Corrigé p. 283*

9 5 min ★ → MÉTHODE 4, p. 273

Lors de l'épreuve écrite d'un concours d'école d'ingénieur, il est demandé aux candidats de choisir et de traiter sept exercices parmi dix exercices donnés.
Combien y a-t-il de choix possibles ?

→ *Corrigé p. 283*

10 15 min ★★★ → MÉTHODE 4, p. 273

On considère le quadrillage suivant. On appelle trajectoire de K à M une suite de déplacements uniquement vers la droite et vers le haut qui relient le point K au point M.

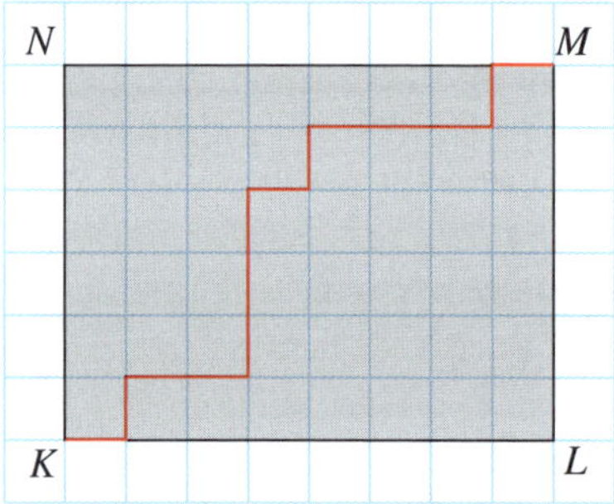

On note D un déplacement d'un carreau vers la droite et H un déplacement d'un carreau vers le haut.

1. En utilisant les lettres D et H, écrire la trajectoire observée ci-dessus.

2. a) Toutes les trajectoires reliant K à M contiennent chacune le même nombre total de déplacements d'un carreau. Quel est ce nombre ?

b) Dans chaque trajectoire reliant K à M, combien y a-t-il de déplacements vers la droite? Vers le haut ?

3. Quel est le nombre de trajectoires possibles ?

→ Corrigé p. 283

11 10 min Démonstration et raisonnement

1. On considère un ensemble E a n éléments $E = \{a_1 ; a_2 ; \ldots ; a_n\}$.

Démontrer que :

$$\sum_{k=0}^{k=n} \binom{n}{k} = 2^n$$

2. Démontrer que pour tout entier naturel $n \geqslant 2$ et tout entier naturel k compris entre 0 et $n-1$:

$$\binom{n-1}{k-1} + \binom{n-1}{k} = \binom{n}{k}$$

→ Corrigé p. 284

12 15 min Vrai-Faux

Pour chaque affirmation ci-dessous, dire si elle est vraie ou fausse. Justifier la réponse.

a) Soit $E = \{A ; B ; C\}$.

Affirmation 1 : le nombre de couples d'éléments de E est 2^3.

b) On considère une urne E qui contient dix jetons numérotés de 1 à 10.

On tire quatre jetons de l'urne, l'un après l'autre, sans remise, et on note à chaque fois leur numéro.

Affirmation 2 : il y a 2 100 résultats possibles.

c) Une anagramme d'un mot est un autre mot (qui a ou non un sens) constitué des mêmes lettres, écrites dans un autre ordre.

Affirmation 3 : il y a 5 040 anagrammes du mot FORMULE.

d) **Affirmation 4** :

$$\binom{8}{3} = 512.$$

e) On considère un groupe de six personnes. On veut faire des équipes de trois personnes.

Affirmation 5 : il y a 20 façons de faire des équipes de trois personnes.

→ *Corrigé p. 285*

13 20 min QCM

Déterminer parmi les trois propositions la seule réponse exacte. Aucune justification n'est demandée. Un QCM nécessite souvent de faire une recherche au brouillon.

	Réponse A	**Réponse B**	**Réponse C**
1. Le nombre de façons de ranger 4 livres sur 3 étagères est :	$\binom{4}{3}$	3^4	4^3
2. $E = \{1 ; 2\}$ et $F = \{5 ; 6 ; 7\}$ Alors $\text{Card}(E \times F) =$	6	5	2^3
3. Le nombre de parties de l'ensemble $E = \{A ; B ; C ; D\}$ est :	8	16	4^4
4. $\binom{8}{3} \times \binom{8}{4} =$	$\binom{9}{4}$	3 920	3 930

→ *Corrigé p. 286*

14 15 min ★★

Un jeu de société doit être organisé par une association lors d'une soirée. 800 participants à la soirée se sont inscrits.

Le responsable de l'association réfléchit à un jeu de loto qui devrait conclure la soirée. Le jeu consiste à tirer trois boules numérotées dans une urne contenant dix boules numérotées de 1 à 10. Il se demande comment organiser les tirages afin que le nombre de possibilités ne soit ni trop grand ni trop petit par rapport au nombre de participants.

1. Sa première idée consiste à tirer les trois boules en même temps et à prendre en compte les trois numéros sans considération d'ordre.

a) Combien y a-t-il de possibilités ?

b) Cette règle est-elle envisageable ?

2. Une seconde idée consiste à tirer les boules les unes après les autres, sans remise en prenant en compte l'ordre des numéros obtenus.

a) Combien y a-t-il de possibilités ?

b) Cette règle est-elle envisageable ?

→ *Corrigé p. 286*

15 15 min ★★ Algorithmique et programmation

Un repas d'affaires est organisé. Il y aura en tout 12 personnes, 6 femmes et 6 hommes.

1. L'organisateur décide de placer toutes les personnes autour d'une table ronde de 12 places numérotées de 1 à 12.

a) Combien y a-t-il de possibilités pour placer les 12 personnes ?

b) Si on voulait tester toutes les dispositions possibles, sachant qu'il faut 10 secondes pour que chaque disposition soit testée, combien de temps cela prendrait-il ? On donnera le résultat en années, arrondi à l'année près et on considèrera qu'une année comprend 365 jours.

2. L'organisateur décide de faire deux tables rondes de six places chacune, où les places sont numérotées de 1 à 6.

Combien y a-t-il de façons de placer tous les invités autour des deux tables ?

3. On considère la fonction Python suivante, nommée `mystère`, d'argument un entier naturel n.

a) Que renvoie cette fonction `mystère` pour un entier naturel n donné en argument ?

b) Utiliser cette fonction pour retrouver les résultats des questions **1.** et **2.**

```python
def mystere(n):
    k=1
    for i in range(1,n+1):
        k=k*i
    return k
```

→ Corrigé p. 286

SUJET DE BAC

Exercice 1 25 min Algorithmique et programmation 4 points

Un groupe d'amis constitué de trois filles et quatre garçons veut se faire photographier par un photographe professionnel.
Le photographe propose plusieurs types de photos. Il dispose pour cela les membres du groupe assis côte à côte sur un banc.

1. Pour le premier type de photo, toutes les filles veulent rester ensemble côte à côte et tous les garçons aussi.
Combien de photos différentes peut prendre le photographe ?

2. Pour le deuxième type de photo, seules toutes les filles veulent rester ensemble côte à côte.
Combien de photos différentes peut prendre le photographe ?

3. Pour le troisième type de photo, tout le monde peut se placer comme il le souhaite sur le banc.
Combien de photos différentes peut prendre le photographe ?

4. Compléter la fonction nommée `factorielle` suivante, d'argument n, afin qu'elle renvoie le nombre $n!$.

```
def factorielle(n):
    f=1
    for i in range(...,...):
        f=...
    return ...
```

5. Retrouver, en utilisant cette fonction, les résultats des questions 1. 2. et 3.

→ Corrigé p. 287

Exercice 2 30 min 5 points

Une entreprise fabrique des pièces mécaniques. Le service du contrôle qualité met en place plusieurs procédures de test sur les pièces fabriquées.

Procédure 1. Dans un lot de 20 pièces fabriquées, le service en prélève simultanément quatre.

1. Combien de prélèvements différents peut-il réaliser ?

2. On suppose que sur les 20 pièces, quatre sont mauvaises.

a) Quel est le nombre de prélèvements où les quatre pièces sont bonnes ?

b) Quel est le nombre de prélèvements où au moins une pièce est mauvaise ?

c) Quel est le nombre de prélèvement où exactement une pièce est mauvaise ?

Procédure 2. Dans un lot de 20 pièces, le service en choisit quatre les unes après les autres sans remise dans le lot.

1. Combien de prélèvements différents peut-il réaliser ?

2. On suppose que sur les 20 pièces, quatre sont mauvaises.

a) Quel est le nombre de prélèvements où les quatre pièces sont bonnes ?

b) Quel est le nombre de prélèvements où au moins une pièce est mauvaise ?

c) Quel est le nombre de prélèvements où exactement une pièce est mauvaise ?

→ *Corrigé p. 288*

CORRIGÉS

1 → *Énoncé p. 274*

On note E_1 l'ensemble des nombres écrits avec 1 chiffre, compris entre 1 et 9. $E_1 = \{1 ; 2 ; ... ; 9\}$ et $\text{Card}(E_1) = 9$. Il faut donc utiliser 9 chiffres pour écrire ces 9 nombres.

On note E_2 l'ensemble des nombres écrits avec 2 chiffres. $E_2 = \{10 ; 11 ; ... ; 99\}$ et $\text{Card}(E_2) = 90$.

Chacun des nombres appartenant à E_2 est écrit avec 2 chiffres. Il faut donc utiliser $2 \times 90 = 180$ chiffres pour écrire ces 90 nombres.

On note E_3 l'ensemble des nombres écrits avec 3 chiffres. $E_3 = \{100 ; 101 ; ... ; 999\}$ et $\text{Card}(E_3) = 900$.

Chacun des nombres appartenant à E_3 est écrit avec 3 chiffres. Il faut donc utiliser $3 \times 900 = 2\,700$ chiffres pour écrire ces 900 nombres.

On note $E_4 = \{2\,000 ; 2\,001 ; ... ; 2\,021\}$. $\text{Card}(E_4) = 22$. Chacun des nombres appartenant à E_4 est écrit avec 4 chiffres. Il faut donc $4 \times 22 = 88$ chiffres pour écrire ces 22 nombres.

La réunion des ensembles disjoints E_1, E_2, E_3 et E_4 est égale à l'ensemble de tous les nombres de 1 jusqu'à 2021.
D'après le principe additif, il faut alors $9 + 180 + 2700 + 88 = 2\,977$ chiffres pour pouvoir écrire tous les nombres compris entre 1 et 2 021.

> **Rappel**
> Pour utiliser le principe additif, il faut avoir des ensembles disjoints dont la réunion est égale à l'ensemble total.

2 → *Énoncé p. 274*

1. $E = \{(x ; 0) ; (x ; 1) ; (y ; 0) ; (y ; 1)\}$
$\text{Card}(E) = 4$

On dit qu'on a écrit l'ensemble E en extension.

On aurait pu aussi trouver le cardinal de E en utilisant le fait que $\text{Card}(A \times B) = \text{Card}(A) \times \text{Card}(B)$.

2. E est l'ensemble de tous les couples de la forme $(i ; j)$ où i est l'une des deux lettres x ou y et j est un chiffre compris entre 0 et 9.
$\text{Card}(A \times B) = \text{Card}(A) \times \text{Card}(B) = 2 \times 10 = 20$

On ne peut pas écrire l'ensemble E en extension (c'est-à-dire en faisant la liste de tous ses éléments) car il possède trop d'éléments.

> **Rappel**
> Le cardinal du produit cartésien de plusieurs ensembles est le produit des cardinaux de chaque ensemble.

3 → Énoncé p. 274

On note :
$E_1 = \{1 ; 2 ; 3 ; 4 ; 5 ; 6\}$ écrits avec des chiffres rouges ;
$E_2 = \{1 ; 2 ; 3 ; 4 ; 5 ; 6\}$ écrits avec des chiffres verts ;
$E_3 = \{1 ; 2 ; 3 ; 4 ; 5 ; 6\}$ écrits avec des chiffres orange.
L'ensemble des résultats possibles est $E = E_1 \times E_2 \times E_3$.
Or $\text{Card}(E) = \text{Card}(E_1) \times \text{Card}(E_2) \times \text{Card}(E_3) = 6^3 = 216$.
Il y a 216 résultats possibles.

4 → Énoncé p. 274

1.

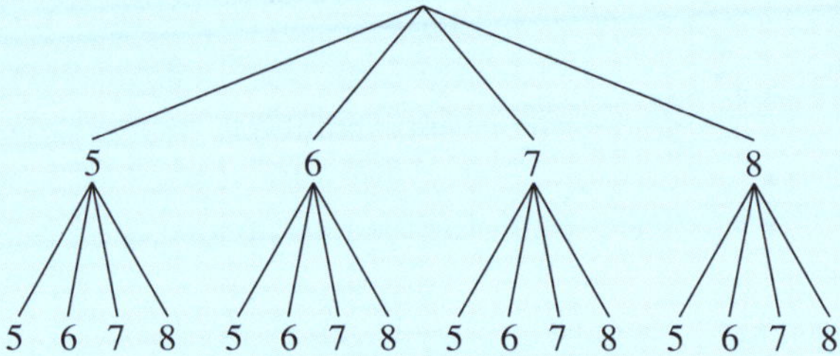

Il y a 16 branches dans l'arbre, donc 16 couples d'éléments de E.

2. $\text{Card}(E) = 4$ donc il y a $4^3 = 64$ triplets d'éléments de E.

> **Remarque**
> Il n'est pas question ici de faire un arbre car il serait trop grand.

5 → Énoncé p. 274

1. Un exemple de 7-uplet est $(B ; B ; M ; G ; G ; B ; M)$.
2. Il peut réaliser autant de rangées que de 7-uplets. Donc il peut réaliser 3^7 rangées, soit 2 187 rangées.

6 → Énoncé p. 275

On note $E = \{A ; B ; C\}$. Un réseau est défini par la donnée du nom de l'ordinateur de connexion pour chacun des membres de la famille. Donc un réseau est un 4-uplet d'éléments de E.
Le nombre de réseaux est alors le nombre de 4-uplets d'éléments de E. Il y en a $3^4 = 81$.
Le nombre de réseaux possibles est donc de 81.

> **Remarque**
> Choisir séparément des éléments dans un ensemble et les remettre après chaque choix revient à faire un *k*-uplet d'éléments de cet ensemble.

7 → Énoncé p. 275

1. Un code constitué de quatre chiffres tous distincts et deux lettres distinctes est un 4-uplet d'éléments distincts de l'ensemble $E_1 = \{0 ; 1 ; 2 ; 3 ; 4 ; 5\}$ suivi d'un couple d'éléments distincts de l'ensemble $E_2 = \{A ; B ; C\}$.

Le nombre de 4-uplets d'éléments distincts de E_1 est $6 \times 5 \times 4 \times 3 = 360$.

Pour chacun d'eux, il y a 3×2 couples d'éléments distincts de E_2.

Par principe multiplicatif, il y a $360 \times 6 = 2\ 160$ codes possibles.

2. Le code commence par le chiffre 3. Il faut donc dénombrer les 3-uplets d'éléments distincts de l'ensemble $E = \{0 ; 1 ; 2 ; 4 ; 5\}$.

Il y a $5 \times 4 \times 3 = 60$ possibilités.

Pour chacune de ces possibilités, il y a 3×2 couples d'éléments distincts de E_2.

Par principe multiplicatif, il y a $60 \times 6 = 360$ codes possibles.

> **Astuce**
> Choisir des éléments les uns après les autres sans remise revient à considérer un *k*-uplet d'éléments distincts d'un ensemble.

8 → Énoncé p. 275

1. Un résultat possible est $(5 ; 3 ; 8)$.

2. Le nombre de résultats possibles est le nombre de 3-uplets d'éléments distincts de l'ensemble $E = \{1 ; \dots ; 10\}$.

Il y a donc $10 \times 9 \times 8 = 720$ résultats possibles.

9 → Énoncé p. 275

Choisir 7 exercices parmi 10 revient à calculer le nombre de combinaisons de 7 éléments dans un ensemble contenant 10 éléments.

Il y a donc $\binom{10}{7}$ choix possibles, soit $\frac{10!}{7! \times 3!} = 120$ choix possibles.

> **Remarque**
> Choisir un groupe de *k*-éléments pris **simultanément** dans un ensemble revient à choisir une partie à *k* éléments de cet ensemble.
> On modélise alors les choix possibles **de parties (sous-ensembles) à *k* éléments par des combinaisons.**

10 → Énoncé p. 275

1. $\{D ; H ; D ; D ; H ; H ; H ; D ; H ; D ; D ; D ; H ; D\}$.

2. a) Pour chaque trajectoire, il y a 14 déplacements soit vers le haut, soit vers la droite.

b) Une trajectoire contient obligatoirement 8 déplacements D et 6 déplacements H à placer dans les 14 positions possibles (numérotées de 1 à 14) $\{1^{er} ; 2^{e} ; \dots ; \dots ; \dots ; \dots ; \dots ; \dots ; \dots ; \dots ; \dots ; \dots ; 14^{e}\}$.

3. Il suffit de choisir simultanément 8 positions de la lettre D parmi les 14 positions possibles dans une trajectoire. Les autres positions possibles contiendront alors la lettre H.

> **Astuce**
> Une combinaison est un choix simultané d'éléments (formant un sous-ensemble à k éléments) dans un ensemble à n éléments.

Choisir 8 positions de la lettre D parmi les 14 positions possibles dans une trajectoire revient à choisir 8 éléments dans un ensemble contenant 14 éléments. C'est donc une combinaison de 8 éléments choisis parmi 14.

Il y a $\binom{14}{8}$ combinaisons possibles.

Le nombre de trajectoires est donc $\binom{14}{8} = \frac{14!}{8! \times 6!} = 3\ 003$.

11 → *Énoncé p. 276*

1. Une combinaison à k éléments de E est une partie de E qui possède k éléments. Soit A_k une combinaison à k éléments de E. On a alors $\mathrm{A}_k = \{b_1 ; b_2 ; \dots ; b_k\}$ où les b_i sont des éléments de E.
Pour chaque ensemble A_k pour k compris entre 0 et n, on construit le n-uplet constitué d'un 1 au rang i si l'éléments a_i de E appartient à A_k et d'un 0 sinon.
Comme toutes les parties de E sont distinctes, tous les n-uplets construits précédemment sont distincts.
Il y a donc autant de parties de E que de n-uplets construits précédemment.

Or il y a 2^n n-uplets distincts d'éléments de $\{0 ; 1\}$.

> **Rappel**
> Pour utiliser le principe additif, il faut avoir des ensembles disjoints dont la réunion est égale à l'ensemble total.

Par ailleurs :

- il y a $\binom{n}{0}$ combinaisons à 0 élément de E ;
- il y a $\binom{n}{1}$ combinaisons à 1 élément de E ;
- il y a $\binom{n}{k}$ combinaisons à k éléments de E pour tout entier k compris entre 0 et n.

Donc, d'après le principe additif, le nombre total de combinaisons de E est égal à $\binom{n}{0} + \binom{n}{1} + \dots + \binom{n}{n}$.

On a donc : $\binom{n}{0} + \binom{n}{1} + \dots + \binom{n}{n} = 2^n$.

2. $$\binom{n-1}{k-1} + \binom{n-1}{k} = \frac{(n-1)!}{(k-1)! \times (n-1-(k-1))!} + \frac{(n-1)!}{k! \times (n-1-k)!}$$

$$= \frac{(n-1)!}{(k-1)! \times (n-1-k)!}\left[\frac{1}{n-1-(k-1)} + \frac{1}{k}\right]$$

$(n-1-(k-1))! = 1 \times ... \times (n-1-k) \times (n-1-(k-1))$

On peut donc factoriser par $1 \times ... \times (n-1-k) = (n-1-k)!$

De même :

$k! = 1 \times 2 \times ... \times (k-1) \times k$

On peut donc factoriser par $1 \times 2 \times ... \times (k-1) = (k-1)!$

$$= \frac{(n-1)!}{(k-1)! \times (n-1-k)!}\left[\left(\frac{k+n-1-k+1}{(n-1-k+1)k}\right)\right]$$

On a réduit au même dénominateur.

$$= \frac{(n-1)!}{(k-1)! \times (n-1-k)!} \times \frac{n}{(n-k) \times k}$$

On utilise le fait que $(n-1)! \times n = n!$

$$= \frac{n!}{k! \times (n-k)!}$$

12 → *Énoncé p. 276*

a) Faux.

Il y a 3^2 couples possibles.

On applique directement la définition.

b) Faux.

Tirer quatre jetons sans remise revient à faire un 4-uplet d'éléments distincts de E.
Or il y a $10 \times 9 \times 8 \times 7 = 5\,040$ 4-uplets d'éléments de E.

c) Vrai.

Une anagramme revient à faire un 7-uplet d'éléments distincts de toutes les lettres. Cela revient à faire une permutation des lettres du mot.
Or il y a $7! = 5\,040$ permutations possibles.

Remarque

On appelle permutation d'un ensemble E de n éléments tout n-uplet d'éléments deux à deux distincts de E. Il y en a $n!$.

d) Faux.

$$\binom{8}{3} = \frac{8!}{3! \times (8-3)!} = \frac{8!}{3! \times 5!} = \frac{8 \times 7 \times 6}{2 \times 3} = 56.$$

e) Vrai.

Faire une équipe de trois personnes revient à choisir simultanément trois personnes donc à faire une combinaison de trois éléments pris parmi les six personnes. Or il y a

$\binom{6}{3} = 20$ combinaisons possibles.

Astuce

Choisir un groupe de k-éléments pris simultanément dans un ensemble revient à choisir une partie à k éléments de cet ensemble.
On modélise alors les choix possibles de parties (sous-ensembles) à k éléments par des combinaisons.

13 → Énoncé p. 277

1. Réponse B.

Ranger un livre sur une étagère revient à choisir une étagère pour chacun des quatre livres.

$E = \{e_1 ; e_2 ; e_3\}$ l'ensemble des étagères.

Choisir une étagère pour chaque livre revient à faire un 4-uplet d'éléments de E.

Il y a 3^4 possibilités.

2. Réponse A.

$$\text{Card}((E \times F)) = 2 \times 3 = 6.$$

3. Réponse B.

Le nombre de parties d'un ensemble à *n* éléments est 2^n. Donc le nombre de parties de E est $2^4 = 16$.

4. Réponse B.

$$\binom{8}{3} \times \binom{8}{4} = 56 \times 70 = 3\,920$$

14 → Énoncé p. 277

1. a) Tirer les trois boules en même temps et regarder les numéros sans considération d'ordre revient à faire une combinaison de trois numéros pris parmi les nombres $\{1 ; 2 ; \ldots ; 10\}$.

Il y a $\binom{10}{3}$ possibilités, soit 120.

> **Astuce**
> Une combinaison est un choix simultané d'éléments dans un ensemble.

b) Au regard du nombre de participants, le nombre de possibilités est trop petit. Il y aura surement trop de gagnants.

2. a) Tirer trois boules de l'urne sans remise et en prenant en compte l'ordre des numéros obtenus, revient à faire des triplets d'éléments distincts de l'ensemble $\{1 ; 2 ; \ldots ; 10\}$. Il y a $10 \times 9 \times 8 = 720$ possibilités.

b) Cette règle parait davantage envisageable car le nombre de participants est de 800. Il est donc proche du nombre total de possibilités. Il y aura donc des gagnants sans qu'ils soient probablement trop nombreux.

15 → Énoncé p. 278

1. a) Placer toutes les personnes autour de la table revient à faire une permutation des éléments de l'ensemble $E = \{1 ; 2 ; \ldots ; 12\}$. Il y a $12! = 479\,001\,600$ possibilités.

b) S'il faut 10 secondes pour que chaque disposition soit testée, il faudra $4\,790\,016\,000$ secondes pour tester toutes les dispositions.

> **Rappel**
> Une permutation est un *n*-uplet d'éléments distincts d'un ensemble à *n* éléments.

Or $\dfrac{4\ 790\ 016\ 000}{3\ 600} = 1\ 330\ 560$ heures, soit encore

$\dfrac{1\ 330\ 560}{24} = 55\ 440$ jours ou encore environ 152 années.

On estime qu'une année comprend 365 jours.

2. Pour placer les personnes autour des deux tables, il faut tout d'abord choisir six personnes parmi les 12 pour la première table, les autres allant à la seconde table.

Il y a $\binom{12}{6} = 924$ combinaisons possibles.

Pour chacune de ces combinaisons, il y a $6!$ permutations possibles pour la première table et $6!$ permutations possibles pour la seconde table.

Il y a donc $924 \times 2 \times 6! = 1\ 330\ 560$ possibilités.

3. a) La fonction `mystere` renvoie le nombre $n!$ lorsqu'on l'utilise avec un argument n.

b) On calcule :

```
>>> mystere(12)
479001600
>>> 924*2*mystere(6)
1330560
```

SUJET DE BAC

Exercice 1 → *Énoncé p. 279*

1. Il y a 7 places sur le banc. Les filles veulent rester ensemble côte à côte et les garçons aussi. Il n'y a que 2 façons de répartir les groupes de filles et de garçons côte à côte sur le banc :

$FFFGGGG$ ou $GGGGFFF$.

Pour chacune de ces positions, il y a $3!$ permutations possibles pour les filles et $4!$ permutations possibles pour les garçons.

Par le principe multiplicatif, il y a donc $2 \times 3! \times 4! = 288$ photos différentes possibles.

2. Les filles veulent rester ensemble mais le groupe des filles peut s'intercaler entre deux garçons.

Il y a donc 5 façons de répartir le groupe des filles côte à côte sur le banc :

$FFFGGGG$ ou $GFFFGGG$ ou $GGFFFGG$ ou $GGGFFFG$ ou $GGGGFFF$.

Pour chacune de ces positions, il y a $3!$ permutations possibles des filles et $4!$ permutations possibles des garçons.

Par le principe multiplicatif, il y a donc $5 \times 3! \times 4! = 720$ photos différentes possibles.

3. Tout le monde peut s'installer où il veut sur le banc. Il y a donc 7 choix possibles pour la première personne, puis 6 choix possibles pour la deuxième personne, 5 choix pour la troisième personne, 4 choix pour la quatrième personne, 3 choix pour la cinquième personne, 2 choix pour la sixième personne et plus qu'un choix pour la septième personne.
Il y a donc $7! = 5\,040$ photos différentes possibles.

4. Solution

```
def factorielle(n):
    f=1
    for i in range(1,n+1):
        f=f*i
    return f
```

5.

```
>>> 2*factorielle(3)*factorielle(4)
288
>>> 5*factorielle(3)*factorielle(4)
720
>>> factorielle(7)
5040
```

Exercice 2

→ *Énoncé p. 279*

Procédure 1

1. Prélever quatre pièces simultanément revient à faire une combinaison de quatre éléments dans l'ensemble E des 20 pièces.

Il y a donc $\binom{20}{4} = 4\,845$ prélèvements possibles.

2. a) Si les quatre pièces prélevées sont bonnes, elles ont été prélevées parmi les 16 bonnes pièces. Le nombre de prélèvements est donc le nombre de combinaisons de 4 pièces parmi 16 bonnes pièces, soit $\binom{16}{4} = 1\,820$.

b) On considère l'ensemble A des prélèvements qui contiennent au moins une pièce défectueuse. Alors $\overline{A}$ est l'ensemble des prélèvements qui ne contiennent aucune pièce défectueuse, c'est-à-dire dont les quatre pièces sont bonnes. D'après la question précédente, $\text{Card}(\overline{A}) = 1\,820$.
Donc $A \cup \overline{A}$ est l'ensemble de tous les prélèvements possibles.
Par le principe additif, on a $\text{Card}(A) + \text{Card}(\overline{A}) = 4\,845$
soit $\text{Card}(A) = 4\,845 - 1\,820 = 3\,025$.

c) Il y a quatre choix possibles pour la pièce défectueuse.

Il y a ensuite $\binom{16}{3} = 560$ choix possibles pour les trois pièces qui sont bonnes.

Par le principe multiplicatif, il y a $4 \times 560 = 2\,240$ prélèvements possibles.

Procédure 2

1. Prélever les quatre pièces les unes après les autres sans remise revient à faire un 4-uplet d'éléments distincts de l'ensemble des pièces fabriquées.
Il y a donc $20 \times 19 \times 18 \times 17 = 116\ 280$ prélèvements possibles.

2. a) Si les quatre pièces prélevées sont bonnes, elles ont été prélevées parmi les 16 bonnes pièces. Prélever quatre pièces les unes après les autres, sans remise, dans les 16 bonnes pièces revient à faire un 4-uplet d'éléments distincts de l'ensemble des 16 pièces bonnes.
Il y a donc $16 \times 15 \times 14 \times 13 = 43\ 680$ prélèvements possibles.

b) On considère l'ensemble A des prélèvements qui contiennent au moins une pièce défectueuse. Alors $\overline{A}$ est l'ensemble des prélèvements qui ne contiennent aucune pièce défectueuse, c'est-à-dire dont les quatre pièces sont bonnes. D'après la question précédente, $\text{Card}(\overline{A}) = 43\ 680$.
Donc $A \cup \overline{A}$ est l'ensemble de tous les prélèvements possibles.
Par le principe additif, on a $\text{Card}(A) + \text{Card}(\overline{A}) = 116\ 280$
soit $\text{Card}(A) = 116\ 280 - 43\ 680 = 72\ 600$.

c) Il y a quatre choix possibles pour la pièce défectueuse.
On prélève ensuite trois pièces les unes après les autres et sans remise parmi les 16 bonnes.
Il y a donc $16 \times 15 \times 14 = 3\ 360$ choix possibles pour les trois pièces qui sont bonnes.
Par le principe multiplicatif, il y a $4 \times 3\ 360 = 13\ 440$ prélèvements possibles.

Vecteurs, droites et plans de l'espace

CHAPITRE 10

1 Vecteurs de l'espace

A. Définition d'un vecteur de l'espace

■ **Définition.** Soient A et B deux points de l'espace. On associe le vecteur $\overrightarrow{AB}$ à la translation qui transforme A en B.
Deux vecteurs $\overrightarrow{AB}$ et $\overrightarrow{CD}$ sont égaux si et seulement si $ABDC$ est un parallélogramme (éventuellement aplati).
On peut alors noter $\vec{u} = \overrightarrow{AB} = \overrightarrow{CD}$, $\overrightarrow{AB}$ et $\overrightarrow{CD}$ sont des représentants du vecteur $\vec{u}$.

Remarques :

- Le vecteur $\overrightarrow{AA}$ est le vecteur nul, noté $\vec{0}$.
- La direction du vecteur $\overrightarrow{AB}$ est la droite (AB) ou toute droite parallèle à (AB).
- Le sens du vecteur $\overrightarrow{AB}$ est le sens de A vers B.
- La longueur AB est la norme du vecteur $\overrightarrow{AB}$ notée $\|\overrightarrow{AB}\|$.
- Deux vecteurs sont égaux s'ils ont même direction, même sens, même norme.

■ **Propriété.** Soit A un point de l'espace et $\vec{u}$ un vecteur.
Il existe un unique point M tel que $\overrightarrow{AM} = \vec{u}$.

Remarque :
Le vecteur $\overrightarrow{AM}$ est le représentant de $\vec{u}$ d'origine A.

B. Opérations sur les vecteurs

■ **Propriété (règle du parallélogramme)**
Soient $\vec{u}$ et $\vec{v}$ deux vecteurs de l'espace de représentants respectifs $\vec{u} = \overrightarrow{AB}$ et $\vec{v} = \overrightarrow{AC}$.

La **somme des vecteurs $\vec{u}$ et $\vec{v}$** est le vecteur noté $\vec{u} + \vec{v}$ de représentant $\overrightarrow{AD}$.

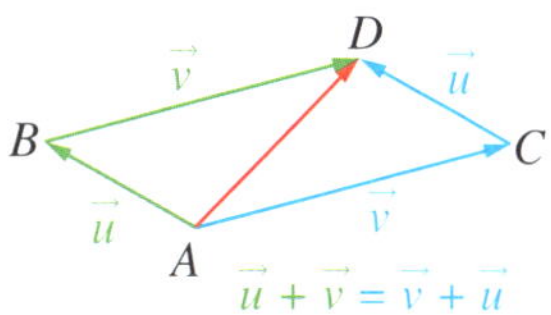

■ **Propriété. Relation de Chasles**
Pour tous points A, B et C de l'espace, on a :

$$\overrightarrow{AB} + \overrightarrow{BC} = \overrightarrow{AC}.$$

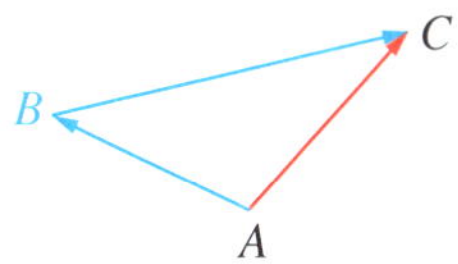

Définition et propriété
Pour tous points A et B de l'espace, $\overrightarrow{AB} + \overrightarrow{BA} = \vec{0}$.
Le vecteur $\overrightarrow{BA}$ s'appelle le vecteur opposé de $\overrightarrow{AB}$. On le note $\overrightarrow{BA} = -\overrightarrow{AB}$.
En général, on note $-\vec{u}$ le vecteur opposé au vecteur $\vec{u}$.
On a alors $\vec{u} + (-\vec{u}) = (-\vec{u}) + \vec{u} = \vec{0}$.

Définition. Soient $\vec{u}$ un vecteur non nul et k un réel non nul. Le vecteur $k\vec{u}$ est le vecteur qui a :
- la même direction que le vecteur $\vec{u}$;
- le même sens que $\vec{u}$ si $k > 0$, le sens contraire de $\vec{u}$ si $k < 0$;
- pour norme $|k| \times \|\vec{u}\|$.

Remarques :
- Pour tout réel k, $k\vec{0} = \vec{0}$.
- $0 \times \vec{u} = \vec{0}$

Propriété. Soient $\vec{u}$ et $\vec{v}$ deux vecteurs de l'espace. Soient k et k' deux réels.

$$k\vec{u} = \vec{0} \Leftrightarrow k = 0 \text{ ou } \vec{u} = \vec{0}$$
$$k(k'\vec{u}) = kk'\vec{u}$$
$$(k + k')\vec{u} = k\vec{u} + k'\vec{u}$$
$$k(\vec{u} + \vec{v}) = k\vec{u} + k\vec{v}$$

Remarque :
Les opérations sur les vecteurs du plan se prolongent aux vecteurs de l'espace.

C. Vecteurs colinéaires

Définition. Soient $\vec{u}$ et $\vec{v}$ deux vecteurs de l'espace.
On dit que $\vec{u}$ et $\vec{v}$ sont **colinéaires** s'ils ont la même direction.

Propriété. $\vec{u}$ et $\vec{v}$ sont **colinéaires** si, et seulement si, il existe un réel k tel que :

$$\vec{u} = k\vec{v} \text{ ou } \vec{v} = k\vec{u}.$$

Remarque :
Le vecteur nul est colinéaire à tout vecteur de l'espace.

2 Caractérisation des droites et plans

A. Caractérisation vectorielle d'une droite

Définition
Soient A et B deux points distincts de l'espace.
La droite (AB) est l'ensemble des points M de l'espace pour lesquels il existe un réel k tel que

$$\overrightarrow{AM} = k\overrightarrow{AB}$$

$\overrightarrow{AB}$ est appelé vecteur directeur de la droite (AB).

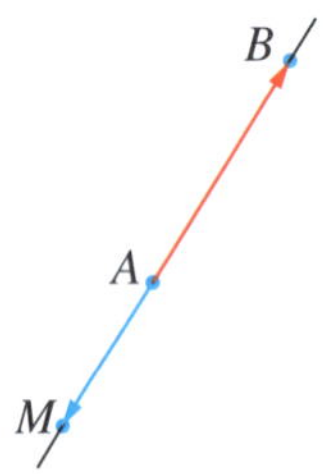

Remarque :
Une droite est entièrement déterminée par la donnée d'un point de cette droite et d'un vecteur directeur.

B. Caractérisation vectorielle d'un plan

■ **Définition.** Soient $\vec{u}$, $\vec{v}$ et $\vec{w}$ trois vecteurs de l'espace tels que $\vec{u}$ et $\vec{v}$ ne sont pas colinéaires.
$\vec{u}$, $\vec{v}$ et $\vec{w}$ sont **coplanaires** lorsqu'il existe deux réels x et y tels que $\vec{w} = x\vec{u} + y\vec{v}$.
L'expression $x\vec{u} + y\vec{v}$ s'appelle une combinaison linéaire des vecteurs $\vec{u}$ et $\vec{v}$.

■ **Définition**. Soient A , B et C trois points non alignés de l'espace.
Le plan (ABC) est l'ensemble des points M pour lesquels il existe deux réels x et y tels que $\overrightarrow{AM} = x\overrightarrow{AB} + y\overrightarrow{AC}$, où $x \in \mathbb{R}$ et $y \in \mathbb{R}$.
On dit que $\overrightarrow{AB}$ et $\overrightarrow{AC}$ sont des **vecteurs directeurs** du plan (ABC).
Le couple $(\overrightarrow{AB}, \overrightarrow{AC})$ s'appelle **une base du plan** (ABC).
$(A ; \overrightarrow{AB}, \overrightarrow{AC})$ s'appelle **un repère du plan** (ABC).

Remarques :
• Trois points sont toujours coplanaires.
• Un plan est entièrement déterminé par la donnée d'un point et de deux vecteurs non colinéaires de ce plan.

■ **Propriété**. Soient $\vec{u}$, $\vec{v}$ et $\vec{w}$ trois vecteurs du plan. On note A , B , C et D les points de l'espace tels que : $\vec{u} = \overrightarrow{AB}$; $\vec{v} = \overrightarrow{AC}$ et $\vec{w} = \overrightarrow{AD}$.

$\vec{u}$, $\vec{v}$ et $\vec{w}$ sont coplanaires si et seulement si A , B, C et D sont coplanaires.

3 Positions relatives des droites et des plans

A. Positions relatives de deux droites

■ **Définitions**. Soient D une droite de vecteur directeur $\vec{u}$ et D' une droite de vecteur directeur $\overrightarrow{u'}$.
• D et D' sont **parallèles** lorsque $\vec{u}$ et $\overrightarrow{u'}$ sont colinéaires.
• D et D' sont **coplanaires** lorsqu'il existe un plan contenant D et D'.

■ **Propriétés**. Soient A, B, C et D quatre points distincts de l'espace.
• Les droites (AB) et (CD) sont coplanaires si, et seulement si, les points A, B, C et D sont coplanaires, c'est-à-dire s'il existe un plan contenant les quatre points A, B, C et D.
• Deux droites sont coplanaires si et seulement si elles sont sécantes ou parallèles.
• Si deux droites ne sont pas coplanaires, alors leur intersection est vide.

Sécantes :
$(EF) \cap (HF) = \{F\}$

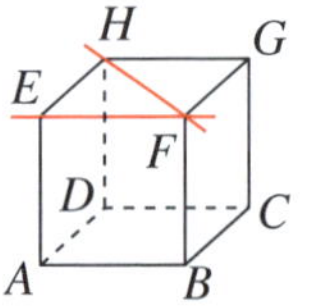

Parallèles :
$(EF) \cap (HG) = \varnothing$
et E, F, G, H sont coplanaires

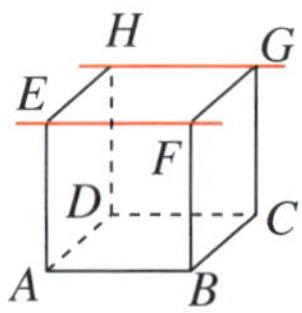

Non coplanaires :
$(HB) \cap (EF) = \varnothing$

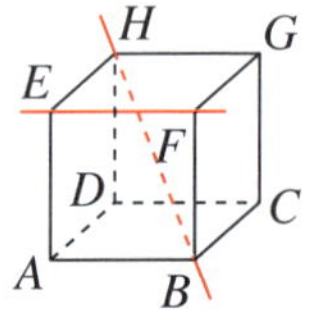

Remarque :
Deux droites de l'espace non parallèles ne sont donc pas nécessairement sécantes.

B. Positions relatives d'une droite et d'un plan

■ **Définition**. Une droite est parallèle à un plan lorsqu'elle admet un vecteur directeur colinéaire à un vecteur directeur du plan.

Remarque :
Une droite **parallèle** à un plan peut être strictement parallèle au plan (intersection vide entre la droite et le plan) ou incluse dans le plan (tous les points de la droite appartiennent au plan).

■ **Propriété**. Lorsqu'une droite **n'est pas parallèle** à un plan, elle a un unique point d'intersection avec le plan.

Sécants :
$(HC) \cap (ABC) = \{C\}$

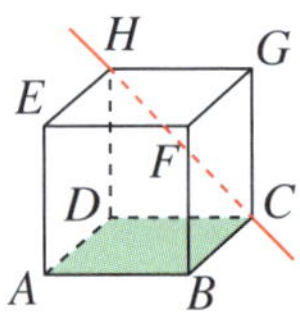

Strictement parallèles :
$(AB) \mathbin{/\!/} (DCG)$

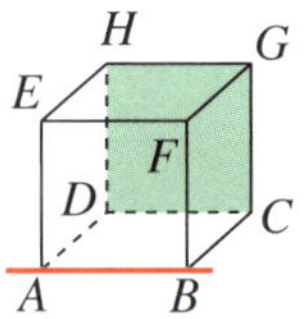

Droite parallèle incluse dans le plan : $(HC) \subset (DCG)$

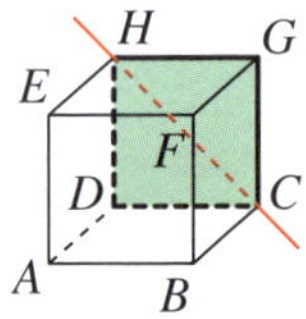

C. Positions relatives de deux plans

■ **Définition**. Deux plans sont parallèles lorsqu'ils admettent un même couple de vecteurs directeurs non colinéaires.

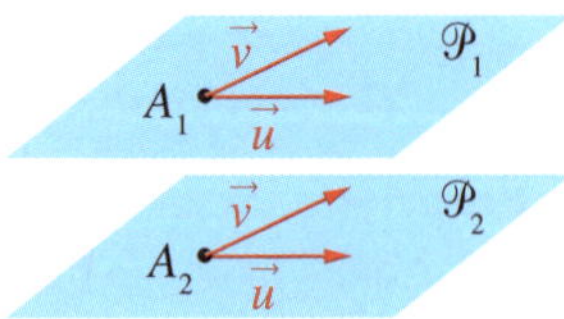

■ **Propriété**. Deux plans non parallèles sont sécants. Leur intersection est une droite.
Exemple dans le cube $ABCDEFGH$

Sécants en une droite	Parallèles	
	Confondus	**Strictement parallèles**
$(HAB) \cap (ABC) = (AB)$	$(FBC) \cap (GCB) = (FBC)$	$(FBC) \cap (EAD) = \varnothing$
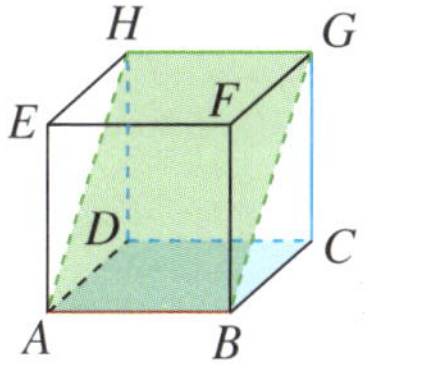	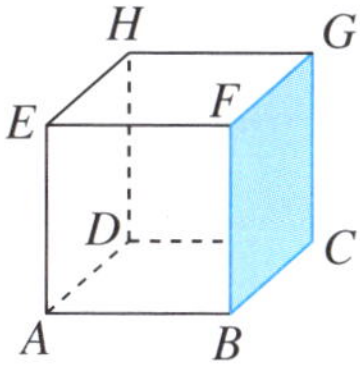	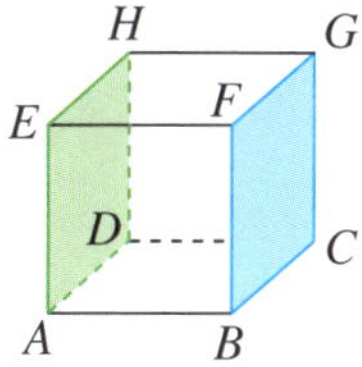

■ **Propriété.** Si deux plans $\mathcal{P}$ et $\mathcal{P}'$ sont parallèles, alors tout plan $\mathcal{R}$ coupant $\mathcal{P}$, coupe le plan $\mathcal{P}'$.

Les droites d'intersection entre $\mathcal{P}$ et $\mathcal{R}$ d'une part, et $\mathcal{P}'$ et $\mathcal{R}$ d'autre part, sont parallèles.

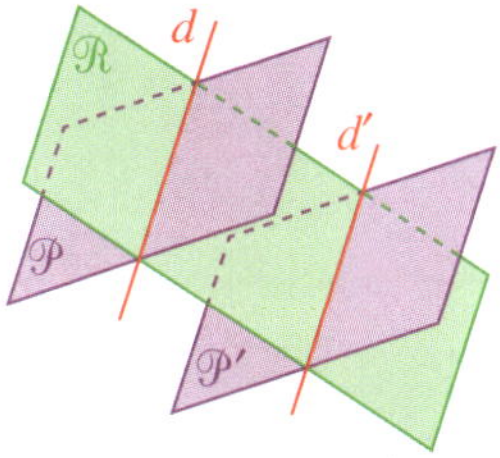

■ **Théorème (théorème du toit)**. Soient $\mathcal{P}$ et $\mathcal{P}'$ deux plans. Soient d une droite incluse dans $\mathcal{P}$ et d' une droite incluse dans $\mathcal{P}'$ telles que d est parallèle à d'.
Si $\mathcal{P}$ et $\mathcal{P}'$ sont sécants en une droite Δ, alors Δ est parallèle à d et Δ est parallèle à d'.

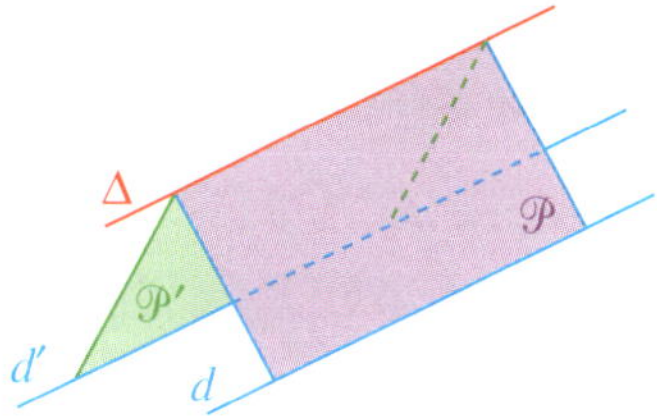

4 Repère de l'espace

A. Base de l'espace

■ **Définition**. Soient $\vec{i}, \vec{j}$ et $\vec{k}$ trois vecteurs de l'espace non nuls et deux à deux non colinéaires.
Si $\vec{i}, \vec{j}$ et $\vec{k}$ sont non coplanaires, le triplet $(\vec{i}, \vec{j}, \vec{k})$ s'appelle une base de l'espace.

■ **Propriété et définition.** Soit $(\vec{i}, \vec{j}, \vec{k})$ une base de l'espace.
Pour tout vecteur $\vec{u}$ de l'espace, il existe un unique triplet (x, y, z) de nombres réels, tel que : $\vec{u} = x\vec{i} + y\vec{j} + z\vec{k}$.

(x, y, z) sont appelées les **coordonnées** de $\vec{u}$ dans la base $(\vec{i}, \vec{j}, \vec{k})$.

On note $\vec{u}\begin{pmatrix} x \\ y \\ z \end{pmatrix}$.

B. Repère de l'espace

■ **Définition.** Un repère de l'espace est constitué d'un point donné O et d'une base $(\vec{i}, \vec{j}, \vec{k})$.

On note **$(O\,;\vec{i}, \vec{j}, \vec{k})$ un repère de l'espace.**

O s'appelle l'origine du repère.

Remarque :

L'ordre des vecteurs de la base est important. En changeant l'ordre, on change de repère.

■ **Propriété et définitions.** Soit $(O\,;\vec{i}, \vec{j}, \vec{k})$ un repère de l'espace.

• Pour tout point M de l'espace, il existe un unique triplet (x, y, z) de nombres réels tel que

$$\overrightarrow{OM} = x\vec{i} + y\vec{j} + z\vec{k}.$$

• (x, y, z) s'appellent les **coordonnées** de M dans le repère $(O\,;\vec{i}, \vec{j}, \vec{k})$.

• x s'appelle **l'abscisse** de M ; y s'appelle **l'ordonnée** de M ; z s'appelle **la côte** (ou l'altitude) de M.

On note **$M(x, y, z)$** le point M de coordonnées (x, y, z).

■ **Propriétés**. Soit $(O\,;\vec{i}, \vec{j}, \vec{k})$ un repère de l'espace.

Soient $\vec{u}(x\,;y\,;z)$ et $\vec{v}(x'\,;y'\,;z')$ deux vecteurs.

Soient k un réel et $A(x_A\,;y_A\,;z_A)$ et $B(x_B\,;y_B\,;z_B)$ deux points de l'espace.

Le **milieu du segment** $[AB]$ a pour coordonnées $\left(\dfrac{x_A + x_B}{2}\,;\dfrac{y_A + y_B}{2}\,;\dfrac{z_A + z_B}{2}\right)$.

Dans la base $(\vec{i}, \vec{j}, \vec{k})$:

• $\vec{u} + \vec{v}\begin{pmatrix} x + x' \\ y + y' \\ z + z' \end{pmatrix}$

• $k\vec{u}\begin{pmatrix} kx \\ ky \\ kz \end{pmatrix}$

• $\overrightarrow{AB}\begin{pmatrix} x_B - x_A \\ y_B - y_A \\ z_B - z_A \end{pmatrix}$

• $\vec{u}$ et $\vec{v}$ sont **colinéaires** si et seulement si leurs **coordonnées sont proportionnelles**.

• $\vec{u}$ et $\vec{v}$ sont égaux si et seulement si leurs coordonnées sont égales.

VECTEURS, DROITES ET PLANS DE L'ESPACE

Représenter des vecteurs de l'espace

$\overrightarrow{AB} = \overrightarrow{CD} \Leftrightarrow ABDC$ est un parallélogramme

Somme de deux vecteurs : $\overrightarrow{AB} + \overrightarrow{AC} = \overrightarrow{AD}$.

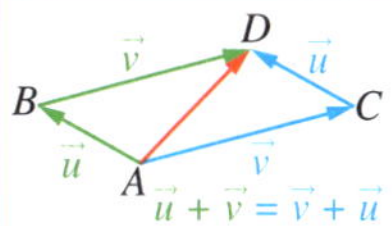

Relation de Chasles : $\overrightarrow{AB} + \overrightarrow{BC} = \overrightarrow{AC}$

Les vecteurs $\vec{u}$ et $\vec{v} = k\vec{u}$ sont **colinéaires.**
$\Leftrightarrow$ leurs coordonnées sont proportionnelles

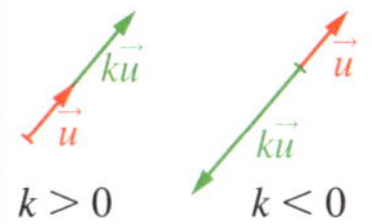

Caractériser un plan de l'espace

- $\vec{u}$, $\vec{v}$ et $\vec{w}$ **sont coplanaires :** $\vec{w} = x\vec{u} + y\vec{v}$ avec $\vec{u}$ et $\vec{v}$ non colinéaires
- Le plan (ABC) est l'ensemble des points M tels que $\overrightarrow{AM} = x\overrightarrow{AB} + y\overrightarrow{AC}$. $\overrightarrow{AB}$ et $\overrightarrow{AC}$ sont des **vecteurs directeurs**.

Caractériser une droite de l'espace

La **droite** (AB) **est** l'ensemble des points M tels que $\overrightarrow{AM} = k\overrightarrow{AB}$.
$\overrightarrow{AB}$ est un **vecteur directeur**.

Étudier la position relative de plans et de droites

Positions relatives de $\mathcal{D}_1$ et $\mathcal{D}_2$

Coplanaires			Non coplanaires
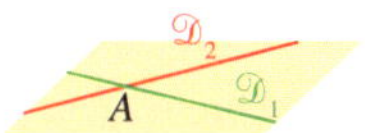	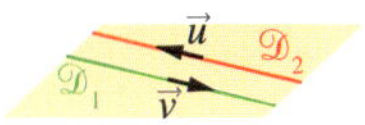 (Les vecteurs $\vec{u}$ et $\vec{v}$ sont colinéaires)		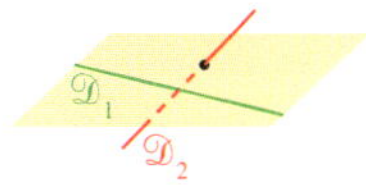

Positions relatives de $\mathcal{D}$ et $\mathcal{P}$

Sécants	Parallèles	
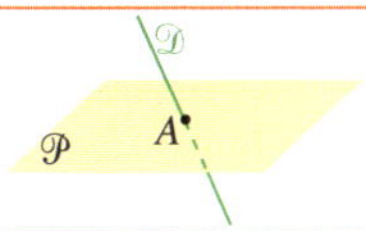	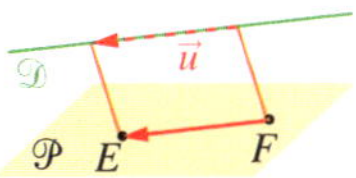	

Positions relatives des plans $\mathcal{P}_1$ et $\mathcal{P}_2$

Sécants	Parallèles		Théorème du toit
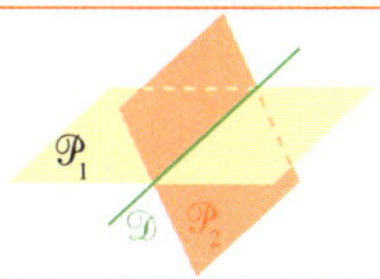		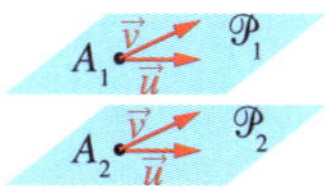	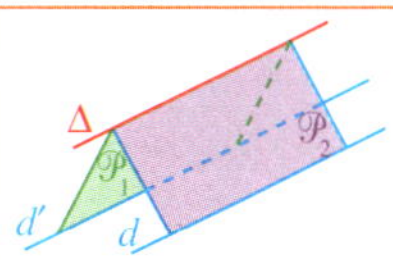

1 Montrer la colinéarité de deux vecteurs

EXEMPLE 1 AVEC L'ÉCRITURE SUR UNE BASE D'UN PLAN

On considère, dans l'espace, trois points A, B et C non alignés. On définit les points M et N par :

$\overrightarrow{AM} = \frac{1}{2}\overrightarrow{AB} + \overrightarrow{AC}$ et $\overrightarrow{CN} = \overrightarrow{AC}$.

1. Montrer que $\overrightarrow{BM} = -\frac{1}{2}\overrightarrow{AB} + \overrightarrow{AC}$ et $\overrightarrow{BN} = -\overrightarrow{AB} + 2\overrightarrow{AC}$.
2. En déduire que les vecteurs $\overrightarrow{BM}$ et $\overrightarrow{BN}$ sont colinéaires.
3. Qu'en déduit-on pour les points B, M et N ?

CORRIGÉ COMMENTÉ

1. $\overrightarrow{AM} = \frac{1}{2}\overrightarrow{AB} + \overrightarrow{AC} \Leftrightarrow \overrightarrow{AB} + \overrightarrow{BM} = \frac{1}{2}\overrightarrow{AB} + \overrightarrow{AC}$ On a utilisé la relation de Chasles.

$$\Leftrightarrow \overrightarrow{BM} = -\overrightarrow{AB} + \frac{1}{2}\overrightarrow{AB} + \overrightarrow{AC}$$

$$\Leftrightarrow \overrightarrow{BM} = -\frac{1}{2}\overrightarrow{AB} + \overrightarrow{AC}$$

On a par ailleurs :

$\overrightarrow{CN} = \overrightarrow{AC} \Leftrightarrow \overrightarrow{CB} + \overrightarrow{BN} = \overrightarrow{AC}$

On a utilisé la relation de Chasles.

$$\Leftrightarrow \overrightarrow{BN} = \overrightarrow{AC} - \overrightarrow{CB}$$

$$\Leftrightarrow \overrightarrow{BN} = \overrightarrow{AC} + \overrightarrow{BC}$$

$$\Leftrightarrow \overrightarrow{BN} = \overrightarrow{AC} + \overrightarrow{BA} + \overrightarrow{AC}$$

On a utilisé la relation de Chasles.

$$\Leftrightarrow \overrightarrow{BN} = -\overrightarrow{AB} + 2\overrightarrow{AC}$$

2. Les vecteurs $\overrightarrow{AB}$ et $\overrightarrow{AC}$ ne sont pas colinéaires car (ABC) est un plan. Ils forment donc une base du plan (ABC).

On a $2\overrightarrow{BM} = 2\left(-\frac{1}{2}\overrightarrow{AB} + \overrightarrow{AC}\right) = -\overrightarrow{AB} + 2\overrightarrow{AC} = \overrightarrow{BN}$.

Les vecteurs $\overrightarrow{BM}$ et $\overrightarrow{BN}$ sont colinéaires.

3. Les vecteurs $\overrightarrow{BM}$ et $\overrightarrow{BN}$ sont colinéaires, donc les points B, M et N sont alignés.

Astuce

Pour démontrer que deux vecteurs sont colinéaires, on les exprime en fonction de deux mêmes vecteurs non colinéaires (qui forment une base d'un plan). On déduit s'il existe une relation de colinéarité.

EXEMPLE 2 AVEC LES COORDONNÉES

On considère, dans un repère de l'espace, les points $A(3\,;-1\,;4)$, $B(2\,;5\,;7)$ et $C(6\,;-19\,;-5)$.

1. Calculer les coordonnées des vecteurs $\overrightarrow{AB}$ et $\overrightarrow{AC}$.
2. En déduire que les vecteurs $\overrightarrow{AB}$ et $\overrightarrow{AC}$ sont colinéaires.

CORRIGÉ COMMENTÉ

1. $\overrightarrow{AB}\begin{pmatrix} x_B - x_A \\ y_B - y_A \\ z_B - z_A \end{pmatrix}$ donc $\overrightarrow{AB}\begin{pmatrix} -1 \\ 6 \\ 3 \end{pmatrix}$ et $\overrightarrow{AC}\begin{pmatrix} x_C - x_A \\ y_C - y_A \\ z_C - z_A \end{pmatrix}$ donc $\overrightarrow{AC}\begin{pmatrix} 3 \\ -18 \\ -9 \end{pmatrix}$.

2. On a : $\dfrac{x_{\overrightarrow{AC}}}{x_{\overrightarrow{AB}}} = \dfrac{3}{-1} = -3$;

$\dfrac{y_{\overrightarrow{AC}}}{y_{\overrightarrow{AB}}} = \dfrac{-18}{6} = -3$ et $\dfrac{z_{\overrightarrow{AC}}}{z_{\overrightarrow{AB}}} = \dfrac{-9}{3} = -3$.

> **Rappel**
> Deux vecteurs sont colinéaires si et seulement si leurs coordonnées sont proportionnelles.

Les coordonnées des vecteurs $\overrightarrow{AB}$ et $\overrightarrow{AC}$ sont proportionnelles, donc les vecteurs $\overrightarrow{AB}$ et $\overrightarrow{AC}$ sont colinéaires.

On aurait pu aussi remarquer que $-3\overrightarrow{AB} = \overrightarrow{AC}$.

2 Montrer une coplanarité

EXEMPLE 1 AVEC UNE ÉCRITURE SUR UNE BASE

On considère, dans un repère de l'espace, les points $A(2\,;1\,;3)$, $B(0\,;-1\,;1)$ et $C(-2\,;4\,;5)$ et $D(-12\,;15\,;13)$.

1. Démontrer que $\overrightarrow{AD} = -\overrightarrow{AB} + 4\overrightarrow{AC}$.
2. En déduire que les points A, B, C et D sont coplanaires.

CORRIGÉ COMMENTÉ

1. On a $\overrightarrow{AB}\begin{pmatrix} x_B - x_A \\ y_B - y_A \\ z_B - z_A \end{pmatrix}$ donc $\overrightarrow{AB}\begin{pmatrix} -2 \\ -2 \\ -2 \end{pmatrix}$; $\overrightarrow{AC}\begin{pmatrix} x_C - x_A \\ y_C - y_A \\ z_C - z_A \end{pmatrix}$

donc $\overrightarrow{AC}\begin{pmatrix} -4 \\ 3 \\ 2 \end{pmatrix}$ et $\overrightarrow{AD}\begin{pmatrix} x_D - x_A \\ y_D - y_A \\ z_D - z_A \end{pmatrix}$ donc $\overrightarrow{AD}\begin{pmatrix} -14 \\ 14 \\ 10 \end{pmatrix}$.

On a par ailleurs :

$-\overrightarrow{AB} + 4\overrightarrow{AC}$ a pour coordonnées

$$\begin{pmatrix} -1 \times (-2) + 4 \times (-4) \\ -1 \times (-2) + 4 \times 3 \\ -1 \times (-2) + 4 \times 2 \end{pmatrix} = \begin{pmatrix} -14 \\ 14 \\ 10 \end{pmatrix}.$$

> **Rappel**
> Deux vecteurs sont égaux si et seulement si ils ont les mêmes coordonnées.

On en déduit que : $-\overrightarrow{AB} + 4\overrightarrow{AC} = \overrightarrow{AD}$

2. On a : $\dfrac{x_{\overrightarrow{AC}}}{x_{\overrightarrow{AB}}} = \dfrac{-4}{-2} = 2$ et $\dfrac{y_{\overrightarrow{AC}}}{y_{\overrightarrow{AB}}} = \dfrac{3}{-2} = -\dfrac{3}{2}$

$\dfrac{x_{\overrightarrow{AC}}}{x_{\overrightarrow{AB}}} \neq \dfrac{y_{\overrightarrow{AC}}}{y_{\overrightarrow{AB}}}$ Les coordonnées des vecteurs ne sont pas proportionnelles.

> **Rappel**
> $\vec{u}$, $\vec{v}$ sont **colinéaires** si et seulement si leurs coordonnées sont proportionnelles.

Donc les vecteurs $\overrightarrow{AB}$ et $\overrightarrow{AC}$ ne sont pas colinéaires, donc les points A, B et C définissent un plan.

$\overrightarrow{AD}$ est égal à une combinaison linéaire des vecteurs non colinéaires $\overrightarrow{AB}$ et $\overrightarrow{AC}$, donc A, B, C et D sont coplanaires.

EXEMPLE 2 DANS UNE FIGURE

On considère un tétraèdre $ABCD$.

On définit le point M par

$\overrightarrow{DM} = \overrightarrow{CA} + \dfrac{1}{2}\overrightarrow{DB} + \dfrac{1}{2}\overrightarrow{DC}$.

1. Construire le point M.
2. Montrer que les points A, B, C et M sont coplanaires.

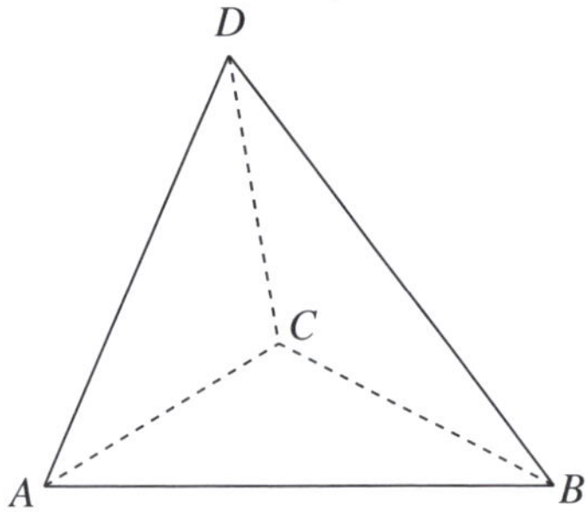

CORRIGÉ COMMENTÉ

1.

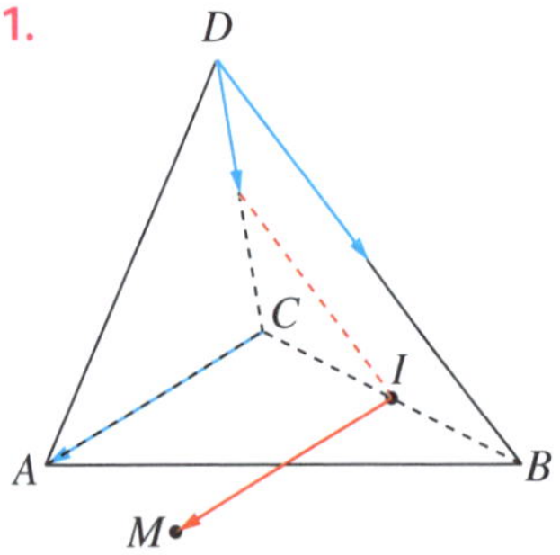

On a placé le point I à l'aide de la règle du parallélogramme pour additionner $\dfrac{1}{2}\overrightarrow{DB} + \dfrac{1}{2}\overrightarrow{DC}$.

2. A, B et C sont trois points non alignés par définition du tétraèdre.

Soit I le milieu de $[BC]$. On considère le point D' tel que $\overrightarrow{DC} + \overrightarrow{DB} = \overrightarrow{DD'}$.

$DCD'B$ est donc un parallélogramme. **On a appliqué la règle du parallélogramme.**
Donc $\overrightarrow{DC} + \overrightarrow{DB} = 2\overrightarrow{DI}$ car le centre du parallélogramme $DCD'B$ est I le milieu de $[BC]$.
Le point I appartient donc au plan ABC.
Donc $\overrightarrow{DM} = \overrightarrow{CA} + \frac{1}{2}(\overrightarrow{DB} + \overrightarrow{DC}) = \overrightarrow{CA} + \overrightarrow{DI}$.
On a alors $\overrightarrow{DM} - \overrightarrow{DI} = \overrightarrow{CA} \Leftrightarrow \overrightarrow{DM} + \overrightarrow{ID} = \overrightarrow{CA}$
$\Leftrightarrow \overrightarrow{IM} = \overrightarrow{CA}$.
La droites (IM) et (CA) sont donc parallèles. Comme I, C et A appartiennent au plan (ABC), le point M appartient au plan (ABC).

> **Rappel**
> Une droite parallèle à un plan peut être strictement parallèle au plan (intersection vide entre la droite et le plan) ou incluse dans le plan (tous les points de la droite appartiennent au plan).

3 Construire une intersection

EXEMPLE 1 **INTERSECTION DE DEUX DROITES**

Dans le cube $ABCDEFGH$ ci-dessous, on considère le point I du segment $[BF]$ tel que $FI = \frac{3}{4}FB$.
Construire l'intersection L des droites (EI) et (AB).

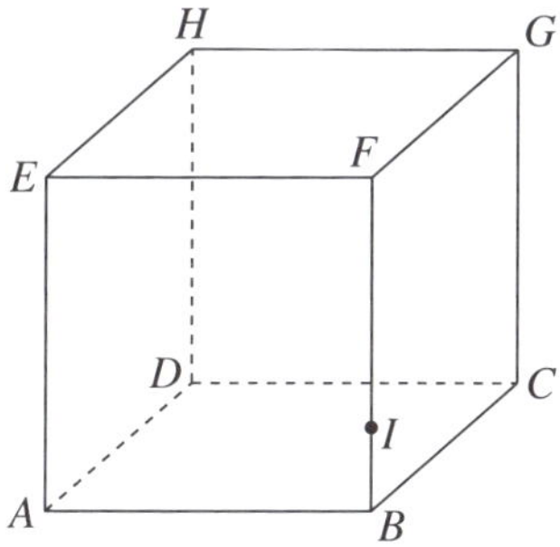

CORRIGÉ COMMENTÉ

Les droites (EI) et (AB) sont dans le plan (ABF). De plus, elles ne sont pas parallèles car I n'appartient pas à (EF).
Ces droites sont donc sécantes en L.

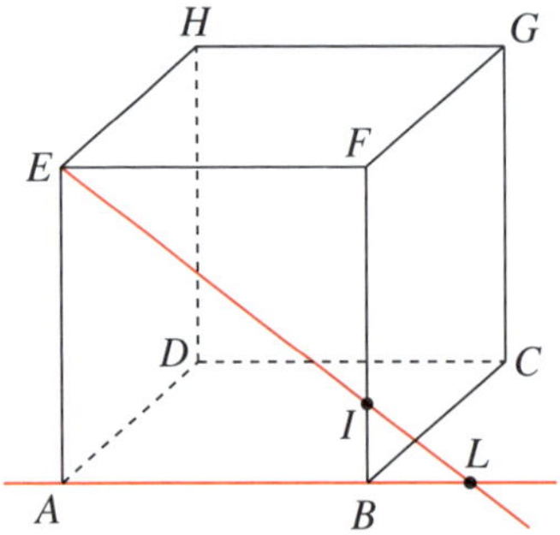

Rappel
Deux droites sont sécantes lorsqu'elles sont coplanaires et non parallèles.

EXEMPLE 2 INTERSECTION D'UNE DROITE ET D'UN PLAN

Dans le cube $ABCDEFGH$ ci-dessous, on considère le point K du segment $[GC]$ tel que $GK = \frac{2}{3}GC$.

Construire l'intersection L de la droite (FK) et du plan (ABC).

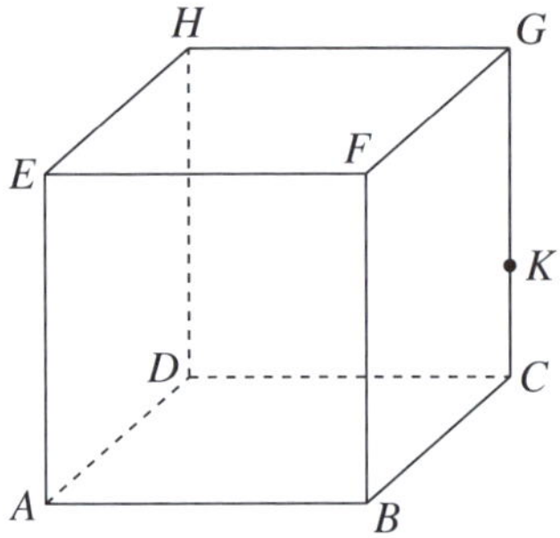

CORRIGÉ COMMENTÉ

Les droites (FK) et (BC) sont dans le plan (FBC).
De plus, elles ne sont pas parallèles car K n'appartient pas à (FG).
Elles sont donc sécantes en un point L.

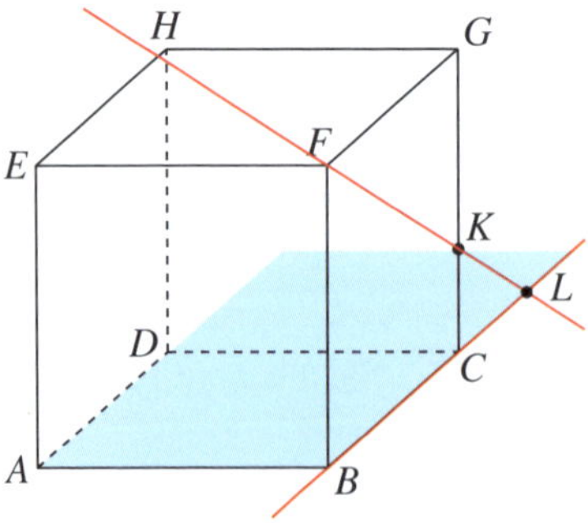

L appartient à la droite (FK) par construction. Or L appartient aussi à la droite (BC) incluse dans le plan (ABC), donc L appartient au plan (ABC).
L est donc l'intersection de la droite (FK) avec le plan (ABC).

Rappel
Une droite d et un plan sont sécants en un point, intersection entre la droite d et une droite du plan.

EXEMPLE 3 INTERSECTION DE DEUX PLANS

Dans le cube $ABCDEFGH$ ci-dessous, on considère le point I du segment $[FB]$ tel que $FI = \frac{3}{4}FB$, le point J du segment $[EF]$ tel que $EJ = \frac{3}{4}EF$ et le point K du segment $[GC]$ tel que $GK = \frac{1}{4}GC$.

1. Construire l'intersection d du plan (IJK) et du plan (ABC).

2. Construire la section du cube avec le plan (IJK).

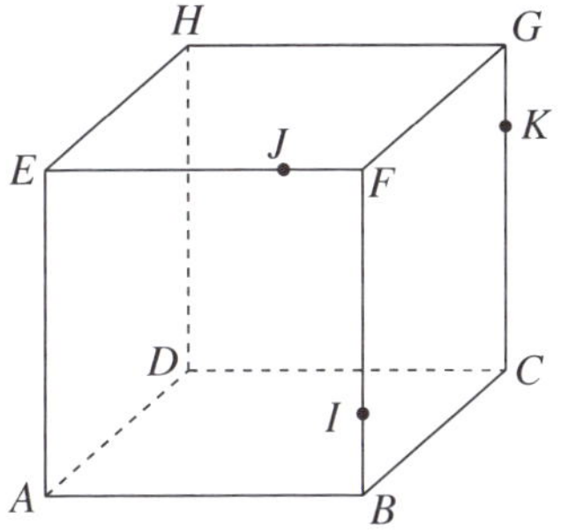

CORRIGÉ COMMENTÉ

1. Les droites (IJ) et (AB) sont dans le plan (ABF). Elles ne sont pas parallèles car I n'appartient pas à (EF).

Elles sont donc sécantes en un point L qui appartient à (AB) donc au plan (ABC).

De même, les droites (IK) et (BC) sont dans le plan (BCG). Elles ne sont pas parallèles car $FI \neq GK$.

Elles sont donc sécantes en un point M qui appartient à (BC) donc au plan (ABC).

L et M appartiennent au plan (ABC) donc la droite (LM) est dans le plan (ABC).

L appartient à (IJ) donc L est dans le plan (IJK). De même, M appartient à (IK) donc M appartient au plan (IJK).

La droite (LM) est donc aussi incluse dans le plan (IJK).

L'intersection des plans (IJK) et (ABC) est donc la droite (LM).

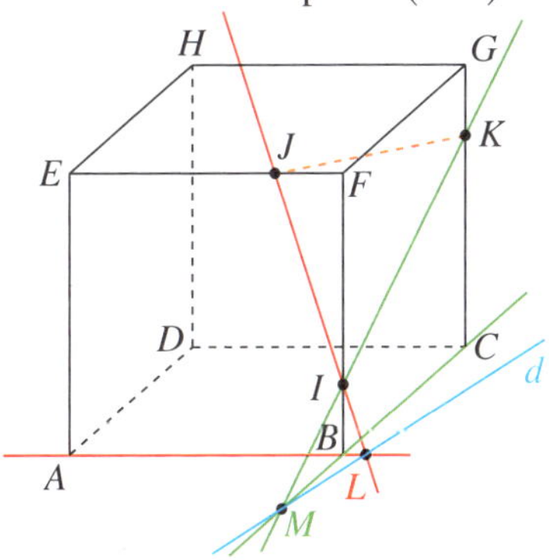

Rappel

Deux plans sont sécants selon une droite. Pour trouver cette droite, on cherche deux points, chacun étant l'intersection d'une droite du premier plan et d'une droite du second plan.

2. On trace les segments $[IJ]$ et $[IK]$ intersections du plan (IJK) avec les faces du cube.
La face (DCG) est parallèle à la face (ABF) donc tout plan qui coupe l'une, coupe l'autre selon une droite parallèle. On trace donc la parallèle à la droite (IJ) passant par K.
On note L le point d'intersection de cette droite avec le segment $[HG]$.
On trace les segments $[JL]$ et $[KL]$.
Le quadrilatère obtenu est la section du cube par le plan (IJK).

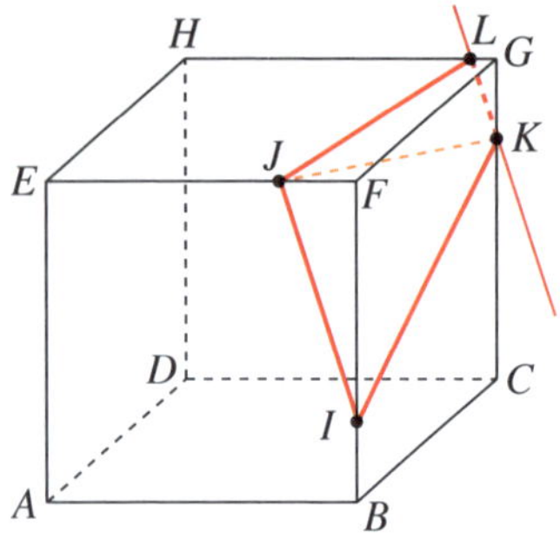

Remarque
Le quadrilatère formé par les segments $[IJ]$, $[IK]$, $[KL]$ et $[JL]$ s'appelle la section du cube par le plan (IJK).

Roger Penrose est un mathématicien, astrophysicien britannique né en 1931.
Il a travaillé, avec Stephen Hawking, sur des « pavages » et des objets impossibles, comme le triangle dit « de Penrose ».

EXERCICES

1 5 min ★

→ MÉTHODE 1, p. 298

Soit $ABCD$ un tétraèdre.

On note I le milieu de $[CD]$ et H le point tel que $\overrightarrow{AH} = \frac{1}{2}\overrightarrow{AB} + \frac{1}{4}\overrightarrow{AC} + \frac{1}{4}\overrightarrow{AD}$.

1. Montrer que $\overrightarrow{BI} = \frac{1}{2}\overrightarrow{BC} + \frac{1}{2}\overrightarrow{BD}$ et $\overrightarrow{BH} = \frac{1}{4}\overrightarrow{BC} + \frac{1}{4}\overrightarrow{BD}$.
2. En déduire que les vecteurs $\overrightarrow{BI}$ et $\overrightarrow{BH}$ sont colinéaires.
3. Qu'en déduit-on pour les points B, I et H ?

→ Corrigé p. 311

2 5 min ★

→ MÉTHODE 1, p. 298

On considère le cube $ABCDEFGH$ d'arêtes de longueur 1.

On définit le point I milieu de $[FC]$ et le point K défini par $\overrightarrow{AK} = \frac{2}{3}\overrightarrow{AI}$.

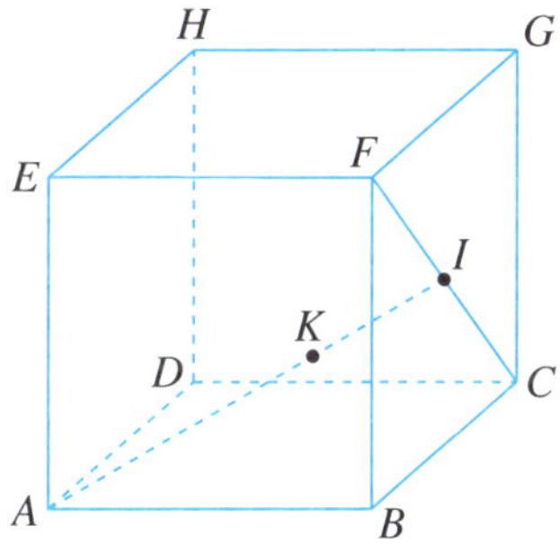

On se place dans le repère orthonormé $(A\,;\overrightarrow{AB}, \overrightarrow{AD}, \overrightarrow{AE})$.

1. Déterminer, sans justifier, les coordonnées de tous les points de la figure.
2. Démontrer que H, K et B sont alignés.

→ Corrigé p. 311

3 5 min ★★

→ MÉTHODE 1, p. 298

Soient A, B et C sont trois points non alignés de l'espace.

On définit les points E et D par $\overrightarrow{AE} = \frac{1}{2}\overrightarrow{AB}$ et $\overrightarrow{BD} = 3\overrightarrow{AC} - 2\overrightarrow{AB}$.

Démontrer que les points C, D et E sont alignés.

→ Corrigé p. 312

4 5 min ★

→ MÉTHODE 2, p. 299

On se place dans un repère $(O\,;\vec{i}, \vec{j}, \vec{k})$.

On considère les vecteurs $\vec{u}$, $\vec{v}$ et $\vec{w}$ définis par $\vec{u} = 3\vec{i} - 3\vec{k}$; $\vec{v} = 3\vec{i} + 2\vec{j} + \vec{k}$ et $\vec{w} = \vec{i} + 2\vec{j} + 3\vec{k}$.

1. Calculer $-2\vec{u} + 3\vec{v}$.
2. En déduire que les vecteurs $\vec{u}$, $\vec{v}$ et $\vec{w}$ sont coplanaires.

→ Corrigé p. 312

5 5 min ★ → MÉTHODE 2, p. 299

On considère un tétraèdre $ABCD$.

On définit le point K par $\overrightarrow{AK} = \frac{1}{2}\overrightarrow{AB} + \frac{1}{4}\overrightarrow{AC} + \frac{1}{4}\overrightarrow{AD}$.

1. Démontrer que $\overrightarrow{BK} = \frac{1}{4}\overrightarrow{BC} + \frac{1}{4}\overrightarrow{BD}$.
2. En déduire que les points B , C , D et K sont coplanaires.

→ Corrigé p. 313

6 5 min ★ → MÉTHODE 3, p. 301

On considère le pavé droite $ABCDEFGH$ ci-dessous. On note J le point du segment $[EF]$ tel que $EJ = \frac{3}{4}EF$.

Construire, en justifiant la construction, l'intersection L des droites (AJ) et (BF) .

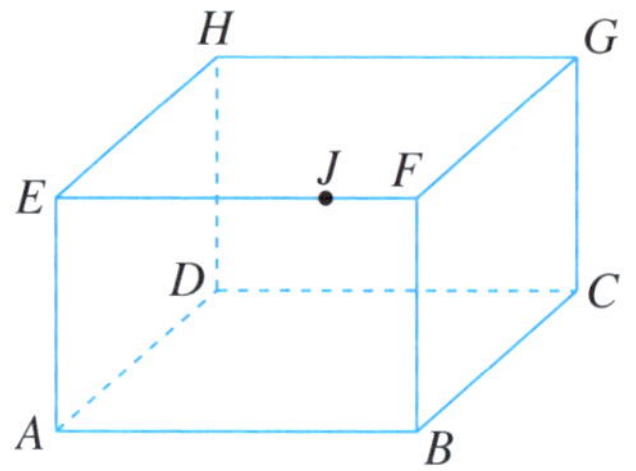

→ Corrigé p. 313

7 5 min ★ → MÉTHODE 3, p. 301

On considère le cube $ABCDEFGH$ ci-dessous. On note I le point du segment $[GC]$ tel que $IC = \frac{1}{4}GC$.

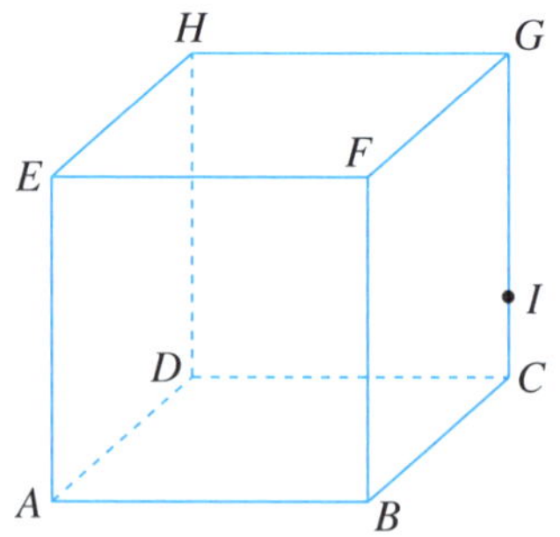

Construire, en justifiant la construction, l'intersection de la droite (EI) avec le plan (ABC).

→ Corrigé p. 313

8 5 min ★

→ MÉTHODE 3, p. 301

On considère le tétraèdre $ABCD$ ci-contre.
On note E, F et G les points des segments $[AD]$, $[CD]$ et $[BD]$ comme indiqués sur la figure.
Construire, en justifiant la construction, l'intersection du plan (EFG) avec le plan (ABC).

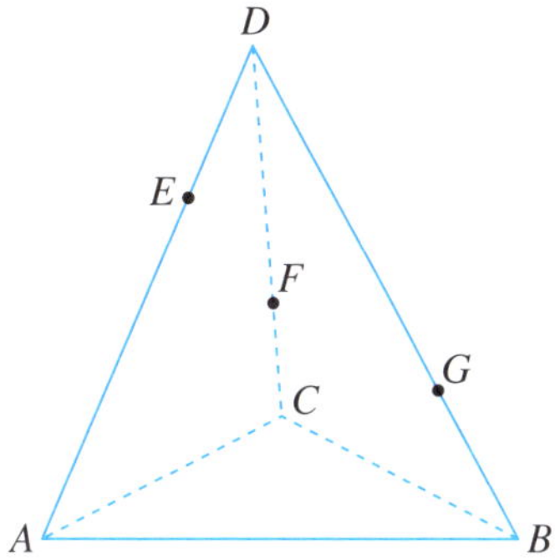

→ Corrigé p. 314

9 5 min ★★

→ MÉTHODE 3, p. 301

Déterminer la section du cube $ABCDEFGH$ ci-dessous par le plan (IJK).

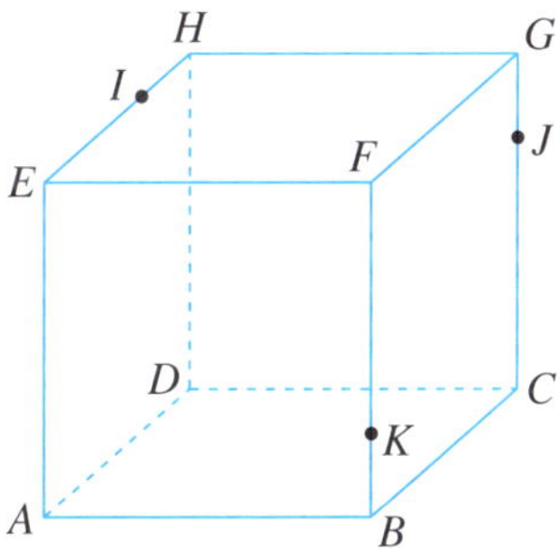

→ Corrigé p. 314

10 10 min Démonstration et raisonnement

Soient $\mathcal{P}$ et $\mathcal{P}'$ deux plans non parallèles.
Soient d une droite incluse dans le plan $\mathcal{P}$ et d' une droite incluse dans le plan $\mathcal{P}'$.
On suppose que d et d' sont parallèles.
Démontrer alors que d et d' sont parallèles à la droite Δ intersection des plans $\mathcal{P}$ et $\mathcal{P}'$.

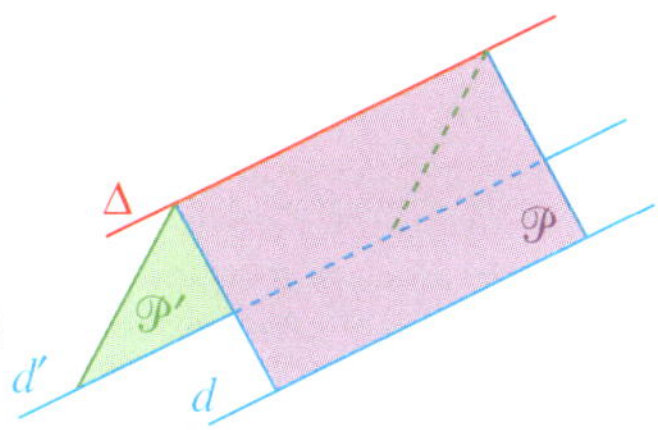

→ Corrigé p. 315

11 15 min Vrai-Faux

a) Affirmation 1 : dans l'espace, si deux droites ne sont pas sécantes, alors elles sont parallèles.

b) Affirmation 2 : trois points de l'espace définissent un unique plan.

c) Soient $\overrightarrow{AB}$, $\overrightarrow{CD}$ et $\overrightarrow{EF}$ trois vecteurs de l'espace.

Affirmation 3 : si les vecteurs $\overrightarrow{AB}$, $\overrightarrow{CD}$ et $\overrightarrow{EF}$ sont coplanaires, alors les points A, B, C, D, E et F sont coplanaires.

d) Soient $\mathcal{P}$ et $\mathcal{P}'$ deux plans. Soient d une droite incluse dans $\mathcal{P}$ et d' une droite incluse dans $\mathcal{P}'$ telles que d et d' sont parallèles.

Affirmation 4 : $\mathcal{P}$ et $\mathcal{P}'$ sont parallèles.

→ Corrigé p. 315

12 15 min QCM

Déterminer parmi les trois propositions la seule réponse exacte. Aucune justification n'est demandée. Un QCM nécessite souvent de faire une recherche au brouillon.

	Réponse A	**Réponse B**	**Réponse C**
1. Soient $A(3\,;5\,;-1)$, $B(2\,;-1\,;0)$ et $C(3\,;6\,;-4)$ dans un repère de l'espace. Alors :	les points A, B et C sont alignés.	Les points A, B et C ne sont pas alignés.	On ne peut pas connaître la position relative des points A, B et C.
2. On considère le cube ci-dessous. 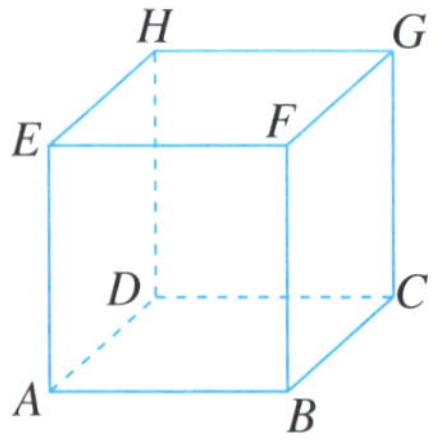 Les droites (FB) et (DC) :	sont sécantes.	sont coplanaires.	ne sont pas coplanaires.
3. Une droite parallèle à un plan :	est parallèle à toute droite du plan.	est parallèle à au moins une droite du plan.	est parallèle à deux droites sécantes en un point du plan.
4. Soient A, C et D trois points non alignés. Soit B tel que $\overrightarrow{AB} = 4\overrightarrow{AC} - \overrightarrow{AD}$. Alors :	A, B, C et D sont alignés.	A, B, C et D forment un tétraèdre.	A, B, C et D sont coplanaires.

→ Corrigé p. 316

13 10 min ★★

On considère le cube $(ABCDEFGH)$ ci-dessous. Le point M est le milieu de $[BF]$ et le point I est le milieu de $[BC]$.

On définit le point N par la relation $\overrightarrow{CN} = \frac{1}{2}\overrightarrow{GC}$.

Soit P le centre de la face $ADHE$.

1. Justifier que la droite (MN) coupe le segment $[BC]$ en son milieu I.

2. Reproduire la figure et construire la section du cube par le plan (MNP).

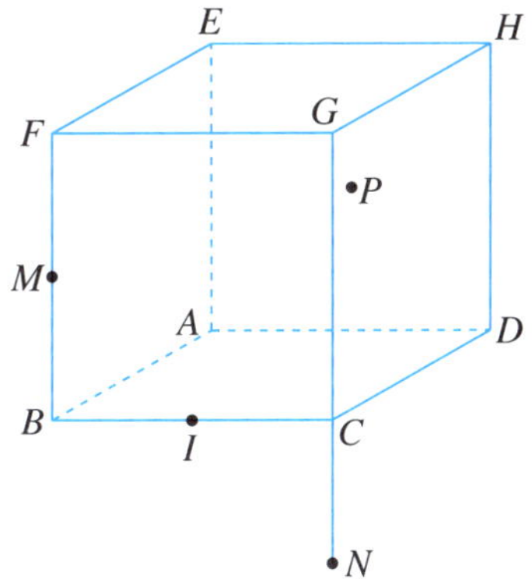

→ Corrigé p. 316

14 15 min ★★★

On considère le cube $ABCDEFGH$ ci-dessous. On note I le milieu de $[BA]$, J le milieu de $[EH]$ et K le milieu de $[GC]$.

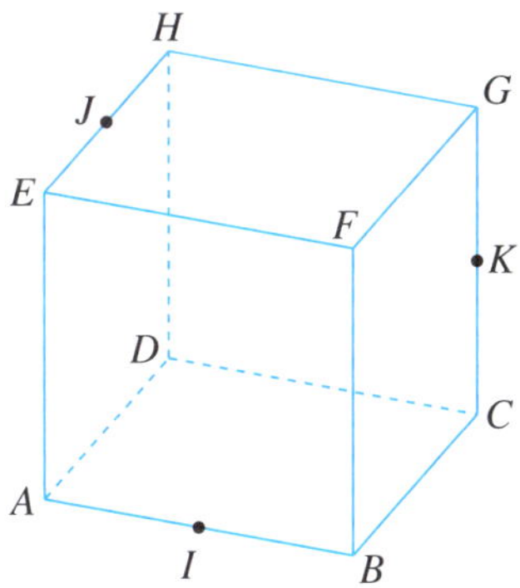

1. a) Montrer que la droite (JK) et le plan (ABC) sont sécants.

b) Placer un point M sur le segment $[GH]$ et construire l'intersection N de (MK) avec (DC).

c) Tracer la droite parallèle à (JM) passant par N.

d) En déduire le point P d'intersection de la droite (JK) avec le plan (ABC). Justifier.

e) En déduire la droite d'intersection du plan (IJK) avec le plan (ABC).

2. Terminer la section du cube par le plan (IJK) en expliquant les constructions.

→ Corrigé p. 317

SUJET DE BAC

Exercice 1 25 min 4 points

ABCDEFGH désigne un cube de côté 1.
Le point I est le milieu du segment $[BF]$
Le point J est le milieu du segment $[BC]$
Le point K est le milieu du segment $[CD]$

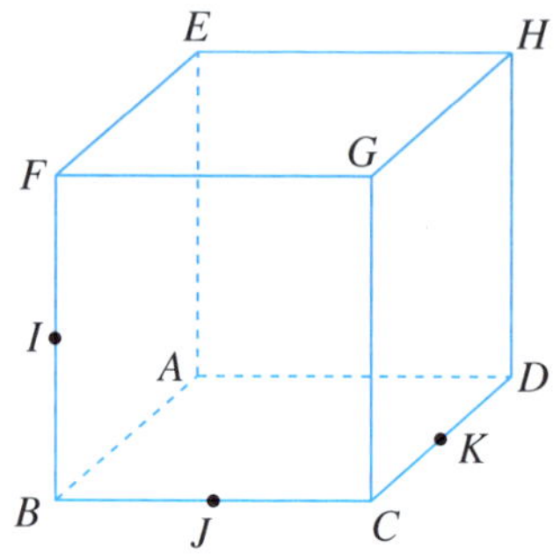

1. Démontrer que les droites (IJ) et (CG) sont sécantes en un point L.

2. Reproduire le cube ci-contre et construire en laissant les traits de construction apparents :

a) le point L ;

b) la droite $\mathcal{D}$, intersection des plans (IJK) et (CDH). Justifier.

c) la section du cube par le plan (IJK). On ne justifiera pas les tracés.

→ Corrigé p. 318

Exercice 2 25 min 4 points

On considère le tétraèdre $ABCD$ ci-contre.
On note I le milieu de $[AB]$, J le milieu de $[BD]$ et K le milieu de $[JC]$.

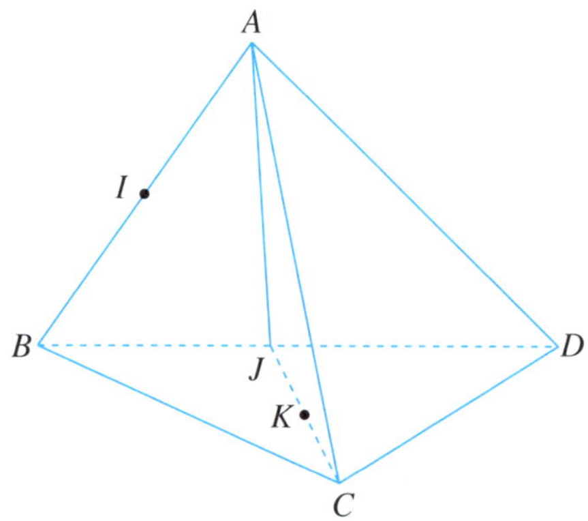

1. Montrer que $(B ; \overrightarrow{BC}, \overrightarrow{BD}, \overrightarrow{BA})$ est un repère de l'espace.

2. Déterminer les coordonnées de tous les points de la figure. On justifiera les valeurs pour les coordonnées des points I, J et K.

3. On note E le point tel que

$$\overrightarrow{AE} = \frac{2}{3}\overrightarrow{AJ}$$

et le point F tel que $\overrightarrow{BF} = \dfrac{2}{3}\overrightarrow{BC}$.

a) Déterminer les coordonnées de E et F en justifiant la réponse par des calculs.

b) Déterminer deux réel a et b tels que $\overrightarrow{IK} = a\overrightarrow{IF} + b\overrightarrow{IE}$.

c) Que peut-on en déduire pour les points I, E, F et K ?

4. Reproduire la figure et construire la section du tétraèdre par le plan (IEF).

→ Corrigé p. 318

CORRIGÉS

1 → Énoncé p. 305

1. On a d'une part :

$$\overrightarrow{BI} = \overrightarrow{BC} + \overrightarrow{CI} = \overrightarrow{BC} + \frac{1}{2}\overrightarrow{CD}$$

$$= \overrightarrow{BC} + \frac{1}{2}(\overrightarrow{CB} + \overrightarrow{BD})$$ **On a utilisé la relation de Chasles.**

$$= \overrightarrow{BC} - \frac{1}{2}\overrightarrow{BC} + \frac{1}{2}\overrightarrow{BD} = \frac{1}{2}\overrightarrow{BC} + \frac{1}{2}\overrightarrow{BD}$$

Par ailleurs :

$$\overrightarrow{BH} = \overrightarrow{BA} + \overrightarrow{AH}$$

$$= \overrightarrow{BA} + \frac{1}{2}\overrightarrow{AB} + \frac{1}{4}\overrightarrow{AC} + \frac{1}{4}\overrightarrow{AD}$$

$$= -\frac{1}{2}\overrightarrow{AB} + \frac{1}{4}(\overrightarrow{AB} + \overrightarrow{BC}) + \frac{1}{4}(\overrightarrow{AB} + \overrightarrow{BD})$$

$$= \frac{1}{4}\overrightarrow{BC} + \frac{1}{4}\overrightarrow{BD}$$ **car $-\frac{1}{2} + \frac{1}{4} + \frac{1}{4} = 0$ donc on a $0\overrightarrow{AB}$.**

> **Astuce**
> Pour démontrer que deux vecteurs sont colinéaires, on les exprime en fonction de deux mêmes vecteurs non colinéaires (qui forment une base d'un plan). On déduit s'il existe une relation de colinéarité.

2. Par construction du tétraèdre, les vecteurs $\overrightarrow{BC}$ et $\overrightarrow{BD}$ ne sont pas colinéaires.

On déduit que $2\overrightarrow{BH} = 2\left(\frac{1}{4}\overrightarrow{BC} + \frac{1}{4}\overrightarrow{BD}\right) = \frac{1}{2}\overrightarrow{BC} + \frac{1}{2}\overrightarrow{BD} = \overrightarrow{BI}$.

Les vecteurs $\overrightarrow{BI}$ et $\overrightarrow{BH}$ sont colinéaires.

3. Comme les vecteurs $\overrightarrow{BI}$ et $\overrightarrow{BH}$ sont colinéaires, les points B, I et H sont alignés.

2 → Énoncé p. 305

1. $A(0\,;0\,;0)$; $B(1\,;0\,;0)$; $C(1\,;1\,;0)$; $D(0\,;1\,;0)$; $E(0\,;0\,;1)$; $F(1\,;0\,;1)$; $G(1\,;1\,;1)$; $H(0\,;1\,;1)$; $I(1\,;0{,}5\,;0{,}5)$ et $K\left(\frac{2}{3}\,;\frac{1}{3}\,;\frac{1}{3}\right)$

2. On a $\overrightarrow{HK}\begin{pmatrix} x_K - x_H \\ y_K - y_H \\ z_K - z_H \end{pmatrix}$ donc $\overrightarrow{HK}\begin{pmatrix} \frac{2}{3} \\ -\frac{2}{3} \\ -\frac{2}{3} \end{pmatrix}$.

Par ailleurs, $\overrightarrow{HB}\begin{pmatrix} x_B - x_H \\ y_B - y_H \\ z_B - z_H \end{pmatrix}$ donc $\overrightarrow{HB}\begin{pmatrix} 1 \\ -1 \\ -1 \end{pmatrix}$.

On constate que $\frac{3}{2}\overrightarrow{HK}\begin{pmatrix}\frac{3}{2}\times\frac{2}{3}\\ \frac{3}{2}\times\left(-\frac{2}{3}\right)\\ \frac{3}{2}\times\left(-\frac{2}{3}\right)\end{pmatrix}$

donc $\frac{3}{2}\overrightarrow{HK}\begin{pmatrix}1\\ -1\\ -1\end{pmatrix}$ donc $\frac{3}{2}\overrightarrow{HK}=\overrightarrow{HB}$.

Les vecteurs $\overrightarrow{HB}$ et $\overrightarrow{HK}$ sont colinéaires, donc les points H, K et B sont alignés.

> **Rappel**
> Deux vecteurs sont colinéaires si et seulement si leurs coordonnées sont proportionnelles.

3 → *Énoncé p. 305*

On a d'une part :
$\overrightarrow{AE}=\overrightarrow{AC}+\overrightarrow{CE}$ donc
$\overrightarrow{CE}=\overrightarrow{AE}-\overrightarrow{AC}=\frac{1}{2}\overrightarrow{AB}-\overrightarrow{AC}$.

Par ailleurs :
$\overrightarrow{BD}=\overrightarrow{BC}+\overrightarrow{CD}$ donc
$\overrightarrow{CD}=\overrightarrow{BD}-\overrightarrow{BC}=3\overrightarrow{AC}-2\overrightarrow{AB}-(\overrightarrow{BA}+\overrightarrow{AC})=-\overrightarrow{AB}+2\overrightarrow{AC}$

On constate que $-2\overrightarrow{CE}=-2\left(\frac{1}{2}\overrightarrow{AB}-\overrightarrow{AC}\right)=-\overrightarrow{AB}+2\overrightarrow{AC}=\overrightarrow{CD}$.

Les vecteurs $\overrightarrow{CD}$ et $\overrightarrow{CE}$ sont colinéaires donc les points C, D et E sont alignés.

> **Astuce**
> Pour démontrer que deux vecteurs sont colinéaires, on les exprime en fonction de deux mêmes vecteurs non colinéaires (qui forment une base d'un plan). On déduit s'il existe une relation de colinéarité.

4 → *Énoncé p. 305*

1. $-2\vec{u}+3\vec{v}=-2(3\vec{i}-3\vec{k})+3(3\vec{i}+2\vec{j}+\vec{k})$
$=-6\vec{i}+6\vec{k}+9\vec{i}+6\vec{j}+3\vec{k}$
$=3\vec{i}+6\vec{j}+9\vec{k}$

On remarque que
$3\vec{w}=3(\vec{i}+2\vec{j}+3\vec{k})=3\vec{i}+6\vec{j}+9\vec{k}=-2\vec{u}+3\vec{v}$.

2. $\frac{x_{\vec{u}}}{x_{\vec{v}}}=\frac{3}{3}=1$ et $\frac{y_{\vec{u}}}{y_{\vec{v}}}=\frac{0}{2}=0$ donc $\frac{x_{\vec{u}}}{x_{\vec{v}}}\neq\frac{y_{\vec{u}}}{y_{\vec{v}}}$

donc les vecteurs $\vec{u}$ et $\vec{v}$ ne sont pas colinéaires.

Par ailleurs, on a : $3\vec{w}=-2\vec{u}+3\vec{v}\Leftrightarrow\vec{w}=-\frac{2}{3}\vec{u}+\vec{v}$.

Le vecteur $\vec{w}$ est une combinaison linéaire de deux vecteurs $\vec{u}$ et $\vec{v}$ non colinéaires. Les vecteurs $\vec{u}$, $\vec{v}$ et $\vec{w}$ sont donc coplanaires.

> **Rappel**
> $\vec{u}$, $\vec{v}$ et $\vec{w}$ sont coplanaires lorsqu'il existe deux réels x et y tels que $\vec{w}=x\vec{u}+y\vec{v}$ et $\vec{u}$ et $\vec{v}$ non colinéaires.
> $x\vec{u}+y\vec{v}$ s'appelle une combinaison linéaire des vecteurs $\vec{u}$ et $\vec{v}$.

5 → Énoncé p. 306

Rappel
Pour montrer que quatre points sont coplanaires, on prouve que trois vecteurs formés avec les quatre points sont coplanaires en écrivant l'un en fonction des deux autres.

1. On a $\overrightarrow{BK} = \overrightarrow{BA} + \overrightarrow{AK}$

$$= \overrightarrow{BA} + \frac{1}{2}\overrightarrow{AB} + \frac{1}{4}\overrightarrow{AC} + \frac{1}{4}\overrightarrow{AD}$$

$$= -\frac{1}{2}\overrightarrow{AB} + \frac{1}{4}(\overrightarrow{AB} + \overrightarrow{BC}) + \frac{1}{4}(\overrightarrow{AB} + \overrightarrow{BD})$$

$$= -\frac{1}{2}\overrightarrow{AB} + \frac{1}{4}\overrightarrow{AB} + \frac{1}{4}\overrightarrow{BC} + \frac{1}{4}\overrightarrow{AB} + \frac{1}{4}\overrightarrow{BD}$$

$-\frac{1}{2} + \frac{1}{4} + \frac{1}{4} = 0$ **il n'y a donc plus de vecteur $\overrightarrow{AB}$.**

$$= \frac{1}{4}\overrightarrow{BC} + \frac{1}{4}\overrightarrow{BD}$$

2. Les vecteurs $\overrightarrow{BC}$ et $\overrightarrow{BD}$ ne sont pas colinéaires par construction du tétraèdre. Les points B, C, D et K sont donc coplanaires.

6 → Énoncé p. 306

Les droites (AJ) et (BF) appartiennent au plan (ABF).
Elles ne sont pas parallèles car J n'appartient pas à la droite (AE).
Elles sont donc sécantes en un point L.

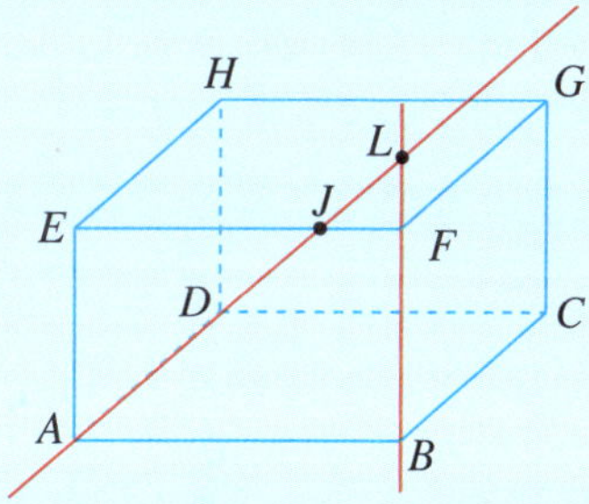

7 → Énoncé p. 306

Rappel
Deux droites sont sécantes lorsqu'elles sont coplanaires et non parallèles.

On considère la droite (AC).
Les droites (AE) et (CI) sont parallèles, donc elles définissent un plan.
La droite (AC) est incluse dans ce plan.
(AC) et (EI) sont donc coplanaires. Elles ne sont pas parallèles car I n'appartient pas au plan (EFG).
Ces droites sont donc sécantes en un point L.
L appartient à (EI) et L appartient à (AC) incluse dans le plan (ABC).
L est donc l'intersection de la droite (EI) avec le plan (ABC).

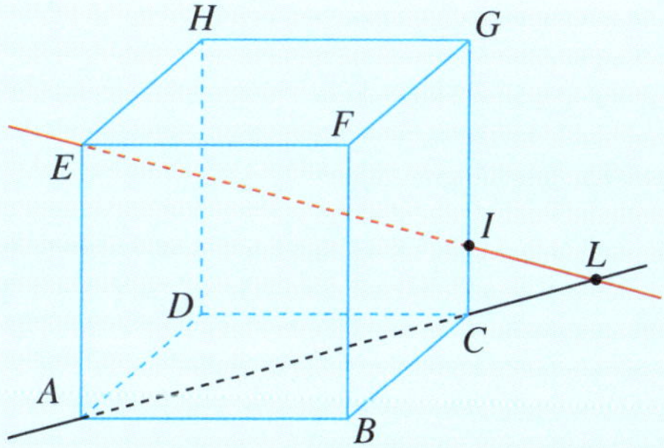

8 → *Énoncé p. 307*

Les droites (EF) et (AC) sont incluses dans le plan (ACD). Elles ne sont pas parallèles.
Elles sont donc sécantes en un point L.
L appartient à la droite (EF), donc au plan (EFG), et à la droite (AC) donc au plan (ABC).
De même, les droites (EG) et (AB) sont incluses dans le plan (ABD). Elles ne sont pas parallèles donc sécantes en un point M.
M appartient à la droite (EG) donc au plan (EFG) et à la droite (AB), donc au plan (ABC).
Les points L et M appartiennent donc aux deux plans (ABC) et (EFG). La droite (LM) est donc la droite d'intersection de ces deux plans.

Rappel
Une droite d et un plan sont sécants en un point, intersection entre la droite d et une droite du plan.

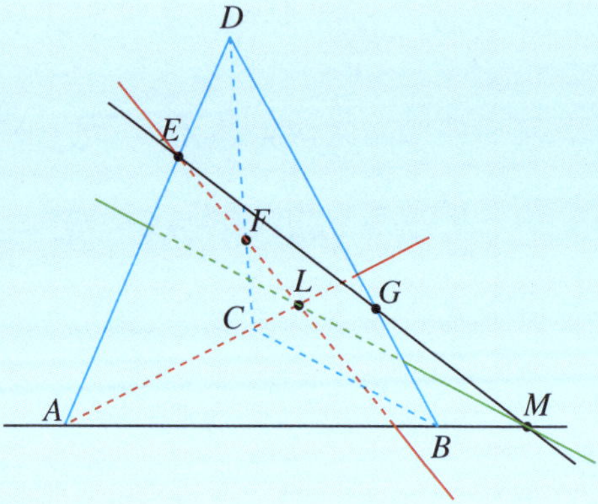

Rappel
Deux plans sont sécants selon une droite. Pour trouver cette droite, on cherche deux points, chacun étant l'intersection d'une droite du premier plan et d'une droite du second plan.

9 → *Énoncé p. 307*

On trace le segment $[JK]$.
Comme le plan (ADH) est parallèle au plan (BCG), tout plan qui coupe l'un, coupe l'autre selon une droite parallèle. On trace donc la parallèle à la droite (JK) passant par I dans le plan (ADH).
Cette parallèle coupe le segment $[EA]$ en un point M.
On trace les segments $[IM]$ et $[MK]$.
Comme le plan (DCG) est parallèle au plan (ABF), tout plan qui coupe l'un, coupe l'autre selon une droite parallèle. On trace donc la parallèle à la droite (MK) passant par J dans le plan (DCG).
Cette droite coupe le segment $[HG]$ en O.
On trace le segment $[OI]$ puis le segment $[OJ]$.
La section du cube par le plan (IJK) est le quadrilatère $IMKJO$.

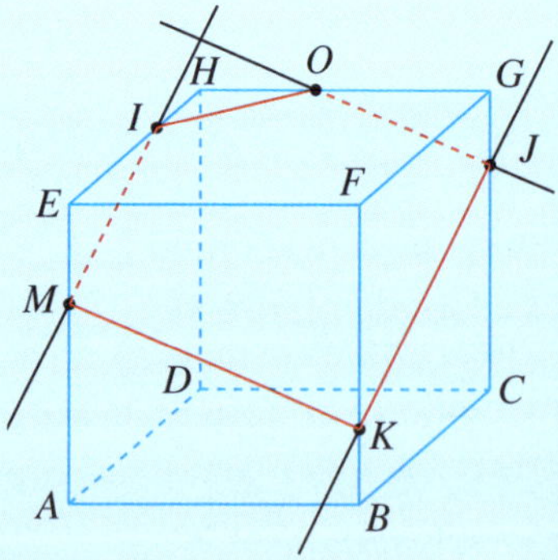

Remarque
La section du cube par le plan (IJK) est un polygone.

10 → *Énoncé p. 307*

Soit $\vec{u}$ un vecteur directeur de la droite Δ.
Les droites d et d' sont parallèles donc elles ont un même vecteur directeur $\vec{v}$.
Supposons que $\vec{u}$ et $\vec{v}$ ne soient pas colinéaires. Alors $\vec{u}$ et $\vec{v}$ sont deux vecteurs directeurs du plan $\mathcal{P}$ et deux vecteurs directeurs du plan $\mathcal{P}'$. Donc on en déduit que les plans $\mathcal{P}$ et $\mathcal{P}'$ sont parallèles.

Rappel
Si deux plans ont un même couple de vecteurs directeurs, alors les plans sont parallèles.

Or les plans sont supposés non parallèles.
Il y a donc contradiction avec ce qui a été supposé. Les vecteurs $\vec{u}$ et $\vec{v}$ sont donc colinéaires et les droites d, d' et Δ sont donc parallèles.

11 → *Énoncé p. 308*

a) Faux.
Dans un cube $ABCDEFGH$, les droites (AB) et (FG) ne sont pas parallèles. Elles ne sont pas non plus sécantes.

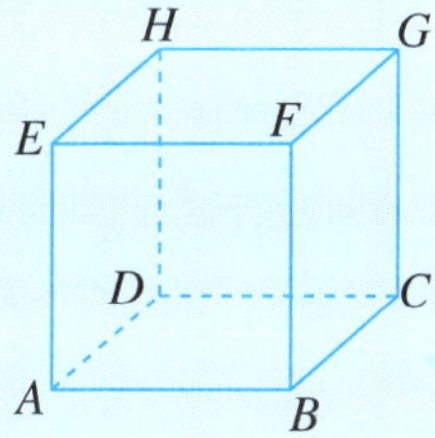

b) Faux.
Si les trois points sont alignés, il y a une infinité de plans qui contiennent ces points.

c) Faux.
Dans le cube ci-contre, les vecteurs $\overrightarrow{AB}$, $\overrightarrow{CD}$ et $\overrightarrow{EF}$ sont colinéaires, donc ils sont coplanaires **car on peut trouver un représentant dans le même plan pour chacun de ces vecteurs.**
Par exemple, $\overrightarrow{CD} = -\overrightarrow{AB}$ et $\overrightarrow{EF} = \overrightarrow{AB}$.
Mais les points E et F ne sont pas coplanaires avec A, B, C et D par définition du cube.

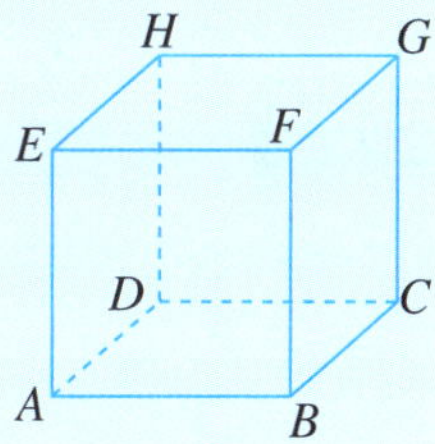

d) Faux.
Dans le cube ci-contre :
(FG) est incluse dans le plan $\mathcal{P} = (BCG)$.
(AD) est incluse dans le plan $\mathcal{P}' = (ABC)$.
Or (FG) et (AD) sont parallèles car elles sont parallèles à (BC).
Mais les plans (BCG) et (ABC) ne sont pas parallèles.

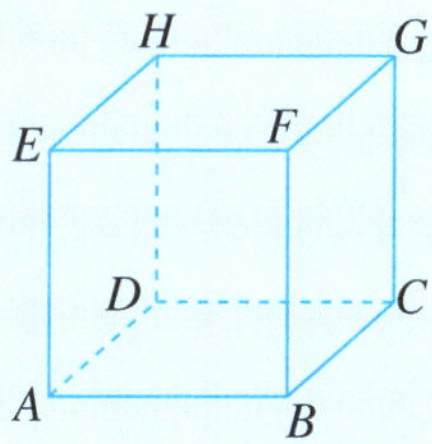

12 → Énoncé p. 308

1. Réponse B.

$\overrightarrow{AB}\begin{pmatrix}-1\\-6\\1\end{pmatrix}$ et $\overrightarrow{AC}\begin{pmatrix}0\\1\\-3\end{pmatrix}$. Les coordonnées des vecteurs ne sont pas proportionnelles, donc les points ne sont pas alignés.

2. Réponse C.

La droite (FB) appartient au plan (ABF) et la droite (DC) appartient au plan (DCG) qui sont deux plans parallèles. Le point D n'appartient pas au plan (FBC) par construction du cube donc les points D, C, F et B ne sont pas coplanaires donc les droites (DC) et (FB) ne sont pas coplanaires.

3. Réponse B.

Dans un cube $ABCDEFGH$, la droite (EF) est parallèle au plan (ABC) mais n'est pas parallèle à la droite (BC). Donc ce n'est pas la réponse A.

La réponse C est impossible car si la droite est parallèle à deux droites du plan, les trois droites sont parallèles. Donc les droites du plan ne peuvent pas être sécantes en un point.

La réponse est donc la B.

4. Réponse C.

Les points sont coplanaires car le vecteur $\overrightarrow{AB}$ est une combinaison linéaire des vecteurs non colinéaires (puisque A, C et D ne sont pas alignés) $\overrightarrow{AC}$ et $\overrightarrow{AD}$.

13 → Énoncé p. 309

1. M et N appartiennent à deux droites parallèles du plan (BCG). Les droites (MN) et (BC) sont donc coplanaires incluses dans le plan (BCG).

Comme M est le milieu de $[FB]$ on a $\overrightarrow{MB} = \frac{1}{2}\overrightarrow{FB}$. Or $FBCG$ est un carré donc $\overrightarrow{FB} = \overrightarrow{GC}$.

On en déduit $\overrightarrow{MB} = \frac{1}{2}\overrightarrow{GC}$ donc $\overrightarrow{MB} = \overrightarrow{CN}$.

$MBNC$ est donc un parallélogramme. Comme I est le milieu de la diagonale $[BC]$, I est aussi le milieu de la diagonale $[MN]$.

2.

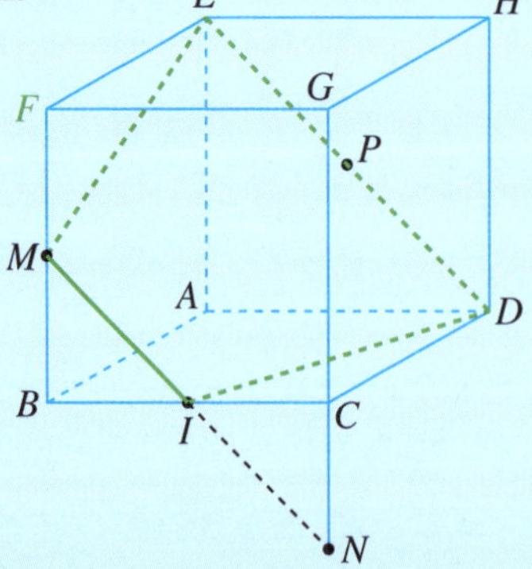

La section du cube par le plan (MNP) est le quadrilatère $MIDE$.

14 → *Énoncé p. 309*

1. a) Le point K n'appartient pas au plan (EFG), donc la droite (JK) n'est pas parallèle au plan (EFG) ni, par conséquent, au plan (ABC).

b) Soit M un point de $[GH]$. On construit le point N intersection de (MK) avec (DC).

c) On a tracé la droite parallèle à (JM) passant par N.

d) Cette droite parallèle est incluse dans le plan (ABC) car elle est parallèle à la droite (JM) incluse dans un plan parallèle à (ABC). Cette parallèle est aussi incluse dans le plan (JMK) puisqu'elle est parallèle à (JM). Donc cette parallèle est coplanaire avec la droite (JK) et la coupe en un point P. Le point P est donc l'intersection de la droite (JK) avec le plan (ABC).

e) Le point P appartient au plan (IJK) car il appartient à (JK) et au plan (ABC).
Le point I appartient au plan (IJK) et au plan (ABC).
L'intersection du plan (IJK) avec (ABC) est donc la droite (IP).

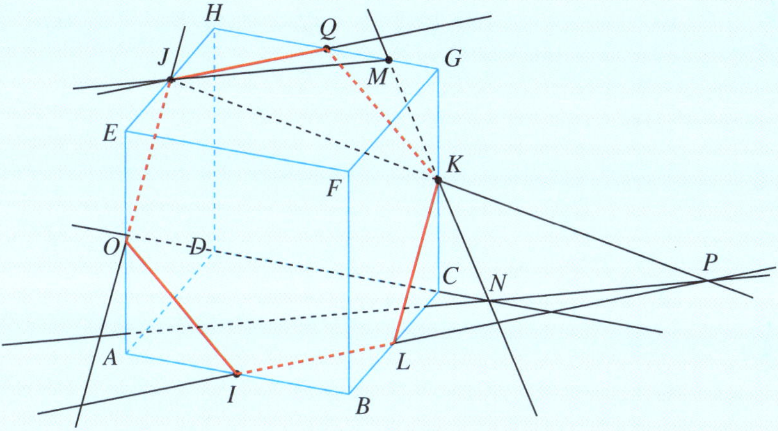

2. On note L l'intersection de la droite (IP) avec $[BC]$. On trace le segment $[IL]$ section de la face (ABC) du cube avec le plan (IJK) et $[KL]$ section de la face (BCG) du cube avec le plan (IJK).
On trace la parallèle à (IL) passant par J et on note Q le point d'intersection de cette parallèle avec $[HG]$. Le segment $[JQ]$ est la section de la face (EFG) du cube avec le plan (IJK).
On trace le segment $[QK]$ section de la face (DCG) du cube avec le plan (IJK).
On trace la droite parallèle au segment $[QK]$ passant par I et on note O le point d'intersection de cette parallèle avec le segment $[EA]$. On trace les segments $[IO]$ et $[OJ]$ dernières sections du cube avec le plan (IJK). La section du cube par le plan (IJK) est le polygone $ILKQJO$.

SUJET DE BAC

Exercice 1 → Énoncé p. 310

1. Les points I, J, C et G appartiennent au plan (BCG) par construction.
Le point I appartient à la droite (BF) par construction mais le point J n'appartient pas à la droite (BF), donc la droite (IJ) n'est pas parallèle à (BF), donc non parallèle à (CG). Ces droites sont donc sécantes dans le plan (BCG) en un point L.

2. a) On prolonge les droites (IJ) et (GC).

b) La droite (IJ) est incluse dans le plan (IJK).
L appartient à (IJ) d'après la question **1.** donc la droite (KL) est incluse dans le plan (IJK).
Or L appartient à (GC) donc au plan (CDH).
Par ailleurs, K appartient aussi au plan (CDH).
La droite (LK) est donc incluse dans les plans (IJK) et (CDH). C'est donc la droite d'intersection de ces deux plans nommée $\mathcal{D}$.

c) La section du cube par le plan (IJK) est le polygone *IJKMNO*.

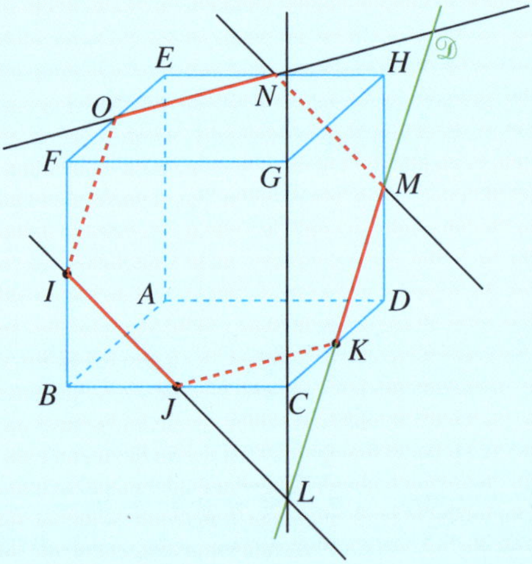

Exercice 2 → Énoncé p. 310

1. Par construction du tétraèdre, les vecteurs $\overrightarrow{BC}$, $\overrightarrow{BD}$ et $\overrightarrow{BA}$ ne sont pas coplanaires car les points A, B, C et D ne sont pas coplanaires.
De plus, ces vecteurs ne sont pas colinéaires deux à deux car les faces du tétraèdre sont des triangles non aplatis.
$(B\,;\overrightarrow{BC}, \overrightarrow{BD}, \overrightarrow{BA})$ est donc un repère de l'espace.

2. On a $B(0\,;0\,;0)$; $C(1\,;0\,;0)$; $D(0\,;1\,;0)$; $A(0\,;0\,;1)$.

$$x_I = \frac{x_A + x_B}{2} = 0 \qquad x_J = \frac{x_B + x_D}{2} = 0 \qquad x_K = \frac{x_J + x_C}{2} = 0{,}5$$

$$y_I = \frac{y_A + y_B}{2} = 0 \qquad y_J = \frac{y_B + y_D}{2} = 0{,}5 \qquad y_K = \frac{y_J + y_C}{2} = 0{,}25$$

$$z_I = \frac{z_A + z_B}{2} = 0{,}5 \qquad z_J = \frac{z_B + z_D}{2} = 0 \qquad z_K = \frac{z_J + z_C}{2} = 0$$

Donc $I(0\,;0\,;0{,}5)$. Donc $J(0\,;0{,}5\,;0)$. Donc $K(0{,}5;0{,}25;0)$.

3. a) $\overrightarrow{AE} = \dfrac{2}{3}\overrightarrow{AJ}$.

On a $\overrightarrow{AE}\begin{pmatrix} x_E - x_A \\ y_E - y_A \\ z_E - z_A \end{pmatrix}$ donc $\overrightarrow{AE}\begin{pmatrix} x_E \\ y_E \\ z_E - 1 \end{pmatrix}$.

Par ailleurs :

$$\frac{2}{3}\overrightarrow{AJ}\begin{pmatrix} \frac{2}{3}\times 0 \\ \frac{2}{3}\times 0{,}5 \\ \frac{2}{3}\times(-1) \end{pmatrix} \text{ donc } \frac{2}{3}\overrightarrow{AJ}\begin{pmatrix} 0 \\ \frac{1}{3} \\ -\frac{2}{3} \end{pmatrix}.$$

Comme deux vecteurs égaux ont les mêmes coordonnées, on a donc :

$$\begin{cases} x_E = 0 \\ y_E = \frac{1}{3} \\ z_E - 1 = -\frac{2}{3} \end{cases} \text{ donc on trouve } \begin{cases} x_E = 0 \\ y_E = \frac{1}{3} \\ z_E = \frac{1}{3} \end{cases}$$

$E\left(0\,;\dfrac{1}{3}\,;\dfrac{1}{3}\right)$

De même, on a : $\overrightarrow{BF} = \dfrac{2}{3}\overrightarrow{BC} = \dfrac{2}{3}\overrightarrow{BC} + 0\overrightarrow{BD} + 0\,\overrightarrow{BA}$.

Donc en en déduit : $F\left(\dfrac{2}{3}\,;0\,;0\right)$.

b) On cherche deux réel a et b tels que $\overrightarrow{IK} = a\overrightarrow{IF} + b\overrightarrow{IE}$.

$$\text{On a } \overrightarrow{IK}\begin{pmatrix} 0{,}5 \\ 0{,}25 \\ 0{,}5 \end{pmatrix} \text{ et } a\overrightarrow{IF} + b\overrightarrow{IE}\begin{pmatrix} \frac{2}{3}a + b\times 0 \\ a\times 0 + b\times\frac{1}{3} \\ a\times(-0{,}5) + b\times\left(-\frac{1}{6}\right) \end{pmatrix}$$

donc on en déduit :

$$\begin{cases} \frac{2}{3}a = \frac{1}{2} \\ \frac{1}{3}b = \frac{1}{4} \\ -\frac{1}{2}a - \frac{1}{6}b = -\frac{1}{2} \end{cases}$$

On trouve alors avec les deux premières équations : $b = \frac{3}{4}$ et $a = \frac{3}{4}$.

On vérifie la dernière : $-\frac{1}{2} \times \frac{3}{4} - \frac{1}{6} \times \frac{3}{4} = -\frac{3}{8} - \frac{1}{8} = -\frac{4}{8} = -\frac{1}{2}$.

Donc on a $\overrightarrow{IK} = \frac{3}{4}\overrightarrow{IF} + \frac{3}{4}\overrightarrow{IE}$.

c) Les vecteurs $\overrightarrow{IF}$ et $\overrightarrow{IE}$ ne sont pas colinéaires donc les points I , E , F et K sont coplanaires.

4. La section du tétraèdre par le plan (IEF) est le triangle IFH

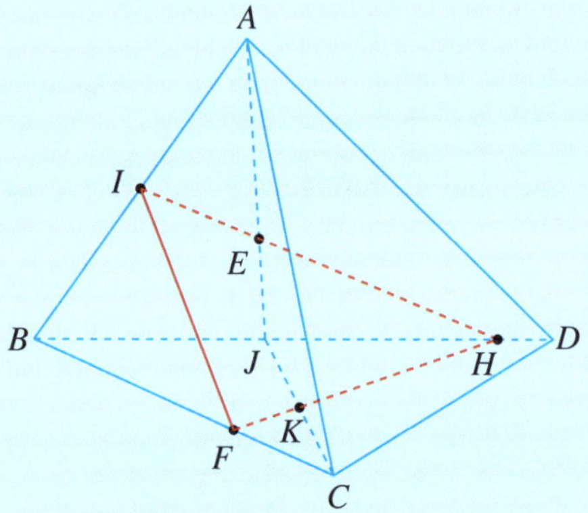

Orthogonalité et distances dans l'espace

CHAPITRE 11

1 Produit scalaire dans l'espace

A. Définition. Extension à l'espace du produit scalaire plan

Soient $\vec{u}$ et $\vec{v}$ deux vecteurs de l'espace. On considère les points A, B et C tels que $\vec{u} = \overrightarrow{AB}$ et $\vec{v} = \overrightarrow{AC}$. Les points A, B et C étant coplanaires, le produit scalaire des vecteurs $\vec{u}$ et $\vec{v}$, noté $\vec{u} \cdot \vec{v}$, est le réel $\overrightarrow{AB} \cdot \overrightarrow{AC}$ calculé dans un plan contenant les points A, B et C.

Remarque :
$\vec{u} \cdot \vec{v}$ ne dépend pas des représentants $\overrightarrow{AB}$ et $\overrightarrow{AC}$ choisis.

B. Propriétés

■ Soient A, B et C trois points de l'espace, B et C étant distincts de A.

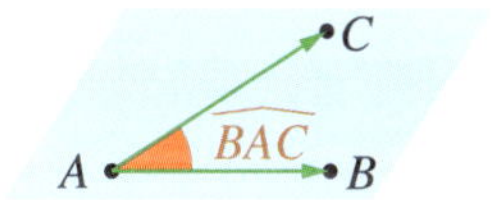

Si les vecteurs $\vec{u}$ et $\vec{v}$ sont tels que $\vec{u} = \overrightarrow{AB}$ et $\vec{v} = \overrightarrow{AC}$, alors :
$\vec{u} \cdot \vec{v} = \|\vec{u}\| \times \|\vec{v}\| \times \cos(\widehat{BAC}) = AB \times AC \times \cos(\widehat{BAC})$.

■ Soit H le projeté orthogonal de C sur la droite (AB).
$\overrightarrow{AB} \cdot \overrightarrow{AC} = AB \times AH$ si $\overrightarrow{AB}$ et $\overrightarrow{AH}$ ont le même sens.
$\overrightarrow{AB} \cdot \overrightarrow{AC} = -AB \times AH$ si $\overrightarrow{AB}$ et $\overrightarrow{AH}$ sont de sens contraires.

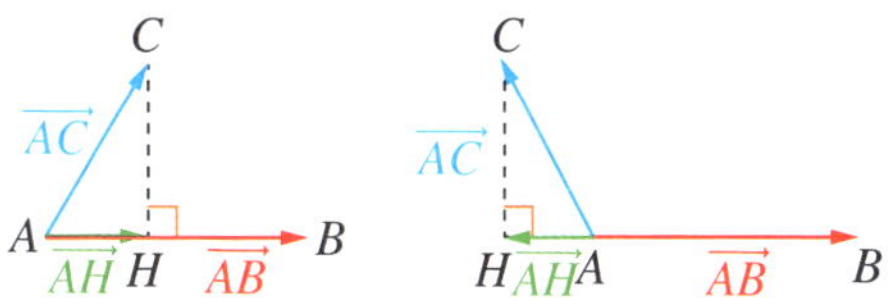

■ $\vec{u} \cdot \vec{u} = \|\vec{u}\| \times \|\vec{u}\| \times \cos(\widehat{BAB}) = \|\vec{u}\|^2 \times \cos(0) = \|\vec{u}\|^2$

Remarque :
$\vec{u} \cdot \vec{u}$ est noté $\vec{u}^2$ et est appelé carré scalaire de $\vec{u}$.

2 Propriétés algébriques du produit scalaire de l'espace

Toutes les propriétés du produit scalaire du plan sont prolongées au produit scalaire de l'espace.

Propriétés

Soient $\vec{u}$, $\vec{v}$ et $\vec{w}$ trois vecteurs de l'espace et k un nombre réel.

- $\vec{u}\cdot\vec{v} = \vec{v}\cdot\vec{u}$ (symétrie)
- $\vec{u}\cdot(\vec{v}+\vec{w}) = \vec{u}\cdot\vec{v} + \vec{u}\cdot\vec{w}$ et $\vec{u}\cdot(\overrightarrow{kv}) = (k\vec{u})\cdot\vec{v} = k(\vec{u}\cdot\vec{v})$ (bilinéarité)
- $\|\vec{u}+\vec{v}\|^2 = \|\vec{u}\|^2 + 2\vec{u}\cdot\vec{v} + \|\vec{v}\|^2$
- $\|\vec{u}-\vec{v}\|^2 = \|\vec{u}\|^2 - 2\vec{u}\cdot\vec{v} + \|\vec{v}\|^2$
- $(\vec{u}+\vec{v})\cdot(\vec{u}-\vec{v}) = \|\vec{u}\|^2 - \|\vec{v}\|^2$

Formules de polarisation

Soient $\vec{u}$ et $\vec{v}$ deux vecteurs de l'espace.

- $\vec{u}\cdot\vec{v} = \dfrac{1}{2}\left(\|\vec{u}+\vec{v}\|^2 - \|\vec{u}\|^2 - \|\vec{v}\|^2\right)$
- $\vec{u}\cdot\vec{v} = \dfrac{1}{2}\left(\|\vec{u}\|^2 + \|\vec{v}\|^2 - \|\vec{u}-\vec{v}\|^2\right)$
- $\vec{u}\cdot\vec{v} = \dfrac{1}{4}\left(\|\vec{u}+\vec{v}\|^2 - \|\vec{u}-\vec{v}\|^2\right)$

3 Orthogonalité dans l'espace

A. Orthogonalité de deux vecteurs

Définition

Deux vecteurs $\vec{u}$ et $\vec{v}$ sont orthogonaux lorsque $\vec{u}\cdot\vec{v} = 0$.

Remarque :

Le vecteur nul est orthogonal à tout vecteur de l'espace car $\vec{u}\cdot\vec{0} = \vec{0}\cdot\vec{u} = 0$.

B. Orthogonalité de deux droites

Définition

Soient $\mathscr{D}$ et $\mathscr{D}'$ deux droites de l'espace. $\mathscr{D}$ et $\mathscr{D}'$ sont orthogonales si un vecteur directeur de l'une est orthogonal à un vecteur directeur de l'autre.

Propriété

Deux droites $\mathscr{D}$ et $\mathscr{D}'$ de l'espace sont orthogonales si et seulement si tout vecteur directeur de $\mathscr{D}$ est orthogonal à tout vecteur directeur de $\mathscr{D}'$.

Remarques :

- Deux droites de l'espace ne sont pas nécessairement coplanaires.
- Dans l'espace, deux droites sont perpendiculaires si et seulement si elles sont sécantes (donc coplanaires) et sont perpendiculaires dans ce plan.

Propriétés

• Deux droites $\mathcal{D}$ et $\mathcal{D}'$ de l'espace sont orthogonales si et seulement si il existe une droite Δ parallèle à $\mathcal{D}$ et perpendiculaire à $\mathcal{D}'$.

• Si deux droites sont parallèles, alors toute droite orthogonale à l'une est orthogonale à l'autre.

• Si deux droites sont orthogonales, alors toute droite parallèle à l'une est orthogonale à l'autre.

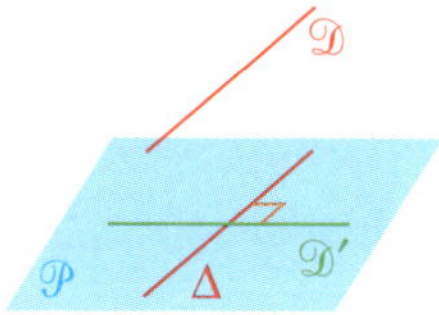

C. Orthogonalité d'une droite et d'un plan

Définition

Soient $\mathcal{P}$ un plan de l'espace de base $(\vec{u}\,;\vec{v})$ et $\mathcal{D}$ une droite de vecteur directeur $\vec{w}$. La droite $\mathcal{D}$ et le plan $\mathcal{P}$ sont dits orthogonaux ou perpendiculaires lorsque $\vec{w}$ est orthogonal à $\vec{u}$ et à $\vec{v}$.

Propriétés

• Une droite est orthogonale à un plan si et seulement si elle est orthogonale à deux droites sécantes du plan.

• Si une droite est orthogonale à un plan, alors elle est orthogonale à toute droite de ce plan.

• Si deux droites sont parallèles, alors tout plan orthogonal à l'une est orthogonal à l'autre.

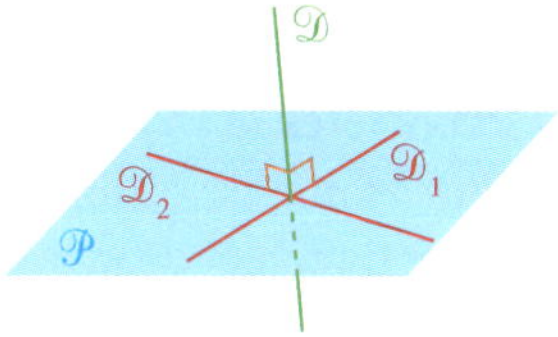

Propriétés

• Si deux plans sont parallèles alors toute droite orthogonale à l'un est orthogonale à l'autre.

• Si deux plans sont orthogonaux à une même droite, alors ils sont parallèles entre eux.

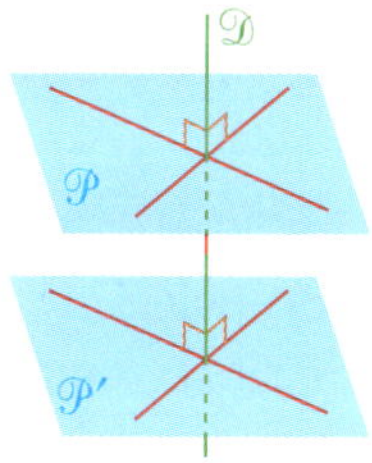

4 Vecteur normal à un plan

Définition

Soit $\mathcal{P}$ un plan de l'espace de base $(\vec{u}\,;\vec{v})$. On appelle vecteur normal au plan $\mathcal{P}$, tout vecteur $\vec{n}$ non nul et orthogonal à $\vec{u}$ et à $\vec{v}$.

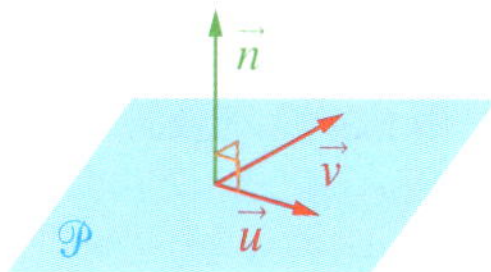

Propriété

Soit A un point. Soit $\vec{n}$ un vecteur non nul. Il existe un unique plan passant par A de vecteur normal $\vec{n}$.

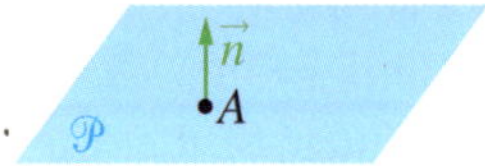

Définition

Soient $\mathcal{P}_1$ un plan de vecteur normal $\overrightarrow{n_1}$ et $\mathcal{P}_2$ un plan de vecteur normal $\overrightarrow{n_2}$.

$\mathcal{P}_1$ et $\mathcal{P}_2$ sont perpendiculaires si et seulement si $\overrightarrow{n_1}$ et $\overrightarrow{n_2}$ sont orthogonaux.

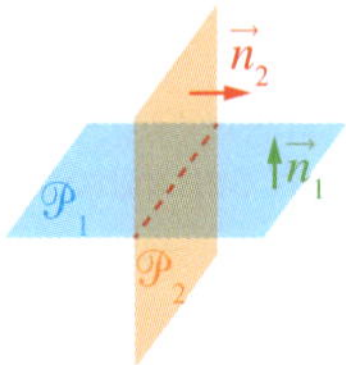

Remarques :

- Tout vecteur non nul et colinéaire à un vecteur normal à un plan est aussi un vecteur normal à ce plan.
- Si deux vecteurs sont normaux à un même plan, alors ils sont colinéaires.

Propriété

Un vecteur est normal à un plan si et seulement s'il est orthogonal à tout vecteur du plan.

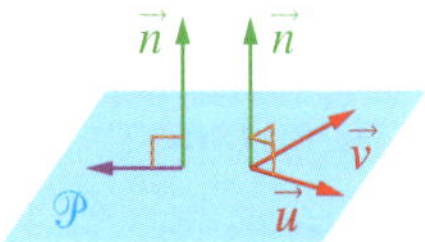

Propriétés

- Une droite est orthogonale à un plan si et seulement si un vecteur directeur de la droite est colinéaire à un vecteur normal au plan.

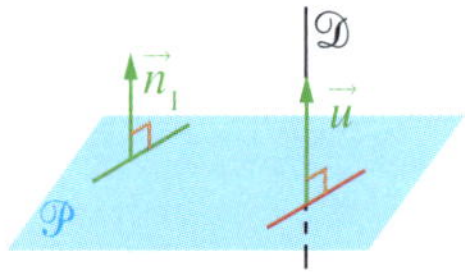

- Une droite est parallèle à un plan si et seulement si un vecteur directeur de la droite est orthogonal à un vecteur normal au plan.

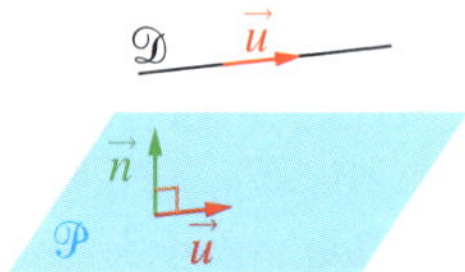

Propriété

Soient $\mathcal{P}_1$ un plan de vecteur normal $\overrightarrow{n_1}$ et $\mathcal{P}_2$ un plan de vecteur normal $\overrightarrow{n_2}$.

$\mathcal{P}_1$ est parallèle à $\mathcal{P}_2$ si et seulement si $\overrightarrow{n_1}$ et $\overrightarrow{n_2}$ sont colinéaires.

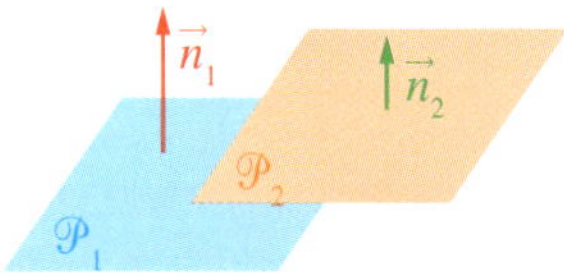

5 Projeté orthogonal d'un point

Définition et propriété (projeté orthogonal d'un point sur une droite)

Soient A un point et $\mathcal{D}$ une droite de l'espace.

Il existe un unique plan $\mathcal{P}$ passant par A et orthogonal à la droite $\mathcal{D}$.

La droite $\mathcal{D}$ est sécante avec $\mathcal{P}$ en un point H appelé le projeté orthogonal de A sur $\mathcal{D}$.

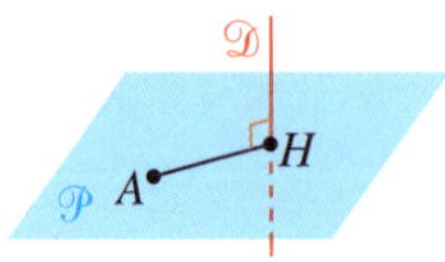

■ **Définition et propriété (projeté orthogonal d'un point sur un plan)**

Soient A un point et $\mathscr{P}$ un plan de l'espace.
Il existe une unique droite $\mathscr{D}$ passant par A et orthogonale à $\mathscr{P}$.
Le plan $\mathscr{P}$ est sécant avec $\mathscr{D}$ en un point H appelé le projeté orthogonal de A sur $\mathscr{P}$.

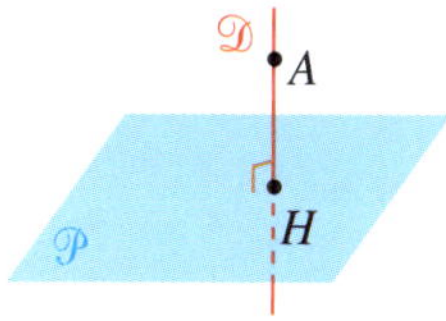

6 Calculs de distances dans l'espace

A. Base orthonormée de l'espace

■ **Définition**

Une base orthonormée de l'espace $(\vec{i},\vec{j},\vec{k})$ est une base de l'espace dont les trois vecteurs sont orthogonaux deux à deux et tous de norme égale à 1.

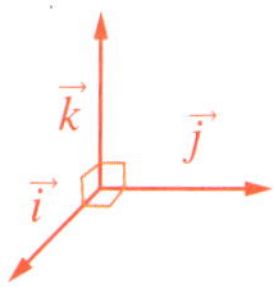

Remarque :

Dans une base orthonormée de l'espace $(\vec{i}, \vec{j}, \vec{k})$:
$\vec{i}\cdot\vec{j} = \vec{j}\cdot\vec{k} = \vec{i}\cdot\vec{k} = 0$ et $\|\vec{i}\| = \|\vec{j}\| = \|\vec{k}\| = 1$.

B. Repère orthonormé de l'espace

■ **Définition**

On appelle repère orthonormé de l'espace, un repère $(O;\vec{i},\vec{j},\vec{k})$ tel que la base $(\vec{i},\vec{j},\vec{k})$ est orthonormée.

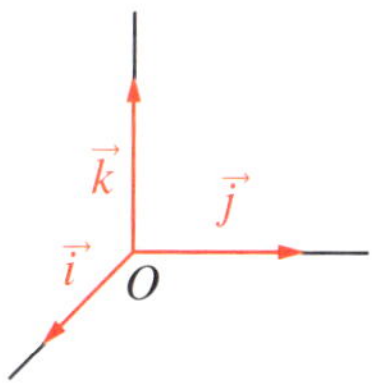

C. Normes et distances

■ **Propriété**

On considère deux vecteurs de l'espace $\vec{u}\begin{pmatrix}x\\y\\z\end{pmatrix}$ et $\vec{u'}\begin{pmatrix}x'\\y'\\z'\end{pmatrix}$ dans une base orthonormée $(\vec{i},\vec{j},\vec{k})$.

$\vec{u}\cdot\vec{u'} = xx' + yy' + zz'$

$\|\vec{u}\| = \sqrt{x^2 + y^2 + z^2}$

■ **Propriété (distance entre deux points)**

On considère $A(x_A\,;y_A\,;z_A)$ et $B(x_B\,;y_B\,;z_B)$ deux points de l'espace dans un repère orthonormé $(O\,;\vec{i},\vec{j},\vec{k})$.

$$AB = \sqrt{(x_B - x_A)^2 + (y_B - y_A)^2 + (z_B - z_A)^2} = \sqrt{(x_A - x_B)^2 + (y_A - y_B)^2 + (z_A - z_B)^2}$$

D. Distance d'un point à une droite

■ **Propriétés**

Soit A un point et $\mathscr{D}$ une droite de l'espace passant par un point B et de vecteur directeur $\vec{u}$.

Le projeté orthogonal de A sur $\mathscr{D}$ est le point H de $\mathscr{D}$ tel que la distance AH est la plus petite.

La distance AH s'appelle distance de A à la droite $\mathscr{D}$.

$$AH = \left\| \overrightarrow{AB} - \frac{\overrightarrow{AB}\cdot\vec{u}}{\|\vec{u}\|^2}\vec{u} \right\|$$

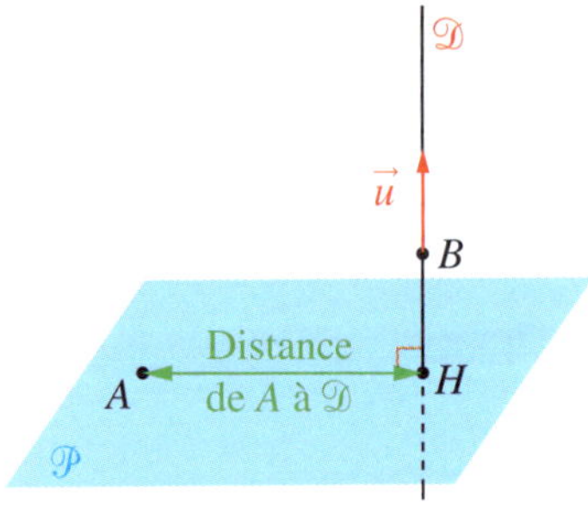

E. Distance d'un point à un plan

■ **Propriété**

Soit A un point et $\mathscr{P}$ un plan de l'espace passant par un point B et de vecteur normal $\vec{n}$.

Le projeté orthogonal de A sur $\mathscr{P}$ est le point H de $\mathscr{P}$ tel que la distance AH est la plus petite.

La distance AH s'appelle distance de A au plan $\mathscr{P}$.

$$AH = \frac{\left|\overrightarrow{AB}\cdot\vec{n}\right|}{\|\vec{n}\|}$$

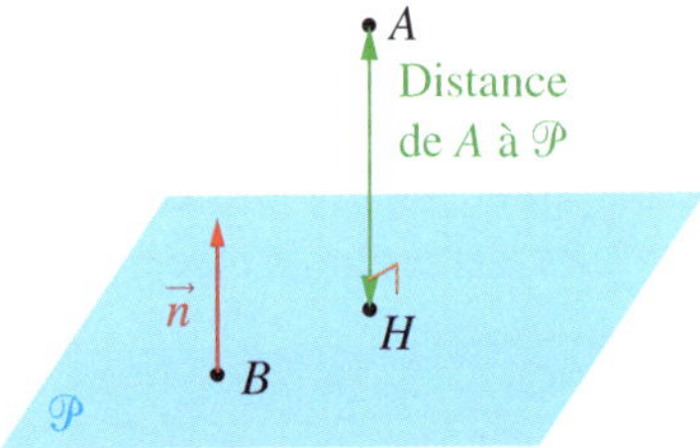

Hermann Grassmann (1809 - 1877) est un mathématicien allemand.

Dans son ouvrage « La théorie de l'extension linéaire, une nouvelle branche des mathématiques », il introduit l'extension du calcul vectoriel du plan à l'espace.

ORTHOGONALITÉ ET DISTANCES DANS L'ESPACE

Caractériser l'orthogonalité de deux droites

- d et d' sont **orthogonales** si un vecteur directeur de l'une est orthogonal à un vecteur directeur de l'autre.
- Si deux droites sont **perpendiculaires**, alors elles sont orthogonales.

La réciproque est fausse car deux droites orthogonales ne sont pas toujours coplanaires.

Caractériser l'orthogonalité d'un plan et d'une droite

Avec des vecteurs directeurs

- La droite d de vecteur directeur $\vec{w}$ et le plan $\mathcal{P}$ de base $(\vec{u},\vec{v})$ sont **orthogonaux** si $\vec{w}$ est orthogonal à la fois à $\vec{u}$ et à $\vec{v}$.
- Si une droite est orthogonale à un plan, alors elle est orthogonale à toute droite de ce plan.

Avec un vecteur normal

- Un vecteur $\vec{n}$ est **normal** au plan $\mathcal{P}$ de base $(\vec{u},\vec{v})$ s'il est non nul et orthogonal à la fois à $\vec{u}$ et à $\vec{v}$.
- Une droite est **orthogonale** à un plan si et seulement si un vecteur directeur de cette droite est colinéaire à un vecteur normal à ce plan.

Caractériser l'orthogonalité de deux vecteurs

$\overrightarrow{AB}$ et $\overrightarrow{AC}$ sont **orthogonaux** $\Leftrightarrow \overrightarrow{AB}\cdot\overrightarrow{AC} = 0 \Leftrightarrow AB \times AC \times \cos(\widehat{BAC}) = 0$

Caractériser le parallélisme d'une droite $\mathcal{D}$ et d'un plan $\mathcal{P}$

$\mathcal{D}$ est **parallèle** à $\mathcal{P}$ $\Leftrightarrow$ un vecteur directeur de $\mathcal{D}$ est orthogonal à un vecteur normal à $\mathcal{P}$.

Caractériser le parallélisme de deux plans $\mathcal{P}_1$ et $\mathcal{P}_2$

- $\mathcal{P}_1$ de vecteur normal $\overrightarrow{n_1}$ est **parallèle** à $\mathcal{P}_2$ de vecteur normal $\overrightarrow{n_2}$ $\Leftrightarrow \overrightarrow{n_1}$ et $\overrightarrow{n_2}$ sont colinéaires.
- Si deux plans sont orthogonaux à une même droite, alors ils sont parallèles entre eux.

Calculer des distances

- H est le projeté orthogonal de A sur $\mathcal{P}$ et **la distance de A à $\mathcal{P}$** est :

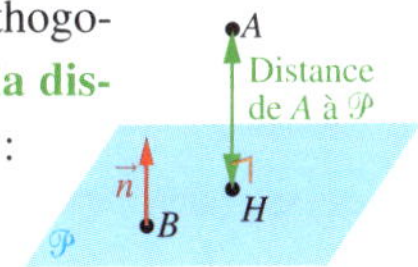

$$AH = \frac{\left|\overrightarrow{AB}\cdot\vec{n}\right|}{\|\vec{n}\|}$$

où $B \in \mathcal{P}$ et $\vec{n}$ est un vecteur normal à $\mathcal{P}$.

- H est le projeté orthogonal de A sur $\mathcal{D}$ et **la distance de A à $\mathcal{D}$** est :

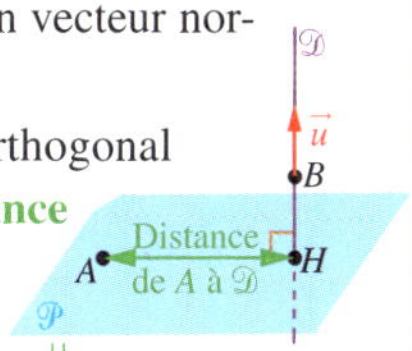

$$AH = \left\|\overrightarrow{AB} - \frac{\overrightarrow{AB}\cdot\vec{u}}{\|\vec{u}\|^2}\vec{u}\right\|$$

où $B \in \mathcal{D}$ et $\vec{u}$ est un vecteur directeur de $\mathcal{D}$.

Calculer dans une base et un repère orthonormés

- $(\vec{i},\vec{j},\vec{k})$ est une **base orthonormée** signifie que : $\vec{i}\cdot\vec{j} = \vec{j}\cdot\vec{k} = \vec{i}\cdot\vec{k} = 0$ et $\|\vec{i}\| = \|\vec{j}\| = \|\vec{k}\| = 1$

$(O\,;\vec{i},\vec{j},\vec{k})$ est alors un **repère orthonormé**.

- $\vec{u}\begin{pmatrix}x\\y\\z\end{pmatrix}$, $\vec{v}\begin{pmatrix}x'\\y'\\z'\end{pmatrix}$, $A(x_A\,;y_A\,;z_A)$ et $B(x_B\,;y_B\,;z_B)$
- Produit scalaire: $\vec{u}\cdot\vec{v} = xx' + yy' + zz'$.
- Norme : $\|\vec{u}\| = \sqrt{x^2 + y^2 + z^2}$
- $AB = \sqrt{(x_B - x_A)^2 + (y_B - y_A)^2 + (z_B - z_A)^2}$

MÉTHODES

1 Choisir une expression adaptée pour calculer un produit scalaire

EXEMPLE 1 **DANS UNE FIGURE DONNÉE**

On considère le cube $ABCDEFGH$ de côté $AB = 10$.
On note I le milieu de $[EF]$.
Calculer les produits scalaires suivants :

1. $\overrightarrow{AB} \cdot \overrightarrow{AE}$ **2.** $\overrightarrow{AB} \cdot \overrightarrow{AF}$
3. $\overrightarrow{EF} \cdot \overrightarrow{AC}$ **4.** $\overrightarrow{AI} \cdot \overrightarrow{AB}$

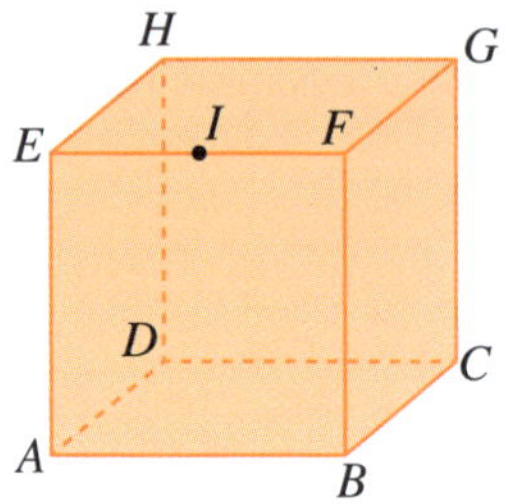

CORRIGÉ COMMENTÉ

1. $\overrightarrow{AB} \cdot \overrightarrow{AE} = AB \times AE \times \cos(\widehat{BAE}) = 100 \times \cos(90°) = 0.$

2. $\overrightarrow{AB} \cdot \overrightarrow{AF} = AB \times AF \times \cos(\widehat{BAF})$

Or $\widehat{BAF} = 45°$ donc $\cos(\widehat{BAF}) = \dfrac{\sqrt{2}}{2}$

On trouve donc :

$$\overrightarrow{AB} \cdot \overrightarrow{AF} = AB \times AF \times \frac{\sqrt{2}}{2}$$

$$= AB \times AB\sqrt{2} \times \frac{\sqrt{2}}{2}$$ car $AF = AB \times \sqrt{2}$

$$= 100$$ car $\sqrt{2} \times \dfrac{\sqrt{2}}{2} = \dfrac{2}{2} = 1$

> **Remarque**
> Dans une figure, on utilise les éléments particuliers de la figure : perpendicularité ou parallélisme des côtés, des faces, etc.

3. $\overrightarrow{EF} \cdot \overrightarrow{AC} = \overrightarrow{AB} \cdot \overrightarrow{AC}$ car $\overrightarrow{EF} = \overrightarrow{AB}$

$\overrightarrow{EF} \cdot \overrightarrow{AC} = AB \times AC \times \cos(\widehat{BAC})$.

Or $AC = AB \times \sqrt{2}$ et $\widehat{BAC} = 45°$ donc $\cos(\widehat{BAC}) = \dfrac{\sqrt{2}}{2}$.

On n'a pas besoin d'angle orienté car la fonction cosinus est paire. Donc $\cos(\widehat{BAC}) = \cos(\widehat{CAB})$.

On trouve donc $\overrightarrow{EF} \cdot \overrightarrow{AC} = AB \times AB \times \sqrt{2} \times \dfrac{\sqrt{2}}{2} = 100$.

4. Soit I' le projeté orthogonal de I sur (AB).

Il est plus facile ici de projeter orthogonalement le point I sur (AB) que de calculer l'angle $\widehat{BAI}$ pour utiliser la définition avec le cosinus.

On a : $\overrightarrow{AI} \cdot \overrightarrow{AB} = \overrightarrow{AI'} \cdot \overrightarrow{AB}$ où I' est le milieu de $[AB]$

$= AI' \times AB = \dfrac{1}{2} AB \times AB = 50.$

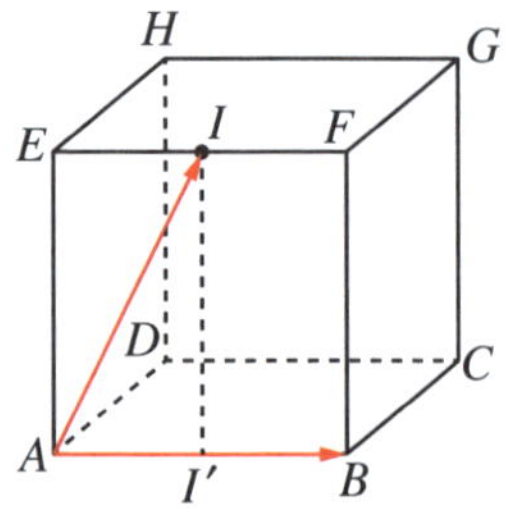

EXEMPLE 2 EN UTILISANT LES PROPRIÉTÉS DE LINÉARITÉ

On considère un pavé droit $ABCDEFGH$ tel que $AB = 10$, $AD = 6$ et $AE = 4$.

On note I et J les points définis par $\overrightarrow{AI} = \frac{1}{3}\overrightarrow{AB}$ et $\overrightarrow{AJ} = \frac{3}{4}\overrightarrow{AD}$.

Calculer les produits scalaires suivants :

1. $\overrightarrow{AI}\cdot\overrightarrow{AB}$ **2.** $\overrightarrow{AJ}\cdot\overrightarrow{EH}$ **3.** $\overrightarrow{AI}\cdot\overrightarrow{AC}$

CORRIGÉ COMMENTÉ

1. $\overrightarrow{AI}\cdot\overrightarrow{AB} = \frac{1}{3}\overrightarrow{AB}\cdot\overrightarrow{AB} = \frac{1}{3}\overrightarrow{AB}^2 = \frac{1}{3}AB^2 = \frac{100}{3}$

2. $\overrightarrow{AJ}\cdot\overrightarrow{EH} = \frac{3}{4}\overrightarrow{AD}\cdot\overrightarrow{EH} = \frac{3}{4}AD^2 = \frac{3}{4}\times 36 = 27$

3. $\overrightarrow{AI}\cdot\overrightarrow{AC} = \frac{1}{3}\overrightarrow{AB}\cdot\overrightarrow{AC} = \frac{1}{3}\overrightarrow{AB}\cdot(\overrightarrow{AB} + \overrightarrow{BC})$ On a remplacé $\overrightarrow{AI}$ en fonction de $\overrightarrow{AB}$.

$= \frac{1}{3}AB^2 + \frac{1}{3}\overrightarrow{AB}\cdot\overrightarrow{BC} = \frac{100}{3}$ car $\overrightarrow{AB}\cdot\overrightarrow{BC} = 0$

> **Remarque**
> On décompose les vecteurs avec la relation de Chasles, pour obtenir des vecteurs colinéaires ou orthogonaux quand c'est possible.

EXEMPLE 3 EN UTILISANT LES FORMULES DE POLARISATION

1. On considère deux vecteurs $\vec{u}$ et $\vec{v}$ de l'espace tels que $\|\vec{u}\| = 6$, $\|\vec{v}\| = 3$ et $\|\vec{u} - \vec{v}\| = 7$.
Calculer $\vec{u}\cdot\vec{v}$.

2. On considère deux vecteurs $\vec{u}$ et $\vec{v}$ de l'espace tels que $\|\vec{u} + \vec{v}\| = 8$ et $\|\vec{u} - \vec{v}\| = 4$.
Calculer $\vec{u}\cdot\vec{v}$.

CORRIGÉ COMMENTÉ

1. $\vec{u}\cdot\vec{v} = \frac{1}{2}\left(\|\vec{u}\|^2 + \|\vec{v}\|^2 - \|\vec{u} - \vec{v}\|^2\right) = \frac{1}{2}(6^2 + 3^2 - 7^2) = -\frac{4}{2} = -2.$

2. $\vec{u}\cdot\vec{v} = \frac{1}{4}\left(\|\vec{u} + \vec{v}\|^2 - \|\vec{u} - \vec{v}\|^2\right) = \frac{1}{4}(8^2 - 4^2) = \frac{48}{4} = 12.$

> **Remarque**
> Les données de l'énoncé permettent de déterminer la bonne expression à utiliser.

2 Étudier une orthogonalité

EXEMPLE 1 ORTHOGONALITÉ DE VECTEURS DANS UNE FIGURE

On considère le pavé droit $ABCDEFGH$ ci-contre.
Montrer que les vecteurs $\overrightarrow{AB}$ et $\overrightarrow{ED}$ sont orthogonaux.

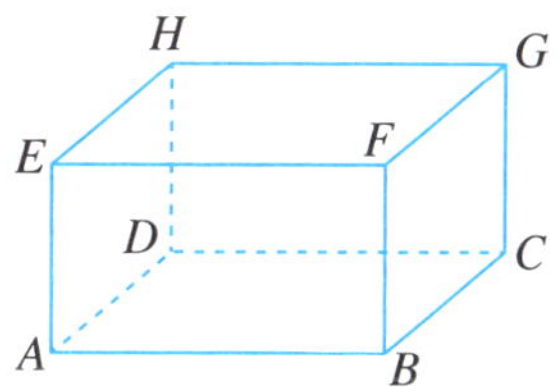

CORRIGÉ COMMENTÉ

$\overrightarrow{AB}\cdot\overrightarrow{ED} = \overrightarrow{AB}\cdot(\overrightarrow{EA} + \overrightarrow{AD})$ en décomposant avec la relation de Chasles

$= \overrightarrow{AB}\cdot\overrightarrow{EA} + \overrightarrow{AB}\cdot\overrightarrow{AD}$ en utilisant la linéarité

$= 0 + 0$ car les vecteurs $\overrightarrow{AB}$ et $\overrightarrow{EA}$ sont orthogonaux, ainsi que les vecteurs $\overrightarrow{AB}$ et $\overrightarrow{AD}$.

On en conclut que $\overrightarrow{AB}\cdot\overrightarrow{ED} = 0$. Les vecteurs $\overrightarrow{AB}$ et $\overrightarrow{ED}$ sont orthogonaux.

> **Remarque**
> On décompose un vecteur avec la relation de Chasles et on utilise la linéarité.

EXEMPLE 2 ORTHOGONALITÉ DE VECTEURS DANS UNE BASE ORTHONORMÉE

On se place dans une base orthonormée de l'espace. Dans chaque cas suivant, déterminer si les vecteurs sont orthogonaux.

1. $\vec{u}\begin{pmatrix}3\\-2\\5\end{pmatrix}$ et $\vec{v}\begin{pmatrix}-1\\-4\\-1\end{pmatrix}$ **2.** $\vec{u}\begin{pmatrix}-1\\4\\3\end{pmatrix}$ et $\vec{v}\begin{pmatrix}0\\6\\1\end{pmatrix}$

CORRIGÉ COMMENTÉ

1. On calcule $\vec{u}\cdot\vec{v}$.

$$\vec{u}\cdot\vec{v} = 3\times(-1) + (-2)\times(-4) + 5\times(-1) = -3 + 8 - 5 = 5 - 5 = 0$$

$\vec{u}\cdot\vec{v} = 0$ donc les vecteurs $\vec{u}$ et $\vec{v}$ sont orthogonaux.

2. On calcule $\vec{u}\cdot\vec{v}$.

$\vec{u}\cdot\vec{v} = (-1)\times 0 + 4\times 6 + 3\times 1 = 24 + 3 = 27$.

$\vec{u}\cdot\vec{v} \neq 0$ donc les vecteurs $\vec{u}$ et $\vec{v}$ ne sont pas orthogonaux.

> **Rappel**
> Dans une base orthonormée, deux vecteurs $\vec{u}\begin{pmatrix}x\\y\\z\end{pmatrix}$ et $\vec{v}\begin{pmatrix}x'\\y'\\z'\end{pmatrix}$ sont orthogonaux si et seulement si $xx' + yy' + zz' = 0$.

EXEMPLE 3 ORTHOGONALITÉ DE DEUX DROITES

Dans un repère orthonormé, on considère les points $A(3\,;1\,;-2)$, $B(-1\,;3\,;2)$, $C(4\,;0\,;2)$ et $D(-1\,;1\,;0)$. Les droites (AB) et (CD) sont-elles orthogonales ?

CORRIGÉ COMMENTÉ

On calcule un vecteur directeur de chaque droite.

$\overrightarrow{AB}\begin{pmatrix}x_B - x_A\\y_B - y_A\\z_B - z_A\end{pmatrix}$ donc $\overrightarrow{AB}\begin{pmatrix}-4\\2\\4\end{pmatrix}$ est un vecteur directeur de la droite (AB).

$\overrightarrow{CD}\begin{pmatrix}x_D - x_C\\y_D - y_C\\z_D - z_C\end{pmatrix}$ donc $\overrightarrow{CD}\begin{pmatrix}-5\\1\\-2\end{pmatrix}$ est un vecteur directeur de la droite (CD).

> **Rappel**
> Deux droites $\mathcal{D}$ et $\mathcal{D}'$ de l'espace sont orthogonales si et seulement si tout vecteur directeur de $\mathcal{D}$ est orthogonal à tout vecteur directeur de $\mathcal{D}'$.

On calcule $\overrightarrow{AB}\cdot\overrightarrow{CD} = (-4)\times(-5) + 2\times 1 + 4\times(-2) = 20 + 2 - 8 = 14$.

$\overrightarrow{AB}\cdot\overrightarrow{CD} \neq 0$ donc les vecteurs $\overrightarrow{AB}$ et $\overrightarrow{CD}$ ne sont pas orthogonaux et donc les droites (AB) et (CD) ne sont pas orthogonales.

EXEMPLE 4 ORTHOGONALITÉ D'UNE DROITE ET D'UN PLAN

On se place dans un repère orthonormé de l'espace.

On considère la droite $\mathscr{D}$ passant par un point A et de vecteur directeur $\vec{u}\begin{pmatrix}2\\1\\1\end{pmatrix}$.

On considère un point B et deux vecteurs $\vec{v}\begin{pmatrix}-1\\1\\1\end{pmatrix}$ et $\vec{w}\begin{pmatrix}1\\3\\-5\end{pmatrix}$.

1. Montrer que B et les vecteurs $\vec{v}$ et $\vec{w}$ définissent un plan noté $\mathscr{P}$.

2. Montrer que $\mathscr{D}$ est orthogonale à $\mathscr{P}$.

CORRIGÉ COMMENTÉ

1. $\dfrac{x_{\vec{w}}}{x_{\vec{v}}} = \dfrac{1}{-1} = -1$. Par ailleurs, $\dfrac{y_{\vec{w}}}{y_{\vec{v}}} = \dfrac{3}{1} = 3$. On a $\dfrac{x_{\vec{w}}}{x_{\vec{v}}} \neq \dfrac{y_{\vec{w}}}{y_{\vec{v}}}$.

Si deux rapports ne sont pas égaux, ce n'est pas la peine de tester le rapport avec la troisième coordonnée. En revanche, si les trois rapports sont égaux, les vecteurs sont colinéaires.

Les coordonnées des vecteurs $\vec{v}$ et $\vec{w}$ ne sont pas proportionnelles, donc les vecteurs $\vec{v}$ et $\vec{w}$ ne sont pas colinéaires.

Le point B et les vecteurs $\vec{v}$ et $\vec{w}$ définissent bien un plan que l'on note $\mathscr{P}$.

2. Il suffit de montrer que $\vec{u}$ est orthogonal à $\vec{v}$ et $\vec{w}$.

$\vec{u}\cdot\vec{v} = 2\times(-1)+1\times1+1\times1 = -2+1+1 = 0$

$\vec{u}\cdot\vec{w} = 2\times1+1\times3+1\times(-5) = 2+3-5 = 0$

$\vec{u}$ est orthogonal à deux vecteurs non colinéaires du plan $\mathscr{P}$ donc $\vec{u}$ est un vecteur normal à $\mathscr{P}$. La droite $\mathscr{D}$ est donc orthogonale à $\mathscr{P}$.

> **Rappel**
> Une droite $\mathscr{D}$ de vecteur directeur $\vec{w}$ est orthogonale à un plan $\mathscr{P}$ de base $(\vec{u}\,;\vec{v})$ si et seulement si $\vec{w}$ est orthogonal à $\vec{u}$ et à $\vec{v}$.

3 Calculer une distance dans l'espace

EXEMPLE 1 EN UTILISANT UN VECTEUR DIRECTEUR D'UNE DROITE

On se place dans un repère orthonormé de l'espace. On considère les points $A(4\,;2\,;-3)$, $B(1\,;5\,;0)$ et $C(-1\,;1\,;3)$.

Calculer la distance du point C à la droite (AB).

CORRIGÉ COMMENTÉ

Le vecteur $\overrightarrow{AB}$ est un vecteur directeur de la droite (AB) :

$\overrightarrow{AB}\begin{pmatrix}-3\\3\\3\end{pmatrix}$.

> **Remarque**
> Pour calculer la distance d'un point à une droite, il faut connaître les coordonnées d'un point de la droite et celles d'un vecteur directeur de cette droite.

Soit H le projeté orthogonal de C sur la droite (AB). La distance de C à (AB) est la distance CH donnée par la formule :

$$CH = \left\| \overrightarrow{CA} - \frac{\overrightarrow{CA} \cdot \overrightarrow{AB}}{AB^2} \overrightarrow{AB} \right\|.$$

Or $\overrightarrow{CA}\begin{pmatrix} 5 \\ 1 \\ -6 \end{pmatrix}$ donc $\overrightarrow{CA} \cdot \overrightarrow{AB} = 5 \times (-3) + 1 \times 3 + (-6) \times 3 = -15 + 3 - 18 = -30$.

On utilise la formule du produit scalaire avec les coordonnées puisqu'on est dans un repère orthonormé.

De plus, $AB^2 = (-3)^2 + 3^2 + 3^2 = 27$.

On utilise la formule de la norme $\|\vec{u}\| = \sqrt{x^2 + y^2 + z^2}$.

Donc le vecteur $\overrightarrow{CA} - \dfrac{\overrightarrow{CA} \cdot \overrightarrow{AB}}{AB^2} \overrightarrow{AB}$ a pour coordonnées :

$$\begin{pmatrix} 5 - \dfrac{-30}{27} \times (-3) \\ 1 - \dfrac{-30}{27} \times 3 \\ -6 - \dfrac{-30}{27} \times 3 \end{pmatrix} = \begin{pmatrix} \dfrac{5}{3} \\ \dfrac{13}{3} \\ -\dfrac{8}{3} \end{pmatrix}.$$

On a alors $CH = \sqrt{\left(\dfrac{5}{3}\right)^2 + \left(\dfrac{13}{3}\right)^2 + \left(-\dfrac{8}{3}\right)^2} = \sqrt{\dfrac{86}{3}}$.

EXEMPLE 2 EN DÉTERMINANT UN VECTEUR NORMAL À UN PLAN

On se place dans un repère orthonormé de l'espace. On considère le tétraèdre $EFGH$ tel que $E(0\,;0\,;3)$, $F(2\sqrt{2}\,;0\,;-1)$, $G(-\sqrt{2}\,;-\sqrt{6}\,;-1)$ et $H(-\sqrt{2}\,;\sqrt{6}\,;-1)$.

1. Déterminer les coordonnées d'un vecteur normal au plan (EFG).
2. Calculer la hauteur du tétraèdre.

CORRIGÉ COMMENTÉ

1. On pose $\vec{n}\begin{pmatrix} a \\ b \\ c \end{pmatrix}$ un vecteur normal au plan (EFG), avec a, b et c trois réels.

On doit avoir $\vec{n} \cdot \overrightarrow{EF} = 0$ et $\vec{n} \cdot \overrightarrow{EG} = 0$.

On calcule les coordonnées des vecteurs $\overrightarrow{EF}$ et $\overrightarrow{EG}$.

$\overrightarrow{EF}\begin{pmatrix} 2\sqrt{2} \\ 0 \\ -4 \end{pmatrix}$ et $\overrightarrow{EG}\begin{pmatrix} -\sqrt{2} \\ -\sqrt{6} \\ -4 \end{pmatrix}$.

Remarque

Un vecteur est normal à un plan si et seulement si il est orthogonal à deux vecteurs non colinéaires de ce plan.

On cherche a, b et c tels que :

$\vec{n}\cdot\overrightarrow{EF} = a2\sqrt{2} - 4c = 0$

$\vec{n}\cdot\overrightarrow{EG} = -a\sqrt{2} - b\sqrt{6} - 4c = 0$.

Comme il y a une infinité de vecteurs orthogonaux au plan, il y a une infinité de solutions à ce système. Il suffit d'en trouver une. C'est pour cela qu'on prend une valeur arbitraire pour *a* afin de trouver trois nombres solutions de ce système.

On choisit $a = \sqrt{2}$.

Ce choix est dicté par la première équation. Il simplifie les calculs.

On résout le système

$$\Leftrightarrow \begin{cases} a2\sqrt{2} - 4c = 0 \\ -a\sqrt{2} - b\sqrt{6} - 4c = 0 \end{cases} \Leftrightarrow \begin{cases} 4c = 2 \times 2 = 4 \text{ soit } c = 1 \\ -b\sqrt{6} = a\sqrt{2} + 4c = 2 + 4 = 6 \end{cases}.$$

$$\Leftrightarrow \begin{cases} c = 1 \\ b = -\sqrt{6} \end{cases}$$

Un vecteur normal au plan (EFG) est donc $\vec{n}\begin{pmatrix} \sqrt{2} \\ -\sqrt{6} \\ 1 \end{pmatrix}$.

2. La hauteur du tétraèdre est égale à la distance du point H au plan EFG.

Notons H' le projeté orthogonal de H sur le plan (EFG).

On a alors $HH' = \dfrac{\left|\overrightarrow{HE}\cdot\vec{n}\right|}{\|\vec{n}\|}$.

On calcule les coordonnées du vecteur $\overrightarrow{HE}$:

$\overrightarrow{HE}\begin{pmatrix} \sqrt{2} \\ -\sqrt{6} \\ 4 \end{pmatrix}$.

On a alors $HH' = \dfrac{\left|\sqrt{2} \times \sqrt{2} + \left(-\sqrt{6}\right) \times \left(-\sqrt{6}\right) + 4 \times 1\right|}{\sqrt{\sqrt{2}^2 + \left(-\sqrt{6}\right)^2 + 1^2}} = \dfrac{12}{3} = 4$.

La hauteur du tétraèdre est donc $HH' = 4$.

Remarque

Pour calculer la distance d'un point à un plan, il faut connaître les coordonnées d'un point du plan et celle d'un vecteur normal à ce plan.

EXERCICES

1 5 min ★

→ MÉTHODE 1, p. 328

On considère le prisme droit ci-contre tel que $MNOPQR$ est un hexagone régulier, $QP = 3$ et $QK = 5$.

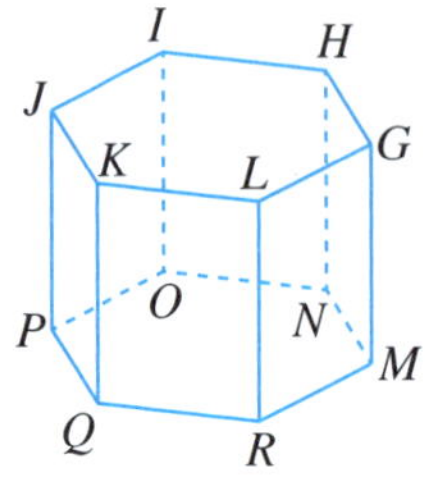

1. Calculer les produits scalaires suivants.

a) $\overrightarrow{QR}\cdot\overrightarrow{KL}$ **b)** $\overrightarrow{RM}\cdot\overrightarrow{PJ}$

2. Quelles sont les mesures, en degré, des six angles de chaque face hexagonale ?

3. Calculer les produits scalaires suivants.

a) $\overrightarrow{KL}\cdot\overrightarrow{KJ}$ **b)** $\overrightarrow{MR}\cdot\overrightarrow{HI}$

→ Corrigé p. 341

2 5 min ★

→ MÉTHODE 1, p. 328

On considère le pavé droit ci-contre constitué de deux cubes accolés de côté de longueur 5.

Calculer les produits scalaires suivants.

a) $\overrightarrow{AB}\cdot\overrightarrow{FG}$ **b)** $\overrightarrow{AI}\cdot\overrightarrow{AC}$

c) $\overrightarrow{AM}\cdot\overrightarrow{HG}$ **d)** $\overrightarrow{BI}\cdot\overrightarrow{EG}$

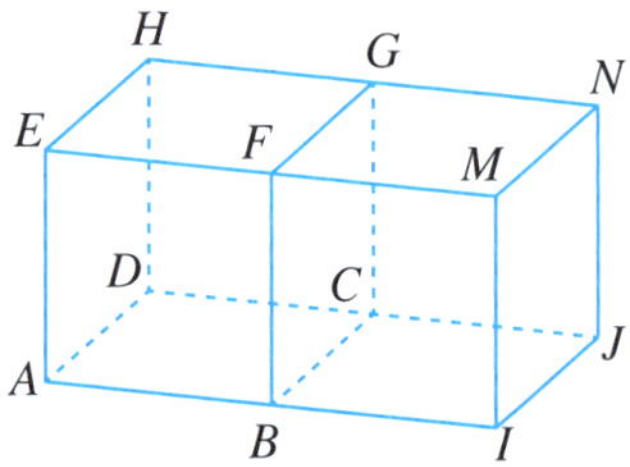

→ Corrigé p. 341

3 5 min ★

→ MÉTHODE 1, p. 328

1. On considère deux vecteurs $\vec{u}$ et $\vec{v}$ de l'espace tels que $\|\vec{u}\| = 4$, $\|\vec{v}\| = 1{,}5$ et $\|\vec{u} - \vec{v}\| = 5$. Calculer $\vec{u}\cdot\vec{v}$.

2. On considère deux vecteurs $\vec{u}$ et $\vec{v}$ de l'espace tels que $\|\vec{u} + \vec{v}\| = 4$ et $\|\vec{u} - \vec{v}\| = 3$. Calculer $\vec{u}\cdot\vec{v}$.

→ Corrigé p. 342

4 5 min ★★

→ MÉTHODE 1, p. 328

On considère la pyramide $ABCDS$ de base carrée, telle que $AB = AS = BS = CS = DS = 3$.

Calculer les produits scalaires suivants.

1. $\overrightarrow{AS}\cdot\overrightarrow{BC}$

2. $\overrightarrow{\mathrm{SB}}\cdot\overrightarrow{\mathrm{BA}}$

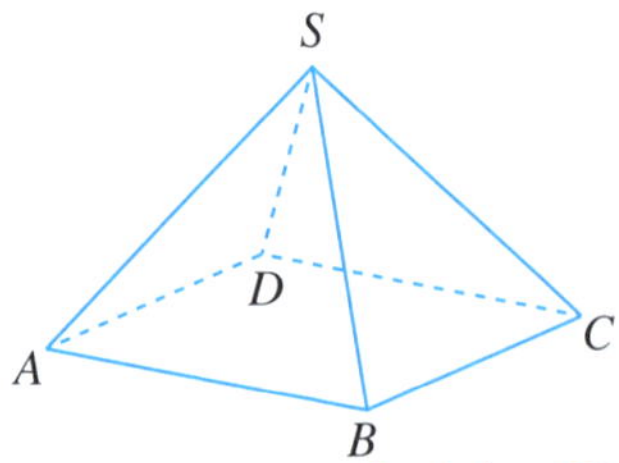

→ Corrigé p. 342

5 5 min ★

→ MÉTHODE 2, p. 329

On considère le pavé droit $ABCDEFGH$ ci-contre.
Montrer que les vecteurs $\overrightarrow{HC}$ et $\overrightarrow{AD}$ sont orthogonaux.

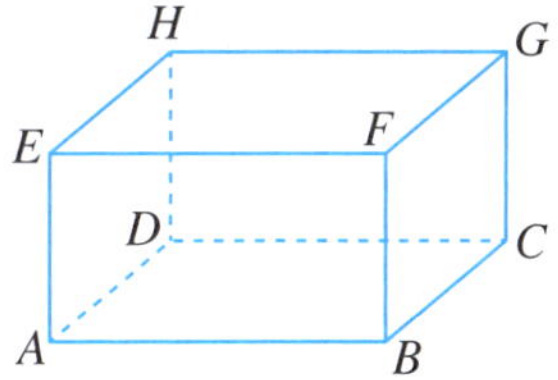

→ Corrigé p. 342

6 5 min ★

→ MÉTHODE 2, p. 329

On se place dans une base orthonormée de l'espace.
Dans chaque cas suivant, déterminer si les vecteurs sont orthogonaux.

1. $\vec{u}\begin{pmatrix}-1\\3\\4\end{pmatrix}$ et $\vec{v}\begin{pmatrix}2\\1\\-0,25\end{pmatrix}$.

2. $\vec{u}\begin{pmatrix}-1\\6\\-2\end{pmatrix}$ et $\vec{v}\begin{pmatrix}2\\3\\4\end{pmatrix}$.

3. $\vec{u}\begin{pmatrix}2\\1\\-2\end{pmatrix}$ et $\vec{v}\begin{pmatrix}4\\0\\4\end{pmatrix}$.

→ Corrigé p. 342

7 5 min ★

→ MÉTHODE 2, p. 329

Dans un repère orthonormé, on considère les points $A(-5\ ;2\ ;-1)$, $B(3\ ;0\ ;-2)$ ainsi que la droite $\mathscr{D}$ passant par le point $C(3\ ;4\ ;-7)$ et de vecteur directeur $\vec{u}\begin{pmatrix}1\\3\\2\end{pmatrix}$.

Les droites (AB) et $\mathscr{D}$ sont-elles orthogonales ?

→ Corrigé p. 343

8 5 min ★

→ MÉTHODE 2, p. 329

On se place dans un repère orthonormé de l'espace.
On considère la droite $\mathscr{D}$ passant par un point A et de vecteur directeur $\vec{u}\begin{pmatrix}0\\1\\-0,25\end{pmatrix}$.
On considère un point B et deux vecteurs $\vec{v}\begin{pmatrix}2\\-0,75\\-3\end{pmatrix}$ et $\vec{w}\begin{pmatrix}-5\\1\\4\end{pmatrix}$.

1. Montrer que B et les vecteurs $\vec{v}$ et $\vec{w}$ définissent un plan noté $\mathscr{P}$.
2. Montrer que $\mathscr{D}$ est orthogonale à $\mathscr{P}$.

→ Corrigé p. 343

9 15 min ★★

→ MÉTHODE 2, p. 329

On considère le cube ci-contre.
On note I le milieu du segment $[EH]$ et J celui du segment $[BC]$.

1. Montrer que les vecteurs $\overrightarrow{EH}$ et $\overrightarrow{IJ}$ sont orthogonaux.

2. Les droites (AG) et (HB) sont-elles orthogonales ?

3. Démontrer que la droite (IJ) est orthogonale au plan (AFG).

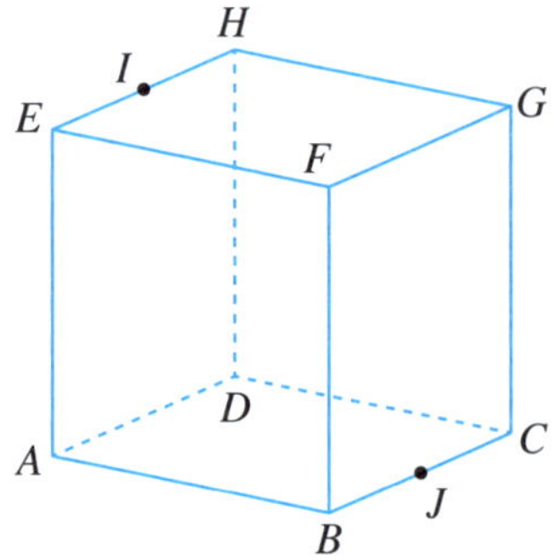

→ Corrigé p. 343

10 15 min ★

→ MÉTHODE 3, p. 331

On se place dans un repère orthonormé de l'espace. On considère les points $A(-1\,;2\,;1)$, $B(0\,;4\,;2)$, et $C(2\,;-1\,;3)$.
On note H le projeté orthogonal de C sur la droite (AB). Calculer la distance du point C à la droite (AB).

→ Corrigé p. 344

11 10 min ★

→ MÉTHODE 3, p. 331

On se place dans un repère orthonormé de l'espace. On considère les points $A(2\,;1\,;0)$, $B(-1\,;2\,;1)$, $C(-2\,;1\,;4)$ et $D(4\,;1\,;5)$.

1. Montrer que les points A, B et C définissent un plan.

2. Déterminer les coordonnées d'un vecteur normal au plan (ABC).

3. Calculer la distance du point D au plan (ABC).

→ Corrigé p. 345

12 10 min ★★

→ MÉTHODE 3, p. 331

On considère un cube $ABCDEFGH$ de côté 2. On se place dans le repère orthonormé $(A\,;\overrightarrow{AB}, \overrightarrow{AD}, \overrightarrow{AE})$.
On note I, J et K les milieux des côtés respectifs $[BC]$, $[BF]$ et $[HF]$.

1. Déterminer sans justifier les coordonnées des points I, J, G et K.

2. Déterminer les coordonnées d'un vecteur normal au plan (IJK).

3. Calculer la distance du point G au plan (IJK).

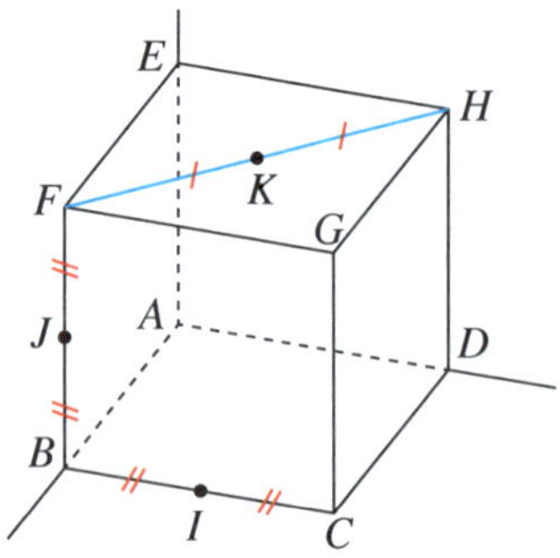

→ Corrigé p. 346

13 15 min Vrai-Faux

Pour chaque affirmation ci-dessous, dire si elle est vraie ou fausse.
Justifier la réponse.

a) Dans un repère orthonormé $(O\,;\vec{i}\,;\vec{j}\,;\vec{k})$, on note $A(-1\,;2\,;1)$, $B(1\,;1\,;2)$ et $C(2\,;-1\,;1)$.

Affirmation 1 : le triangle ABC est rectangle en B.

b) $\vec{u}$ et $\vec{v}$ sont deux vecteurs de coordonnées $\vec{u}\begin{pmatrix}-2\\1\\3\end{pmatrix}$ et $\vec{v}\begin{pmatrix}4\\1\\-3\end{pmatrix}$ dans une base orthonormée.

Affirmation 2 : les vecteurs $\vec{u}$ et $\vec{v}$ sont orthogonaux.

c) Dans un repère orthonormé, on considère la droite $\mathcal{D}$ passant par un point A et de vecteur directeur $\vec{u}\begin{pmatrix}2\\3\\-3\end{pmatrix}$ et la droite (CD) telle que $C(2\,;3\,;4)$ et $D(-1\,;2\,;3)$.

Affirmation 3 : les droites $\mathcal{D}$ et (CD) sont orthogonales.

d) Dans un repère orthonormé, on considère le plan passant par les points $A(1\,;2\,;-1)$, $B(0\,;1\,;3)$ et $C(-3\,;6\,;1)$.

Affirmation 4 : le vecteur $\vec{u}\begin{pmatrix}1\\\frac{7}{9}\\\frac{4}{9}\end{pmatrix}$ est un vecteur normal au plan (ABC).

→ Corrigé p. 347

14 20 min Démonstration et raisonnement

Soit $\mathcal{P}$ un plan de vecteur normal $\vec{n}$ et A un point de l'espace.
On veut démontrer que le projeté orthogonal H de A sur $\mathcal{P}$ est le point du plan $\mathcal{P}$ le plus proche de A.

1. On suppose que A appartient à $\mathcal{P}$. Montrer que $H = A$ et conclure.
2. On suppose que A n'appartient pas à $\mathcal{P}$. Montrer que pour tout point M du plan $\mathcal{P}$, on a $AM > AH$ et conclure.

→ Corrigé p. 347

15 20 min QCM

Déterminer parmi les trois propositions la seule réponse exacte. Aucune justification n'est demandée. Un QCM nécessite souvent de faire une recherche au brouillon.

	Réponse A	Réponse B	Réponse C
1. Dans un repère orthonormé $(O\,;\vec{i}\,;\vec{j}\,;\vec{k})$, on considère les points $A(-1\,;2\,;1)$, $B(1\,;1\,;2)$ et $C(2\,;-1\,;1)$. Le produit scalaire $\overrightarrow{AB}\cdot\overrightarrow{AC}$ vaut :	3	9	$\frac{1}{2}AC^2$
2. $ABCDEFGH$ est un pavé droit. On note I et J les milieux respectifs des segments $[BC]$ et $[AD]$. Le produit scalaire $\overrightarrow{AI}\cdot\overrightarrow{AH}$ vaut :	$\frac{\sqrt{3}}{2}$	$\frac{1}{2}AD$	$\overrightarrow{AJ}\cdot\overrightarrow{AD}$
3. Dans une base orthonormée de l'espace, on considère les vecteurs $\vec{u}\begin{pmatrix}-6\\-8\\-11\end{pmatrix}$ et $\vec{v}\begin{pmatrix}3\\4\\5\end{pmatrix}$. Les vecteurs $\vec{u}$ et $\vec{v}$ sont :	colinéaires	orthogonaux	ni colinéaires ni orthogonaux
4. Dans une base orthonormée, on considère le vecteur $\vec{u}\begin{pmatrix}\sqrt{2}\\3\\-3\end{pmatrix}$. La norme du vecteur $\vec{u}$ est égale à :	$\sqrt{8}$	$2\sqrt{5}$	$\sqrt{18}$

→ Corrigé p. 348

16 15 min ★★★

On considère le cube $ABCDEFGH$ ci-contre.
On se place dans le repère orthonormé $(D\,;\overrightarrow{DA}, \overrightarrow{DC}, \overrightarrow{DH})$.
On note K le point de l'espace défini par $\overrightarrow{KD} + 2\overrightarrow{KF} = \vec{0}$.

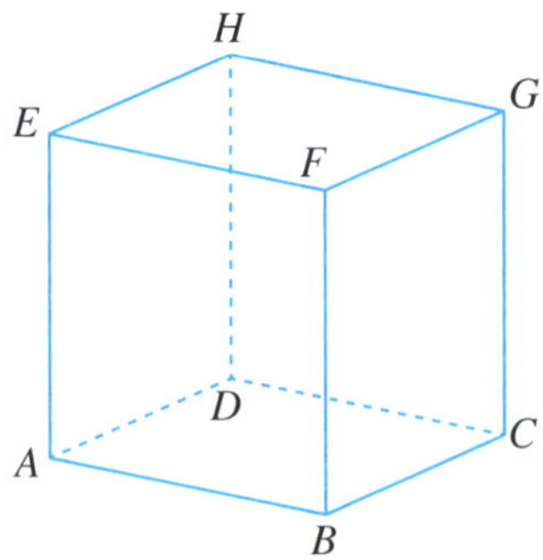

1. Déterminer les coordonnées du point K.
2. Montrer que les droites (EK) et (DF) sont orthogonales.
3. Calculer la distance EK.
4. Calculer la distance du point K au plan (ABC).

→ Corrigé p. 348

17 15 min ★★★

On considère un cube $ABCDEFGH$ ci-dessous.

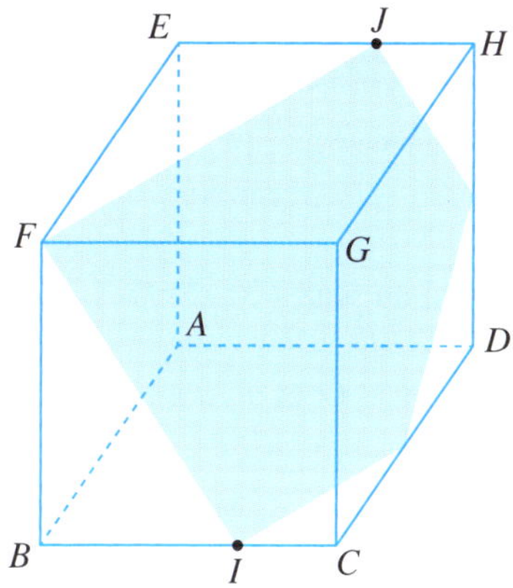

On se place dans le repère orthonormé $\left(A\ ;\ \overrightarrow{AB}\ ,\ \overrightarrow{AD}\ ,\ \overrightarrow{AE}\right)$.
On considère les points I et J définis par :

$$\overrightarrow{BI} = \frac{2}{3}\overrightarrow{BC} \text{ et } \overrightarrow{EJ} = \frac{2}{3}\overrightarrow{EH}.$$

On appelle P le projeté orthogonal de G sur le plan (FIJ).
On appelle N le point d'intersection de la droite (GP) et du plan (ADB). On note $(x\ ;\ y\ ;\ 0)$ les coordonnées de N.

1. Déterminer les coordonnées des points F, G, I et J.

2. Montrer que la droite (GN) est orthogonale aux droites (FI) et (FJ).

3. a) Exprimer les produits scalaires $\overrightarrow{GN}\cdot\overrightarrow{FI}$ et $\overrightarrow{GN}\cdot\overrightarrow{FJ}$ en fonction de x et y.

b) En déduire les coordonnées du point N.

→ Corrigé p. 349

SUJET DE BAC

Exercice 1 — 25 min — 3 points

On se place dans un repère orthonormé de l'espace.
On considère les points $B(1;2;2)$, $C(3;1;-3)$ et $D(2;4;2)$.

1. Justifier que B, C et D définissent un plan.

2. a) Soient $A(3;0;2)$ et $E(1;1;1)$. Démontrer que la droite (AE) est orthogonale au plan (BCD).

b) En déduire un vecteur normal au plan (BCD).

3. a) Montrer que $5\overrightarrow{BE} = \overrightarrow{BC} - 2\overrightarrow{BD}$.

b) En déduire que les points B, C, D et E sont coplanaires.

4. Calculer la distance du point A au plan (BCD).

→ *Corrigé p. 350*

Exercice 2 — 30 min — 4 points

On se place dans un repère orthonormé de l'espace.
On considère les points $A(2;4;2)$, $B(-4;1;2)$, $C(0;3;8)$ et $D(2;-1;6)$.
Le volume du tétraèdre $ABCD$ est $V = \frac{1}{3} \times \mathcal{A} \times h$ où $\mathcal{A}$ est l'aire de la base, c'est-à-dire du triangle BCD, et h la hauteur du tétraèdre, c'est-à-dire la distance du point A au plan (BCD).

1. Vérifier que les points B, C et D définissent un plan.

2. a) Déterminer les coordonnées d'un vecteur normal au plan (BCD).

b) En déduire la distance du point A au plan (BCD).

3. Soit I le milieu de $[CD]$.

a) Calculer les coordonnées de I.

b) Montrer que les droites (BI) et (CD) sont perpendiculaires.

c) En déduire l'aire $\mathcal{A}$ du triangle (BCD).

4. Calculer le volume du tétraèdre $ABCD$.

→ *Corrigé p. 352*

CORRIGÉS

1 → Énoncé p. 334

1. a) $\overrightarrow{QR} \cdot \overrightarrow{KL} = \overrightarrow{QR} \cdot \overrightarrow{QR}$ car dans le prisme $\overrightarrow{QR} = \overrightarrow{KL}$, donc $\overrightarrow{QR} \cdot \overrightarrow{KL} = QR^2 = 9$.

b) $\overrightarrow{RM} \cdot \overrightarrow{PJ} = \overrightarrow{RM} \cdot \overrightarrow{RL} = 0$ car les vecteurs $\overrightarrow{RM}$ et $\overrightarrow{RL}$ sont orthogonaux par construction du prisme.

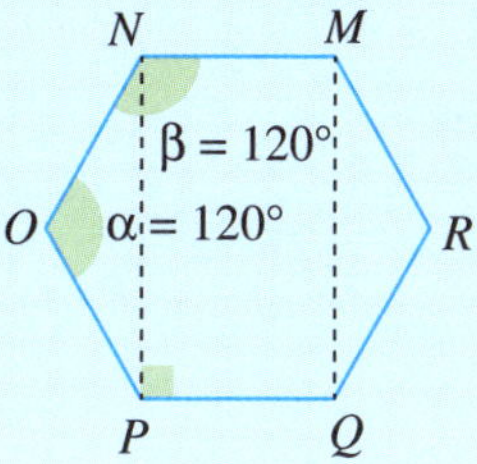

2. Le prisme possède deux faces hexagonales régulières.

$MNPQ$ est un rectangle par construction du prisme donc $\overrightarrow{QR} \cdot \overrightarrow{KL} = QR^2 = 9$.

Comme l'hexagone est régulier, tous ses angles sont égaux.

On a donc

$\widehat{PON} + \widehat{ONM} + \widehat{NMR} + \widehat{MRQ} + \widehat{RQP} + \widehat{QPO} = 6\widehat{PON}$

Or la somme des angles de l'hexagone est égale à la somme des angles des triangles PON et MRQ et des angles du rectangle $MNPQ$ soit $180 + 180 + 4 \times 90 = 720$.

On a alors $6\widehat{PON} = 720$ donc $\widehat{PON} = 120$.

Tous les angles de l'hexagone mesurent 120°.

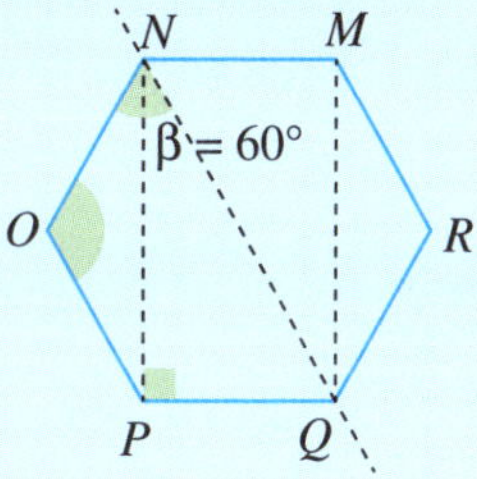

3. a) $\overrightarrow{KL} \cdot \overrightarrow{KJ} = KL \times KJ \times \cos(120) = 3 \times 3 \times \left(-\dfrac{1}{2}\right)$

$= -4{,}5.$

b) $\overrightarrow{MR} \cdot \overrightarrow{HI} = \overrightarrow{MR} \cdot \overrightarrow{NO} = MR \times NO \times \cos(60) = 9 \times \dfrac{1}{2}$

$= 4{,}5.$

2 → Énoncé p. 334

a) $\overrightarrow{AB} \cdot \overrightarrow{FG} = \overrightarrow{AB} \cdot \overrightarrow{BC}$ par construction du cube

$= 0$ car les vecteurs $\overrightarrow{AB}$ et $\overrightarrow{BC}$ sont orthogonaux.

b) $\overrightarrow{AI} \cdot \overrightarrow{AC} = \overrightarrow{AI} \cdot \overrightarrow{AB}$ car B est le projeté orthogonal de C sur (AI)

$= AI \times AB = 2 \times AB \times AB = 50$.

c) $\overrightarrow{AM} \cdot \overrightarrow{HG} = \overrightarrow{AM} \cdot \overrightarrow{AB}$ car $\overrightarrow{HG} = \overrightarrow{AB}$ par construction du cube

$= \overrightarrow{AI} \cdot \overrightarrow{AB}$ car I est le projeté orthogonal de M sur (AB)

$= AI \times AB$

$= 2 \times AB \times AB = 50$.

d) $\overrightarrow{BI} \cdot \overrightarrow{EG} = \overrightarrow{BI} \cdot \overrightarrow{BJ}$ car $\overrightarrow{EG} = \overrightarrow{BJ}$

$= BI \times BJ \times \cos(45°)$

$= 5 \times 5\sqrt{2} \times \dfrac{\sqrt{2}}{2} = 25$.

On aurait aussi pu utiliser le projeté orthogonal de *J* sur (*BI*) qui est *I*.

3 → Énoncé p. 334

1. $\vec{u}\cdot\vec{v} = \frac{1}{2}\left(\|\vec{u}\|^2 + \|\vec{v}\|^2 - \|\vec{u} - \vec{v}\|^2\right) = \frac{1}{2}(4^2 + 1{,}5^2 - 5^2) = -3{,}375.$
2. $\vec{u}\cdot\vec{v} = \frac{1}{4}\left(\|\vec{u} + \vec{v}\|^2 - \|\vec{u} - \vec{v}\|^2\right) = \frac{1}{4}(4^2 - 3^2) = \frac{7}{4} = 1{,}75.$

Remarque
Les données de l'énoncé permettent de déterminer la bonne expression à utiliser.

4 → Énoncé p. 334

1. $\overrightarrow{AS}\cdot\overrightarrow{BC} = \overrightarrow{AS}\cdot\overrightarrow{AD}$ car la pyramide est à base carrée, donc $\overrightarrow{AD} = \overrightarrow{BC}$.
Or le triangle ASD est équilatéral car $AS = DS = AD$.
Donc $\overrightarrow{AS}\cdot\overrightarrow{BC} = AS \times AD \times \cos(\widehat{DAS})$
$= 3 \times 3 \times \cos(60°) = \frac{9}{2} = 4{,}5$.

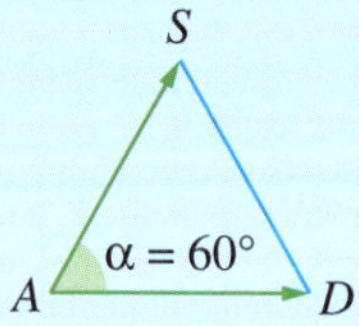

2. $\overrightarrow{SB}\cdot\overrightarrow{BA} = \overrightarrow{SB}\cdot\overrightarrow{SS'}$ avec $\overrightarrow{SS'} = \overrightarrow{BA}$
$= SB \times SS' \times \cos(120°)$
$= 3 \times 3 \times \left(-\frac{1}{2}\right) = -4{,}5$.

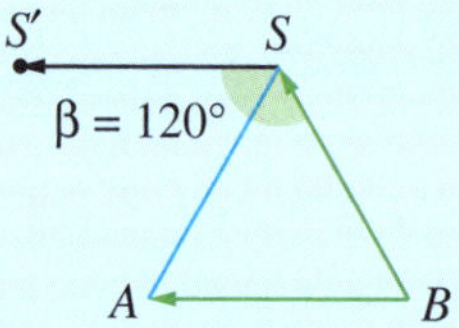

Astuce
On dessine la face dans laquelle on veut calculer le produit scalaire.

5 → Énoncé p. 335

On calcule $\overrightarrow{HC}\cdot\overrightarrow{AD}$:
$\overrightarrow{HC}\cdot\overrightarrow{AD} = (\overrightarrow{HD} + \overrightarrow{DC})\cdot\overrightarrow{AD}$ en utilisant la relation de Chasles.
$= \overrightarrow{HD}\cdot\overrightarrow{AD} + \overrightarrow{DC}\cdot\overrightarrow{AD}$
$= 0 + 0$ car les vecteurs $\overrightarrow{HD}$ et $\overrightarrow{AD}$ sont orthogonaux, ainsi que les vecteurs $\overrightarrow{DC}$ et $\overrightarrow{AD}$.

Remarque
On décompose un vecteur avec la relation de Chasles et on utilise la linéarité.

6 → Énoncé p. 335

1. $\vec{u}\cdot\vec{v} = (-1) \times 2 + 3 \times 1 + 4 \times (-0{,}25) = -2 + 3 - 1 = 0.$
On utilise la formule du produit scalaire avec les coordonnées car on est dans une base orthonormée et les vecteurs sont définis par leurs coordonnées.
$\vec{u}\cdot\vec{v} = 0$ donc les vecteurs sont orthogonaux.
2. $\vec{u}\cdot\vec{v} = (-1) \times 2 + 6 \times 3 + (-2) \times 4 = -2 + 18 + (-8) = 8 \neq 0$.
$\vec{u}\cdot\vec{v} \neq 0$ donc les vecteurs ne sont pas orthogonaux.
3. $\vec{u}\cdot\vec{v} = 2 \times 4 + 1 \times 0 + (-2) \times 4 = 8 + 0 - 8 = 0$.
$\vec{u}\cdot\vec{v} = 0$ donc les vecteurs sont orthogonaux.

Rappel
Pour déterminer si deux vecteurs sont orthogonaux dans une base orthonormée, on montre que leur produit scalaire est égal à 0.

7 → Énoncé p. 335

On calcule le produit scalaire d'un vecteur directeur de $\mathscr{D}$ avec un vecteur directeur de (AB).

$\overrightarrow{AB}\begin{pmatrix} 3-(-5) \\ 0-2 \\ (-2)-(-1) \end{pmatrix}$ donc $\overrightarrow{AB}\begin{pmatrix} 8 \\ -2 \\ -1 \end{pmatrix}$ est un vecteur directeur de (AB).

On calcule $\overrightarrow{AB}\cdot\vec{u}$:

$\overrightarrow{AB}\cdot\vec{u} = 8\times 1 + (-2)\times 3 + (-1)\times 2 = 8-6-2 = 0$.

Les vecteurs sont orthogonaux donc les droites sont orthogonales.

> **Rappel**
> Deux droites $\mathscr{D}$ et $\mathscr{D}'$ de l'espace sont orthogonales si et seulement si un vecteur directeur de $\mathscr{D}$ est orthogonal à un vecteur directeur de $\mathscr{D}'$.

8 → Énoncé p. 335

1. On démontre que $\vec{v}$ et $\vec{w}$ ne sont pas colinéaires.

On a :

$\dfrac{x_{\vec{w}}}{x_{\vec{v}}} = \dfrac{-5}{2} = -2{,}5$. Par ailleurs, $\dfrac{y_{\vec{w}}}{y_{\vec{v}}} = \dfrac{1}{-0{,}75} = -\dfrac{4}{3}$.

On a $\dfrac{x_{\vec{w}}}{x_{\vec{v}}} \neq \dfrac{y_{\vec{w}}}{y_{\vec{v}}}$.

Les vecteurs ne sont donc pas colinéaires.

B et les vecteurs $\vec{v}$ et $\vec{w}$ définissent bien un plan noté $\mathscr{P}$.

> **Rappel**
> Un plan est défini par la donnée d'un point et de deux vecteurs non colinéaires.

2. Il suffit de montrer que $\vec{u}$ est orthogonal à $\vec{v}$ et $\vec{w}$.

$\vec{u}\cdot\vec{v} = 0\times 2 + 1\times(-0{,}75) + (-0{,}25)\times(-3)$
$= 0 - 0{,}75 + 0{,}75 = 0.$

$\vec{u}\cdot\vec{w} = 0\times(-5) + 1\times 1 + (-0{,}25)\times 4 = 0+1-1 = 0$.

$\vec{u}$ est orthogonal à deux vecteurs non colinéaires du plan $\mathscr{P}$ donc $\vec{u}$ est un vecteur normal à $\mathscr{P}$.

La droite $\mathscr{D}$ est donc orthogonale à $\mathscr{P}$.

> **Rappel**
> Une droite $\mathscr{D}$ de vecteur directeur $\vec{u}$ est orthogonale à un plan $\mathscr{P}$ de base $(\vec{v}\,;\vec{w})$ si et seulement si $\vec{u}$ est orthogonal à $\vec{v}$ et à $\vec{w}$.

9 → Énoncé p. 336

On se place dans le repère $\left(A\,;\overrightarrow{AB}\,;\overrightarrow{AD}\,;\overrightarrow{AE}\right)$.

1. $E(0\,;0\,;1)$; $H(0\,;1\,;1)$; $I\left(0\,;\dfrac{1}{2}\,;1\right)$ et $J\left(1\,;\dfrac{1}{2}\,;0\right)$; $G(1\,;1\,;1)$; $F(1\,;0\,;1)$.

Donc $\overrightarrow{EH}\begin{pmatrix} 0 \\ 1 \\ 0 \end{pmatrix}$ et $\overrightarrow{IJ}\begin{pmatrix} 1 \\ 0 \\ -1 \end{pmatrix}$.

Donc $\overrightarrow{EH}\cdot\overrightarrow{IJ} = 0+0+0 = 0$. Les vecteurs sont orthogonaux.

2. $\overrightarrow{AG}\begin{pmatrix}1\\1\\1\end{pmatrix}$ et $\overrightarrow{HB}\begin{pmatrix}1\\-1\\-1\end{pmatrix}$.

$\overrightarrow{AG}\cdot\overrightarrow{HB} = 1-1-1 = -1 \neq 0$ donc les droites (AG) et (HB) ne sont pas orthogonales.

3. On calcule $\overrightarrow{IJ}\cdot\overrightarrow{AF}$ et $\overrightarrow{IJ}\cdot\overrightarrow{FG}$.

$\overrightarrow{IJ}\begin{pmatrix}1\\0\\-1\end{pmatrix}$ et $\overrightarrow{AF}\begin{pmatrix}1\\0\\1\end{pmatrix}$

$\overrightarrow{IJ}\cdot\overrightarrow{AF} = 1+0-1 = 0$. La droite (IJ) est donc orthogonale à la droite (AF).

De même :

$\overrightarrow{IJ}\begin{pmatrix}1\\0\\-1\end{pmatrix}$ et $\overrightarrow{FG}\begin{pmatrix}0\\1\\0\end{pmatrix}$

$\overrightarrow{IJ}\cdot\overrightarrow{FG} = 0+0+0 = 0$. La droite (IJ) est donc orthogonale à la droite (FG).

Les droites (AF) et (FG) sont incluses dans le plan (AFG). La droite (IJ) est orthogonale à deux droites sécantes du plan (AFG) donc elle est orthogonale au plan (AFG).

10 → *Énoncé p. 336*

Le vecteur $\overrightarrow{AB}$ est un vecteur directeur de la droite (AB) : $\overrightarrow{AB}\begin{pmatrix}1\\2\\1\end{pmatrix}$.

On applique la formule de la distance d'un point à une droite :

$$CH = \left\|\overrightarrow{CA} - \frac{\overrightarrow{CA}\cdot\overrightarrow{AB}}{AB^2}\overrightarrow{AB}\right\|.$$

Or $\overrightarrow{CA}\begin{pmatrix}-3\\3\\-2\end{pmatrix}$ donc $\overrightarrow{CA}\cdot\overrightarrow{AB} = (-3)\times 1 + 3\times 2 + (-2)\times 1 = -3+6-2 = 1$.

On utilise la formule du produit scalaire avec les coordonnées puisqu'on est dans un repère orthonormé.

De plus, $AB^2 = 1^2 + 2^2 + 1^2 = 6$.

On utilise la formule de la norme : $\|\vec{u}\| = \sqrt{x^2+y^2+z^2}$.

Donc le vecteur $\overrightarrow{CA} - \dfrac{\overrightarrow{CA}\cdot\overrightarrow{AB}}{AB^2}\overrightarrow{AB}$ a pour coordonnées : $\begin{pmatrix}-3-\frac{1}{6}\times 1\\3-\frac{1}{6}\times 2\\-2-\frac{1}{6}\times 1\end{pmatrix} = \begin{pmatrix}-\frac{19}{6}\\\frac{8}{3}\\-\frac{13}{6}\end{pmatrix}$.

On a alors $CH = \sqrt{\left(-\dfrac{19}{6}\right)^2 + \left(\dfrac{8}{3}\right)^2 + \left(-\dfrac{13}{6}\right)^2} = \dfrac{\sqrt{786}}{6}$

11 → *Énoncé p. 336*

1. On vérifie que les vecteurs $\overrightarrow{AB}$ et $\overrightarrow{AC}$, par exemple, ne sont pas colinéaires.

$\overrightarrow{AB}\begin{pmatrix}-3\\1\\1\end{pmatrix}$ et $\overrightarrow{AC}\begin{pmatrix}-4\\0\\4\end{pmatrix}$.

> **Astuce**
> Il suffit de choisir deux vecteurs formés avec les points A,B et C.

On a : $\dfrac{x_{\overrightarrow{AC}}}{x_{\overrightarrow{AB}}} = \dfrac{-4}{-3} = \dfrac{4}{3}$ et $\dfrac{y_{\overrightarrow{AC}}}{y_{\overrightarrow{AB}}} = \dfrac{0}{1} = 0$.

$\dfrac{x_{\overrightarrow{AC}}}{x_{\overrightarrow{AB}}} \neq \dfrac{y_{\overrightarrow{AC}}}{y_{\overrightarrow{AB}}}$ donc les vecteurs ne sont pas colinéaires. Les points A, B et C définissent bien un plan.

2. On pose $\vec{n}\begin{pmatrix}a\\b\\c\end{pmatrix}$ un vecteur normal au plan (ABC), avec, a, b et c trois réels.

On doit avoir $\vec{n}\cdot\overrightarrow{AB} = 0$ et $\vec{n}\cdot\overrightarrow{AC} = 0$.

On cherche a, b et c tels que :

$\vec{n}\cdot\overrightarrow{AB} = -3a + b + c = 0$

$\vec{n}\cdot\overrightarrow{AC} = -4a + 4c = 0$.

> **Remarque**
> Un vecteur est normal à un plan si et seulement si il est orthogonal à deux vecteurs non colinéaires de ce plan.

Comme il y a une infinité de vecteurs orthogonaux au plan, il y a une infinité de solutions à ce système. Il suffit d'en trouver une. C'est pour cela qu'on prend une valeur arbitraire pour *a* afin de trouver trois nombres solutions de ce système.

On choisit $a = 1$;

On a alors avec la deuxième équation : $4c = 4a$ soit $c = a = 1$.

On trouve enfin avec la première équation :

$b = 3a - c = 3 - 1 = 2$.

Un vecteur normal au plan (ABC) est donc $\vec{n}\begin{pmatrix}1\\2\\1\end{pmatrix}$.

3. On note H le projeté orthogonal de D sur le plan (ABC).

On a alors $DH = \dfrac{\left|\overrightarrow{DA}\cdot\vec{n}\right|}{\|\vec{n}\|}$.

> **Remarque**
> Pour calculer la distance d'un point à un plan, il faut connaître les coordonnées d'un point du plan et celles d'un vecteur normal à ce plan.

On calcule les coordonnées du vecteur $\overrightarrow{DA}$:

$\overrightarrow{DA}\begin{pmatrix}2-4\\1-1\\0-5\end{pmatrix}$ donc $\overrightarrow{DA}\begin{pmatrix}-2\\0\\-5\end{pmatrix}$ et $\vec{n} = \sqrt{1^2 + 2^2 + 1^2} = \sqrt{6}$.

On a alors $\left|\overrightarrow{DA}\cdot\vec{n}\right| = |-2 + 0 - 5| = 7$.

On trouve enfin : $DH = \dfrac{7}{\sqrt{6}}$.

12 → *Énoncé p. 336*

1. $I\left(1\,;\frac{1}{2}\,;0\right)$; $J\left(1\,;0\,;\frac{1}{2}\right)$; $G(1\,;1\,;1)$ et $K\left(\frac{1}{2}\,;\frac{1}{2}\,;1\right)$.

2. On pose $\vec{n}\begin{pmatrix} a \\ b \\ c \end{pmatrix}$ un vecteur normal au plan (IJK), avec, a, b et c trois réels.

On doit avoir $\vec{n}\cdot\overrightarrow{IJ} = 0$ et $\vec{n}\cdot\overrightarrow{IK} = 0$.

$\overrightarrow{IJ}\begin{pmatrix} 0 \\ -\frac{1}{2} \\ \frac{1}{2} \end{pmatrix}$ et $\overrightarrow{IK}\begin{pmatrix} -\frac{1}{2} \\ 0 \\ 1 \end{pmatrix}$.

> **Remarque**
> Un vecteur est normal à un plan si et seulement si il est orthogonal à deux vecteurs non colinéaires de ce plan.

On cherche a, b et c tels que :

$\vec{n}\cdot\overrightarrow{IJ} = -\frac{1}{2}b + \frac{1}{2}c = 0$ soit $b = c$.

$\vec{n}\cdot\overrightarrow{IK} = -\frac{1}{2}a + c = 0$ soit $c = \frac{1}{2}a$.

Comme il y a une infinité de vecteurs orthogonaux au plan, il y a une infinité de solutions à ce système. Il suffit d'en trouver une. C'est pour cela qu'on prend une valeur arbitraire pour *a* afin de trouver trois nombres solutions de ce système.

On choisit $a = 2$

On a alors avec la deuxième équation : $c = \frac{1}{2}a$ soit $c = 1$.

On trouve enfin avec la première équation : $b = c = 1$.

Un vecteur normal au plan (IJK) est donc $\vec{n}\begin{pmatrix} 2 \\ 1 \\ 1 \end{pmatrix}$.

On note G' le projeté orthogonal de G sur le plan (IJK).

On a alors $GG' = \dfrac{\left|\overrightarrow{GI}\cdot\vec{n}\right|}{\|\vec{n}\|}$.

On calcule les coordonnées du vecteur $\overrightarrow{GI}$:

$\overrightarrow{GI}\begin{pmatrix} 0 \\ -\frac{1}{2} \\ -1 \end{pmatrix}$ et $\|\vec{n}\| = \sqrt{2^2 + 1^2 + 1^2} = \sqrt{6}$.

On a alors $\left|\overrightarrow{GI}\cdot\vec{n}\right| = \left|0 - \frac{1}{2} - 1\right| = \left|-\frac{3}{2}\right| = \frac{3}{2}$.

On trouve enfin : $DH = \dfrac{\frac{3}{2}}{\sqrt{6}} = \dfrac{3}{2\sqrt{6}}$.

13 → Énoncé p. 337

a) Faux.

$\overrightarrow{BA}\begin{pmatrix}-2\\1\\-1\end{pmatrix}$ et $\overrightarrow{BC}\begin{pmatrix}1\\-2\\-1\end{pmatrix}$.

On a $\overrightarrow{BA}\cdot\overrightarrow{BC} = -2-2+1 = -3 \neq 0$ donc le triangle n'est pas rectangle en B.

b) Faux.

$\vec{u}\cdot\vec{v} = -8+1-9 = -16 \neq 0$ donc les vecteurs ne sont pas orthogonaux.

c) Faux.

$\overrightarrow{CD}\begin{pmatrix}-3\\-1\\-1\end{pmatrix}$ donc $\overrightarrow{CD}\cdot\vec{u} = -6-3+3 = -6 \neq 0$ donc les droites ne sont pas orthogonales.

d) Vrai.

On vérifie si $\vec{u}$ est orthogonal à deux vecteurs non colinéaires du plan (ABC).

On a : $\overrightarrow{AB}\begin{pmatrix}-1\\-1\\4\end{pmatrix}$ et $\overrightarrow{AC}\begin{pmatrix}-4\\4\\2\end{pmatrix}$.

$\dfrac{x_{\overrightarrow{AC}}}{x_{\overrightarrow{AB}}} = \dfrac{-4}{-1} = 4$ et $\dfrac{y_{\overrightarrow{AC}}}{y_{\overrightarrow{AB}}} = \dfrac{4}{-1} = -4$

$\dfrac{x_{\overrightarrow{AC}}}{x_{\overrightarrow{AB}}} \neq \dfrac{y_{\overrightarrow{AC}}}{y_{\overrightarrow{AB}}}$ donc les vecteurs ne sont pas colinéaires.

On calcule alors : $\vec{u}\cdot\overrightarrow{AB}$ et $\vec{u}\cdot\overrightarrow{AC}$:

$$\vec{u}\cdot\overrightarrow{AB} = 1\times(-1)+\frac{7}{9}\times(-1)+\frac{4}{9}\times 4 = -1-\frac{7}{9}+\frac{16}{9} = \frac{-9-7+16}{9} = 0$$

$$\vec{u}\cdot\overrightarrow{AC} = 1\times(-4)+\frac{7}{9}\times 4+\frac{4}{9}\times 2 = \frac{-36+28+8}{9} = 0.$$

Le vecteur $\vec{u}$ est orthogonal au plan (ABC).

14 → Énoncé p. 337

1. Par définition, le projeté orthogonal d'un point A sur un plan est l'intersection de la droite passant par A et orthogonale au plan.

Si A appartient à $\mathcal{P}$, l'intersection du plan et de la droite orthogonale au plan passant par A est le point A. C'est aussi le point le plus proche de A.

2. On suppose que A n'appartient pas à $\mathcal{P}$.

On note H son projeté orthogonal sur le plan $\mathcal{P}$.

Soit M un point du plan $\mathcal{P}$. On se place dans le plan (AMH). Le triangle AMH est rectangle en H donc son hypoténuse AM est strictement supérieure à la longueur de chacun des deux autres côtés.

Donc $AM > AH$ ceci pour tout point M de $\mathcal{P}$.
H est donc le point du plan $\mathcal{P}$ le plus proche de A.

15 → *Énoncé p. 338*

1. Réponse B.

$\overrightarrow{AB}\begin{pmatrix}2\\-1\\1\end{pmatrix}$ et $\overrightarrow{AC}\begin{pmatrix}3\\-3\\0\end{pmatrix}$ donc $\overrightarrow{AB}\cdot\overrightarrow{AC} = 2\times 3 + (-1)\times(-3) + 1\times 0 = 9$.

2. Réponse C.

$\overrightarrow{AI}\cdot\overrightarrow{AH} = \overrightarrow{AI}\cdot(\overrightarrow{AD}+\overrightarrow{DH}) = \overrightarrow{AI}\cdot\overrightarrow{AD} + \overrightarrow{AI}\cdot\overrightarrow{DH}$ Or $\overrightarrow{AI}\cdot\overrightarrow{DH} = 0$ car les vecteurs $\overrightarrow{AI}$ et $\overrightarrow{DH}$ sont orthogonaux.

Donc $\overrightarrow{AI}\cdot\overrightarrow{AH} = \overrightarrow{AI}\cdot\overrightarrow{AD}$. Or le projeté orthogonal de I sur (AD) est le point J.

Donc $\overrightarrow{AI}\cdot\overrightarrow{AD} = \overrightarrow{AJ}\cdot\overrightarrow{AD}$.

3. Réponse C.

$\vec{u}\cdot\vec{v} = -18 - 32 - 55 \neq 0$ donc les vecteurs ne sont pas orthogonaux.

On a : $\dfrac{x_{\vec{u}}}{x_{\vec{v}}} = \dfrac{-6}{3} = -2$ et $\dfrac{z_{\vec{u}}}{z_{\vec{v}}} = \dfrac{-11}{5} = -2{,}2$

$\dfrac{x_{\vec{u}}}{x_{\vec{v}}} \neq \dfrac{z_{\vec{u}}}{z_{\vec{v}}}$ donc les vecteurs ne sont pas colinéaires.

Il ne reste que la réponse C.

4. Réponse B.

$\|\vec{u}\| = \sqrt{\sqrt{2}^2 + 3^2 + (-3)^2} = \sqrt{2+9+9} = \sqrt{20} = \sqrt{4\times 5} = \sqrt{4}\times\sqrt{5} = 2\sqrt{5}$.

16 → *Énoncé p. 338*

Rappel
Un vecteur est nul si et seulement si ses coordonnées sont égales à 0.

2. On pose $K(x\,;y\,;z)$.

On a $\overrightarrow{KD}\begin{pmatrix}-x\\-y\\-z\end{pmatrix}$ et $2\overrightarrow{KF}\begin{pmatrix}2(1-x)\\2(1-y)\\2(1-z)\end{pmatrix}$

$$\overrightarrow{KD} + 2\overrightarrow{KF} = \vec{0} \Leftrightarrow \begin{cases}-x+2(1-x)=0\\-y+2(1-y)=0\\-z+2(1-z)=0\end{cases} \Leftrightarrow \begin{cases}-3x=-2\\-3y=-2\\-3z=-2\end{cases} \Leftrightarrow \begin{cases}x=\dfrac{2}{3}\\y=\dfrac{2}{3}\\z=\dfrac{2}{3}\end{cases}.$$

Donc $K\left(\dfrac{2}{3}\,;\dfrac{2}{3}\,;\dfrac{2}{3}\right)$.

2. On calcule le produit scalaire $\overrightarrow{EK} \cdot \overrightarrow{DF}$.

On a $\overrightarrow{EK}\begin{pmatrix} -\frac{1}{3} \\ \frac{2}{3} \\ -\frac{1}{3} \end{pmatrix}$ et $\overrightarrow{DF}\begin{pmatrix} 1 \\ 1 \\ 1 \end{pmatrix}$ donc $\overrightarrow{EK} \cdot \overrightarrow{DF} = -\frac{1}{3} + \frac{2}{3} - \frac{1}{3} = 0$.

3. $EK = \|\overrightarrow{EK}\| = \sqrt{\left(-\frac{1}{3}\right)^2 + \left(\frac{2}{3}\right)^2 + \left(-\frac{1}{3}\right)^2} = \sqrt{\frac{1}{9} + \frac{4}{9} + \frac{1}{9}} = \frac{\sqrt{6}}{3}$.

4. On note K' le projeté orthogonal de K sur le plan (ABC). On a alors :

$KK' = \frac{|\overrightarrow{KD} \cdot \vec{n}|}{\|\vec{n}\|}$ où $\vec{n}$ est un vecteur normal au plan (ABC).

On prend $\vec{n} = \overrightarrow{DH}\begin{pmatrix} 0 \\ 0 \\ 1 \end{pmatrix}$.

Or $\overrightarrow{KD}\begin{pmatrix} -\frac{2}{3} \\ -\frac{2}{3} \\ -\frac{2}{3} \end{pmatrix}$ donc $|\overrightarrow{KD} \cdot \vec{n}| = \left|-\frac{2}{3}\right| = \frac{2}{3}$ et $\|\vec{n}\| = \sqrt{0^2 + 0^2 + 1^2} = 1$.

Donc $KK' = \frac{|\overrightarrow{KD} \cdot \vec{n}|}{\|\vec{n}\|} = \frac{\frac{2}{3}}{1} = \frac{2}{3}$.

17 → Énoncé p. 339

1. On a : $A(0;0;0)$; $B(1;0;0)$; $C(1;1;0)$; $F(1;0;1)$; $G(1;1;1)$.

Par ailleurs $\overrightarrow{BI} = \frac{2}{3}\overrightarrow{BC} \Leftrightarrow \begin{cases} x_I - 1 = \frac{2}{3}(1-1) \\ y_I - 0 = \frac{2}{3}(1-0) \\ z_I - 0 = \frac{2}{3}(0-0) \end{cases} \Leftrightarrow \begin{cases} x_I = 1 \\ y_I = \frac{2}{3} \\ z_I = 0 \end{cases}$ donc $I\left(1\,;\frac{2}{3}\,;0\right)$.

De même, $E(0;0;1)$ et $H(0;1;1)$.

Rappel

Deux vecteurs sont égaux si et seulement si ils ont les mêmes coordonnées.

Donc $\overrightarrow{EJ} = \frac{2}{3}\overrightarrow{EH} \Leftrightarrow \begin{cases} x_J - 0 = \frac{2}{3}(0-0) \\ y_J - 0 = \frac{2}{3}(1-0) \\ z_J - 1 = \frac{2}{3}(1-1) \end{cases} \Leftrightarrow \begin{cases} x_J = 0 \\ y_J = \frac{2}{3} \\ z_J = 1 \end{cases}$ donc $J\left(0\,;\frac{2}{3}\,;1\right)$.

2. N appartient à la droite (GP). Or P est le projeté orthogonal de G sur le plan (FIJ), donc (GN) est orthogonale au plan (FIJ). La droite (GN) est donc orthogonale à toute droite du plan (FIJ), en particulier aux droites (FI) et (FJ).

3. a) On a $\overrightarrow{GN}\begin{pmatrix} x-1 \\ y-1 \\ 0-1 \end{pmatrix}$ donc $\overrightarrow{GN}\begin{pmatrix} x-1 \\ y-1 \\ -1 \end{pmatrix}$. De plus $\overrightarrow{FI}\begin{pmatrix} 0 \\ \frac{2}{3} \\ -1 \end{pmatrix}$.

Donc $\overrightarrow{GN}\cdot\overrightarrow{FI} = \frac{2}{3}(y-1)+1 = 0$ car les droites (GN) et (FI) sont orthogonales.

De même, $\overrightarrow{FJ}\begin{pmatrix} -1 \\ \frac{2}{3} \\ 0 \end{pmatrix}$ donc $\overrightarrow{GN}\cdot\overrightarrow{FJ} = -1\times(x-1)+\frac{2}{3}(y-1)+0 = 0$ donc :

$$\overrightarrow{GN}\cdot\overrightarrow{FJ} = -x+\frac{2}{3}y+\frac{1}{3} = 0.$$

b) On résout le système $\begin{cases} \frac{2}{3}(y-1)+1 = 0 \\ -x+\frac{2}{3}y+\frac{1}{3} = 0 \end{cases} \Leftrightarrow \begin{cases} y = -\frac{1}{2} \\ x = \frac{2}{3}y+\frac{1}{3} = -\frac{1}{3}+\frac{1}{3} = 0 \end{cases}$.

On a calculé la valeur de y avec la première équation. On remplace y par $-\frac{1}{2}$ dans la deuxième équation.

Donc $N\left(0\,;-\frac{1}{2}\,;0\right)$.

SUJET DE BAC

Exercice 1 → *Énoncé p. 340*

1. On vérifie que les vecteurs $\overrightarrow{BC}$ et $\overrightarrow{BD}$ ne sont pas colinéaires.

On a : $\overrightarrow{BC}\begin{pmatrix} 2 \\ -1 \\ -5 \end{pmatrix}$ et $\overrightarrow{BD}\begin{pmatrix} 1 \\ 2 \\ 0 \end{pmatrix}$. Or $\frac{x_{\overrightarrow{BD}}}{x_{\overrightarrow{BC}}} = \frac{1}{2}$ et $\frac{y_{\overrightarrow{BD}}}{y_{\overrightarrow{BC}}} = \frac{2}{-1} = -2$.

$\frac{x_{\overrightarrow{BD}}}{x_{\overrightarrow{BC}}} \neq \frac{y_{\overrightarrow{BD}}}{y_{\overrightarrow{BC}}}$ donc les coordonnées des vecteurs $\overrightarrow{BC}$ et $\overrightarrow{BD}$ ne sont pas proportionnelles. Les vecteurs ne sont donc pas colinéaires et les points B, C et D définissent bien un plan.

2. a) On démontre que le vecteur $\overrightarrow{AE}$ est orthogonal à deux vecteurs non colinéaires du plan (BCD), par exemple à $\overrightarrow{BC}$ et $\overrightarrow{BD}$.

On a $\overrightarrow{AE}\begin{pmatrix}-2\\1\\-1\end{pmatrix}$.

Donc $\overrightarrow{AE}\cdot\overrightarrow{BC} = (-2)\times 2 + 1\times(-1) + (-1)\times(-5) = -4 - 1 + 5 = 0$.

De plus, $\overrightarrow{AE}\cdot\overrightarrow{BD} = (-2)\times 1 + 1\times 2 + (-1)\times 0 = -2 + 2 = 0$.

Le vecteur $\overrightarrow{AE}$ est orthogonal à deux vecteurs non colinéaires du plan (BCD), donc il est orthogonal au plan (BCD).

b) $\overrightarrow{AE}$ est un vecteur normal au plan (BCD) par définition.

3. a) $\overrightarrow{BE}\begin{pmatrix}0\\-1\\-1\end{pmatrix}$ donc $5\overrightarrow{BE}\begin{pmatrix}0\\-5\\-5\end{pmatrix}$. Par ailleurs $\overrightarrow{BC}\begin{pmatrix}2\\-1\\-5\end{pmatrix}$ et $-2\overrightarrow{BD}\begin{pmatrix}-2\\-4\\0\end{pmatrix}$.

Donc $\overrightarrow{BC} - 2\overrightarrow{BD}\begin{pmatrix}2-2\\-1-4\\-5+0\end{pmatrix}$ soit $\overrightarrow{BC} - 2\overrightarrow{BD}\begin{pmatrix}0\\-5\\-5\end{pmatrix} = 5\overrightarrow{BE}$.

b) D'après, la question précédente, $\overrightarrow{BE} = \frac{1}{5}\overrightarrow{BC} - \frac{2}{5}\overrightarrow{BD}$

Les vecteurs $\overrightarrow{BC}$ et $\overrightarrow{BD}$ sont non colinéaires et forment donc une base du plan (BCD).

Or $\overrightarrow{BE} = \frac{1}{5}\overrightarrow{BC} - \frac{2}{5}\overrightarrow{BD}$ donc les vecteurs $\overrightarrow{BE}$, $\overrightarrow{BC}$ et $\overrightarrow{BD}$ sont coplanaires, et les points B, C, D et E sont coplanaires.

4. (AE) est orthogonale au plan (BCD) et E appartient au plan (BCD), donc le point E est le projeté orthogonal de A sur le plan (BCD).

La distance du point A au plan (BCD) est donc la distance AE :

D'après la question **2. a)**, on a $\overrightarrow{AE}\begin{pmatrix}-2\\1\\-1\end{pmatrix}$

donc $AE = \|\overrightarrow{AE}\| = \sqrt{(-2)^2 + 1^2 + (-1)^2} = \sqrt{6}$.

La distance du point A au plan (BCD) est $\sqrt{6}$.

Exercice 2 → Énoncé p. 340

1. On vérifie que les vecteurs $\overrightarrow{BC}$ et $\overrightarrow{BD}$ ne sont pas colinéaires.

On a : $\overrightarrow{BC}\begin{pmatrix}4\\2\\6\end{pmatrix}$ et $\overrightarrow{BD}\begin{pmatrix}6\\-2\\4\end{pmatrix}$. Or $\dfrac{x_{\overrightarrow{BD}}}{x_{\overrightarrow{BC}}} = \dfrac{6}{4} = \dfrac{3}{2}$ et $\dfrac{y_{\overrightarrow{BD}}}{y_{\overrightarrow{BC}}} = \dfrac{-2}{2} = -1$. $\dfrac{x_{\overrightarrow{BD}}}{x_{\overrightarrow{BC}}} \neq \dfrac{y_{\overrightarrow{BD}}}{y_{\overrightarrow{BC}}}$, donc les coordonnées des vecteurs $\overrightarrow{BC}$ et $\overrightarrow{BD}$ ne sont pas proportionnelles. Les vecteurs ne sont donc pas colinéaires et les points B, C et D définissent bien un plan.

2. a) On cherche un vecteur $\vec{u}\begin{pmatrix}a\\b\\c\end{pmatrix}$ orthogonal au plan (BCD), c'est-à-dire orthogonal aux vecteurs $\overrightarrow{BC}$ et $\overrightarrow{BD}$. On a alors : $\begin{cases}4a + 2b + 6c = 0\\6a - 2b + 4c = 0\end{cases}$.

On cherche trois valeurs a, b et c solutions de ce système. On peut choisir arbitrairement $a = 1$. On a alors $\begin{cases}2b + 6c = -4\\-2b + 4c = -6\end{cases}$.

En additionnant ces deux égalités, on trouve : $10c = -10$ soit $c = -1$.

On a alors $b = \dfrac{-6c - 4}{2} = 1$. Le vecteur $\vec{u}\begin{pmatrix}1\\1\\-1\end{pmatrix}$ convient.

b) Soit H le projeté orthogonal de A sur (BCD). On a alors $AH = \dfrac{\left|\overrightarrow{AB}\cdot\vec{u}\right|}{\|\vec{u}\|}$.

Or : $\overrightarrow{AB}\begin{pmatrix}-6\\-3\\0\end{pmatrix}$ donc $\left|\overrightarrow{AB}\cdot\vec{u}\right| = |-6 - 3 + 0| = 9$ et $\|\vec{u}\| = \sqrt{1^2 + 1^2 + (-1)^2} = \sqrt{3}$.

On a donc $AH = \dfrac{9}{\sqrt{3}}$.

3. a) On a : $x_I = \dfrac{x_C + x_D}{2} = 1$, $y_I = \dfrac{y_C + y_D}{2} = 1$ et $z_I = \dfrac{z_C + z_D}{2} = 7$.

On a donc $I(1;1;7)$.

b) On a : $\overrightarrow{BI}\begin{pmatrix}5\\0\\5\end{pmatrix}$ et $\overrightarrow{CD}\begin{pmatrix}2\\-4\\-2\end{pmatrix}$

donc $\overrightarrow{BI}\cdot\overrightarrow{CD} = 5 \times 2 + 0 \times (-4) + 5 \times (-2) = 10 - 10 = 0$.

Les vecteurs sont orthogonaux donc les droites (BI) et (CD) sont orthogonales. Or I appartient à (CD) et donc au plan (BCD). Les droites (BI) et (CD) sont donc coplanaires. Elles sont perpendiculaires.

c) L'aire $\mathcal{A}$ vaut :

$$\mathcal{A} = \frac{BI \times CD}{2} = \frac{\sqrt{25 + 0 + 25} \times \sqrt{4 + 16 + 4}}{2} = \frac{\sqrt{50} \times \sqrt{24}}{2} = 10\sqrt{3}.$$

4. Le volume du tétraèdre est alors $\dfrac{1}{3}\mathcal{A} \times AH = \dfrac{1}{3} \times 10\sqrt{3} \times \dfrac{9}{\sqrt{3}} = 30$.

Représentations paramétriques et équations cartésiennes

CHAPITRE 12

1 Représentations paramétriques des droites

A. Caractérisation de l'appartenance d'un point à une droite

■ Propriété

Soit $A(x_A\,;y_A\,;z_A)$ un point de l'espace dans un repère orthonormé.

Soit $\vec{u}\begin{pmatrix} a \\ b \\ c \end{pmatrix}$ un vecteur non nul.

On considère la droite d passant par le point A et de vecteur directeur $\vec{u}$.
Soit $M(x\,;\,y\,;\,z)$ un point de l'espace.

M appartient à d si et seulement si il existe un réel t tel que $\begin{cases} x = x_A + at \\ y = y_A + bt \\ z = z_A + ct \end{cases}$.

B. Représentation paramétrique d'une droite

■ Propriété

Soient α, β, γ trois réels et la variable t décrivant $\mathbb{R}$.
L'ensemble des points $M(x\,;\,y\,;\,z)$ de l'espace dont les coordonnées $(x\,;\,y\,;\,z)$ vérifient le système d'équations $\begin{cases} x = \alpha + at \\ y = \beta + bt \\ z = \gamma + ct \end{cases}$ est la droite passant par le point $A(\alpha\,;\beta\,;\gamma)$ et de vecteur directeur $\vec{u}\begin{pmatrix} a \\ b \\ c \end{pmatrix}$.

Le système s'appelle une représentation paramétrique de la droite.

Remarque :
Il existe une infinité de représentations paramétriques d'une même droite. Il suffit de choisir un autre point de la droite ou un autre vecteur directeur.

2 Équation cartésienne d'un plan

A. Caractérisation vectorielle d'un plan

■ **Propriété**

Soit $\mathscr{P}$ un plan passant par A et de vecteur normal $\vec{n}$.
Soit M un point de l'espace.

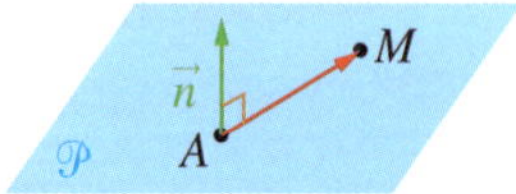

$$M \in \mathscr{P} \Leftrightarrow \overrightarrow{AM} \cdot \vec{n} = 0.$$

B. Équation cartésienne d'un plan

■ **Propriété et définition**

Dans un repère orthonormé, on considère le plan $\mathscr{P}$ passant par le point $A(x_A ; y_A ; z_A)$ et de vecteur normal $\vec{n}\begin{pmatrix} a \\ b \\ c \end{pmatrix}$.

Soit $M(x ; y ; z)$ un point de l'espace.

$$\begin{aligned} M \in \mathscr{P} &\Leftrightarrow \overrightarrow{AM}.n = 0 \\ &\Leftrightarrow (x - x_A) \times a + (y - y_A) \times b + (z - z_A) \times c = 0 \\ &\Leftrightarrow ax + by + cz - ax_A - by_A - cz_A = 0 \\ &\Leftrightarrow ax + by + cz + d = 0 \text{ avec } d = -ax_A - by_A - cz_A. \end{aligned}$$

L'équation $ax + by + cz + d = 0$ s'appelle une équation cartésienne de $\mathscr{P}$.

Remarque :

Un plan admet une infinité d'équations cartésiennes. Pour en obtenir une autre, Il suffit de :
- multiplier une équation par n'importe quel nombre réel non nul ;
- prendre un autre point du plan ;
- prendre un autre vecteur normal au plan.

■ **Propriété**

Soient a, b, c et d quatre réels tels que $(a ; b ; c) \neq (0 ; 0 ; 0)$.
L'ensemble des points $M(x ; y ; z)$ de l'espace tels que $ax + by + cz + d = 0$ est un plan de vecteur normal $\vec{n}\begin{pmatrix} a \\ b \\ c \end{pmatrix}$.

Remarque :

La donnée d'un vecteur normal ne caractérise pas entièrement le plan. Il faut aussi déterminer les coordonnées d'un point du plan.

Déterminer et exploiter une représentation paramétrique d'une droite

L'espace est muni d'un repère orthonormé.

La droite $\mathcal{D}$ de vecteur directeur $\vec{u}\begin{pmatrix} a \\ b \\ c \end{pmatrix}$ et passant par le point; $A(\alpha ; \beta ; \gamma)$ a pour représentation paramétrique :

$$\begin{cases} x = \alpha + at \\ y = \beta + bt \\ z = \gamma + ct \end{cases}$$, où t décrit l'ensemble des réels.

- Chaque valeur de t permet de déterminer les coordonnées d'un point de la droite.
Réciproquement, à chaque point de la droite correspond une valeur de t.
- Une droite admet une infinité de représentations paramétriques: en prenant un autre vecteur directeur ou un autre point de cette droite, on obtient une nouvelle représentation paramétrique.

REPRÉSENTATIONS PARAMÉTRIQUES ET ÉQUATIONS CARTÉSIENNES

Déterminer une équation cartésienne d'un plan en identifiant les coefficients

L'espace est muni d'un repère orthonormé.

- Le plan $\mathcal{P}$ passant par le point $A(x_A ; y_A ; z_A)$ et de vecteur normal $\vec{n}\begin{pmatrix} a \\ b \\ c \end{pmatrix}$ est l'ensemble des points de l'espace dont les coordonnées $(x ; y ; z)$ vérifient l'équation :
$ax + by + cz + d = 0$, où $d = -ax_A - by_A - cz_A$.
Cette équation est une équation cartésienne du plan $\mathcal{P}$.
- Un plan admet une infinité d'équations cartésiennes.

Déterminer une équation cartésienne d'un plan à l'aide du produit scalaire

L'espace est muni d'un repère orthonormé.
On considère le plan $\mathcal{P}$ passant par le point $A(x_A ; y_A ; z_A)$ et de vecteur normal $\vec{n}\begin{pmatrix} a \\ b \\ c \end{pmatrix}$.

- Un point $M(x ; y ; z)$ de l'espace appartient au plan $\mathcal{P}$ si et seulement si :

$$\overrightarrow{AM} \cdot \vec{n} = 0.$$

- L'expression de ce produit scalaire nul en fonction de x, y et z permet d'obtenir une équation cartésienne du plan $\mathcal{P}$.

MÉTHODES

1 Déterminer l'appartenance d'un point à une droite ou à un plan

EXEMPLE 1 **MONTRER QU'UN POINT APPARTIENT OU NON À UNE DROITE**

On considère la droite d de représentation paramétrique $\begin{cases} x = 6 - t \\ y = -1 + 3t \\ z = 5 + 2t \end{cases}$.

1. Le point $A(5\,;2\,;7)$ appartient-il à d ?
2. Le point $B(-1\,;0\,;4)$ appartient-il à d ?

CORRIGÉ COMMENTÉ

1. On cherche s'il existe un réel t tel que $\begin{cases} 5 = 6 - t \\ 2 = -1 + 3t \\ 7 = 5 + 2t \end{cases}$.

Remarque
À tout point M de la droite correspond un réel t unique. Réciproquement, à tout réel t correspond un point M unique de la droite.

On calcule t avec la première équation :
$5 = 6 - t \Leftrightarrow t = 6 - 5 = 1$.
On vérifie si les deux autres équations sont vérifiées :
$3t - 1 = 3 \times 1 - 1 = 2$ donc la deuxième équation est vérifiée.
$5 + 2t = 5 + 2 \times 1 = 7$ donc la troisième équation est vérifiée.
Le point A appartient à d.

2. On cherche s'il existe un réel t tel que $\begin{cases} -1 = 6 - t \\ 0 = -1 + 3t \\ 4 = 5 + 2t \end{cases}$.

On calcule t avec la première équation :
$-1 = 6 - t \Leftrightarrow t = 6 + 1 = 7$.
On vérifie si les deux autres équations sont vérifiées :
$3t - 1 = 3 \times 7 - 1 = 20 \neq 0$ donc la deuxième équation n'est pas vérifiée.
Ce n'est pas la peine de vérifier la troisième équation car si une seule n'est pas vérifiée, cela suffit à prouver que le système n'est pas vérifié.
Le point B n'appartient pas à d.

EXEMPLE 2 **MONTRER QU'UN POINT APPARTIENT OU NON À UN PLAN**

On considère un plan d'équation cartésienne $4x - y + 3z - 1 = 0$.

1. Le point $A(-5\,;3\,;0)$ appartient-il à $\mathcal{P}$?
2. Le point $B(2\,;10\,;1)$ appartient-il à $\mathcal{P}$?

CORRIGÉ COMMENTÉ

1. On remplace x, y et z par les valeurs des coordonnées de A :

$4 \times (-5) - 3 + 3 \times 0 - 1 = -20 - 3 - 1 = -24 \neq 0$.

Le point A n'appartient pas au plan $\mathcal{P}$.

2. On remplace x, y et z par les valeurs des coordonnées de B :

$$4 \times 2 - 10 + 3 \times 1 - 1 = 8 - 10 + 3 - 1 = 0.$$

Le point B appartient au plan $\mathcal{P}$.

> **Remarque**
> Un point appartient à un plan si et seulement si ses coordonnées vérifient l'équation cartésienne du plan.

2 Déterminer une position relative

EXEMPLE 1 **POSITION RELATIVE DE DEUX DROITES**

On considère la droite d de représentation paramétrique $\begin{cases} x = 3 + 2t \\ y = -t \\ z = 5 + 2t \end{cases}$ où t est un nombre réel et la droite d' passant par $A(0\,;4\,;8)$ et de vecteur directeur $\vec{u}\begin{pmatrix} -1 \\ 3 \\ 5 \end{pmatrix}$.

1. Déterminer les coordonnées d'un vecteur directeur $\vec{v}$ de d.

2. Les droites d et d' sont-elles sécantes ? Si oui, déterminer les coordonnées de leur point d'intersection.

CORRIGÉ COMMENTÉ

1. $\vec{v}\begin{pmatrix} 2 \\ -1 \\ 2 \end{pmatrix}$ est un vecteur directeur de d.

2. On détermine si les droites d et d' sont parallèles.

$\dfrac{x_{\vec{v}}}{x_{\vec{u}}} = \dfrac{2}{-1} = -2$; $\dfrac{y_{\vec{v}}}{y_{\vec{u}}} = \dfrac{-1}{3} = -\dfrac{1}{3}$.

> **Rappel**
> Deux vecteurs sont colinéaires si et seulement si leurs coordonnées sont proportionnelles.

Donc $\dfrac{x_{\vec{v}}}{x_{\vec{u}}} \neq \dfrac{y_{\vec{v}}}{y_{\vec{u}}}$, donc les vecteurs ne sont pas colinéaires. On en déduit que les droites ne sont pas parallèles.

Dans l'espace, si deux droites ne sont pas parallèles, cela ne suffit pas à dire qu'elles sont sécantes. En revanche, si elles avaient été parallèles, elles n'auraient pas pu être sécantes et on aurait répondu à la question.

On détermine si les droites sont sécantes.

On détermine une représentation paramétrique de d' :

$\begin{cases} x = 0 - t' \\ y = 4 + 3t' \\ z = 8 + 5t' \end{cases}$ avec t' réel.

On cherche s'il existe un réel t et un réel t' tels que les systèmes d'équations paramétriques de chaque droite soient tous les deux vérifiés pour le même point de coordonnées $(x\ ;y\ ;z)$.

On résout alors :

$$\begin{cases} x = 3 + 2t = -t' \\ y = -t = 4 + 3t' \\ z = 5 + 2t = 8 + 5t' \end{cases}.$$

> **Remarque**
> Un point est le point d'intersection de deux droites s'il appartient aux deux droites en même temps, c'est-à-dire si ses coordonnées vérifient chaque système paramétrique en même temps.

On résout un système formé par deux des trois équations précédentes :

$$\begin{cases} 3 + 2t = -t' \\ -t = 4 + 3t' \end{cases} \Leftrightarrow \begin{cases} -3 - 2t = t' \\ -t = 4 + 3(-3 - 2t) \end{cases} \Leftrightarrow \begin{cases} -3 - 2t = t' \\ t = -1 \end{cases} \Leftrightarrow \begin{cases} t' = -1 \\ t = -1 \end{cases}.$$

On ne trouve pas toujours la même valeur pour t et t'. L'important est que t et t' vérifient les trois équations en même temps.

On vérifie si la troisième équation est aussi vérifiée avec ces valeurs de t et t' trouvées.
$5 + 2t = 5 - 2 = 3$ et $8 + 5t' = 8 - 5 = 3$.

Il existe donc t et t' tels que les deux systèmes paramétriques soient vérifiés simultanément. Les droites sont donc sécantes au point $A(1\ ;1\ ;3)$.

Pour trouver les coordonnées de A, on remplace dans l'un des deux systèmes paramétriques la valeur de t ou de t'.

EXEMPLE 2 POSITION RELATIVE D'UNE DROITE ET D'UN PLAN

On considère la droite d de représentation paramétrique $\begin{cases} x = -1 + 4t \\ y = 2 + t \\ z = -3 + 3t \end{cases}$ où t est un nombre réel, la droite d' passant par le point $A(2;6;-1)$ et de vecteur directeur $\vec{v}\begin{pmatrix} 3 \\ 1 \\ -1 \end{pmatrix}$, ainsi que le plan $\mathcal{P}$ d'équation cartésienne $x - 2y + z - 2 = 0$.

1. Déterminer la position relative de d et de $\mathcal{P}$.
2. Déterminer la position relative de d' et de $\mathcal{P}$.

CORRIGÉ COMMENTÉ

1. $\vec{n}\begin{pmatrix} 1 \\ -2 \\ 1 \end{pmatrix}$ est un vecteur normal au plan $\mathcal{P}$. $\vec{u}\begin{pmatrix} 4 \\ 1 \\ 3 \end{pmatrix}$ est un vecteur directeur de d.

$\vec{u} \cdot \vec{n} = 4 \times 1 + 1 \times (-2) + 3 \times 1 = 4 - 2 + 3 = 5 \neq 0$.

Les vecteurs ne sont pas orthogonaux donc d n'est pas parallèle à $\mathcal{P}$.

La droite d et le plan $\mathcal{P}$ sont donc sécants en un point $M(x\ ;y\ ;z)$. On cherche la valeur de t de la représentation paramétrique de d telle que les coordonnées de M vérifient l'équation cartésienne de $\mathcal{P}$.

On remplace x, y et z dans l'équation de $\mathcal{P}$:

$$-1+4t-2(2+t)-3+3t-2=0 \Leftrightarrow -1+4t-4-2t-3+3t-2=0$$
$$\Leftrightarrow 5t-10=0 \quad \Leftrightarrow t=2\,.$$

On a alors $x=-1+4\times 2=7$; $y=2+2=4$ et $z=-3+3\times 2=3$.
Il existe donc un réel t tel que le point $M(7\,;4\,;3)$ appartient à d et à $\mathcal{P}$.
d et $\mathcal{P}$ sont donc sécants en M.

2. $\vec{v}\begin{pmatrix}3\\1\\-1\end{pmatrix}$ est un vecteur directeur de d'.

$$\vec{v}\cdot\vec{n}=3\times 1+1\times(-2)+(-1)\times 1=3-2-1=0$$

$\vec{v}$ et $\vec{n}$ sont orthogonaux, donc la droite d' est parallèle au plan $\mathcal{P}$.
On remplace les coordonnées de A dans l'équation cartésienne de $\mathcal{P}$:
$2-2\times 6+(-1)-2=2-12-1-2=-13\neq 0$.
Le point A n'appartient pas à $\mathcal{P}$ donc la droite d' est strictement parallèle à $\mathcal{P}$.
Si *A* avait appartenu à $\mathcal{P}$, la droite *d'* aurait été incluse dans $\mathcal{P}$.

EXEMPLE 3 POSITION RELATIVE DE DEUX PLANS

On considère les plans $\mathcal{P}$ et $\mathcal{P}'$ d'équations cartésiennes respectives :

$$4x-y+8z+4=0 \text{ et } -2x+\frac{1}{2}y-4z+1=0\,.$$

Quelle est la position relative des plans $\mathcal{P}$ et $\mathcal{P}'$?

CORRIGÉ COMMENTÉ

$\vec{n}\begin{pmatrix}4\\-1\\8\end{pmatrix}$ est un vecteur normal de $\mathcal{P}$. $\overrightarrow{n'}\begin{pmatrix}-2\\\frac{1}{2}\\-4\end{pmatrix}$ est un vecteur normal de $\mathcal{P}'$.

On a : $-2\overrightarrow{n'}\begin{pmatrix}-2\times(-2)\\(-2)\times\frac{1}{2}\\(-2)\times(-4)\end{pmatrix}$ donc $-2\overrightarrow{n'}\begin{pmatrix}4\\-1\\8\end{pmatrix}$ donc $-2\overrightarrow{n'}=\vec{n}$.

Les vecteurs $\vec{n}$ et $\overrightarrow{n'}$ sont colinéaires, donc les plans sont parallèles.
Déterminons un point de $\mathcal{P}$.
On prend $x=0$; $y=0$. On a alors $8z+4=0$ soit $z=-\frac{1}{2}$.
Le point $A\left(0\,;0\,;-\frac{1}{2}\right)$ appartient à $\mathcal{P}$.
On remplace les coordonnées de A dans l'équation cartésienne de $\mathcal{P}'$:

$$-2\times 0+\frac{1}{2}\times 0-4\times\left(-\frac{1}{2}\right)+1=2+1=3\neq 0$$

A n'appartient pas à $\mathcal{P}'$ donc les deux plans ne sont pas confondus. Ils sont donc strictement parallèles.

EXERCICES

1 5 min ★ → MÉTHODE 1, p. 356

On considère la droite d de représentation paramétrique $\begin{cases} x = 1 + t \\ y = 2 + 4t \\ z = -1 - t \end{cases}$.

1. Le point $A(3\ ;\ -2\ ;\ 4)$ appartient-il à d ?
2. Le point $B(4\ ;\ 14\ ;\ -4)$ appartient-il à d ? → Corrigé p. 367

2 5 min ★★ → MÉTHODE 1, p. 356

On considère la droite d passant par le point $B(1\ ;\ 0\ ;\ 2)$ et de vecteur directeur $\vec{u}\begin{pmatrix} 0 \\ -5 \\ \frac{1}{2} \end{pmatrix}$.

1. Déterminer une représentation paramétrique de d.
2. Le point $A(1\ ;\ 20\ ;\ 0)$ appartient-il à d ? → Corrigé p. 367

3 5 min ★ → MÉTHODE 1, p. 356

On considère un plan $\mathcal{P}$ d'équation cartésienne $-x + 2y + 5z + 4 = 0$.

1. Le point $A(-2\ ;2\ ;-2)$ appartient-il à $\mathcal{P}$?
2. Le point $B(0\ ;1\ ;-3)$ appartient-il à $\mathcal{P}$? → Corrigé p. 368

4 10 min ★★ → MÉTHODE 1, p. 356

On considère le plan $\mathcal{P}$ passant par le point $B(0\ ;0\ ;1)$ et de vecteur normal $\vec{n}\begin{pmatrix} 3 \\ 5 \\ -1 \end{pmatrix}$.

1. Déterminer une équation cartésienne de $\mathcal{P}$.
2. Montrer que pour tout réel t, le point $A(2 + t\ ;4 - t\ ;27 - 2t)$ appartient à $\mathcal{P}$.

→ Corrigé p. 368

5 5 min ★ → MÉTHODE 2, p. 357

On considère les droites d et d' de représentations paramétriques respectives :

$d : \begin{cases} x = 4 - 6t \\ y = -1 - 8t \\ z = -22 + 6t \end{cases}$ où t est un réel $\qquad d' : \begin{cases} x = 1 + 3t' \\ y = 4t' \\ z = 3 - 3t' \end{cases}$ où t' est un réel.

Étudier la position relative des droites d et d'. → Corrigé p. 368

6 10 min ★★★ → MÉTHODE 2, p. 357

On considère la droite d passant par le point $A(2\,;-1\,;-4)$ et de vecteur directeur $\vec{u}\begin{pmatrix}1\\0\\1\end{pmatrix}$.

1. Déterminer une représentation paramétrique de d

2. Déterminer une représentation paramétrique de la droite d' perpendiculaire à d passant par le point $B(4\,;1\,;-1)$.

→ Corrigé p. 369

7 10 min ★★ → MÉTHODE 2, p. 357

On considère la droite d de représentation paramétrique $\begin{cases}x=-5+t\\y=2+3t\\z=-1\end{cases}$ où t est un nombre réel, la droite d' passant par le point $I(1\,;0\,;0)$ et de vecteur directeur $\vec{v}\begin{pmatrix}0\\-2\\1\end{pmatrix}$, ainsi que le plan $\mathcal{P}$ d'équation cartésienne $y=3x+2$.

1. Déterminer la position relative de d et de $\mathcal{P}$.

2. Déterminer la position relative de d' et de $\mathcal{P}$.

→ Corrigé p. 369

8 10 min ★ → MÉTHODE 2, p. 357

On considère le plan $\mathcal{P}$ d'équation cartésienne $x+y+z+1=0$ et le plan $\mathcal{P}'$ d'équation cartésienne $-x+2y-z-2=0$.

Montrer que $\mathcal{P}$ et $\mathcal{P}'$ sont perpendiculaires.

→ Corrigé p. 370

9 10 min **Démonstration et raisonnement**

On se place dans un repère orthonormé de l'espace. Soient a, b, c et d quatre réels, tels que $(a\,;b\,;c)\neq(0\,;0\,;0)$.

Démontrer que l'ensemble des points $M(x\,;y\,;z)$ de l'espace tels que

$ax+by+cz+d=0$, est un plan de vecteur normal $\vec{n}\begin{pmatrix}a\\b\\c\end{pmatrix}$.

→ Corrigé p. 370

10 15 min **Vrai-Faux**

a) On considère la droite d de représentation paramétrique $\begin{cases}x=5-3t\\y=-2\\z=6t\end{cases}$ où t est un réel.

Affirmation 1. Le point $A(7\,;-2\,;24)$ appartient à d.

b) On considère la droite d passant par le point $A(4\,;-1\,;3)$ et de vecteur directeur $\vec{u}\begin{pmatrix}5\\2\\1\end{pmatrix}$.

Affirmation 2. Une représentation paramétrique de d est $\begin{cases}x=9+5t\\y=1+2t\\z=4+t\end{cases}$ où t est un réel.

c) On considère le plan $\mathcal{P}$ d'équation cartésienne $3x-2y+z-1=0$.

Affirmation 3. Le vecteur $\vec{m}\begin{pmatrix}-6\\4\\-2\end{pmatrix}$ est un vecteur normal au plan $\mathcal{P}$.

d) On considère la droite d de représentation paramétrique $\begin{cases}x=-t\\y=2+t\\z=1-t\end{cases}$ où t est un réel et le plan $\mathcal{P}$ d'équation cartésienne $x+y-z+2=0$.

Affirmation 4. d est parallèle au plan $\mathcal{P}$.

e) **Affirmation 5.** Dans un repère orthonormé de l'espace, l'ensemble des points $M(x\,;y\,;z)$ vérifiant $y=3x+2$ est une droite.

→ *Corrigé p. 371*

11 10 min QCM

Déterminer, parmi les trois propositions, la seule réponse exacte. Aucune justification n'est demandée. Un QCM nécessite souvent de faire une recherche au brouillon.

	Réponse A	**Réponse B**	**Réponse C**
1. Soit $\mathcal{P}$ le plan d'équation cartésienne $x-z=1$ et d la droite de vecteur directeur $\vec{u}\begin{pmatrix}1\\2\\1\end{pmatrix}$. Alors d est :	parallèle à $\mathcal{P}$.	perpendiculaire à $\mathcal{P}$.	sécante avec $\mathcal{P}$ mais non perpendiculaire à $\mathcal{P}$.
2. Dans un repère orthonormé $(O\,;\vec{i},\vec{j},\vec{k})$, on considère la droite d de représentation paramétrique $\begin{cases}x=0\\y=1\\z=-5+t\end{cases}$ où t est un réel. d est perpendiculaire au plan :	$(O\,;\vec{i},\vec{k})$.	$(O\,;\vec{i},\vec{j})$.	$(O\,;\vec{j},\vec{k})$.

3. On considère la droite d passant par le point $A(1\,;0\,;1)$ et de vecteur directeur $\vec{u}\begin{pmatrix}-2\\-2\\0\end{pmatrix}$ et la droite d' de représentation paramétrique $\begin{cases}x=5-t\\y=-1-t\\z=-4\end{cases}$. d et d' sont :	parallèles.	orthogonales.	ni parallèles ni orthogonales.
4. On considère les plans $\mathcal{P}$ et $\mathcal{R}$ d'équations cartésiennes respectives $2x+y-4z=0$ et $4x+4y+3z-1=0$. $\mathcal{P}$ et $\mathcal{R}$ sont :	perpendiculaires.	parallèles.	sécants mais non perpendiculaires.

→ Corrigé p. 372

12 15 min ★★

Dans un repère orthonormé de l'espace, on considère le point $A(3\,;1\,;-5)$ et la droite d de représentation paramétrique $\begin{cases}x=1+2t\\y=9-2t\\z=-3+t\end{cases}$ où t est un réel.

1. Déterminer une équation cartésienne du plan $\mathcal{P}$ orthogonal à cette droite et passant par le point A.

2. Déterminer les coordonnées du point B intersection du plan $\mathcal{P}$ et de la droite d.

3. Justifier que le point $C(7\,;3\,;-9)$ appartient au plan $\mathcal{P}$ puis montrer que le triangle ABC est un triangle rectangle isocèle en A.

4. Soit M un point de d différent de B.
Justifier que le triangle ABM est rectangle.

→ Corrigé p. 373

13 15 min ★★

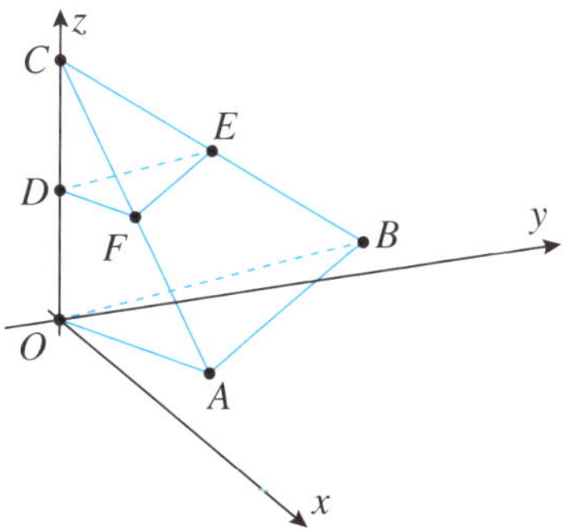

L'espace est rapporté à un repère orthonormé $(O\,;\vec{i},\vec{j},\vec{k})$.

On considère les points $A(10\,;0\,;1)$, $B(1\,;7\,;1)$ et $C(0\,;0\,;5)$.

1. Démontrer que les droites (OA) et (OB) ne sont pas perpendiculaires.

2. Vérifier que $7x+9y-70z=0$ est une équation cartésienne du plan (AOB).

3. Déterminer une représentation paramétrique de la droite (CA).

4. Soit D le milieu du segment $[OC]$. Déterminer une équation du plan $\mathcal{P}$ parallèle au plan (OAB) passant par D.

5. Le plan $\mathcal{P}$ coupe la droite (CB) en E et la droite (CA) en F.

Déterminer les coordonnées du point F. On admet que les coordonnées du point E sont $\left(\frac{1}{2}; \frac{7}{2}; 3\right)$.

6. Démontrer que la droite (EF) est parallèle à la droite (AB).

→ *Corrigé p. 374*

Jean-Dominique Cassini (1625 - 1712) est un astronome et ingénieur italo-français.

Il a travaillé sur des équations de courbes dans l'espace (3D) dont les célèbres « ovales de Cassini ».

SUJET DE BAC

Exercice 1 — 30 min — 5 points

Dans l'espace, on considère un cube $ABCDEFGH$ de centre Ω et d'arrête de longueur 6.

Les points P, Q et R sont définis par :

$$\overrightarrow{AP} = \frac{1}{3}\overrightarrow{AB}\,;\ \overrightarrow{AQ} = \frac{1}{3}\overrightarrow{AE}\,;\ \overrightarrow{HR} = \frac{1}{3}\overrightarrow{HE}.$$

Dans l'exercice, on se place dans le repère orthonormé $(A\,;\vec{i},\vec{j},\vec{k})$ avec :

$$\vec{i} = \frac{1}{6}\overrightarrow{AB},\ \vec{j} = \frac{1}{6}\overrightarrow{AD} \text{ et } \vec{k} = \frac{1}{6}\overrightarrow{AE}.$$

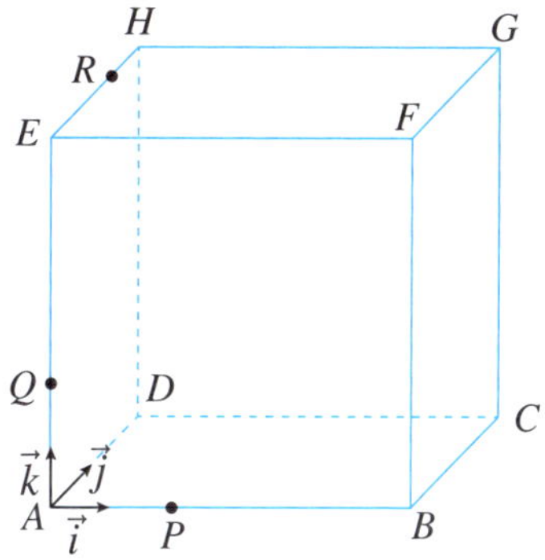

On a alors $B(6\,;0\,;0)$, $F(6\,;0\,;6)$ et $R(0\,;4\,;6)$.

1. a) Donner sans justifier, les coordonnées des points P, Q et Ω.

b) Déterminer les nombres réels b et c tels que $\vec{n}\begin{pmatrix}1\\b\\c\end{pmatrix}$ soit un vecteur normal au plan (PQR).

c) En déduire une équation du plan (PQR).

2. On note Δ la droite perpendiculaire au plan (PQR) passant par Ω.

a) Donner une représentation paramétrique de Δ.

b) En déduire que la droite Δ coupe le plan (PQR) au point $I\left(\frac{8}{3}\,;\frac{10}{3}\,;\frac{8}{3}\right)$.

3. On considère les points $J(6\,;4\,;0)$ et $K(6\,;6\,;2)$.

a) Justifier que J appartient au plan (PQR).

b) Vérifier que les droites (JK) et (QR) sont parallèles.

→ Corrigé p. 375

Exercice 2 — 30 min — 5 points

On considère un cube $ABCDEFGH$ d'arête de longueur 1, représenté ci-dessous.

On note I le milieu du segment $[EF]$, J le milieu du segment $[EH]$ et K le point du segment $[AD]$ tel que $\overrightarrow{AK} = \frac{1}{4}\overrightarrow{AD}$.

On note $\mathcal{P}$ le plan passsant par I et parallèle au plan (FHK).

On munit l'espace du repère orthonormé $(A\,;\overrightarrow{AB},\overrightarrow{AD},\overrightarrow{AE})$

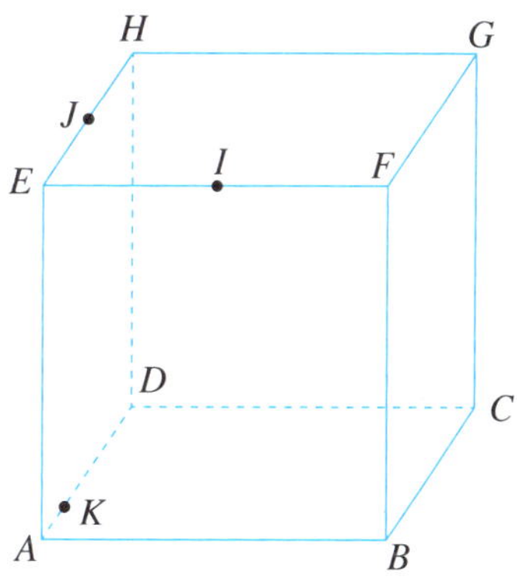

1. a) Montrer que le vecteur $\vec{n}\begin{pmatrix} 4 \\ 4 \\ -3 \end{pmatrix}$ est un vecteur normal au plan (FHK).

b) En déduire une équation cartésienne du plan (FHK).

c) Déterminer une équation du plan $\mathcal{P}$.

d) Calculer les coordonnées du point M', point d'intersection du plan $\mathcal{P}$ et de la droite (AE).

2. On note Δ la droite passant par le point E et orthogonale au plan $\mathcal{P}$.

a) Déterminer une représentation paramétrique de Δ.

b) Calculer les coordonnées du point L, intersection de la droite Δ et du plan (ABC).

c) Les droites Δ et (BF) sont-elles sécantes ?

→ *Corrigé p. 376*

CORRIGÉS

1 → Énoncé p. 360

1. On cherche s'il existe un réel t tel que $\begin{cases} 3 = 1 + t \\ -2 = 2 + 4t \\ 4 = -1 - t \end{cases}$.

On calcule t avec la première équation :

$3 = 1 + t \Leftrightarrow t = 3 - 1 = 2$.

On vérifie si les deux autres équations sont vérifiées :

$2 + 4t = 2 + 4 \times 2 = 10 \neq -2$, donc la deuxième équation n'est pas vérifiée.

Le point A n'appartient pas à d.

2. On cherche s'il existe un réel t tel que $\begin{cases} 4 = 1 + t \\ 14 = 2 + 4t \\ -4 = -1 - t \end{cases}$.

On calcule t avec la première équation :

$4 = 1 + t \Leftrightarrow t = 4 - 1 = 3$.

On vérifie si les deux autres équations sont vérifiées :

$2 + 4t = 2 + 4 \times 3 = 14$ donc la deuxième équation est vérifiée.

$-1 - t = -1 - 3 = -4$ donc la troisième équation est vérifiée.

Le point B appartient à d.

2 → Énoncé p. 360

1. Une représentation paramétrique de d est $\begin{cases} x = 1 \\ y = -5t \\ z = 2 + \frac{1}{2}t \end{cases}$.

Rappel

Un point appartient à une droite si et seulement si il existe un réel t qui vérifie le système d'équations paramétriques de la droite.

2. On cherche s'il existe un réel t tel que $\begin{cases} 1 = 1 \\ 20 = -5t \\ 0 = 2 + \frac{1}{2}t \end{cases}$.

La première équation est vérifiée.

On cherche t avec la deuxième équation.

$$20 = -5t \Leftrightarrow t = \frac{20}{-5} = -4$$

On vérifie si la troisième équation est vérifiée :

$2 + \frac{1}{2}t = 2 + \frac{1}{2} \times (-4) = 2 - 2 = 0$ donc la troisième équation est vérifiée.

Le point A appartient à d.

3 → Énoncé p. 360

1. On remplace x, y et z par les valeurs des coordonnées de A :

$$-(-2)+2\times 2+5\times(-2)+4=2+4-10+4=0.$$

Le point A appartient au plan $\mathcal{P}$.

2. On remplace x, y et z par les valeurs des coordonnées de B :

$$-0+2\times 1+5\times(-3)+4=0+2-15+4=-9\neq 0.$$

Le point B n'appartient pas au plan $\mathcal{P}$.

Rappel

Un point appartient à un plan si et seulement si ses coordonnées vérifient l'équation du plan.

4 → Énoncé p. 360

1. Une équation cartésienne de $\mathcal{P}$ est de la forme $3x+5y-z+d=0$.

Or B appartient à $\mathcal{P}$ donc les coordonnées de B vérifient l'équation de $\mathcal{P}$:

$$3\times 0+5\times 0-1+d=0\Leftrightarrow d=1.$$

Une équation cartésienne de $\mathcal{P}$ est donc $3x+5y-z+1=0$.

2. On remplace x, y et z par les valeurs des coordonnées de A :

$$3(2+t)+5(4-t)-(27-2t)+1=6+3t+20-5t-27+2t+1=0.$$

Le point A appartient donc à $\mathcal{P}$, quelle que soit la valeur du réel t.

Remarque

Pour déterminer l'équation cartésienne du plan, on aurait pu utiliser le produit scalaire nul des vecteurs $\overrightarrow{BM}$ et $\vec{n}$ où $M(x\,;y\,;z)$ est un point quelconque du plan.

5 → Énoncé p. 360

$\vec{u}\begin{pmatrix}-6\\-8\\6\end{pmatrix}$ est un vecteur directeur de d.

$\overrightarrow{u'}\begin{pmatrix}3\\4\\-3\end{pmatrix}$ est un vecteur directeur de d'.

On a $-2\overrightarrow{u'}\begin{pmatrix}-2\times 3\\-2\times 4\\-2\times(-3)\end{pmatrix}$ donc $-2\overrightarrow{u'}\begin{pmatrix}-6\\-8\\6\end{pmatrix}$. On en conclut que $-2\overrightarrow{u'}=\vec{u}$

Les vecteurs directeurs sont colinéaires donc les droites sont parallèles.

Le point $A(4\,;-1\,;-22)$ appartient à d. On cherche s'il appartient à d'.

On cherche donc s'il existe un réel t' tel que $\begin{cases}4=1+3t'\\-1=4t'\\-22=3-3t'\end{cases}$.

On calcule t' avec la première équation :

$$4=1+3t'\Leftrightarrow t'=\frac{3}{3}=1.$$

Rappel

Deux vecteurs $\vec{u}$ et $\vec{v}$ sont colinéaires si il existe un réel k tel que $\vec{u}=k\vec{v}$ ou $\vec{v}=k\vec{u}$.

On vérifie si les deux autres équations sont vérifiées :
$4t' = 4 \neq -1$, donc la deuxième équation n'est pas vérifiée.
Le point A n'appartient pas à d'.
Les droites sont donc strictement parallèles.

6 → Énoncé p. 361

1. d a pour représentation paramétrique : $\begin{cases} x = 2 + t \\ y = -1 \\ z = -4 + t \end{cases}$ avec t réel.

2. d' est perpendiculaire à d donc tout vecteur directeur $\vec{v}$ de d' est orthogonal à $\vec{u}$ et d' est sécante avec d. Soit $C(x_C\,;y_C\,;z_C)$ leur point d'intersection. Alors le vecteur $\overrightarrow{BC}$ est un vecteur directeur de d' et il est orthogonal à $\vec{u}$.
On a alors $\vec{u}\cdot\overrightarrow{BC} = 0$ et les coordonnées de C vérifient le système d'équations paramétriques de d.

On a : $\overrightarrow{BC}\begin{pmatrix} x_C - 4 \\ y_C - 1 \\ z_C + 1 \end{pmatrix}$ et il existe un réel t tel que $\begin{cases} x_C = 2 + t \\ y_C = -1 \\ z_C = -4 + t \end{cases}$.

Or $\vec{u}\cdot\overrightarrow{BC} = 1 \times (x_C - 4) + 0 \times (y_C - 1) + 1 \times (z_C + 1) = x_C + z_C - 3 = 0$.

On remplace x_c et z_c par leur expression en fonction de t :
$2 + t - 4 + t - 3 = 0 \Leftrightarrow 2t - 5 = 0 \Leftrightarrow t = 2{,}5$
On trouve donc $C(4{,}5\,;-1\,;-1{,}5)$.

On en déduit le vecteur $\overrightarrow{BC}\begin{pmatrix} 0{,}5 \\ -2 \\ -0{,}5 \end{pmatrix}$.

En prenant le point B et le vecteur $\overrightarrow{BC}$ comme vecteur directeur de d', une représentation paramétrique de la droite d' est alors : $\begin{cases} x = 4 + 0{,}5t' \\ y = 1 - 2t' \\ z = -1 - 0{,}5t' \end{cases}$ avec t' réel.

7 → Énoncé p. 361

1. On détermine un vecteur normal au plan $\mathcal{P}$:
$y = 3x + 2 \Leftrightarrow 3x - y + 2 = 0$

Un vecteur normal à $\mathcal{P}$ est $\vec{n}\begin{pmatrix} 3 \\ -1 \\ 0 \end{pmatrix}$.

Un vecteur directeur de d est $\vec{u}\begin{pmatrix} 1 \\ 3 \\ 0 \end{pmatrix}$.

On a $\vec{u}\cdot\vec{n} = 1 \times 3 + 3 \times (-1) + 0 \times 0 = 3 - 3 = 0$.
Les vecteurs sont orthogonaux donc la droite d est parallèle $\mathcal{P}$.

Le point $A(-5\,;2\,;-1)$ appartient à d. On détermine s'il appartient à $\mathcal{P}$
$3\times(-5)-2+2=-15\neq 0$ donc le point A n'appartient pas à $\mathcal{P}$.
La droite d est strictement parallèle au plan $\mathcal{P}$.
2. On a $\vec{v}\cdot\vec{n}=0\times 3+(-2)\times(-1)+1\times 0=2\neq 0$.
Les vecteurs ne sont pas orthogonaux donc la droite d' n'est pas parallèle au plan $\mathcal{P}$.
Elle est donc sécante avec $\mathcal{P}$.

Une représentation paramétrique de d' est $\begin{cases} x=1 \\ y=-2t' \\ z=t' \end{cases}$ avec t' réel.

Soit $M(x\,;y\,;z)$ le point d'intersection de d' et de $\mathcal{P}$. On cherche la valeur de t' telle que les coordonnées de M vérifient l'équation cartésienne de $\mathcal{P}$.
On remplace x, y et z dans l'équation de $\mathcal{P}$:

$$3\times 1-(-2t')+2=0 \Leftrightarrow 2t'+5=0 \Leftrightarrow t'=-\frac{5}{2}=-2{,}5.$$

On a alors $x=1$; $y=-2\times(-2{,}5)=5$ et $z=-2{,}5$.
Le point $M(1\,;5\,;-2{,}5)$ appartient à d' et à $\mathcal{P}$.
d' et $\mathcal{P}$ sont donc sécants en M.

8 → *Énoncé p. 361*

On détermine un vecteur normal à chaque plan.

$\vec{n}\begin{pmatrix}1\\1\\1\end{pmatrix}$ est un vecteur normal à $\mathcal{P}$.

$\vec{n'}\begin{pmatrix}-1\\2\\-1\end{pmatrix}$ est un vecteur normal à $\mathcal{P}'$

On calcule $\vec{n}\cdot\vec{n'}=1\times(-1)+1\times 2+1\times(-1)=-1+2-1=0$.
Les vecteurs sont orthogonaux donc les plans $\mathcal{P}$ et $\mathcal{P}'$ sont perpendiculaires.

9 → *Énoncé p. 361*

$(a\,;b\,;c)\neq(0\,;0\,;0)$. On peut par exemple supposer $a\neq 0$.
On note $\mathcal{P}$ l'ensemble des points tels que $ax+by+cz+d=0$.
On considère le point $M_0\left(x_0=-\dfrac{d}{a}\,;y_0=0\,;z_0=0\right)$.
M_0 appartient à $\mathcal{P}$. En effet :

$$a\times\left(-\frac{d}{a}\right)+b\times 0+c\times 0+d=-d+d=0.$$

Remarque
$(a\,;b\,;c)\neq(0\,;0\,;0)$ signifie que les trois nombres a, b et c ne sont pas tous les trois nuls en même temps. Il y en a donc au moins un des trois qui est non nul.

Soit $M(x\,;y\,;z)$ un point de l'espace appartenant à $\mathcal{P}$.

Comme M appartient à $\mathcal{P}$, ses coordonnées vérifient l'équation de $\mathcal{P}$.

On a alors :

$ax + by + cz + d = a \times x_0 + b \times x_0 + c \times x_0 + d$

$\Leftrightarrow a(x - x_0) + b(y - y_0) + c(z - z_0) = 0$

$\Leftrightarrow \vec{n} \cdot \overrightarrow{M_0M} = 0$

avec $\overrightarrow{M_0M}\begin{pmatrix} x - x_0 \\ y - y_0 \\ z - z_0 \end{pmatrix}$ et $\vec{n}\begin{pmatrix} a \\ b \\ c \end{pmatrix}$.

On obtient la propriété caractéristique d'un plan : M appartient au plan passant par M_0 et de vecteur normal $\vec{n}$.

10 → Énoncé p. 361

a) Faux.

On cherche s'il existe un réel t vérifiant $\begin{cases} 7 = 5 - 3t \\ -2 = -2 \\ 24 = 6t \end{cases}$.

La troisième équation donne $t = \dfrac{24}{6} = 4$.

On vérifie si t vérifie la première équation :

$5 - 3t = 5 - 3 \times 4 = 5 - 12 = -7$ donc la première équation n'est pas vérifiée.

Le point A n'appartient pas bien à d.

b) Vrai.

La droite d' de représentation paramétrique $\begin{cases} x = 9 + 5t \\ y = 1 + 2t \\ z = 4 + t \end{cases}$ passe par le point $B(9\,;1\,;4)$ et a pour vecteur directeur $\vec{u}\begin{pmatrix} 5 \\ 2 \\ 1 \end{pmatrix}$. d' est parallèle à d car d et d' ont un même vecteur directeur.

On détermine si cette droite d' passe aussi par A.

On cherche s'il existe un réel t vérifiant $\begin{cases} 4 = 9 + 5t \\ -1 = 1 + 2t \\ 3 = 4 + t \end{cases}$.

La troisième équation donne $t = 3 - 4 = -1$.

On vérifie si t vérifie la première équation :

$9 + 5t = 9 + 5 \times (-1) = 9 - 5 = 4$ donc la première équation est vérifiée.

On vérifie si t vérifie la deuxième équation :

$1 + 2t = 1 + 2 \times (-1) = 1 - 2 = -1$ donc la deuxième équation est vérifiée.

Le point A appartient bien à d' donc d et d' sont confondues. La représentation paramétrique donnée est bien celle de d.

c) Vrai.

Un vecteur normal au plan $\mathcal{P}$ est $\vec{n}\begin{pmatrix}3\\-2\\1\end{pmatrix}$.

Or $-2\vec{n}\begin{pmatrix}-6\\4\\-2\end{pmatrix}$, on en conclut que $-2\vec{n} = \vec{m}$.

$\vec{m}$ est un vecteur colinéaire à un vecteur normal au plan $\mathcal{P}$ donc $\vec{m}$ est normal au plan $\mathcal{P}$.

d) Faux.

$\vec{u}\begin{pmatrix}-1\\1\\-1\end{pmatrix}$ est un vecteur directeur de d.

$\vec{n}\begin{pmatrix}1\\1\\-1\end{pmatrix}$ est un vecteur normal au plan $\mathcal{P}$.

On a $\vec{n}\cdot\vec{u} = (-1)\times 1 + 1 \times 1 + (-1)\times(-1) = -1+1+1 = 1 \neq 0$.

Les vecteurs ne sont pas orthogonaux donc la droite d n'est pas parallèle à $\mathcal{P}$.

e) Faux.

$y = 3x + 2 \Leftrightarrow 3x - y + 0z + 2 = 0$

L'ensemble des points $M(x\,;y\,;z)$ vérifiant $y = 3x + 2$

est un plan de vecteur normal $\vec{n}\begin{pmatrix}3\\-1\\0\end{pmatrix}$.

11 → *Énoncé p. 362*

1. Réponse A.

$\vec{n}\begin{pmatrix}1\\0\\-1\end{pmatrix}$ est un vecteur normal à $\mathcal{P}$.

$\vec{n}\cdot\vec{u} = 1\times 1 + 0 \times 2 + (-1)\times 1 = 1 - 1 = 0$

Les vecteurs sont orthogonaux donc d est parallèle à $\mathcal{P}$.

2. Réponse B.

$\vec{u}\begin{pmatrix}0\\0\\1\end{pmatrix}$ est un vecteur directeur de d. On a $\vec{u} = \vec{k}$. Donc la droite d est orthogonale au plan $(O\,;\vec{i},\vec{j})$.

3. Réponse A.

$\vec{u'}\begin{pmatrix}-1\\-1\\0\end{pmatrix}$ est un vecteur directeur de d'. On a $\overrightarrow{2u'}\begin{pmatrix}-2\\-2\\0\end{pmatrix}$ on en conclut que $\overrightarrow{2u'} = \vec{u}$.

Les vecteurs sont colinéaires. Donc les droites d et d' sont parallèles.

4. Réponse A.

$\vec{n}\begin{pmatrix}2\\1\\-4\end{pmatrix}$ **est un vecteur normal à $\mathcal{P}$.**

$\vec{m}\begin{pmatrix}4\\4\\3\end{pmatrix}$ **est un vecteur normal à $\mathcal{R}$.**

$\vec{n}\cdot\vec{m} = 2\times 4 + 1\times 4 + (-4)\times 3 = 8 + 4 - 12 = 0$.

Les vecteurs normaux aux plans sont orthogonaux donc les plans $\mathcal{P}$ et $\mathcal{R}$ sont perpendiculaires.

12 → *Énoncé p. 363*

1. $\vec{u}\begin{pmatrix}2\\-2\\1\end{pmatrix}$ est un vecteur directeur de d donc normal au plan $\mathcal{P}$.

L'équation du plan $\mathcal{P}$ est de la forme $2x - 2y + z + d = 0$.
Or A appartient à $\mathcal{P}$ donc ses coordonnées vérifient l'équation de $\mathcal{P}$:

$2\times 3 + (-2)\times 1 + (-5) + d = 0$ donc $d = 1$.

$\mathcal{P}$ a donc pour équation cartésienne: $2x - 2y + z + 1 = 0$.

2. $B(x\,;y\,;z)$ appartient à d donc il existe un réel t tel que $\begin{cases} x = 1 + 2t \\ y = 9 - 2t \\ z = -3 + t \end{cases}$.

De plus, B appartient à $\mathcal{P}$ donc ses coordonnées vérifient l'équation de $\mathcal{P}$:

$2\times(1 + 2t) - 2\times(9 - 2t) + (-3 + t) + 1 = 0$

$\Leftrightarrow 2 + 4t - 18 + 4t - 3 + t + 1 = 0$

$\Leftrightarrow 9t - 18 = 0$

$\Leftrightarrow t = 2$

Le point B a pour coordonnées $B(5\,;5\,;-1)$.

> **Rappel**
> Pour déterminer les coordonnées de B, on remplace t par 2 dans le système d'équations paramétriques de d.

3. C appartient à $\mathcal{P}$ si et seulement si ses coordonnées vérifient l'équation de $\mathcal{P}$.

$2\times 7 - 2\times 3 + (-9) + 1 = 14 - 6 - 9 + 1 = 0$

C appartient bien à $\mathcal{P}$.

$\overrightarrow{AC}\begin{pmatrix}4\\2\\-4\end{pmatrix}$; $\overrightarrow{AB}\begin{pmatrix}2\\4\\4\end{pmatrix}$; $\overrightarrow{BC}\begin{pmatrix}2\\-2\\-8\end{pmatrix}$

$AC^2 = 4^2 + 2^2 + (-4)^2 = 36$;

$AB^2 = 2^2 + 4^2 + 4^2 = 36$ et $BC^2 = 2^2 + (-2)^2 + (-8)^2 = 72$

On a $AC^2 + AB^2 = BC^2$ donc, d'après la réciproque du théorème de Pythagore, ABC est un triangle rectangle en A.

On a aussi $AC^2 = AB^2$ donc le triangle ABC est isocèle en A.

4. $M \in d$ et $B \in d$ donc $d = (MB)$. De plus, B et A sont deux points distincts de $\mathcal{P}$ donc (AB) est incluse dans $\mathcal{P}$.

Or on sait que d est perpendiculaire à $\mathcal{P}$ donc orthogonale à toute droite de $\mathcal{P}$. On en déduit que (MB) est perpendiculaire à (AB).

Finalement, on a donc bien ABM rectangle en B.

13 → *Énoncé p. 363*

1. $\overrightarrow{OA}\begin{pmatrix}10\\0\\1\end{pmatrix}$ et $\overrightarrow{OB}\begin{pmatrix}1\\7\\1\end{pmatrix}$ donc $\overrightarrow{OA}\cdot\overrightarrow{OB} = 10 \times 1 + 0 \times 7 + 1 \times 1 = 11 \neq 0$.

Les vecteurs ne sont pas orthogonaux, donc les droites ne sont pas orthogonales, donc elles ne sont pas perpendiculaires.

2. Soit $\mathcal{R}$ le plan d'équation cartésienne $7x + 9y - 70z = 0$.

On a :

$7 \times 0 + 9 \times 0 - 70 \times 0 = 0$ donc le point O appartient à $\mathcal{R}$.

$7 \times 10 + 9 \times 0 - 70 \times 1 = 0$ donc le point A appartient à $\mathcal{R}$.

$7 \times 1 + 9 \times 7 - 70 \times 1 = 0$ donc le point B appartient à $\mathcal{R}$.

Ainsi le plan (OAB) et le plan $\mathcal{R}$ sont confondus.

Donc l'équation $7x + 9y - 70z = 0$ est une équation du plan (OAB).

3. On a $\overrightarrow{CA}\begin{pmatrix}10-0\\0-0\\1-5\end{pmatrix}$ donc $\overrightarrow{CA}\begin{pmatrix}10\\0\\-4\end{pmatrix}$.

Une représentation paramétrique de la droite (CA)

est : $\begin{cases} x = 10 + 10t \\ y = 0 \\ z = 1 - 4t \end{cases}$ où t est un réel.

Remarque

On aurait pu écrire une représentation paramétrique de la droite (CA) en utilisant les coordonnées du point C.

4. Le point D a pour coordonnées $D(0\,;0\,;2{,}5)$.

Tout plan parallèle au plan (OAB) a une équation de la forme $7x + 9y - 70z + d = 0$.

Or $\mathcal{P}$ passe par D, donc $7 \times 0 + 9 \times 0 - 70 \times 2{,}5 + d = 0$, donc $d = 175$.

$\mathcal{P}$ a pour équation $7x + 9y - 70z + 175 = 0$.

5. $F(x\,;y\,;z)$ appartient à (CA). Il existe alors un réel t tel que $\begin{cases} x = 10 + 10t \\ y = 0 \\ z = 1 - 4t \end{cases}$.

Or on veut que F appartienne aussi à $\mathcal{P}$, donc les coordonnées de F vérifient aussi l'équation de $\mathcal{P}$.

On a : $7(10+10t)+9\times 0-70(1-4t)+175=0$
$\Leftrightarrow 70+70t-70+280t+175=0$
$\Leftrightarrow t=-\dfrac{1}{2}$

On a alors $x=10-5=5$; $y=0$ et $z=1+2=3$.
Le point F a donc pour coordonnées $F(5;0;3)$.

6. On a $\overrightarrow{EF}\begin{pmatrix}5-\frac{1}{2}\\0-\frac{7}{2}\\3-3\end{pmatrix}$ donc $\overrightarrow{EF}\begin{pmatrix}\frac{9}{2}\\-\frac{7}{2}\\0\end{pmatrix}$.

Or $\overrightarrow{AB}\begin{pmatrix}-9\\7\\0\end{pmatrix}$, donc $-2\overrightarrow{EF}\begin{pmatrix}-9\\7\\0\end{pmatrix}$, donc $-2\overrightarrow{EF}=\overrightarrow{AB}$.

Les vecteurs sont colinéaires, donc les droites sont parallèles.

SUJET DE BAC

Exercice 1 → Énoncé p. 365

1. a) $P(2;0;0)$; $Q(0;0;2)$ et $\Omega(3;3;3)$.

b) $R(0;4;6)$ donc on a : $\overrightarrow{PR}\begin{pmatrix}-2\\4\\6\end{pmatrix}$ et $\overrightarrow{QR}\begin{pmatrix}0\\4\\4\end{pmatrix}$. Ce sont deux vecteurs non colinéaires.

$\vec{n}\begin{pmatrix}1\\b\\c\end{pmatrix}$ est un vecteur normal au plan (PQR) si et seulement si il est orthogonal à deux vecteurs non colinéaires du plan (PQR). On cherche donc b et c tels que :

$\vec{n}\cdot\overrightarrow{PR}=-2+4b+6c=0$

$\vec{n}\cdot\overrightarrow{QR}=0+4b+4c=0$

La deuxième équation donne $b=-c$. En remplaçant dans la première équation, on trouve : $2c-2=0$ ce qui équivaut à $c=1$. On a alors $b=-1$.

$\vec{n}\begin{pmatrix}1\\-1\\1\end{pmatrix}$ est un vecteur normal au plan (PQR).

c) Une équation du plan (PQR) est de la forme $x-y+z+d=0$.
Or P appartient au plan (PQR) donc ses coordonnées vérifient l'équation du plan :
$2-0+0+d=0\Leftrightarrow d=-2$
Le plan (PQR) a pour équation $x-y+z-2=0$.

2. a) La droite Δ est orthogonale au plan (PQR) donc le vecteur $\vec{n}\begin{pmatrix}1\\-1\\1\end{pmatrix}$ est un vecteur directeur de Δ. Une représentation paramétrique de Δ est alors :

$\begin{cases}x = 3 + t\\ y = 3 - t\\ z = 3 + t\end{cases}$ avec t réel.

b) Soit $I(x\,;y\,;z)$ le point d'intersection de Δ avec (PQR).

Comme I appartient à Δ, il existe donc un réel t tel que $\begin{cases}x = 3 + t\\ y = 3 - t\\ z = 3 + t\end{cases}$.

Comme I appartient au plan (PQR), ses coordonnées vérifient l'équation du plan :

$(3 + t) - (3 - t) + (3 + t) - 2 = 0 \Leftrightarrow 1 + 3t = 0 \Leftrightarrow t = -\dfrac{1}{3}$.

On a alors $x = 3 - \dfrac{1}{3} = \dfrac{8}{3}$; $y = 3 + \dfrac{1}{3} = \dfrac{10}{3}$ et $z = 3 - \dfrac{1}{3} = \dfrac{8}{3}$, donc $I\left(\dfrac{8}{3}\,;\dfrac{10}{3}\,;\dfrac{8}{3}\right)$.

3. a) On vérifie que les coordonnées de J vérifient l'équation cartésienne de (PQR) :

$6 - 4 + 0 - 2 = 6 - 6 = 0$.

Donc J appartient au plan (PQR).

b) On a : $\overrightarrow{JK}\begin{pmatrix}0\\2\\2\end{pmatrix}$ et $\overrightarrow{QR}\begin{pmatrix}0\\4\\4\end{pmatrix}$ donc $2\overrightarrow{JK} = \overrightarrow{QR}$.

Les vecteurs sont colinéaires donc les droites sont parallèles.

Exercice 2 → *Énoncé p. 365*

1. a) On a $F(1\,;0\,;1)$, $H(0\,;1\,;1)$ et $K\left(0\,;\dfrac{1}{4}\,;0\right)$ et $\vec{n}\begin{pmatrix}4\\4\\-3\end{pmatrix}$.

Donc $\overrightarrow{FH}\begin{pmatrix}-1\\1\\0\end{pmatrix}$ et $\overrightarrow{FK}\begin{pmatrix}-1\\ \dfrac{1}{4}\\-1\end{pmatrix}$.

Les deux vecteurs $\overrightarrow{FH}$ et $\overrightarrow{FK}$ ne sont pas colinéaires car leurs coordonnées ne sont pas proportionnelles. On a alors :

$\vec{n}\cdot\overrightarrow{FH} = 4 \times (-1) + 4 \times 1 + (-3) \times 0 = -4 + 4 = 0$

$\vec{n}\cdot\overrightarrow{FK} = 4 \times (-1) + 4 \times \dfrac{1}{4} + (-3) \times (-1) = -4 + 1 + 3 = 0$.

Le vecteur $\vec{n}$ est orthogonal à deux vecteurs non colinéaires du plan, donc $\vec{n}$ est normal au plan (FHK).

b) Une équation cartésienne du plan (FHK) est de la forme :
$4x + 4y - 3z + d = 0$.
Or le point $F(1\,;0\,;1)$ appartient à ce plan, donc ses coordonnées vérifient l'équation du plan :
$4 \times 1 + 4 \times 0 - 3 \times (1) + d = 0 \Leftrightarrow d = -1$.
Le plan (FHK) a pour équation $4x + 4y - 3z - 1 = 0$.
c) $\mathcal{P}$ et (FHK) sont deux plans parallèles, donc ils ont les mêmes vecteurs normaux.
Une équation cartésienne de $\mathcal{P}$ est de la forme : $4x + 4y - 3z + d = 0$.

Or $I\left(0\,;\frac{1}{2}\,;1\right)$ appartient à $\mathcal{P}$ donc ses coordonnées vérifient l'équation de $\mathcal{P}$:

$4 \times 0 + 4 \times \frac{1}{2} - 3 \times 1 + d = 0 \Leftrightarrow d = 1$.

Une équation cartésienne du plan $\mathcal{P}$ est $4x + 4y - 3z + 1 = 0$.
d) On détermine une représentation paramétrique de la droite (AE), passant par le point $A(0\,;0\,;0)$ et de vecteur directeur $\overrightarrow{AE}\begin{pmatrix}0\\0\\1\end{pmatrix}$.

$\begin{cases} x = 0 \\ y = 0 \\ z = t \end{cases}$ où t est un réel.

Soit $M'(x\,;y\,;z)$ le point d'intersection de (AE) avec $\mathcal{P}$. Il existe alors un réel t tel que :

$\begin{cases} x = 0 \\ y = 0 \\ z = t \end{cases}$ et les coordonnées de M' vérifient l'équation de $\mathcal{P}$.

Donc : $4 \times 0 + 4 \times 0 - 3 \times t + 1 = 0 \Leftrightarrow t = \frac{1}{3}$.

Le point M' a donc pour coordonnées $M'\left(0\,;0\,;\frac{1}{3}\right)$.

2. a) Δ est la droite passant par le point E et orthogonale au plan $\mathcal{P}$. $\vec{n}\begin{pmatrix}4\\4\\-3\end{pmatrix}$ est donc un vecteur directeur de Δ. De plus, $E(0\,;0\,;1)$ appartient à cette droite, donc une représentation paramétrique de Δ est :

$\begin{cases} x = 4t' \\ y = 4t' \\ z = 1 - 3t' \end{cases}$ où t' est un réel.

b) On note $L(x\ ;y\ ;z)$ le point d'intersection de Δ et du plan (ABC).

Il existe alors un réel t' tel que $\begin{cases} x = 4t' \\ y = 4t' \\ z = 1 - 3t' \end{cases}$ et les coordonnées de L vérifient l'équation du plan (ABC).

Or le plan (ABC) a pour équation $z = 0$. Donc $1 - 3t' = 0 \Leftrightarrow t' = \dfrac{1}{3}$.

On a donc $L\left(\dfrac{4}{3}\ ;\dfrac{4}{3}\ ;0\right)$.

c) L n'appartient pas à la droite (AB) qui est l'axe des abscisses du repère car son ordonnée n'est pas nulle.
Si Δ et (BF) sont sécantes, elles sont coplanaires et appartiennent au plan (BFE) qui est aussi le plan (ABF).
L appartient à (ABF) et L appartient à (ABC) équivaut à dire que L appartient à la droite (AB), intersection de ces deux plans, ce qui est faux.
Les droites Δ et (BF) ne sont donc pas coplanaires, on en déduit qu'elles ne sont pas sécantes.

PROBABILITÉS

L'évolution parfaitement aléatoire d'un système peut aboutir à quelque chose de très structuré.

Loi binomiale

CHAPITRE 13

1 Succession d'épreuves indépendantes

A. Univers d'une succession d'épreuves

■ Définition

Lorsqu'une expérience aléatoire se compose d'une succession de n épreuves indépendantes E_1, E_2, E_3, … , E_n, l'univers des issues possibles est le produit cartésien $\Omega_1 \times \Omega_2 \times \Omega_3 \times \ldots \times \Omega_n$ où Ω_i désigne l'univers de l'épreuve E_i pour tout entier i allant de 1 à n.

Une issue de l'expérience est donc un n-uplet $(i_1, i_2, i_3, \ldots, i_n)$, où i_p est une issue de E_p.

On représente cette situation par un arbre dans lequel un chemin correspond à une issue.

B. Calcul de probabilités

■ Propriété

Lors d'une succession de n épreuves indépendantes, la probabilité d'une issue $(i_1, i_2, i_3, \ldots, i_n)$ est égale au produit des probabilités de chacune des issues du n-uplet.

■ Cas où $n = 2$

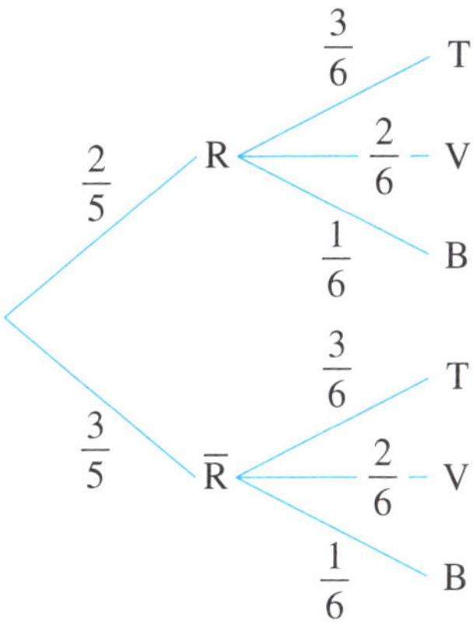

$(R\,;T) \longrightarrow P((R\,;T)) = \frac{2}{5} \times \frac{3}{6} = \frac{6}{30} = \frac{1}{5}$

$(R\,;V) \longrightarrow P((R\,;V)) = \frac{2}{5} \times \frac{2}{6} = \frac{4}{30} = \frac{2}{15}$

$(R\,;B) \longrightarrow P((R\,;B)) = \frac{2}{5} \times \frac{1}{6} = \frac{2}{30} = \frac{1}{15}$

$(\overline{R}\,;T) \longrightarrow P((\overline{R}\,;T)) = \frac{3}{5} \times \frac{3}{6} = \frac{9}{30} = \frac{3}{10}$

$(\overline{R}\,;V) \longrightarrow P((\overline{R}\,;V)) = \frac{3}{5} \times \frac{2}{6} = \frac{6}{30} = \frac{1}{5}$

$(\overline{R}\,;B) \longrightarrow P((\overline{R}\,;B)) = \frac{3}{5} \times \frac{1}{6} = \frac{3}{30} = \frac{1}{10}$

2 Schéma de Bernoulli et loi binomiale

A. Épreuve et schéma de Bernoulli

Définition

Soit p un réel compris entre 0 et 1.
On appelle **épreuve de Bernoulli de paramètre *p*** une expérience aléatoire ayant deux issues, l'une nommée « **succès** » notée **S** ou **1** de probabilité ***p***, et l'autre « **échec** », notée $\overline{\text{S}}$ ou **0**.

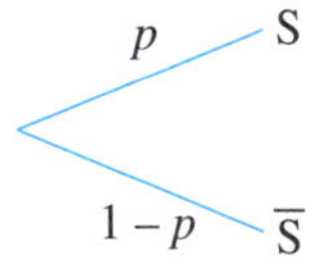

Propriété : loi de Bernoulli

La loi de probabilité d'une épreuve de Bernoulli est donnée par le tableau ci-contre.

Issue	S	$\overline{S}$
Probabilité	p	$1-p$

$\Omega = \{\text{S} ; \overline{\text{S}}\}$. On écrit aussi $\Omega = \{0 ; 1\}$.

Définitions

• On considère une épreuve de Bernoulli de paramètre p, où p est un réel compris entre 0 et 1.
Soit n un entier naturel non nul.
On définit un **schéma de Bernoulli de paramètres *n* et *p*** lorsqu'on répète n fois de façon indépendante cette épreuve de Bernoulli.
• On définit **la variable aléatoire *X* égale au nombre de succès** dans ce schéma.
X prend ses valeurs dans l'ensemble $\{0 ; 1 ; 2 ; \ldots ; n\}$.

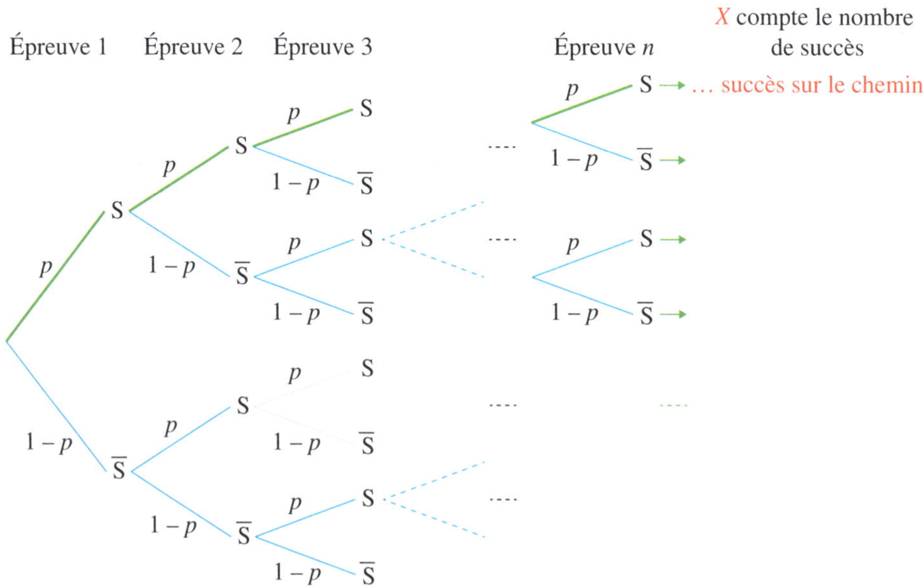

B. Loi binomiale

■ **Définition**

Soit n entier naturel non nul et p un réel compris entre 0 et 1.
On considère un schéma de Bernoulli de paramètres n et p et X la variable aléatoire comptant le nombre de succès obtenus dans ce schéma.
On dit alors que **X suit la loi binomiale de paramètres n et p** (on note $X \rightsquigarrow \mathcal{B}(n\ ;\ p)$) et pour tout entier k compris entre 0 et n :

$$\boldsymbol{P(X = k) = \binom{n}{k} p^k (1 - p)^{n-k}}.$$

■ Soient n un entier naturel et p un réel compris entre 0 et 1.
Si X suit la loi binomiale de paramètres n et p, alors :

- $\boldsymbol{E(X) = np}$
- $\boldsymbol{V(X) = np(1 - p)}$
- $\boldsymbol{\sigma(X) = \sqrt{np(1 - p)}}$

C. Représentation graphique de la loi binomiale

On peut représenter graphiquement une loi binomiale par un diagramme en bâtons en mettant en abscisse les valeurs prises par la variable aléatoire et en ordonnée les probabilités correspondantes.

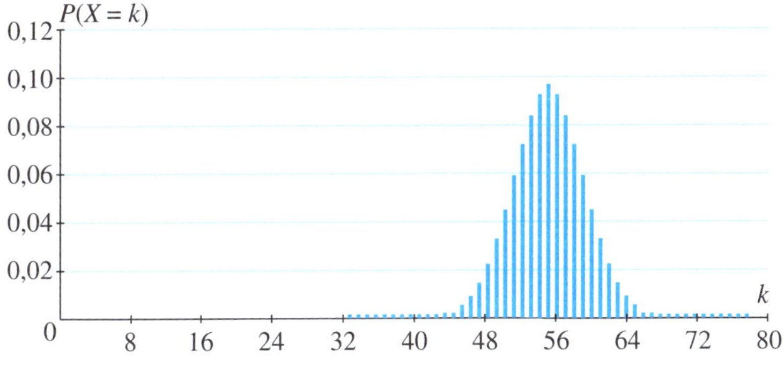

CARTE MENTALE

Représenter une succession de n épreuves indépendantes

Expérience aléatoire = succession de n épreuves indépendantes. L'univers des issues possibles est :

$\Omega = \Omega_1 \times \Omega_2 \times \Omega_3 \times \ldots \times \Omega_n$

Une issue est un n-uplet $(i_1, i_2, i_3, \ldots, i_n)$.

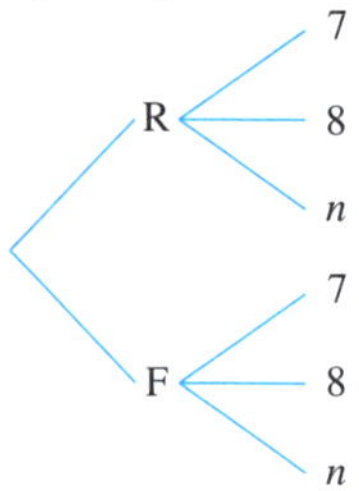

Calculer la probabilité d'une issue $(i_1, i_2, i_3, \ldots, i_n)$

Lors d'une succession de n épreuves indépendantes, on calcule la probabilité d'une issue en multipliant les probabilités inscrites sur chaque branche du chemin représentant cette issue.

1re épreuve 2e épreuve Issues **Probabilités**

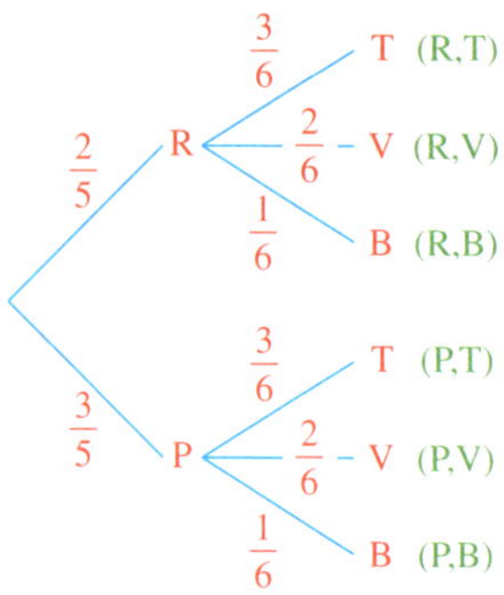

$P((R\,;T)) = \frac{2}{5} \times \frac{3}{6} = \frac{6}{30} = \frac{1}{5}$

$P((R\,;V)) = \frac{2}{5} \times \frac{2}{6} = \frac{4}{30} = \frac{2}{15}$

$P((R\,;B)) = \frac{2}{5} \times \frac{1}{6} = \frac{2}{30} = \frac{1}{15}$

$P((P\,;T)) = \frac{3}{5} \times \frac{3}{6} = \frac{9}{30} = \frac{3}{10}$

$P((P\,;V)) = \frac{3}{5} \times \frac{2}{6} = \frac{6}{30} = \frac{1}{5}$

$P((P\,;B)) = \frac{3}{5} \times \frac{1}{6} = \frac{3}{30} = \frac{1}{10}$

LOI BINOMIALE

Reconnaître un schéma de Bernoulli

- **Épreuve de Bernoulli de paramètre p** : expérience aléatoire ayant deux issues : l'une, le « succès » S, de probabilité p, et l'autre, « l'échec » $\overline{S}$, de probabilité $1 - p$.

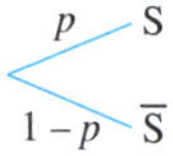

- Lorsqu'on répète n fois, de façon indépendante, cette épreuve de Bernoulli on obtient un **schéma de Bernoulli de paramètres n et p**.

Calculer la probabilité de k succès : la loi binomiale

- Dans un schéma de Bernoulli de paramètres n et p, **la variable aléatoire X égale au nombre de succès obtenus au cours des n répétitions, suit la loi binomiale de paramètres n et p.** ($X \leadsto \mathcal{B}(n\,;\,p)$).

$$P(X = k) = \binom{n}{k} p^k (1-p)^{n-k}.$$

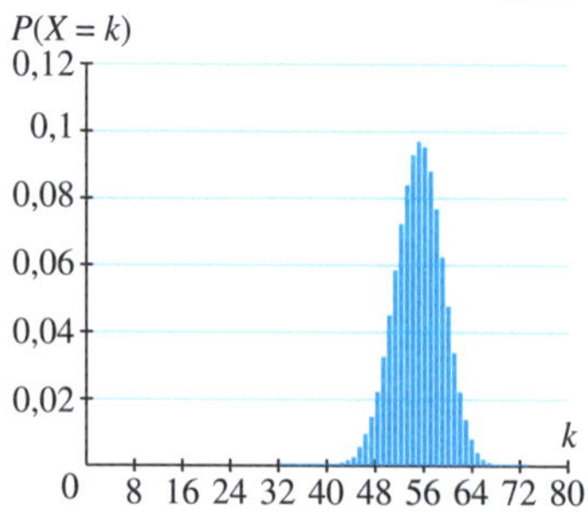

- $E(X) = np$, $V(X) = np(1-p)$ et $\sigma(X) = \sqrt{np(1-p)}$

1 Modéliser à l'aide d'une succession d'épreuves indépendantes

EXEMPLE 1 **CAS GÉNÉRAL D'UNE SUCCESSION D'ÉPREUVES**

À l'arrivée d'une course, un participant se rend à un stand où une collation constituée d'un sachet à grignoter et d'une boisson est offerte. Il pioche un sachet au hasard dans un carton contenant 20 sachets de barres de céréales (événement noté C) et 30 sachets de fruits secs (événement noté F), puis au hasard dans un deuxième carton qui contient 30 canettes de jus d'oranges (événement noté O), 20 canettes de jus d'ananas (événement noté A) et 10 canettes de jus de mangue (événement noté M).

1. À l'aide du produit cartésien, lister les différents types de collations que ce participant peut obtenir.

2. Donner la probabilité de chaque type de collations après avoir dressé un arbre représentant la situation.

CORRIGÉ COMMENTÉ

1. La constitution de la collation repose sur la succession de deux épreuves indépendantes car le tirage se fait au hasard dans chacun des deux cartons bien distincts. La première épreuve a pour univers $\Omega_1 = \{C ; F\}$ et la deuxième épreuve $\Omega_2 = \{O ; A ; M\}$.

> **Rappel**
> Le produit cartésien de deux ensembles est l'ensemble des couples formés d'un élément de chacun des deux ensembles.

Les différents types de collations sont donc donnés par l'ensemble $\Omega_1 \times \Omega_2$, c'est à dire $\{(C ; O), (C ; A), (C ; M), (F ; O), (F ; A), (F ; M)\}$.

2.

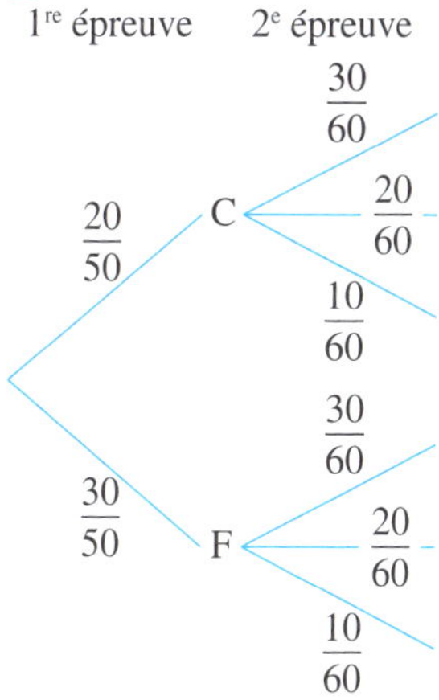

Issues

$(C ; O) \longrightarrow P((C ; O)) = \frac{20}{50} \times \frac{30}{60} = \frac{1}{5}$

$(C ; A) \longrightarrow P((C ; A)) = \frac{20}{50} \times \frac{20}{60} = \frac{2}{15}$

$(C ; M) \longrightarrow P((C ; M)) = \frac{20}{50} \times \frac{10}{60} = \frac{1}{15}$

$(F ; O) \longrightarrow P((F ; O)) = \frac{30}{50} \times \frac{30}{60} = \frac{3}{10}$

$(F ; A) \longrightarrow P((F ; A)) = \frac{30}{50} \times \frac{20}{60} = \frac{1}{5}$

$(F ; M) \longrightarrow P((F ; M)) = \frac{30}{50} \times \frac{10}{60} = \frac{1}{10}$

> **Rappel**
> Dans un arbre :
> – la probabilité d'un chemin est le produit des probabilités de chaque branche du chemin ;
> – la probabilité d'un événement est égale à la somme des probabilités des chemins qui mènent à cet événement.

EXEMPLE 2 CAS PARTICULIER DU SCHÉMA DE BERNOULLI

Une urne contient six boules indiscernables au toucher : quatre jaunes et deux rouges. On tire successivement au hasard deux boules de l'urne, en prenant soin de remettre dans l'urne la première boule tirée avant de prendre la seconde. On s'intéresse aux boules jaunes tirées.

1. Expliquer pourquoi l'énoncé précédent peut être modélisé par un schéma de Bernoulli.

2. Donner la probabilité de chaque issue après avoir dressé un arbre représentant la situation.

CORRIGÉ COMMENTÉ

1. On répète **deux fois** une **épreuve de Bernoulli** (pour chaque épreuve, il y a deux issues : « Jaune » considéré comme « Succès » noté S de probabilité $p = \frac{4}{6}$ et « Rouge » considéré comme « échec » noté $\overline{S}$) avec une répétition **identique** et **indépendante** (car le tirage est avec remise).

C'est un schéma de Bernoulli de paramètre $n = 2$ et $p = \frac{4}{6}$.

2.

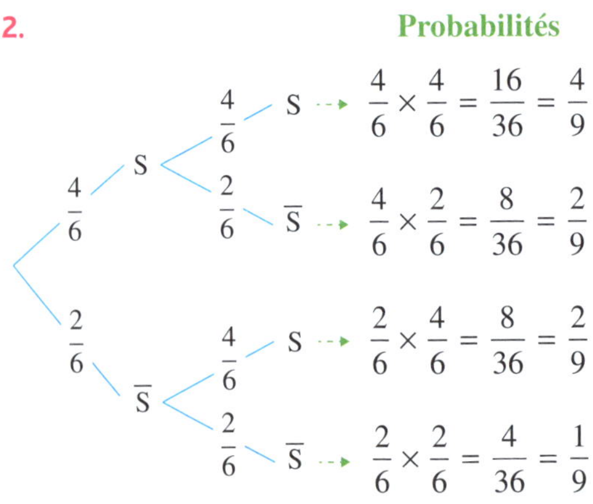

Astuce

Pour repérer un schéma de Bernoulli, il faut avoir une expérience à **deux issues**, connaître la **probabilité de l'une** de ces deux issues et répéter cette expérience un certain nombre de fois de manière **indépendante**.

2 Déterminer les paramètres *n* et *p* d'une loi binomiale

EXEMPLE

On a représenté ci-dessous, le graphique représentant la loi de probabilité d'une variable aléatoire X qui suit une loi binomiale de paramètres n et p.

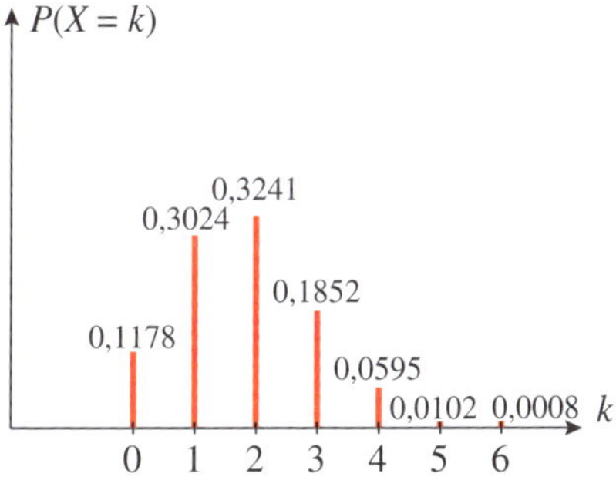

1. Donner la valeur de n.

2. Calculer l'espérance mathématique de X.

3. En déduire la valeur de p.

CORRIGÉ COMMENTÉ

1. $n = 6$ **Il n'y a que 6 bâtons dessinés et la somme des probabilités écrites est égale à 1**

2. Par définition de l'espérance mathématique d'une variable aléatoire :

$$E(X) = \sum_{i=1}^{i=n} p_i x_i$$

$$E(X) = 0 \times 0{,}1178 + 1 \times 0{,}3024 + 2 \times 0{,}3241 + 3 \times 0{,}1852 + 4 \times 0{,}0595 + 5 \times 0{,}0102 + 6 \times 0{,}0008$$

$E(X) = 1{,}8$

3. Comme X suit une loi binomiale de paramètres n et p, on a $E(X) = np$. Donc $np = 1{,}8$.

On trouve donc $6p = 1{,}8$. D'où $p = \dfrac{1{,}8}{6} = 0{,}3$.

Rappel

Pour une variable aléatoire *X* qui suit la loi binomiale de paramètres *n* et *p* :

$E(x) = np$.

3 Calculer des probabilités à l'aide de la loi binomiale

EXEMPLE

Une urne contient 100 boules dont 70 sont bleues et les autres sont vertes.
On tire au hasard, successivement et avec remise, dix boules de ce sac.
On note X la variable aléatoire comptant le nombre de boules bleues obtenues.

1. Calculer la probabilité d'obtenir six boules bleues.

2. Calculer la probabilité d'obtenir au moins deux boules bleues.

3. Si l'on répète un grand nombre de fois cette expérience, combien de boules bleues obtient-on en moyenne ?

4. a) Calculer $\sigma(X)$.

b) Calculer la probabilité que $X \in \left[E(X) - 2\sigma(X) \; ; E(X) + 2\sigma(X)\right]$.

CORRIGÉ COMMENTÉ

On répète dix fois, de manière indépendante, la même épreuve de Bernoulli dont le succès est « obtenir une boule bleue» de paramètre $p = \dfrac{70}{100} = 0{,}7$.

Les épreuves successives sont indépendantes car le tirage se fait avec remise

On a donc un schéma de Bernoulli de paramètres $n = 10$ et $p = 0{,}7$. Ainsi, la variable aléatoire X comptant le nombre de boules bleues obtenues suit la loi binomiale $\mathcal{B}(10 \; ; 0{,}7)$.

1. On cherche $P(X = 6)$

$$P(X = 6) = \binom{10}{6} p^6 (1-p)^{10-6} = \frac{10 \times 9 \times 8 \times 7 \times 6 \times 5}{6 \times 5 \times 4 \times 3 \times 2 \times 1} \times 0{,}7^6 \times 0{,}3^4$$
$$= 210 \times 0{,}7^6 \times 0{,}3^4 \approx 0{,}2$$

On aurait pu aussi calculer $\binom{10}{6}$ à la calculatrice, ou calculer directement cette probabilité avec la calculatrice.

2. On cherche $P(X \geqslant 2)$.

$$P(X \geqslant 2) = 1 - P(X = 0) - P(X = 1)$$
$$= 1 - \binom{10}{0} \times 0{,}7^0 \times 0{,}3^{10} - \binom{10}{1} \times 0{,}7^1 \times 0{,}3^9 \approx 0{,}9998$$

3. Cela revient à calculer l'espérance de la variable X.

$E(X) = 10 \times 0{,}7 = 7$.

Si on réitère un grand nombre de fois cette expérience, on obtient sept boules bleues en moyenne.

4. a) $\sigma(X) = \sqrt{10 \times 0{,}7(1 - 0{,}7)} = \sqrt{2{,}1} \approx 1{,}45$

b) On cherche la probabilité que $X \in [7 - 2\sqrt{2{,}1} \; ; 7 + 2\sqrt{2{,}1}]$.

> **Rappel**
> Pour une variable aléatoire X qui suit la loi binomiale de paramètres n et p :
> $\sigma(x) = \sqrt{np(1-p)}$.

Or $7 - 2\sqrt{2{,}1} \approx 4{,}1$ et $7 + 2\sqrt{2{,}1} \approx 9{,}9$.
Cela revient donc à calculer $P(5 \leqslant X \leqslant 9)$. Avec la calculatrice on obtient :
$P(5 \leqslant X \leqslant 9) \approx 0{,}9244$.

On utilise la fonction de la calculatrice pour calculer $P(5 \leqslant X \leqslant 9)$
En faisant le calcul : $P(X \leqslant 9) - P(X \leqslant 4)$.
En effet, l'événement $\{X \leqslant 9\} = \{X \leqslant 4\} \cup \{5 \leqslant X \leqslant 9\}$.
Comme les événements $\{X \leqslant 4\}$ et $\{5 \leqslant X \leqslant 9\}$ sont incompatibles,
on a : $P(X \leqslant 9) = P(X \leqslant 4) + P(5 \leqslant X \leqslant 9)$ soit $P(5 \leqslant X \leqslant 9) = P(X \leqslant 9) - P(X \leqslant 4)$.

Astuce
On calcule les probabilités avec la calculatrice.

TI

Casio

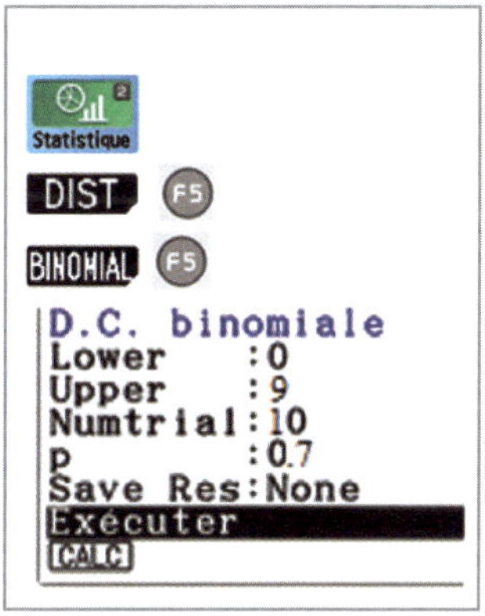

Numworks

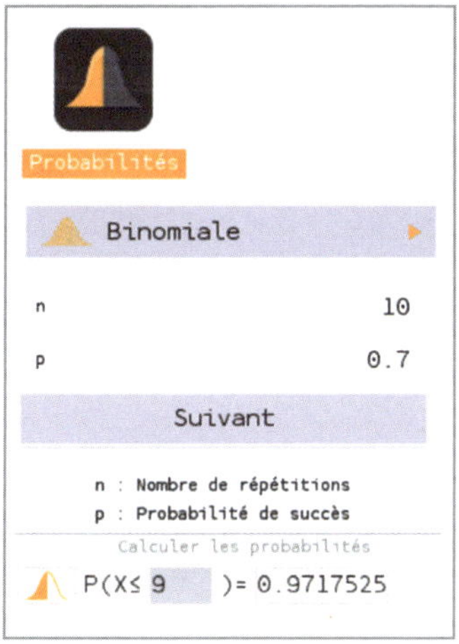

EXERCICES

1 5 min ★ → MÉTHODE 1, p. 385

On considère deux urnes : une urne A et une urne B. L'urne A contient trois jetons jaunes et deux jetons noirs. L'urne B contient trois boules bleues, deux rouges et une verte.
L'expérience consiste à piocher au hasard un jeton dans l'urne A puis une boule dans l'urne B et à noter leur couleur.
1. À l'aide du produit cartésien, déterminer l'univers de cette expérience.
2. Représenter la situation à l'aide d'un arbre de probabilité.
3. Quelle est la probabilité de l'issue (jaune ; rouge) ? → Corrigé p. 397

2 5 min ★★ → MÉTHODE 1, p. 385

On lance un dé cubique parfaitement équilibré quatre fois de suite. On s'intéresse aux « 3 » obtenus.
1. Expliquer pourquoi l'énoncé précédent peut être modélisé par un schéma de Bernoulli dont on déterminera les paramètres.
2. Donner la probabilité de l'événement « Obtenir exactement deux « 3 » au cours des quatre lancers ». → Corrigé p. 397

3 5 min ★ → MÉTHODE 2, p. 387

Une machine fabrique un très grand nombre de pièces en acier qui doivent avoir une masse précise.
La qualité de fabrication de chaque pièce est indépendante des autres pièces fabriquées.
Avec un réglage adéquat de la machine, la probabilité qu'une pièce produite soit défectueuse est 0,02.
Sur 1 000 pièces produites, on nomme X la variable aléatoire qui compte le nombre de pièces défectueuses produites.
Expliquer pourquoi on peut modéliser la loi de X par une loi binomiale dont on déterminera les paramètres. → Corrigé p. 398

4 5 min ★★ → MÉTHODE 2, p. 387

On donne ci-contre une loi binomiale calculée au tableur.
Déterminer les paramètres n et p de cette loi.

	A	B
1	k	P(X=k)
2	0	0,2401
3	1	0,4116
4	2	0,2646
5	3	0,0756
6	4	0,0081
7		

→ Corrigé p. 398

5 10 min ★ → MÉTHODE 3, p. 388

On vaccine les vaches contre une maladie. Selon l'Agence nationale du médicament vétérinaire (ANMV), 12 % des vaches vaccinées déclenchent une réaction allergique au vaccin.
On suppose que l'existence ou non d'une réaction allergique chez une vache est indépendante des autres bovins.

1. Sur un troupeau de 50 vaches, on appelle X la variable aléatoire qui compte le nombre d'animaux faisant une réaction allergique au vaccin. Quelle est la loi de X ?

2. Quelle est la probabilité qu'aucune vache de ce troupeau ne fasse de réaction allergique (arrondir à 10^{-3} près).

3. Dix vaches ont fait une réaction au vaccin. Quelle était la probabilité de cet événement ? → *Corrigé p. 399*

6 10 min ★★ → MÉTHODE 3, p. 388

Le groupe sanguin AB est le plus rare. Sa fréquence dans la population française est de l'ordre de 2,8 %.
Parmi 250 personnes désignées au hasard, on s'intéresse à la variable aléatoire X comptant le nombre d'individus de groupe AB.
X suit la loi binomiale de paramètres $n = 250$ et $p = 0{,}028$.

1. Quelle est la probabilité qu'il y ait au moins une personne du groupe AB (arrondir à 10^{-4}) ?

2. Combien peut-on espérer avoir d'individus du groupe AB ?

3. a) Calculer $\sigma(X)$, arrondir au dixième.

b) Calculer la probabilité que le nombre de personnes du groupe AB soit compris entre $E(X) - 2\sigma(X)$ et $E(X) + 2\sigma(X)$, arrondir au centième. Interpréter ce résultat.

→ *Corrigé p. 399*

7 10 min **Démonstration et raisonnement**

Lorsque X suit la loi binomiale de paramètres n et p, démontrer que la loi de la variable aléatoire X est donnée, pour tout entier k compris entre 0 et n, par :

$$P(X = k) = \binom{n}{k} p^k (1-p)^{n-k}.$$

→ *Corrigé p. 399*

8 15 min **Vrai-Faux**

Pour chaque affirmation ci-dessous, dire si elle est vraie ou fausse. Justifier la réponse.

a) On pioche au hasard 10 jetons, l'un après l'autre, sans remise, dans une urne contenant 50 jetons verts et 20 jetons rouges, puis on note leurs couleurs. On considère la variable aléatoire X qui compte le nombre de jetons verts obtenus sur les dix jetons piochés.

Affirmation 1 : X suit la loi binomiale de paramètres $n = 10$ et $p = \frac{5}{7}$.

b) Un candidat à un concours répond au hasard aux dix questions d'un exercice de type « vrai ou faux ». Soit a la probabilité que le nombre de réponses justes atteigne ou dépasse 7 après avoir répondu aux dix questions.

Affirmation 2 : l'arrondi de a au centième est égal à 0,02.

c) Une variable aléatoire X suit une loi binomiale de paramètres n et p. On sait que $n = 5$ et que $P(X = 5) = 10^{-5}$.

Affirmation 3 : le paramètre p est égal à 0,1.

d) Une variable aléatoire X suit une loi binomiale de paramètres n et $p = 0,25$.

Affirmation 4 : $P(X = 0) = 3^n \; P(X = n)$.

→ Corrigé p. 400

9 20 min QCM

Déterminer parmi les trois propositions la seule réponse exacte. Aucune justification n'est demandée. Un QCM nécessite souvent de faire une recherche au brouillon.

	Réponse A	Réponse B	Réponse C
1. Lorsqu'on représente un schéma de Bernoulli de paramètres $n = 7$ et $p = 0,5$ par un arbre, le nombre de chemins menant à quatre succès est égal à :	35	28	2
2. On lance 12 fois un dé équilibré à six faces. On répète un grand nombre de fois cette expérience. Le nombre moyen de « 1 » obtenus est :	$\frac{1}{6}$	6	2
3. Un QCM est composé de 20 questions indépendantes. Chaque question comporte quatre réponses dont une seule est correcte. On répond complètement au hasard à toutes les questions. Le nombre espéré de réponses justes est :	10	5	4
4. Si X suit la loi $\mathcal{B}(20\,;0,3)$ alors $P(X \leqslant 6)$ vaut :	$\frac{6}{20}$	$\approx 0,6$	$\approx 0,4$

→ Corrigé p. 401

10 10 min ★★★

Une entreprise fabrique un très grand nombre des stylos et estime que ses machines sont correctement réglées lorsque la proportion de stylos défectueux en sortie de chaîne de fabrication est égale à 3 %.

La qualité de fabrication d'un stylo est indépendante de celle des autres.
Le service qualité simule alors la loi de la variable aléatoire X qui compte le nombre de stylos défectueux dans des échantillons de taille 1 000 lorsque les machines sont bien réglées.

1. Quelle est la loi suivie par la variable aléatoire X ?

2. On considère la feuille de tableur suivante.

	A	B
1	k	P(X<=k)
2	0	5,912E-14
3	1	1,8876E-12

Quelle formule a-t-on inscrite dans la cellule B2 puis étendue vers le bas ?

3. Montrer que $P(20 \leqslant X \leqslant 41) \geqslant 0{,}95$.

4. Le service qualité de l'entreprise teste un échantillon de 1 000 stylos et trouve 48 stylos défectueux. Que peut-on en conclure concernant le réglage des machines ? Avec quel risque d'erreur ?

→ Corrigé p. 402

11 15 min ★★★ Algorithmique et programmation

Une compagnie aérienne exploite un avion de ligne d'une capacité de 350 personnes. Des statistiques établies par la compagnie montrent que, sur cette ligne, 6 % des clients ayant réservé ne se présentent pas à l'embarquement. Les clients qui ne prennent pas ce vol peuvent réserver sur un autre vol ou se faire rembourser sous conditions.
Du point de vue de la compagnie, on considère le fait qu'une personne se présente ou ne se présente pas, comme un phénomène aléatoire et indépendant des autres clients.
Pour le vol du jour, tous les billets sont réservés.
On appelle X la variable aléatoire qui compte, pour le vol du jour, le nombre de clients qui se présentent à l'embarquement.

1. Quelle est la loi de probabilité de X ?

2. Quelle est son espérance et quel est son écart type ?

3. Quelle est la probabilité pour que plus de 20 clients ne se présentent pas ?

4. La compagnie veut rentabiliser pleinement sa ligne et fait du « surbooking » (mise en vente de plus de billets que de places disponibles). Le nombre de billets mis à la vente est noté n. On cherche la plus petite valeur de n telle que $P(X > 350) \geqslant 0{,}01$.

a) Compléter la fonction Python suivante afin qu'elle affiche la valeur de $n!$ pour un entier naturel n donné en argument.

```
def factorielle(n):
    f=1
    for i in range(...,...):
        f=...
    return f
```

b) Compléter la fonction Python suivante afin qu'elle affiche la valeur de $\binom{n}{k}$ pour deux entiers naturels n et k donnés en argument. On pourra utiliser la fonction précédente.

```
def combinaison(k,n):
    return ...
```

c) Compléter la fonction Python suivante afin qu'elle affiche la valeur de $P(X \leqslant k)$ pour une variable aléatoire X qui suit la loi binomiale de paramètres n et p. Les arguments de la fonction sont k, n et p. On pourra utiliser les fonctions précédentes.

```
def binom_FRep(k,n,p):
    B=0
    for i in range(...):
        B=...
    return B
```

d) Compléter la fonction suivante, afin qu'elle renvoie la plus petite valeur de l'entier n qui répond à la question. Combien trouve-t-on ?

```
def surbooking():
    n=350
    while ...:
        ...
    return ...
```

e) Interpréter ce résultat dans le contexte de l'exercice.

→ Corrigé p. 402

Francis Galton (1822 - 1912) est un scientifique britannique.
Cousin de Charles Darwin, il s'intéresse aux statistiques, probabilités et à la psychologie. Il est à l'origine de l'identification humaine par les empreintes digitales.

SUJET DE BAC

Exercice 1 20 min 3 points

Une société de maintenance a installé un photocopieur dans dix entreprises.
On estime que la probabilité d'intervention du service de maintenance, durant un mois donné auprès de chacune de ces entreprises, en raison d'un photocopieur en panne, est égale à 0,373.
On note X la variable aléatoire qui compte le nombre de déplacements du service de maintenance durant un mois donné dans les dix entreprises. On suppose que les interventions dans les différentes entreprises sont indépendantes.
Pour répondre à certaines questions calculatoires, on pourra utiliser la calculatrice sans justification. On arrondira les résultats au millième.

1. Quelle est la loi suivie par la variable X ?

2. Déterminer, à 10^{-3} près, la probabilité qu'il y ait exactement quatre déplacements à faire dans un mois donné.

3. Déterminer, à 10^{-3} près, la probabilité qu'il y ait au moins un déplacement du service de maintenance durant un mois donné.

4. Quel est le nombre moyen par mois de déplacements que peut espérer la société de maintenance ?

→ Corrigé p. 403

Exercice 2 35 min 5 points

Le site e-cancer.fr indique le taux de cancer du poumon selon les départements français pour la période 2007-2016.
La moyenne nationale est de 50 nouveaux cas par an pour 100 000 habitants.
Dans un échantillon de 100 000 habitants en Nouvelle-Aquitaine, on a compté 71 nouveaux cas de cancers par an.
Le but de ce problème est d'estimer le risque de se tromper lorsqu'on affirme que le nombre de cancers du poumon en Nouvelle-Aquitaine est anormalement élevé par rapport à la population totale.

1. On considèrera la survenue du cancer du poumon comme un phénomène aléatoire.
On prend comme probabilité pour un individu de développer un cancer du poumon dans l'année, le taux moyen observé en France : $p = \dfrac{5}{10^4}$.
On néglige le facteur génétique en supposant les cas de cancer comme indépendants les uns des autres.
On appelle X la variable aléatoire qui compte le nombre de cancers du poumon dans un échantillon de la population de 100 000 habitants.
Justifier que X suit une loi binomiale dont on donnera les paramètres.

2. On étudie à l'aide d'un tableur les probabilités $p(X = k)$ pour k entier naturel.

	A	B
1	k	P(X<=k)
2	0	1,90478E-22
3	1	9,71916E-21
⋮		⋮
36	34	0,010766253
37	35	0,016193513
38	36	0,023732505
39	37	0,033921759
40	38	0,047330417
⋮		⋮
65	63	0,968190837
66	64	0,976425625
67	65	0,982759191
68	66	0,987556627
69	67	0,991136229
70	68	0,993767843
71	69	0,995674465

a) Quelle formule a-t-on inscrite dans la cellule B2 puis étendue vers le bas ?
b) Déterminer la plus grande valeur a pour laquelle $P(X \leqslant a) \leqslant 0{,}025$ et interpréter l'intervalle $[0 ; a]$.
c) Déterminer la plus petite valeur b pour laquelle $P(X > b) \leqslant 0{,}025$ et interpréter l'intervalle $]b, 100\,000]$.
d) Vérifier que l'intervalle $I =]a ; b]$ est tel que : $P(a < X \leqslant b) \geqslant 0{,}95$.
3. a) Montrer que la probabilité que le nombre de cancers du poumon dans un échantillon de taille 100 000 n'appartienne pas à l'intervalle I est inférieure ou égale à 0,05.
On dit que ce résultat est dû à la fluctuation d'échantillonnage.
b) Le nombre de cancers en Nouvelle-Aquitaine est-il dans l'intervalle I ? Interpréter ce résultat.
c) Calculer $P(X > 70)$. Donner la valeur du pourcentage arrondi au dix-millième.
d) En déduire qu'il existe un intervalle J ne contenant pas la valeur 71 et tel que $P(X \in J) \geqslant 0{,}997$.
Interpréter ce résultat.
e) On est tenté d'affirmer que le nombre de cancers du poumon en Nouvelle-Aquitaine est anormalement élevé par rapport à la population totale. Déduire de la question précédente le risque de se tromper (exprimé en pourcentage) dû à la fluctuation d'échantillonnage.

→ Corrigé p. 403

CORRIGÉS

1 → *Énoncé p. 390*

1. Le résultat de cette expérience est l'ensemble des couples formés d'une couleur de l'ensemble $\{J ; N\}$ et d'une couleur de l'ensemble $\{B ; R ; V\}$.
C'est donc le produit cartésien

$$\{J ; N\} \times \{B ; R ; V\} = \{(J ; B) ; (J ; R) ; (J ; V) ; (N ; B) ; (N ; R) ; (N ; V)\}.$$

2.

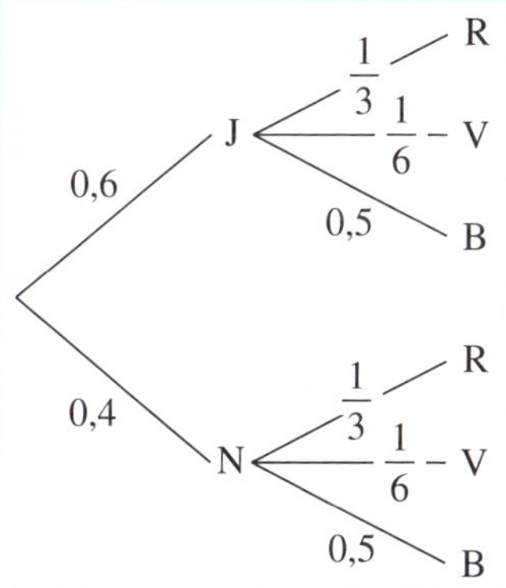

> **Rappel**
> Le produit cartésien de deux ensembles est l'ensemble des couples formés d'un élément de chacun des deux ensembles.

3. L'issue $(J ; R)$ a pour probabilité $0{,}6 \times \dfrac{1}{3} = 0{,}2$.

2 → *Énoncé p. 390*

1. Chaque lancer est une épreuve de Bernoulli, l'événement « obtenir un 3 » est le succès de cette épreuve de probabilité $p = \dfrac{1}{6}$.

On lance le dé quatre fois de suite de manière indépendante.
Les quatre lancers constituent donc un schéma de Bernoulli de paramètres $n = 4$ et $p = \dfrac{1}{6}$.

> **Astuce**
> Pour repérer un schéma de Bernoulli, il faut avoir une expérience à **deux issues**, connaître **la probabilité de l'une** de ces deux issues et répéter cette expérience un certain nombre de fois de manière **indépendante**.

2.

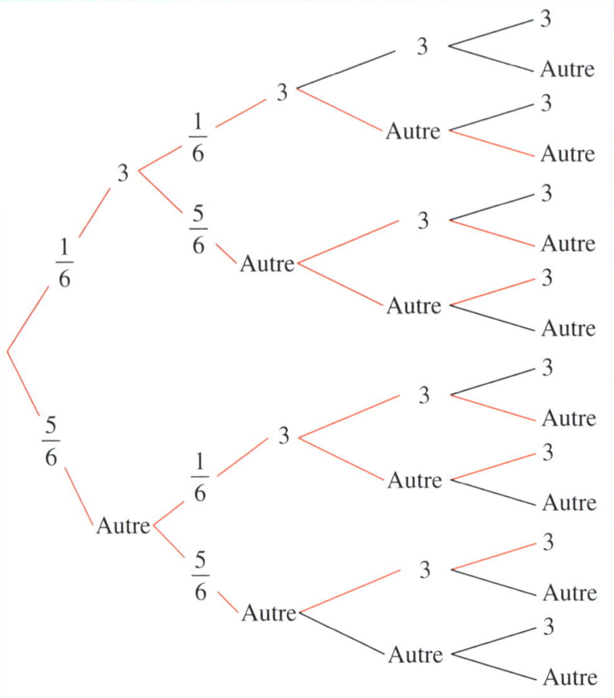

L'événement « obtenir exactement deux "3" au cours des quatre lancers » correspond aux $\binom{4}{2}$ branches de l'arbre précédent marquées en rouge.

La probabilité de cet événement est donc :

$$6 \times \left(\frac{1}{6}\right)^2 \times \left(\frac{5}{6}\right)^2 = \frac{25}{216} \approx 0{,}116 .$$

> **Rappel**
> Lorsque X suit la loi binomiale de paramètres n et p, $P(X = k) = \binom{n}{k} p^k (1-p)^{n-k}$
> Ici, grâce à l'arbre, on peut également calculer la probabilité d'une issue en multipliant les probabilités inscrites sur chaque branche du chemin.

3 → *Énoncé p. 390*

Le fait de prendre une pièce au hasard et de regarder si elle est défectueuse (succès) ou non (échec) est une épreuve de Bernoulli. On la répète $1\ 000$ fois de manière indépendante, on a alors un schéma de Bernoulli de paramètre $n = 1\ 000$ et $p = 0{,}02$.
La variable aléatoire X qui compte le nombre de pièces défectueuses (succès) suit donc la loi binomiale de paramètres $n = 1\ 000$ et $p = 0{,}02$.

4 → *Énoncé p. 390*

• $n = 4$ car l'entier k varie de 0 à 4 et la somme des probabilités est égale à 1.

$$E(X) = \sum_{i=1}^{i=n} p_i x_i$$

> **Rappel**
> L'espérance d'une variable aléatoire est égale à la somme des produits de chaque valeur de X par la probabilité de cette valeur.

$E(X) = 0 \times 0{,}2401 + 1 \times 0{,}4116 + 2 \times 0{,}2646 + 3 \times 0{,}0756 + 4 \times 0{,}0081 = 1{,}2$

• Sachant que X suit une loi binomiale de paramètres n et p, on a $E(X) = np$.

Donc $np = 1{,}2$ c'est-à-dire $4p = 1{,}2$. D'où $p = \dfrac{1{,}2}{4} = 0{,}3$.

5 → *Énoncé p. 391*

1. Le fait de vacciner une vache et de regarder si elle réagit au vaccin ou non est une épreuve de Bernoulli de paramètre $p = 0{,}12$. On la répète 50 fois de manière indépendante.

Ainsi X suit la loi binomiale de paramètres $n = 50$ et $p = 0{,}12$.

2. $P(X = 0) = 0{,}88^{50} \approx 0{,}002$.

3. À la calculatrice : $P(X = 10) \approx 0{,}038$.

Astuce

Pour repérer un schéma de Bernoulli, il faut avoir une expérience à deux issues, connaître la probabilité de l'une de ces deux issues et répéter cette expérience un certain nombre de fois de manière indépendantee.

6 → *Énoncé p. 391*

1. $P(X \geqslant 1) = 1 - P(X = 0) = 1 - (1 - 0{,}028)^{250} = 1 - 0{,}972^{250} \approx 0{,}9992$

2. La variable aléatoire X qui compte le nombre de personnes dont le groupe sanguin est AB suit la loi binomiale de paramètres 250 et 0,028.

On a $E(X) = 250 \times 0{,}028 = 7$.

On peut donc espérer récolter 7 dons du groupe AB.

3. a) $\sigma(X) = \sqrt{250 \times 0{,}028 \times (1 - 0{,}028)}$

$= \sqrt{6{,}804} \approx 2{,}6$

b) On cherche :

$P\big(E(X) - 2\sigma(X) \leqslant X \leqslant E(X) + 2\sigma(X)\big)$

Or $E(X) - 2\sigma(X) \approx 1{,}8$ et $E(X) + 2\sigma(X) \approx 12{,}2$

Donc $P\big(E(X) - 2\sigma(X) \leqslant X \leqslant E(X) + 2\sigma(X)\big) = P(2 \leqslant X \leqslant 12)$

À l'aide de la calculatrice, on obtient : $P(2 \leqslant X \leqslant 12) \approx 0{,}97$.

Cela signifie que si on prélève au hasard 250 personnes dans la population française, on a environ 97 % de chances que le nombre de personnes du groupe AB soit compris entre 2 et 12.

Rappel

Pour une variable aléatoire X qui suit la loi binomiale de paramètres n et p :

$$\sigma(x) = \sqrt{np(1-p)}.$$

7 → *Énoncé p. 391*

X suit une loi binomiale de paramètres n et p ; on représente le schéma de Bernoulli par l'arbre suivant.

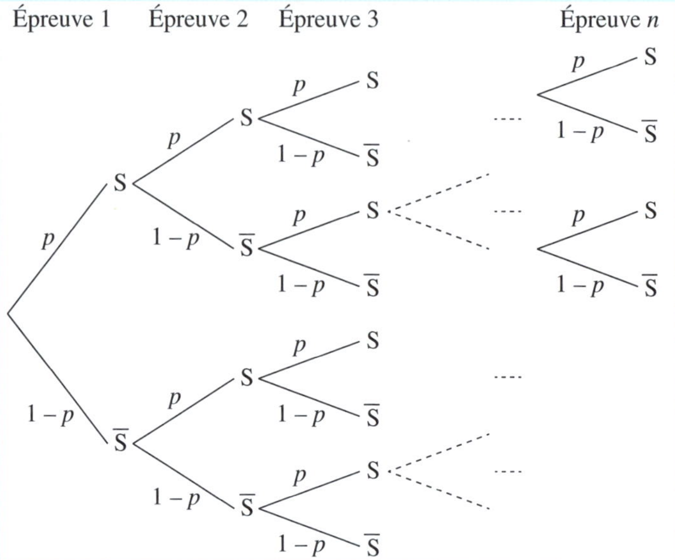

• Soit k un nombre entier compris entre 0 et n. Sur un des chemins qui contient exactement k succès, on dénombre k fois la probabilité p et $(n-k)$ fois la probabilité $(1-p)$.
La probabilité de l'issue correspondante à ce chemin est donc égale à $p^k(1-p)^{n-k}$.
• Le nombre de chemins menant à k succès et donc à $(n-k)$ échecs est égal au nombre de sous-parties à k éléments dans un ensemble à n éléments. Ce nombre s'écrit $\binom{n}{k}$ (voir le chapitre 9).
• On sait que l'événement $\{X = k\}$ est la réunion de tous les chemins présentant exactement k succès donc sa probabilité est égale à la somme des probabilités de chacun des chemins qui le composent.
• Ainsi $P(X = k) = P(\text{chemin } 1) + P(\text{chemin } 2) + P(\text{chemin } 3) + \ldots$
$P(X = k) = p^k(1-p)^{n-k} + p^k(1-p)^{n-k} + p^k(1-p)^{n-k} + \ldots$
On a le même nombre $p^k(1-p)^{n-k}$ ajouté $\binom{n}{k}$ fois.
• Par conséquent, $P(X = k) = \binom{n}{k} \times p^k(1-p)^{n-k}$.

8 → *Énoncé p. 391*

a) Faux.
On pioche les jetons sans remise. Donc le contenu de l'urne est modifié à chaque pioche. Les pioches ne sont donc pas indépendantes les unes des autres. La variable X ne suit pas la loi binomiale.

b) Faux.

Les dix questions correspondent à un schéma de Bernoulli de paramètres $n = 10$ et $p = \frac{1}{2}$.

Si on note X la variable aléatoire égale au nombre de réponses justes du candidat au cours des dix questions, la variable X suit donc la loi binomiale de paramètres $n = 10$ et $p = 0{,}5$.

Rappel

L'événement contraire de $\{X \geqslant k\}$ est $\{X \leqslant k-1\}$. L'événement $\{X \leqslant k-1\}$ est égal à l'événement $\{X < k\}$.

La probabilité que $P(X \geqslant 7) = 1 - P(X \leqslant 6) \approx 0{,}172 \neq 0{,}02$.

c) Vrai.

Si X suit la loi binomiale de paramètres $n = 5$ et $p = 0{,}1$, on a :

$$P(X = 5) = \binom{5}{5} p^5 (1-p)^0 = 0{,}1^5 = 10^{-5}$$

d) Vrai.

$$P(X = 0) = \binom{n}{0} p^0 (1-p)^n = \left(\frac{3}{4}\right)^n = 3^n \times \left(\frac{1}{4}\right)^n$$

Et $P(X = n) = \binom{n}{n} p^n (1-p)^0 = \left(\frac{1}{4}\right)^n$

Donc on a bien $P(X = 0) = 3^n P(X = n)$

9 → *Énoncé p. 392*

1. Réponse A.

Il y a $\binom{7}{4}$ chemins dans l'arbre, soit 35 chemins.

On peut calculer ce nombre en calculant la formule avec la calculatrice.

2. Réponse C.

On a un schéma de Bernoulli de paramètre $n = 12$ et $p = 6$.

La variable aléatoire X qui compte le nombre de « 1 » obtenus au cours des 12 lancers suit la loi binomiale de paramètres $n = 12$ et $p = \frac{1}{6}$.

Donc $E(X) = np = 12 \times \frac{1}{6} = 2$.

3. Réponse B.

La variable aléatoire X qui compte le nombre de réponses justes parmi les 20 questions suit la loi binomiale de paramètres $n = 20$ et $p = \frac{1}{4}$.

On a $E(X) = np = 20 \times \frac{1}{4} = 5$.

4. Réponse B.

On trouve avec la calculatrice $P(X \leqslant 6) \approx 0{,}6$ arrondi au dixième.

10 → Énoncé p. 392

1. Le fait qu'un stylo soit défectueux (Succès) ou non (Échec) est une épreuve de Bernoulli de paramètre $p = 0{,}03$. On répète $1\ 000$ fois cette épreuve de Bernoulli de manière indépendante.
On a alors un schéma de Bernoulli de paramètres $n = 1\ 000$ et $p = 0{,}03$.
Ainsi X suit la loi binomiale de paramètres $n = 1\ 000$ et $p = 0{,}03$.

2. La formule insérée dans la cellule B2 du tableur est
« **=LOI.BINOMIALE.N(A2;1000;0,03;1)** ».

> **Remarque**
> =LOI.BINOMIALE.N(A2;1000;0,03;VRAI) est aussi valable.

3. À l'aide d'un tableur ou de la calculatrice on obtient :
$$P(20 \leqslant X \leqslant 41) = P(X \leqslant 41) - P(X \leqslant 19) \approx 0{,}980 - 0{,}020 \approx 0{,}960 \geqslant 0{,}95$$

4. D'après la question précédente, dans un échantillon de 1 000 stylos fabriqués avec une machine bien réglée, on a au moins 95 % de chances qu'il y ait entre 20 et 41 stylos défectueux.
Dans cet échantillon de 1 000 stylos, on a trouvé 48 stylos défectueux. Or 48 n'est pas compris entre 20 et 41. On peut donc affirmer que la machine est mal réglée avec un risque d'erreur de se tromper dû à l'échantillonnage inférieur à 5 %.

11 → Énoncé p. 393

1. Le fait qu'un client se présente ou non à l'embarquement est une épreuve de Bernoulli. Elle est répétée 350 fois de manière indépendante. Ainsi X suit la loi binomiale de paramètres $n = 350$ et $p = 0{,}94$.

2. $E(X) = 350 \times 0{,}94 = 329$ et $\sigma(X) = \sqrt{350 \times 0{,}94 \times 0{,}06} = \sqrt{19{,}74} \approx 4{,}44$

3. À l'aide de la calculatrice on obtient $P(X \leqslant 329) \approx 0{,}532$.

4.a)

```
def factorielle(n):
    f=1
    for i in range(1,n+1):
        f=f*i
    return f
```

b)

```
def combinaison(k,n):
    return factorielle(n)/(factorielle(k)*factorielle(n-k))
```

c)

```
def binom_FRep(k,n,p):
    B=0
    for i in range(k+1):
        B=B+combinaison(i,n)*p**i*(1-p)**(n-i)
    return B
```

d)

```
def surbooking():
    n=350
    while 1-binom_FRep(350,n,0.94)<0.01:
        n=n+1
    return n
```

On trouve $n = 363$.

e) Pour rentabiliser la ligne et limiter les risques liés au surbooking à 1 %, la compagnie peut vendre jusqu'à 363 billets.

SUJET DE BAC

Exercice 1 → Énoncé p. 395

1. Le fait qu'un photocopieur tombe en panne ou non est une épreuve de Bernoulli de paramètre $p = 0{,}373$.

Les interventions étant indépendantes, les déplacements dans chacune des dix entreprises constituent un schéma de Bernoulli de paramètres $n = 10$ et $p = 0{,}373$.

X est la variable aléatoire qui compte le nombre de déplacements du service de maintenance durant un mois donné dans les dix entreprises. X suit donc la loi binomiale de paramètres $n = 10$ et $p = 0{,}373$.

2. $P(X = 4) \approx 0{,}247$

3. $P(X \geqslant 1) = 1 - P(X = 0) \approx 0{,}991$

4. On a $E(X) = np = 3{,}73$.

La société peut espérer en moyenne 3,73 déplacements mensuels, c'est-à-dire entre trois et quatre par mois.

Exercice 2 → Énoncé p. 395

1. Le fait qu'une personne ait un cancer du poumon ou non est une épreuve de Bernoulli de paramètre $p = \dfrac{5}{10^4}$.

On la répète $100\ 000$ fois de manière indépendante.

Ainsi X suit la loi binomiale de paramètres $n = 100\ 000$ et $p = \dfrac{5}{10^4} = 5 \times 10^{-4}$

2. a) La formule inscrite dans la cellule B2 est

fx =LOI.BINOMIALE.N(A4;100000;0,0005;VRAI).

Remarque

La formule =LOI.BINOMIALE.N(A4;100000;0,0005;1) est aussi valable.

b) D'après le tableur on a $P(X \leqslant 36) \approx 0{,}024$ et $P(X \leqslant 37) \approx 0{,}034$.

Ainsi $a = 36$.

Dans un échantillon de 100 000 personnes, on a au maximum 2,5 % de chances de compter entre 0 et 36 cas de cancers du poumon. La probabilité de compter entre 0 et 37 cas est, elle, légèrement supérieure à 2,5 %.

c) D'après le tableur on a $P(X \leqslant 63) \approx 0{,}968$, donc $P(X > 63) \approx 0{,}032$.

$P(X \leqslant 64) \approx 0{,}976$, donc $P(X > 64) \approx 0{,}024$.

Ainsi $b = 64$.

Dans un échantillon de 100 000 personnes, on a au maximum 2,5 % de chances de compter plus de 64 cas de cancers du poumon. La probabilité de compter plus de 63 cas est, elle, légèrement supérieure à 2,5 %.

d) $I =]a\ ;\ b] =]36\ ;\ 64]$

On a :

$P(36 < X \leqslant 64) = P(X \leqslant 64) - P(X \leqslant 36) \approx 0{,}976 - 0{,}024 \approx 0{,}952 \geqslant 0{,}95$

3. a) Puisque $P(X \in I) \geqslant 0{,}95$, on a $P(X \notin I) \leqslant 0{,}05$.

b) $71 \notin I$. Dans un échantillon de 100 000 personnes, on a au maximum 5 % de chances de compter un nombre de cas de cancers du poumon plus petit que 36 ou plus grand que 64. On a donc moins de 5 % de chances d'obtenir 71 cas de cancers du poumon.

c) $P(X > 70) = 1 - P(X \leqslant 70) \approx 0{,}029$ (à la calculatrice).

d) D'après la question précédente $P(X \leqslant 70) < 0{,}003$.

Soit $J = [0\ ;\ 70]$, on a bien $P(X \in J) \geqslant 0{,}997$ et 71 n'appartient pas à J.

Dans un échantillon de 100 000 personnes, on a au minimum 99,7 % de chances de compter entre 0 et 70 cas de cancers du poumon.

e) $1 - 0{,}997 = 0{,}003 = 0{,}3\ \%$.

Dans un échantillon de 100 000 personnes, on a au maximum 0,3 % de chances de compter plus de 70 cas de cancer du poumon.

En Nouvelle-Aquitaine, on a comptabilisé 71 cas de cancer du poumon pour 100 000 habitants. On peut donc estimer avec un risque d'erreur inférieur à 0,3 % que ce nombre de cancers est anormalement élevé.

Transformations de variables aléatoires

CHAPITRE 14

1 Transformation affine

A. Définition

Soit X une variable aléatoire. Soient a et b deux nombres réels.
On note $\{x_1 ; x_2 ; \ldots ; x_n\}$ les valeurs prises par X.
La variable aléatoire Y définie par $Y = aX + b$ est la variable aléatoire prenant pour valeurs les réels $y_i = ax_i + b$, pour tout i allant de 1 à n.

B. Propriétés

Soit X une variable aléatoire et Y la variable aléatoire définie par $Y = aX + b$ où a et b sont deux réels.

- L'espérance de Y est $E(Y) = E(aX + b) = aE(X) + b$.
- La variance de Y est $V(Y) = V(aX + b) = V(aX) = a^2V(X)$.

2 Somme de deux variables aléatoires

A. Définition

Soient X et Y deux variables aléatoires. $X + Y$ est une variable aléatoire qui prend pour valeurs les sommes des valeurs possibles de X et de Y.

B. Espérance

- **Propriété.** Soient X et Y deux variables aléatoires. On a $E(X + Y) = E(X) + E(Y)$.

Remarques :

- Si $X_1, X_2, \ldots, X_n$ sont n variables aléatoires alors :

$$E(X_1 + X_2 + \ldots + X_n) = E(X_1) + E(X_2) + \ldots + E(X_n)$$

- Les propriétés $E(aX) = aE(X)$ et $E(X + Y) = E(X) + E(Y)$ s'appellent propriétés de linéarité de l'espérance.

C. Variance

- **Propriété.** Soient X et Y deux variables aléatoires.

On suppose que X et Y sont associées à deux expériences aléatoires dont les conditions de réalisation sont indépendantes. On dit que X et Y sont **indépendantes** et on a :
$V(X + Y) = V(X) + V(Y)$.

Remarque :
Lorsque X et Y ne sont pas indépendantes, il se peut que $V(X + Y) \neq V(X) + V(Y)$.

CARTE MENTALE

Déterminer les valeurs prises par Z

Si $Z = aX + b$

Transformation affine

On note $\{x_1 ; x_2 ; \dots ; x_n\}$ les valeurs prises par la variable aléatoire X.

La variable aléatoire Z définie par :
$Z = aX + b$ avec a et b réels,
est la variable aléatoire prenant pour valeurs les réels $z_i = ax_i + b$, pour tout i allant de 1 à n.

Si $Z = X + Y$

Somme de deux variables aléatoires

Z est une variable aléatoire qui prend pour valeurs **les sommes des valeurs** possibles des variables aléatoires X et Y.

TRANSFORMATIONS DE VARIABLES ALÉATOIRES

Déterminer $E(Z)$

Propriétés de linéarité de l'espérance :

- **Si $Z = aX + b$**
  $E(Z) = E(aX + b) = aE(X) + b$
- **Si $Z = X + Y$**
  $E(Z) = E(X + Y) = E(X) + E(Y)$

Déterminer $V(Z)$

- **Si $Z = aX + b$**
  $V(Z) = V(aX + b) = V(aX) = a^2V(X)$
- **Si $Z = X + Y$**
  Et si X et Y sont indépendantes on a :
  $V(X + Y) = V(X) + V(Y)$

MÉTHODES

1 Déterminer la loi d'une variable aléatoire définie par une transformation de variables aléatoires

EXEMPLE 1 CAS $Y = aX + b$

On considère la variable aléatoire X dont la loi de probabilité est donnée dans le tableau suivant :

$X = x_i$	3	5	10	14	17	23
$P(X = x_i)$	0,1	0,25	0,3	0,2	0,1	0,05

On pose $Y = -2X + 5$.
Déterminer la loi de probabilité de Y.

CORRIGÉ COMMENTÉ

Les valeurs prises par Y sont les valeurs prises par X multipliées par -2 auxquelles on ajoute 5.
Donc Y prend pour valeurs :
$y_1 = -2 \times 3 + 5 = -1$; $y_2 = -2 \times 5 + 5 = -5$; $y_3 = -2 \times 10 + 5 = -15$;
$y_4 = -2 \times 14 + 5 = -23$; $y_5 = -2 \times 17 + 5 = -29$; $y_6 = -2 \times 23 + 5 = -41$.
On calcule la probabilité de $P(Y = y_i)$ pour tout entier i compris entre 1 et 6.
$P(Y = y_i) = P(-2X + 5 = y_i) = P(-2X + 5 = -2x_i + 5)$
Or, $\{-2X + 5 = -2x_i + 5\} \Leftrightarrow \{-2X = -2x_i\} \Leftrightarrow \{X = x_i\}$.
On a alors $P(Y = y_i) = P(-2X + 5 = -2x_i + 5) = P(X = x_i)$.

Astuce
On travaille avec les événements comme avec des égalités ou inégalités classiques.

La probabilité que Y prenne la valeur y_i est la même que la probabilité que X prenne la valeur x_i, pour tout entier i.
On en déduit le tableau de la loi de Y. **On ordonne les valeurs dans l'ordre croissant.**

$Y = y_i$	−41	−29	−23	−15	−5	−1
$P(Y = y_i)$	0,05	0,1	0,2	0,3	0,25	0,1

EXEMPLE 2 CAS $Z = X + Y$ AVEC X ET Y INDÉPENDANTES

On considère les variables aléatoires dont les lois de probabilité sont données par les tableaux suivants :

$X = x_i$	0	1	2
$P(X = x_i)$	$\frac{1}{2}$	$\frac{1}{4}$	$\frac{1}{4}$

$Y = y_i$	3	5	8
$P(Y = y_i)$	$\frac{1}{3}$	$\frac{1}{3}$	$\frac{1}{3}$

On suppose que les variables X et Y sont indépendantes, c'est-à-dire que les expériences aléatoires liées à chacune de ces variables aléatoires ont des conditions de réalisation indépendantes.

1. Déterminer les valeurs prises par la variable $Z = X + Y$. On pourra utiliser un arbre.

2. Déterminer la loi de probabilité de Z.

3. Déterminer $E(Z)$.

CORRIGÉ COMMENTÉ

1. On utilise un arbre pour déterminer les sommes $X + Y$ possibles.

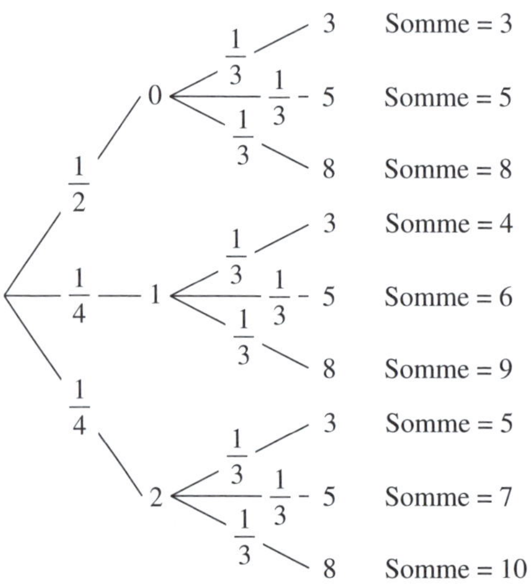

La variable $Z = X + Y$ prend pour valeurs : 3 ; 4 ; 5 ; 6 ; 7 ; 8 ; 9 ; 10.

2. Comme les variables X et Y sont indépendantes, on peut utiliser les règles de calcul de probabilités dans un arbre.

On a donc $P(Z = 3) = P(X = 0) \times P(Y = 3)$
$= \frac{1}{2} \times \frac{1}{3} = \frac{1}{6}$.

> **Rappel**
> La probabilité d'un chemin est le produit des probabilités le long du chemin.
> La probabilité d'un événement est la somme des probabilités des chemins qui mènent à cet événement.

De même :

$$P(Z=5)=P(X=0)\times P(Y=5)+P(X=2)\times P(Y=3)$$
$$=\frac{1}{2}\times\frac{1}{3}+\frac{1}{4}\times\frac{1}{3}=\frac{1}{4}.$$

On calcule les autres probabilités de la même manière avec l'arbre de probabilités.

On peut établir ainsi le tableau de la loi de probabilité de Z .

$Z=z_i$	3	4	5	6	7	8	9	10
$P(Z=z_i)$	$\frac{1}{6}$	$\frac{1}{12}$	$\frac{1}{4}$	$\frac{1}{12}$	$\frac{1}{12}$	$\frac{1}{6}$	$\frac{1}{12}$	$\frac{1}{12}$

3. On calcule $E(X)$ et $E(Y)$.

$$E(X)=\frac{1}{2}\times 0+\frac{1}{4}\times 1+\frac{1}{4}\times 2=\frac{3}{4}$$

$$E(Y)=\frac{1}{3}\times 3+\frac{1}{3}\times 5+\frac{1}{3}\times 8=\frac{16}{3}$$

On a alors

$$E(Z)=E(X+Y)=E(X)+E(Y)=\frac{3}{4}+\frac{16}{3}=\frac{73}{12}.$$

Rappel

$E(X)=p_1x_1+\ldots+p_nx_n$

où x_i sont les valeurs prises par X et p_i les probabilités correspondantes à ces valeurs.

Rappel

$E(X+Y)=E(X)+E(Y)$

2 Calculer une espérance et une variance à la calculatrice

EXEMPLE

On considère la variable aléatoire X dont la loi de probabilité est donnée dans le tableau suivant :

$X=x_i$	0	2	4	6	8	10
$P(X=x_i)$	0,1	0,25	0,3	0,2	0,1	0,05

Calculer $E(X)$ et $V(X)$ en utilisant la calculatrice.

CORRIGÉ COMMENTÉ

On utilise le module « statistiques » des calculatrices et on calcule la moyenne et l'écart-type.

Avec TI

stats puis ÉDIT

L1	L2
0	0.1
2	0.25
4	0.3
6	0.2
8	0.1
10	0.05

stats puis CALC

1:Stats 1 Var

Stats 1 var
Xliste:L1
ListeFréq:L2
Calculer

Stats 1 var
$\bar{x}$=4.2
Σx=4.2
Σx²=24.4
Sx=
σx=2.6

Avec CASIO

SUB	List 1	List 2
1	0	0.1
2	2	0.25
3	4	0.3
4	6	0.2

1VAR 2VAR REG

SET puis

1Var XList :List1
1Var Freq :List2

1VAR puis

1-Variable
$\bar{x}$ =4.2
Σx =4.2
Σx² =24.4
xσn =2.6
xσn-1 =

Avec Numworks

Données | Histogramme | Boî

Valeurs V1	Effectifs N1
0	0.1
2	0.25
4	0.3
6	0.2
8	0.1
10	0.05

Données | Histogramme | Boîte | Stats

	V1/N1
Effectif total	1
Minimum	0
Maximum	10
Etendue	10
Moyenne	4.2
Ecart type	2.6
Variance	6.76
Premier quartile	2

EXERCICES

1 5 min ★ → MÉTHODE 1, p. 407

On considère la variable aléatoire X dont la loi de probabilité est donnée dans le tableau suivant :

$X = x_i$	-4	0	2	$5{,}6$	8	10
$P(X = x_i)$	$0{,}04$	$0{,}16$	$0{,}25$	$0{,}3$	$0{,}15$	$0{,}1$

On pose $Y = 0{,}5X + 1$.

Déterminer la loi de probabilité de Y. → Corrigé p. 418

2 10 min ★ → MÉTHODE 1, p. 407

Un laboratoire produit un vaccin ayant 0,4 mg de principe actif. La fabrication du vaccin est automatisée. L'instrument qui procède au dosage possède une tolérance normale d'erreur de mesure.

Une étude technique du service qualité réalisée avec un instrument de mesure ayant une précision au µg, a montré que la loi de la variable aléatoire X qui prend pour valeurs la masse du principe actif du vaccin est la suivante :

$X = x_i$	$0{,}398$	$0{,}399$	$0{,}4$	$0{,}401$	$0{,}402$	$0{,}403$
$P(X = x_i)$	$0{,}05$	$0{,}25$	$0{,}3$	$0{,}35$	$0{,}04$	$0{,}01$

Le service technique souhaite calculer les valeurs et la loi de la variable aléatoire Y définie par :

$Y = X - 0{,}4$.

1. Déterminer les valeurs de la variable aléatoire Y et interpréter ces valeurs dans le contexte de l'exercice.

2. Calculer $E(X)$ et en déduire $E(Y)$. → Corrigé p. 418

3 10 min ★ → MÉTHODE 1, p. 407

On considère deux variables aléatoires X_1 et X_2 qui prennent la valeur 1 avec la probabilité $p = 0{,}3$ et la valeur 0 sinon.

On pose $X = X_1 + X_2$.

On suppose que les conditions des expériences aléatoires associées aux variables X_1 et X_2 sont indépendantes, c'est-à-dire que les variables aléatoires X_1 et X_2 sont indépendantes.

1. Déterminer les valeurs prises par la variable aléatoire X.

2. En utilisant un arbre de probabilités, déterminer la loi de X. On ne justifiera pas les calculs.

3. Déterminer $E(X)$. → Corrigé p. 419

4 5 min ★★

→ MÉTHODE 1, p. 407

On considère deux variables aléatoires X et Y suivant la même loi Binomiale de paramètres $n = 20$ et $p = 0{,}55$.
On pose $Z = X + Y$.
1. Quelles sont les valeurs prises par Z ?
2. Que vaut $E(Z)$?

→ Corrigé p. 419

5 10 min ★★

→ MÉTHODE 1, p. 407

On considère une population de la taille d'un pays d'environ 65 millions d'habitants. Des études épidémiologiques ont montré que, dans cette population, la probabilité pour qu'un individu soit atteint d'une maladie donnée est égale à 0,07.
Dans cette population, on prélève un échantillon de 1 000 personnes et on les interroge une à une en leur demandant si elles sont atteintes ou non de la maladie.
On note X_i la variable aléatoire qui prend la valeur 1 si la i^e personne de l'échantillon dit qu'elle est atteinte de la maladie et 0 sinon.
1. a) Quelle est la loi de probabilité des variables X_1, $X_2, \ldots, X_{1\,000}$?
b) Que vaut $E(X_i)$ pour tout entier naturel i compris entre 1 et 1 000 ?
2. On note $N_{1\,000} = X_1 + X_2 + \ldots + X_{1\,000}$.
a) Quelles valeurs prend la variable aléatoire $N_{1\,000}$?
b) Que représentent ces valeurs dans le contexte de l'exercice ?
c) Que vaut $E(N_{1000})$? Interpréter cette valeur.
3. On note $F_{1\,000}$ la variable aléatoire égale à $F_{1000} = \dfrac{N_{1\,000}}{1\,000}$.
a)Que représentent les valeurs de $F_{1\,000}$ dans le contexte de l'exercice ?
b) Que vaut $E(F_{1\,000})$? Interpréter cette valeur.

→ Corrigé p. 419

6 5 min ★★

→ MÉTHODE 2, p. 409

On considère la variable aléatoire X dont la loi de probabilité est donnée dans le tableau suivant :

$X = x_i$	−10	−8	−5	0	1	2	4	5	6,5	7,2	8	9,7	10
$P(X = x_i)$	0,02	0,07	0,09	0,13	0,15	0,16	0,12	0,1	0,07	0,06	0,01	0,01	0,01

On pose $Y = 10X - 7$.
Calculer en utilisant la calculatrice :
1. $E(X)$
2. $V(X)$

→ Corrigé p. 420

7 10 min Démonstration et raisonnement

Soit X une variable aléatoire qui suit une loi binomiale de paramètre n et p.
Démontrer que $E(X) = np$ et $V(X) = np(1-p)$.

→ Corrigé p. 421

8 15 min Vrai-Faux

On considère la variable aléatoire X dont la loi de probabilité est donnée dans le tableau suivant :

$X = x_i$	3	5	12
$P(X = x_i)$	0,4	0,2	0,4

a) **Affirmation 1** : $E(3X+4) = 21$.
b) **Affirmation 2** : $V(3X+4) = 3V(X)$.
c) On considère deux variables aléatoires X et Y telles que X suit la loi binomiale de paramètres $n = 50$ et $p = 0{,}4$ et Y suit la loi binomiale de paramètres $n' = 100$ et $p' = 0{,}7$.
Affirmation 3 : $E(X+Y) = 90$.
d) **Affirmation 4** : $V(X+Y) = 50 \times 0{,}4 \times 0{,}6 + 100 \times 0{,}7 \times 0{,}3$.

→ Corrigé p. 421

9 20 min QCM

Déterminer parmi les trois propositions la seule réponse exacte. Aucune justification n'est demandée.
Un QCM nécessite souvent de faire une recherche au brouillon.

	Réponse A	Réponse B	Réponse C
1. Une variable aléatoire Y a pour espérance $E(Y) = 5$. La variable aléatoire X telle que $Y = -X + 4$ a pour espérance :	-1	1	9
2. La variance d'une variable aléatoire X est égale à $\frac{1}{3}$. Alors $V(3X) =$	1	3	9
3. Soit X une variable aléatoire telle que $E(X) = 3$ et $V(X) = 4$. Alors la variable $Y = \frac{X-3}{2}$ a pour espérance et variance :	$E(X) = 0$ $V(X) = \frac{1}{4}$	$E(X) = 0$ $V(X) = 0$	$E(X) = 0$ $V(X) = 1$
4. Soient X et Y deux variables aléatoires indépendantes qui suivent chacune la loi binomiale $B(50 ; 0{,}6)$. Alors $V(X+Y) =$	$4\sqrt{3}$	6	$\approx 3{,}2$

→ Corrigé p. 422

10 10 min ★★

Dans le fichier clientèle d'une société de vente par Internet, chaque client correspond à une adresse mail unique. Un tiers des clients est domicilié en région Nouvelle-Aquitaine. On tire un client au hasard dans le fichier.
On note X_1 la variable aléatoire égale à 1 si le client est de la région Nouvelle-Aquitaine et 0 sinon.
On tire un second client au hasard, indépendamment du premier. On suppose que le nombre de clients est suffisamment grand pour avoir une telle hypothèse d'indépendance.
On note X_2 la variable aléatoire égale à 1 si le second client est de la région Nouvelle-Aquitaine et 0 sinon.
On note $X = X_1 + X_2$.

1. a) Quelle est la loi des variables X_1 et X_2 ?
b) Que valent $E(X_1)$, $E(X_2)$, $V(X_1)$ et $V(X_2)$?
2. Quelles sont les valeurs possibles de la variable X ?
3. a) Écrire l'événement $\{X = 0\}$ en fonction des événements $\{X_1 = 0\}$ et $\{X_2 = 0\}$.
b) Que vaut $P(X = 0)$?
c) Déterminer $P(\mathrm{X} = 1)$ et $P(\mathrm{X} = 2)$.
4. Déterminer $E(X)$ et $V(X)$. Interpréter le résultat de $E(X)$.

→ Corrigé p. 422

11 15 min ★★★

Deux représentants A et B d'une même entreprise travaillent en équipe pendant un mois pour proposer des contrats aux clients. A est chargé d'obtenir de nouveaux contrats auprès des clients actuels de l'entreprise et B est chargé de trouver de nouveaux clients.
On note X la variable aléatoire égale au nombre de contrats obtenus par A au cours d'une demi-journée. On note Y la variable aléatoire égale au nombre de contrats obtenus par B au cours d'une demi-journée.
On suppose que X prend ses valeurs dans l'ensemble $\{0 ; 1 ; 2 ; 3\}$ et Y dans l'ensemble $\{0 ; 1\}$.
On suppose que pour tout entier x appartenant à $\{0 ; 1 ; 2 ; 3\}$ et pour tout entier y appartenant à $\{0 ; 1\}$, la probabilité de l'événement $\{X = x\} \cap \{Y = y\}$ est donnée par le tableau suivant :

y \ x	0	1	2	3
0	0,05	0,15	0,2	0,1
1	0,10	0,20	0,15	0,05

Le service vente de l'entreprise étudie la variable aléatoire $Z = X + Y$.

1. a) Que représente Z dans le contexte de l'exercice ?
b) Quelles valeurs peut prendre la variable aléatoire Z ?
2. a) Exprimer l'événement $\{Z = 0\}$ en fonction des événements $\{X = 0\}$ et $\{Y = 0\}$.
b) En déduire $P(Z = 0)$.
3. a) Exprimer l'événement $\{Z = 1\}$ en fonction des événements $\{X = 0\}$, $\{X = 1\}$ et $\{Y = 0\}$ et $\{Y = 1\}$.
b) En déduire $P(Z = 1)$
4. Déterminer, sans justifier, les autres probabilités : $P(Z = 2)$, $P(Z = 3)$ et $P(Z = 4)$ et dresser le tableau de la loi de probabilités de Z.
5. Déterminer $E(Z)$ et interpréter dans le contexte de l'exercice.

→ *Corrigé p. 423*

Andreï Kolmogorov (1903 - 1987) est un mathématicien soviétique.
En théorie des probabilités, la loi du zéro-un de Kolmogorov utilise « des suites de variables aléatoires indépendantes ». Le paradoxe du singe savant, selon lequel un singe tapant indéfiniment au hasard sur une machine à écrire produira presque sûrement n'importe quel texte donné est un exemple d'application de la loi du zéro-un de Kolmogorov.

SUJET DE BAC

Exercice 1 30 min 4 points

Un jeu de loterie consiste à lâcher une bille dans un appareil qui comporte six portes de sortie, numérotées de 1 à 6.
On note X la variable aléatoire qui, à chaque lâcher d'une bille, associe le numéro de la porte de sortie franchie.
La loi de probabilité de la variable aléatoire X est donnée dans le tableau suivant :

$X = x_i$	1	2	3	4	5	6
$P(X = x_i)$	$\frac{1}{32}$	$\frac{5}{32}$	$\frac{10}{32}$	$\frac{10}{32}$	$\frac{5}{32}$	$\frac{1}{32}$

La règle du jeu est la suivante : un joueur mise 2 €. Il reçoit 12 € si la bille franchit les portes 1 ou 6 et 2 € si elle franchit les portes 3 ou 4. Les portes 2 et 5 ne rapportent rien.
Le gain d'un joueur est la différence entre ce qu'il reçoit à l'issue de la partie et sa mise. Le gain peut être un nombre négatif, positif ou nul.
Soit G la variable aléatoire qui, à chaque partie effectuée par un joueur, associe son gain.

1. Quelles sont les valeurs possibles de G ?

2. Déterminer la loi de probabilité de G.

3. Un jeu est équitable si l'espérance du gain est nulle. Ce jeu est-il équitable ?

4. À l'issue du premier jeu de loterie, le joueur joue obligatoirement à un second jeu de hasard qui consiste à lancer un dé. Si le 1 du dé sort, le joueur gagne 30 €. Sinon, il ne gagne rien.
Soient G' la variable aléatoire égale au gain de ce second jeu et G'' la variable aléatoire égale au gain total après avoir joué successivement au lâcher de bille et au lancer de dé.

a) Déterminer la loi de probabilité de G' puis celle de G''.

b) Que vaut $\mathrm{E}(\mathrm{G}')$?

5. Déterminer le gain que peut espérer gagner le joueur après avoir joué successivement au lâcher de bille et au lancer de dé.

→ Corrigé p. 424

Exercice 2 25 min 4 points

On considère une variable aléatoire X dont la loi de probabilité est donnée dans le tableau suivant :

$X = x_i$	−20	−12	−4	−1	0	3
$P(X = x_i)$	0,02	0,05	0,12	0,14	0,16	0,17

$X = x_i$	5	8	11	16	25
$P(X = x_i)$	0,13	0,11	0,07	0,02	0,01

On a écrit dans une feuille de tableur les éléments suivants :

	A	B	C	D	E	F	G	H	I	J	K	L	M
1	X=x ᵢ	-20	-12	-4	-1	0	3	5	8	11	16	25	
2	P(X=x ᵢ)	0,02	0,05	0,12	0,14	0,16	0,17	0,13	0,11	0,07	0,02	0,01	
3	x ᵢ *P(X=x ᵢ)												

1. a) Quelle formule faut-il écrire dans la cellule B3 et tirer vers la droite jusqu'à la cellule L3 pour compléter la ligne 3 ?

b) Quelle formule faut-il écrire dans la cellule M3 pour calculer $E(X)$?

c) Quelle valeur va-t-on trouver en cellule M3 ?

2. On considère la variable aléatoire $Y = 10X - 50$.

a) Compléter la ligne 7 de la feuille de tableur suivante de la cellule B7 à la cellule L7.

	A	B	C	D	E	F	G	H	I	J	K	L	M
1	X=x ᵢ	-20	-12	-4	-1	0	3	5	8	11	16	25	
2	P(X=x ᵢ)	0,02	0,05	0,12	0,14	0,16	0,17	0,13	0,11	0,07	0,02	0,01	
3	x ᵢ *P(X=x ᵢ)												
4													
5	Y=y ᵢ	-250	-170	-90	-60	-50	-20	0	30	60	110	200	
6	P(Y=y ᵢ)	0,02	0,05	0,12	0,14	0,16	0,17	0,13	0,11	0,07	0,02	0,01	
7	y ᵢ *P(Y=y ᵢ)												

b) Quelle formule faut-il écrire dans la cellule M7 pour calculer $E(Y)$?

c) Quelle valeur va-t-on trouver en cellule M7 ?

d) Quelle autre formule aurait-on pu écrire en cellule M7 pour calculer $E(Y)$?

3. a) En utilisant la calculatrice, déterminer $V(Y)$.

b) Calculer $V(X)$ sans utiliser la calculatrice. Expliquer.

→ Corrigé p. 426

1 → Énoncé p. 411

Les valeurs prises par Y sont les valeurs prises par X multipliées par 0,5, auxquelles on ajoute 1.
Donc Y prend pour valeurs :
$y_1 = 0{,}5 \times (-4) + 1 = -1$; $y_2 = 0{,}5 \times 0 + 1 = 1$; $y_3 = 0{,}5 \times 2 + 1 = 2$;
$y_4 = 0{,}5 \times 5{,}6 + 1 = 3{,}8$; $y_5 = 0{,}5 \times 8 + 1 = 5$; $y_6 = 0{,}5 \times 10 + 1 = 6$.

On calcule la probabilité de $P(Y = y_i)$ pour tout entier i compris entre 1 et 6.

$$P(Y = y_i) = P(0{,}5X + 1 = y_i) = P(0{,}5X + 1 = 0{,}5x_i + 1)$$

Or $\{0{,}5X + 1 = 0{,}5x_i + 1\} \Leftrightarrow \{0{,}5X = 0{,}5x_i\} \Leftrightarrow \{X = x_i\}$

On a alors
$P(Y = y_i) = P(0{,}5X + 1 = 0{,}5x_i + 1) = P(X = x_i)$.

La probabilité que *Y* prenne la valeur y_i est la même que la probabilité que *X* prenne la valeur x_i, pour tout entier *i*.

> **Astuce**
> On travaille avec les événements comme avec des égalités ou inégalités classiques.

On en déduit le tableau de la loi de Y. **On ordonne les valeurs dans l'ordre croissant.**

$Y = y_i$	−1	1	2	3,8	5	6
$P(Y = y_i)$	0,04	0,16	0,25	0,3	0,15	0,1

2 → Énoncé p. 411

1. La variable Y prend les valeurs suivantes :
$y_1 = x_1 - 0{,}4 = 0{,}398 - 0{,}4 = -0{,}002$; $y_2 = x_2 - 0{,}4 = 0{,}399 - 0{,}4 = -0{,}001$;
$y_3 = x_3 - 0{,}4 = 0$; $y_4 = x_4 - 0{,}4 = 0{,}001$; $y_5 = x_5 - 0{,}402 = 0{,}002$;
$y_6 = x_6 - 0{,}4 = 0{,}003$.
On calcule la probabilité de $P(Y = y_i)$ pour tout entier i compris entre 1 et 6.
$\mathrm{P}(Y = y_i) = \mathrm{P}(X - 0{,}4 = y_i) = \mathrm{P}(X - 0{,}4 = x_i - 0{,}4)$
Or $\{X - 0{,}4 = x_i - 0{,}4\} \Leftrightarrow \{X = x_i\}$.
On a alors $\mathrm{P}(Y = y_i) = \mathrm{P}(X - 0{,}4 = x_i - 0{,}4) = \mathrm{P}(X = x_i)$.
La probabilité que *Y* prenne la valeur y_i est la même que la probabilité que *X* prenne la valeur x_i, pour tout entier *i*.

> **Astuce**
> On travaille avec les événements comme avec des égalités ou inégalités classiques.

On en déduit le tableau de la loi de Y. **On ordonne les valeurs dans l'ordre croissant.**

$Y = y_i$	−0,002	−0,001	0	0,001	0,002	0,003
$P(Y = y_i)$	0,05	0,25	0,3	0,35	0,04	0,01

2. On a :

$$E(X) = 0{,}398 \times 0{,}05 + 0{,}399 \times 0{,}25 + 0{,}4 \times 0{,}3 + 0{,}401 \times 0{,}35 + 0{,}402 \times 0{,}04 + 0{,}403 \times 0{,}01$$

$$= 0{,}40011.$$

On a donc $E(Y) = E(X - 0{,}4) = E(X) - 0{,}4 = 0{,}0011.$

3 → Énoncé p. 411

1. X peut prendre pour valeurs 0 ; 1 ou 2.

2.

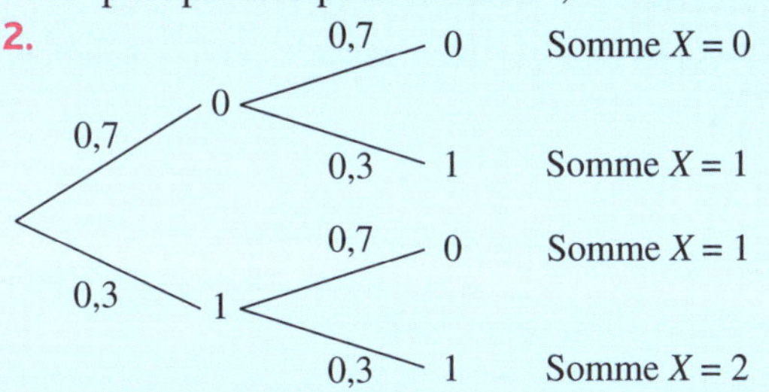

$P(X = 0) = 0{,}7^2 = 0{,}49$
$P(X = 1) = 0{,}7 \times 0{,}3 + 0{,}3 \times 0{,}7 = 0{,}42$
$P(X = 2) = 0{,}3^2 = 0{,}09$

$X = x_i$	0	1	2
$P(X = x_i)$	0,49	0,42	0,09

3. On a : $E(X_1) = 0 \times 0{,}7 + 1 \times 0{,}3 = 0{,}3$.
De même $E(X_2) = 0 \times 0{,}7 + 1 \times 0{,}3 = 0{,}3$.
Donc $E(X) = E(X_1) + E(X_2) = 0{,}6$.

Rappel

- La probabilité d'un chemin est le produit des probabilités le long du chemin.
- La probabilité d'un événement est la somme des probabilités des chemins qui mènent à cet événement.

Remarque

On utilise la linéarité de l'espérance. On aurait pu aussi calculer $E(X)$ en revenant à la définition d'une espérance.

4 → Énoncé p. 412

1. X et Y prennent toutes les valeurs entières comprises entre 0 et 20 inclus. Donc Z prend toutes les valeurs entières comprises entre 0 et 40.

2. $E(Z) = E(X + Y) = E(X) + E(Y)$
$= 20 \times 0{,}6 + 20 \times 0{,}6 = 24$

Rappels

- L'espérance d'une variable aléatoire X qui suit une loi binomiale de paramètres n et p est $E(X) = np$
- $E(X + Y) = E(X) + E(Y)$

5 → Énoncé p. 412

1. a) Les variables aléatoires X_1, X_2, …, $X_{1\,000}$ prennent la valeur 1 avec la probabilité $p = 0{,}07$. $X_1, X_2, \ldots, X_n$ suivent toutes la loi de Bernoulli de paramètre $p = 0{,}07$.

b) Pour tout entier i compris entre 1 et 1 000, on a $E(X_i) = 0 \times 0{,}93 + 1 \times 0{,}07 = 0{,}07$.

2. a) Les valeurs de la variables $N_{1\,000}$ sont tous les entiers compris entre 0 et 1 000 car les variables aléatoires X_i valent 0 ou 1.

b) Les valeurs de $N_{1\,000}$ représentent le nombre de personnes atteintes par la maladie dans l'échantillon de taille 1 000.

c) $E(N_{1\,000}) = E(X_1) + E(X_2) + \ldots + E(X_{1\,000})$
$= 1\,000 \times 0{,}07 = 70.$

Si on prend un très grand nombre d'échantillons, en moyenne, le nombre de personnes atteintes par la maladie dans un échantillon sera de 70.

Rappel
$E(X_1 + \ldots + X_n) = E(X_1) + \ldots + E(X_n)$

3. a) Les valeurs de $F_{1\,000}$ sont les fréquences de personnes malades dans un échantillon de taille 1 000.

b) $E(F_{1\,000}) = \dfrac{1}{1\,000}E(N_{1\,000}) = 0{,}07$

Si on prend un très grand nombre d'échantillons, en moyenne, la fréquence de personnes atteintes par la maladie dans un échantillon sera de 0,07.

6 → *Énoncé p. 412*

1. et 2.

Avec TI

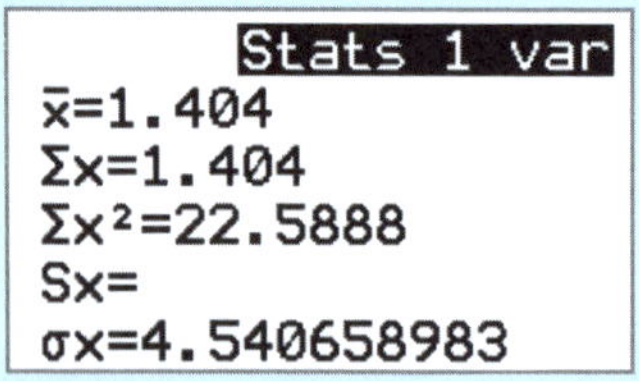

Avec Casio

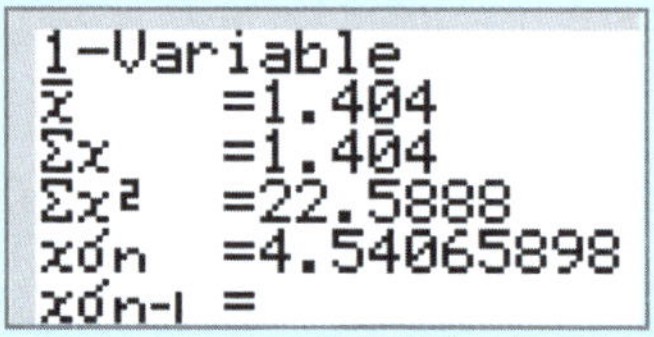

Avec Numworks

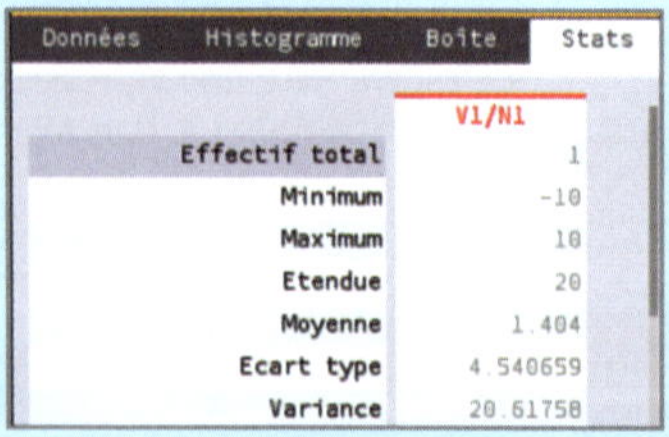

Avec ces résultats, on a :

$E(X) = 1{,}404$

$V(X) \approx 20{,}6$ On élève l'écart-type au carré : $4{,}54^2$.

7 → *Énoncé p. 413*

On considère un schéma de Bernoulli composé de n épreuves de Bernoulli indépendantes de probabilité de succés p. On note S le succès de propabilité p et $\overline{S}$ l'échec, de probabilité $1-p$.
On note X, la variable aléatoire égale au nombre de succès obtenus au cours de la répétition des n épreuves de Bernoulli.
La variable X suit la loi binomiale de paramètres n et p.
Pour tout i allant de 1 à n, on note X_i la variable aléatoire qui prend pour valeurs 1 si on obtient un succès à la i-ème épreuve de Bernoulli et 0 sinon.
Les variables aléatoires X_i ont pour loi $P(X_i = 1) = p$ et $P(X_i = 0) = 1 - p$.

On a, pour tout entier i allant de 1 à n :

$E(X_i) = p$
et
$V(X_i) = (1-p)^2 \times p + (0-p)^2 \times (1-p) = p(1-p)$.

> **Rappel**
> $V(X) = p_1(x_1 - E(X))^2 + \ldots + p_n(x_n - E(X))^2$

Les variables X_i sont indépendantes car les épreuves de Bernoulli sont indépendantes.
On a alors : $X = X_1 + X_2 + \ldots + X_n$.

• Calcul de $E(X)$
On a donc $E(X) = E(X_1 + X_2 + \ldots + X_n) = E(X_1) + E(X_2) + \ldots + E(X_n) = n \times p$.

• Calcul de $V(X)$
$V(X) = V(X_1 + X_2 + \ldots + X_n) = V(X_1) + V(X_2) + \ldots + V(X_n)$ **car les variables X_i sont indépendantes.**

$= np(1-p)$ **car toutes les variances sont égales à $p(1-p)$ et il y a n variances.**

8 → *Énoncé p. 413*

a) Faux.
$E(X) = 3 \times 0{,}4 + 5 \times 0{,}2 + 12 \times 0{,}4 = 7$,
donc $E(3X+4) = 3E(X) + 4 = 3 \times 7 + 4 = 25$.

b) Faux.
$V(3X+4) = 9V(X)$ et $9V(X)$ ne peut pas être égal à $3V(X)$ car $9 \neq 3$.

c) Vrai.
$E(X) = 50 \times 0{,}4 = 20$ et $E(Y) = 100 \times 0{,}7 = 70$.
Donc $E(X+Y) = E(X) + E(Y) = 20 + 70 = 90$.

d) Faux.
Ce serait vrai si on savait que les variables X et Y sont indépendantes. Or, ici on ne le sait pas, donc on ne peut pas en conclure que l'égalité est vraie.

9 → Énoncé p. 413

1. Réponse A.

Si $Y = -X + 4$ alors $X = -Y + 4$, donc $E(X) = E(-Y + 4) = -E(Y) + 4 = -1$.

2. Réponse B.

$V(X) = \frac{1}{3}$, donc $V(3X) = 9V(X) = \frac{9}{3} = 3$.

3. Réponse C.

On a : $E\left(\frac{Y-3}{2}\right) = E\left(\frac{Y}{2} - \frac{3}{2}\right) = \frac{1}{2}E(Y) - \frac{3}{2} = \frac{3}{2} - \frac{3}{2} = 0.$

$V\left(\frac{Y-3}{2}\right) = V\left(\frac{1}{2}Y - \frac{3}{2}\right) = \frac{1}{4}V(Y) = \frac{1}{4} \times 4 = 1$

4. Réponse A.

Les deux variables sont indépendantes donc $V(X+Y) = V(X) + V(Y) = 2V(X)$ car elles ont la même loi.

Donc $V(X+Y) = 2 \times 50 \times 0,6 \times 0,4 = 24$.

10 → Énoncé p. 414

1. a) Les variables X_1 et X_2 suivent la même loi de Bernoulli de paramètre $p = \frac{1}{3}$.

b) On a :

$X_1 = x_i$	0	1
$P(X_1 = x_i)$	$\frac{2}{3}$	$\frac{1}{3}$

On a alors : $E(X_1) = 0 \times \frac{2}{3} + 1 \times \frac{1}{3} = \frac{1}{3}$;

$V(X_1) = \frac{2}{3}\left(0 - \frac{1}{3}\right)^2 + \frac{1}{3}\left(1 - \frac{1}{3}\right)^2 = \frac{2}{9}$.

On a alors $E(X_2) = E(X_1)$ et $V(X_2) = V(X_1)$.

2. X peut prendre les valeurs 0 ; 1 ou 2.

3. a) On a $\{X = 0\} = \{X_1 = 0\} \cap \{X_2 = 0\}$ car la variable X vaudra 0 lorsque X_1 et X_2 vaudront 0.

b) • **On cherche $P(X = 0)$.**

Les événements $\{X_1 = 0\}$ et $\{X_2 = 0\}$ étant indépendants, on a :

$$P(X = 0) = P(X_1 = 0) \times P(X_2 = 0) = \frac{2}{3} \times \frac{2}{3} = \frac{4}{9}$$

• On cherche $P(X=1)$.

De même, on a : $\{X=1\}=\left(\{X_1=1\}\cap\{X_2=0\}\right)\cup\left(\{X_1=0\}\cap\{X_2=1\}\right)$.

Les événements $\{X_1=1\}\cap\{X_2=0\}$ et $\{X_1=0\}\cap\{X_2=1\}$ étant incompatibles, la probabilité de leur union est la somme de leur probabilité. De même, les événements $\{X_1=1\}$ et $\{X_2=0\}$ sont indépendants. La probabilité de leur intersection est donc le produit de leurs probabilités.

De même pour $\{X_1=0\}\cap\{X_2=1\}$.

Donc :

$$\begin{aligned}P(X=1)&=P(X_1=1)\times P(X_2=0)+P(X_1=0)\times P(X_2=1)\\&=\frac{1}{3}\times\frac{2}{3}+\frac{2}{3}\times\frac{1}{3}=\frac{4}{9}\end{aligned}$$

• Enfin, on cherche $P(X=2)$.

On a $\{X=2\}=\{X_1=1\}\cap\{X_2=1\}$ car la variable X vaudra 2 lorsque X_1 et X_2 vaudront 1.

Les événements $\{X_1=1\}$ et $\{X_2=1\}$ étant indépendants, on a :

$$P(X=2)=P(X_1=1)\times P(X_2=1)=\frac{1}{3}\times\frac{1}{3}=\frac{1}{9}$$

On peut écrire le tableau de la loi de X :

$X=x_i$	0	1	2
$P(X=x_i)$	$\frac{4}{9}$	$\frac{4}{9}$	$\frac{1}{9}$

4. On a $E(X)=E(X_1)+E(X_2)=\frac{2}{3}$.

$$V(X)=V(X_1)+V(X_2)=\frac{4}{9}.$$

Si on répète un très grand nombre de fois le tirage de deux clients dans le fichier clientèle, en moyenne, le nombre de clients provenant de la région Nouvelle-Aquitaine sera $\frac{2}{3}$.

11 → *Énoncé p. 414*

1. a) Z représente le nombre total de contrats obtenus par l'équipe A et B au cours d'une demi-journée.

b) Z peut prendre comme valeurs : 0 ; 1 ; 2 ; 3 et 4.

2. a) On a : $\{Z=0\}=\{X=0\}\cap\{Y=0\}$ car le nombre total de contrats obtenus sera nul si aucun des deux représentants n'a obtenu de contrat.

b) $P(Z=0)=P(\{X=0\}\cap\{Y=0\})=0{,}05$ d'après le tableau précédent.

3. a) On a $\{Z=1\}=(\{X=0\}\cap\{Y=1\})\cup(\{X=1\}\cap\{Y=0\})$

Or les deux événements $\{X=0\}\cap\{Y=1\}$ et $\{X=1\}\cap\{Y=0\}$ sont incompatibles.

On en déduit :

$$P(Z=1)=P(\{X=0\}\cap\{Y=1\})+P(\{X=1\}\cap\{Y=0\})=0{,}1+0{,}15=0{,}25.$$

4. $P(Z=2)=P(\{X=2\}\cap\{Y=0\})+P(\{X=1\}\cap\{Y=1\})=0{,}2+0{,}2=0{,}4$

$P(Z=3)=P(\{X=3\}\cap\{Y=0\})+P(\{X=2\}\cap\{Y=1\})=0{,}1+0{,}15=0{,}25$

$P(Z=4)=P(\{X=3\}\cap\{Y=1\})=0{,}05$

$Z=z_i$	0	1	2	3	4
$P(Z=z_i)$	0,05	0,25	0,4	0,25	0,05

5. $E(Z)=0\times 0{,}05+1\times 0{,}25+2\times 0{,}4+3\times 0{,}25+4\times 0{,}05=2$

Le service vente de l'entreprise peut espérer que l'équipe obtienne en moyenne deux contrats par demi-journée.

SUJET DE BAC

Exercice 1

→ Énoncé p. 416

1. Les valeurs possibles de G sont :

-2 lorsque le joueur a misé 2 € mais n'a rien gagné ;

0 lorsque le joueur a misé 2 € et a gagné 2 € ;

10 lorsque le joueur a misé 2 € et a gagné 12 €.

2. $P(G=-2)=P(\{X=2\}\cup\{X=5\})$

Les deux événements $\{X=2\}$ et $\{X=5\}$ étant incompatibles, on a :

$$P(G=-2)=P(X=2)+P(X=5)=\frac{10}{32}.$$

$P(G=0)=P(\{X=3\}\cup\{X=4\})$

Les deux événements $\{X=3\}$ et $\{X=4\}$ étant incompatibles, on a :

$$P(G=0)=P(X=3)+P(X=4)=\frac{20}{32}.$$

$P(G=10)=P(\{X=1\}\cup\{X=6\})$

Les deux événements $\{X=1\}$ et $\{X=6\}$ étant incompatibles, on a :

$$P(G=10)=P(X=1)+P(X=6)=\frac{2}{32}.$$

On a ainsi :

$G = g_i$	-2	0	10
$P(G = g_i)$	$\frac{10}{32}$	$\frac{20}{32}$	$\frac{2}{32}$

3. $E(G) = (-2) \times \frac{10}{32} + 0 \times \frac{20}{32} + 10 \times \frac{2}{32} = -\frac{20}{32} + \frac{20}{32} = 0.$

Le jeu est équitable.

4. a) À l'issue du premier jeu, le gain du joueur est égal à –2 ou 0 ou 10.
Si le 1 du dé sort, il ajoute la valeur 30 € au gain G. Sinon, son nouveau gain reste identique au précédent.

On peut faire un arbre pour déterminer les valeurs de G''.

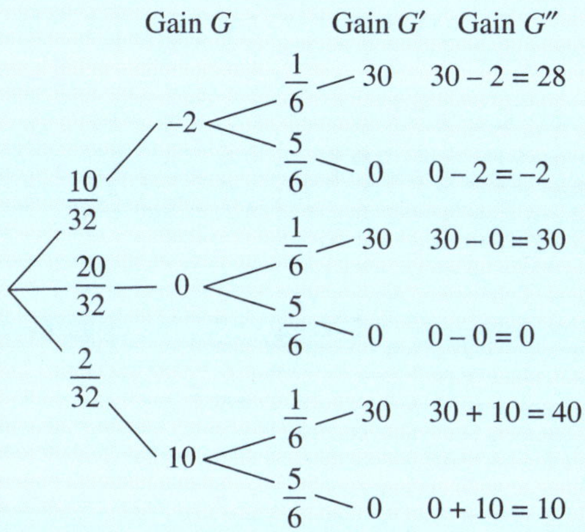

Si le 1 sort alors que le gain du premier jeu était égal à –2, le gain G'' sera donc égal à $30 - 2 = 28$ €. Sinon, le joueur aura un gain $G'' = -2$. On fait de même pour les deux autres cas. La variable G'' prend donc pour valeurs –2 ; 0 ; 10 ; 28 ; 30 ; 40.
On a :

$$P(G'' = -2) = \frac{10}{32} \times \frac{5}{6} = \frac{25}{96}\,;\, P(G'' = 0) = \frac{20}{32} \times \frac{5}{6} = \frac{25}{48}\,;\, P(G'' = 10) = \frac{2}{32} \times \frac{5}{6} = \frac{5}{96}$$

$$P(G'' = 28) = \frac{10}{32} \times \frac{1}{6} = \frac{5}{96}\,;\, P(G'' = 30) = \frac{20}{32} \times \frac{1}{6} = \frac{5}{48}\,;\, P(G'' = 40) = \frac{2}{32} \times \frac{1}{6} = \frac{1}{96}$$

On a alors la loi de G'' :

$G'' = g_i''$	-2	0	10	28	30	40
$P(G'' = g_i'')$	$\frac{25}{96}$	$\frac{25}{48}$	$\frac{5}{96}$	$\frac{5}{96}$	$\frac{5}{48}$	$\frac{1}{96}$

b) On a $E(G') = \dfrac{1}{6} \times 30 + \dfrac{5}{6} \times 0 = 5$.

5. $E(G'') = E(G + G') = E(G) + E(G') = 0 + 5 = 5$.

Le joueur peut espérer gagner 5 €.

Exercice 2 → *Énoncé p. 416*

1. a) On a écrit la formule =B1*B2.

b) On a écrit la formule =SOMME(B3:L3).

c) On trouve $E(X) = 1,76$

2. a) On a écrit la formule =B5*B6.

	A	B	C	D	E	F	G	H	I	J	K	L	M
1	$X=x_i$	-20	-12	-4	-1	0	3	5	8	11	16	25	
2	$P(X=x_i)$	0,02	0,05	0,12	0,14	0,16	0,17	0,13	0,11	0,07	0,02	0,01	
3	$x_i*P(X=x_i)$	-0,4	-0,6	-0,48	-0,14	0	0,51	0,65	0,88	0,77	0,32	0,25	1,76
4													
5	$Y=y_i$	-250	-170	-90	-60	-50	-20	0	30	60	110	200	
6	$P(Y=y_i)$	0,02	0,05	0,12	0,14	0,16	0,17	0,13	0,11	0,07	0,02	0,01	
7	$y_i*P(Y=y_i)$	-5	-8,5	-10,8	-8,4	-8	-3,4	0	3,3	4,2	2,2	2	-32,4

b) On a écrit la formule =SOMME(B7:L7)

c) On trouve $E(Y) = -32,4$.

d.) Comme $E(Y) = E(10X - 5) = 10E(X) - 5$, on aurait pu écrire aussi en cellule M7 : =10*M3-50.

3. a) Avec la calculatrice, on trouve $V(Y) = 4582,24$.

b) On a alors $Y = 10X - 50 \Leftrightarrow 10X = Y + 50 \Leftrightarrow X = 0,1Y + 5$.

Donc $V(X) = V(0,1Y + 5) = 0,01V(Y) = 45,8224$.

CHAPITRE 15

Loi des grands nombres

1 Inégalité de Bienaymé-Tchebychev

Propriété

Soit X une variable aléatoire.

Soit t un nombre réel strictement positif.

On a alors : $P(|X - E(X)| \geqslant t) \leqslant \dfrac{V(X)}{t^2}$ où $V(X)$ est la variance de X.

2 Loi des grands nombres

A. Cas particulier de la loi binomiale

Propriété

On considère un schéma de Bernoulli constitué des n répétitions d'une épreuve de Bernoulli de paramètre p.

Pour tout entier naturel i compris entre 1 et n, on considère la variable aléatoire X_i associée à la $i\_ème$ épreuve de Bernoulli, qui prend la valeur 1 lors d'un succès et 0 sinon.

- Pour tout entier naturel i compris entre 1 et n, chaque variable aléatoire X_i suit la loi de Bernoulli de paramètre p.
- La variable aléatoire $S_n = X_1 + \ldots + X_n$ prend pour valeurs le nombre de succès obtenus au cours des n répétitions. S_n suit la loi binomiale de paramètres n et p.

Définition et propriété

On considère n variables aléatoires X_1, X_2, … , X_n suivant toutes la même loi de Bernoulli de paramètre p.

On note M_n et S_n les variables aléatoires définies par $S_n = X_1 + \ldots + X_n$ et $M_n = \dfrac{X_1 + \ldots + X_n}{n} = \dfrac{S_n}{n}$.

M_n s'appelle la fréquence empirique des variables aléatoires X_1, X_2, …, X_n.

Soit t un nombre réel strictement positif.

On a alors :

$$P(|S_n - np| \geqslant t) \leqslant \frac{np(1-p)}{t^2} \text{ et } P(|M_n - p| \geqslant t) \leqslant \frac{p(1-p)}{nt^2}.$$

Remarques :

• La première inégalité signifie que la probabilité que la variable S_n prenne des valeurs éloignées d'une valeur t de son espérance np est d'autant plus petite que t est grand.

• $|M_n - p| \Leftrightarrow p - t \leqslant M_n \leqslant p + t$.

• Si on utilise l'événement contraire, on obtient :

$$P\left(|S_n - np| < t\right) \geqslant 1 - \frac{np(1-p)}{t^2} \text{ et } P\left(|M_n - p| < t\right) \geqslant 1 - \frac{p(1-p)}{nt^2}.$$

B. Cas général

■ Définition

On considère n variables aléatoires X_1, X_2, …, X_n identiques et indépendantes, suivant toutes la même loi.

On note M_n et S_n les variables aléatoires définies par $S_n = X_1 + \ldots + X_n$ et $M_n = \dfrac{X_1 + \ldots + X_n}{n} = \dfrac{S_n}{n}$.

M_n s'appelle la moyenne empirique des variables aléatoires X_1, X_2, …, X_n.

■ Théorème (loi des grands nombres)

On considère une expérience aléatoire. On note X la variable aléatoire associée à cette expérience.

On répète n fois cette expérience aléatoire de manière indépendante.

On obtient un échantillon de taille n composé de n variables aléatoires X_1, X_2, …, X_n identiques et indépendantes, suivant toutes la même loi.

Pour tout réel $t > 0$, $P\left(|M_n - E(X)| \geqslant t\right) \leqslant \dfrac{V(X)}{nt^2}$ où $E(X)$ désigne l'espérance de X et $V(X)$ la variance de X.

Autrement dit : $\lim\limits_{n \to +\infty} P\left(|M_n - E(X)| \geqslant t\right) = 0$.

Remarques :

• On dit que M_n converge en probabilité vers $E(X)$ lorsque n tend vers $+\infty$.

CARTE MENTALE

LOIS DES GRANDS NOMBRES

Utiliser la loi des grands nombres : cas particulier de la loi binomiale

On considère un schéma de Bernoulli
On note $\{x_1 ; x_2 ; \ldots ; x$ les variables aléatoires associées aux n épreuves de Bernoulli de paramètre p, qui prennent la valeur 1 en cas de « succès » et 0 sinon.

$S_n = \sum_{n=1}^{n} X_i = X_1 + \ldots + X_n$ est le nombre de succès lors des n épreuves.

S_n suit une loi binomiale de paramètres n et p.

$M_n = \frac{X_1 + \ldots + X_n}{n} = \frac{S_n}{n}$ est la moyenne empirique.

Soit $t > 0$.

On a : $P\left(\left|S_n - np\right| \geqslant t\right) \leqslant \frac{np(1-p)}{t^2}$

et $P\left(\left|M_n - p\right| \geqslant t\right) \leqslant \frac{p(1-p)}{nt^2}$.

Utiliser la loi des grands nombres : convergence en probabilité

On répère n fois de manière indépendante une expérience aléatoire à laquelle on associe une variable aléatoire X. Les variables $\{x_1 ; x_2 ; \ldots ; x$ ainsi obtenues ont la même loi que X (donc même espérance $E(X)$ et variance $V(X)$).

Pour tout $t > 0$, on a :

$$P\left(\left|M_n - E(X)\right| \geqslant t\right) \leqslant \frac{V(X)}{nt^2},$$

avec $M_n = \frac{X_1 + \ldots + X_n}{n}$

et $\lim\limits_{n \to +\infty} P\left(\left|M_n - E(X)\right| \geqslant t\right) = 0$

On dit que M_n converge en probabilité vers $E(X)$ lorsque n tend vers $+\infty$.

Pour estimer l'espérance (la moyenne théorique), on peut répéter l'expérience de manière indépendante un grand nombre de fois et calculer la moyenne empirique.

1 Appliquer l'inégalité de Bienaymé-Tchebychev

EXEMPLE

Une entreprise fabrique des pièces chaque semaine. Le nombre de pièces fabriquées suit une variable aléatoire d'espérance $E(X) = 250$ et de variance $V(X) = 25$.
En utilisant l'inégalité de Bienaymé-Tchebychev, déterminer une majoration de la probabilité que la production dépasse les 275 pièces une semaine donnée.

CORRIGÉ COMMENTÉ

On cherche à majorer $P(X \geqslant 275)$.

$$P(X \geqslant 275) = P(X - 250 \geqslant 275 - 250) = P(X - 250 \geqslant 25).$$

Or $P(X - 250 \geqslant 25) \leqslant P(|X - 250| \geqslant 25)$.

En effet : l'événement $\{|X - 250| \geqslant 25\} = \{X - 250 \geqslant 25\} \cup \{X - 250 \leqslant -25\}$.
Car d'après les règles sur la valeur absolue : $|X - 250| \geqslant 25 \Leftrightarrow X - 250 \geqslant 25$ ou $X - 250 \leqslant -25$.
La probabilité de l'événement $\{|X - 250| \geqslant 25\}$ est donc supérieure à la probabilité de l'événement $\{X - 250 \geqslant 25\}$ car $P(|X - 250| \geqslant 25) = P(X - 250 \geqslant 25) + P(X - 250 \leqslant -25)$.

Donc, on trouve :

$$P(X \geqslant 275) \leqslant P(|X - 250| \geqslant 25) \leqslant \frac{V(X)}{25^2}.$$

Rappel

Pour tout réel $t > 0$:
$P(|X - E(X)| \geqslant t) \leqslant \frac{V(X)}{t^2}$.

On a alors :

$$P(X \geqslant 275) \leqslant \frac{25}{25^2}$$

donc :

$$P(X \geqslant 275) \leqslant \frac{1}{25} \text{ ou encore } P(X \geqslant 275) \leqslant 0{,}04.$$

La probabilité pour que la production dépasse les 275 pièces lors d'une semaine donnée est inférieure à 4 %.

2 Appliquer la loi des grands nombres

EXEMPLE 1 DANS LE CAS PARTICULIER D'UNE LOI BINOMIALE

On lance 300 fois un dé bien équilibré à six faces numérotées de 1 à 6. On appelle S_{300} la variable aléatoire qui compte le nombre de fois où la face 6 a été obtenue au cours des 300 lancers.
En utilisant la loi des grands nombres, déterminer une minoration de la probabilité :

$$P\left(44 \leqslant S_{300} \leqslant 56\right).$$

CORRIGÉ COMMENTÉ

Obtenir un 6 lors d'un lancer du dé est une épreuve de Bernoulli de paramètre $p = \dfrac{1}{6}$.
Lancer le dé 300 fois, chaque lancer étant indépendant, constitue un schéma de Bernoulli de paramètres $n = 300$ et $p = \dfrac{1}{6}$.

La variable S_{300} suit donc la loi binomiale de paramètres $n = 300$ et $p = \dfrac{1}{6}$.
On a $E\left(S_{300}\right) = np = 50$ et
$V\left(S_{300}\right) = np(1-p) = 50 \times \dfrac{5}{6} = \dfrac{125}{3}$.

> **Rappel**
> Loi des grands nombres dans le cas d'une variable aléatoire S_n qui suit la loi Binomiale :
> $P\left(\left|S_n - np\right| \geqslant t\right) \leqslant \dfrac{np(1-p)}{t^2}$.

On cherche à minorer $P\left(44 \leqslant S_{300} \leqslant 56\right)$.
On applique la loi des grands nombres à la variable S_{300} :
Pour tout réel $t > 0$:

$$P\left(\left|S_{300} - 50\right| \geqslant t\right) \leqslant \frac{300 \times \frac{1}{6} \times \frac{5}{6}}{t^2}$$

$$\Leftrightarrow P\left(\left|S_{300} - 50\right| \geqslant t\right) \leqslant \frac{125}{3t^2}$$

$$\Leftrightarrow 1 - P\left(\left|S_{300} - 50\right| < t\right) \leqslant \frac{125}{3t^2}$$

On a utilisé l'événement contraire de l'événement $\left\{\left|S_{300} - 50\right| \geqslant t\right\}$ qui est $\left\{\left|S_{300} - 50\right| < t\right\}$.

$$\Leftrightarrow P\left(\left|S_{300} - 50\right| < t\right) \geqslant 1 - \frac{125}{3t^2}.$$

Or $\left|S_{300} - 50\right| < t \Leftrightarrow -t < S_{300} - 50 < t$
$\Leftrightarrow 50 - t < S_{300} < 50 + t$

Si on prend $t = 7$, on obtient : $\left|S_{300} - 50\right| < t \Leftrightarrow 43 < S_{300} < 57 \Leftrightarrow 44 \leqslant S_{300} \leqslant 56$.

S_{300} est une variable aléatoire discrète donc l'événement $\{43 < S_{300}\}$ est le même que l'événement $\{44 \leqslant S_{300}\}$.

On trouve alors : $P(44 \leqslant S_{300} \leqslant 56) = P(|S_{300} - 50| < 7)$

donc $P(44 \leqslant S_{300} \leqslant 56) \geqslant 1 - \dfrac{125}{3 \times 49}$.

Or $1 - \dfrac{125}{3 \times 49} = \dfrac{22}{147} \approx 0{,}15$.

On trouve alors : $P(44 \leqslant S_{300} \leqslant 56) \geq 0{,}15$.

La probabilité cherchée est donc d'au moins 15 %.

EXEMPLE 2 DANS LE CAS GÉNÉRAL

On considère une boîte de conserve de forme cylindrique.
Lorsqu'on lance en l'air la boîte, elle retombe aléatoirement soit sur l'une de ses bases circulaires soit sur son coté.
Montrer qu'en lançant la boîte un grand nombre de fois, on peut estimer la probabilité qu'elle retombe sur son côté.

CORRIGÉ COMMENTÉ

Lancer la boîte et regarder la face sur laquelle elle tombe, constitue une expérience aléatoire à trois issues.

L'une de ses faces circulaires ou le côté. On note p la probabilité que la boîte tombe sur son côté.
Si on lance la boîte n fois, de manières indépendantes, et si on note X la variable aléatoire qui vaut 1 lorsque la boîte tombe sur son côté au i-ème tirage, et 0 sinon, on obtient alors n variables aléatoires $X_1, X_2, \dots, X_n$ toutes de même loi de Bernoulli, d'espérance $E(X_i) = E(X) = p$.

Si on note $M_n = \dfrac{X_1 + \dots + X_n}{n}$, la variable M_n représente la fréquence de retombée de la boîte sur son côté.

> **Rappel**
> Loi des grands nombres dans le cas général d'une variable aléatoire $M_n = \dfrac{X_1 + \dots + X_n}{n}$:
> Pour tout réel $t > 0$:
> $P(|M_n - E(X)| \geqslant t) \leqslant \dfrac{V(X)}{nt^2}$ où
> Autrement dit :
> $\lim\limits_{n \to +\infty} P(|M_n - E(X)| \geqslant t) = 0.$

On peut appliquer la loi des grands nombres à la variable M_n :

Pour tout réel $t > 0$: $P(|M_n - E(X)|) \geqslant t) \leqslant \dfrac{V(X)}{nt^2}$.

On obtient : $P(|M_n - p|) \geqslant t) \leqslant \dfrac{V(X)}{nt^2}$.

Lorsque n devient grand, la probabilité que M_n s'écarte de p d'une valeur quelconque t, tend vers 0. Cela signifie que si on lance un très grand nombre de fois la boîte, on obtient avec M_n une estimation de p.

EXERCICES

1 5 min ★ → MÉTHODE 1, p. 430

On considère une variable aléatoire d'espérance $E(X) = 5$ et de variance $V(X) = 2$.

1. Donner une majoration de la probabilité $P(|X - 5| \geqslant 4)$. On donnera le résultat en pourcentage.

2. En déduire une minoration de la probabilité $P(|X - 5| < 4)$.

→ Corrigé p. 436

2 10 min ★★ → MÉTHODE 1, p. 430

Soit X une variable aléatoire à valeurs positives, d'espérance $E(X) = 15$ et de variance $V(X) = 7$.

1. Donner une majoration de la probabilité $P(|X - 15| \geqslant 17)$. On arrondira au millième.

2. En déduire une majoration de $P(X \geqslant 32)$.

→ Corrigé p. 436

3 10 min ★ → MÉTHODE 2, p. 431

On considère une variable aléatoire X qui suit la loi binomiale de paramètres $n = 100$ et $p = 0,4$.
Déterminer une majoration de la probabilité $P\left(\left|\frac{X}{100} - 0,4\right| \geqslant 0,2\right)$.

→ Corrigé p. 436

4 20 min ★★ → MÉTHODE 2, p. 431

Combien de fois faut-il lancer une pièce équilibrée pour être sûr à 97 % que la proportion de PILE est comprise 0,4 et 0,6 ?

→ Corrigé p. 437

5 15 min ★★ → MÉTHODE 2, p. 431

On considère une pièce de monnaie truquée. On ne connaît pas la probabilité d'obtenir PILE en la lançant.
Montrer qu'en lançant la pièce un grand nombre de fois, on peut estimer la probabilité qu'elle retombe sur PILE.

→ Corrigé p. 438

6 20 min Démonstration

On considère n variables aléatoires X_1, X_2, …, X_n suivant toutes la même loi de Bernoulli de paramètre p.

On note M_n et S_n les variables aléatoires définies par $S_n = X_1 + \ldots + X_n$ et $M_n = \dfrac{X_1 + \ldots + X_n}{n} = \dfrac{S_n}{n}$.

Soit t un nombre réel strictement positif.

1. Démontrer, en utilisant l'inégalité de Bienaymé-Tchebychev que :

$$P\left(|S_n - np| \geqslant t\right) \leqslant \frac{np(1-p)}{t^2}$$

2. En déduire que $P\left(|M_n - p| \geqslant t\right) \leqslant \dfrac{p(1-p)}{nt^2}$.

→ Corrigé p. 438

7 15 min Vrai-Faux

a) Soit X une variable aléatoire telle que $E(X) = 30$ et $V(X) = 8$.

Affirmation 1 : On a $P(|X - 30| \geqslant 10) \leqslant 0{,}08$.

b) Soit X une variable alatoire qui suit la loi binomiale de paramètres $n = 50$ et $p = 0{,}8$.

Affirmation 2 : On a $P(|X - 40| < 5) > 0{,}6$.

c) On considère un dé équilibré à 4 faces numérotées de 1 à 4.

Affirmation 3 : Il faut lancer le dé au moins 1 000 fois pour être sûr à 99 % que la proportion d'obtention du 1 soit strictement comprise entre 0,15 et 0,35.

→ Corrigé p. 439

8 20 min QCM

	Réponse A	Réponse B	Réponse C
1. X est une variable aléatoire qui suit la loi binomiale de paramètres $n = 50$ et $p = 0{,}8$. La probabilité $P(\lvert X - 40\rvert \geqslant 5)$ est inférieure ou égale à :	0,2	0,3	0,4
2. Soit Y une variable aléatoire telle que $E(Y) = 0$ et $V(Y) = 0{,}5$. La probabilité $P(-1 < Y < 1)$ est supérieure ou égale à :	0,5	0,6	0,9

→ Corrigé p. 440

SUJET DE BAC

Exercice 1 20 min 4 points

Un avion effectue un vol quotidien. Chaque jour, il peut avoir du retard au départ. On note X la variable aléatoire qui donne, en minutes, le temps de retard de l'avion chaque jour.
On suppose que $E(X) = 15$ et $V(X) = 64$.
Un passager mécontent se plaint à la compagnie en affirmant qu'un jour sur trois, l'avion a plus de 45 minutes de retard.

1. Montrer que $P(X \geqslant 45) \leqslant P(|X - 15| \geqslant 30)$.

2. Montrer que $P(X \geqslant 45) \leqslant 0{,}08$.

3. Que penser de l'affirmation du passager ?

→ Corrigé p. 441

Exercice 2 30 min 5 points

On souhaite tester un dé à quatre faces numérotées 1, 2, 3, 4 afin de savoir s'il est truqué. On s'intéresse en particulier à l'apparition du chiffre « 2 ». On note p la probabilité d'obtenir le chiffre « 2 ».
Soit n un entier naturel. On lance n fois le même dé. On note S_n le nombre de fois que l'on a obtenu le chiffre « 2 » au cours des n lancers et M_n la fréquence empirique d'apparition du chiffre « 2 » au cours des n lancers.

1. Exprimer M_n en fonction de S_n.

2. Quelle est la loi de la variable aléatoire S_n ? En déduire l'espérance et la variance de M_n.

3. On suppose que le dé n'est pas truqué. Déterminer un nombre n_0 de lancers de dé permettant d'affirmer que la probabilité que la fréquence empirique d'apparition du chiffre « 2 » diffère de 0,25 de plus de 0,02 est inférieure ou égale à 5 %.

4. On lance le dé n_0 fois et on obtient comme fréquence 29 %. Que peut-on en conclure ?

→ Corrigé p. 441

CORRIGÉS

1 → Énoncé p. 433

1. On applique l'inégalité de Bienaymé-Tchebychev :
On a ici $t = 4$

$P(|X-5| \geqslant 4) \leqslant \dfrac{2}{4^2}$ et on trouve

$P(|X-5| \geqslant 4) \leqslant 0{,}125$.

La probabilité est inférieure ou égale à 12,5 %.

> **Rappels**
> L'inégalité de Bienaymé-Tchebychev :
> Pour tout réel $t > 0$:
> $$P(|X - E(X)| \geqslant t) \leqslant \frac{V(X)}{t^2}$$

2. On a $P(|X-5| < 4) = 1 - P(|X-5| \geqslant 4)$

L'événement contraire de $\{T < t\}$ est $\{T \geqslant t\}$

On trouve alors :

$$P(|X-5| \geqslant 4) \leqslant 0{,}125 \Leftrightarrow -P(|X-5| \geqslant 4) \geqslant -0{,}125$$

On a multiplié chaque membre par -1 qui est négatif et donc on a changé le sens de l'inégalité

$$\Leftrightarrow 1 - P(|X-5| \geqslant 4) \geqslant 1 - 0{,}125$$

On a additionné 1 à chaque membre.

$$\Leftrightarrow 1 - P(|X-5| \geqslant 4) \geqslant 0{,}875$$
$$\Leftrightarrow P(|X-5| < 4) \geqslant 0{,}875.$$

2 → Énoncé p. 433

1. $P(|X-15| \geqslant 17) \leqslant \dfrac{7}{17^2}$ donc $(|X-15| \geqslant 17) \leqslant 0{,}024$.

2. On a :

$$\{X \geqslant 32\} = \{X - 15 \geqslant 17\}$$

> **Rappels**
> $|x - a| \geqslant r$
> $\Leftrightarrow x - a \geqslant r$
> ou $x - a \leqslant -r$

On a soustrait 15 à chaque membre de l'inégalité

Or $|X-15| \geqslant 17 \Leftrightarrow X - 15 \geqslant 17$ ou $X - 15 \leqslant -17 \Leftrightarrow X \geqslant 32$ ou $X \leqslant -2$.
On sait que les valeurs de X sont positives donc l'événement $\{X \leqslant -2\}$ est de probabilité nulle.
On a donc :
$P(|X-15| \geqslant 17) = P(\{X \geqslant 32\} \cup \{X \leqslant -2\}) = P(X \geqslant 32) + P(X \leqslant -2) = P(X \geqslant 32)$
On a alors $P(X \geqslant 32) \leqslant 0{,}024$.

3 → Énoncé p. 433

On utilise la loi des grands nombres dans le cas particulier d'une loi binomiale :
La variable X suit la loi binomiale de paramètres $n = 100$ et $p = 0{,}4$ donc : $E(X) = 100 \times 0{,}4 = 40$ et $V(X) = 100 \times 0{,}4 \times 0{,}6 = 24$.

Donc la variable $\dfrac{X}{100}$ a pour espérance :

$$E\left(\frac{X}{100}\right) = \frac{1}{100}E(X) = 0{,}4 \text{ et } V\left(\frac{X}{100}\right) = \frac{1}{100^2}V(X) = 0{,}0024$$

On applique l'inégalité de la loi des grands nombres dans le cas particulier de la loi binomiale :

On a ici $t = 0,2$

$$P\left(\left|\frac{X}{100} - 0,4\right| \geqslant 0,2\right) \leqslant \frac{0,4 \times 0,6}{100 \times 0,2^2}$$

On trouve donc

$$P\left(\left|\frac{X}{100} - 0,4\right| \geqslant 0,2\right) \leqslant 0,06$$

On a ici $S_n = X$ avec $n = 100$ et $M_n = \dfrac{X}{100}$

> **Rappels**
> Loi des grands nombres dans le cas d'une variable aléatoire S_n qui suit la loi Binomiale :
> $$P\left(\left|S_n - np\right| \geqslant t\right) \leqslant \frac{np(1-p)}{t^2}$$
> Soit en posant $M_n = \dfrac{S_n}{n}$:
> $$P\left(\left|M_n - p\right| \geqslant t\right) \leqslant \frac{p(1-p)}{nt^2}$$

4 → *Énoncé p. 433*

Lancer une pièce de monnaie équilibrée constitue une épreuve de Bernoulli de paramètre $p = 0,5$.

Lancer de manière indépendante la pièce n fois constitue un schéma de Bernoulli. Si on note X la variable aléatoire qui prend la valeur 1 lorsque on obtient PILE et 0 sinon, on a alors :

$P(X = 1) = \dfrac{1}{2}$ et $P(X = 0) = \dfrac{1}{2}$. Ainsi, $E(X) = 1 \times \dfrac{1}{2} + 0 \times \dfrac{1}{2} = \dfrac{1}{2}$

et $V(X) = \dfrac{1}{2}\left(1 - \dfrac{1}{2}\right)^2 + \dfrac{1}{2}\left(0 - \dfrac{1}{2}\right)^2 = \dfrac{1}{4}$.

La variable aléatoire S_n qui compte combien de fois PILE a été obtenu au cours des n lancers suit la loi binomiale de paramètres n et $p = 0,5$.

Si on note $M_n = \dfrac{S_n}{n}$ alors M_n est la variable aléatoire qui mesure la fréquence de PILE au cours des n lancers.

On cherche le plus petit entier naturel n tel que $P(0,4 < M_n < 0,6) \geqslant 0,97$.

Or, $P(0,4 < M_n < 0,6) \geqslant 0,97 \Leftrightarrow P(-0,1 < M_n - 0,5 < 0,1) \geqslant 0,97$

On a soustrait 0,5 à chaque membre.

$$\Leftrightarrow P\left(\left|M_n - 0,5\right| < 0,1\right) \geqslant 0,97.$$

$$\Leftrightarrow 1 - P\left(\left|M_n - 0,5\right| \geqslant 0,1\right) \geqslant 0,97$$

> **Rappels**
> $-r \leqslant x \leqslant a \Leftrightarrow |x - a| \leqslant r$

On a utilisé la probabilité de l'événement contraire

$$\Leftrightarrow P\left(\left|M_n - 0,5\right| \geqslant 0,1\right) \leqslant 0,03$$

Or, d'après la loi des grands nombres, $P\left(\left|M_n - 0,5\right| \geqslant \mathrm{t}\right) \leqslant \dfrac{V(X)}{nt^2}$ avec $t = 0,1$.

On trouve donc :

$$P\left(\left|M_n - 0,5\right| \geqslant 0,1\right) \leqslant \frac{0,25}{0,01n}$$

Il suffit de déterminer le plus petit entier naturel n tel que $\dfrac{0,25}{0,01n} \leqslant 0,03$.

On a :

$$\frac{0,25}{0,01n} \leqslant 0,03 \Leftrightarrow n \geqslant \frac{0,25}{0,01 \times 0,03}. \text{ Or } \frac{0,25}{0,01 \times 0,03} \approx 833,3 \text{ ainsi } n \geqslant 834.$$

Il faut donc lancer au moins 834 fois une pièce équilibrée pour être sûr à 97 % que la proportion de PILE est comprise entre $0,4$ et $0,6$.

5 → *Énoncé p. 433*

On considère la variable aléatoire X qui prend la valeur 1 si la pièce tombe sur PILE. On note p la probabilité inconnue que la pièce tombe sur PILE.

X suit la loi de Bernoulli de paramètre p.

Lorsque l'on répète n fois le lancer de la pièce, on considère les n variables aléatoires $X_1, ..., X_n$, toutes de même loi que X.

Si on note M_n la variable aléatoire $M_n = \frac{X_1 + ... + X_n}{n}$, alors M_n prend pour valeurs la moyenne de PILE obtenus au cours des n lancers.

$$E(M_n) = E\left(\frac{X_1 + ... + X_n}{n}\right) = \frac{1}{n}E(X_1 + ... + X_n)$$

$$= \frac{1}{n} \times np = p.$$

Rappels

Loi des grands nombres dans le cas général d'une variable aléatoire $M_n = \frac{X_1 + ... + X_n}{n}$:

Pour tout réel $t > 0$:

$P(|M_n - E(X)| \geqslant t) \leqslant \frac{V(X)}{nt^2}$ où autrement dit :

$$\lim_{n \to +\infty} P(|M_n - E(X)| \geqslant t) = 0.$$

D'après la loi des grands nombres, on a :

Pour tout réel $t > 0$: $P(|M_n - E(X)|) \geqslant t) \leqslant \frac{V(X)}{nt^2}$ donc :

Pour tout réel $t > 0$: $P(|M_n - p|) \geqslant t) \leqslant \frac{p(1-p)}{nt^2}$.

Lorsque n devient grand, la probabilité que M_n s'écarte de p d'une valeur quelconque t, tend vers 0. Cela signifie que si on lance la pièce un très grand nombre de fois, on obtient avec M_n une estimation de p.

6 → *Énoncé p. 434*

1. S_n suit la loi binomiale de paramètres n et p. On en déduit que $E(S_n) = np$ et $V(S_n) = np(1-p)$.

On utilise donc l'inégalité de Bienaymé-Tchebychev :

Soit t un réel positif :

$$P(|S_n - E(S_n)| \geqslant t) \leqslant \frac{V(S_n)}{t^2}.$$

Rappels

L'inégalité de Bienaymé-Tchebychev :

Pour tout réel $t > 0$:

$$P(|X - E(X)| \geqslant t) \leqslant \frac{V(X)}{t^2}$$

On en déduit :

$$P\left(\left|S_n - np\right| \geqslant t\right) \leqslant \frac{np(1-p)}{t^2}.$$

2. On a $M_n = \frac{S_n}{n}$.

On a $E\left(M_n\right) = E\left(\frac{S_n}{n}\right) = \frac{1}{n} \times np = p$

$$V\left(M_n\right) = V\left(\frac{S_n}{n}\right) = \frac{1}{n^2}V\left(S_n\right) = \frac{np(1-p)}{n^2} = \frac{p(1-p)}{n}$$

On en déduit :

Soit t un réel positif :

$$P\left(\left|M_n - E\left(M_n\right)\right| \geqslant t\right) \leqslant \frac{V\left(M_n\right)}{t^2}$$

soit :

$$P\left(\left|M_n - p\right| \geqslant t\right) \leqslant \frac{\frac{p(1-p)}{n}}{t^2}$$

ou encore :

$$P\left(\left|M_n - p\right| \geqslant t\right) \leqslant \frac{p(1-p)}{nt^2}.$$

7 → Énoncé p. 434

a) **Vrai.**
On applique l'inégalité de Bienaymé-Tchebychev.
$E(X) = 30$ donc :
$P(|X - 30| \geqslant 10) \leqslant \frac{V(X)}{10^2}$ soit $P(|X - 30| \geqslant 10) \leqslant \frac{8}{10^2}$

soit $P(|X - 30| \geqslant 10) \leqslant 0{,}08$.

b) **Vrai.**
On applique l'inégalité de Bienaymé-Tchebychev :
On a $E(X) = np = 50 \times 0{,}8 = 40$.
Et $V(X) = np(1-p) = 50 \times 0{,}8 \times 0{,}2 = 8$.
On a alors :
$P(|X - 40| \geqslant 5) \leqslant \frac{8}{5^2} \Leftrightarrow -P(|X - 40| \geqslant 5) \geqslant -\frac{8}{5^2}$

$\Leftrightarrow 1 - P(|X - 40| \geqslant 5) \geqslant 1 - \frac{8}{5^2}$

$\Leftrightarrow P(|X - 40| < 5) \geqslant 0{,}68 > 0{,}6$.

Rappels

L'inégalité de Bienaymé-Tchebychev :
Pour tout réel $t > 0$:

$$P\left(\left|X - E(X)\right| \geqslant t\right) \leqslant \frac{V(X)}{t^2}$$

c) **Faux.**
On considère la variable aléatoire X qui prend la valeur 1 si on obtient la face numérotée 1.

X suit une loi de Bernoulli de paramètre $p = 0,25$.
On lance un nombre n de fois le dé. Si on note S_n la variable aléatoire qui prend pour valeurs le nombre de fois ou on a obtenu la face numérotée 1 au cours des n lancers, S_n suit la loi binomiale de paramètres n et $p = 0,25$. Si on note $M_n = \frac{S_n}{n}$, la variable aléatoire M_n prend pour valeurs les fréquences d'obtentions de la face numérotée 1 au cours des n lancers.
On cherche n tel que $P(0,15 < M_n < 0,35) \geqslant 0,99$.
On a :

$$\begin{aligned} 0,15 < M_n < 0,35 &\Leftrightarrow 0,15 - 0,25 < M_n - 0,25 < 0,35 - 0,25 \\ &\Leftrightarrow - 0,1 < M_n - 0,25 < 0,1 \\ &\Leftrightarrow |M_n - 0,25| < 0,1. \end{aligned}$$

On a donc :

$$\begin{aligned} P(|M_n - 0,25|) < 0,1) \geqslant 0,99 &\Leftrightarrow - P(|M_n - 0,25|) < 0,1) \leqslant -0,99 \\ &\Leftrightarrow 1 - P(|M_n - 0,25|) < 0,1) \leqslant 1 - 0,99 \\ &\Leftrightarrow P(|M_n - 0,25|) \geqslant 0,1) \leqslant 0,01. \end{aligned}$$

Or d'après la loi des grands nombres, on a pour tout réel $t > 0$:

$$P(|M_n - 0,25|) \geqslant 0,1) \leqslant \frac{p(1-p)}{n \times 0,1^2}.$$

Il suffit donc de calculer l'entier n tel que $\frac{p(1-p)}{n \times 0,1^2} \leqslant 0,01$.
On a alors :

$$\begin{aligned} \frac{p(1-p)}{n \times 0,1^2} \leqslant 0,01 &\Leftrightarrow \frac{0,25 \times 0,75}{0,01n} \leqslant 0,01 \\ &\Leftrightarrow n \geqslant \frac{0,25 \times 0,75}{0,01 \times 0,01} \\ &\Leftrightarrow n \geqslant 1\,875. \end{aligned}$$

Il faut lancer le dé au moins 1 875 fois.

8 → *Énoncé p. 434*

1. Réponse C.

D'après l'inégalité de Bienaymé-Tchebychev, on a :

$$P(|X - 40| \geqslant 5) \leqslant \frac{V(X)}{5^2} \text{ donc } P(|X - 40| \geqslant 5) \leqslant \frac{50 \times 0,8 \times 0,2}{5^2}.$$

On trouve alors $(|X - 40| \geqslant 5) \leqslant 0,32$.

2. Réponse A.

$P(-1 < Y < 1) = P(|Y| < 1)$. Or d'après l'inégalité de Bienaymé-Tchebychev, on a :

$P(|Y| \geqslant 1) \leqslant \dfrac{V(Y)}{1^2}$ donc $P(|Y| \geqslant 1) \leqslant \dfrac{0,5}{1^2}$. On trouve donc $P(|Y| \geqslant 1) \leqslant 0,5$.

On a alors $-P(|Y| \geqslant 1) \geqslant -0,5 \Leftrightarrow 1 - P(|Y| \geqslant 1) \geqslant 1 - 0,5$

$$\Leftrightarrow P(|Y| < 1) \geqslant 0,5.$$

SUJET DE BAC

Exercice 1 → Énoncé p. 435

1. On a :
$P(X \geqslant 45) = P(X - 15 \geqslant 30) \leqslant P(|X - 15| \geqslant 30)$

car l'événement $\{|X - 15| \geqslant 30\} = \{X - 15 \geqslant 30\} \cup \{X - 15 \leqslant -30\}$.

2. D'après l'inégalité de Bienaymé-Tchebychev, $P(|X - 15| \geqslant 30) \leqslant \dfrac{V(X)}{30^2}$, c'est-à-dire :

$$P(|X - 15| \geqslant 30) \leqslant \frac{64}{900}.$$

On trouve donc $P(X \geqslant 45) \leqslant \dfrac{64}{900}$. Or $\dfrac{64}{900} \approx 0,071$ donc $\dfrac{64}{900} \leqslant 0,08$.

On a bien $(X \geqslant 45) \leqslant 0,08$.

3. La probabilité que le retard dépasse 45 minutes est inférieure à 8 %. Or le passager affirme qu'elle est d'un jour sur trois soit environ 33 %. Le passager exagère donc.

Exercice 2 → Énoncé p. 435

1. On a $M_n = \dfrac{S_n}{n}$.

2. On note X la variable aléatoire qui prend pour valeur 1 si on obtient le chiffre « 2 » et 0 sinon. X suit la loi de Bernoulli de paramètre $p = 0,25$.
On répète n fois l'expérience aléatoire qui consiste à lancer le dé n fois. On obtient n variables aléatoires $X_1, \ldots, X_n$, toutes de même loi de Bernoulli. On a alors $S_n = X_1 + \ldots + X_n$.
S_n suit la loi binomiale de paramètres n et $p = 0,25$.

On a alors $E(S_n) = 0,25n$. Donc, $E(M_n) = \dfrac{1}{n}E(S_n) = \dfrac{1}{n} \times 0,25n = 0,25$.

3. On utilise la loi des grands nombres :
Pour tout réel $t > 0$:

$$P\left(\left|M_n - 0,25\right| \geqslant t\right) \leqslant \frac{V(X)}{nt^2}.$$

On trouve donc :

$$P\left(\left|M_n - 0,25\right| \geqslant 0,02\right) \leqslant \frac{0,25 \times 0,75}{n0,02^2}.$$

On cherche l'entier n_0 tel que $P\left(\left|M_{n_0} - 0,25\right| \geqslant 0,02\right) \leqslant 0,05$.

Il suffit pour cela de déterminer le premier entier naturel n_0 tel que $\frac{0,25 \times 0,75}{n0,02^2} \leqslant 0,05$.
On résout cette inéquation :

$$\frac{0,25 \times 0,75}{n0,02^2} \leqslant 0,05 \Leftrightarrow n \geqslant \frac{0,25 \times 0,75}{0,05 \times 0,02^2}$$

$$\Leftrightarrow n \geqslant 9\ 375.$$

Si on lance le dé 9 375 fois, la probabilité que la variable M_n diffère de 0,25 de plus de 0,02, est inférieure à 0,05 soit à 5 %.

4. $0,29 - 0,25 = 0,04 > 0,02$. On peut affirmer, avec un risque inférieur à 5 % que le dé est truqué.

ALGORITHMIQUE ET PROGRAMMATION

1 Les principales structures algorithmiques en langage naturel

A. L'affectation de variable

Pour affecter une valeur à une variable, c'est-à-dire donner une valeur à une variable, on utilise en langage naturel la syntaxe *variable* ← *valeur*.
Exemple : base ← *10* signifie que la variable *base* reçoit la valeur *10*.

B. Les instructions conditionnelles

Pour aiguiller dans différentes directions l'exécution d'un algorithme, on peut avoir recours à des instructions conditionnelles qui permettent de déterminer si les instructions qui suivent doivent être, ou non, exécutées.

Syntaxe

Si *condition* **alors**
    Instruction(s) 1
Sinon
    Instruction(s) 2

C. La boucle bornée

Lorsqu'on doit **répéter** une ou plusieurs instructions, **un nombre défini de fois** connu à l'avance on utilise une boucle bornée.

Syntaxe

Pour *variable* **allant de** *valeur minimale* **à** *valeur maximale*
    Instruction(s) 1

D. La boucle non bornée

Lorsqu'on doit **répéter** une ou plusieurs instructions **un nombre inconnu de fois**, on utilise une boucle non bornée qui est parcourue jusqu'à ce qu'une certaine condition ne soit plus vraie.

Syntaxe

Tant que *condition* **faire**
    Instruction(s) 1

Remarque

Le décalage vers la droite (appelé aussi indentation) détermine où commencent et où se terminent les instructions conditionnelles ou les boucles.

2 Les principales structures algorithmiques en Python

Un langage informatique utilise une syntaxe qui lui est propre. Certains mots utilisés en langage naturel se traduisent en langage informatique par des mots-clés uniquement employés par ce langage.
Python est un langage dont la base linguistique est anglo-saxonne. Sa syntaxe est donc constituée de mots anglais.

A. L'instruction conditionnelle *if*

- Le mot français **Si** du langage naturel se traduit par le mot anglais `if` en langage Python.

- Le mot français **Alors** du langage naturel ne se traduit pas par un mot en anglais en langage Python mais par un retour à la ligne appelé une **indentation** (décalage vers la droite).

- Le mot français **Sinon** du langage naturel se traduit par le mot anglais `else` en langage Python.

- Une instruction conditionnelle peut exécuter une, deux ou plusieurs instructions selon la situation étudiée.

- L'instruction conditionnelle en langage Python ci-dessous **n'a qu'une seule condition** ; si la condition n'est pas réalisée, le script n'effectue pas l'instruction.

```
if condition :
        Instruction
```

- L'instruction conditionnelle en langage Python ci-dessous a une condition et une alternative : si la condition est réalisée, le script effectue la (ou les) instruction(s) 1 ; si la condition n'est pas réalisée, elle effectue la (ou les) instruction(s) 2.

```
if condition :
        Instruction(s) 1
else :
        Instruction(s) 2
```

B. La boucle bornée *for*

Le mot français **Pour** du langage naturel se traduit par le mot anglais `for` en langage Python ; la fonction `range()` permet d'énumérer le nombre de passages dans la boucle.

C. La boucle non bornée *while*

Le mot français **Tant que** en langage naturel se traduit par le mot anglais `while` en langage python

UTILISATION DE PYTHON AVEC UNE CALCULATRICE

TI 83 CE

Taper sur 2nde résol et sélectionner ↓Python

Créer un programme

– Sélectionner Nouv (alpha zoom) et nommer le programme.

```
NOUVEAU SCRIPT
Nom=PROG
```

```
def u(n):
  u=1
  for i in range(n):
    u=3*u-1
  return u
```

– Écrire le script du programme avec les touches alphanumériques du clavier ou utiliser des modèles grâce au menu Fns... où l'on retrouve les principales fonctions Python.

Remarque :

– Pour écrire les caractères spéciaux comme « : », « = » utiliser le menu a A # (taper sur Sélect puis Coller pour l'insérer dans le script). Les espaces sont faits avec la touche 0.

Utiliser un programme

Taper sur Exéc pour compiler le script et aller dans la console pour utiliser la fonction définie par le script.

```
>>> u(12)
265721
```

– Le script est enregistré automatiquement.

GRAPH 90+E

Taper sur MENU puis choisir le menu Python.

Créer un programme

– Sélectionner NEW et nommer le programme.

```
Nom du script
[prog     ]
```

```
def u(n):
  u=1
  for i in range(n):
    u=3*u-1
  return u
```

– Écrire le script du programme avec les touches alphanumériques du clavier ou utiliser des modèles grâce au menu COMMAND (F6 F1) où l'on retrouve les principales fonction Python.

Remarque :

– Pour écrire les caractères spéciaux comme « : », « = » utiliser le menu CHAR.

Les espaces sont faits avec la touche SPACE.

– En tapant sur A⇔a, on bascule des lettres majuscules aux lettres minuscules.

Utiliser un programme

– Taper sur RUN pour compiler le script et aller dans la console pour utiliser la fonction définie par le script.

```
>>>u(12)
265721
```

– Le menu FILE permet de sauvegarder le script

Numworks

Choisir le menu 

Créer un programme

– Avec les flèches sélectionner `Ajouter un script` et écrire le nom du programme `prog.py`.

```
from math import *
def u(n):
  u=1
  for i in range(n):
    u=3*u-1
  return u
```

– Écrire le script du programme avec les touches alphanumériques du clavier ou utiliser des modèles en tapant sur  où l'on retrouve les principales fonctions Python.

Remarque :

Pour écrire « : », taper sur   et pour « = » taper sur  . Les espaces sont faits avec la touche .

Utiliser un programme

– Taper sur  et choisir `Console d'exécution` pour compiler le script et aller dans la console pour utiliser la fonction définie par le script.

```
>>> u(12)
265721
```

– Le script est enregistré automatiquement.

Al-Khwarizmi (v. 780 - v. 850) est un mathématicien du Moyen Orient.
Le mot algorithme vient de son nom latinisé. Ce savant a notamment résolu des équations du second degré par des méthodes géométriques.

Achevé d'imprimer en juin 2024 en Slovaquie par Polygraf
Dépôt légal : Juillet 2024 - Édition 01